数字图像处理算法及应用

李文书　赵　悦　著

2012 年度杭州市科协育才工程资助项目
2012 年度浙江省科协育才工程资助项目
国家和省基金及钱江人才(B 类)资助项目
(60702069，Y1080851，Y12H290045，2012R10054)

内容简介

本书主要以智能图像处理技术的算法实现为核心，系统介绍了图像预处理、图像分析与图像识别/理解的基本原理、方法和技术，还包括图像处理技术的现状和最新研究进展。

本书首先论述了数字图像处理的基础知识与数学模型；其次对图像处理的预处理方法进行了归纳总结；再次详述了编者在图像分析中的工作；最后阐述了编者在图像识别领域中的最新成果。每章末附有小结，为读者学习和深入掌握该章的主要内容提供了便利。

本书可作为高等院校智能信息处理、通信工程、电子科学与技术、信息工程、自动化、计算机科学与技术、地球物理、生物工程、生物医学工程、医学、遥感等领域相关专业的教材，同时也可供上述相关专业的教师和科技工作者参考使用。

图书在版编目(CIP)数据

数字图像处理算法及应用/李文书，赵悦著.—北京：北京大学出版社，2012.12
(21世纪全国本科院校电气信息类创新型应用人才培养规划教材)
ISBN 978-7-301-21607-1

Ⅰ.①数… Ⅱ.①李… ②赵… Ⅲ.①数字图像处理—高等学校—教材 Ⅳ.①TN911.73

中国版本图书馆CIP数据核字(2012)第281797号

书　　名：数字图像处理算法及应用
著作责任者：李文书　赵　悦　著
策 划 编 辑：郑　双
责 任 编 辑：郑　双
标 准 书 号：ISBN 978-7-301-21607-1/TP·1259
出 版 发 行：北京大学出版社
地　　址：北京市海淀区成府路205号　100871
网　　址：http://www.pup.cn　新浪官方微博：@北京大学出版社
电 子 信 箱：pup_6@163.com
电　　话：邮购部62752015　发行部62750672　编辑部62750667　出版部62754962
印　刷　者：山东省高唐印刷有限责任公司
经　销　者：新华书店
787毫米×1092毫米　16开本　25.5印张　603千字
2012年12月第1版　2012年12月第1次印刷
定　　价：48.00元

前　言

图像是人类相互交流和认识客观世界的主要媒体之一。已有数据表明，人类感知的各种信息中大约3/4来自于视觉。伴随计算机技术的发展以及相关领域的迫切需求，图像处理技术已经广泛应用于科学研究、工业生产、文化娱乐、医疗卫生、教育、管理和航空航天等领域，其已成为现代信息社会的重要支柱之一。

图像处理是一门融数学、物理、生理学、心理学、电子学和计算机科学于一体的交叉学科。其研究范围与模式识别、计算机图形学相互整合，研究进展与人工智能、神经网络、遗传算法、模糊逻辑等理论与技术密切相关。随着数字图像处理技术研究的深入发展，图像预处理、图像分析和图像识别/理解研究的渐趋成熟，总结该领域中已有的思想方法、实现技术和研究成果，出版一部内容充实、思想新颖，既能反映这一研究领域的前沿动态，又有助于一般科技人员了解这一研究领域概貌的参考书，无疑对促进智能化图像处理技术的研究进程有着重要的学术价值和社会效益。

本书是在作者的国家自然科学基金(中医舌诊中舌形、舌态信息提取及其辩证推演方法的研究，60702069)、省自然科学基金(基于认知模型的人脸表情识别研究，Y1080851)，以及在上海交通大学生物医学工程博士后工作站从事博士后研究工作期间参与的863重点项目(部分K空间数据成像技术，2006AA020805)的资助下，系统开展中医舌诊客观化、人脸表情识别关键技术和MRI成像技术研究成果的总结。

本书的写作思路是围绕“一个主线”和“两个要点”展开的。“一个主线”即按照图像预处理、图像分析、图像识别的顺序，简述作者最新的研究成果；对“两个要点”来说，其一较全面地阐述了图像处理的基本原理、方法和相关技术；其二力求反映作者在图像处理领域近十多年的研究成果。因此，本书既包括了图像处理技术相关算法的基本内容，同时又具有一定的深度和广度。希望通过本书的学习，使读者既能掌握图像处理的概貌，又能把握图像处理的国际动态和发展趋势。

为了使读者对相关知识有一个更清晰的脉络，并有选择性地参阅本书，我们给出了各章之间的依赖关系(见下图)。

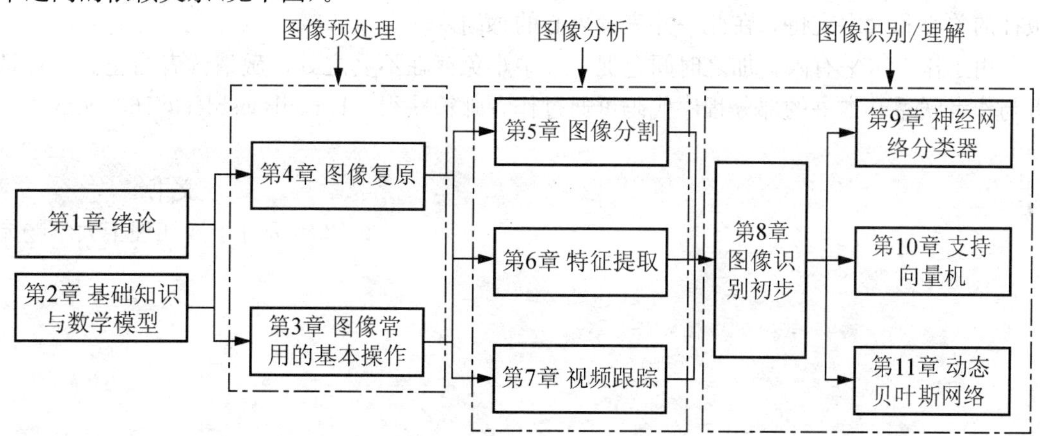

其中，第1章主要简述了数字图像处理的概念、研究内容及与其他学科之间的关系和应用场合；第2章概括了图像信息处理技术要用到的基础数学知识、图像质量评价、图像数学描述、图像的数字化，为后续内容的展开打下基础；第3章介绍了常用的基本操作，方便初学者在阅读后续章节遇到问题时参考使用；第4章研究了变尺度参数的IRM去噪算法以及基本逆尺度空间和Contourelet变换的MRI重建，其中简述了图像退化模型和常用的图像复原方法；第5章研究了人眼区域分割与定位和基于改进Level Set的中医舌体分割；第6章研究特征提取，其属于**图像分析**的范畴，是数字图像处理的高级阶段，同时也是**图像识别**的开始，研究了基于IKDA的并行特征融合人脸表情识别方法；第7章在详述了视频跟踪的应用、技术现状、基础核心技术的基础上，研究了基于改进Random Forest的行人检测方法和基于改进均值漂移的行人跟踪算法；第8章研究了基于半监督LDA的中医五色识别和基于胃炎患者舌象特征的识别方法；第9章在简述了常用神经网络的基础上，提出了基于Gabor小波和ANN的人脸识别方法；第10章在分析了SVM的理论基础上，提出了基于半监督模糊拉普拉斯SVM的人脸表情识别和基于Adaboost-GPC过程分类的人脸表情识别；由于动态贝叶斯网络在描述非线性、时序性、演化性以及不确定性方面具有显著特点，第11章提出了基于误差减少和EM的动态贝叶斯网络学习算法以及基于半监督主动学习DBNs的信用风险行为演化模型。

本书由李文书主著，赵悦(中央民族大学)、许参、赵超、王根岭、肖培如、姚金良博士(杭州电子科技大学)、陈巧红、苏先创和凌坚(浙江传媒大学)对本书第10和11章的相关内容提出了许多建设性的意见。在写作过程中作者得到了许多的帮助和支持，特别是在审稿时周昌乐教授(厦门大学)、周其年教授等对书稿提出了许多宝贵意见，在此表示衷心的感谢！感谢国家自然科学基金委员会、浙江省自然科学基金委员会、浙江省科技厅人事处、浙江省科学技术协会和杭州市科学技术协会、浙江理工大学各级领导为研究工作所提供的研究经费和便利条件。

另外，也要非常感谢我历届的研究生胡申宁(浙江大学)、姚建富、魏秀金、何芳芳、王松、徐振兴(浙江大学)、吴雅萱和周涛，本书的最终形成与他们的辛勤劳动是分不开的。本书得到“2012年度杭州市科协育才工程资助项目”、“2012年度浙江省科协育才工程资助项目”和“国家和省基金及钱江人才(B类)资助项目(60702069，Y1080851，Y12H290045，2012R10054)”的支持。同时，在本书的创作过程中，得到了北京大学出版社的关心和大力支持，在此一并表示衷心的感谢。

由于作者水平有限，加之时间仓促，书中难免存在不妥之处，敬请读者指正。欢迎读者与作者联系。本书的部分程序代码可通过作者邮箱获得，E-mail:wshlee@163.com。

李文书

2012年7月于浙江理工大学畅园

目　录

第1章

绪 论

1.1 概 述

图像(Image)是人类传递信息的主要媒体之一，由于图像具有直观、生动、信息量大等特点，它成为人类获取信息、感知世界，进而改造世界的一种重要手段。有资料显示，通过视觉获取的信息占人类接受信息总和的75%以上，图像信息的重要性由此可见一斑。

虽然图像在人类生活中早已司空见惯，图像一词也频繁地出现在人们的日常交流中，但究竟何谓图像并没有一个严格的定义。在韦伯(Webster)英文词典中，图像的定义为图像是人或事物的一种模拟或表示。其他描述和定义的还有“在一般意义下，一幅图像是另一个东西的一个表示”，“图像是以某一技术手段被再现于二维平面上的视觉信息”。但从数学的观点来看，可以认为图像是对真实事物的一种近似或逼近。图像有各种形式，包括二值图像、灰度图像、彩色图像、高精度(广角)彩色图像、多光谱段图像，等等。

一般来说，凡是能被人类视觉系统所感知的有形信息，或人们心目中的有形想象都被统称为图像。因此，图像处理(Image Processing)有时要考虑人的心理因素。所谓图像处理，就是通过某些数学运算对图像信息进行加工和处理，以满足人的视觉心理和实际应用需求。

图像处理可以应用光学图像处理方法，也可以应用数字图像处理方法。光学图像处理方法已有很长的历史，在激光全息技术出现后得到进一步发展。尽管光学处理理论日臻完善，且处理速度快、信息容量大、分辨率高，但处理精度不高，稳定性差，设备笨重，操作不便，不如数字图像处理方法处理灵活，且受实际工艺和设备材料的限制等。这些因素限制了光学处理的发展速度。而数字图像处理方法的优缺点恰好与光学图像处理方法相反。它最突出的优点是灵活方便，改变软件程序即可改变处理方法，达到所求的处理效果；最大的缺点是处理速度慢，尤其是大信息量的图像运算。本书主要研究数字图像处理。

1.2 什么是数字图像处理

数字图像处理(Digital Image Processing，DIP)又称计算机图像处理，是指将图像信号转换成数字信号并利用计算机对其进行处理的过程。数字图像处理最早出现于20世纪50

年代，当时的电子计算机已经发展到一定水平，人们开始利用计算机来处理图形和图像信息。数字图像处理作为一门学科大约形成于20世纪60年代初期。

早期图像处理的目的是**改善图像的质量**，其以人为对象，以改善人的视觉效果为目的。在图像处理中，输入的是质量低的图像，输出的是改善质量后的图像。常用的图像处理方法有图像增强、复原、编码、压缩等。

首次获得实际成功应用的是**美国喷气推进实验室**(The Jet Propulsion Laboratory，JPL)。在航天探测器徘徊者7号于1964年发回的几千张月球照片中，图1.1所显示的是由徘徊者7号在撞击月球表面前17分钟时摄取的第一张月球图像。所得到的月球图像经过图像处理技术，如几何校正、灰度变换、去除噪声等方法进行处理，并考虑了太阳位置和月球环境的影响，由计算机成功地绘制出月球表面地图，获得了巨大的成功。随后又对探测飞船发回的近十万张照片进行更为复杂的图像处理，获得了月球的地形图、彩色图及全景镶嵌图，产生了非凡的成果，为人类登月创举奠定了坚实的基础，也推动了数字图像处理这门学科的诞生。在以后的宇航空间技术，如对火星、土星等星球的探测研究中，数字图像处理技术都发挥了巨大的作用。另外，可喜的是我国在探月方面也取得长足的进展，图1.2是中国完成的目前清晰度最高的全月球三维数字地形图。这幅全月球三维数字地形图是2007年嫦娥一号卫星上带的CCD立体相机获取的影像数据，也是目前国际上覆盖全月球、平面与高程的分辨率最高、数据精度最高的月球三维地形数据。极大地促进了月表形貌的特征、规律与成因的研究，推动了月球构造与区划的科学厘定，深化了对月球地质及其演化历史的认识，并为后续月球探测工程的科学目标设计、有效载荷配置、关键技术要求和工程保障条件等奠定重要基础。

图1.1 NASA月球表面图像

图1.2 中国探月3D效果图

数字图像处理取得的另一个巨大成就是在医学上获得的成果。其中，X射线作为一种可以携带人体内部信息的物质波于1895年由伦琴首次发现，并对其夫人的手拍下了人类历史上第一幅X光片(见图1.3)。然而X光摄影具有诸如影像重叠、辐射剂量大、密度分辨率低、不便于存储等缺点。尤其是在纵深方向上的影像叠加现象，为病灶位置的确定增加了难度。1972年英国EMI公司工程师高弗雷·豪斯费尔德(**Godfrey Newbold Hounsfield**)爵士发明了用于头颅诊断的X射线计算机断层摄影装置，也就是我们通常所说的CT(Computer Tomography)。CT的基本方法是根据人的头部截面的投影，经计算机处理来重建截面图像，称为**图像重建**。1975年EMI公司又成功研制出用于全身的CT装置，获得了人体各个部位鲜明清晰的断层图像。1979年，这项无损伤诊断技术获得了诺贝尔奖，说明其对人类做出了划时代的贡献。图1.4为出血性脑梗死(NECT)的病人CT成像。

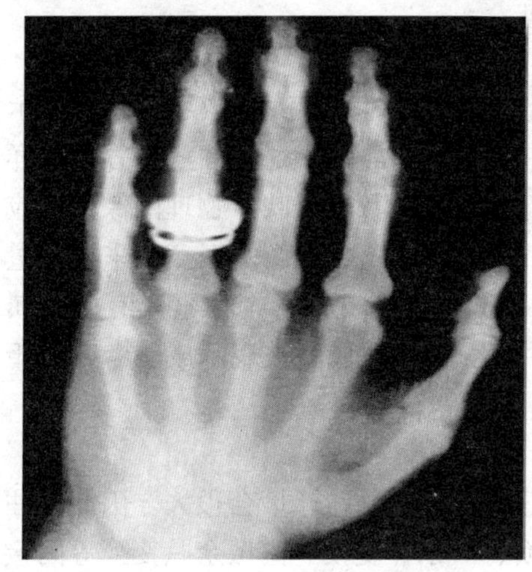
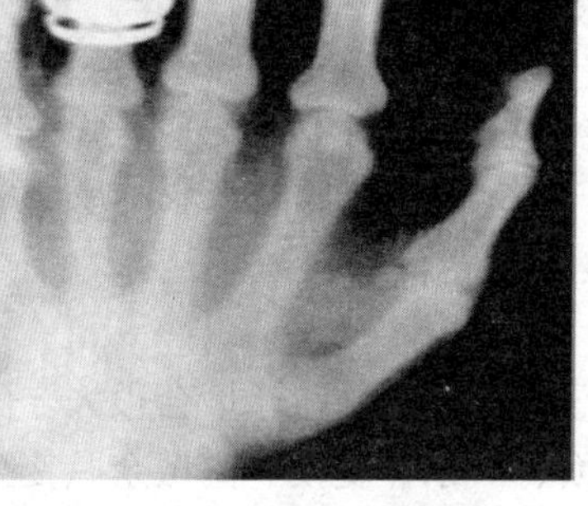

图1.3 第一幅X光片

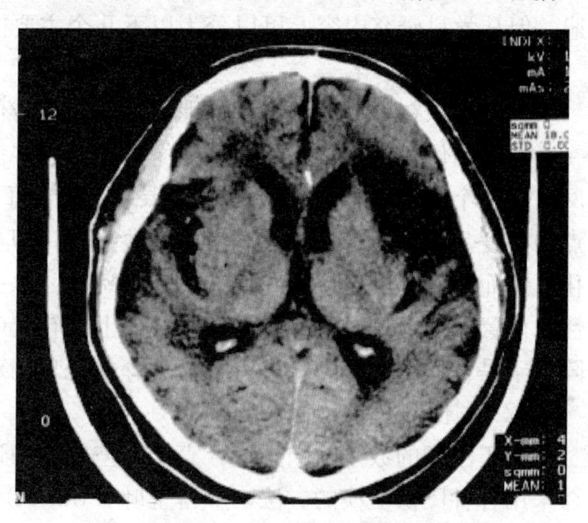

图1.4 NECT CT成像

20世纪70年代中期开始，随着计算机技术和人工智能、思维科学研究的迅速发展，数字图像处理向更高、更深层次发展。人们已开始研究如何利用计算机系统解释图像，实现类似人类视觉系统理解外部世界，这被称为**图像理解或计算机视觉**。很多国家，特别是发达国家在这项研究中投入了更多的人力、物力，并取得了不少重要的研究成果。

注意：

(1) 由于图像的光学处理从原理上讲只能进行线性运算，这极大地限制了光学图像处理能够实现的目标。而数字图像处理不仅能完成线性运算，而且能实现非线性处理，即凡是可以用数学公式或逻辑关系表达的一切运算均可用数字图像处理实现。

(2) 从图像反映的客观实体尺度看，可以小到电子显微镜图像，大到航空照片、遥感图像甚至天文望远镜图像。这些来自不同信息源的图像只要被变换为数字编码形式后，均是用二维数组表示的灰度图像(彩色图像也是由灰度图像组合成的，例如，RGB图像由红、绿、蓝三个灰度图像组合而成)组合而成，因而均可用计算机来处理。即只要针对不同的图像信息源，采取相应的图像信息采集措施，图像的数字处理方法适用于任何一种图像。

(3) 由于图像是三维景物的二维投影，一幅图像本身不具备复现三维景物的全部几何信息的能力，很显然三维景物背后部分信息在二维图像画面上是反映不出来的。因此，要分析和理解三维景物必须做合适的假定或附加新的测量，例如，双目图像或多视点图像。在理解三维景物时需要知识导引，这也是人工智能中正在致力解决的知识工程问题。

(4) 数字图像中各个像素间不是独立的，其相关性较大。在图像画面上，经常有很多像素有相同或接近的灰度。就电视画面而言，同一行中相邻两个像素或相邻两行间的像素，其相关系数可达0.9以上，而相邻两帧之间的相关性比帧内相关性一般还要大些。因此，图像处理中信息压缩的潜力很大。

1.3 数字图像处理研究内容

数字图像处理学科所涉及的知识面非常广泛，具体的方法种类繁多，应用也极为普遍，但从学科研究内容上可以分为以下几个主要方面。

(1) 图像数字化

一幅图像在用计算机进行处理前必须先被转化为数字形式，即用一个数字阵列来表示一个物理图像。这样，一个物理图像被划分为许多小区域，最常用的划分方案是方形采样网格。一个网格称之为一个像素(Pixel)，赋予每个像素位置的数值反映了物理图像上对应点的亮度。图像的这种转化过程称为数字化，即在每个像素位置，图像的亮度被采样和量化，从而得到图像对应点上表示其明暗程度的一个整数值。因此，每个像素具有两个属性：位置和灰度。对所有的像素都完成上述转化(数字化)后，图像就被表示成一个整数矩阵。于是，此数字矩阵就可以作为计算机处理的对象了。

(2) 图像变换

由于图像的数字阵列很大，直接在空间域中进行处理，涉及计算量会很大。因此，往往采用各种图像变换的方法，如傅里叶(Fourier)变换、沃尔什变换、离散余弦变换等间接处理技术，将空间域的处理转换为变换域处理，不仅可减少计算量，而且可获得更有效的处理。例如，傅里叶变换可在频域中进行数字滤波处理；而小波变换在时域和频域中都具有良好的局部化特性，其在图像处理中也有着广泛而有效的应用。

(3) 图像编码压缩

图像编码压缩技术可减少描述图像的数据量(即比特数)，以便节省图像传输、处理时间和减少所占用的存储器容量。压缩可以在不失真的前提下获得，也可以在允许的失真条件下进行。编码是压缩技术中最重要的方法，其在图像处理技术中是发展最早且比较成熟的技术。

(4) 图像增强和复原

图像增强和复原的目的是为了提高图像的质量，如去除噪声、提高图像的清晰度等。图像增强不考虑图像降质的原因，突出图像中所感兴趣的部分。例如，强化图像高频分量，可使图像中物体轮廓清晰，细节明显；强化低频分量可减少图像中噪声影响。

图像复原要求对图像降质的原因有一定的了解，一般应根据降质过程建立合理的“降质模型”，再采用某种滤波方法，恢复或重建原来的图像。例如，掌握了聚焦不良成像系统的物理特性，便可建立复原模型，而且对获取图像的特定光学系统的直接测量也是可能的。退化模型和特定数据共同描述了图像的退化。因此，复原技术是基于模型和数据的图像恢复，其目的是消除退化的影响，从而产生一个等价于理想成像系统所获得的图像。

(5) 图像重建

图像重建与上述的图像增强、图像复原等不同。图像增强、图像复原的输入是图像，处理后输出的结果也是图像，而图像重建是指从数据到图像的处理，即输入的是某种数据，而经过处理后得到的结果是图像，CT 就是图像重建处理的典型应用实例。其从身体横剖面的一组投影数据建立图像。目前主要有两类重建图像的方法：傅里叶逆变换和级数展开重建技术。

另外，图像重建与计算机图形学相结合，把多个二维图像合成三维图像，并加以光照模型和各种渲染技术，生成各种具有强烈真实感的高质量图像。

(6) 图像融合

图像融合利用了多源信息进行决策和行动的理论、技术和工具，将多源信道所采集到的关于同一目标的不同成像机理、不同工作波长范围、不同工作环境与要求的图像数据经过图像处理最大限度地提取各自信道中的有利信息，消除多传感器信息之间可能存在的冗余和矛盾，最后综合成高质量的图像，以供观察或进一步处理。

(7) 图像分割

图像分割是数字图像处理中的关键技术之一。图像分割是将图像中有意义的特征部分提取出来，其有意义的特征包括图像中的边缘、区域等，这是进一步进行图像识别、分析和理解的基础。虽然目前已研究出不少边缘提取、区域分割的方法，但还没有一种普遍适用于各种图像的有效方法。

其中，图像**自动分割**是图像处理中较困难的问题之一。人类视觉系统的优越性，使得人类能够将所观察的复杂场景中的对象分开，并识别出每个物体。但对计算机来说，这却是一个难题。目前，大部分图像的自动分割还需要人工提供必需的信息来帮助，只有一部分领域(如印刷字符自动识别 OCR、指纹识别等)开始使用。由于解决和分割有关的基本问题是特定领域中图像分析实用化的关键一步，因此，将各种方法融合在一起并使用**知识**来提高处理的可靠性和有效性是图像分割的研究热点。

(8) 图像描述

图像描述是**图像识别和理解**的必要前提。最简单的二值图像可采用其几何特性描述物体的特性，一般图像的描述方法采用二维形状描述，有**边界描述**和**区域描述**两类方法。对于特殊的纹理图像可采用二维纹理特征描述。随着图像处理研究的深入发展，已经开始进行三维物体描述的研究，并提出了**体积描述**、**表面描述**、**广义圆柱体描述**等方法。

(9) 图像分类

图像分类(识别/理解)属于模式识别的范畴，其主要内容是图像经过某些预处理(增强、复原、压缩)后，进行图像分割和特征提取，从而进行判决分类。图像分类常采用经典的模式识别方法，有**统计模式分类**和**句法(结构)模式分类**。

为了研究的方便，把前六项研究定义为**图像预处理**。即通过对图像进行加工来改善图像的外观，为图像处理其他部分打基础；而把图像分割和图像描述定义为**图像分析**[①]。即对图像中感兴趣的对象进行检测与分析，以获得一系列与目标对象相关的图像特征(对象描述)；**图像识别**是图像分析的延伸，它根据图像分析中得到的相关描述(特征)对目标对象进行归类，输出用户感兴趣的目标对象类别标号信息。如果说**图像分析**主要是**以观察者为中心研究客观世界**，那么**图像识别**在一定程度上就是**以客观世界为中心**，借助知识、经

① 如果说图像预处理是一个从图像到图像的过程，则图像分析就是一个从图像到数据的过程。这里的数据可以是目标特征的测量结果，或是基于测量的符号表示，它们描述了目标的特点和性质。

验等来把握整个客观世界(包括没有直接观察到的事物)。

总而言之，从图像预处理到图像分析再到图像识别的过程，是一个将所含信息抽象化，尝试降低信息熵，提炼有效数据的过程。也就是说，图像预处理是比较低层的操作，它主要在图像像素级上进行处理，处理的数据量非常大。图像分析则进入了中层，分割和特征提取把原来以像素描述的图像转变成比较简洁的非图像形式的描述。图像识别主要是高层操作，基本上是对从描述抽象出来的符号进行运算，其处理过程和方法与人类的思维推理有许多类似之处，如图 1.5 所示。

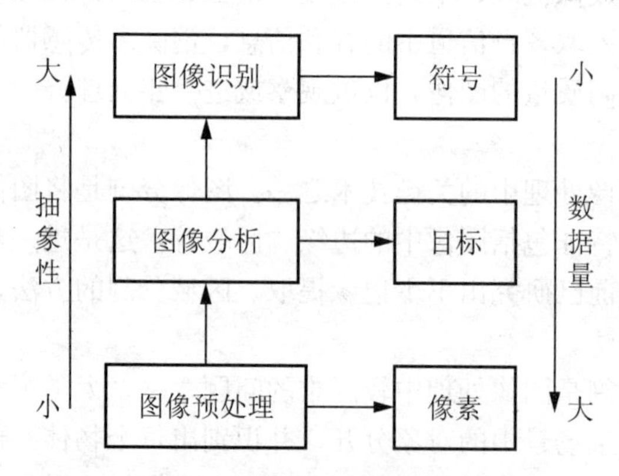

图 1.5　数字图像预处理、分析与识别的关系

从信息论的角度而言，图像应当是物体所含信息的一个概括，而数字图像预处理侧重于将这些概括的信息进行变换，如升高或降低熵值，数字图像分析则是将这些信息抽取出来以供其他过程调用。当然，在不太严格时，图像处理也可兼指图像处理与分析。

1.4　图像处理和其他相关学科的关系

图像处理是一门系统地研究各种图像理论、技术和应用的交叉学科。从研究方法来看，它可以与数学、物理学、生理学、认知心理学、电子学、计算机科学等许多学科相互借鉴。从研究范围来看，它与计算机图形学(Computer Graphics)、模式识别(Pattern Recognition)、计算机视觉(Computer Vision)等多个专业互相交叉。

另外，图像处理的研究进展与人工智能、神经网络、遗传算法、模糊逻辑等理论和技术都有密切的联系，它的发展应用与医学、遥感、通信、文档处理和工业自动化等许多领域也是密不可分的。

图像处理与计算机图形学、模式识别、计算机视觉等的关系如图 1.6 所示。计算机图形学研究的是用计算机技术生成图形的理论、方法和技术，即由非图像形式的数据描述来生成逼真的图像。它可以生成现实世界中已经存在的物体的图形，也可以生成虚构物体的图形，其与图像分析的对象和输出结果正好对调。模式识别与图像分析则比较相似，只是前者试图把图像分解成可用符号较抽象地描述的类别。计算机视觉主要强调利用计算机实现人的视觉功能，要用到图像处理三个层次的许多技术，但目前的研究内容主要与图像理解相结合。

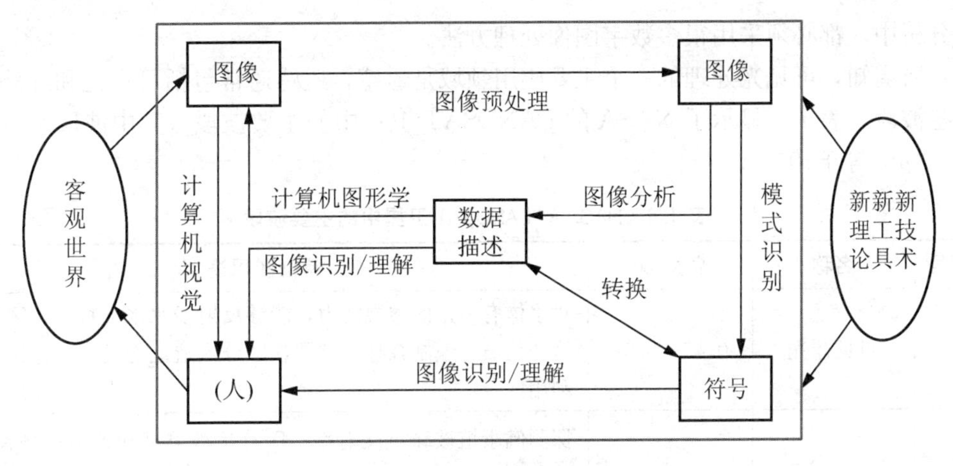

图 1.6 图像处理与相关学科的联系和区别

1.5 图像处理的应用

在许多应用领域，图像处理技术都受到广泛重视并取得了重大的开拓性成就，属于这些领域的有航空航天、生物医学工程、工业检测、机器人视觉、公安司法、军事制导、文化艺术等，使图像处理成为一门引人注目、前景远大的新型学科。

1.5.1 在航天和航空技术方面的应用

数字图像处理技术在航天和航空技术方面的应用，除了 JPL 对月球、火星照片的处理之外，另一方面的应用是在飞机遥感和卫星遥感技术中①。许多国家每天派出很多侦察飞机对地球上感兴趣的地区进行大量的空中摄影。对由此得来的照片进行处理分析，以前需要雇用几千人，而现在改用配备有高级计算机的图像处理系统来判读分析，既节省人力，又加快了速度，还可以从照片中提取人工所不能发现的大量有用情报。从 20 世纪 60 年代末以来，美国及一些国际组织发射了资源遥感卫星(如 LANDSAT 系列)和天空实验室(如 SKYLAB)，由于成像条件受飞行器位置、姿态、环境条件等影响，图像质量总不是很高。因此，以如此昂贵的代价进行简单直观的判读来获取图像是不合算的，而必须采用数字图像处理技术。例如，LANDSAT 系列陆地卫星，采用多波段扫描器(MSS)，在 900km 高空对地球每一个地区以 18 天为一周期进行扫描成像，其图像分辨率大致相当于地面上十几米或 100m 左右(如 1983 年发射的 LANDSAT-4，分辨率为 30m)。这些图像在空中先处理(数字化-编码)成数字信号存入磁带中，在卫星经过地面站上空时，再高速传送下来，然后由处理中心分析判读。这些图像无论是在成像、存储、传输过程中，还是在

① QuickBird 卫星于 2001 年 10 月由美国 DigitalGlobe 公司发射，是目前世界上最先提供亚米级分辨率的商业卫星，卫星影像分辨率为 0.61m。在卫星图像方面，美国五角大楼每年都会给予其三大主要合作伙伴 DigitalGlobe、IKONOS 和 ORBIMA 数十亿美元的资助，而这些公司的卫星数据将在第一时间交给五角大楼作为军事应用，而且针对某些敏感区域在规定的时限内不允许商业化。当然，这些公司还是会将限制之外的影像出售，如 Keyhole(后来的 Google EARTH) 就是 DigitalGlobe 的一个买主。

判读分析中，都必须采用很多数字图像处理方法。

众所周知，可见光处理的一个主要应用领域是遥感，遥感通常包括可见光和红外波谱的一些波段。表 1.1 显示了 NASA 的 LANDSAT 卫星中的主要波段。其中波段用波长来表示，1μm 等于10^{-6}m。

表 1.1 NASA 的 LANDSAT 卫星中的主要波段

波段号	名称	波长/μm	特征和用途
1	可见蓝光	0.45～0.52	对水体有一定的透视能力，能够反射浅水水下特征，区分土壤和植被、编制森林类型图，区分人造地物类型，分析土地利用
2	可见绿光	0.52～0.60	探测健康植被绿色反射率、区分植被类型和评估作物长势，区分人造地物类型，对水体有一定的透射能力，主要观测植被在绿波段中的反射峰值，这一波段位于叶绿素的两个吸收带之间，利用这一波段增强鉴别植被的能力
3	可见红光	0.63～0.69	测量植物绿色素吸收率，并以此进行植物分类，可区分人造地物类型；位于叶绿素的吸收区，能增强植被覆盖与无植被覆盖之间的反差，亦能增强同类植被的反差
4	近红外光	0.76～0.90	测量生物量和作物长势，区分植被类型，绘制水体边界、探测水中生物的含量和土壤湿度；用来增强土壤—农作物与陆地—水域之间的反差
5	中红外光	1.55～1.75	探测植物含水量和土壤湿度，区别雪和云，适合庄稼缺水现象的探测和作物长势分析
6	热红外光	10.4～12.5	用于热强度、测定分析，探测地表物质自身热辐射，用于热分布制图、岩石识别和地质探矿
7	中红外光	2.08～2.35	探测高温辐射源，如监测森林火灾、火山活动等，区分人造地物类型，岩系判别

目前世界各国都在利用陆地卫星所获取的图像进行资源调查(如森林调查、海洋泥沙和渔业调查、水资源调查等)、灾害检测(如病虫害检测、水火检测、环境污染检测等)、资源勘察(如石油勘查、矿产量探测、大型工程地理位置勘探分析等)、农业规划(如土壤营养、水分和农作物生长、产量的估算等)、城市规划(如地质结构、水源及环境分析等)。我国也陆续开展了以上诸方面的一些实际应用，并获得了良好的效果。

在气象预报和对太空其他星球研究方面，数字图像处理技术也发挥了相当大的作用。如图 1.7 所示就是 LANDSAT 对我国一处盐场拍摄得到的图像，其可以用于指导我国对盐场环境的检测和生产；图 1.8 所示是中国 NOAA-18 气象卫星于 2012 年 8 月 7 日 02：24(北京时间)拍摄到的热带气旋“海葵”的云图。其为我国掌握台风的走向，防灾减灾起到重要的作用。

图 1.7 LANDSAT 拍摄的我国一处盐场的图像

图 1.8 我国气象卫星云图

1.5.2 在生物医学工程方面的应用

应用数字图像处理在生物医学工程方面的应用十分广泛，而且很有成效。除了上面介绍的 CT 技术之外，还有一类是对医用显微图像的处理分析，如红细胞和白细胞的分类、染色体分析、癌细胞识别等。此外，在 X 光肺部图像增强、超声波图像处理、心电图分析、立体定向放射治疗等医学诊断方面都广泛地应用了图像处理技术。如图 1.9 所示是用

彩色多普勒血流成像仪[①]得到的血液流动情况的图像。一般来说，朝向探头的正向血流以红色表示，远离探头的负向血流以蓝色表示。如果有血流紊乱时，多普勒信号与正常人有很大差异：绿色代表紊乱的血流，且以辉度强弱代表血流紊乱的程度。凡紊乱较轻者绿色暗淡，程度严重者绿色鲜亮；正向血流如有紊乱者在显示器上呈黄色，负向血流有紊乱者则呈青色。现在，彩色多普勒血流成像以及在此基础上发展的能量多普勒(Power Doppler)血流成像，已成为超声诊断不可缺少的技术。彩色多普勒血流成像的重要性在于它能无创、实时地提供有关血流的信息，而这是X光、核医学、CT、磁共振成像(Magnetic Resonance Imaging，MRI[②])以及正电子发射型计算机断层显像(**Positron Emission Computed Tomography**，PET)等所做不到的。

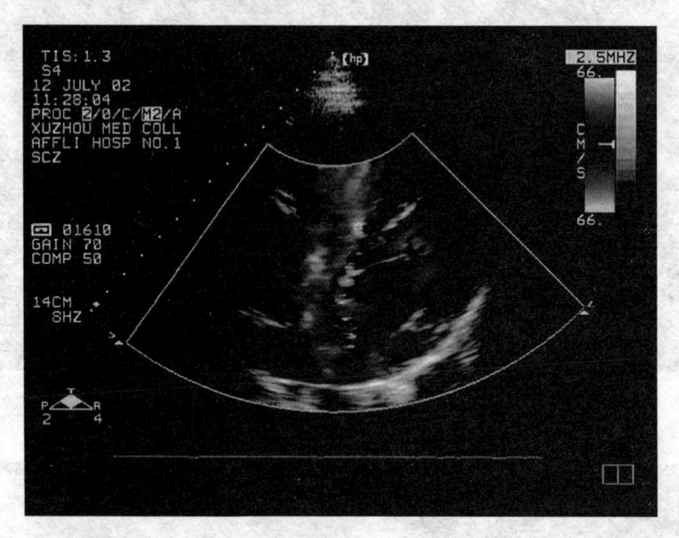

图 1.9　彩色多普勒血流成像仪下的血流成像

1.5.3　在工业和工程方面的应用

在工业和工程领域中图像处理技术有着广泛的应用，如自动装配线中检测零件的质量、并对零件进行分类，印刷电路板疵病检查，弹性力学照片的应力分析，流体力学图片的阻力和升力分析，邮政信件的自动分拣，在一些有毒、放射性环境内识别工件及物体的形状和排列状态，先进的设计和制造技术中采用工业视觉，等等。其中值得一提的是研制具备视觉、听觉和触觉功能的智能机器人，将会给工农业生产带来新的激励，目前已在工业生产中的喷漆、焊接、装配中得到有效的利用。如图1.10所示是安装在高温窑炉的耐

---

① 彩色多普勒血流成像(Color Doppler Flow Imaging，CDFI)是在频谱多普勒(Spectral Doppler)技术基础上发展起来的利用多普勒原理进行血流显像的技术。彩色多普勒血流成像是多普勒技术在医学领域应用的重大发展，从只能逐点取样测血流速度发展到用伪彩色编码信号显示血流的流动，使多普勒技术能更直观地显示血流的流动方向、流动速度、流动范围、血流性质、有无返流、分流等。该技术于1982年由日本和美国最先研制成功，日本Aloka公司于同年生产第一台彩色多普勒血流成像仪。此后，彩色多普勒血流成像技术应用范围逐渐扩大，1986年开始用于周围血管血流成像，1987年开始用于腹部器官，1988年开始用于颅脑血流成像。

② MRI也就是磁共振成像，英文全称是Nuclear Magnetic Resonance Imaging，之所以后来不称为核磁共振而改称磁共振，是因为日本科学家提出其国家备受核武器伤害，为表示尊重，就把核字去掉了。

高温摄像机拍摄的窑内的火焰情况，其有利于监控窑内的火焰和温度变化。而图 1.11 是智能监控系统通用结构框图，其由四个模块组成，分别是图像采集模块、图像预处理模块、图像分析模块和图像理解模块。

图 1.10 监控高温窑炉

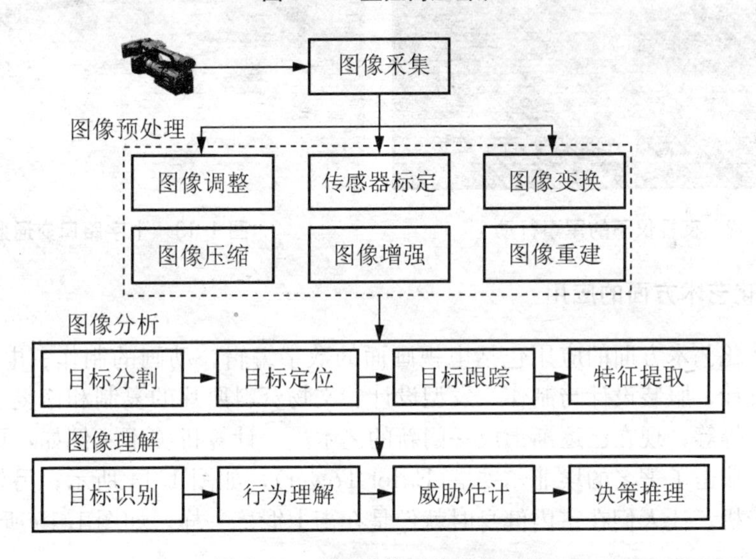

图 1.11 智能监控系统通用结构

其中，图像采集与预处理模块对采集到的视频信息进行调整、压缩和存盘，以便该信息在网络中传输。同时，由于噪声、光照、运动等原因可能使图像质量不高，需要进行预处理，以利于提取我们感兴趣的信息；图像分析模块主要是对图像中感兴趣的目标进行检测和测量，以获得它们的客观信息。图像分析模块包括目标分割、目标定位、目标跟踪和特征提取。在这部分主要是解决“何时”和“何地”的问题；图像理解是在图像分析的基础上，进一步研究图像中各目标的性质和它们之间的相互联系，并得出对图像内容含义的理解以及对客观场景的解释，从而指导和规划行动。内容包括目标识别、行为理解、威胁估计和决策推理四部分。其中，目标识别是解决“我看到了什么”的问题，行为理解和威胁估计用来解决“他们正在做什么”和“他们将会做什么”的问题，最后是通过决策推理解决“我应该采取什么措施”的问题。

1.5.4 在军事公安方面的应用

在军事方面，图像处理和识别主要用于导弹的精确末端制导，各种侦察照片的判读，具有图像传输、存储和显示的军事自动化指挥系统，飞机、坦克和军舰模拟训练系统等；公安业务图片的判读分析、指纹识别、人脸鉴别、不完整图片的复原，以及交通监控、事故分析等。目前已投入运行的高速公路不停车自动收费系统中的车辆和车牌的自动识别都是图像处理技术成功应用的例子。图 1.12 为美军在夜间采取军事行动的画面，利用夜视仪可以清楚地看清隐藏的恐怖分子；图 1.13 为某十字路口监控拍摄的交通情况。其中该摄像机有些偏色。

图 1.12 夜视仪下的军事行动

图 1.13 十字路口交通监控

1.5.5 在文化艺术方面的应用

目前在文化艺术方面的应用包括电视画面的数字编辑、动画的制作、电子图像游戏、纺织工艺品设计、服装设计与制作、发型设计、文物资料照片的复制和修复、运动员动作分析和评分，等等，现在已逐渐形成一门新的艺术——计算机美术。例如，可以想象外星人入侵巴黎，攻击了著名的埃菲尔铁塔(Eiffel Tower)，如图 1.14 所示；另外，我们也开发了虚拟跑步机，让人们在室内健身时就像是在街上锻炼一样，如图 1.15 所示。

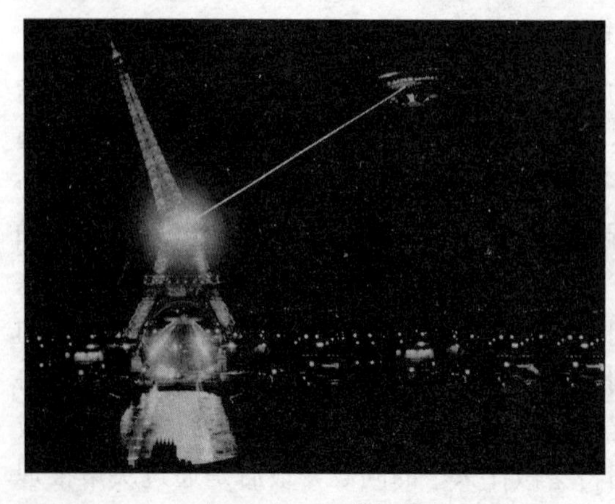

图 1.14 飞碟入侵

图 1.15 虚拟跑步机

1.5.6 在通信工程方面的应用

当前通信的主要发展方向是声音、文字、图像和数据结合的多媒体通信，具体地讲是将电话、电视和计算机以三网合一的方式在数字通信网上传输。其中以图像通信最为复杂和困难，因图像的数据量十分巨大，如传送彩色电视信号的速率达100Mbit/s以上。要将这样高速率的数据实时传送出去，必须采用编码技术来压缩信息的比特量。在一定意义上，编码压缩是这些技术成败的关键。除了已应用较广泛的熵编码、DPCM编码、变换编码外，目前国内外正在大力开发研究新的编码方法，如分行编码、自适应网络编码、小波变换图像压缩编码等。

1.6 小 结

“图”就是物体透射或者反射光的分布；“像”是人的视觉系统接收图的信息而在大脑中形成的印象或认识；**图像**是对客观对象的一种相似性的描述或写真，包含了被描述或写真对象的信息。**图像处理**就是对图像信息进行加工以满足人的视觉心理或应用需求的行为。

图像按明暗程度和空间坐标的连续性划分为**数字图像**和**模拟图像**。其中，**数字图像**是指被计算机存储、处理和使用的图像，是一种空间坐标和灰度均不连续的、用离散数学表示的图像，它属于不可见图像；而**模拟图像**(光学图像)是指空间坐标和明暗程度都连续变化的、计算机无法直接处理的图像，它属于可见图像。**模拟图像与数字图像(A/D)转换**就是把模拟图像转换成数字图像，简称模/数转换；而D/A转换是把数字图像转换成模拟图像，简称数/模转换。

数字图像处理是通过计算机对图像进行去除噪声、增强、复原、分割、提取特征等处理的方法和技术。

图像处理技术在航空航天、生物医学工程、工业检测、机器人视觉、公安司法、军事制导、文化艺术等应用领域受到广泛重视并取得了重大的开拓性成就，这使得图像处理成为一门引人注目、前景远大的新型学科。

习 题

1.1 图像处理、图像分析和图像理解各有什么特点？它们之间有哪些联系和区别？

1.2 图像工程主要与哪些学科相关？它们之间如何互相影响？

1.3 一个数字图像处理系统由哪几个模块组成？试说明各模块的作用。

1.4 简要叙述图像采集、图像显示、图像存储以及图像通信与图像处理和分析的联系。

1.5 近年来，在图像采集、图像显示、图像存储各方面最突出的进展是什么？对图像处理和分析产生了哪些影响？

1.6 数字图像的基本类型。

第2章 基础知识与数学模型

2.1 图像信息基础知识

2.1.1 δ函数

图像处理中一个常用的数学工具是狄拉克(Dirac) delta，即冲激函数δ。其定义如下：

$$\delta(x,y)=\begin{cases}\infty & x=0,y=0\\ 0 & 其他\end{cases} \quad 或 \quad \delta(x-\alpha,y-\beta)=\begin{cases}\infty & x=\alpha,y=\beta\\ 0 & 其他\end{cases} \tag{2.1}$$

$$\int_{-\infty}^{+\infty}\int_{-\infty}^{+\infty}\delta(x,y)\mathrm{d}x\mathrm{d}y=1 \tag{2.2}$$

从而有

$$\int_{-\infty}^{+\infty}\int_{-\infty}^{+\infty}A\delta(x,y)\mathrm{d}x\mathrm{d}y=A \text{ 和 } \int_{-\infty}^{+\infty}\int_{-\infty}^{+\infty}f(x,y)\delta(x,y)\mathrm{d}x\mathrm{d}y=f(0,0) \tag{2.3}$$

单位冲激函数δ有以下五个性质。

(1) δ函数的筛选性

$$\int_{-\infty}^{+\infty}\int_{-\infty}^{+\infty}g(x,y)\delta(x-\alpha,y-\beta)\mathrm{d}x\mathrm{d}y=g(\alpha,\beta) \tag{2.4}$$

式(2.4)是卷积运算，可简单表示为$g(x,y)*\delta(x,y)$。

(2) δ函数的可分解性

$$\delta(x,y)=\delta(x)\delta(y) \tag{2.5}$$

(3) 常数1的博里叶(Fourier)变换

$$\int_{-\infty}^{+\infty}\int_{-\infty}^{+\infty}1\cdot\exp[-\mathrm{j}2\pi(ux+vy)]\mathrm{d}u\mathrm{d}v=\delta(x,y) \tag{2.6}$$

式中$\mathrm{j}=\sqrt{-1}$，其体现了δ函数与负指数积分的关系。

(4) 偶函数性

$$\delta(-x,-y)=\delta(x,y) \tag{2.7}$$

(5) 变比性

$$\delta(\alpha x,\beta y)=\delta(x,y)/\alpha\beta \tag{2.8}$$

2.1.2 线性系统

一个系统的某些特征可以模型化为一个算子，以此表征系统的映射。下面列举线性系

统的几个主要关系，它们在以后的讨论中将要用到。

设二维连续线性系统的映射为ψ，输入函数为$f(x,y)$，输出函数为$g(x,y)$，其输入和输出关系为$g(x,y)=\psi[f(x,y)]$，则有以下几个关系。

(1) 叠加原理

如果$f(x,y)=af_1(x,y)+bf_2(x,y)$，则

$$\begin{aligned} g(x,y) &= \psi[f(x,y)] \\ &= \psi[af_1(x,y)+bf_2(x,y)] \\ &= a\psi[f_1(x,y)]+b\psi[f_2(x,y)] \\ &= ag_1(x,y)+bg_2(x,y) \end{aligned} \tag{2.9}$$

(2) 二维冲激响应函数

将二维冲激函数$\delta(x,y)$作为输入，则输出函数$h(x,y)$称为二维冲激响应函数，即

$$h(x,y,\alpha,\beta)=\psi[\delta(x-\alpha,y-\beta)] \tag{2.10}$$

在光学系统中，此冲激响应函数一般称为点扩展函数(Point Spread Function，PSF)。

(3) 空间不变系统

如果

$$h(x-\alpha,y-\beta)=\psi[\delta(x-\alpha,y-\beta)] \tag{2.11}$$

成立，则该系统称为空间不变系统(或位移不变系统)。它表示在输出场中PSF的形状不随坐标位置(x,y)而变。

(4) 空间不变系统的成像模型——卷积

$$\begin{aligned} g(x,y) &= \psi[f(x,y)] \\ &= \psi\left[\int_{-\infty}^{+\infty}\int_{-\infty}^{+\infty} f(\alpha,\beta)\delta(x-\alpha,y-\beta)\,\mathrm{d}\alpha\mathrm{d}\beta\right] \\ &= \int_{-\infty}^{+\infty}\int_{-\infty}^{+\infty} f(\alpha,\beta)\psi[\delta(x-\alpha,y-\beta)]\,\mathrm{d}\alpha\mathrm{d}\beta \\ &= \int_{-\infty}^{+\infty}\int_{-\infty}^{+\infty} f(\alpha,\beta)h(x-\alpha,y-\beta)\,\mathrm{d}\alpha\mathrm{d}\beta \end{aligned} \tag{2.12}$$

由式(2.12)可见，卷积即线性叠加积分。该式也可以写成另一形式，即

$$g(x,y)=\int_{-\infty}^{+\infty}\int_{-\infty}^{+\infty} f(x-\alpha,y-\beta)h(\alpha,\beta)\,\mathrm{d}\alpha\mathrm{d}\beta \tag{2.13}$$

式(2.12)和式(2.13)可简记为

$$g(x,y)=f(x,y)*h(x,y) \tag{2.14}$$

在一些实际问题中，用非线性或空间被系统描述可能更精确，但这类模型的分析和求解常常是比较困难的，有时甚至是不可能的。所以，在一定的求解精度和研究范围内，常用线性空间不变系统模型近似非线性系统。在图像处理中，通常将一些系统，如成像系统，描述成线性空间不变系统，这种描述基本符合或在某局部范围内近似符合事实。

可以证明卷积有如下基本性质。

① 交换律

$$f(x,y)*h(x,y)=h(x,y)*f(x,y) \tag{2.15}$$

② 分配率

$$[f_1(x,y)+f_2(x,y)]*h(x,y)=f_1(x,y)*h(x,y)+f_2(x,y)*h(x,y) \quad (2.16)$$

③ 结合律

$$f(x,y)*[g(x,y)*h(x,y)]=[f(x,y)*g(x,y)]*h(x,y) \quad (2.17)$$

④ 位移不变性

若 $f(x,y)*h(x,y)=g(x,y)$，则

$$f(x-x_0,y-y_0)*h(x,y)=g(x-x_0,y-y_0) \quad (2.18)$$

⑤ 相关

函数 $f(x,y)$的自相关函数定义为

$$\begin{aligned} R_{ff}(\alpha,\beta) &= f(x,y)\otimes f(x,y) \\ &= f(x,y)*f(-x,-y) \\ &= \int_{-\infty}^{+\infty}\int_{-\infty}^{+\infty} f(\alpha,\beta)f(x+\alpha,y+\beta)\mathrm{d}\alpha\mathrm{d}\beta \end{aligned} \quad (2.19)$$

两个函数 $f(x,y)$和 $g(x,y)$的互相关函数定义为

$$\begin{aligned} R_{fg}(\alpha,\beta) &= f(x,y)\otimes g(x,y) \\ &= f(x,y)*g(-x,-y) \\ &= \int_{-\infty}^{+\infty}\int_{-\infty}^{+\infty} f(\alpha,\beta)g(x+\alpha,y+\beta)\mathrm{d}\alpha\mathrm{d}\beta \end{aligned} \quad (2.20)$$

上述关系中，$*$和$\otimes$分别表示卷积和相关运算符。

2.2 图像质量评价

图像质量表示图像向人或设备提供信息的能力，直接关系着所获取信息的充分性与准确性。然而，图像在获取、处理、传输和存储的过程中，由于各种因素的影响，将不可避免地产生图像的降质问题，这给信息获取或图像的后期处理带来了极大的困难。因此，在图像处理的相关领域建立图像质量评价机制具有重大的意义。

图像质量评价的问题涉及图像处理技术许多方面，如压缩、传输、增强、存储、水印等。一个有效的评价标准可以有如下三种应用。首先，可以在质量控制系统中检测图像质量。例如，图像采集系统利用其自动调整系统参数，从而获得最好的图像数据。其次，可以用作衡量图像处理系统和算法的标准。例如，有若干图像降噪和恢复的算法用来提高数码照片的质量时，质量标准便可以用来确定哪个算法可获得最好的结果。最后，可以嵌入到图像处理系统中优化系统和参数设置。例如，在视频通信系统中，质量标准既能辅助编码端的预滤波和比特分配算法的设计，又能辅助解码端的最优重构、误差消除和后滤波算法的设计。

图像质量评价从方法上可分为主观评价方法和客观评价方法。前者凭借实验人员的主观感知评价对象的质量；后者依据模型给出的量化指标，模拟人类视觉系统感知机制衡量图像质量。

2.2.1　主观质量评价方法

人是图像的最终接收者，因此，主观质量评价是最为可靠的图像质量评价方法。最常用的方法是平均主观分值法（Mean Opinion Score，MOS）和差分主观分值法（Difference Mean Opinion Score，DMOS）。

平均主观分值法是通过不同观测者对图像质量评价得出的主观分值进行平均得到归一化的分值，用这个分值来表示该图像质量。它一般有五个标准：优、良、中、差、劣。对应这五个标准有两种类型的分值：图像主观绝对分值和图像主观相对分值。其中，主观绝对分值是观测者对图像本身的主观分值，主观相对分值是观测者对图像在一组图像中的相对其他图像的主观分值，如表2.1和表2.2所示。

表2.1　图像主观绝对分值

优	良	中	差	劣
5	4	3	2	1

表2.2　图像主观相对分值

最好	中等偏上	中等	偏差	最差
5	4	3	2	1

差分主观分值法建立在平均主观分值法分值的基础上，其计算公式如下：

$$d_{i,j}=\mathrm{MOS}_{\mathrm{original}}-\mathrm{MOS}_{\mathrm{distorted}} \tag{2.21}$$

$$d'_{i,j}=\frac{d_{i,j}-\min(d_{i,j})}{\max(d_{i,j})-\min(d_{i,j})} \tag{2.22}$$

这里，$d_{i,j}$代表观测者对参考图像和失真图像评分的差异值。最后对$d'_{i,j}$取平均值，可以得到差分主观分值。

主观评价算法也有很大的不足之处。首先，需组织人力对图像质量进行评价，评价结果很容易受到个人主观因素的影响，并且当图像数量巨大时，该方法就更为耗费时间，因此不利于在工程实践中的应用；其次，该方法不能自动实现，不能嵌入实际的图像或视频处理系统中，如流媒体播放、视频会议等。但是为了评测客观图像质量评价算法，仍然需要用到主观评价算法的辅助，所以对于主观评价算法的介绍也是很有必要的。

2.2.2　客观质量评价方法

客观质量评价是指使用一个或多个图像的度量指标，建立与图像质量相关的数学模型让计算机自动计算得出图像质量。其目标是客观评价结果与人的主观感受相一致。根据是否对原始图像进行参考及参考的程度，客观质量评价又可分为全参考方法、部分参考方法和无参考方法。

1. 全参考方法

全参考（Full Reference，FR）图像质量评价方法需要参考完整的原始图像，经过几十年的发展，其已形成较完整的理论体系和成熟的评价框架。待评图像信号的质量可以通过与原始图像信号相比之后获得的误差信号进行质量分析。图像质量的下降与误差信号的强弱相关。

(1) 均方差和峰值信噪比

最简单的客观评价方法均方差(Mean Squared Error，MSE)和峰值信噪比(Peak Signal-to-Noise Ratio，**PSNR**)可由下列表达式表示：

$$\text{MSE}=\frac{1}{MN}\sum_{i=0}^{M-1}\sum_{j=0}^{N-1}\left[f(i,j)-\hat{f}(i,j)\right]^2 \tag{2.23}$$

$$\text{PSNR}=10*\lg\frac{255^2}{\text{MSE}} \tag{2.24}$$

其中，$f(i,j)$代表参考图像在空间位置(i,j)的灰度值，$\hat{f}(i,j)$代表失真图像在空间位置(i,j)的灰度值。

虽然 **MSE** 和 **PSNR** 计算形式上非常简单，物理意义理解也很清晰，但是因为它们是基于失真图像和参考图像像素对之间随机误差差异而定义的。本质上没有考虑将人眼视觉系统(Human Visual System，HVS)特性引入到图像质量评价中来，只是单纯从数学角度分析差异，与图像的感知质量之间没有必然联系，所以有时候会出现评价结果的不准确。

(2) 加权均方误差与加权峰值信噪比

结合人眼的视觉特性，对传统图像质量客观评价算法MSE、PSNR 进行加权处理，得到了加权均方差(Weighted Mean Squared Error，WMSE)评价方法与加权峰值信噪比(Weighted Peak Signal-to-Noise Ratio，WPSNR)评价方法，以达到在评价方法中融入HVS 特性的目的。

加权均方差的总体实现过程是首先对经二维离散傅里叶变换的原图像和目标图像频谱，依据 HVS 分别予以子带分割。并对获取的系列子带频谱进行二维傅里叶反变换，建立相应的原图像和目标图像的子带图像系列；然后分别计算逐个子带图像对应的 MSE 值，并依据各子带视觉加权系数进行加权处理；经过 WMSE 的阈值判决，最终得出该图像质量的评价等级。

加权峰值信噪比的主要思想是首先将原始载体图像划分为区，分别对图像不同区域的像素设定不同的加权系数，计算原始图像和待测图像的误差。整幅图像的加权均方误差为

$$\text{WMSE}=\frac{1}{MN}\sum_{i=0}^{M-1}\sum_{j=0}^{N-1}W(i,j)\left[f(i,j)-\hat{f}(i,j)\right]^2 \tag{2.25}$$

其中，$W(i,j)$表示在(i,j)处的像所属区域的加权系数。

最后计算加权峰值信噪比为

$$\text{WPSNR}=10*\lg(f_{\max}^2/\text{WMSE}) \tag{2.26}$$

通常，对于灰度图像有 $f_{\max}^2=255$。

WMSE 和 WPSNR 方法使得客观评价方法与主观感觉达到一定程度的统一，但是所带来的问题是计算复杂度提高。

(3) 基于人眼视觉系统的结构相似度方法

图像降质对人眼视觉的影响是由 HVS 的灵敏度决定的，而视觉灵敏度是由人眼的视觉细胞决定的。此外，HVS 的灵敏度还受到图像局部空间频率的影响，大量实验结果证明：影响像素误差可视度的因素是误差周围的局部区域环境，而不是整个图像的背景环境。为此人们建立了各种 HVS 模型用以评价图像的质量，其中最典型的 HVS 模型如图 2.1 所示，它模拟了视觉感知的三个显著特性，即视觉非线性特性(Webber 定律)、视觉敏感度带通及视觉多通道和掩盖效应。

图 2.1　典型的 HVS 模型

其中非线性、多通道、对比敏感度带通和掩盖效应特性研究较多，已有相应的计算模型。而多通道间不同激励的相互作用和视觉心理特征还无法根据生理特性得到精确的计算模型。

自然图像具有特定的结构，像素间有很强的从属关系，这些从属关系反映了视觉场景中的结构信息。为此，提出了基于结构失真的图像质量评价方法，称为**结构相似度方法**(Structural Similarity Image Measurement，SSIM)，流程可用框图 2.2 表示。

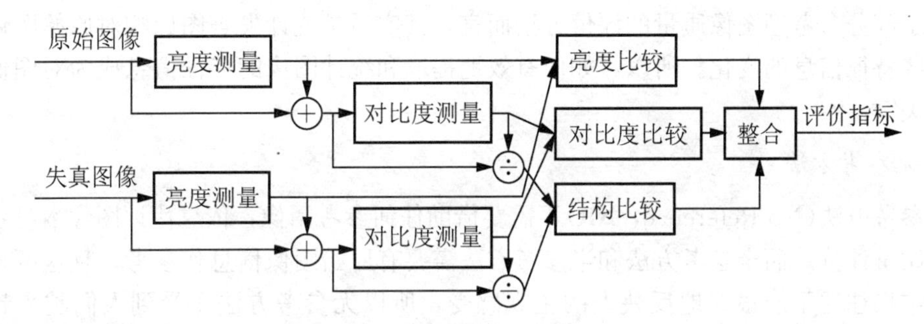

图 2.2　结构相似度方法

该方法认为光照对于物体结构是独立的，而光照改变主要来源于亮度和对比度，所以它将亮度和对比度从图像的结构信息中分离出来，并结合结构信息对图像质量进行评价。该类方法在某种程度上绕开了自然图像内容的复杂性及多通道相关问题，直接评价图像信号的结构相似性。

该方法的出发点是要有效模仿人眼提取视觉场景中结构信息的能力，评价结构信息与人眼主观感知非常接近。因此，采用结构相似性可提供与人眼主观感知图像失真非常接近的一种客观评价。SSIM 评价方法通过测量图像结构信息的改变来反映图像质量的失真情况，达到复杂度较低，应用性较强的效果；但同时也屏蔽掉了 HVS 的其他生理特征，评价过程不易于解析。

2. 部分参考方法

部分参考评价方法(Reduced Reference，RR)只需提取**部分原始图像数据**用于评价，相对于全参考评价方法，这种方法灵活性强，适用范围广泛，具有传输数据量小、可靠性高等特点，受到了越来越多人的关注，更具研究价值。

如图 2.3 所示为一个部分参考的图像质量评价模型。在这个模型中，发送端有一个特征提取过程，所提取的特征一般数据量远远小于原始图像数据，并通过辅助通道传输到接收端。辅助通道通常认为是没有误差的，虽然实际上做不到绝对没有误差，但相对于原始图像，特征数据量少，其误差更容易控制，而且即使在有误差的情况下，其对图像质量评价也非常有意义。一个成功的部分参考型图像质量评价方法必须在特征数据率和图像质量的预测精度上取得很好的平衡。这是因为，如果部分参考型特征数据率越大，能包含参考图像的信息就越多，得到的预测就会越精确，但这也会给传送这些参数造成很大负担；相反，数据量越小就越易于传送，但最终的预测也会越差。

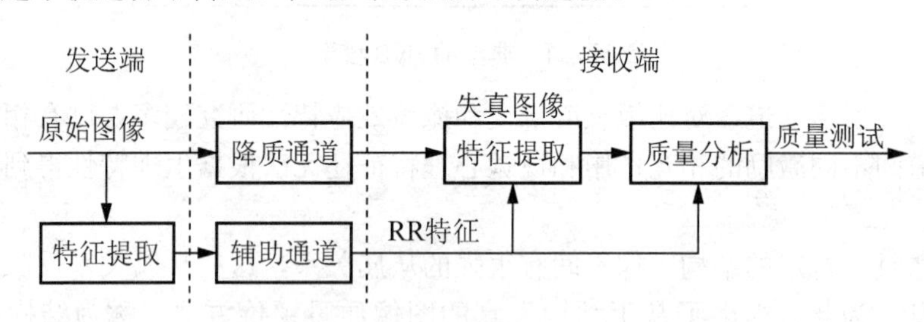

图 2.3　部分参考的图像质量评价模型

对于部分参考型图像质量的评价方法而言，其实质是统计失真图像相对原始图像的某种或某些特征信息的变化。所以，如何有效地提取和统计图像的特征信息成为对图像质量评价的关键。

3. *无参考方法*

无参考方法(No Reference，**NR**)不需要借助任何参考图像，依靠待评图像本身各种信息进行质量评价。而全参考方法和半参考方法需要有原始图像信息作参考，且这两种方法得到的结果往往不能很好地反映人的主观感受，所以无参考方法正受到人们越来越多的关注。

相对于全参考和部分参考评价方法，无参考方法的研究仍处于起步阶段。目前，无参考图像失真度量一般是针对某一种或几种类型的失真，如模糊效应、分块效应、噪声效应等。

(1) 模糊效应

模糊是一种常见的失真现象。其表现是边缘的平滑效应。引起模糊的原因有很多，如图像压缩、拍摄时运动、聚焦不准、镜头失常等。从频域的角度看，模糊往往是高频分量的不足。模糊效应的度量一般是基于模糊边缘的平滑效应的现象。

(2) 分块效应

分块效应一般是由离散余弦变换压缩算法带来的降质效应。JPEG 图像便是采用离散余弦变换压缩算法。客观评价分块效应对于图像、视频压缩系统的发展、优化和评估都很重要。分块效应的度量一般是基于相邻分块间的差异提出来的。

(3) 噪声效应

数字图像中往往存在各种类型的噪声。产生噪声的原因可能有几种，与生成图像的方法有关，如图像的处理过程、图像数据的传输、获取图像数据的电子设备等。噪声效应度量一般是通过对局部平滑度的测量进行。一般认为如果一个像素点破坏了一个局部的平滑度，则该像素点可以被以为是噪点。通过对一个像素点与其周围八个像素点的信息比较判断其是否为噪点。

可以看出，多数无参考图像质量评价方法所选择的反应图像质量的特征都有比较强的针对性。当然，仅仅评价某一种并不能很好地反应图像的整体质量，应该综合考虑多种因素进行评价。

对图像失真效应的度量只能反映出图像的失真程度，并不能直观反映出人的主观感受。一般将失真效应的度量结果与主观测试值相结合，得出客观质量评价值。

无论是哪类无参考评价模型，模型的准确性都难以比拟全参考模型。一方面是由于缺乏图像的先验知识；另一方面也是由于图像质量的定义模糊造成的。例如，一幅发生几何偏移失真的图像，如果有原始图像作为参照，其失真可以明显地察觉。但忽略原始图像的相关信息，单纯从人眼感知的角度去考虑，则图像的质量可以认为不变。为此，在设计质量评价模型时，需要更多关注视觉心理学的相关研究，并可借鉴盲信号处理领域的研究方法，提高模型的精确度。

无参考图像质量评价是一个比较新的研究领域，所取得的成果还非常有限。无参考图像质量评价的难点在于以下两点。

首先，图像中存在许多无法量化的因素，例如，美学、认识联系、知识、上下文等在图像质量评价中起着重要的作用，这些因素会导致基于个人主观印象的人类观察者的一些感知变化，而同时又无法利用可参考信号对比，使得无参考质量评价的问题变得更加复杂。

其次，对人类视觉系统的了解还相当有限，图像的理解水平仍然比较低，利用图像的统计信息获取相应的模型和知识表示是一个关键，做到这一点是很困难的。

2.3 图像的数学描述

如前所述，凡是能为人的视觉系统所感受的空间信息，皆称为图像，也是客观时间反射或透射的某种能量形式的分布图。这种能量形式可能是可见光、X 射线、红外线和超声波等，它们反映景物中物体的表面形式、性质以及内部结构等。为了描述这些能量形式，应该建立一定的数学模型。最基本的，一幅图像可表示成三种不同的数学模型，分别是连续模型、离散模型和随机模型。

2.3.1 图像的函数表示

物体反射或透射能量的空间分布被人眼或设备所映射和记录，成为图像，数学上可表示为 $f(x,y,z,\lambda,t)$，其中 x，y，z 为几何空间坐标，λ 为波长，t 为时刻。如果适当选取坐标系，使所取的图平面垂直于 z 轴，且成图是某时间段和某波段范围的积分，则一幅黑

白图像可简单表示为二元函数 $f(x,y)$。在以后的讨论中，就以 $f(x,y)$ 来表示图像中坐标点 (x,y) 处的灰度(Grey)或亮度(Brightness)。由于这些值是能量的记录，故其是非负有界实数，即

$$0\leqslant f(x,y)<+\infty \tag{2.27}$$

一幅图像的尺寸是有限的，一般定义 (x,y) 在某一矩形域中。这样一来，以二元函数 $f(x,y)$ 表示的图像就可以运用数学手段来进行处理和研究了。

从数学观点上看，成像机理就是以各种形式的算子 Q 对图像 f 进行卷积运算生成 g。假定成像系统具有位移不变性，该系统对位置 (a,b) 的脉冲响应就是算子 Q 对 δ 函数的作用结果，即

$$h[(x-a,y-b)]=Q[\delta(x-a,y-b)] \tag{2.28}$$

对于二维输入 $f(x,y)=\sum\limits_a\sum\limits_b f(a,b)\delta(x-a,y-b)$ 来说，其输出为

$$\begin{aligned} g(x,y) &= Q\Big[\sum_a\sum_b f(a,b)\delta(x-a,y-b)\Big] \\ &= \sum_a\sum_b f(a,b)Q[\delta(x-a,y-b)] \\ &= \sum_a\sum_b f(a,b)h(x-a,y-b) \end{aligned} \tag{2.29}$$

式(2.29)的简写形式为

$$g(x,y)=f(x,y)*h(x,y) \tag{2.30}$$

式(2.29)和式(2.30)可以写成更为一般的连续形式

$$g(x,y)=\iint\limits_{a\,b} f(a,b)h(x-a,y-b)\mathrm{d}a\mathrm{d}b \tag{2.31}$$

尽管实际图像具有连续的形式，但其经过采样和量化后，输入计算机的总是它的离散形式。由于计算机的二进制特点，通常 $N\times N=256\times256$ 像素、512×512 像素或 1024×1024 像素，其大小主要是决定于分辨率。对于一幅大小为 1024×1024 像素、每一像素占有 8bit 的图像来说(相当于 256 灰度级)，其所占的存储容量为 1MB。

一般而言，数字图像 $f(x,y)$ 被排成一个 $M\times N$ 的数阵，每个阵元的函数值 $f(i,j)$ 称为样本。当把由样本组成的数阵当做一个矩阵 $[f(i,j)]_{M\times N}$ 时，则这个矩阵就是数字图像 $f(x,y)$ 的矩阵表示，矩阵的元素称为像素或像元(Pixel)。上述过程可表示为

$$f(x,y)\xrightarrow[(x,y)\in D]{\text{取量化}}\begin{bmatrix} f(0,0) & f(0,1) & \cdots & f(0,N-1) \\ f(1,0) & f(1,1) & \cdots & f(1,N-1) \\ \vdots & \vdots & & \vdots \\ f(M-1,0) & f(M-1,1) & \cdots & f(M-1,N-1) \end{bmatrix}\equiv[f(i,j)]_{M\times N}$$

将数字图像用矩阵表示的优点在于能应用矩阵理论对图像进行运算。在有些情况下，矩阵符号进行运算不够方便，此时，我们就需要用向量来表示图像。图像向量可由图像矩阵转换而成，即按照行(或列)的顺序，后一行(或列)的第一个元素紧接在前一行(或列)的最后一个元素后面，使所有元素串联在一起，堆成一列(或行)，组成一个列(或行)向量 $\boldsymbol{f}$(粗斜体)。

当按行串接时，则为

$$[f(i,j)]_{M\times N}\Rightarrow\begin{bmatrix}f(0,0)\\ \vdots\\ f(0,N-1)\\ f(1,0)\\ \vdots\\ f(1,N-1)\\ \vdots\\ f(M-1,N-1)\end{bmatrix}\equiv\begin{bmatrix}\boldsymbol{f}_0\\ \boldsymbol{f}_1\\ \vdots\\ \boldsymbol{f}_{M-1}\end{bmatrix}\equiv\boldsymbol{f}_{MN}$$

其中，$\boldsymbol{f}_i=(f(i,0),\ f(i,1),\ \cdots,\ f(i,N-1))^{\mathrm{T}}$。

这两种数字图像表示形式的转换可以通过程序进行数据重排来实现，也可以通过数学运算完成。这种转换在以后的算式推演中是有用的。令向量$\boldsymbol{V}_n$和分块矩阵$\boldsymbol{U}_n$分别为

$$\boldsymbol{V}_n=\begin{bmatrix}0\\ \vdots\\ 0\\ 1\\ 0\\ \vdots\\ 0\end{bmatrix}\begin{matrix}\text{第 1 列}\\ \vdots\\ \text{第 }n-1\text{ 列}\\ \text{第 }n\text{ 列}\\ \text{第 }n+1\text{ 列}\\ \vdots\\ \text{第 }N\text{ 列}\end{matrix},\quad \boldsymbol{U}_n=\begin{bmatrix}\boldsymbol{0}_{M\times M}\\ \vdots\\ \boldsymbol{0}_{M\times M}\\ \boldsymbol{I}_{M\times M}\\ \boldsymbol{0}_{M\times M}\\ \vdots\\ \boldsymbol{0}_{M\times M}\end{bmatrix}\begin{matrix}\text{第 1 块}\\ \vdots\\ \text{第 }n-1\text{ 块}\\ \text{第 }n\text{ 块}\\ \text{第 }n+1\text{ 块}\\ \vdots\\ \text{第 }N\text{ 块}\end{matrix}$$

式中$\boldsymbol{I}_{M\times M}$为单位矩阵。为了书写方便，令$[f(i,j)]_{M\times N}\equiv\boldsymbol{f}_{M\times N}$。于是，逐列串接的向量可用下式换算。

$$\boldsymbol{f}_{MN}=\sum_{n=1}^{N}\boldsymbol{U}_n\boldsymbol{f}_{M\times N}\boldsymbol{V}_N \tag{2.32}$$

上式中右乘$\boldsymbol{V}_n$是从$\boldsymbol{f}_{M\times N}$中提取第$n$列，而左乘$\boldsymbol{U}_n$是将这一列放入向量$\boldsymbol{f}_{MN}$中的第$n$块中。

将逐列串接形成的向量转化为矩阵可按式(2.33)进行

$$\boldsymbol{f}_{M\times N}=\sum_{n=1}^{N}\boldsymbol{U}_n^{\mathrm{T}}\boldsymbol{f}_{MN}\boldsymbol{V}_n^{\mathrm{T}} \tag{2.33}$$

对于矩阵$\boldsymbol{f}_{M\times N}$，它是一个$M\times N$的矩阵，若量化等级为$2^g$，则存储一幅数字图像所需的二进制位数为$M\times N\times g$。

2.3.2　图像的统计表示

1. 随机场的概念

图像处理过程中，有时也常用某些统计参数来分析和描述图像，以达到图像处理的目的。假定对某一静止景物拍照，由于各种随机因素的影响，如大气扰动和各种记录噪声等，使得点(x,y)处的灰度$f(x,y)$在某一范围内随机涨落，成为一个随机变量。在二维图像中随机变量的全体$\{f(x,y)\}$就构成一个随机场。

定义：依赖于点(x,y)的随机变量集合$\{f(x,y,\omega_i),\ (x,y)\in D,\omega_i\in\Omega\}$称为二维随机场，其中$D$为平面$xy$中的区域，$\Omega$为基本事件空间。随机场可简记为$f(x,y)$或$f(\boldsymbol{r})$，$\boldsymbol{r}$是位置矢量，对应的坐标为$(x,y)$。

2. 随机场的统计参量及计算公式

既然随机场中任一点的值是一随机变量，那么就可以用概率分布函数、分布密度函数、期望、方差、协方差和相关等统计参量来描述随机场。一般来说，随机场 $f(x,y)$ 的概率分布函数等参量是指二维场中坐标点 (x,y) 的参量。

(1) 概率分布函数

$$F_f(z,x,y)=P\{f(x,y)\leqslant z\} \tag{2.34}$$

式中 $P(\cdot)$ 表示括号内的事件发生的概率，z 为一个任意而固定的数，集 $\{f(x,y)\leqslant z\}$ 是一个事件。

(2) 概率分布密度函数

$$p_f(z,x,y)=\partial F_f(z,x,y)/\partial z \tag{2.35}$$

(3) 联合概率分布函数

随机场 $f(x,y)$ 关于 xy 平面中的 n 个点 $\boldsymbol{r}_1,\boldsymbol{r}_2,\cdots,\boldsymbol{r}_n$ 的联合概率分布函数定义为

$$F_f(z_1,\cdots,z_n,\boldsymbol{r}_1,\cdots,\boldsymbol{r}_n)=P\{f(\boldsymbol{r}_1)\leqslant z_1,\cdots,f(\boldsymbol{r}_n)\leqslant z_n\} \tag{2.36}$$

(4) 联合概率密度函数

随机场 $f(x,y)$ 关于 $\boldsymbol{r}_1,\boldsymbol{r}_2,\cdots,\boldsymbol{r}_n$ 的 n 阶联合概率密度函数定义为

$$p_f(z_1,\cdots,z_n,\boldsymbol{r}_1,\cdots,\boldsymbol{r}_n)=\partial^n F_f(z_1,\cdots,z_n,\boldsymbol{r}_1,\cdots,\boldsymbol{r}_n)/\partial z_1\cdots\partial z_n \tag{2.37}$$

(5) 条件概率密度函数

随机场 $f(x,y)$ 关于两点 $\boldsymbol{r}_1$ 和 $\boldsymbol{r}_2$ 的条件概率密度函数定义为

$$p_f(z_1,\boldsymbol{r}_1\mid z_2,\boldsymbol{r}_2)=p_f(z_1,z_2,\boldsymbol{r}_1,\boldsymbol{r}_2)/p_f(z_2,\boldsymbol{r}_2) \tag{2.38}$$

(6) 期望

$$m_f(x,y)\equiv E[f(x,y)]=\int_{-\infty}^{+\infty}zp_f(z,x,y)\mathrm{d}z \tag{2.39}$$

(7) 自相关函数①

随机场 $f(x,y)$ 两点 $\boldsymbol{r}_1$ 和 $\boldsymbol{r}_2$ 的自相关函数定义为

$$R_{ff}(\boldsymbol{r}_1,\boldsymbol{r}_2)\equiv E[f(\boldsymbol{r}_1)f^*(\boldsymbol{r}_2)]=\int_{-\infty}^{+\infty}\int_{-\infty}^{+\infty}z_1z_2p_f(z_1,z_2,\boldsymbol{r}_1,\boldsymbol{r}_2)\mathrm{d}z_1\mathrm{d}z_2 \tag{2.40}$$

(8) 自协方差函数

随机场 $f(x,y)$ 关于两点 $\boldsymbol{r}_1$ 和 $\boldsymbol{r}_2$ 的自协方差函数定义为

$$\begin{aligned}C_{ff}(\boldsymbol{r}_1,\boldsymbol{r}_2)&\equiv E[(f(\boldsymbol{r}_1)-m_f(\boldsymbol{r}_1))\cdot(f(\boldsymbol{r}_2)-m_f(\boldsymbol{r}_2))^*]\\&=R_{ff}(\boldsymbol{r}_1,\boldsymbol{r}_2)-m_f(\boldsymbol{r}_1)m_f^*(\boldsymbol{r}_2)\end{aligned} \tag{2.41}$$

若 $x_1=x_2$，$y_1=y_2$，则 $C_{ff}(\boldsymbol{r}_1,\boldsymbol{r}_2)$ 即为方差。

(9) 互相关函数

两个随机场 $f(x,y)$ 和 $g(x,y)$ 关于点 (x_1,y_1) 和点 (x_2,y_2) 的互相关函数定义为

$$R_{fg}(x_1,y_1,x_2,y_2)\equiv E[f(x_1,y_1)g^*(x_2,y_2)] \tag{2.42}$$

---

① 图像处理有时会在复数空间进行，式中的上角标"*"代表取共轭。以下同此情况。

(10) 互协方差函数

两个随机场 $f(x,y)$ 和 $g(x,y)$ 关于点 (x_1,y_1) 和点 (x_2,y_2) 的互协方差函数定义为

$$\begin{aligned} C_{fg}(x_1,y_1,x_2,y_2) &\equiv E[(f(x_1,y_1)-m_f(x_1,y_1))\cdot(g^*(x_2,y_2)-m_g^*(x_2,y_2))] \\ &= R_{fg}(x_1,y_1,x_2,y_2)-m_f(x_1,y_1)m_g^*(x_2,y_2) \end{aligned} \tag{2.43}$$

若对于任意的点 (x_1,y_1) 和点 (x_2,y_2)，恒有

$$R_{fg}(x_1,y_1,x_2,y_2)=0 \tag{2.44}$$

则称这两个随机场 $f(x,y)$ 和 $g(x,y)$ 是正交的。

若对于任意的点 (x_1,y_1) 和点 (x_2,y_2)，恒有

$$C_{fg}(x_1,y_1,x_2,y_2)=0 \tag{2.45}$$

则称这两个随机场 $f(x,y)$ 和 $g(x,y)$ 是不相关的。由式(2.43)可知，这种情况下有

$$E[f(x_1,y_1)g^*(x_2,y_2)]=E[f(x_1,y_1)]E[g^*(x_2,y_2)] \tag{2.46}$$

(11) k 阶原点矩函数

随机场 $f(x,y)$ 的 k 阶原点矩函数定义为

$$m_f^{(k)}(x,y)\equiv E[f^k(x,y)]=\int_{-\infty}^{+\infty} z^k p_f(z,x,y)\mathrm{d}z \tag{2.47}$$

其中，$k=0$，1，…。当 $k=1$ 时，$m_f^{(1)}(x,y)$ 即为期望 $m_f(x,y)$。

(12) k 阶中心矩函数

随机场 $f(x,y)$ 的 k 阶中心矩函数定义为

$$\mu_f^{(k)}(x,y)\equiv E[f(x,y)-m_f(x,y)^k] \tag{2.48}$$

其中，$k=0$，1，…。当 $k=2$ 时，$\mu_f^{(2)}(x,y)$ 即为方差。

3. 图像的概率分布和统计参量

下面的讨论分别给出矩阵式和矢量式，便于读者比较。

经过采样以后的数字图像作为一个数组输入到计算机内，以供程序调用，但在数学模型中则把它作为一个 $M\times N$ 的矩阵 $[f(i,j)]_{M\times N}$，其中 $0\leqslant i\leqslant M-1$，$0\leqslant j\leqslant N-1$，$M$ 和 N 分别为采样行数和列数。为了描述方便，此处我们将矩阵 $[f(i,j)]_{M\times N}$ 改写成 $[F(i,j)]$。

图像矩阵的均值也为一矩阵，其形式为

$$E[F]=[E[F(i,j)]] \tag{2.49}$$

式中 $F(i,j)$ 为阵元。图像矩阵的相关函数为

$$R(i_1,j_1,i_2,j_2)=E[F(i_1,j_1)F^*(i_2,j_2)] \tag{2.50}$$

式中 (i_1,j_1) 和 (i_2,j_2) 表示两个不同的坐标点。同样地，图像矩阵的协方差函数为

$$\begin{aligned} C_F(i_1,j_1,i_2,j_2)=E[&\{F(i_1,j_1)-E[F(i_1,j_1)]\}\cdot\{F^*(i_2,j_2) \\ &-E[F^*(i_2,j_2)]\}] \end{aligned} \tag{2.51}$$

于是，可以直接写出图像矩阵的方差函数为 $\sigma^2(i_1,j_1)=C_F(i_1,j_1,i_1,j_1)$。式(2.51)可以简记为 $C_F=[C_{i,j}]$，这是一个 $M\times M$ 分块矩阵；而阵元 $C_{i,j}$ 是一个 $N\times N$ 矩阵。

当随机场为广义平稳过程时，相关情况只与两采样点的间隔有关，而与采样点的位置无关。这样，将有 $R(i_1,j_1,i_2,j_2)=R(i_1-i_2,j_1-j_2)=R_{i,j}$。把这一概念引申到协方差，且定义

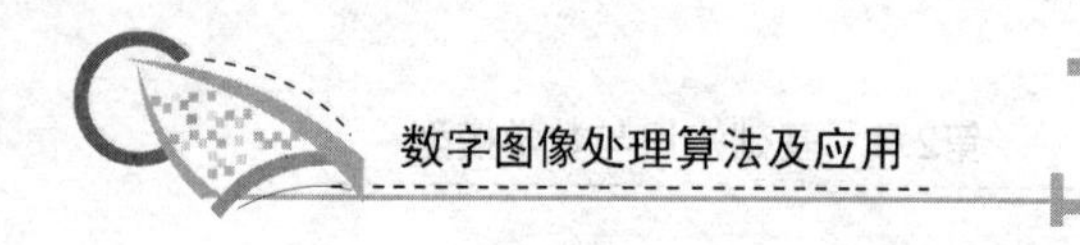

$$C_{i,j}\mid_{i\geqslant j}=C_k, C_{i,j}\mid_{i<j}=C_k^*，且 k=|i-j|+1 \tag{2.52}$$

例如，$C_{1,1}=C_{2,2}=\cdots=C_{M,M}\equiv C_1$，$C_{1,2}=C_{2,3}=\cdots=C_{M-1,M}\equiv C_2$，$C_{2,1}=C_{3,2}=\cdots=C_{M,M-1}\equiv C_2^*$。于是，把协方差矩阵$\boldsymbol{C}_F=[C_{i,j}]$ 展开就成为

$$\boldsymbol{C}_F=\begin{bmatrix} C_1 & C_2 & C_3 & \cdots & C_M \\ C_2^* & C_1 & C_2 & \cdots & C_{M-1} \\ C_3^* & C_2^* & C_1 & \cdots & C_{M-2} \\ \vdots & \vdots & \vdots & & \vdots \\ C_M^* & C_{M-1}^* & C_{M-2}^* & \cdots & C_1 \end{bmatrix} \tag{2.53}$$

该矩阵称为分块Toeplitz 矩阵，它的阵元是Toeplitz 矩阵。

正如 2.3.1 所述，在实际运算中有时 $M\times N$ 把数字图像表示成一个向量

$$\boldsymbol{f}=[f(0,0)\cdots f(0,N-1)\cdots f(M-1,0)\cdots f(M-1,N-1)]^{\mathrm{T}} \tag{2.54}$$

该向量 $\boldsymbol{f}$ 是把图像阵列中的元素逐行(或列)串接起来形成的。

当将图像 $f(x,y)$ 作为随机场来对待时，取样而得到的图像向量 $\boldsymbol{f}$ 的各分量便是随机变量。分量是随机变量的向量称为随机向量，它是数字图像的数学表示形式之一。

令 $M=N$，我们可把式(2.54)表示为较简单的形式，$\boldsymbol{f}=[f_0 f_1\cdots f_{N-1}]^{\mathrm{T}}$。如果以随机变量 $\boldsymbol{f}$ 的各随机变量 f_i 的值不大于某值 z_i 作为随机事件，则和连续情况一样，也可以引入联合概率分布函数

$$F_f(z_0,z_1,\cdots,z_{N-1})=P\{f_0\leqslant z_0,f_1\leqslant z_1,\cdots,f_{N-1}\leqslant z_{N-1}\} \tag{2.55}$$

和联合概率密度函数

$$p_f(z_0,z_1,\cdots z_{N-1})=\partial^N F_f(z_0,z_1,\cdots z_{N-1})/\partial z_0\,\partial z_1,\cdots,\partial z_{N-1} \tag{2.56}$$

随机向量 $\boldsymbol{f}$ 的均值也是向量，该均值向量 $\bar{\boldsymbol{f}}$ 的各分量为随机向量 $\boldsymbol{f}$ 各分量的均值，即

$$\bar{\boldsymbol{f}}\equiv E[\boldsymbol{f}]=[E(\boldsymbol{f}_0)E(\boldsymbol{f}_1)\cdots E(\boldsymbol{f}_{N-1})]^{\mathrm{T}}\equiv[\bar{\boldsymbol{f}}_0\,\bar{\boldsymbol{f}}_1\cdots\bar{\boldsymbol{f}}_{N-1}]^{\mathrm{T}} \tag{2.57}$$

随机向量 $\boldsymbol{f}$ 的相关矩阵为

$$\boldsymbol{R}_f\equiv E[\boldsymbol{f}\boldsymbol{f}^{*\mathrm{T}}]=\begin{bmatrix} E[f_0 f_0] & E[f_0 f_1] & \cdots & E[f_0 f_{N-1}] \\ E[f_1 f_0] & E[f_1 f_1] & \cdots & E[f_1 f_{N-1}] \\ \vdots & \vdots & & \vdots \\ E[f_{N-1} f_0] & E[f_{N-1} f_1] & \cdots & E[f_{N-1} f_{N-1}] \end{bmatrix} \tag{2.58}$$

若 $\boldsymbol{R}_f$ 的非主对角线上的阵元为零，则各随机分量是正交的。

随机向量 $\boldsymbol{f}$ 的协方差矩阵为

$$\begin{aligned}\boldsymbol{C}_f &\equiv E[(\boldsymbol{f}-\bar{\boldsymbol{f}})(\boldsymbol{f}-\bar{\boldsymbol{f}})^{*\mathrm{T}}] \\ &=\begin{bmatrix} E[(f_0-\bar{f}_0)(f_0-\bar{f}_0)] & E[(f_0-\bar{f}_0)(f_1-\bar{f}_1)] & \cdots & E[(f_0-\bar{f}_0)(f_{N-1}-\bar{f}_{N-1})] \\ E[(f_1-\bar{f}_1)(f_0-\bar{f}_0)] & E[(f_1-\bar{f}_1)(f_1-\bar{f}_1)] & \cdots & E[(f_1-\bar{f}_1)(f_{N-1}-\bar{f}_{N-1})] \\ \vdots & \vdots & & \vdots \\ E[(f_{N-1}-\bar{f}_{N-1})(f_0-\bar{f}_0)] & E[(f_{N-1}-\bar{f}_{N-1})(f_1-\bar{f}_1)] & \cdots & E[(f_{N-1}-\bar{f}_{N-1})(f_{N-1}-\bar{f}_{N-1})] \end{bmatrix}\end{aligned} \tag{2.59}$$

该式与矩阵式(2.51)等价，容易知道，$\boldsymbol{C}_f$ 主对角线上的阵元为相应分量的方差。若非对角线上的元素为零，则各随机分量是不相关的。可以得出

$$\boldsymbol{C}_f=\boldsymbol{R}_f-\bar{\boldsymbol{f}}\cdot\bar{\boldsymbol{f}}^{*\mathrm{T}} \tag{2.60}$$

若联合概率密度函数有

$$p_f(z_0, z_1, \cdots, z_{N-1}) = p(z_0)p(z_1)\cdots p(z_{N-1}) \tag{2.61}$$

则各随机分量是独立的。

最普通的联合概率密度函数是正态分布密度函数

$$p(\boldsymbol{f}) = (2\pi)^{-\pi/2} \mid \boldsymbol{C}_f \mid \exp\left[-\frac{1}{2}(\boldsymbol{f}-\overline{\boldsymbol{f}})^{*\mathrm{T}} \boldsymbol{C}_f^{-1}(\boldsymbol{f}-\overline{\boldsymbol{f}})\right] \tag{2.62}$$

式中$\boldsymbol{C}_f$ 是 $\boldsymbol{f}$ 的协方差矩阵。

2.3.3 图像处理的统计模型

(1) 均匀随机场

如果一个随机场 $f(\boldsymbol{r})$的期望 $m_f(\boldsymbol{r})$和自相关函数 $R_{ff}(\boldsymbol{r}_1\boldsymbol{r}_2)$是位移不变的，换言之，期望和相关情况只与两采样点的间隔有关，而与采样点的位置无关，即 $m_f(\boldsymbol{r})$是常数。这样对任意取定的两个位置矢量$\boldsymbol{r}_1$，$\boldsymbol{r}_2$，将有

$$R_{ff}(\boldsymbol{r}_1, \boldsymbol{r}_2) = R_{ff}(\boldsymbol{r}_1 - \boldsymbol{r}_2) = R_{ff}(\Delta x, \Delta y) \tag{2.63}$$

则称该随机场是均匀随机场，或广义平稳随机场。显然，式(2.63)也可以写为

$$R_{ff}(\boldsymbol{r}_1, \boldsymbol{r}_2) = R_{ff}(\boldsymbol{r}_2 - \boldsymbol{r}_1) = R_{ff}(-\Delta x, -\Delta y)$$

表明均匀随机场的自相关函数是偶函数，关于原点对称且只依赖于两个点的坐标差。显然，一个实均匀随机场 $f(x,y)$自相关函数应为

$$R_{ff}(\Delta x, \Delta y) = E[f(x+\Delta x, y+\Delta y)f^*(x,y)] \tag{2.64}$$

当 $\Delta x=\Delta y=0$ 时，式(2.64)则为 $R_{ff}(0,0)=E[f(x,y)f^*(x,y)]=E[f^2(x,y)]$，而自协方差函数为 $C_{ff}(\boldsymbol{r},\boldsymbol{r})=R_{ff}(0,0)-m_f^2(\boldsymbol{r})$。通常假定均匀随机场的自相关函数为

$$R_{ff}(\boldsymbol{r}_1, \boldsymbol{r}_2) \equiv R_{ff}(\Delta x, \Delta y) = [R_{ff}(0,0) - m_f^2(\boldsymbol{r})] \cdot \mathrm{e}^{-a|\Delta x|-b|\Delta y|} + m_f^2 \tag{2.65}$$

式中 a 和b 分别表示垂直方向和水平方向的相关程度。一般图像的 e^{-a}和 e^{-b}为 0.9～0.98。

对于互相关函数 $R_{fg}(x_1,y_1,x_2,y_2)$能够做出类似的结论。若此函数只依赖于 x_1-x_2 和 y_1-y_2，则该两随机场称为联合均匀的。对于两个联合均匀实随机场，其互相关函数为

$$R_{fg}(\Delta x, \Delta y) = E[f(x+\Delta x, y+\Delta y)g^*(x,y)] \tag{2.66}$$

设 $f_i(x,y)$是均匀随机场 $f(x,y)$的一个实现，S 为定义域 D 的面积，如果定义平均值为

$$m_f = \lim_{s\to+\infty} \frac{1}{S}\iint_D f_i(x,y)\mathrm{d}x\mathrm{d}y \tag{2.67}$$

其中，$i=1,2,\cdots$，则称该随机场对于平均值是各态历经的。显然该平均值是一随机变量。上述定义表明，均匀随机场的一个实现的空间平均等于它的具有各态历经性质的集合平均。如果定义

$$R_{ff}(\alpha,\beta) = \lim_{s\to+\infty} \frac{1}{S}\iint_D f_i(x,y)f_i^*(x+\alpha, y+\beta)\mathrm{d}x\mathrm{d}y \tag{2.68}$$

为自相关函数，则称该随机场对于自相关是各态历经的。

(2) 谱密度

一个均匀随机场 $f(x,y)$的谱密度 $S_{ff}(u,v)$被定义为是其自相关函数的傅里叶变换，即

$$S_{ff}(u,v)=\int_{-\infty}^{+\infty}\int_{-\infty}^{+\infty}R_{ff}(\alpha,\beta)\mathrm{e}^{-j2\pi(\alpha u+\beta v)}\mathrm{d}\alpha\mathrm{d}\beta \tag{2.69}$$

同理，两个均匀随机场 $f(x,y)$ 和 $g(x,y)$ 的互谱密度 $S_{fg}(u,v)$ 被定义为是其互相关函数的傅里叶变换，即

$$S_{fg}(u,v)=\int_{-\infty}^{+\infty}\int_{-\infty}^{+\infty}R_{fg}(\alpha,\beta)\mathrm{e}^{-j2\pi(\alpha u+\beta v)}\mathrm{d}\alpha\mathrm{d}\beta \tag{2.70}$$

谱密度有时也称为功率谱。

由式(2.69)知，$R_{ff}(\alpha,\beta)$ 为 $S_{ff}(u,v)$ 的傅里叶逆变换

$$R_{ff}(\alpha,\beta)=\int_{-\infty}^{+\infty}\int_{-\infty}^{+\infty}S_{ff}(u,v)\mathrm{e}^{j2\pi(\alpha u+\beta v)}\mathrm{d}\alpha\mathrm{d}\beta \tag{2.71}$$

当 $\alpha=\beta=0$ 时，式(2.71)给出

$$\int_{-\infty}^{+\infty}\int_{-\infty}^{+\infty}S_{ff}(u,v)\mathrm{d}\alpha\mathrm{d}\beta=R_{ff}(0,0)=E[f^2(x,y)]\geqslant 0 \tag{2.72}$$

(3) 对随机场的线性运算

数学上已经证明，如果系统是线性位移不变的，则对图像 $f(x,y)$ 成像的叠加积分运算可表示为 $f(x,y)$ 与点扩展函数 $h(x,y)$ 的卷积。让我们考察这个点扩展函数 $h(x,y)$ 的线性运算对均匀随机场 $f(x,y)$ 的作用。

首先仍按一般函数形式写出卷积表示式

$$g(x,y)=\int_{-\infty}^{+\infty}\int_{-\infty}^{+\infty}f(x-\alpha,y-\beta)h(\alpha,\beta)\mathrm{d}\alpha\mathrm{d}\beta \tag{2.73}$$

显然，式(2.73)是一个方程组，函数族 $f(x,y)$ 中的每个原函数产生一个原函数 $g(x,y)$。该原函数构成的函数族就是随机场 $g(x,y)$。可以证明，若 f 是均匀的，则 g 也是均匀的。

如果输入和输出图像被看做均匀随机场，则关于输入图像 $f(x,y)$ 的谱密度和输出图像 $g(x,y)$ 的谱密度之间的关系有一个定理。下面我们将证明这个在图像处理中很有用的定理。

定理 2.1 令 $S_{ff}(u,v)$ 和 $S_{gg}(u,v)$ 分别表示均匀随机场 $f(x,y)$ 和 $g(x,y)$ 的谱密度，若 g 是根据式(2.73)由 f 导出，则

$$S_{gg}(u,v)=S_{ff}(u,v)\mid H(u,v)\mid^2 \tag{2.74}$$

式中 $\mid H(u,v)\mid$ 为点扩展函数 $h(x,y)$ 的傅里叶变换。

证明：式(2.73)可以写为

$$g(x+a,y+b)=\int_{-\infty}^{+\infty}\int_{-\infty}^{+\infty}f(x+a-\alpha,y+b-\beta)h(\alpha,\beta)\mathrm{d}\alpha\mathrm{d}\beta \tag{2.75}$$

令式(2.64)和式(2.66)中的 $\Delta x=\alpha$，$\Delta y=\beta$，则该两式为

$$R_{ff}(\alpha,\beta)=E[f(x+\alpha,y+\beta)f^*(x,y)] \tag{2.76}$$

$$R_{fg}(\alpha,\beta)=E[f(x+\alpha,y+\beta)g^*(x,y)] \tag{2.77}$$

式(2.75)两边同乘 $g(x,y)$，取期望运算，然后交换该积分和取期望的顺序，并利用式(2.76)和式(2.77)，则得到

$$R_{gg}(a,b)=\int_{-\infty}^{+\infty}\int_{-\infty}^{+\infty}R_{fg}(a-\alpha,b-\beta)h(\alpha,\beta)\mathrm{d}\alpha\mathrm{d}\beta \tag{2.78}$$

同理，式(2.75)两边同乘 $f(x+a,y+b)$并取期望运算，则得

$$R_{fg}(a,b)=\int_{-\infty}^{+\infty}\int_{-\infty}^{+\infty}R_{ff}(a+\alpha,b+\beta)h(\alpha,\beta)\mathrm{d}\alpha\mathrm{d}\beta \tag{2.79}$$

式(2.78)和式(2.79)可以写成简化卷积形式

$$R_{gg}(a,b)=R_{fg}(a,b)*h(a,b) \tag{2.80}$$

$$R_{fg}(a,b)=R_{ff}(a,b)*h(-a,-b) \tag{2.81}$$

把式(2.81)代入式(2.80)得到

$$R_{gg}(a,b)=R_{ff}(a,b)*h(-a,-b)*h(a,b) \tag{2.82}$$

因为 $h(-a,-b)$的傅里叶变换等于 $H^*(u,v)$，对式(2.82)做傅里叶变换并运用卷积定理，则得到式(2.74)。这就完成了该定理的证明。

如果随机场 f 和 g 有下述关系：

$$g(x,y)=\int_{-\infty}^{+\infty}\int_{-\infty}^{+\infty}f(x-\alpha,y-\beta)h(\alpha,\beta)\mathrm{d}\alpha\mathrm{d}\beta+n(x,y) \tag{2.83}$$

其中，随机场 $n(x,y)$代表附加噪声，且 f、g 和 n 皆为均匀随机场，n 具有零均值，f 和 n 不相关，则可以证明下述关系成立：

$$S_{gg}(u,v)=S_{ff}(u,v)\mid H(u,v)\mid^2+S_{nn}(u,v) \tag{2.84}$$

2.4　图像数字化

由于计算机中要接收和处理数字图像，因此，需要通过摄像机、数码相机、扫描仪、遥感仪、采集卡等装置采样，将一幅灰度连续变化的图像（二维连续函数)的坐标(x,y)及幅度进行离散化。如图 2.4 所示对空间坐标的离散化过程称为采样，对幅度(灰度值)的离散化过程称为量化。采样和量化的总过程称为数字化，被数字化的图像 $f(x,y)$称为数字图像。一般，数字图像 $f(x,y)$被排成 $M\times N$ 的矩阵，每个元素的函数值 $f(i,j)$称为样本、像素或像元。

图 2.4　图像的数字化过程

采样的方法有两种，一种是直接对模拟图像进行二维点阵采样，另一种是先将图像函数进行某种正交变换，用其变换系数作为采样值，称为正交系数采样。量化也可以分为两种：一种是将样本灰度值等间隔分档取整，称为均匀量化；另一种是不等间隔分档取整，称为非均匀量化。

假定一幅图像取 $M\times N$ 个样点，分档取整为 Q 级。一般 M、N 和 Q 总是取 2 的整数次幂。如图 2.5 所示，M、N、Q 取值越大，重建图像失真越小，但另一个方面由于计算机资源的限制、运算和传输速度上的需求，需求取值尽可能小。这时需要确定一个原则，以兼顾两个方面的要求。对于 $M\times N$ 的取值，主要是依据采样的约束条件，即取值大到满足采样定理的情况下，重建图像就不会失真，否则就会因采样点不够而产生所谓混叠失真。因此，为了减少采样比特数，总是取采样间隔刚好满足采样定理，这种状态的采样即奈奎斯特(**Nyquist**)采样。对于 $Q=2^k$ 取值，原则上就取 k 为无穷大才不会因量化误差而出现失真，但实际上则往往根据经验取值。一般供人观察的图像，取 $k=5\sim8$ 就可以了。而对于卫片、航片和医学图像，为了区分图像中灰度变化不大的目标，往往取 k 值为8～12。

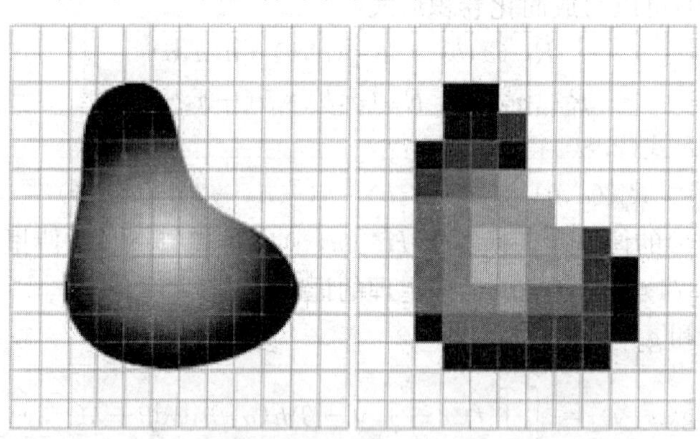

图 2.5　图像数字化

2.4.1　图像采样

(1) 采样定理

将连续函数变成离散函数有各种采样方法，其中最常用的就是等间隔抽样，即在 x 轴上等间隔抽取函数 $f(x)$的样值。可以采用冲激串采样来获取函数等间隔处的采样值。图 2.6 为冲激串采样的示意图。该方法是通过一个周期冲激串去乘待采样的连续函数 $f(x)$。该周期冲激串 $s(x)$称为采样函数，周期 T 称为采样周期，$\Omega_s=\dfrac{1}{T}$称为采样频率。

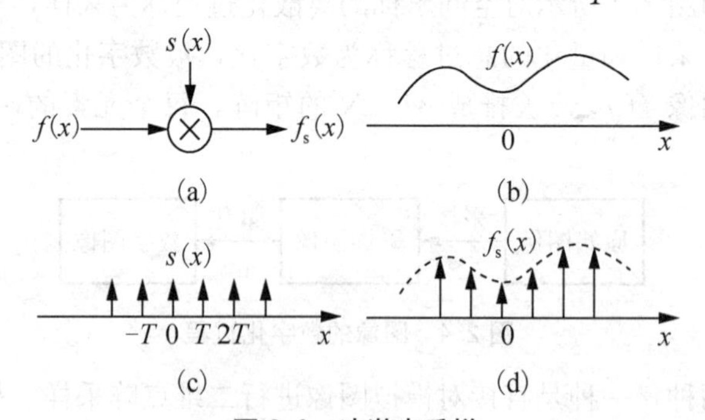

图 2.6　冲激串采样

由图 2.6 有

$$f_s(x)=f(x)\cdot s(x) \tag{2.85}$$

其中

$$s(x)=\sum_{n=-\infty}^{\infty}\delta(x-nT)=\delta_T(x) \tag{2.86}$$

因此，$f_s(x)$可表示为

$$f_s(x)=\sum_{n=-\infty}^{\infty}f(x)\delta(x-nT) \tag{2.87}$$

设 $f(x)$的傅里叶变换(即频谱)为 $F(u)$，同时记 $s(x)$的频谱为 $S(u)$，$f_s(x)$的频谱为 $F_s(u)$，根据一维傅里叶变换及其性质，有

$$S(u)=\frac{1}{T}\sum_{-\infty}^{\infty}\delta(u-k\Omega_s) \tag{2.88}$$

$$F_s(u)=F(u)*S(u)=\frac{1}{T}\sum_{k=-\infty}^{\infty}F(u-k\Omega_s) \tag{2.89}$$

显然，$F_s(u)$是频域上的周期函数，它满足 $F_s(u)=F_s(u\pm k\Omega_s)$，且由一组移位的 $F(u)$叠加而成，但在幅度上有 $1/T$ 的变化。

函数 $f(x)$经采样后，采样间的信息就丢失了。那么，能否从离散函数 $f_s(x)$不失真地恢复原函数 $f(x)$呢？显然，如果能从 $F_s(u)$中得到 $F(u)$，也可以从 $f_s(x)$获得 $f(x)$。假设被采用函数 $f(x)$是一个带限函数，即 $F(u)=0$，$|u|>\Omega_M$，Ω_M 为 $f(x)$的最高频率。下面分两种情况来考查 $F_s(u)$的频谱结构。

1) $\Omega_s-\Omega_M>\Omega_M$，即 $\Omega_s>2\Omega_M$，在 $F_s(u)$中，相邻移位的 $F(u-k\Omega_s)$频谱之间，并无重叠现象出现，如图 2.7(c)所示。也就是说，$F_s(u)$在 $k\Omega_s$ 频率点上精确重现原信号的频谱，仅在幅度上有 $1/T$ 的变化。

2) $\Omega_s-\Omega_M<\Omega_M$，即 $\Omega_s<2\Omega_M$ 时，$F_s(u)$中各移位的 $F(u)$之间存在重叠，如图 2.7(d)所示。这样在重叠处 $F_s(u)$就不能重现原函数的频谱，从而导致不能恢复原函数。这种现象称为频谱混叠。

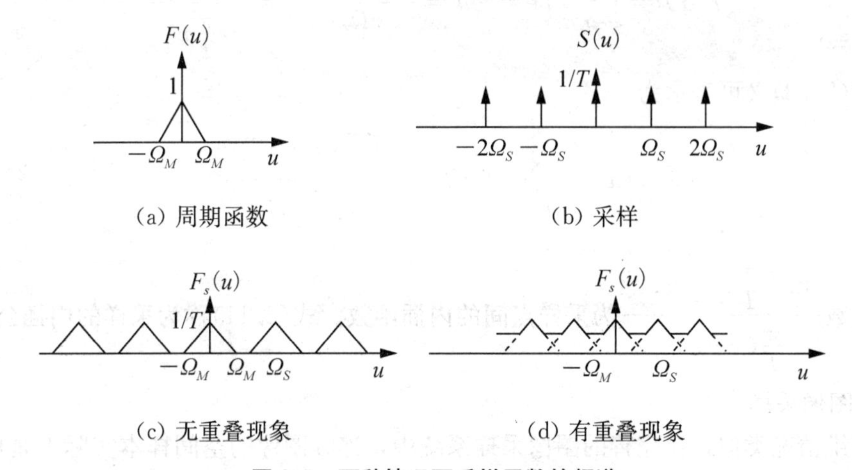

图 2.7　两种情况下采样函数的频谱

根据上述讨论，可得到如下连续函数的采样定理：

设 $f(x)$为一个带限函数，即 $F(u)=0$，$|u|>\Omega_M$。如果采样频率 $\Omega_s>2\Omega_M$，或采样周期 $T<\dfrac{1}{2\Omega_M}$，其中 $\Omega_s=\dfrac{1}{T}$，T 为采样周期，那么函数 $f(x)$唯一地由其值 $f_s(x)$所确定。临界采样频率 $2\Omega_M$ 称为奈奎斯特率，临界采样间隔$\dfrac{1}{2\Omega_M}$就称为奈奎斯特间隔。

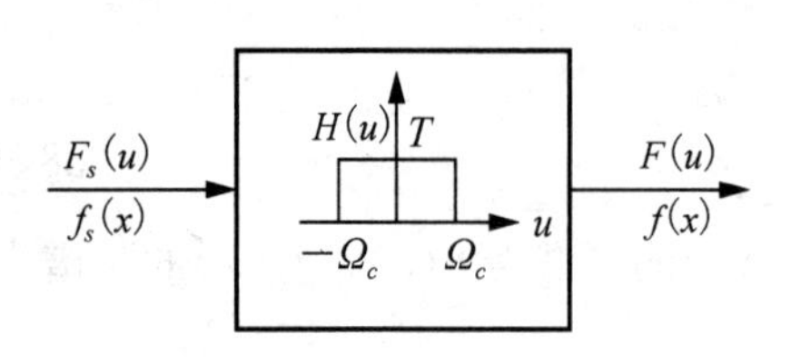

图 2.8　用于恢复原函数的低通滤波器

当采样频率 $\Omega_s > 2\Omega_M$ 时，即满足采样定理时，$f(x)$就能够用一个低通滤波器从 $f_s(x)$恢复出来，如图 2.8 所示。低通滤波器的传递函数为

$$H(u) = \begin{cases} T & |u| < \Omega_c \\ 0 & |u| > \Omega_c \end{cases} \tag{2.90}$$

其中，Ω_c 为低通滤波器的截止频率，满足

$$\Omega_M < \Omega_c < \Omega_s - \Omega_M \tag{2.91}$$

一般 Ω_c 可取值为 $\Omega_c = \Omega_s/2$。

该低通滤波器的输出频谱为

$$F_s(u) \cdot H(u) = \left[\frac{1}{T}\sum_{k=-\infty}^{\infty} F(u - k\Omega_s)\right] \cdot H(u) = F(u) \tag{2.92}$$

直接对式(2.92)取傅里叶逆变换，就得到了原函数 $f(x)$。

根据傅里叶变换的卷积性质，图 2.8 的理想低通滤波器的响应(即输出)为离散函数 $f_s(x)$与滤波器单位冲激响应 $h(x)$的卷积。

$$\begin{aligned} f(x) = f_s(x) * h(x) &= \int_{-\infty}^{\infty} \left[\sum_{n=-\infty}^{\infty} f(\tau)\delta(\tau - nT)\right] \cdot h(x - \tau)\,\mathrm{d}\tau \\ &= \sum_{n=-\infty}^{\infty} \int_{-\infty}^{\infty} f(\tau)h(x-\tau)\delta(\tau - nT)\,\mathrm{d}\tau = \sum_{n=-\infty}^{\infty} f(nT)h(x - nT) \end{aligned} \tag{2.93}$$

其中，$h(x)$是滤波器传递函数 $H(u)$的傅里叶逆变换，其表达式为

$$h(x) = \int_{-\Omega_x/2}^{\Omega_x/2} T\mathrm{e}^{j2\pi ux}\,\mathrm{d}u = \frac{\sin(\pi\Omega_x x)}{\pi\Omega_x x} = \frac{\sin(\frac{\pi}{T}x)}{\frac{\pi}{T}x} \tag{2.94}$$

于是，式(2.93)又可表示为

$$f(x) = \sum_{n=-\infty}^{\infty} f(nT)\frac{\sin[\frac{\pi}{T}(x - nT)]}{\frac{\pi}{T}(x - nT)} \tag{2.95}$$

其中，函数$\dfrac{\sin\left[\frac{\pi}{T}(x-nT)\right]}{\frac{\pi}{T}(x-nT)}$为采样点间的内插函数。式(2.11)称为采样的内插公式。

(2) 图像采样

与一维情况类似，在完善的图像采样系统中，连续图像的空间样本实际上是用空间采样函数与连续图像相乘的结果。这一空间采样函数可表示为

$$s(x,y) = \sum_{m=-\infty}^{\infty}\sum_{n=-\infty}^{\infty} \delta(x - m\Delta x, y - n\Delta y) \tag{2.96}$$

该式是一个沿 x 方向间隔为 Δx，沿 y 方向间隔为 Δy 的二维狄拉克函数阵列。这种单位冲激函数排列在间隔为$(\Delta x, \Delta y)$的网格上构成采样栅格，如图 2.9 所示。其中，Δx 和 Δy 称为空间采样周期。

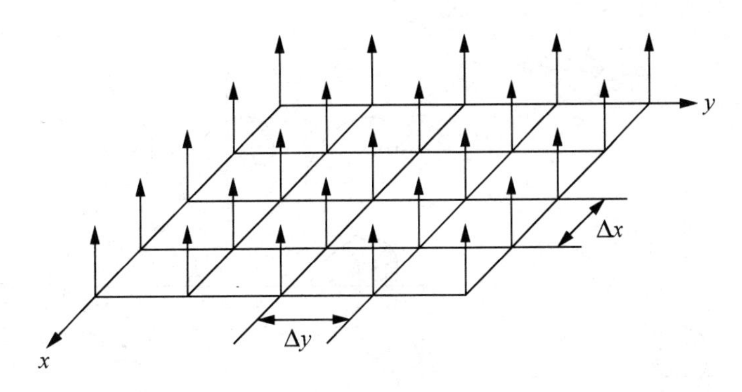

图 2.9　二维采样函数

按点阵采样方法采样后的图像 $g_s(x,y)$ 等于原连续图像函数 $f(x,y)$ 与采样函数 $s(x,y)$ 的乘积

$$g_s(x,y)=f(x,y)s(x,y)=f(x,y)\sum_{m=-\infty}^{+\infty}\sum_{n=-\infty}^{+\infty}\delta(x-m\Delta x,y-n\Delta y) \tag{2.97}$$

根据 δ 函数的筛选性质，则采样后的图像 $g_s(x,y)$ 可以表示为

$$g_s(x,y)=f(x,y)s(x,y)=\sum_{m=-\infty}^{\infty}\sum_{n=-\infty}^{\infty}f(m\Delta x,n\Delta y)\delta(x-m\Delta x,y-n\Delta y) \tag{2.98}$$

式中连续函数 $f(x,y)$ 移入求和公式内变为 $f(m\Delta x,n\Delta y)$，其表示只在采样点 $(m\Delta x,n\Delta y)$ 上计值。即这一步相当于以矩形点阵均匀取样，取样点的位置在 $x=m\Delta x$，$y=n\Delta y$ 组成均匀的网格点上。其中 $m,n=0,\pm1,\pm2,\cdots$。

对式(2.96)取傅里叶变换，从而得到空间采样函数 $s(x,y)$ 的频谱为

$$S(u,v)=\frac{1}{\Delta x\Delta y}\sum_{i=-\infty}^{\infty}\sum_{j=-\infty}^{\infty}\delta(u-i\Omega_x,v-j\Omega_y) \tag{2.99}$$

其中，$\Omega_x=\dfrac{1}{\Delta x}$ 和 $\Omega_y=\dfrac{1}{\Delta y}$ 是空间采样频率。

根据傅里叶变换的性质，得到 $g_s(x,y)$ 的频谱为

$$G_s(u,v)=F(u,v)*S(u,v) \tag{2.100}$$

假定连续图像的频谱是有限带宽的，即设当 $|u|>\Omega_{xf}$，$|v|>\Omega_{yf}$ 时，$F(u,v)=0$，如图 2.10(a)所示，有

$$G_s(u,v)=\frac{1}{\Delta x\Delta y}\sum_{i=-\infty}^{\infty}\sum_{j=-\infty}^{\infty}F(u-i\Omega_x,v-j\Omega_y) \tag{2.101}$$

由此可见，采样图像 $g_s(x,y)$ 的频谱是由一组移位的原图像的频谱 $F(u,v)$ 叠加而成，仅在幅度上有 $\dfrac{1}{\Delta x\Delta y}$ 的变化。换言之，式(2.101)中的 $i=j=0$ 对应的一项就是原图像的频谱 $F(u,v)$，而其余各项则是 $F(u,v)$ 在 u，v 方向分别平移 $i\Omega_x$ 和 $j\Omega_y$ 后得到的。

现在考察采样频率 Ω_x 和 Ω_y 与原图像最高频率 Ω_{xf} 和 Ω_{yf} 之间的关系。当 $\Omega_x>2\Omega_{xf}$，$\Omega_y>2\Omega_{yf}$ 时，采样后图像的频谱分布如图 2.10(b)所示。由图可见，原图像的各移位频谱 $F(u-i\Omega_x,v-j\Omega_y)$ 之间没有混叠。此时，可以抽样图像 $g_s(x,y)$ 通过具有理想矩形频率响应的低通滤波器精确地恢复出原图像 $f(x,y)$，如图 2.11 所示。该滤波器的传递函数为

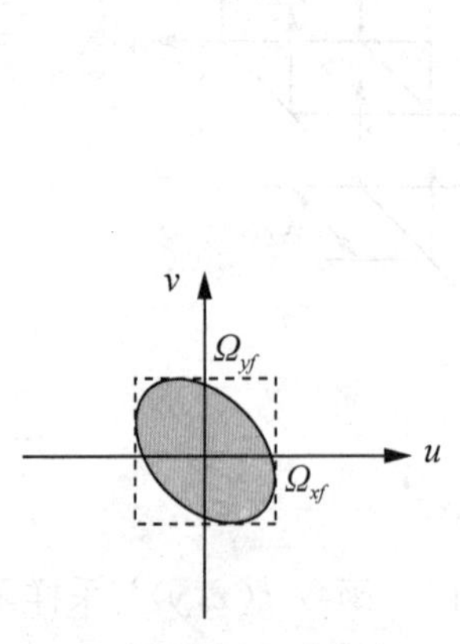

(a) 原图像的频谱分布

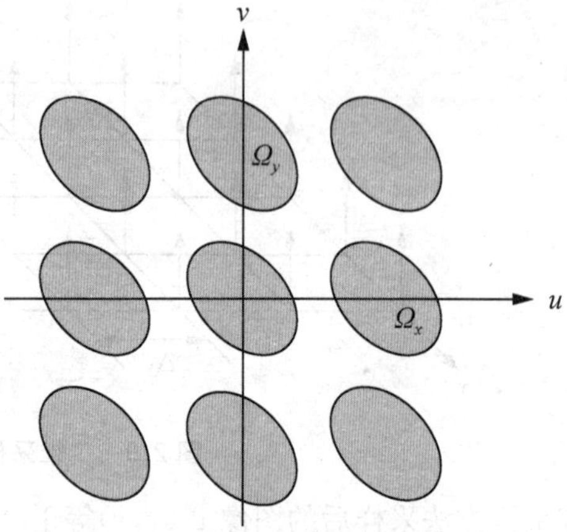

(b) 采样后图像的频谱分布

图 2.10　采样前后图像频谱分布

$$H(u,v)=\begin{cases}\Delta x\Delta y & |u|<\Omega_{xh},\ |v|<\Omega_{yh}\\ 0 & \text{其他}\end{cases} \tag{2.102}$$

其中，Ω_{xh}和Ω_{yh}是滤波器的截止频率，满足

$$\begin{aligned}\Omega_{xf}<\Omega_{xh}<\Omega_x-\Omega_{xf}\\ \Omega_{yf}<\Omega_{yh}<\Omega_y-\Omega_{yf}\end{aligned} \tag{2.103}$$

该低通滤波器的输出频谱为

$$G_s(u,v)\cdot H(u,v)=\left[\frac{1}{\Delta x\Delta y}\sum_{i=-\infty}^{\infty}\sum_{j=-\infty}^{\infty}F(u-i\Omega_x,v-j\Omega_y)\right]\cdot H(u,v)=F(u,v) \tag{2.104}$$

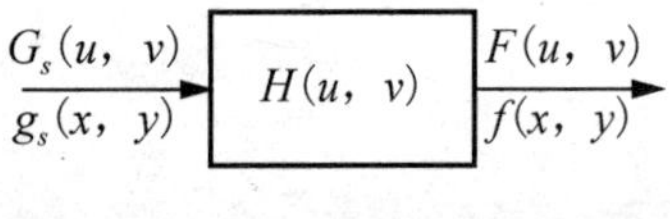

$G_s(u,\ v)$ / $g_s(x,\ y)$ → $H(u,\ v)$ → $F(u,\ v)$ / $f(x,\ y)$

图 2.11　由采样图像恢复原图像

直接对式(2.104)取傅里叶逆变换，就得到了原图像$f(x,y)$。当然，根据线性系统与傅里叶变换的性质，图 2.11 滤波器的输出也可以由其输入$g_s(x,y)$与理想低通滤波器的单位冲激响应$h(x,y)$求卷积而得出，即

$$f(x,y)=g_s(x,y)*h(x,y) \tag{2.105}$$

其中，$h(x,y)$是滤波器传递函数$H(u,v)$的傅里叶逆变换。

否则，当$\Omega_x<2\Omega_{xf}$，$\Omega_y<2\Omega_{yf}$时，在采样图像的频谱分布中，原图像的各移位频谱$F(u-i\Omega_x,v-j\Omega_y)$之间产生混叠。此时，无法从采样图像精确地恢复出原图像。从而有与一维情况类似的二维函数(图像)采样定理。

设二维(图像)函数$f(x,y)$的频谱是有限带宽的，即当$|u|>\Omega_{xf}$，$|v|>\Omega_{yf}$时，$F(u,v)=0$，如果采样频率满足

$$\Omega_x>2\Omega_{xf},\Omega_y>2\Omega_{yf} \tag{2.106}$$

或者采样周期满足

$$\Delta x<\frac{1}{2\Omega_{xf}},\Delta y<\frac{1}{\Omega_{yf}} \tag{2.107}$$

那么$f(x,y)$唯一地由其值$g_s(x,y)$所确定。

式(2.106)和式(2.107)所示的准则就称为**奈奎斯特准则**。当 Δx 和 Δy 小于奈奎斯特准则的要求时，称为**过采样**。相应地，当 Δx 和 Δy 大于奈奎斯特准则的要求时，便称为**欠采样**。

需要指出的是，上述讨论的等间隔采样，又称为**均匀采样**。当对采样点数目有所限制时，例如，$N\times N$ 个采样点，此时可以根据图像的特性采用自适应采样方案，有可能获得更好的效果。自适应采样方案的基本思想是在图像函数值变化较大的区域采用精细的采样，在相对平滑的区域采用粗糙的采样。这种自适应采样方案又称为**非均匀采样**。

例如，一幅在均匀背景上叠加了一幢房屋的图像。显然，该图像的背景只有极少的细节信息，用粗糙的采样来表示已经足够。另一方面，图像上的房屋含有大量的细节信息，在该区域增加采样点就可以改善整体效果，特别是当 N 较小时尤其如此。

非均匀采样方法在分配采样点时，应该在图像函数值有跳变的边界，如上例中的房屋与背景的边界，考虑更多的采样点。当图像包含相对小的均匀区域时，非均匀采样是不适用的。此外，非均匀采样实现起来比均匀采样也困难得多。

2.4.2　图像量化

连续图像经过采样以后得到的样本图像是定义在离散空间域上的二维离散图像，但是这些图像样本还不是数字图像，因为样本图像在空间离散点(即像素)上的值仍然是一个连续量。为了便于计算机处理，就必须对离散图像的值进行量化处理。所谓**量化**就是将离散图像的值表示为与其幅度成比例的整数。量化器的输入为 $g_s(x,y)$，输出为 $g_d(x,y)$。在以下的讨论中，为了表达方便，将**标量量化器**的输入用 x 表示，输出则记为 y；而**向量量化器**的输入与输出分别为向量 f_i 和 y_i。

1. 量化器模型

一般的量化过程是预先设置一组判决电平，每一个判决电子覆盖一定的区间。所有的判决电平将覆盖整个有效取值区间。量化便是将像素点的采样值与这些判决电平进行比较。若采样值幅度落在某个判决电平的覆盖区间之上，则规定该采样值取这个量化级的代表值。

设量化操作在 K 维欧几里得空间(记为 R^K)上进行，$\boldsymbol{X}$ 为 R^K 上的一个 K 维随机向量，x 为 $\boldsymbol{X}$ 的取值，$A\subseteq R^K$ 是 X 的取值空间，即值域，则 A 的一个 N 级量化器 $Q=\{Y,\varphi\}$ 由以下三部分组成。

1) 对 A 的分割：$\varphi=\{R_i \mid i=1,2,\cdots,N\}$，且

$$\begin{cases}\bigcup\limits_{i=1}^{N} R_i = A \\ R_i \cap R_j = 0 \quad i\neq j\end{cases} \tag{2.108}$$

2) 码本的再生字符集：$Y=\{y_i|i=1,2,\cdots,N\}$。

3) 量化操作 Q 就是如下映射：

$$Q:A\rightarrow Y \tag{2.109}$$

$$y_i = Q(\{x \mid x\in R_i\}) \tag{2.110}$$

在上述定义的量化模型中，$K=1$ 是标量量化，$K>1$ 为向量量化。标量量化是向量量化的特例。

2. 标量量化

标量量化又称为一维量化或无记忆量化。设量化器的输入为 $x \subseteq R$（一维实空间），输出为 $y \in R_c$（一维有限空间），

$$y = Q(x) \tag{2.111}$$

则标量量化器就是从实空间 R 到有限实空间 R_c 的多对一映射。

设 R_c 的对应判决电平范围为 $[a_0, a_N]$，存在某一分割 φ 将 $[a_0, a_N]$ 划分为 N 个电平判决子空间，$R_i=[a_{i-1}, a_i]$ $i=1,2,\cdots,N$。其满足：

1) $\int_{a_0}^{a_N} p(x)\mathrm{d}x = 1$，其中 $p(x)$ 为 x 的概率密度函数；

2) $(a_{i+1}-a_i) \cap (a_i - a_{i-1}) = 0$ 且 $\bigcup_{i=1}^{N}(a_i - a_{i-1}) = R$；

3) $R_c=\{y_1, y_2, \cdots, y_N\}$；

4) 当量化器的输入 $x \in [a_{i-1}, a_i]$ 时，其输出为 $y=y_i$。

图 2.12 给出标量量化过程的线性表示法。标量量化的输入输出特性可以用图 2.13 的阶梯函数来表示。

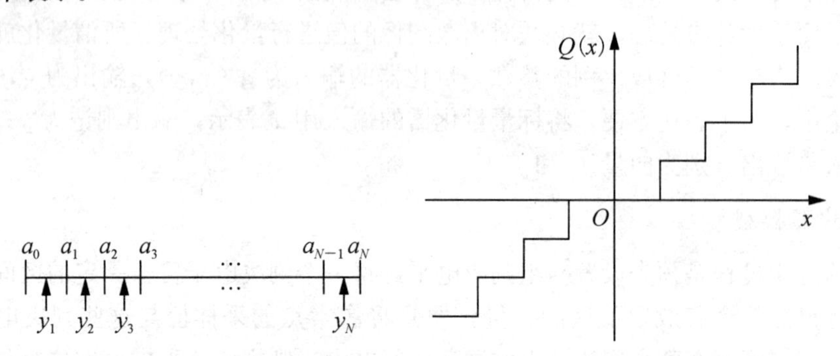

图 2.12 标量量化的线性表示　　图 2.13 标量量化特性

当 $a_{i+1}-a_i=a_i-a_{i-1}=\Delta(i=1,2,\cdots,N)$，且 $x\in[a_{i-1}, a_i]$，$y_i=(a_i+a_{i-1})/2$ 时，该量化操作作为均匀量化操作，其量化误差为 $e=x-Q(x)$，而均方误差为

$$\delta_e^2 = E\{[x-Q(x)]^2\} = \int_{-\infty}^{\infty}[x-Q(x)]^2 p(x)\mathrm{d}x = \sum_{i=1}^{N}\int_{a_{i-1}}^{a_i}[x-y_i]^2 p(x)\mathrm{d}x \tag{2.112}$$

信噪比为

$$\mathrm{SNR} = 10\lg\frac{\delta^2}{\delta_e^2} \tag{2.113}$$

其中，$\delta^2 = E\{x^2\} = \int_{-\infty}^{\infty} x^2 p(x)\mathrm{d}x = \sum_{i-1}^{N}\int_{a_{i-1}}^{a_i} x^2 p(x)\mathrm{d}x$。

显然，将样本值进行量化总会带来误差。因此，人们在设计量化器时，总是希望量化误差越小越好，即寻求最优量化器设计。

所谓**最优量化器设计**就是取均方误差最小或信噪比最大的量化。按均方误差最小定义的最优量化，就是使式(2.112)最小。为求最优量化时的 a_i 和 y_i，可直接对式(2.112)求极值，即在式(2.112)中对 a_i 和 y_i 求导数并令其等于0，得

$$\frac{\partial \delta_e^2}{\partial a_i}=(a_i-y_{i+1})^2p(a_i)-(a_i-y_i)p(a_i)=0 \tag{2.114}$$

$$\frac{\partial \delta_e^2}{\partial y_i}=-2\int_{a_{i-1}}^{a_i}(x-y_i)p(x)\mathrm{d}x=0 \tag{2.115}$$

于是有

$$a_i=\frac{y_i+y_{i+1}}{2} \tag{2.116}$$

$$y_i=\frac{\int_{a_{i-1}}^{a_i}xp(x)\mathrm{d}x}{\int_{a_{i-1}}^{a_i}p(x)\mathrm{d}x}=\frac{E(x)}{\int_{a_{i-1}}^{a_i}p(x)\mathrm{d}x} \tag{2.117}$$

式(2.117)表明，量化判决电平 a_i 是量化输出 y_i 和 y_{i+1} 的中点，y_i 的最佳位置是概率密度 $p(x)$ 在 a_i 与 a_{i-1} 区间的概率中心。式(2.116)和式(2.117)可以用迭代法求解。

由式(2.112)知，量化误差既取决于分割 φ 的选择，又与信号的概率分布 $p(x)$ 直接相关。根据信息熵的理论，可以推断最优量化器是非均匀的。从直观上来说，如果在某一区间上，信号出现的概率大，其量化当量 Δ 应该取小一点。反之，如果信号在某一区间上出现的概率小，其量化当量 Δ 应该取大一点。尽管均匀量化器不是最优量化器，但其设计思想简单，且易于硬件实现，因此，至今在不少数字化系统中仍然采用均匀量化器。如果要求量化精度高，显然采用非均匀量化器比均匀量化器好。但是在某些实际应用中，如语音、电视伴音，对于不同信源的概率分布用不同的非均匀量化器是不现实的，因此，就需要引入一种与非均匀量化器等效的均匀量化方法——压扩量化。

图2.14所示的压扩量化器可以进行非均匀量化。图中信号经过非线性变换、均匀量化和非线性逆变换。在这种压扩量化器中，先用一个非线性函数对量化器的输入信号进行“压缩”变换。非线性变换后的信号是

$$g=T(f) \tag{2.118}$$

满足 $-\frac{1}{2}\leqslant g\leqslant\frac{1}{2}$。此时选择的非线性变换 $T\{\cdot\}$ 是使得 g 的概率密度成为均匀的，即

$$p\{g\}=1 \tag{2.119}$$

图2.14 压扩量化器

如果 f 是零平均值的随机变量，那么恰当的变换函数是

$$T(f)=\int_{-\infty}^{f}p(z)\mathrm{d}z-\frac{1}{2} \tag{2.120}$$

即非线性变换函数等效于 f 的累积概率分布。表2.3列出高斯、雷斯和拉普拉斯(Laplasse)概率密度的压扩变换式和逆变换式，其中逆变换 $\hat{f}=T^{-1}(\hat{g})$ 是在恢复时对量化值进行

"扩张"，从而得到原信号。

表 2.3　压扩量化变换

类型	概率密度	正变换	逆变换
高斯	$p(f)=(2\pi\sigma^2)^{-1/2}\exp\left\{-\frac{f^2}{2\sigma^2}\right\}$	$g=\frac{1}{2}\mathrm{erf}\left\{\frac{f}{\sqrt{2}\sigma}\right\}$	$\hat{f}=\sqrt{2}\sigma\mathrm{erf}^{-1}\{2\hat{g}\}$
雷斯	$p(f)=\frac{f}{\sigma^2}\exp\left\{-\frac{f^2}{2\sigma^2}\right\}$	$g=\frac{1}{2}-\exp\left\{-\frac{f^2}{2\sigma^2}\right\}$	$\hat{f}=\left\{\sqrt{2}\sigma\ln\left[1/(\frac{1}{2}-\hat{g})\right]\right\}^{1/2}$
拉普拉斯	$p(f)=\frac{\alpha}{2}\exp\{-\alpha\mid f\mid\}$ $\alpha=\sqrt{2}/\sigma$	$g=\begin{cases}\frac{1}{2}\left[1-\exp\{-\alpha f\}\right] & f\geqslant 0\\ -\frac{1}{2}\left[1-\exp\{-\alpha f\}\right] & f<0\end{cases}$	$\hat{f}=\begin{cases}-\frac{1}{\alpha}\ln(1-2\hat{g}) & \hat{g}\geqslant 0\\ \frac{1}{\alpha}\ln(1+2\hat{g}) & \hat{g}<0\end{cases}$
其中 $\mathrm{erf}(x)=\frac{2}{\sqrt{\pi}}\int_0^x\exp(-y^2)\mathrm{d}y$			

必须指出，在实际应用中，常采用对数作为非线性变换函数。这是因为人对音量、光强的响应呈对数特性。利用对数对光强进行压缩，必然使得均匀间隔变成低电平处间隔密而高电平处间隔疏的不均匀分布。由于低电平出现概率高，量化噪声小；高电平信号虽然噪声大，但出现概率低，所以总的量化噪声还是变小了，从而提高了信噪比。常用的对数函数有两种。

1) μ 率曲线

$$T(f)=\frac{\ln(1+\mu f)}{\ln(1+\mu)} \tag{2.121}$$

美国、英国、日本、加拿大等国将其用于数字电话网中，常取 $\mu=255$。

2) A 律曲线

$$T(f)=\begin{cases}\dfrac{Af}{1-\ln f} & 0\leqslant f<\dfrac{1}{A}\\ \dfrac{1+\ln Af}{1+\ln A} & \dfrac{1}{A}\leqslant f<1\end{cases} \tag{2.122}$$

通常取 $A=87.6$，用折线逼近实现。A 律曲线被 CCITT 标准、中国和欧洲国家采用。这两种对数变换函数的性能基本相同。

3. 向量量化

标量量化通常按顺序对连续幅度样本序列执行量化操作，每次仅孤立地考虑一个模拟样本值并量化之，而没有考虑样本值之间的相关性。为了合理地利用样本之间的相关性，可以对序列中的许多样本进行联合量化，用一个值代替相似的一组值，这样便有可能减少量化误差，提高压缩率，这也是向量量化的基本出发点。

(1) 向量量化原理

设某一信源(如语音、图像)的样本序列共有 $N\times K$ 个样本值，将连续的 K 个样本值组成向量，从而构成信源向量集 $\boldsymbol{F}=\{\boldsymbol{f}_1,\boldsymbol{f}_2,\cdots,\boldsymbol{f}_N\}$。其中，$\boldsymbol{f}_i=(f_{i1},f_{i2},\cdots,f_{iK})\in\boldsymbol{R}^K$。

将 K 维欧几里得空间R^K 划分为 J 个互不相交的子空间R_1，R_2，…，R_J，满足

$$\begin{cases} \bigcup_{j=1}^{J} R_j = R^K \\ R_i \cap R_j = \varnothing \quad i \neq j \end{cases} \tag{2.123}$$

设子空间R_i 的质心(或称代表向量)为$y_i=(y_{i1},y_{i2},\cdots,y_{iK})\in R^K,i=1,2,\cdots,J$，则所有子空间质心构成的向量集$\boldsymbol{Y}=\{\boldsymbol{y}_1,\boldsymbol{y}_2,\cdots,\boldsymbol{y}_J\}$就是量化器的输出空间，称之为码本或码书，$\boldsymbol{y}_i$ 是码字，J 是码书的长度。

对于待量化的输入向量$\boldsymbol{f}_j$，如果有$\boldsymbol{f}_j\in\boldsymbol{R}_i$，则$\boldsymbol{f}_j$ 被映射为码字$\boldsymbol{y}_i$，即 $\boldsymbol{y}_i=Q(\boldsymbol{f}_j)$。实际量化编码时，只需在发送端记录代表向量$\boldsymbol{y}_i$ 的下标 i，所以编码过程就是将输入向量映射到 $I=\{1,2,\cdots,J\}$；而译码过程则是在接收端根据收到的 I 代码查找码书，获得对应的码字。图 2.15 给出基本向量量化器框图。

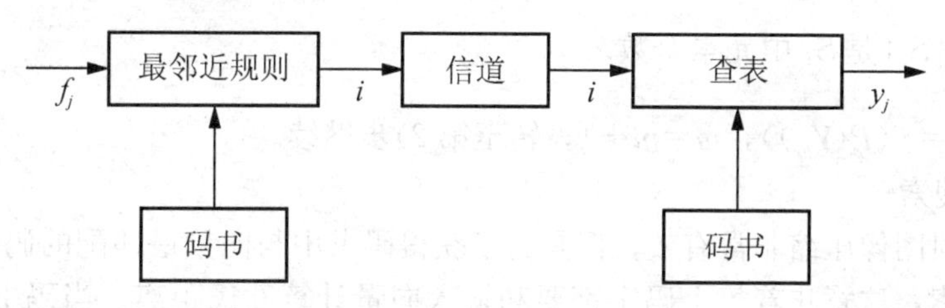

图 2.15　基本向量量化器

其中，最邻近规则用来确定与输入向量$\boldsymbol{f}_j$ 对应的码字。最邻近规则指出，如果 $d(\boldsymbol{f}_j,\boldsymbol{y}_i)=\min\limits_{1\leqslant l\leqslant J}\{d(\boldsymbol{f}_j,\boldsymbol{y}_l)\}$，其中，$d(\boldsymbol{f}_j,\boldsymbol{y}_l)$是两向量之间的欧氏距离，即 $d(\boldsymbol{f}_j,\boldsymbol{y}_l)=\sqrt{\sum_{k=1}^{K}(f_{jk}-y_{lk})^2}$，则断定$\boldsymbol{f}_j$ 的对应码字为$\boldsymbol{y}_i$。

向量量化的主要特点如下。

1）压缩能力强。由于码书长度 J 一般远小于总的输入信号样本数，适当选取码书长度和码字维数，可以获得很大的压缩比。

2）码书控制着量化失真量的大小。向量量化中码书的码字越多，失真就越小。只要适当选取码字数量，就能将失真量控制在容许的范围内。因此，码书设计是向量量化的关键环节之一。

3）计算量大。向量量化每输入一个向量 $\boldsymbol{f}$，都要和 J 个码字逐一比较，搜索出最接近的$\boldsymbol{y}_i$，所以工作量很大。因此，寻求一种合适的快速码书搜索算法是实现向量量化的第二个关键。

4）向量量化是定长码，容易处理。

(2) 码书设计

在向量量化中，码书设计相当于聚类分析。这既可以用统计模式识别中的聚类分析算法来实现，也可以用无教师神经网络学习算法来完成。

LBG 算法是 Linde、Buzo 和 Gray 将关于标量最优化的 M-L 算法推广到多维空间的结果，是一种设计向量量化器码书的算法。LBG 算法理论上严密，实施过程中简便，而且设计效果较好，从而得到了广泛的应用，并成为各种改进算法的基础。LBG 算法既适合于信源分布已知的场合；也可用于信源分布未知，而仅知训练序列的场合。

基于训练序列的 LBC 算法如下。

1) 初始化：给定码书长度 J，失真控制门限 σ，初始码书$\boldsymbol{Y}_0=\{\boldsymbol{y}_1^0,\boldsymbol{y}_2^0,\cdots,\boldsymbol{y}_J^0\}$以及训练序列 $T_s=\{\boldsymbol{f}_1,\boldsymbol{f}_1,\cdots,\boldsymbol{f}_N\},N\gg J,m=0,D_0=\infty$。

2) 给定$\boldsymbol{Y}_m=\{\boldsymbol{y}_1^m,\boldsymbol{y}_2^m,\cdots,\boldsymbol{y}_J^m\}$，求训练序列 T_s 的最小失真划分 $P(\boldsymbol{Y}_m)=\{S_1,S_2,\cdots,S_J\}$。即如果有 $d(\boldsymbol{f}_j,\boldsymbol{y}_i^m)=\min\limits_{1\leqslant l\leqslant J}\{d(\boldsymbol{f}_j,\boldsymbol{y}_l^m)\}$，则判断$\boldsymbol{f}_j\in S_i$。其中，$d(\boldsymbol{f}_j,\boldsymbol{y}_l^m)$是两向量之间的欧氏距离。

3) 计算平均失真 $D_m=D\{\boldsymbol{Y}_m,P(\boldsymbol{Y}_m)\}=\dfrac{1}{N}\sum\limits_{j=1}^{N}\min\limits_{1\leqslant l\leqslant J}\{d(\boldsymbol{f}_j,\boldsymbol{y}_l^m)\}$。如果$\dfrac{D_{m-1}-D_m}{D_m}\leqslant\sigma$，则停止迭代，且$\boldsymbol{Y}_m$ 即为所求码书；否则继续。

4) 多划分 $P(\boldsymbol{Y}_m)$求最佳回复码字 $\hat{f}(P(\boldsymbol{Y}_m))=\{\hat{f}(S_i)i=1,2,\cdots,J\}$。其中，$\hat{f}(S_i)=\dfrac{1}{|S_i|}\sum\limits_{f_j\in S_i}\boldsymbol{f}_j$，$|S_i|$是 S_i 中元素个数。

5) 令$\boldsymbol{Y}_{m+1}=\hat{f}(P(\boldsymbol{Y}_m))$，$m=m+1$，转至第 2)步继续。

(3) 码书搜索

向量量化对图像压缩非常有效，但是为了获得码书中与向量最匹配的码字，必须对码书进行穷尽搜索，这意味着每个码字都要和输入向量计算欧氏距离。当码书长度较大时，计算负担将很重。因而需要设计一种快速算法来降低计算量。

输入向量 $\boldsymbol{f}=(f_1,f_2,\cdots,f_K)\in\boldsymbol{R}^K$ 和码字 $\boldsymbol{y}=(y_1,y_2,\cdots,y_k)\in R^K$ 之间的失真值为

$$d^2(\boldsymbol{f},\boldsymbol{y})=\sum_{i=1}^{K}(f_i-y_i)^2 \tag{2.124}$$

其计算量为 K 次乘法和 $2K-1$ 次加法。对式(2.124)进行分解，得

$$d^2(\boldsymbol{f},\boldsymbol{y})=\sum_{i=1}^{K}(f_i)^2+\sum_{i=1}^{K}(y_i)^2-2\sum_{i=1}^{K}f_iy_i=\|\boldsymbol{f}\|^2+\|\boldsymbol{y}\|^2-2\sum_{i=1}^{K}f_iy_i \tag{2.125}$$

其中，$\|\boldsymbol{y}\|^2$ 的值可以预先计算并保存下来，以备每次计算 $d^2(\boldsymbol{f},\boldsymbol{y})$时调用；$\|\boldsymbol{f}\|^2$ 只由输入向量决定，在 $\boldsymbol{f}$ 给定的情况下相当于一个常数，并不影响最近码字的选择，因而没有必要计算；$\sum\limits_{i=1}^{K}f_iy_i$ 由输入向量和码字共同决定，无法提前计算。但是，如果输入向量和码字的所有分量均为正，显然有 $\sum\limits_{i=1}^{K}f_iy_i\leqslant f_{\max}\sum\limits_{i=1}^{K}y_i$，其中，$f_{\max}=\max\{f_1,f_2,\cdots,f_K\}$。

不妨定义 $d_1(\boldsymbol{f},\boldsymbol{y})=\|\boldsymbol{f}\|^2+\|\boldsymbol{y}\|^2-2f_{\max}\sum\limits_{i=1}^{K}y_i$。其中，$d_1(\boldsymbol{f},\boldsymbol{y})\leqslant d^2(\boldsymbol{f},\boldsymbol{y})$。因此，就可以用最小化 $d_1(\boldsymbol{f},\boldsymbol{y})$来代替最小化 $d^2(\boldsymbol{f},\boldsymbol{y})$作为输入向量与码字的匹配准则。此时，只要将$\|\boldsymbol{y}\|^2$ 和 $2\sum\limits_{i=1}^{K}y_i$ 的计算结果预先保存下来，则 $d_1(\boldsymbol{f},\boldsymbol{y})$的计算只需要一次乘法和二次加法即可，从而大大加快了码书搜索速度，减少了码书搜索时间。

如果输入向量 $\boldsymbol{f}$ 和码字 $\boldsymbol{y}$ 中含有负的分量，则可以对其所有分量加上一个正的偏移量 $p>0$，即 $f_i'=f_i+p$、$y_i'=y_i+p$。其中，$i=1,2,\cdots,K$。从而使得新的向量 f' 和码书 y' 的所有分量非负，而修正后的输入向量 f' 和码字 y' 之间的失真保持不变，即 $d_1(\boldsymbol{f}',\boldsymbol{y}')=$

$d_1(\boldsymbol{f},\boldsymbol{y})$。接下来，就可以用最小化 $d_1(\boldsymbol{f}',\boldsymbol{y}')$准则和上述方法对码书进行快速搜索了。

2.5 像素间的基本关系

我们知道，构成一幅数字图像最基本的元素是一个一个的像素点，也就是**像素**。理解像素间的一些基本关系是进行图像处理的基础和关键。例如，相邻像素(像素的邻域)，像素的邻接性、连通性、区域和边界这些内容。

2.5.1 邻域[①]

设 p 为位于坐标(x,y)处的一个像素，则 p 的四个**水平和垂直相邻像素**的坐标为$(x+1,y)$，$(x-1,y)$，$(x,y+1)$，$(x,y-1)$。其组成 p 的四个邻域，用 $N_4(p)$表示。每个像素距(x,y)一个单位距离。

像素 p 的四个**对角邻像素**的坐标为$(x+1,y+1)$，$(x+1,y-1)$，$(x-1,y+1)$，$(x-1,y-1)$。该像素用 $N_D(p)$表示。$N_D(p)$与 $N_4(p)$合起来称为 p 的 **8 邻域**，用 $N_8(p)$表示。需要说明的是，当(x, y)位于图像的边界时，$N_4(p)$、$N_D(p)$和 $N_8(p)$中的某些点位于数字图像的外部。

另外，若两个像素接触，则它们是**邻接**的。一个像素和它的邻域中的像素是接触的。邻接仅考虑像素的空间关系。

2.5.2 连通性

在建立图像中目标的边界和确定区域的元素时，像素间的连通性是一个重要的概念。为了确定两个像素是否连通，必须确定它们是否相邻及它们的灰度值是否满足特定的相似性准则。例如，在具有 0 和 1 值的二值图像中，当两个像素相邻时，还必须具有同一灰度值时才能称它们是连通的，此时的相似性准则就是同一灰度值。

令 V 是用于定义连接性的灰度值集合。例如，在二值图像中，如果把具有 1 值的像素归入连接的，则 $V=\{1\}$；在灰度图像中，如果考虑具有灰度值 32～48 之间像素的连通性，则 $V=\{32,33,\cdots,47,48\}$。

一般考虑三种类型的连接性。

1) 4 连接：两个像素 p 和 r 在 V 中取值，且 r 在 $N_4(p)$中，则它们为 4 连接。

2) 8 连接：两个像素 p 和 r 在 V 中取值，且 r 在 $N_8(p)$中，则它们为 8 连接。

3) m 连接(混合连接)：两个像素 p 和 r 在 V 中取值，且满足下列条件之一：①r 在 $N_4(p)$中；②r 在 $N_D(p)$中且 $N_4(p)\cap N_4(r)$是空集，该集合是由 p 和 r 在 V 中取值的 4 近邻像素组成。则它们为 m 连接。

混合连接是 8 连接的一种变型，它的引入是为了消除 8 连接概念中常常发生的二义性。例如，考虑图 2.16(a)所示的像素排列，当 $V=\{1\}$时，中心像素的 8 近邻像素间的连接由图 2.16(b)中的连接所示。请注意，由于 8 连接所发生的二义性，使得

① 邻域的概念有 4 邻域、8 邻域之分。其中 8 邻域=4 邻域+对角邻域。

中心像素和右上角像素间有两条连线。当用 m 连接时，这种二义性就消除了，如图 2.16(c)所示，因为中心像素和右上角像素之间的 m 连接不成立，即 m 连接的两个条件均不满足。

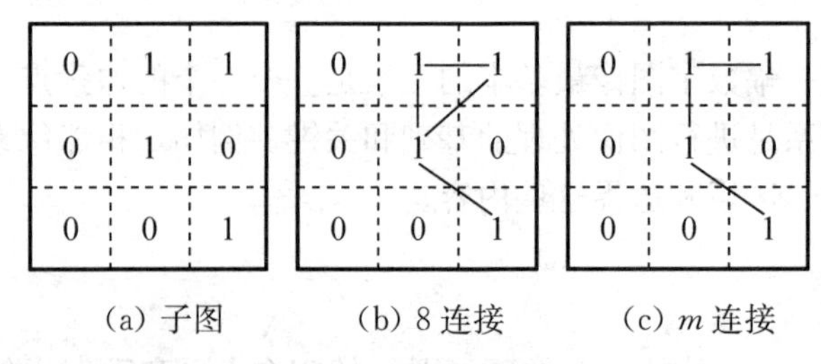

图 2.16　像素间的连接

坐标为 (x,y) 的像素 p 到坐标 (s,t) 的像素 q 的通路(或曲线)是坐标为 (x_0,y_0)，(x_1,y_1)，…，(x_n,y_n) 的特定像素序列。这里，$(x_0,y_0)=(x,y)$，$(x_n,y_n)=(s,t)$，并且像素 (x_i,y_i) 和 (x_{i-1},y_{i-1}) $(1\leqslant i\leqslant n)$ 是连接的。在这种情况下，n 是道路的长度。如果 $(x_0,y_0)=(x_n,y_n)$，则通路是闭合通路。可以依据所用的连接类型定义 4、8 或 m 通路。例如，图 2.16(b)所示的东北角和东南角之间的通路是 8 通路，而图 2.16(c)所示的通路是 m 通路。同样 m 通路不存在二义性。

令 S_1 和 S_2 分别代表一幅图像中的两个图像子集，如果 S_1 中某些像素与 S_2 中某些像素连接，则这两个图像子集是相连接的。

设 p 和 q 是一个图像子集 S 中的两个像素，如果存在一条完全由在 S 中像素组成的从 p 到 q 的通路，那么就称 p 在 S 中与 q 连通。对于 S 中的任何像素 p，S 中连通到该像素的像素集叫做 S 的连通分量。如果 S 中只有一个连通分量，则集合 S 叫做连通集。

2.5.3　距离

给定三个像素 p、q 和 r，其坐标分别为 (x,y)、(s,t) 和 (u,v)。如果有

1) $D(p,q)\geqslant 0$，其中 $D(p,q)=0$ 当且仅当 $p=q$；

2) $D(p,q)=D(q,p)$；

3) $D(p,r)\leqslant D(p,q)+D(q,r)$。

则 D 是距离函数或度量。

(1) 欧式距离

设 p 和 q 之间的欧式距离(Euclidean Distance)可定义为

$$D_e(p,q)=[(x-s)^2+(y-t)^2]^{1/2} \tag{2.126}$$

该距离直观描述为与点 (x,y) 的距离小于或等于某一值 d 的像素组成，以 (x,y) 为中心，以 d 为半径的圆。

(2) 城市街区距离

设 p 和 q 之间的 D_4 距离，也叫城市街区距离(City-Block Distance)可定义为

$$D_4(p,q)=|x-s|+|y-t| \tag{2.127}$$

该距离直观描述为与点 (x,y) 的 D_4 距离小于或等于某一值 d 的像素组成，以 (x,y) 为中心的菱形，如图 2.17(a)所示。

(3) 棋盘距离

设 p 和 q 之间的 D_8 距离，也叫**棋盘距离**(Chess Board Distance)可定义为

$$D_8(p,q) = \max(|x-s|, |y-t|) \tag{2.128}$$

该距离直观描述为与点(x,y)的 D_8 距离小于或等于某一值 d 的像素组成以(x,y)为中心的方形，如图 2.17(b)所示。

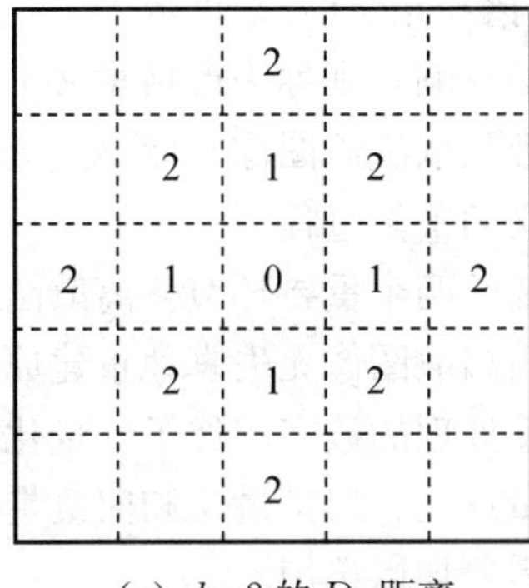

(a) $d=2$ 的 D_4 距离

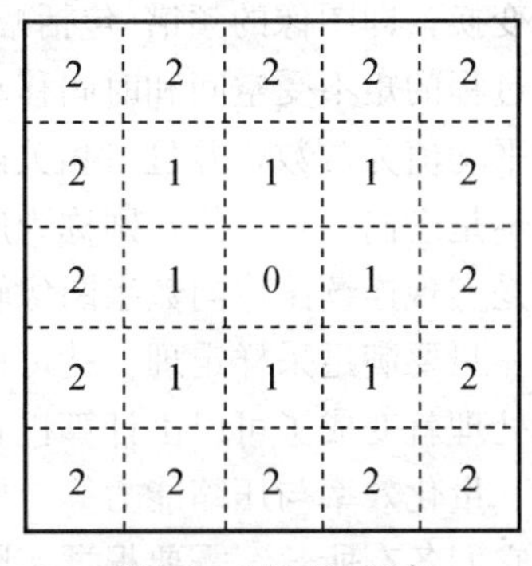

(b) $d=2$ 的 D_8 距离

图 2.17　等距离轮廓

必须指出，p 和 q 之间的 D_4 和 D_8 距离与任何通路无关。然而，对于 m 连通，两点之间的 D_m 距离(通路的长度)将依赖于沿通路的像素以及它们近邻像素的值。

下面我们用示例来说明 m 连通情况下像素间的距离。图 2.18(a)为某子图像，其中像素 p 和 q 的值均为 1。如果 $s=0$ 和 $t=0$，则 $D_m(p,q)=2$，如图 2.18(b)所示；如果 $s=0$ 和 $t=1$，则 $D_m(p,q)=3$，如图 2.18(c)所示；如果 $s=1$ 和 $t=0$，则 $D_m(p,q)=3$，如图 2.18(d)所示；如果 $s=1$ 和 $t=1$，则 $D_m(p,q)=4$，如图 2.18(e)所示。

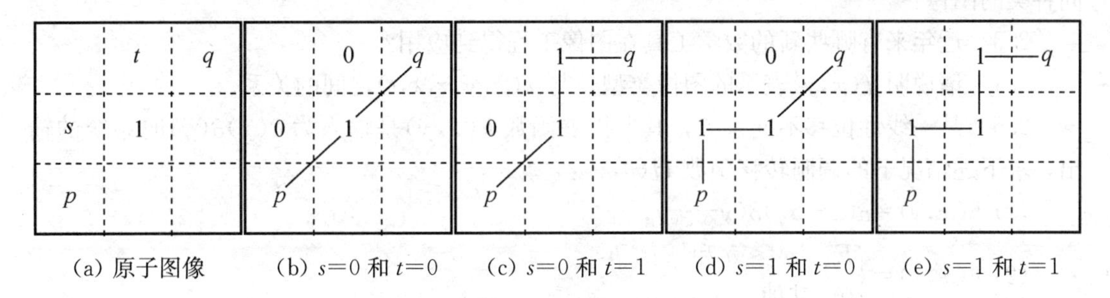

(a) 原子图像　(b) $s=0$ 和 $t=0$　(c) $s=0$ 和 $t=1$　(d) $s=1$ 和 $t=0$　(e) $s=1$ 和 $t=1$

图 2.18　m 连接时像素间距离计算

2.6　小　　结

在现有的客观评价方法中，全参考的评价方法不仅能够对某种技术处理后的图像进行单独的评价，而且也具有一定的通用性，虽然在多种应用的质量评价中其准确性和一致性还不尽如人意，但也能够在一定程度上衡量用多种处理技术处理图像质量的优劣。无参考的评价方法只能在某种既定的处理技术上得到较好的评价效果，完全无法对多种处理技术处理后得到的图像质量进行评价。

在实际应用中，图像质量评价方法和工具可以在各种图像处理技术中发挥重要作用，质量评价的结果可以作为衡量图像处理技术性能的量化指标，通过进一步的反馈优化，以强化图像处理技术的优化功能。

连续图像的特征既可以用确定的图像函数来表示，也可以用图像的统计参量(如联合概率密度、平均值、方差、自相关、自协方差等)来表示。对于确定的图像函数，还可以用图像的傅里叶变换，即图像的频谱(包括幅度谱和相位谱)来表示。

如果某图像过程的矩不受空间和时间移动的影响，则称为严格意义上的平衡过程。如果图像过程中的平均值为常数，并且自相关函数只取决于图像坐标 x_1-x_2、y_1-y_2 及 t_1-t_2 中的差值，而不是它们各自的值，则称为广义的平衡过程。

采样和量化是实现连续图像向数字图像转变的两个重要环节。离散图像是连续图像经过采样后获得的。只要满足采样定理，就可以由离散图像无失真地重建原连续图像。离散图像再经过量化处理就变成了可以由计算机直接处理的数字图像了。量化器的设计需要综合考虑量化误差、量化效率与压缩能力等。标量量化、压扩量化和向量量化是目前常用的图像量化方法，它们各有所长，需要根据实际需要加以选用。

本章最后一节介绍的数字图像中像素的基本关系，将为后续章节讨论打下基础。

习　题

2.1　连续图像中各量的含义各是什么？它们有什么联系和区别？它们的取值各在什么范围？

2.2　请说明图像数学表达式 $f(x,y,z,\lambda,t)$ 中各参数的含义，该表达式代表哪几种不同种类的图像？

2.3　近年来有哪些新的数学工具在图像工程得到应用？

2.4　请说明 $f(x,y)$ 表示的图像类型及与 $f(x,y,z,\lambda,t)$ 之间的关系。

2.5　某一线性位移不变系统，其点扩展函数 $h(x,y)$ 是输入为 $\delta(x)\delta(y)$ 时系统的输出，求下述情况下的调制转移函数 $H(u,v)$：

(1) $h(x,y)=\delta(x-x_0)\delta(y-y_0)$；

(2) $h(x,y)=\begin{cases} E & |x|\leqslant a \text{ 和 } |y|\leqslant b \\ 0 & \text{其他} \end{cases}$；

(3) $h(x,y)=\begin{cases} E & (x,y)\in R \\ 0 & \text{其他} \end{cases}$。

其中，R 如图 2.19 所示。

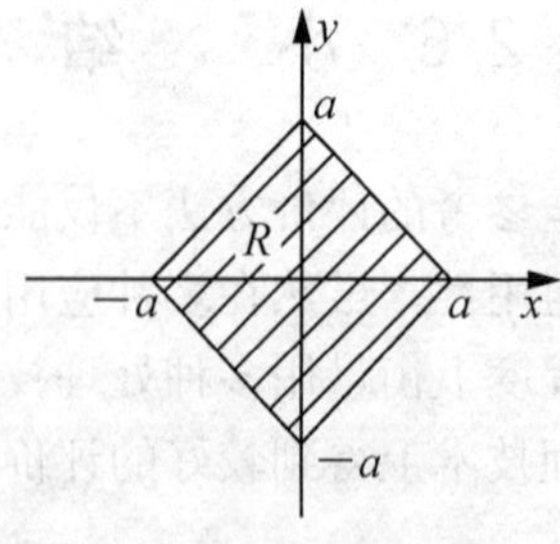

图 2.19　R 的取值

2.6　请简述采样和量化。

2.7　对于一个 6 位的灰度图像，它的灰度范围是多少？

2.8　回答如下问题：

(1) 存储一幅 32×32，16 个灰度级的图需要多少位？

(2) 存储一幅 128×128，64 个灰度级的图需要多少位？

2.9　波特率(Baud Rate)是一种常用的离散数据传输量度。当采用二进制时，它等于每秒所传输的比特数。现设每次先传输一个起始比特，再传输八个比特信息，最后传输一个终止比特，计算以下两种情况时传输图像所需的时间：

(1) 以 9600 波特率传输一幅 256×256，256 灰度级的图像。

(2) 以 38400 波特率传输一幅 1024×1024，16777216 色的真彩色图像。

所谓波特率(bps=bit/s)是指每秒钟传送的位(bit)数。

2.10　设有两个图像子集 S_1 和 S_2，如图 2.20 所示。

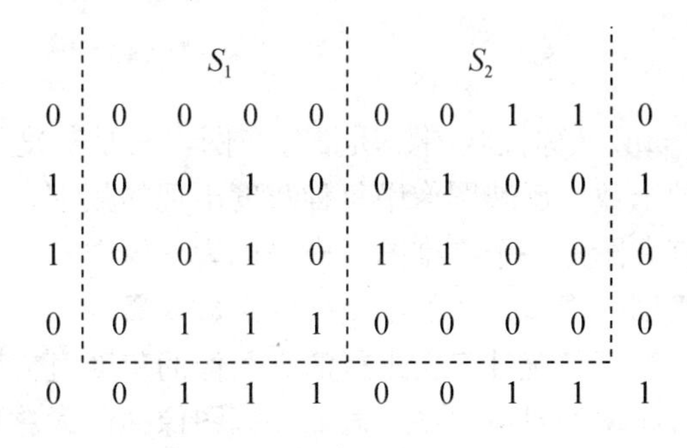

图 2.20　图像子集 S_1 和 S_2

如果 $V=\{1\}$，试指出它们是否 4 连接、8 连接或 m 连接。

2.11　试画出如下流程：

(1) 将单像素宽的 8 通路转换为 4 通路的程序流程；

(2) 将单像素宽的 m 通路转换为 4 通路的程序流程。

2.12　图 2.21 给出了一个图像子集。

3 1 2 1 (q)
2 2 0 2
1 2 1 1
(p) 1 0 1 2

图 2.21　图像子集

(1) 令 $V=\{0,1\}$，计算 p 和 q 之间 4 通路、8 通路和 m 通路的长度；

(2) 令 $V=\{1,2\}$，仍计算上述三个通路的长度。

第3章

图像常用的基本操作

3.1 图像的点运算

3.1.1 灰度直方图

灰度直方图(Histogram)又称柱状图、质量分布图，其是灰度级的函数，表示图像中具有每种灰度级的像素的个数，反映图像中每种灰度出现的频率。

从图形上讲，灰度直方图是一个二维图，横坐标为图像中各个像素点的灰度级别，纵坐标表示具有各个灰度级别的像素在图像中出现的次数或概率。

灰度直方图的计算是根据其统计定义进行的。图像的灰度直方图是一个离散函数，它表示图像每一灰度级出现频率的对应关系。假如一幅图像的像素总数为 N，灰度级总数为 L，其中灰度级为 g 的像素总数为 N_g，则这幅数字图像的灰度直方图横坐标即为灰度 g ($0 \leqslant g \leqslant L-1$)，纵坐标则为灰度值出现的次数 N_g，实际上，用像素总数 N 去除各个灰度值出现的次数 N_g 即可得到各个灰度级出现的概率 $p_g = N_g / N$，从而得到归一化的灰度直方图，其纵坐标为概率 p_g。

为了让读者更好地理解直方图，我们对图 3.1(a)使用 Matlab 来演示灰度直方图的生成与显示。图 3.1(b)中未经归一化的灰度直方图的纵轴表示图像中所有像素取到某一特定灰度值的次数；横轴对应从 0～255 的所有灰度值，覆盖了 uint8 存储格式的灰度图像中的所有可能取值。因为相近的灰度值所具有的含义往往是相似的，所以没有必要在每个灰度级上都进行统计。下面的命令将 0～255 总共 256 个灰度级平均划分为 64 个长度为 4 的灰度区间，此时纵轴分别统计每个灰度区间中的像素在图像中的出现次数。执行后的效果如图 3.2 所示。

由于要统计落入每个灰度区间内的像素数目，灰度区间常常被形象地称为“收集箱”。在图 3.2 所示的直方图中，由于减少了收集箱的数目，使得落入每个收集箱的像素数目有所增加，从而使直方图更具统计特性。收集箱的数目一般设为 2 的整数次幂，以保证可以无需圆整。

(a) 原图像

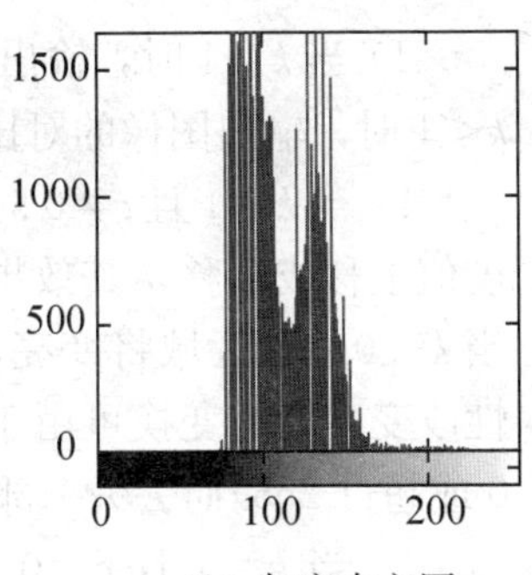

(b) 灰度直方图

图 3.1 灰度直方图的生成

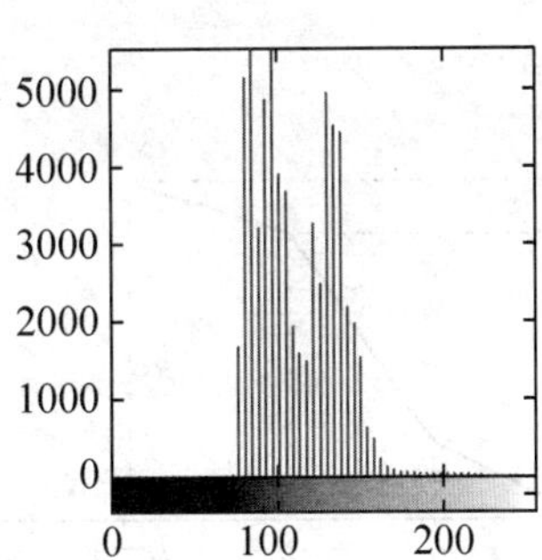

图 3.2 64 段小区间的灰度直方图

注意：

1) 如无特别说明，本书中直方图的纵坐标都对应着该灰度级别在图像中出现的次数，而归一化直方图的纵坐标则对应着该灰度级别在图像中出现的概率。

2) Matlab 中的 imhist( )函数可以进行图像的灰度直方图运算，调用语法为 [const, x] = imhist(I, n)。其中，I 为需要计算灰度直方图的图像，n 为指定的灰度级数目。如果指定参数 n，则会将所有的灰度级均匀分布在 n 个小区间内，而不是将所有的灰度级全部分开；返回值中 counts 为直方图数据向量，counts(i)表示第 i 个灰度区间中的像素数目。x 是保存了对应的灰度小区间的向量。

3.1.2 灰度的线性及对数变换

一般成像系统只具有一定的亮度范围，亮度的最大值与最小值之比称为对比度。由于形成图像的系统亮度有限，常出现对比度不足的弊病，使人眼观看图像时视觉效果很差，通过灰度变换法可以大大改善人的视觉效果。灰度变换法又可分为两种：线性灰度变换和对数灰度变换。

(1) 线性灰度变换

假定原图像 $f(x,y)$的灰度范围为 $[a,b]$，希望变换后图像 $g(x,y)$的灰度范围扩展至 $[c,d]$，线性变换表示式为

$$g(x,y)=\frac{d-c}{b-a}[f(x,y)-a]+c \tag{3.1}$$

此关系式可用图 3.3 表示。若图像中大部分像素的灰度级分布在区间 $[a,b]$，很小部分的灰度级超出了此区间，为改善增强的效果，可令

$$g(x,y)=\begin{cases}\frac{c}{a}\cdot f(x,y) & 0<f(x,y)<a \\ \frac{d-c}{b-a}[f(x,y)-a]+c & a\leqslant f(x,y)\leqslant b \\ \frac{L-1-d}{L-1-b}[f(x,y)-b]+d & b<f(x,y)\leqslant L-1\end{cases} \tag{3.2}$$

其中，$L-1$ 为输入图像的最大灰度值。

为了讨论线性变换的方便，设 k 为线性函数的斜率($k=\frac{d-c}{b-a}$)。根据式(3.2)，有如下性质。

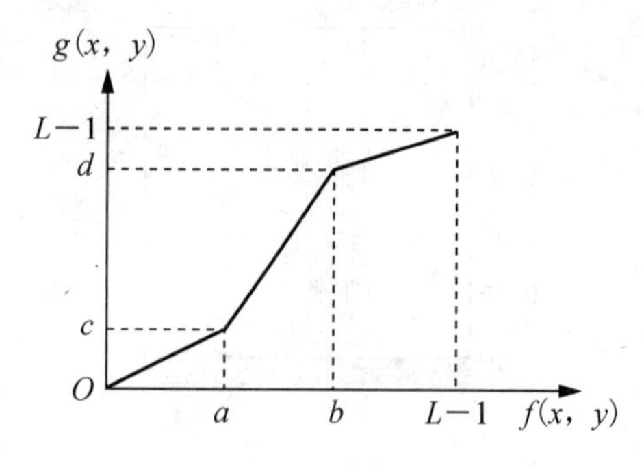

图 3.3 灰度范围线性变换

1）当 $k>1$ 时，输出图像的对比度将增大；当 $k<1$ 时，输出图像的对比度将减小。

2）当 $k=1$ 且 $c\neq0$ 时，操作仅使所有像素的灰度值上移或下移，其效果使整个图像更暗或更亮；当 $k<0$，暗区域将变亮，亮区域将变暗。这种线性改变亮度的变换可由于像素亮度达到饱和(小于 0 或超过 255)而丢失一部分细节。

3）当 $k=1$ 且 $c=0$ 时，输出图像与输入图像相同。

4）当 $k=-1$ 且 $c=255$ 时，输出图像的灰度正好反转。灰度反转处理适用于增强暗色图像中亮度较大的细节部分，这也是由人的视觉决定的。

为了更好地理解线性变换，对图 3.1(a)做这样的处理：将其小于 30 的灰度值不变，将 30 到 150 的灰度值拉伸到 30 到 200，同时压缩 150 到 255 的灰度值到 200 与 255 之间。对应的 Matlab 实现的代码如下：

```
I= imread('pout.tif'); imshow(I);
[m,n]= size(I);
% 进行线性灰度变换
for i= 1:m
    for j= 1:n
        if I(i,j)< = 30
            I(i,j)= I(i,j);
        elseif I(i,j)< = 150
            I(i,j)= (200- 30)/(150- 30)* (I(i,j)- 30)+ 30;
        else
            I(i,j)= (255- 200)/(255- 150)* (I(i,j)- 150)+ 200;
        end
    end
end
figure(2); imshow(uint8(I)); % 显示变换后的结果
```

上述程序的运行结果如图 3.4 所示。通过和原图比较，我们发现线性变换后图像对比度被增强了。

图 3.4 线性灰度变换后的图像

注意：

1）改变图像的对比度是对直方图的缩放与平移，改变图像亮度则只是平移直方图在横轴上的位置，而反相则是将直方图水平镜像。

2）单纯的线性灰度变换可以在一定程度上解决视觉上的图像整体对比度问题，但是对图像细节部分的增强则较为有限，如果能结合非线性变换将能较好地解决这一问题。

(2) 对数灰度变换

在某些情况下，例如，在显示图像的傅里叶谱时，其动态范围远远超过显示设备的显示能力，此时仅有图像中最亮部分可在显示设备上显示，而频谱中低值将看不见，在这种情况下，所显示的图像相对于原图像就存在失真。要消除这种因动态范围太大而引起的失真，一种有效的方法就是对原图像的动态范围进行压缩，最常用的是借助对数形式对动态范围进行调整，其数学表达式如下：

$$t = C\log(1+|f(x,y)|) \tag{3.3}$$

其中，C 为尺度比例常数。尺度比例常数 C 的取值可以结合原图像的动态范围以及显示设备的显示能力来定。例如，傅里叶谱的范围在 $[0,R]=[0,1.6\times10^6]$，为了在一个 8 位的显示设备上进行显示，并充分利用显示设备的动态范围，那么尺度比例常数 C 的大小 $C=256/\log(1+1.6*10^6)$，再利用式(3.3)对原傅里叶谱进行变换。显示结果如图 3.5(b)所示。与图 3.5(a)傅里叶变换直接显示相比，这幅图像的细节可见程度是很显然的。

(a) 直接显示的频谱

(b) 经过对数变换的频谱

图 3.5 傅里叶谱的显示

通过图 3.5(a)可见，图像中心绝对高灰度值的存在压缩了低灰度部分的动态范围，从而无法在显示时表现出细节；而图 3.5(b)是经过对数灰度处理的图像，其低灰度区域对比度将会增加，暗部细节被增强。

对傅里叶频谱图像进行对数变换的代码如下：

```
I= imread('cameraman.tif');
F= fft2(im2double(I));
F= fftshift(F);
F= abs(F); T= log(F+ 1);
    figure; subplot(1,2,1);imshow(F,[]); subplot(1,2,2);imshow(T,[]);
```

注意：对数函数会对输入图像矩阵中的每个元素进行操作，但是却仅能处理 double 类型的矩阵。从图像文件中得到的图像矩阵则大多数是 uint8 类型的，因此需要首先使用 im2double 函数来执行数据类型的转换。

例如，设原图像的灰度值取值范围为 [0,512]，现要将原图的灰度压缩到 [0,256]，这时就可以使用对数变换，其公式为 $t=41*\log(1+|s|)$，其曲线如图 3.6 所示。观察该图后发现，当函数自变量低值时，曲线的斜率很高；自变量高值时，曲线斜率变小。根据该曲线的这种性质可知，对数变换可以增强一幅图像中较暗部分的细节，从而可用于扩展被压缩的高值图像中较暗像素，因此，对数变换被广泛应用于频谱图像的显示中，如图 3.5 所示。

另外，我们用此对数变换对图 3.7(a)进行操作，变换结果如图 3.7(b)所示。其灰度级为 256 级。图 3.7(b)的相应的像素被增强，与对数变换的性质相符。

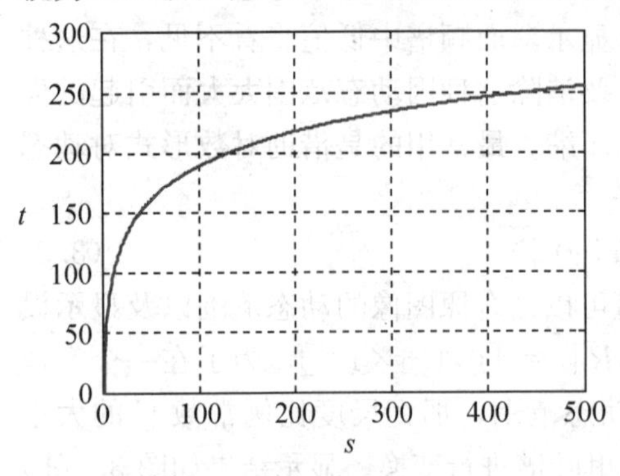

图 3.6 对数变换

(a) 变换前的图像

(b) 变换后的图像

图 3.7 图像的对数变换

如图 3.8 所示的是不同场景获得的图像和对应的直方图。我们注意到在暗色的图像(见图 3.8(a))中，直方图的组成成分集中在灰度级低(暗)的一侧(见图 3.8(b))；反之，明亮的图像(见图 3.8(c))的直方图的组成成分则集中在灰度级高(亮)的一侧(见图 3.8 (d))。动态范围偏小，也就是对比度小，这种图像(见图 3.8(e))的直方图集中于灰度级的中部(见图 3.8(f))，动态范围正常图像(见图 3.8(g)) 的直方图，其成分覆盖了灰度级很宽的范围(见图 3.8(h))。直观上来说，若一图像其像素占有全部可能的灰度级并且分布均匀，则图像有高的对比度和多变的灰度色调，也就是说通过改变直方图的开关来达到增强图像对比度的效果。这种方法是以概率论为基础，常用的方法有直方图均衡化和直方图规定化。

(a)暗色的图像

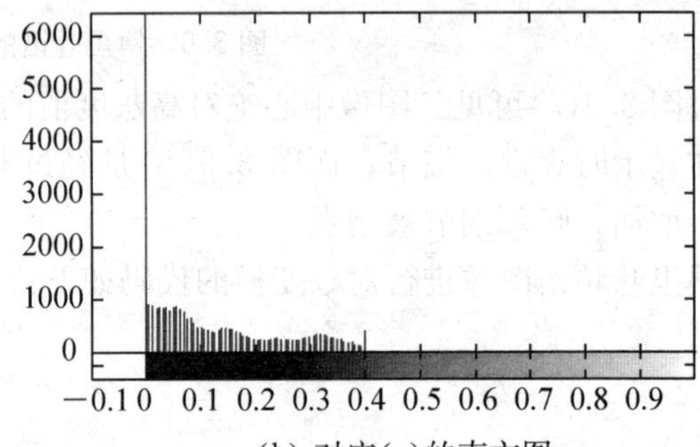

(b) 对应(a)的直方图

(c)明亮的图像

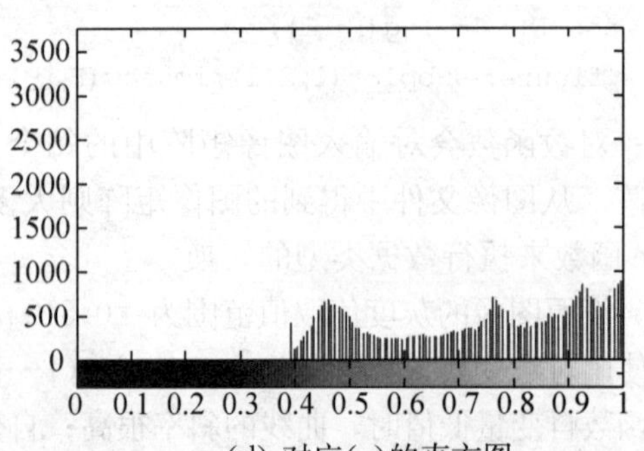

(d) 对应(c)的直方图

图 3.8 不同类型图像的直方图

(e)低对比度图像

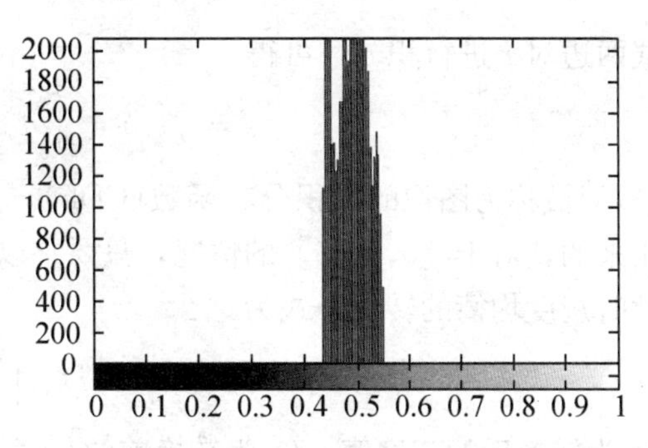

(f) 对应(e)的直方图

(g)高对比度图像

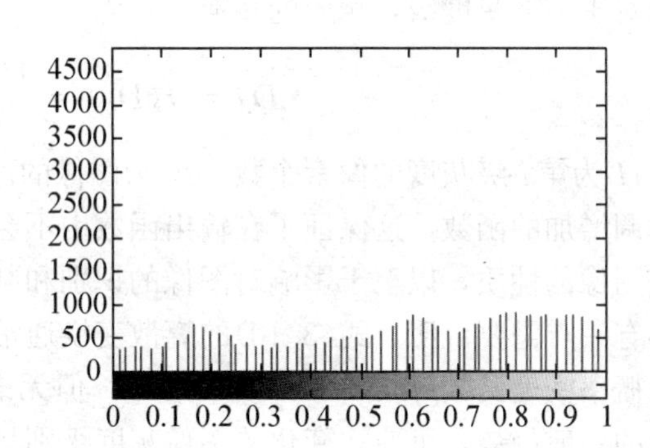

(h) 对应(g)的直方图

图 3.8　不同类型图像的直方图(续)

3.1.3　直方图均衡化

直方图均衡化又称**灰度均衡化**，是指通过某种灰度映像使输入图像转换为在每一灰度级上都近似相同的像素点数的输出图像(即输出的直方图是均匀的)。在经过均匀化处理后的图像中，像素将占有尽可能多的灰度级并且均匀分布。因此，这样的图像将具有较高的对比度和较大的动态范围。

为了便于分析，首先考虑灰度范围为 0～1 且连续的情况。此时图像的归一化直方图即为概率密度函数(PDF)

$$p(x) \quad 0 \leqslant x \leqslant 1 \tag{3.4}$$

由概率密度函数的性质，有

$$\int_{x=0}^{1} p(x)\mathrm{d}x = 1 \tag{3.5}$$

设转换前图像的概率密度为 $p_r(r)$，转换后图像的概率密度函数为 $p_s(s)$，转换函数(灰度映射关系)为 $s=f(r)$。由概率论知识可得

$$p_s(s) = p_r(r) \cdot \frac{\mathrm{d}r}{\mathrm{d}s} \tag{3.6}$$

这样，如果想使转换后图像的概率密度函数满足 $p(s)=1(0\leqslant s\leqslant 1)$(即直方图为均匀的)，则必须满足

$$p_r(r) = \frac{\mathrm{d}s}{\mathrm{d}r} \tag{3.7}$$

等式两边对 r 进行积分，可得

$$s = f(r) = \int_0^r p_r(\mu)\mathrm{d}\mu \tag{3.8}$$

式(3.8)被称为图像的累积分布函数(CDF)。其是在灰度值在［0，1］范围内的情况下推导出来的，对于［0，255］的情况，只要乘以最大灰度值 $D_{\max}$(对于灰度图就是 255)即可。此时灰度均衡的转换公式为

$$D_B = f(D_A) = D_{\max}\int_0^{D_A} p_{D_A}(\mu)\mathrm{d}\mu \tag{3.9}$$

其中，D_B为转换后的灰度值，D_A为转换前的灰度值。

而对于离散灰度级，相应的转换公式为

$$D_B = f(D_A) = \frac{D_{\max}}{A_0}\sum_{i=0}^{D_A} H_i \tag{3.10}$$

其中，H_i为第 i 级灰度的像素个数，A_0为图像的面积，即像素总数。式中的变换函数 f 是一个单调增加的函数，这保证了在输出函数中不会出现灰度反转的情况，从而防止在变换中改变图像的性质，以至于影响对图像的识别和判读。

还有一点需要说明，式(3.10)的离散变换通常无法再像连续变换时那样可以得到严格的均匀概率密度函数($p_s(s)=1$，$0\leqslant s\leqslant 1$)。但无论如何，式(3.10)的应用有展开输入图像直方图的一般趋势，可使均衡化的图像灰度级别具有更大的范围，从而得到近似均匀的直方图。

图像易受光照、视角、方位、噪声等的影响。在这些因素的作用下，同一类图像的不同变形体之间的差距有时大于该类图像与另一类图像之间的差距，这给图像识别分类带来了困扰。图像归一化就是将图像转换成唯一的标准形式以抵抗各种变换，从而消除同类图像不同变形体之间的外观差异。当图像归一化用于消除灰度因素(光照等)造成的图像外观变化时，也被称为(图像)灰度归一化。

下面我们展示如何利用直方图均衡化来实现图像的灰度归一化。程序对图像进行了增加对比度、减小对比度、线性增加亮度和线性减小亮度的处理，得到了原图像的四个灰度变化版本，接着又分别对这四副图像进行了直方图均衡化处理并显示了它们在处理前、后的直方图。

(1) 对于对比度变大的图像

```
I= imread('pout.tif'); I= im2double(I);
% 对于对比度变大的图像
I1= 2* I- 55/255;
figure(1);imshow(I1); figure(2);imhist(I1);
figure(3);imshow(histeq(I1)); figure(4);imhist(histeq(I1));
```

该程序运行结果如图 3.9 所示。

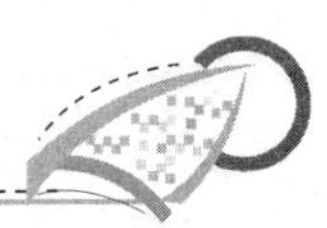

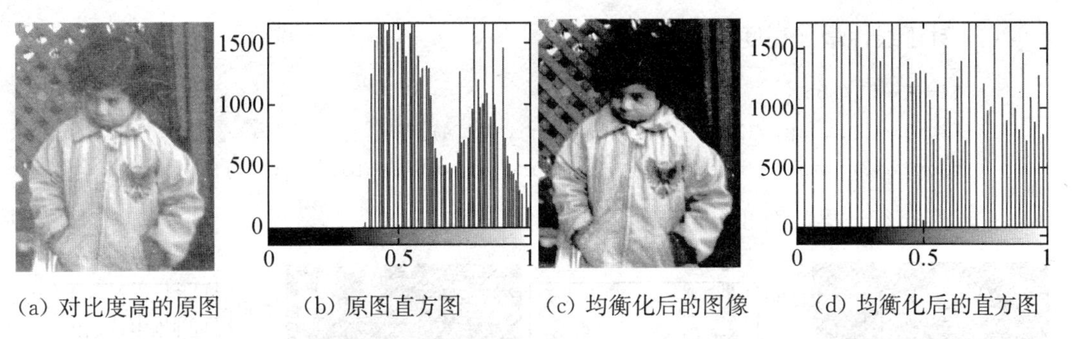

(a) 对比度高的原图　　(b) 原图直方图　　(c) 均衡化后的图像　　(d) 均衡化后的直方图

图 3.9　对比度高图像的直方图均衡化效果

(2) 对于对比度变小的图像

```
I2= 0.5* I+ 55/255;
figure(1);imshow(I2); figure(2);imhist(I2);
figure(3);imshow(histeq(I2)); figure(4);imhist(histeq(I2));
```

该程序的运行结果如图 3.10 所示。

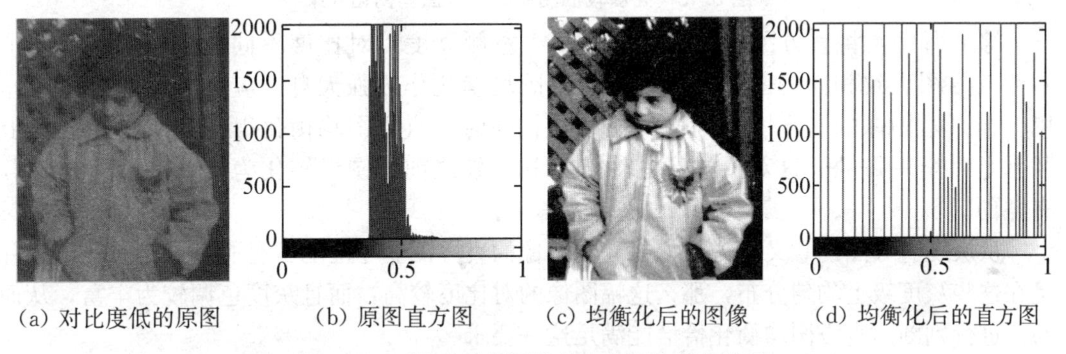

(a) 对比度低的原图　　(b) 原图直方图　　(c) 均衡化后的图像　　(d) 均衡化后的直方图

图 3.10　对比度较低图像的直方图均衡化效果

(3) 对于线性增加亮度的图像

```
I3= I+ 55/255;
figure(1);imshow(I3); figure(2);imhist(I3);
figure(3);imshow(histeq(I3)); figure(4);imhist(histeq(I3));
```

该程序运行结果如图 3.11 所示。

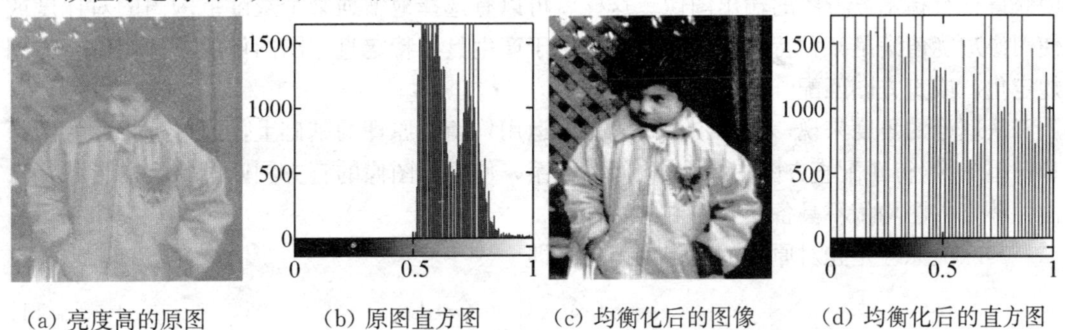

(a) 亮度高的原图　　(b) 原图直方图　　(c) 均衡化后的图像　　(d) 均衡化后的直方图

图 3.11　亮度较高图像的直方图均衡化效果

(4) 对于线性增加亮度的图像

```
I4= I- 55/255;
figure(1);imshow(I4); figure(2);imhist(I4);
figure(3);imshow(histeq(I4)); figure(4);imhist(histeq(I4));
```

该程序运行结果如图 3.12 所示。

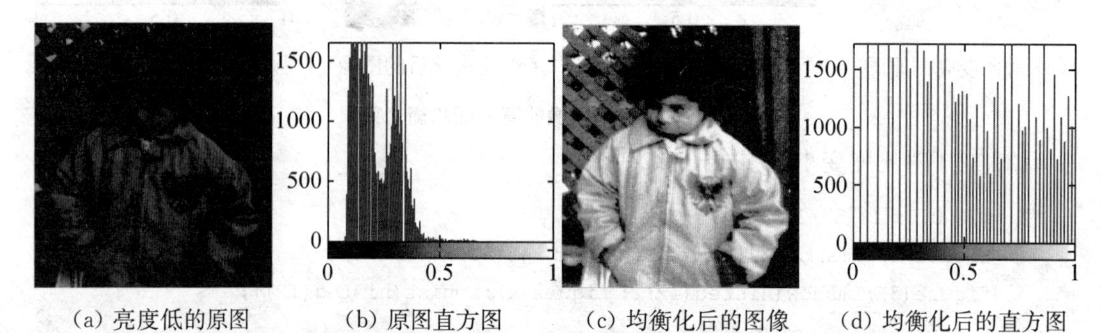

(a) 亮度低的原图　(b) 原图直方图　(c) 均衡化后的图像　(d) 均衡化后的直方图

图 3.12　亮度较低图像的直方图均衡化效果

综上所述，将直方图均衡化算法应用于左侧亮度、对比度不同的图像后，得到了右侧直方图大致相同的图像，体现了直方图均衡化作为强大自适应性的增强工具的作用。当原始图像的直方图不同而图像结构相同时，直方图均衡化得到的结果在视觉上几乎是完全一致的。这对在进行图像分析和比较之前将图像转化为统一的形式是十分有益的。

从灰度直方图的意义上说，如果一幅图像的直方图非零范围占有所有可能的灰度级并且在这些灰度级上均匀分布，那么这幅图像的对比度较高，而且灰度色调较为丰富，从而易于进行判断。直方图均衡化恰恰能满足这一要求。

3.1.4　直方图规定化

直方图均衡化算法可以自动确定灰度变换函数，从而获得具有均匀直方图的输出图像。它主要用于增强动态范围偏小的图像对比度，丰富图像的灰度级。这种方法的优点是操作简单，且结果可以预知，当图像需要自动增强时是一种不错的选择。

但有时用户也希望可以对变换过程加以控制，如能够人为地修正直方图的形状，或者说获得具有指定直方图的输出图像。这样就可以有选择地增强某个灰度范围内的对比度或使图像灰度值满足某种特定的分布。这种用于产生具有特定直方图图像的方法叫做**直方图规定化，或直方图匹配**。

从理论的角度来说，直方图规定化是在运用均衡化原理的基础上，通过建立原始图像和期望图像(待匹配直方图的图像)之间的关系，使原始图像的直方图匹配特定的形状，从而弥补直方图均衡不具备交互作用的特性。

其匹配原理是先对原始的图像均衡化，即

$$s = f(r) = \int_0^r p_r(u)\mathrm{d}u \tag{3.11}$$

同时对待匹配直方图的图像(标准图像)进行均衡化处理，即

$$v = g(z) = \int_0^z p_z(\lambda)\mathrm{d}\lambda \tag{3.12}$$

由于都是均衡化，故可令 $s=v$，则

$$v = g^{-1}(s) = g^{-1}(f(r)) \tag{3.13}$$

于是可以按照如下步骤由输入图像得到一个具有规定概率密度函数的图像：

1) 根据式(3.11)得到变换关系 $f(r)$；

2) 根据式(3.12)得到变换关系 $g(z)$；

3) 求得反函数 g^{-1}；

4) 对输入图像的所有像素应用式(3.13)中的变换，从而得到输出图像。

当然，在实际计算中利用的是上述公式的离散形式，这样就不必去关心函数 $f(r)$、$g(z)$以及反变换函数 g^{-1} 的具体解析形式，而可以直接将它们作为映射表处理。其中，$f(r)$为输入图像均衡化的离散灰度级映射关系，$g(z)$为标准图像均衡化的离散灰度级映射关系，而 g^{-1}则是标准图像均衡化的逆映射关系，它给出了从经过均衡化处理的标准化图像到原标准图像的离散灰度映射，相当于均衡化处理的逆过程。

下面的程序实现了从图 3.13(a)分别到图像 3.13(b)和 3.13(c)的直方图匹配。

```
I= imread('pout.tif');
I1= imread('tire.tif');I2= imread('cameraman.tif');
[hgram1,x]= imhist(I1);[hgram2,x]= imhist(I2);
% 执行直方图均衡化
J1= histeq(I,hgram1);J2= histeq(I,hgram2);
figure; subplot(231);imshow(I);subplot(232);imshow(I1);subplot(233);imshow
(I2);subplot(235);imshow(J1);
subplot(236);imshow(J2);
figure; subplot(231);imhist(I);subplot(232);imhist(I1);subplot(233);imhist
(I2);subplot(235);imhist(J1);
subplot(236);imhist(J2);
```

上述程序的运行结果如图 3.13 和图 3.14 所示。可以看到，经过规定化处理，原图像的直方图与目标图像的直方图变得较为相似。

(a) 原图　(b) 标准图 1　(c) 标准图 2　(d) 规定化到 1　(e) 规定化到 2

图 3.13 直方图规定化的结果

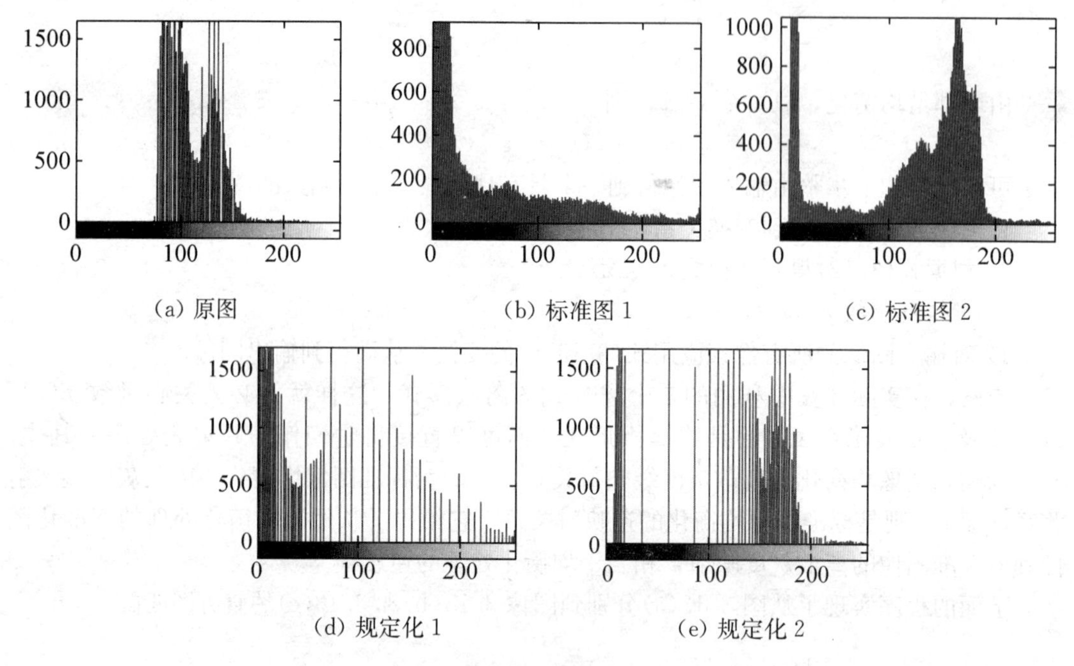

(a) 原图　(b) 标准图 1　(c) 标准图 2

(d) 规定化 1　(e) 规定化 2

图 3.14　直方图规定化后的灰度直方图

注意：直方图规定化本质上是一种拟合过程，因此变换得到的直方图与标准目标图像的直方图并不会完全一致。然而即使只是相似的拟合，仍然使规定化的图像在亮度与对比度上具有类似标准图像的特性，这正是直方图规定化的目的所在。

3.2　图像的几何变换

3.2.1　简单的几何变换

图像的几何变换又称为图像空间变换，它将一副图像中的坐标位置映射到另一幅图像中的新坐标位置。我们学习几何变换的关键就是要确定这种空间映射关系，以及映射过程中的变换参数。

几何变换不改变图像的像素值，只是在图像平面上进行像素的重新安排。一个几何变换需要两部分运算：首先是空间变换所需的运算，如平移、旋转和镜像等，需要用它来表示输出图像与输入图像之间的(像素)映射关系；此外，还需要使用灰度插值算法，因为按照这种变换关系进行计算，输出图像的像素可能被映射到输入图像的非整数坐标上。

下面针对图像平移变换、图像镜像变换、图像转置变换和图像旋转变换等四个主要的位置变换进行分析。

1. 图像的平移变换

图像平移就是将图像中所有点按照指定的平移量水平或者垂直移动。设(x_0, y_0)为原图上一点，图像水平平移量为T_x，垂直平移量为T_y，如图 3.15 所示，则平移之后的点坐标(x_1, y_1)变为

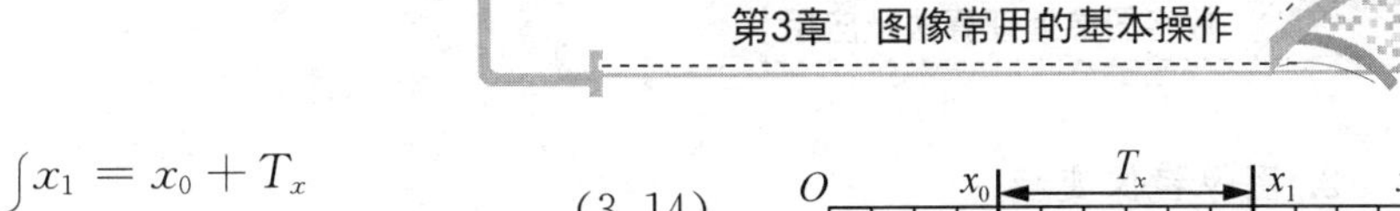

$$\begin{cases} x_1 = x_0 + T_x \\ y_1 = y_0 + T_y \end{cases} \tag{3.14}$$

式(3.14)用矩阵形式可表示为

$$[x_1 \quad y_1 \quad 1] = [x_0 \quad y_0 \quad 1]\begin{bmatrix} 1 & 0 & 0 \\ 0 & 1 & 0 \\ T_x & T_y & 1 \end{bmatrix} \tag{3.15}$$

对变换矩阵求逆，可以得到逆变换

$$[x_0 \quad y_0 \quad 1] = [x_1 \quad y_1 \quad 1]\begin{bmatrix} 1 & 0 & 0 \\ 0 & 1 & 0 \\ -T_x & -T_y & 1 \end{bmatrix} \tag{3.16}$$

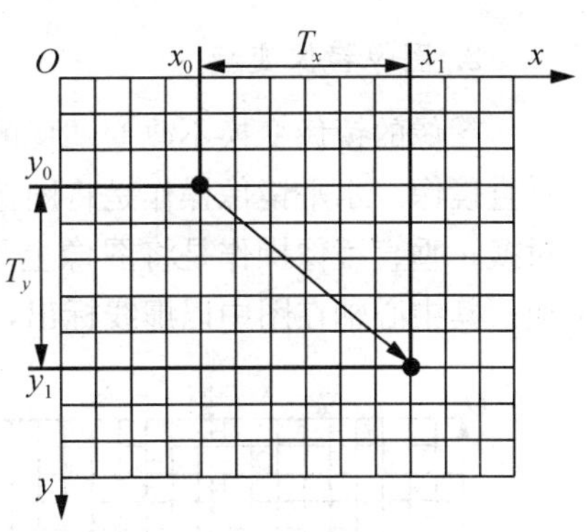

图 3.15　平移变换坐标

即

$$\begin{cases} x_0 = x_1 - T_x \\ y_0 = y_1 - T_y \end{cases} \tag{3.17}$$

这样，平移后的目标图像中的每一点都可以在原图像中找到对应的点。例如，将新图中的(i,j)像素代入上面的方程组，可以求出对应原图中的像素$(i-T_x,j-T_y)$。而此时如果 T_x 大于i 或T_y 大于j，则点$(i-T_x,j-T_y)$超出了原图的范围，可以直接将它们的像素值统一设置为 0 或者 255。

对于原图中被移出图像显示区域的点通常也有两种处理方法：直接丢弃或者通过适当增加目标图像的尺寸(将新生成的图像宽度增加 T_x，高度增加 T_y)的方法使新图像中能够包含这些点。在稍后给出的程序实现中，采用第一种处理方法。

Matlab 中没有直接用于图像平移的函数，这里给出了一个基于灰度形态学的图像平移实现，程序如下：

```
A= imread('baby.bmp');
se= translate(strel(1),[80 50]); % strel 用来创建形态学结构元素,translate(SE,
                                   [y,x])在原结构元素 SE 上进行 y 和 x % 方向的偏移,
                                   参数[80 50]可以修改,修改后平移距离对应改变
B= imdilate(A,se);                 % imdilate 形态学膨胀
figure;subplot(1,2,1),imshow(A);subplot(1,2,2),imshow(B);
```

上述算法的平移效果如图 3.16 所示。从图中可以看出，对于映射在原图之外的点直接采用了黑色填充，并丢弃了变换后目标图像中被移除图像显示区域的像素。

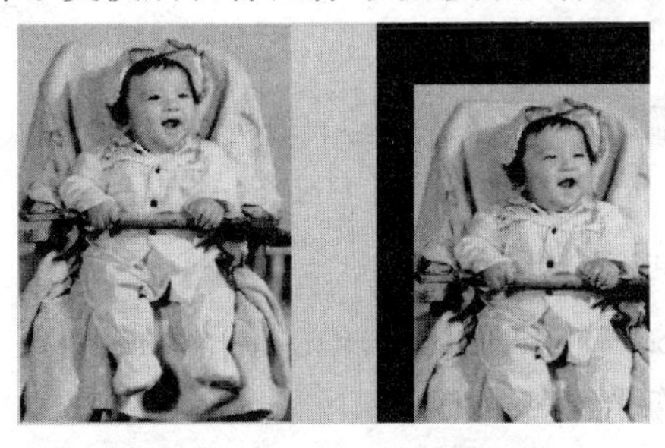

图 3.16　平移变换效果

2. 图像镜像变换

图像的镜像变换不改变图像的形状。图像的镜像(Mirror)变换分为两种：水平镜像和垂直镜像。水平镜像操作是将图像左半部分和右半部分以图像垂直中轴线为中心进行镜像对换；垂直镜像操作是将图像上半部分和下半部分以图像水平中轴线为中心进行镜像对换。其中心轴在图中以虚线标出，如图 3.17 所示。

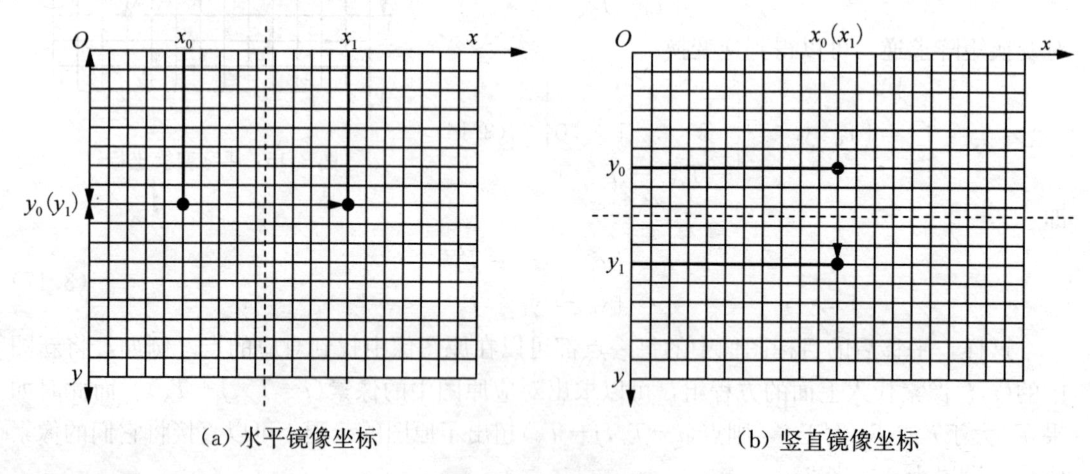

(a) 水平镜像坐标　　(b) 竖直镜像坐标

图 3.17　镜像变换

(1) 水平镜像的变换关系

$$[x_1 \quad y_1 \quad 1] = [x_0 \quad y_0 \quad 1]\begin{bmatrix} -1 & 0 & 0 \\ 0 & 1 & 0 \\ \text{Width} & 0 & 1 \end{bmatrix} = [\text{Width} - x_0 \quad y_0 \quad 1] \tag{3.18}$$

对矩阵求逆得到

$$[x_0 \quad y_0 \quad 1] = [x_1 \quad y_1 \quad 1]\begin{bmatrix} -1 & 0 & 0 \\ 0 & 1 & 0 \\ \text{Width} & 0 & 1 \end{bmatrix} = [\text{Width} - x_1 \quad y_1 \quad 1] \tag{3.19}$$

(2) 竖直镜像变换关系

$$[x_1 \quad y_1 \quad 1] = [x_0 \quad y_0 \quad 1]\begin{bmatrix} 1 & 0 & 0 \\ 0 & -1 & 0 \\ 0 & \text{Height} & 1 \end{bmatrix} = [x_0 \quad \text{Height} - y_0 \quad 1] \tag{3.20}$$

其逆运算为

$$[x_0 \quad y_0 \quad 1] = [x_1 \quad y_1 \quad 1]\begin{bmatrix} 1 & 0 & 0 \\ 0 & -1 & 0 \\ 0 & \text{Height} & 1 \end{bmatrix} = [x_1 \quad \text{Height} - y_1 \quad 1] \tag{3.21}$$

(3) 镜像变换的 Matlab 实现

```
A= imread('baby.bmp');[height,width,dim]= size(A);
% 定义水平镜像变换矩阵
tform= maketform('affine',[- 1 0 0;0 1 0;0 width 1]); B= imtransform(A,tform,'
```

```
nearest');
    % 定义竖直镜像变换矩阵
    tform2= maketform('affine',[1 0 0;0 - 1 0;0height 1]); C= imtransform(A,
tform2,'nearest');
    subplot(131),imshow(A);title('原图像');subplot(132),imshow(B);title('水平镜像');
    subplot(133),imshow(C);title('垂直镜像');
```

对应的运行结果如图 3.18 所示。

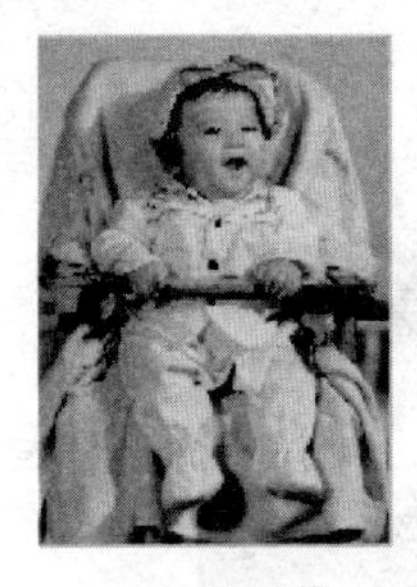

(a) 原图像

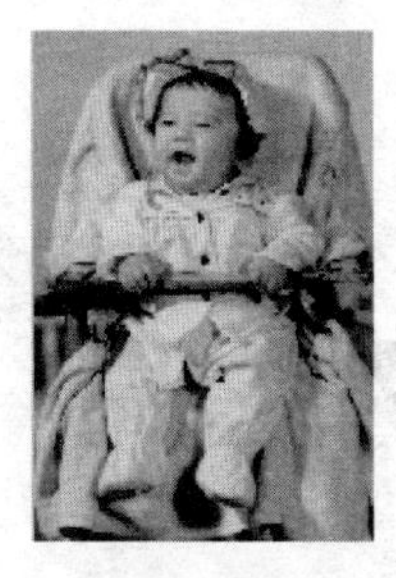

(b) 水平镜像

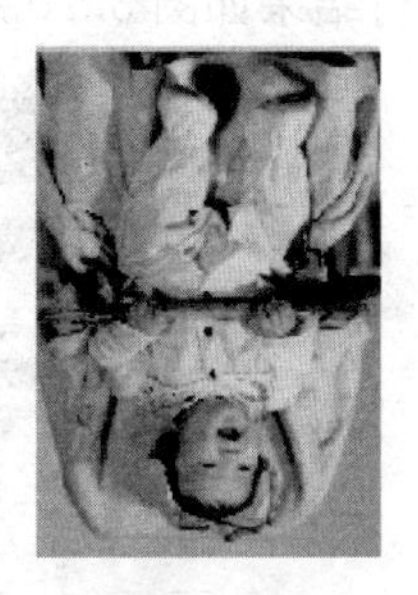

(c) 垂直镜像

图 3.18　镜像变换效果

3. 图像的转置变换

图像转置是指将图像像素的 x 坐标和 y 坐标互换，如图 3.19 所示。图像的大小会随之改变：高度和宽度将互换。

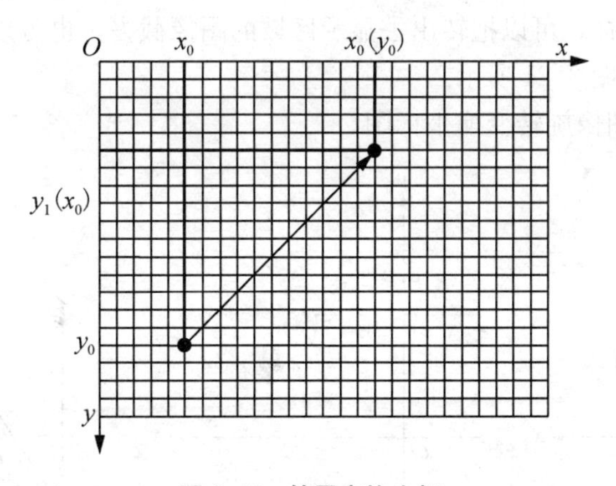

图 3.19　转置变换坐标

(1) 转置变换的公式

$$[x_1 \quad y_1 \quad 1] = [x_0 \quad y_0 \quad 1]\begin{bmatrix}0 & 1 & 0\\1 & 0 & 0\\0 & 0 & 1\end{bmatrix} = [y_0 \quad x_0 \quad 1] \tag{3.22}$$

显然，转置矩阵 $\begin{bmatrix}0 & 1 & 0\\1 & 0 & 0\\0 & 0 & 1\end{bmatrix}$ 的逆矩阵仍为其自身。故转置变换的逆变换具有相同的形式。

(2) 图像转置的 Matlab 实现

```
A= imread('baby.bmp');
tform= maketform('affine',[0 1 0;1 0 0;0 0 1]);
% 定义转置变换矩阵
B= imtransform(A,tform,'nearest');
subplot(121),imshow(A);title('原图像');subplot(122),imshow(B);title('图像转置');
```

对应的运行结果如图 3.20 所示。

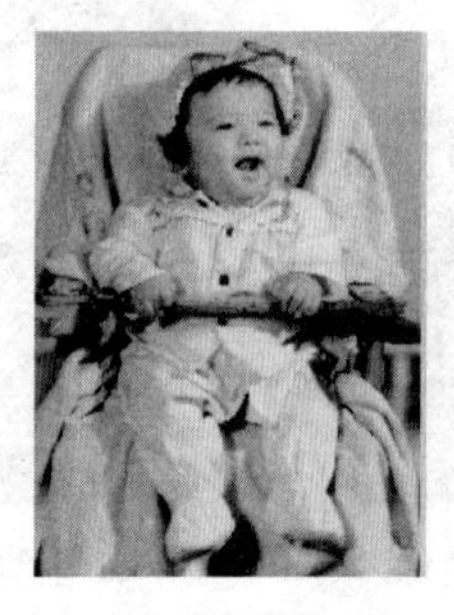

(a) 原图像

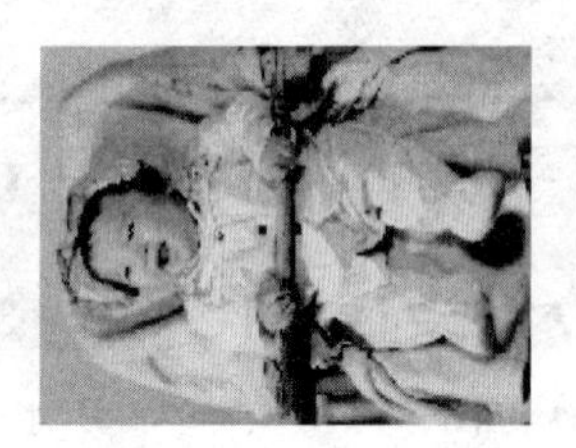

(b) 转置后的图像

图 3.20　转置效果

4. 图像的旋转变换

旋转一般是将图像围绕某一指定点旋转一定的角度。旋转通常也会改变图像的大小，和图像平移的处理一样，可以把转出去显示区域的图像截去，也可以改变输出图像的大小以扩展显示范围，如图 3.21 所示。

图 3.22 给出了图像旋转变换坐标图。

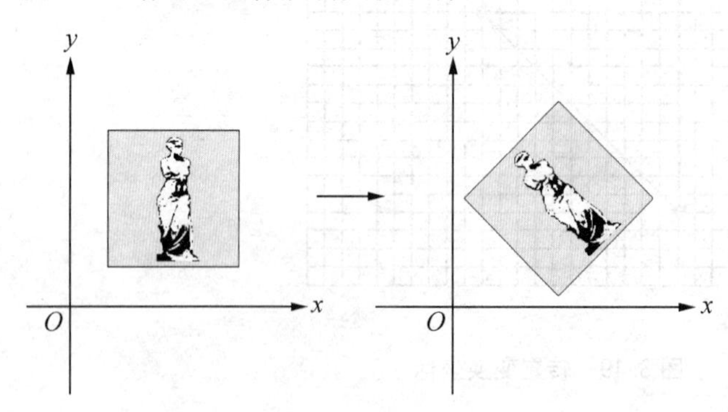

图 3.21　图像旋转

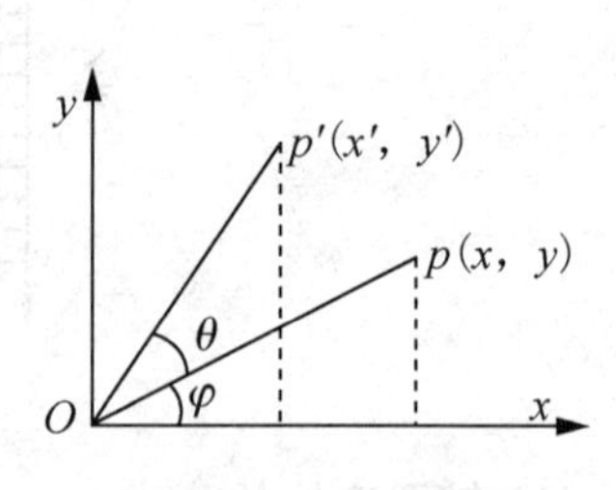

图 3.22　旋转变换坐标

设 r 为 p 到原点的距离，则有

$$\begin{cases} x = r\cos\theta \\ y = r\sin\theta \end{cases} \tag{3.23}$$

当点 p 旋转到 p' 点后，则有

$$\begin{cases} x' = r\cos(\theta + \varphi) \\ y' = r\sin(\theta + \varphi) \end{cases} \tag{3.24}$$

根据三角公式可得

$$\begin{cases} x' = r\cos\theta\cos\varphi - r\sin\theta\sin\varphi \\ y' = r\sin\theta\cos\varphi + r\cos\theta\sin\varphi \end{cases} \tag{3.25}$$

将式(3.23)代入式(3.25)，可得

$$\begin{cases} x' = x\cos\theta - y\sin\theta \\ y' = x\sin\theta + y\cos\theta \end{cases} \tag{3.26}$$

从而得到旋转变换公式为

$$[x' \quad y' \quad 1] = [x \quad y \quad 1]\begin{bmatrix} \cos\theta & \sin\theta & 0 \\ -\sin\theta & \cos\theta & 0 \\ 0 & 0 & 1 \end{bmatrix} \tag{3.27}$$

相应地，其逆运算为

$$[x \quad y \quad 1] = [x' \quad y' \quad 1]\begin{bmatrix} \cos\theta & -\sin\theta & 0 \\ \sin\theta & \cos\theta & 0 \\ 0 & 0 & 1 \end{bmatrix} \tag{3.28}$$

图像旋转变换的 Matlab 实现

```
A= imread('baby.bmp');
% 最邻近插值法旋转 30°,并剪切图像
B= imrotate(A,30,'nearest','crop');
subplot(121),imshow(A);title('原图像');subplot(122),imshow(B);title('逆时针旋转 30°');
```

对应的运行结果如图 3.23 所示。

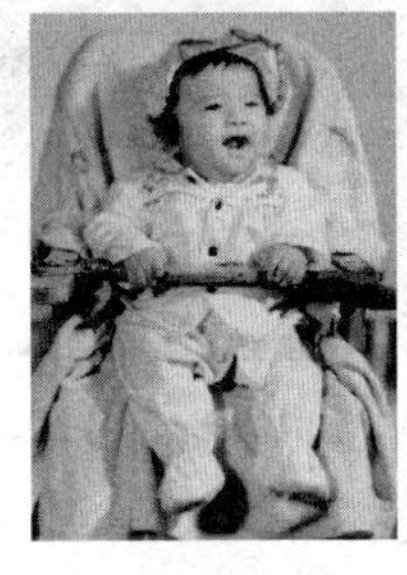

(a) 原图像

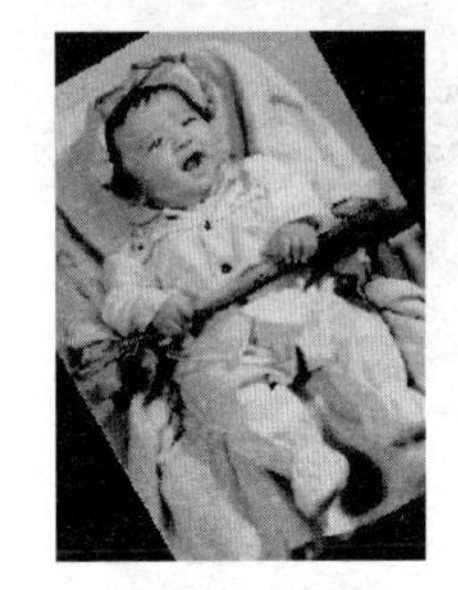

(b) 逆时针旋转 30°后的图像

图 3.23　旋转变换效果

5. 图像的缩放

缩放是指图像大小按照指定的比率放大或缩小，如图 3.24 所示。假设图像 x 轴方向的缩放比率 S_x，y 轴方向的缩放比率 S_y，相应的变换表达式为

$$[x_1 \quad y_1 \quad 1] = [x_0 \quad y_0 \quad 1]\begin{bmatrix} s_x & 0 & 0 \\ 0 & s_y & 0 \\ 0 & 0 & 1 \end{bmatrix} = [x_0 * s_x \quad y_0 * s_y \quad 1] \tag{3.29}$$

则其逆运算为

$$[x_0 \quad y_0 \quad 1] = [x_1 \quad y_1 \quad 1]\begin{bmatrix} \frac{1}{s_x} & 0 & 0 \\ 0 & \frac{1}{s_y} & 0 \\ 0 & 0 & 1 \end{bmatrix} = [\frac{x_1}{s_x} \quad \frac{y_1}{s_y} \quad 1] \tag{3.30}$$

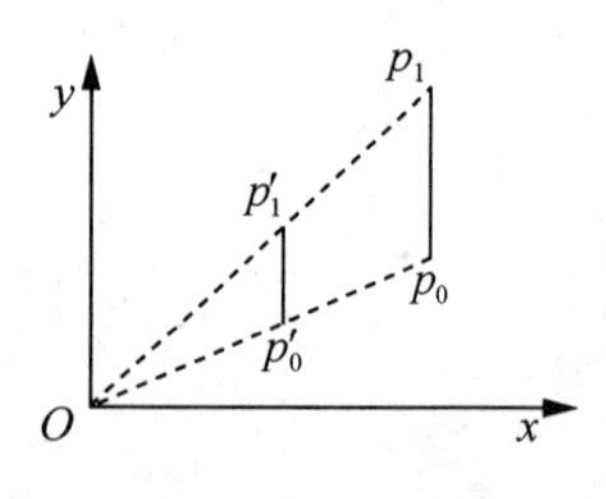

图 3.24　缩放变换

直接根据缩放公式计算得到的目标图像中，某些映射源坐标可能不是整数，从而找不到相应的像素位置。例如，当$S_x=S_y=2$时，图像放大两倍，放大图像中的像素(0，1)对应于原图像像素(0，0.5)，这不是整数坐标位置，自然也就无法提取其灰度值。因此必须做某种相似处理，这里介绍一种简单的策略，即直接将它临近的整数坐标位置(0，0)或者(0，1)处的像素灰度值赋给它，这就是所谓的**最邻近插值**。当然还可以用其他插值算法来进行相似处理。

图像缩放的Matlab实现

```
A= imread('baby.bmp');
B= imresize(A,1.2,'nearest'); % 图像扩大 1.2 倍
figure,imshow(A); title('原图像'); figure,imshow(B); title('图像缩放');
```

该程序运行结果如图 3.25 所示。

(a) 原图

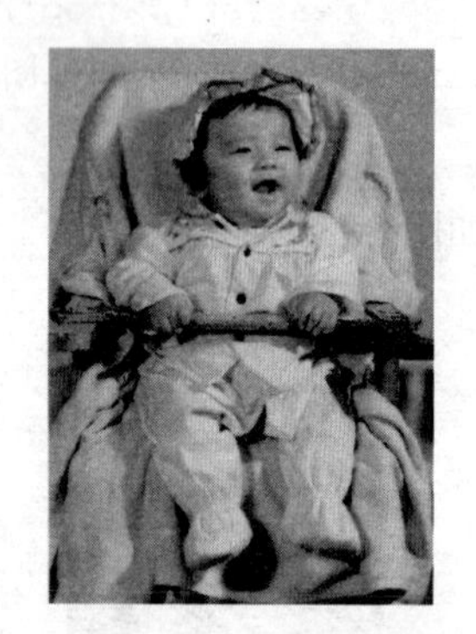

(b) 放大 1.2 倍后的图像

图 3.25　缩放变换效果

3.2.2　插值算法

插值算法所应用的领域较多，对图像进行缩放处理是比较典型的应用，由于图像像素的灰度值是离散的，因此一般的处理方法是对原来在整数点坐标上的像素值进行插值生成连续的曲面，然后在插值曲面上重新采样以获得缩放图像像素的灰度值。缩放处理从输出图像出发，采用逆向映射方法，即在输出图像中找到与之对应的输入图像中的某个或某几个像素，采用这种方法能够保证输出图像中的每个像素都有一个确定值，否则，如果从输入图像出发推算输出图像，输出图像的像素点可能出现无灰度值的情况。

因为对图像进行缩放处理时输出图像像素和输入图像之间可能不再存在一一对应关系。本节将介绍两种不同的插值算法：最邻近插值算法和双线性插值算法。

(1) 最邻近插值算法

该算法是最简单的插值算法，也称为**零阶插值**。它输出的像素灰度值等于距离它映射到的位置最近的输入像素的灰度值。最邻近插值算法比较简单，在许多情况下都能得到令人满意的结果，但是当图像中包含像素之间灰度级有变化的细微结构时，最邻近插值算法会在图像中产生人为加工的痕迹。

其取插值点的四个邻点中距离最近的邻点灰度值作为该点的灰度值。设插值点(i,j)到周边四个邻点的距离为$d_k(k=1,2,3,4)$，则插值点的值$g(i,j)=f_k(i,j)$，此时，$d_k=\min\{d_1,d_2,d_3,d_4\}$。对应的Matlab代码如下：

```
A = imread('lena.jpg');imshow(A);
Row = size(A,1); Col = size(A,2);            % 图像行数和列数
nn= 8;                                       % 放大倍数
m = round(nn* Row);                          % 求出变换后的坐标的最大值
n = round(nn* Col); B = zeros(m,n,3);        % 定义变换后的图像

for i = 1 : m
    for j = 1 : n
        x = round(i/nn); y = round(j/nn);% 最邻近法对图像进行插值
        if x= = 0  x = 1; end
        if y= = 0  y = 1; end
        if x> Row x = Row; end
        if y> Col y = Col;end
        B(i,j,:) = A(x,y,:);
    end
end
B = uint8(B);                                % 将矩阵转换成8位无符号整数
figure;imshow(B);title('最邻近插值法放大8倍1024* 1024');
```

(2)双线性插值算法①

双线性插值是利用了需要处理的原始图像像素点周围的四个像素点的相关性，通过双线性算法计算得出。对于一个目的坐标，通过向后映射法得到其在原始图像的对应的浮点坐标$(i+u,j+v)$，其中i和j均为非负整数，u和v为$[0,l]$区间的浮点数，则这个像素的值$f(i+u,j+v)$可由原图像中坐标为(i,j)、$(i+1,j)$、$(i,j+1)$、$(i+1,j+1)$所对应的周围四个像素的值决定，即

$$f(i+u,j+v)=(1-u)\cdot(1-v)\cdot f(i,j)+(1-u)\cdot v\cdot f(i,j+1)+u\cdot(1-v)\cdot f(i+1,j)+u\cdot v\cdot f(i+1,j+1) \tag{3.31}$$

其中，$f(i,j)$表示源图像(i,j)处的像素值，以此类推，这就是**双线性内插值算法**。

为简单起见，设单位正方形的四个顶点(0,0)、(0,1)、(1,0)、(1,1)对应像素的灰度

① 线性(Linear)是指量与量间按比例、成直线关系，在数学上可理解为一阶导数为常数的函数；线性插值则是根据两个点的值线性确定位于这两个点连线上的某个点的值。

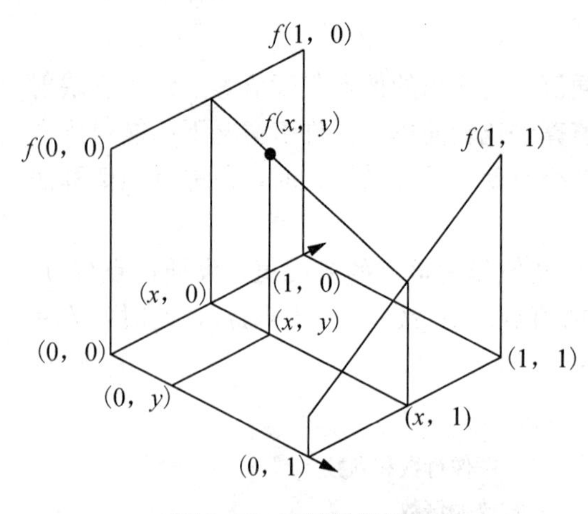

图 3.26 双线性插值原理

值为 $f(0,0)$、$f(1,0)$、$f(0,1)$、$f(1,1)$，如图 3.26 所示。通过双线性插值得到正方形内任意点 $f(x,y)$的值。

首先对上端的两个点进行线性插值得到 $f(x,0)=f(0,0)+x\,[f(1,0)-f(0,0)]$，再对下端的两个顶点进行线性插值得到$f(x,1)=f(0,1)+x\,[f(1,1)-f(0,1)]$。再次对垂直方向进行线性插值得到 $f(x,y)=f(x,0)+y\,[f(x,1)-f(x,0)]$，最后得到 $f(x,y)=[f(1,0)-f(0,0)]\,x+[f(0,1)-f(0,0)]\,y+[f(1,1)+f(0,0)-f(0,1)-f(1,0)]\,xy+f(0,0)$。

线性插值的假设是原图的灰度在两个像素之间是线性变化的，显然这是一种比较合理的假设。因此，在一般的情况下，双线性插值都能取得比较好的效果。更精确的方法是采用曲线插值，即认为像素之间的灰度变化规律符合某种曲线方程，当然这种处理方法的计算量是很大的。

双线性内插值算法计算量大，但缩放后图像质量高，不会出现像素值不连续的情况。由于双线性插值具有低通滤波器的性质，使高频分量受损，所以可能会使图像轮廓在一定程度上变得模糊。

(3) 高阶插值

在一些几何运算中，双线性插值的平滑作用会使图像的细节退化，而其斜率的不连续性则会导致变换产生不希望的结果。这些都可以通过高阶插值得到弥补，高阶插值常用卷积来实现。输出像素的值为输入图像中距离它最近的 4×4 领域内采样点像素值的加权平均值。

下面以三次插值为例，其使用了如下的三次多项式来逼近理论上的最佳插值函数 $\frac{\sin(x)}{x}$，如图 3.27 所示。

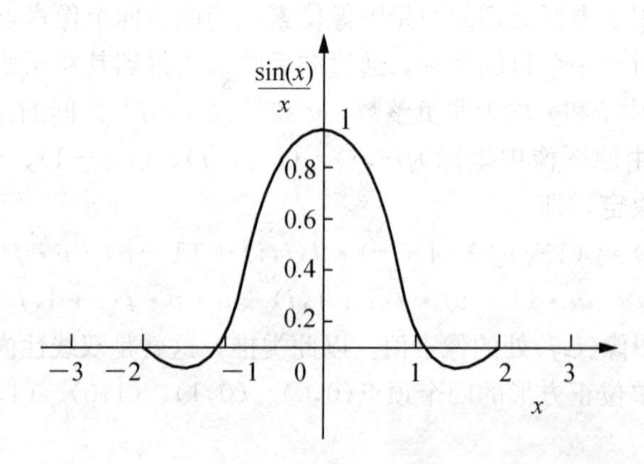

图 3.27 高阶插值

$$s(x)=\begin{cases}1-2|x|^2+3|x|^3 & 0\leqslant|x|<1\\4-8|x|+5|x|^2-|x|^3 & 1\leqslant|x|<2\\0 & |x|\geqslant 2\end{cases}\tag{3.32}$$

式(3.32)中$|x|$是周围像素沿x方向与原点的距离。待求像素(x, y)的灰度值由其周围16个点的灰度值加权插值得到。计算公式为

$$f(x,y)=f(i+u,j+v)=ABC\tag{3.33}$$

其中，

$$A=\begin{bmatrix}S(1+v)\\S(v)\\S(1-v)\\S(2-v)\end{bmatrix}^{\mathrm{T}},B=\begin{bmatrix}f(i-1,j-1) & f(i-1,j) & f(i-1,j+1) & f(i-1,j+2)\\f(i,j-1) & f(i,j) & f(i,j+1) & f(i,j+2)\\f(i+1,j-1) & f(i+1,j) & f(i+1,j+1) & f(i+1,j+2)\\f(i+2,j-1) & f(i+2,j) & f(i+2,j+1) & f(i+2,j+2)\end{bmatrix},$$

$$C=\begin{bmatrix}S(1+u)\\S(u)\\S(1-u)\\S(2-u)\end{bmatrix}^{\mathrm{T}}。$$

三次插值方法通常应用在光栅显示中，它在允许任意比例的缩放操作的同时，较好地保持了图像细节。

为了实现不同插值的效果，我们对两幅图像(白色矩形和baby)进行图像旋转，并分别采用最近邻、双线性和三次插值观察它们的不同效果。具体代码如下：

```
A= imread(white.tif');
B= imrotate(A,30,'nearest ');C= imrotate(A,30,'bilinear');D= imrotate(A,30,'
bicubic');
figure(1);imshow(A);figure(2);imshow(B); figure(3);imshow(C); figure(4);imshow(D);
A= imread('baby.bmp');
B= imrotate(A, 30, 'nearest');C= imrotate(A, 30, 'bilinear');D= imrotate(A, 30, '
bicubic');
figure(2);imshow(A);figure(2);imshow(B);figure(3);imshow(C);figure(4);imshow(D);
```

上述程序的运行结果如图3.28和图3.29所示。

(a) 最邻近插值

(b) 双线性插值

(c)双三次插值

图3.28　插值方法比较效果1

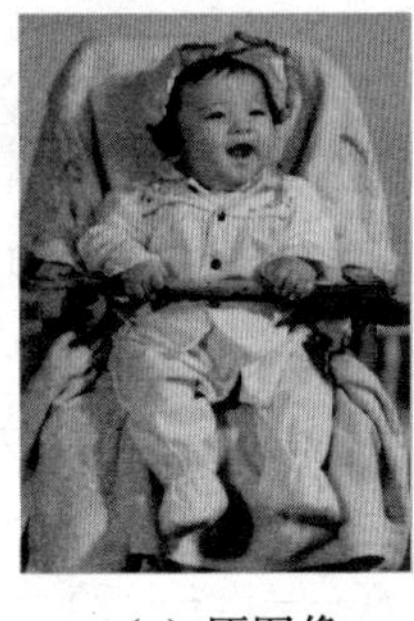
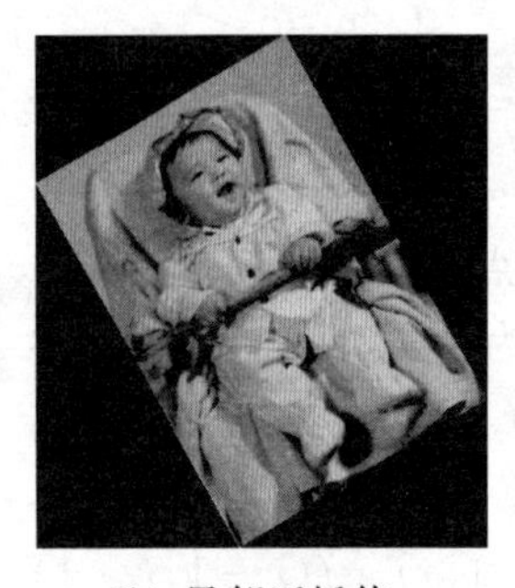
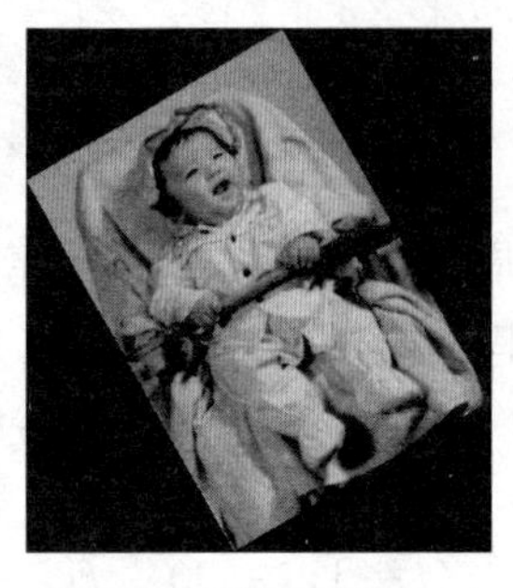
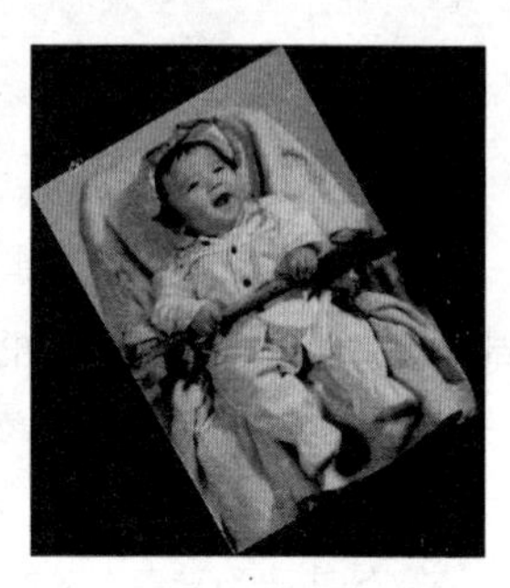

(a) 原图像　(b) 最邻近插值　(c) 双线性插值　(d) 双三次插值

图 3.29　插值方法比较效果 2

从图 3.29 可以看出各插值方法得到的结果还是可以接受的，但当图像中包含的像素之间灰度级有明显变化时(见图 3.28)，从结果图像的锯齿形边可以看出三种插值方法的效果依次减弱。最近邻插值的效果明显不如另外两个好，锯齿比较多，而双三次插值得出的图像较好地保持了图像的细节。这是因为参与计算的输出点像素值的拟合点个数不同，个数越多效果越精确，当然参与计算的像素个数会影响计算的复杂度。实验结果也清楚地表明：双三次插值法花费的时间比另外两种的要长一些。最近邻和线性插值的速度在此次图像处理中很难分辨。所以，在选择图像处理方法时要在时间复杂度与图像质量之间有一个折中。

3.2.3　图像配准

所谓图像配准就是将同一场景的两幅或多幅图像进行对准。例如，航空照片的配准，以及在很多人脸自动分析系统中的人脸归一化，即要使各张照片中的人脸具有近似的大小，尽量处于相同的位置。

一般来说，我们以基准图像为参照，并通过一些基准点(Fiducial Points)找到适当的空间变换关系 s 和 t，对输入图像进行相应的几何变换，从而实现它与基准图像在这些基准点位置上的对齐。

下面就以人脸图像(见图 3.30)的校准为例，介绍如何在 Matlab 中实现图像配准。在 Matlab 中实现图像配准，通常应遵循以下步骤。

(1) 读入基准图像和要配准的输入图像

```
Iin= imread('face1.jpg');Ibase= imread('face2.jpg');
figure; subplot(1,2,1),imshow(Iin);subplot(1,2,2),imshow(Ibase);
```

(2) 标注基准点并将其保存至工作空间

利用 Matlab 提供的 cpselect( )函数可以交互式地选择基准点。在命令行中按照以下方式调用 cpselect( )函数则可启动该交互工具。可以分别点击两幅图像中的相同部分选择成对的基准点，如眼睛和嘴角，如图 3.31 所示。

```
cpselect(Iin,Ibase);
input_points =                    base_points =
     91.8750   87.8750                135.6250  132.8750
```

```
129.1250   91.1250                    166.3750  133.8750
 90.1250  125.1250                    135.1250  174.6250
123.6250  126.1250                    160.3750  173.6250
```

(a) 需要配准的图像

(b) 基准图像

图 3.30　配准之前的图像

图 3.31　利用 cpselect( )函数交互选择基准对

单击交互工具 File 菜单下的 Save Points to Workspace 选项，可以将选择的基准点对保存至工作空间。默认情况下，输入图像中的基准点保存在变量 input_points 中，基准图像的基准点保存在变量 base_points 中。

(3) 指定要使用的变换类型

根据得到的控制点对坐标 input_points 和 base_points，利用 cp2tform( )函数可以计算变换的参数。将基准点对作为输入传递给 cp2tform，选择一种适当的变换类型，cp2tform( )函数就能确定该类型变换所需的参数。这实际上相当于一种数据拟合，cp2tform( )函数寻找能够拟合控制点对的变换参数，返回一个 TFORM 结构的几何变换结构，其中就包括几何变换的类型和参数。

```
tform = cp2tform(input_points,base_points,'affine');% 仿射变换
```

(4) 对输入图像进行变换

根据变换结构对输入图像进行变换，完成基于基准点的对准。调用 imtransform 函数

进行变换(如下所示)，从而实现配准，函数返回配准后的图像如图 3.32 所示。

```
Iout= imtransform(Iin,tform);
figure;
subplot(121),imshow(Iout);subplot(122),imshow(Ibase);
```

(a) 图像 1

(b) 图像 2

图 3.32 配准后图像

3.3 空间域图像增强

图像增强是指根据特定的需要突出一幅图像中的某些信息，同时削弱或去除某些不需要的信息的处理方法。其主要目的是使处理后的图像对某种特定的应用来说，比原始图像更适合用。因此，这类处理是为了某种应用目的而去改善图像质量，处理的结果使图像更适合人的观察或机器的识别系统。

应该明确的是增强处理并不能增强原始图像的信息，其结果只能增强对某种信息的辨别能力，而同时这种处理有可能损失一些信息。正因为如此，很难找到一个评价图像增强效果优劣的客观标准，也就没有特别通用模式化的图像增强方法，这需要我们根据具体期望的处理效果做出取舍。

图像增强技术基本上可分为两大类：一类是空间域增强①，另一类是频率域增强。本节着重介绍空间域增强技术，下一节讲述频率域图像增强。

空间域图像增强技术主要包括**直方图修正**、**灰度变换增强**、**图像平滑**以及**图像锐化**等。在增强过程中可以采用单一方法，但更多实际情况是需要采用几种方法联合处理，才能达到预期的增强效果。

在 3.1 节中灰度变换和直方图均衡化都是图像增强的有效手段，它们的共同点在于变换是直接针对像素灰度值的，与该像素所处的邻域无关，而空间域增强则是基于图像中每一个小范围(邻域)内的像素进行灰度变换运算，某个点变换之后的灰度由该点邻域内的那些点的灰度值共同决定，因此空间域增强也称为**邻域运算**或**邻域滤波**。空间域变换可使用下式描述：

$$g(x,y) = T[f(x,y)] \tag{3.34}$$

① 空间域图像增强与频率域图像增强不是两种截然不同的图像增强技术，实际在相当程度上，它们是在不同的领域做同样的事情，只是有些滤波更适合在空间域完成，而有些则更适合在频率域中完成。

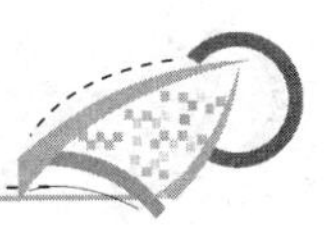

3.3.1　空间域滤波

空间域滤波是在图像中借助模板进行邻域操作完成的，根据操作特点可分为线性滤波和非线性滤波两类；而根据滤波效果又分为平滑滤波和锐化滤波两种。

空间滤波的原理如图 3.33 所示，就是在待处理的图像中逐点移动模板，对每个(x,y)点，滤波器在该点的响应通过事先定义的关系来计算。

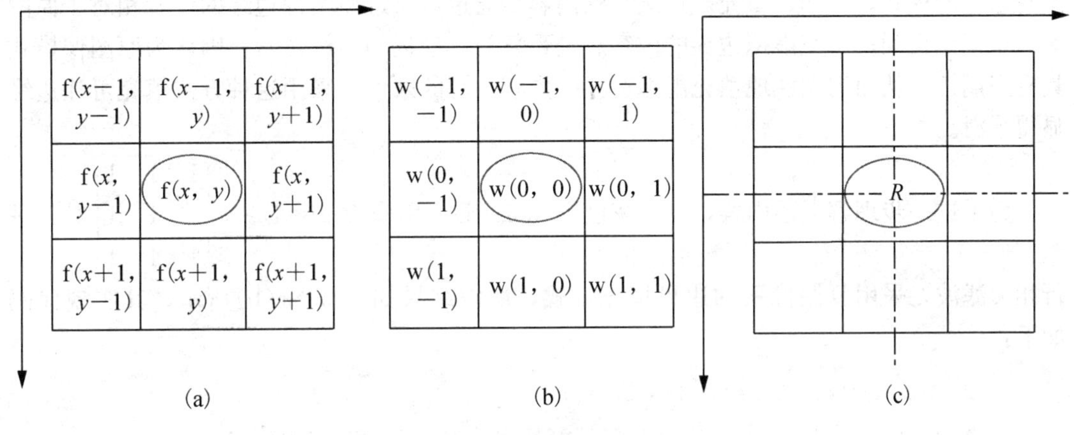

图 3.33　空间滤波原理

对于线性空间滤波，其响应由滤波器系数与滤波模板扫过区域的相应像素值的乘积之和给出。如图 3.33 所示为 3×3 模板，在图像(x,y)处的响应 R 为

$$\begin{aligned}R = {} & w(-1,-1)f(x-1,y-1)+w(-1,0)f(x-1,y)+\cdots \\ & +w(0,0)f(x,y)+\cdots+w(1,0)f(x+1,y)+w(1,1)f(x+1,y+1)\end{aligned} \tag{3.35}$$

将 R 赋给增强图像，作为在(x,y)位置的灰度值。

一般来说，在 $M\times N$ 的图像上，用 $m\times n$ 的滤波器模板进行线性滤波由下式给出：

$$R=\sum_{x=-a}^{a}\sum_{y=-b}^{b}w(s,t)f(x+s,y+t) \tag{3.36}$$

其中 $a=\dfrac{(m-1)}{2}$，$b=\dfrac{(n-1)}{2}$。要得到一幅完整的经过滤波处理的图像就是对每个像素都进行这样的赋值。

非线性空域滤波也是基于邻域处理，且模板扫过图像的机理与线性空域滤波一样，而滤波处理取决于所考虑的邻域像素点的值，不是直接用式(3.36)得到，非线性滤波器可以降低噪声，如中值计算。

执行滤波操作需注意当模板位于图像边缘时，模板的某些元素很可能位于图像之外，这时需要对边缘附近的元素执行滤波操作单独处理，以避免引用到本不属于图像的无意义的值。以下三种策略都可以用来解决边界问题。

(1) 收缩处理范围

处理时忽略位于图像 f 边界附近会引起问题的那些点，如对于图 3.33 中所使用的模板，处理时忽略图像 f 四周一圈一个像素宽的边界，即只处理从 $x=1,2,3,\cdots,M-2$ 和 $y=1$，2，3，…，$N-2$（在 Matlab 中应为 $x=2,3,4,\cdots,M-1$ 和 $y=2,3,4,\cdots,N-1$）范围内的点，从而确保了滤波过程中模板始终不会超出图像 f 的边界。

(2) 使用常数填充图像

根据模板形状为图像 f 虚拟出边界，虚拟边界的像素值为指定的常数，比如 0，得到虚拟图像 f'。保证模板在移动过程中始终不会超出 f' 的边界。

(3) 使用复制像素的方法填充图像

和(2)基本相同，只是用来填充虚拟边界像素值的不是固定的常数，而是复制图像 f 本身边界的模式。例如，填充虚拟边界的内容是通过对靠近原图像边缘的像素相对于原图像边缘镜像得到；填充虚拟边界的内容总是重复与其最近的边缘像素；因认为原图像模式具有周期性，从而周期性地填充虚拟边界的内容。总的来说，采用这种方式填充可让边缘显得平滑。

为了进一步理解上述内容，读入灰度图 3.34(a)，用模板 $w=1/9*\begin{pmatrix}1 & 1 & 1\\1 & 1 & 1\\1 & 1 & 1\end{pmatrix}$ 对其进行相关滤波，采用复制像素的边界填充方式，滤波结果如图 3.34(b)所示，其实现代码如下：

```
f= imread('tire.tif'); imshow(f);
w= [1 1 1;1 1 1;1 1 1]/9; g= imfilter(f,w,'corr','replicate');
figure,imshow(g);
```

(a) 滤波前

(b) 滤波后

图 3.34 相关滤波前后对比

3.3.2 图像平滑

图像平滑是一种可以减少和抑制图像噪声的实用数字图像处理技术。线性低通滤波器是常用的线性平滑滤波器。平滑滤波器的概念非常直观，它用滤波模板确定的邻域内像素的平均灰度值去代替图像中的每一个像素点的值，这种处理减少了图像灰度的“锐化”变化。

图 3.35 显示了 3×3 的平滑滤波器①。为保证输出图仍在原来的灰度值范围，在算得 R 后要将其除以 9 再行赋值，这种方法也常叫**邻域平均**。

① 平滑滤波器又称为低通滤波器。

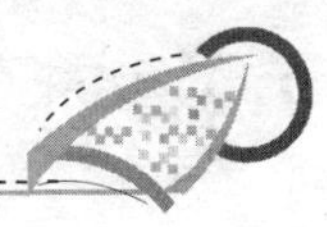

邻域平均法有力地抑制了噪声，但同时也引起了模糊，模糊程度与邻域半径成正比。Matlab 实现邻域平均法抑制噪声的程序如下：

1	1	1
1	1	1
1	1	1

图 3.35　平滑模板

```
I= imread('lena.bmp'); J= imnoise(I,'salt',0.02);
subplot(231);imshow(I);title('原图像');
subplot(232);imshow(J);title('添加椒盐噪声图像');
k1= filter2(fspecial('average',3),J);% 进行 3×3 模板平
滑滤波
k2= filter2(fspecial('average',5),J);% 进行 5×5 模板平滑滤波
k3= filter2(fspecial('average',7),J);% 进行 7×7 模板平滑滤波
k4= filter2(fspecial('average',9),J);% 进行 9×9 模板平滑滤波
subplot(233);imshow(uint8(k1));subplot(234);imshow(uint8(k2));
subplot(235);imshow(uint8(k3));subplot(236);imshow(uint8(k4));
```

图 3.36(c)、(d)、(e)、(f)依次为 3×3、5×5、7×7 和 9×9 平滑模板对原始图像进行平滑滤波的结果。由此图可见，当所用的平滑模板尺寸增大时，对噪声的消除有所增强，但同时所得到的图像变得更加模糊，细节的锐化程度逐步减弱。

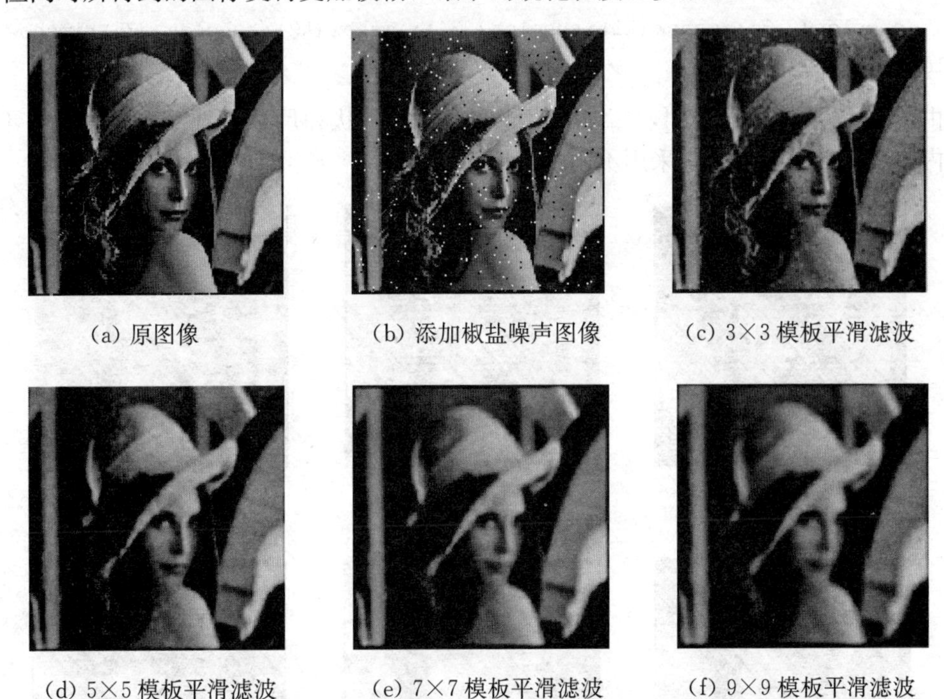

(a) 原图像　(b) 添加椒盐噪声图像　(c) 3×3 模板平滑滤波

(d) 5×5 模板平滑滤波　(e) 7×7 模板平滑滤波　(f) 9×9 模板平滑滤波

图 3.36　对图像用不同模板进行平滑滤波的效果

3.3.3　中值滤波

中值滤波是一种非线性平滑滤波，在一定条件下可以克服线性滤波，例如，平滑滤波等所带来的图像细节模糊问题，而且对过滤脉冲干扰及图像扫描噪声非常有效。但对某些

细节多(特别是点、线、尖顶)的图像不宜采用中值滤波方法。

中值滤波是用一个有奇数点的滑动窗口，将窗口中心点的值用窗口各点的中值代替。具体操作步骤如下：

1）将模板在图中漫游，并将模板中心与图中某个像素位置重合；

2）读取模板下各对应像素的灰度值；

3）将这些灰度值从小到大排成一列；

4）找出这些值里排在中间的一个；

5）将这中间值赋给对应模板中心位置的像素。

相应的 Matlab 代码如下：

```
I= imread('lena.bmp');J= imnoise(I,'salt',0.02);
subplot(231);imshow(I);title('原图像');subplot(232);imshow(J);title('添加椒盐噪声图像');
k1= medfilt2(J);          % 进行 3×3 模板中值滤波
k2= medfilt2(J,[5 5]);    % 进行 5×5 模板中值滤波
k3= medfilt2(J,[7 7]);    % 进行 7×7 模板中值滤波
k4= medfilt2(J,[9 9]);    % 进行 9×9 模板中值滤波
subplot(233);imshow(k1);subplot(234);imshow(k2);subplot(235);imshow(k3);subplot(236);imshow(k4);
```

由图 3.37 可以明显看到，二维中值滤波的窗口形状和尺寸对滤波影响较大。不同的图像内容和不同的要求，应采用不同的窗口和尺寸。

(a) 原图像

(b) 添加椒盐噪声图像

(c) 3×3 模板中值滤波

(d) 5×5 模板中值滤波

(e) 7×7 模板中值滤波

(f) 9×9 模板中值滤波

图 3.37　对图像进行不同模板中值滤波的效果

将图 3.36 和图 3.37 比较可以看出，中值滤波器不像平滑滤波器那样使图像边缘模糊，它在衰减噪声的同时，保持了图像细节的清晰。

3.3.4　图像锐化

图像的锐化与平滑相反，在图像传输和变换过程中，因受到干扰会退化，比较典型的是图像模糊。图像锐化就是使边缘和轮廓线模糊的图像变得清晰，使其细节更加清晰。

从数学上看，图像模糊的实质就是图像受到平均或者积分运算的影响，因此对其进行逆运算(如微分运算)就可以使图像清晰，下面介绍几种常见的图像锐化运算方法①。

(1) 梯度算子法

对于二维函数 $f(x,y)$，在其点(x,y)处的梯度是一个二维列向量

$$\nabla f(x,y) = \begin{bmatrix} G_x \\ G_y \end{bmatrix} = \begin{bmatrix} \dfrac{\partial f}{\partial x} \\ \dfrac{\partial f}{\partial y} \end{bmatrix} \tag{3.37}$$

其中，$\dfrac{\partial f}{\partial x} = \lim\limits_{\varepsilon \to 0} \dfrac{f(x+\varepsilon,y)-f(x,y)}{\varepsilon}$ 为在点(x,y)处 f 对 x 的偏导；$\dfrac{\partial f}{\partial y} = \lim\limits_{\varepsilon \to 0} \dfrac{f(x,y+\varepsilon)-f(x,y)}{\varepsilon}$为在点$(x,y)$处 f 对 y 的偏导。

另外，梯度的幅值作为变化率大小的度量，可定义为

$$|\nabla f(x,y)| = \sqrt{G_x^2 + G_y^2} = \sqrt{\left(\frac{\partial f}{\partial x}\right)^2 + \left(\frac{\partial f}{\partial y}\right)^2} \tag{3.38}$$

而梯度的方向在函数 $f(x,y)$最大变化率方向上，方向角 θ 可表示为

$$\theta = \frac{G_y}{G_x} = \tan^{-1} \begin{bmatrix} \dfrac{\partial f}{\partial y} \\ \dfrac{\partial f}{\partial x} \end{bmatrix} \tag{3.39}$$

尽管梯度向量的分量本身是线性算子，但这一向量的模值显然不是线性的；另外，式(3.38)中的偏导数并非各向同性，但梯度向量的模值却是各向同性。这里一般把梯度向量的模值称为梯度，虽然这个说法严格来讲不确切。

对一幅图像施加梯度模算子，可以增加灰度变化的幅度，因此可以作为图像的锐化算子；而且该算子有各向同性和位移不变性的特点。

对于图像 $f(x,y)$，式(3.38)的计算量很大。因此，在实际计算中常用绝对值代替平方和、平方根运算，所以近似求梯度模值可表示为

$$|\nabla f(x,y)| = |G_x| + |G_y| \tag{3.40}$$

对于数字图像，式(3.38)中的导数可以用差分来近似。这样 G_x和G_y的一种近似式可以可表示为

$$\begin{aligned} G_x &= f(x,y) - f(x+1,y) \\ G_y &= f(x,y) - f(x,y+1) \end{aligned} \tag{3.41}$$

① 锐化滤波器也可以称为高通滤波器。

式(3.41)中像素间的关系如图 3.38(a)所示，以上梯度法又称水平垂直差分法，也称直接差分。由式(3.41)可知，直接差分的模板如图 3.38(b)所示。很明显，对于 $N\times N$ 图像，处在最后一行或最后一列的像素是无法直接求得梯度的，对于这个区域的像素来说，一种处理方法是当 $x=N$ 或 $y=N$ 时，用前一行或前一列的各点梯度值代替。

式(3.41)表示的近似处理方法显然不是唯一的。另一种梯度法称为Roberts 交叉差分法，如图 3.39(a)所示，这是用交叉差分替代微分的方法，该方法的近似式为

$$\begin{aligned} G_x &= f(x+1,y+1)-f(x,y) \\ G_y &= f(x,y+1)-f(x+1,y) \end{aligned} \tag{3.42}$$

式(3.42)像素间关系如图 3.39(b)所示，其也称为 Roberts 算子。其中，左图对接近正 45°边缘有较强呼应；右图对接近负 45°边缘有较强呼应。分别用这两个模板对图像进行滤波就可得到 G_x 和 G_y。根据式(3.40)，最终的 Roberts 交叉梯度图像为 $|G_x|+|G_y|$。

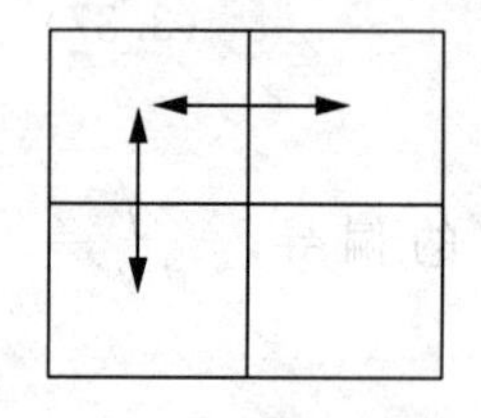

(a) 直接差分

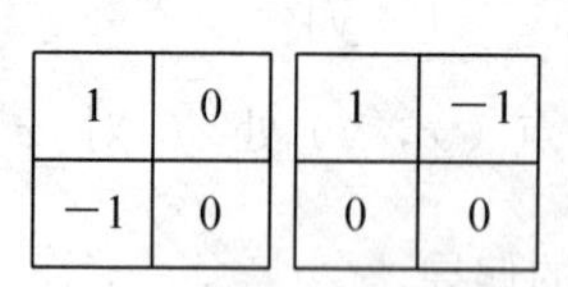

1	0
−1	0

1	−1
0	0

(b) 直接差分算子

图 3.38 直接差分法

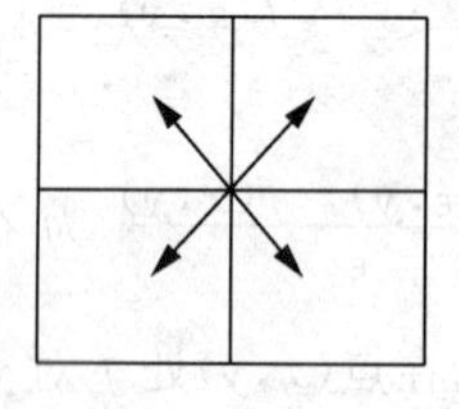

(a) 交叉差分

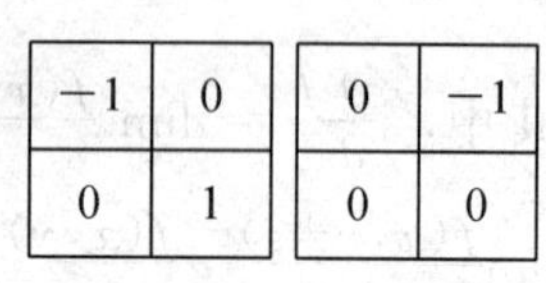

−1	0
0	1

0	−1
0	0

(b) Roberts 算子①

图 3.39 Roberts 交叉差分法

偶数尺寸的模板不好使用，还是针对 3×3 的最小滤波器模板来讨论。对于点(x,y)，有

$$\begin{aligned} G_x &= (f(x+1,y-1)+2f(x+1,y)+f(x+1,y+1))-(f(x-1,y-1)+ \\ &\quad 2f(x-1,y)+f(x-1,y+1)) \\ G_y &= (f(x-1,y+1)+2f(x,y+1)+f(x+1,y+1))-(f(x-1,y-1)+ \\ &\quad 2f(x,y-1)+f(x+1,y-1)) \end{aligned} \tag{3.43}$$

式(3.43)像素间的关系如图 3.40(a)所示，这个模板称Sobel 算子。

Sobel 算子的特点是对称的一阶差分，对中心加权具有一定的平滑作用。另外还有一个较常用的Prewitt 算子，它也是 3×3 模板，如图 3.40(b)所示。

−1	−2	−1
0	0	0
1	2	1

−1	0	1
−2	0	2
−1	0	1

(a) Sobel 算子

−1	−1	−1
0	0	0
1	1	1

−1	0	1
−1	0	1
−1	0	1

(b) Prewitt 算子

图 3.40 两种常用的梯度算子

① 该算子左侧的模板对接近正 45°边缘有较强响应；右侧的模板对接近负 45°边缘有较强响应。

同样，以上几种梯度近似值算法都无法求得图像最后一行和最后一列像素的梯度，最后一行和最后一列像素的梯度一般用其前一行或前一列的梯度近似代替。

由式(3.41)～式(3.43)可以看出，梯度值和邻近像素灰度值的差分成正比。因此，图像中灰度变化较大的边缘区域的梯度值大，而灰度变化平缓或微弱的区域的梯度值小。对于灰度值不变的区域，其梯度值为0。由此可知，图像经过梯度运算后，留下灰度值变化大的边缘，使其细节清晰，从而达到锐化的目的。

为了使读者对锐化有更深入的理解，我们用Matlab实现了用Sobel算子进行锐化的实例①。

```
I= imread('lena_new.bmp'); subplot(131);imshow(I);
H= fspecial('Sobel'); H= H';      % Sobel 垂直模板
TH= filter2(H,I); subplot(132);imshow(TH,[]);
H= H';                            % Sobel 水平模板
TH= filter2(H,I);subplot(133);imshow(TH,[]);
```

如图3.41(a)所示，它包含有各种朝向的边缘。用Sobel算子进行锐化，图3.41(b)用的是水平模板，它对垂直边缘有较强的响应；图3.41(c)用的是垂直模板，它对水平边缘有较强的响应。在图3.41(b)和图3.41(c)中，灰色部分对应梯度较小的区域，深色部分对应负梯度较大的区域，浅色对应着整体度较大的区域。

(a) 原图

(b) Sobel水平模板锐化

(c) Sobel垂直模板锐化

图3.41　直接差分锐化的效果

(2) 拉普拉斯算子法

拉普拉斯算子(Laplacian)是一种各向同性的二阶导数因子，对一个连续函数$f(x,y)$，它在位置(x,y)处的拉普拉斯算子定义为

$$\nabla^2 f = \frac{\partial^2 f}{\partial^2 x} + \frac{\partial^2 f}{\partial^2 y} \tag{3.44}$$

由于任意阶微分都是线性的，因此拉普拉斯变换也是一个线性操作。

对于数字图像来说，图像$f(x,y)$的拉普拉斯算子定义为

$$\nabla^2 f(x,y) = \nabla_x^2 f(x,y) + \nabla_y^2 f(x,y) \tag{3.45}$$

其中$\nabla_x^2 f(x,y)$和$\nabla_y^2 f(x,y)$是$f(x,y)$在x方向和y方向的二阶差分。

因为$\nabla_x^2 f(x,y)$和$\nabla_y^2 f(x,y)$可分别近似表示为

① 为了实现垂直模板对垂直边缘有较强的响应，代码中对模板进行了转置操作。

$$\frac{\partial^2 f}{\partial^2 x} = [f(x+1,y) - f(x,y)] - [f(x,y) - f(x-1,y)]$$
$$= f(x+1,y) + f(x-1,y) - 2f(x,y)$$
$$\frac{\partial^2 f}{\partial^2 y} = [f(x,y+1) - f(x,y)] - [f(x,y) - f(x,y-1)]$$
$$= f(x,y+1) + f(x,y-1) - 2f(x,y)$$

将上面两式相加就得到离散函数 $f(x,y)$的拉普拉斯算子

$$\nabla^2 f(x,y) = [f(x+1,y) + f(x-1,y) + f(x,y+1) + f(x,y-1)] - 4f(x,y) \tag{3.46}$$

式(3.46)可以用图 3.42(a)所示的模板表示，且拉普拉斯算子显然是各向同性的。

对角线上的像素也可以加入到拉普拉斯变换中，则式(3.47)可扩展成

$$\nabla^2 f(x,y) = [f(x+1,y-1) + f(x+1,y+1) + f(x-1,y+1) + f(x-1,y-1) + f(x+1,y) + f(x-1,y) + f(x,y+1) + f(x,y-1)] - 8f(x,y) \tag{3.47}$$

式(3.47)可以利用图 3.42(b)所示的模板表示。

0	1	0
0	−4	0
0	1	0

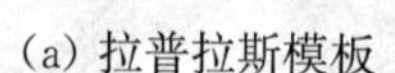
(a) 拉普拉斯模板

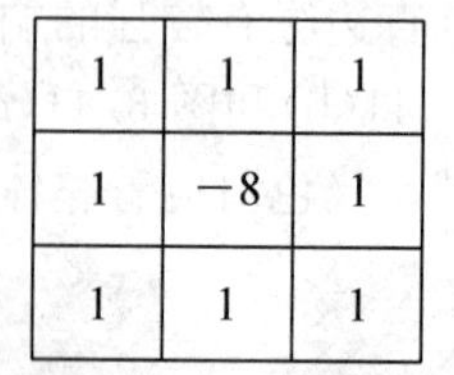

1	1	1
1	−8	1
1	1	1

(b) 拉普拉斯扩展模板

图 3.42　拉普拉斯算子模板及扩展模板

注意：

1) 拉普拉斯算子比较适用于改善因光线的漫反射而造成的图像模糊。

2) 分析拉普拉斯模板的结构可知，图 3.42(a)所示的模板对 90°的旋转是各向同性的。所谓对于某角度各向同性是指把原图像旋转该角度再进行滤波与先对原图像滤波再进行旋转该角度的结果相同。这说明拉普拉斯算子对于接近水平和接近垂直方向的边缘都有良好的增强，从而也就避免了在使用梯度算子时要进行两次滤波的麻烦。

3) 分析拉普拉斯模板的结构可知，图 3.42(b)所示的模板对 45 度旋转是各向同性的。

3.4　频率域图像增强

空间域和频率域提供了不同的视角。在空间域中，函数的自变量(x,y)被视为二维空间中的一点，数字图像 $f(x,y)$即为一个定义在二维空间中的矩形区域上的离散函数；换一个角度，如果将 $f(x,y)$视为幅值变化的二维信号，则可以通过某些变换手段(如傅里叶变换、离散余弦变换、沃尔什变换和小波变换等)在频率域下对它进行分析。

3.4.1　傅里叶变换基础知识

要理解傅里叶变换，掌握频率域滤波的思想，必要的数学知识是要具备的。下面从一

维情况下的傅里叶级数开始。

1. 傅里叶级数

法国数学家傅里叶发现任何周期函数只需满足一定条件(狄里赫利条件)都可以用正弦函数和余弦函数构成无穷级数，即以不同的频率正弦和余弦函数的加权和来表示，称为傅里叶级数。

对于有限定义域的非周期函数，可以对其进行周期拖延从而使其在整个扩展定义域上为周期函数，因此也可以展开为傅里叶级数。

(1) 傅里叶级数的三角形式

设 $f(x)$是周期为 2π 的周期函数，其三角形式傅里叶级数展开式为

$$f(x)=\frac{a_0}{2}+\sum_{k=1}^{\infty}(a_k\cos kx+b_k\sin kx) \tag{3.48}$$

系数 $a_0,a_1,b_1,a_2,b_2,\cdots$与函数 $f(x)$之间存在着怎样的关系，即如何利用 $f(x)$把 $a_0,a_1,b_1,a_2,b_2,\cdots$，表达出来。为此，我们进一步假设级数可以逐项积分。

首先求 a_0，对式(3.48)从 $-\pi$ 到 π 逐项积分，可得

$$\int_{-\pi}^{\pi}f(x)\mathrm{d}x=\int_{-\pi}^{\pi}\frac{a_0}{2}\mathrm{d}x+\sum_{k=1}^{\infty}\left[a_k\int_{-\pi}^{\pi}\cos kx\,\mathrm{d}x+b_k\int_{-\pi}^{\pi}\sin kx\,\mathrm{d}x\right] \tag{3.49}$$

根据三角函数的正交性，等式右端除第一项外，其余各项均为零，所以有

$$\int_{-\pi}^{\pi}f(x)\mathrm{d}x=\frac{a_0}{2}\cdot 2\pi \tag{3.50}$$

于是有

$$a_0=\frac{1}{\pi}\int_{-\pi}^{\pi}f(x)\mathrm{d}x \tag{3.51}$$

其次求 a_n，用 $\cos nx$ 乘式(3.48)的两端，再从 $-\pi$ 到 π 逐项积分，可得

$$\int_{-\pi}^{\pi}f(x)\cos nx\,\mathrm{d}x=\int_{-\pi}^{\pi}\frac{a_0}{2}\cos nx\,\mathrm{d}x+\sum_{k=1}^{\infty}\left[a_k\int_{-\pi}^{\pi}\cos nx\cos kx\,\mathrm{d}x+b_k\int_{-\pi}^{\pi}\sin nx\cos kx\,\mathrm{d}x\right] \tag{3.52}$$

根据三角函数系的正交性，等式右端除 $k=n$ 的一项外，其余各项均为零，所以有

$$\int_{-\pi}^{\pi}f(x)\cos nx\,\mathrm{d}x=a_n\int_{-\pi}^{\pi}\cos^2 nx\,\mathrm{d}x=a_n\pi \tag{3.53}$$

于是有

$$a_n=\frac{1}{\pi}\int_{-\pi}^{\pi}f(x)\cos nx\,\mathrm{d}x\quad(n=1,2,\cdots) \tag{3.54}$$

类似地，用 $\sin nx$ 乘式(3.48)的两端，再从 $-\pi$ 到 π 逐项积分得

$$b_n=\frac{1}{\pi}\int_{-\pi}^{\pi}f(x)\sin nx\,\mathrm{d}x\quad(n=1,2,\cdots) \tag{3.55}$$

由于当 $n=0$ 时，a_n 的表达式正好给出 a_0，因此，已得结果可以合并为

$$\begin{aligned}a_n&=\frac{1}{\pi}\int_{-\pi}^{\pi}f(x)\cos nx\,\mathrm{d}x\quad(n=0,1,2,\cdots)\\ b_n&=\frac{1}{\pi}\int_{-\pi}^{\pi}f(x)\sin nx\,\mathrm{d}x\quad(n=1,2,\cdots)\end{aligned} \tag{3.56}$$

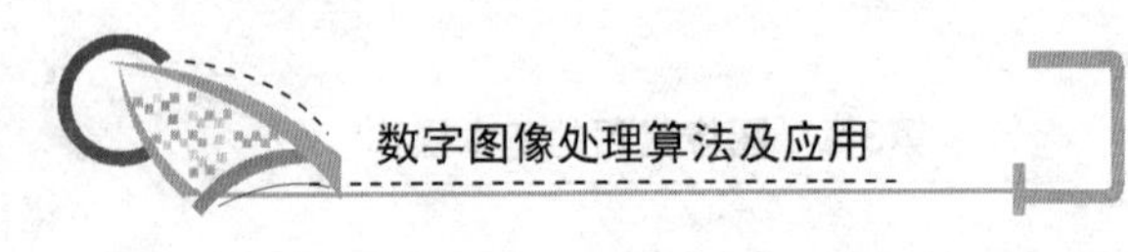

如果式(3.56)中积分都存在，这时它们定出的系数 $a_0, a_1, b_1, a_2, b_2, \cdots$ 叫做函数 $f(x)$ 的傅里叶系数，将这些系数代入式(3.49)右端，所得的三角级数为

$$\frac{a_0}{2} + \sum_{n=1}^{\infty}(a_n \cos nx + b_n \sin nx) \tag{3.57}$$

式(3.57)叫做 $f(x)$ 的傅里叶级数。

(2) 傅里叶级数的复指数形式

复指数傅里叶级数即经常说的傅里叶级数的复数形式，因其具有简洁的形式(只需一个统一的表达式计算傅里叶系数)，在进行信号和系统分析时通常更易于使用；而余弦傅里叶级数可使周期信号的幅度谱和相位谱意义更加直观，函数的余弦傅里叶级数展开可以解释为 $f(x)$ 是由不同频率和相位的余弦波以不同系数组合在一起表示，而在三角形式中相位是隐藏在系数 a_n 和 b_n 中的。

傅里叶级数的复指数形式为

$$f(x) = \sum_{n=-\infty}^{\infty} c_n \mathrm{e}^{\mathrm{i}2n\pi ux} \tag{3.58}$$

其中，$n=0, \pm 1, \pm 2, \cdots$。

$$c_n = \frac{1}{T}\int_{-T/2}^{T/2} f(x) \mathrm{e}^{\mathrm{i}2n\pi ux}\, \mathrm{d}x \tag{3.59}$$

由式(3.58)和式(3.59)可见，复指数傅里叶级数形式比较简洁，级数和系数都可以采用统一的公式计算。

2. 傅里叶变换

(1) 一维连续傅里叶变换

对于定义域为整个时间轴($-\infty < t < \infty$)的非周期函数 $f(t)$，此时无法通过周期延拓将其扩展为周期函数，这种情况下就要用到傅里叶变换。

$$F(u) = \int_{-\infty}^{\infty} f(x) \mathrm{e}^{-\mathrm{i}2\pi ux}\, \mathrm{d}x \tag{3.60}$$

通过式(3.60)，还可以通过傅里叶反变换获得

$$f(x) = \int_{-\infty}^{\infty} F(u) \mathrm{e}^{\mathrm{i}2\pi ux}\, \mathrm{d}u \tag{3.61}$$

式(3.60)和式(3.61)即为我们通常所说的傅里叶变换对。由于傅里叶变换与傅里叶级数涉及两类不同的函数，在很多数字图像处理的书中通常对它们分别进行处理，并没有阐明它们之间存在的密切联系，这给很多初学者带来了困扰，实际上不妨认为周期函数的周期可以趋向无穷大，这样可以将傅里叶变换看成是傅里叶级数的推广。

仔细的观察式(3.60)和式(3.61)，对比复指数形式的傅里叶级数展开公式(式 3.58)，可以发现傅里叶变换的结果 $F(u)$ 实际上相当于傅里叶级数展开中的傅里叶系数，而反变换公式(式 3.61)则体现出不同频率复指数函数的加权和的形式，相当于复指数形式的傅里叶级数展开公式，只不过这里的频率 u 变为连续化，所以加权和采用了积分的形式。这是因为随着式(3.49)的积分上下限的 T 向整个实数定义域扩展，即 $T \to \infty$，频率 u 则趋近于 $\mathrm{d}u$(因为 $u=1/T$)，导致原来离散变化的 u 的连续化。

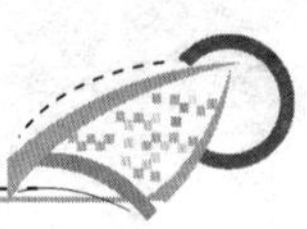

(2) 一维离散傅里叶变换

一维函数 $f(x)$(其中 $x=0,1,2\cdots,M-1$)的傅里叶变换的离散形式为

$$F(u)=\sum_{x=0}^{M-1}f(x)\mathrm{e}^{-\mathrm{i}2\pi ux/M}\quad(u=0,1,2,\cdots,M-1)\tag{3.62}$$

相应的反变换为

$$f(x)=\frac{1}{M}\sum_{u=0}^{M-1}F(u)\mathrm{e}^{\mathrm{i}2\pi ux/M}\quad(x=0,1,2,\cdots,M-1)\tag{3.63}$$

由于一维情况下很多性质更为直观，我们更青睐分析一维离散傅里叶变换，而由此得出的结论都可顺利推广至二维。一些常用的性质如下。

- 观察式(3.62)和式(3.63)，注意到在频域变换下 $F(u)$也是离散的，且其定义域仍为 $0\sim M-1$，这是因为 $F(u)$的周期性，即

$$F(u+M)=F(u)\tag{3.64}$$

- 考虑式(3.63)中的系数 $1/M$，在这里该系数被放在反转换之前，实际上它也可以位于式(3.62)的正交变换公式中。更一般的情况是，只要能保证正变换与反变换之前的系数乘积为 $1/M$ 即可。
- 为了求得每一个 $F(u)(u=0,1,2,\cdots,M-1)$，需要全部的 M 个点的 $f(x)$参与加权求和计算。对于 M 个 u，则总共需要大约 M^2 次计算。对于较大的 M(在二维情况下对应比较大的图像)，计算量相当大。

(3) 二维连续傅里叶变换

下面将傅里叶变换及其反变换推广至二维，对于二维连续函数，傅里叶变换为

$$F(u,v)=\int_{-\infty}^{\infty}\int_{-\infty}^{\infty}f(x,y)\mathrm{e}^{-\mathrm{i}2\pi(ux+vy)}\mathrm{d}x\mathrm{d}y\tag{3.65}$$

类似地，其反变换为

$$f(x,y)=\int_{-\infty}^{\infty}\int_{-\infty}^{\infty}F(u,v)\mathrm{e}^{\mathrm{i}2\pi(ux+vy)}\mathrm{d}u\mathrm{d}v\tag{3.66}$$

(4) 二维离散傅里叶变换

在数字图像处理中，我们关心的是二维离散函数的傅里叶变换，下面直接给出二维离散傅里叶变换(Discrete Fourier Transform，DFT)。

$$F(u,v)=\sum_{x=0}^{M-1}\sum_{y=0}^{N-1}f(x,y)\mathrm{e}^{-\mathrm{i}2\pi(ux/M+vy/N)}\tag{3.67}$$

$$f(x,y)=\frac{1}{MN}\sum_{u=0}^{M-1}\sum_{v=0}^{N-1}F(u,v)\mathrm{e}^{\mathrm{i}2\pi(ux/M+vy/N)}\tag{3.68}$$

这里的 x、y 是相对于空间域(图像域)的变量，而 u、v 则是变换域或者说是频率域的变量。同一维中的情况相同，由于频谱的周期性，式(3.67)只需对 u 值($u=1,2,\cdots,M-1$)及 v 值($v=0,1,2,\cdots,N-1$)进行计算。同样，系数 $1/MN$ 的位置并不重要，有时在正变换之前，有时则在正变换和反变换前均乘以系数 $1/\sqrt{MN}$。

根据式(3.67)，频域原点位置的傅里叶变换为

$$F(0,0)=\sum_{x=0}^{M-1}\sum_{y=0}^{N-1}f(x,y)\tag{3.69}$$

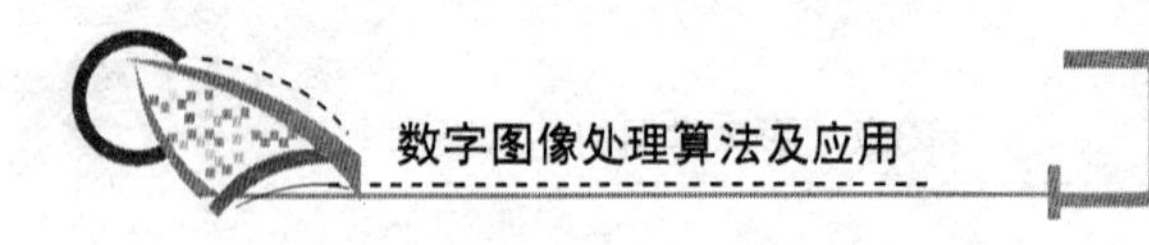

显然，这是 $f(x,y)$ 各个像素的灰度之和。而如果将系数 $1/MN$ 放在正变换之前，则 $F(0,0)$ 对应于原图像 $f(x,y)$ 的平均灰度。$F(0,0)$ 有时被称做频谱的直流分量 DC。

3.4.2 快速傅里叶变换

上节介绍了DFT 的原理，但并没有涉及其实现问题，这主要是因为 DFT 的直接实现效率较低。在工程实践中，我们迫切地需要一种能够快速计算 DFT 的高效算法，快速傅里叶变换(Fast Fourier Transform，FFT)便应运而生。本节将给出 FFT 算法的原理及其实现细节。

1. FFT 变换的必要性

提出 FFT 方法，是因为在计算离散域上的傅里叶变换时，对于 N 点序列，它的 DFT 变换与反变换对定义为

$$\begin{cases} F(u) = \sum_{x=0}^{N-1} f(x) W_N^{ux} \quad (u = 0,1,\cdots,N-1) \\ f(x) = \frac{1}{N}\sum_{u=0}^{N-1} F(u) W_N^{-ux} \quad (x = 0,1,\cdots,N-1) \\ W_N = e^{-j\frac{2\pi}{N}} \end{cases} \tag{3.70}$$

于是不难发现，计算每个 u 值对应的 $F(u)$ 需要 N 次复数乘法和 $N-1$ 次复数加法，因此，为了计算长度为 N 的序列的 FFT，共需要执行 N^2 次复数乘法和 $N(N-1)$ 次复数加法。而实现一次复数相加至少需要执行两次实数加法，执行一次复数相乘则可能需要至多四次实数乘法和两次实数加法。如果使用这样的算法直接处理图像数据，则运算量会大得惊人，更无法实现实时处理。

然而，FFT 的计算实质并没有那么复杂。在 FFT 的运算中有大量重复运算。上面的变量 W_N 是一个复变量，但是可以看出它具有一定的周期性，实际上它只有 N 个独立的值。而这 N 个值也不是完全相互独立，它们又具有一定的对称关系。关于变量 W_N 的周期性和对称性可以做如下总结。

$$\begin{aligned} W_N^0 &= 1 \\ W_N^{\frac{N}{2}} &= -1 \end{aligned} \tag{3.71}$$

$$\begin{aligned} W_N^{N+r} &= W_N^r \\ W_N^{\frac{N}{2}+r} &= -W_N^r \end{aligned} \tag{3.72}$$

式(3.71)是矩阵 $\boldsymbol{W}$ 中元素的某些特殊值，而式(3.72)则说明了矩阵 $\boldsymbol{W}$ 元素的周期性和对称性。利用 $\boldsymbol{W}$ 的周期性，DFT 运算中的某些项就可以合并；而利用 $\boldsymbol{W}$ 的对称性，则可以仅计算半个 $\boldsymbol{W}$ 序列。而根据这两点，可以将一个长度为 N 的序列分解成两个长度为 $N/2$ 的序列并分别计算DFT，这样就能节省大量的运算量。这正是FFT 的基本思路(通过将较长的序列转换成相对短得多的序列来大大减少运算量)。

2. 常见的 FFT 算法

目前流行的大多数成熟的FFT 算法大致可以分为两大类，一类是按时间抽取的快速傅

里叶算法(Decimation In Time，DIT-FFT)；另一类是按频率抽取的快速傅里叶算法(Decimation In Freqency，DIF-FFT)。这两种算法思路的基本区别如下。

1) 按时间抽取的FFT算法是基于将输入序列 $f(x)$分解(抽取)成较短序列，然后从这些序列的DFT中求得输入序列 $F(u)$的方法。由于抽取后的较短序列仍然可分，所以最终仅仅需要计算一个很短序列的DFT。

2) 按频率抽取的FFT算法是基于将输出序列 $F(u)$分解(抽取)成较短的序列，并且从 $f(x)$计算分解后的序列的DFT。同样，这些序列可以继续分解下去，继续得到更短的序列，从而可以更简便地进行运算。

序列长度是2的整数次幂时的DFT运算，称为基-2FFT。除了基-2FFT，还有基4-FFT和基-8FFT，甚至还有基-6FFT。那些算法的效率比基-2FFT更高，但应用的范围更狭窄。事实上，很多商业化的信号分析库都是使用混合基FFT的。那样的程序代码更加复杂，但效率却高得多，而且应用范围更广。本书从学习和研究的角度，仅介绍最常见的按时间抽取的基-2FFT算法。

3. 按时间抽取的基-2FFT算法

对于基-2FFT，可以设序列长度为 $N=2^L$。由于 N 是偶数，我们可将这个序列按照项数的奇偶分成两组。分组的规律如下式所示：

$$\begin{cases} f(2x) = f_{偶}(x) \\ f(2x+1) = f_{奇}(x) \end{cases} \tag{3.73}$$

其中，$x=0,1,2,\cdots,\frac{N}{2}-1$。则 $f(x)$的傅里叶变换 $F(u)$可以表示为 $f(x)$的奇数项和偶数项分别组成的序列，则变换形式如下：

$$\begin{aligned} F(u) &= \sum_{x=0}^{N-1} f(x) \cdot W_N^{ux} = \sum\nolimits_{x偶} f(x) W_N^{ux} + \sum\nolimits_{x奇} f(x) W_N^{ux} \\ &= \sum_{r=0}^{\frac{N}{2}-1} f(2r) W_N^{2ru} + \sum_{r=0}^{\frac{N}{2}-1} f(2r+1) W_N^{(2r+1)u} \end{aligned} \tag{3.74}$$

其中，$r=0,1,2,\cdots,\frac{N}{2}-1$。因为 $W_N^{2nx}=W_{\frac{N}{2}}^{nx}$，所以式(3.75)可以继续化简为

$$F(u) = \sum_{r=0}^{\frac{N}{2}-1} f(2r) W_{\frac{N}{2}}^{ru} + W_N^u \sum_{r=0}^{\frac{N}{2}-1} f(2r+1) W_{\frac{N}{2}}^{ru} \tag{3.75}$$

容易发现，式(3.75)的第一项为 $f(2r)$的 $N/2$ 点DFT，而第二项的求和部分为 $f(2r+1)$的 $N/2$ 点DFT(序列 $f(2r)$和序列 $f(2r+1)$的周期均为 $N/2$)。即

$$F(u) = F_{偶}(u) + W_N^u F_{奇}(u) \quad (u = 0,1,2,\cdots,\frac{N}{2}-1) \tag{3.76}$$

这里，用 $F_{偶}(u)$和 $F_{奇}(u)$分别表示 $f(2r)$和 $f(2r+1)$的 $N/2$ 点DFT。而且，根据DFT序列的周期性特点，还可得到如下式子成立：

$$\begin{aligned} F_{偶}(u) &= F_{偶}(u+\frac{N}{2}) \\ F_{奇}(u) &= F_{奇}(u+\frac{N}{2}) \end{aligned} \tag{3.77}$$

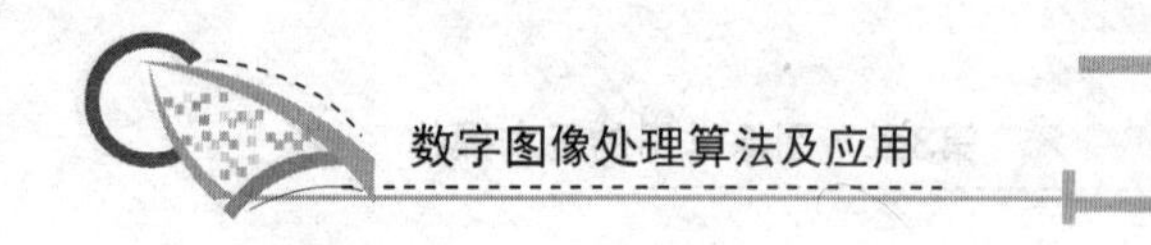

由于 $W_N^{\frac{N}{2}}=-1$，还可以得出

$$W_N^{u+\frac{N}{2}}=W_N^u W_N^{\frac{N}{2}}=-W_N^u \tag{3.78}$$

因此，有

$$W_N^{u+\frac{N}{2}}F_{奇}(u+\frac{N}{2})=-W_N^u F_{奇}(u) \tag{3.79}$$

将式(3.77)和式(3.78)代入式(3.79)，并根据式(3.76)，可得

$$\begin{cases} F_n(u)=F_{偶}(u)+W_N^u F_{奇}(u) \\ F_n(u+\frac{N}{2})=F_{偶}(u)+W_N^{u+\frac{N}{2}}F_{奇}(u+\frac{N}{2})=F_{偶}(u)-W_N^u F_{奇}(u) \end{cases} \tag{3.80}$$

这是一个递推公式，是FFT蝶形运算的理论依据。该公式表明，一个偶数长度序列的傅里叶变换可以通过它的奇数项和偶数项的傅里叶变换得到，从而可以将输入序列分成两部分分别计算并按公式相加/相减，而在这个运算过程中，实际上只需要计算 W_N^u。因此，一个8点按时间抽取的FFT算法的第一步骤如图3.43所示，其根据式(3.80)来绘制的。这一算法也可以用图3.44抽象地表现出来。

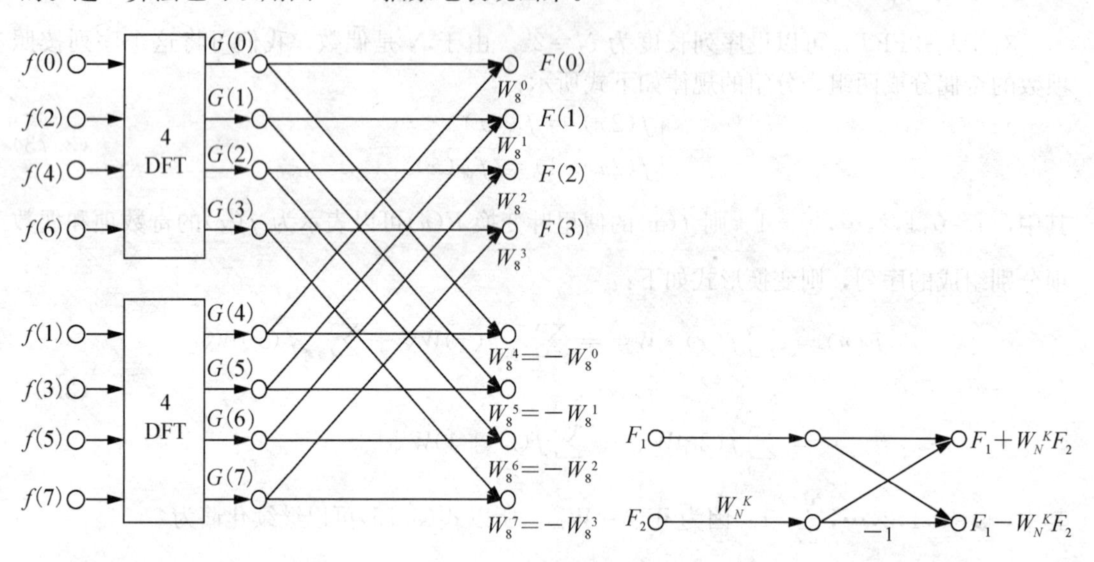

图3.43　8点FFT变换简图

图3.44　蝶形算法抽象示意图

由于我们讨论的是基－2的FFT算法，$N/2$ 一般应是偶数，因此得到的序列还可以继续分解，分解过程可以一直持续到每个序列只需要2点的DFT。这样只需如下的运算即可计算这一DFT值。这一运算是FFT的基本运算，称为蝶形运算，如图3.45所示。这一基础单元是对初始输入序列进行傅里叶变换操作的第一步，即2点时的FFT。把这个基本的DFT运算和上面的抽象化蝶形运算比较，可以发现它们的基本结构完全一致。在蝶形算法中，可以只计算一次 $W_N^k F_2$ 而后分别与 F_1 相加和相减，从而每一次蝶形算法只需一次复数乘法和两次复数加法(从复杂度分析的角度，相减也可看做是一次加法)。并且注意到 $W_N^k=1$，因此可以进一步简化计算。尤其第一级蝶形运算更是可以完全简化为单纯的复数加减法。

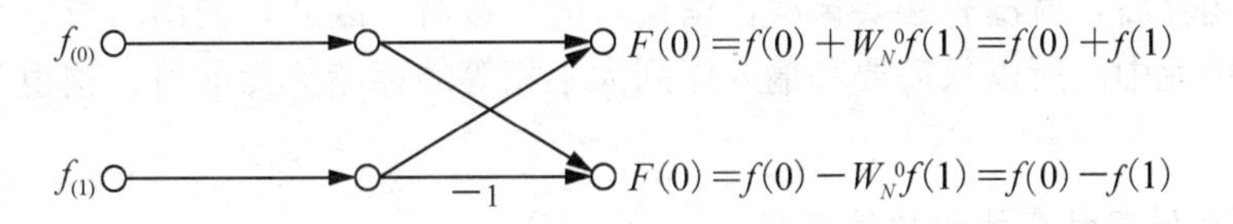

图 3.45 蝶形算法基础单元

一个 8 点 FFT 的完整计算过程如图 3.46 所示，用基- 2 的时间抽取 FFT 算法比直接计算 DFT 的效率高得多。在计算长度为 $N=2^L$ 序列的 FFT 时，在不对复数乘法进行额外优化的情况下，所需运算量分析如下。

对于每一个蝶形运算，需要进行一次复数乘法和两次复数加法。而 FFT 运算的每一级都含有 $N/2=2^{L-1}$ 个蝶形运算单元。因此，完成 L 级 FFT 运算共需要的复数乘法次数 M_{cm} 和复数加法 M_{ca} 数目分别为

$$M_{cm}=L\frac{N}{2}=\frac{N}{2}\log_2 N \tag{3.81}$$

$$M_{ca}=LN=N\log_2 N \tag{3.82}$$

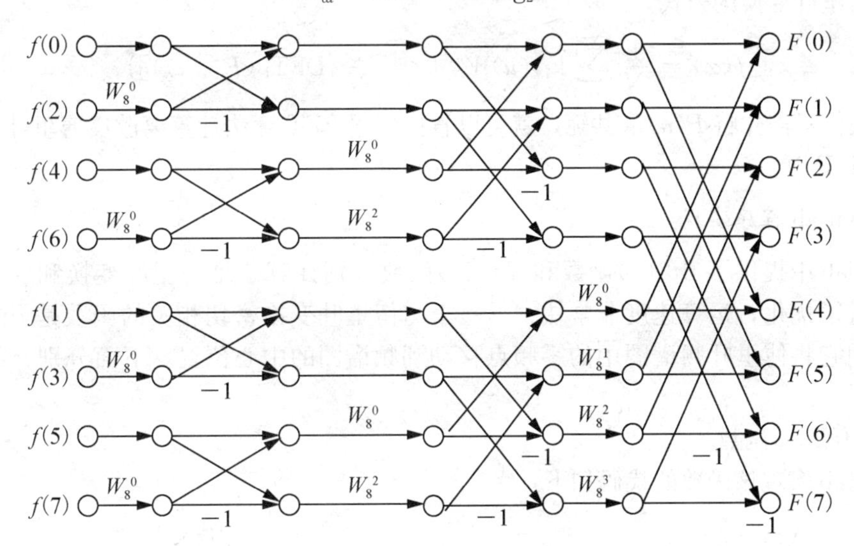

图 3.46 8 点 FFT 算法

而本节开头提到，实现同样长度序列的 DFT 运算则需要 N^2 次复数乘法和 $N(N-1)$ 次复数加法，这远远多出 FFT 算法的所需。近似比较 FFT 和 DFT 运算的算法复杂度可知

$$C(N)=\frac{N^2}{N\log_2 N}=\frac{N}{\log_2 N} \tag{3.83}$$

$$C(L)=\frac{2^L}{L} \tag{3.84}$$

因此，在 N 或 L 取值增大时，FFT 运算的优势更加明显，例如，当 $N=2^{10}$ 时，$C(N)=102.4$，即 FFT 算法的速度是 DFT 的 102.4 倍。

此外，从占用的存储空间看，按时间抽取的 FFT 算法也远比 DFT 算法节约。一对复

数进行蝶形运算后，就没有必要再次保留输入的复数对。因此，输出对可以和输入对放在相同的存储单元中。所以只需要和输入序列大小相等的存储单元即可。这也是一种“原位运算”。

4. 离散反傅里叶变换的快速变换

离散反傅里叶变换(IDFT)的形式与离散傅里叶变换(DFT)很相似，首先比较它们的公式形式。IDFT 的公式为

$$f(x)=\mathrm{IDFT}(F(u))=\frac{1}{N}\sum_{u=0}^{N-1}F(u)W_N^{-ux} \tag{3.85}$$

而 DFT 的公式为

$$F(u)=\mathrm{DFT}(f(x))=\sum_{x=0}^{N-1}f(x)W_N^{ux} \tag{3.86}$$

观察式(3.85)和式(3.86)可以发现，只是把 DFT 算子中的 W_N^{ux} 换成 W_N^{-ux}，并在前面乘以 $1/N$，即可得到 IDFT 的算子。于是考虑使用复数共轭方式建立两者之间的联系，推导出反傅里叶变换的公式

$$f(x)=\frac{1}{N}\Big[\sum_{u=0}^{N-1}F^*(u)W_N^{nu}\Big]^*=\frac{1}{N}\{\mathrm{DFT}[(F^*(u))]\}^* \tag{3.87}$$

因此，我们只需先将 $F(u)$ 取共轭，就可以直接使用 FFT 算法计算离散反傅里叶变换的快速变换(IFFT)。

5. Matlab 程序实现

Matlab 中提供了 fft2( )函数和 ifft2( )函数分别计算二维傅里叶变换和反变换，它们都经过了优化，运算速度非常快；另一个与傅里叶变换密切相关的函数是 fftshift，常需要利用它将傅里叶频谱图中的零频点移动到频谱图的中心位置。下面分别介绍这三个函数。

(1) fft2( )函数

Matlab 实现该函数的代码如下：

```
d= zeros(32,32);                                    % 图像大小
d(13:20,13:20)= 1;                                  % 中心白色方块大小为 8×8
figure(1); imshow(d,'notruesize')
D= fft2(d);                                         % 计算得到的傅里叶频谱,其是一个
复数矩阵
figure(2);imshow(abs(D),[- 1 5],'notruesize');  % 计算 abs(Y)可得到幅度谱,计算
angle(Y)可得到相位谱
figure(3); imshow(log(abs(D)),[- 1 5],'notruesize');
```

对应的运行结果如图 3.47 所示，图 3.47(c)是对图 3.47(b)实施对数变换后的结果。

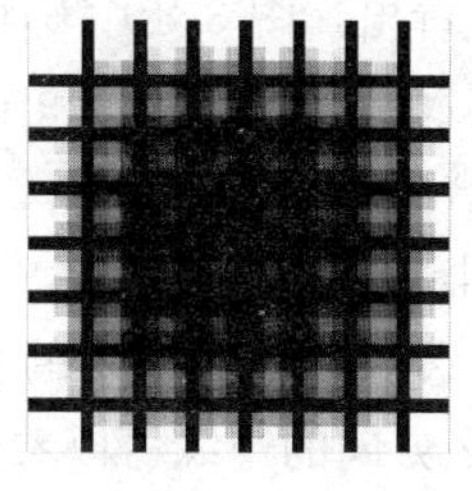

(a) 原图　　(b) 傅里叶变换谱　　(c) 对数变换后的频谱

图 3.47　傅里叶变换谱

(2) fftshift( )函数

fit2( )函数输出的频谱分析数据是按原始计算所得的顺序来排列，而不是以零频为中心排列，因此造成了零频在输频谱矩阵的角上，显示幅度谱图像时表现为四个亮度较高的角(零频处的幅值较高)，fftshift( )函数利用了频谱的周期性特点，将输出图像的一半平移到另一端，从而使零频被移动到图像的中间。实现的 Matlab 代码如下：

```
    figure(1);A= imread('tire.tif');imshow(A);C= fftshift(fft2(A));
% 计算傅里叶变换并移位
    figure(2); imshow(log(abs(fft2(A))),[]);figure(3);imshow(log(abs(C)),[ ]);
% 平移后的结果
```

对应的运行结果如图 3.48 所示。下面的程序展示了如何利用 fft2( )函数进行二维快速傅里叶变换。为了更好地显示频谱图像，需要利用 3.1 节中学习过的对数变换来增强频谱。

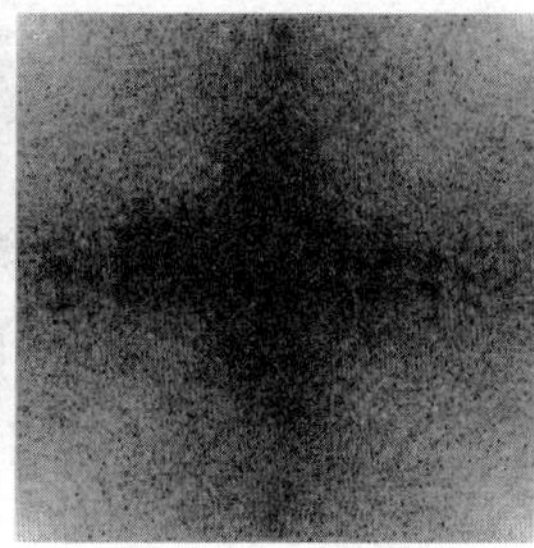
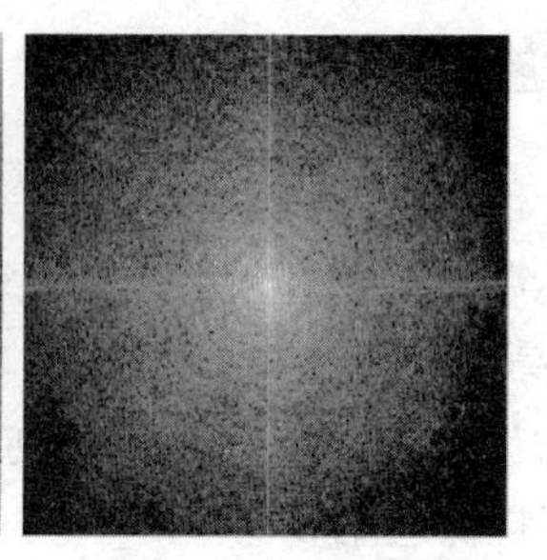

(a) 原始图　　(b) 未经平移的幅度谱　　(c) 经过平移的幅度谱

图 3.48　频谱的平移

```
    I1= imread('cell.tif');
    fcoef= fft2(I1);                  % 做 FFT 变换
    spectrum= fftshift(fcoef);        % 将零点移到中心
    temp= log(1+ abs(spectrum));  % 对幅值做对数变换以压缩动态范围
    subplot(121);imshow(temp,[]);subplot(122);imshow(I1);
    I2= imread('circuit.tif');
    fcoef= fft2(I2);
    spectrum= fftshift(fcoef);
    temp= log(1+abs(spectrum)); figure;subplot(121);imshow(temp,[]);subplot(122);
imshow(I2);
```

运行结果如图3.49所示。可以看出，图3.49(b)中的cell图像较为平滑，而在其傅里叶频谱中，低频部分对应的幅值较大；而对图3.49(d)中细节复杂的Circuit图像，灰度的变化趋势更加剧烈，相应的频谱中高频分量较强。事实上，由于图3.49(b)中基本只存在水平和垂直的线条，导致在输出的频谱中亮线集中存在于水平和垂直方向(并且经过原点)。具体地说，原图像中的水平边缘对应频谱中的竖直亮线，而竖直边缘则对应频谱中的水平响应。不妨这样理解，水平方向的边缘可以看做在竖直方向上的灰度值的矩形脉冲，而这样的矩形脉冲可以分解为无数个竖直方向正弦平面波的叠加，从而对应频域图像中的垂直亮线；而对于竖直方向的边缘，情况类似。

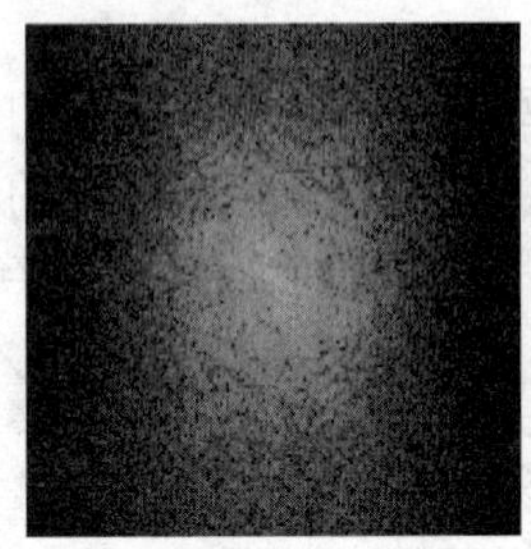
(a) Cell's FFT

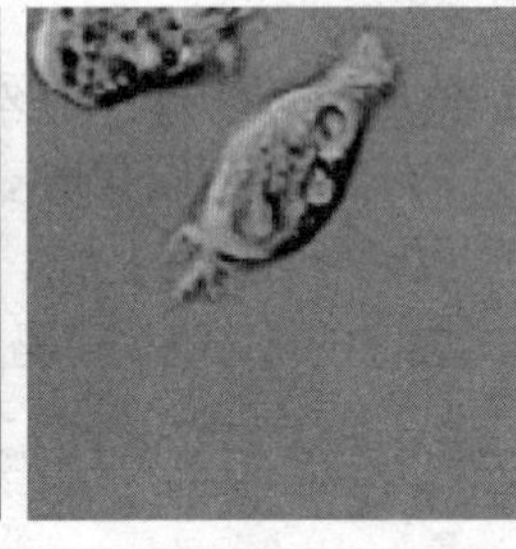
(b) Cell's Source

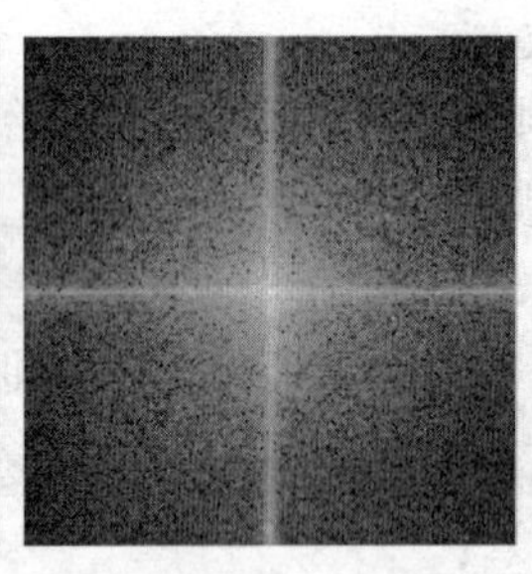
(c) Circuit's FFT

(d) Circuit's Source

图3.49 图像及其幅度谱

注意：在执行IFFT2( )函数之前，如果曾经使用FFTSHIFT( )函数对频域图像进行过原点平移，则还需要使用IFFTSHIFT( )函数将原点平移回原位置。

3.4.3 低通滤波器

图像中的边缘和噪声对应于傅里叶变换中的高频部分。所以，要想在频域中消弱其影响就要设法减弱高频部分的分量。我们根据需要选择一个合适的$H(u,v)$，可以得到消弱了$F(u,v)$高频分量后的$G(u,v)$。在以下讨论中，考虑对$F(u,v)$的实部和虚部的影响完全相同的滤波传递函数。具有这种特性的滤波器称为**零相移滤波器**。

(1) 理想低通滤波器

所谓理想的低通滤波器，是指可以“截断”傅里叶变换中所有高频成分——这些成分处在离变换原点的距离比指定距离D_0要远的位置，这种滤波器称为理想低通滤器，其传递函数为

$$H(u,v)=\begin{cases}1 & D(u,v)\leqslant D_0\\0 & D(u,v)\geqslant D_0\end{cases} \tag{3.88}$$

式(3.88)中D_0是一个非负整数。$D(u,v)$是从点(u,v)到频率平面原点的距离，$D(u,v)=(u^2+v^2)^{1/2}$。这里理想是指小于等于D_0的频率可以完全不受影响地通过滤波器，而大于D_0的频率则完全通不过，因此D_0也叫**截断频率**。尽管理想低通滤波器在数学上定义得很清楚，在计算机模拟中也可实现，但理想低通滤波器这种陡峭的截断频率用实际的电子器件是实现不了的。

经频域低通滤波后，图像中的大部分能量是集中在低频分量里的。图3.50所示为一

幅包含不同细节的原始图像，图3.50(b)为它的傅里叶频谱。如果截断半径分别为5、15、45、65，它们将分别包含原始图像中90%、96.4%、99%和99.4%的能量。如用R表示圆周的半径，B表示图像能量百分比，则

$$B = 100 \times \left[\sum_{u \in R} \sum_{v \in R} p(u,v) / \sum_{u=1}^{N-1} \sum_{v=1}^{N-1} p(u,v) \right] \tag{3.89}$$

其中，$P(u,v) = |F(u,v)|^2 = R^2(u,v) + I^2(u,v)$，如图3.50(c)～图3.50(f)所示就是用理想低通滤波器进行处理得到的结果。其中截断频率分别由以上各圆周半径确定。由图3.50(c)可见，尽管只有10%的高频能量被滤掉，但图像中绝大多数的细节信息都丢失了，事实上这幅图已无多少实际用途了。图3.50(d)有3.6%的高频能量被滤掉，图像中仍有明显的振铃效应。图3.50(e)只滤除1%的高频能量，图像虽有一定程度模糊，但视觉效果尚可。最后，图3.50(f)滤除0.6%的高频能量，所得到的滤波结果与原图像几乎无差别。

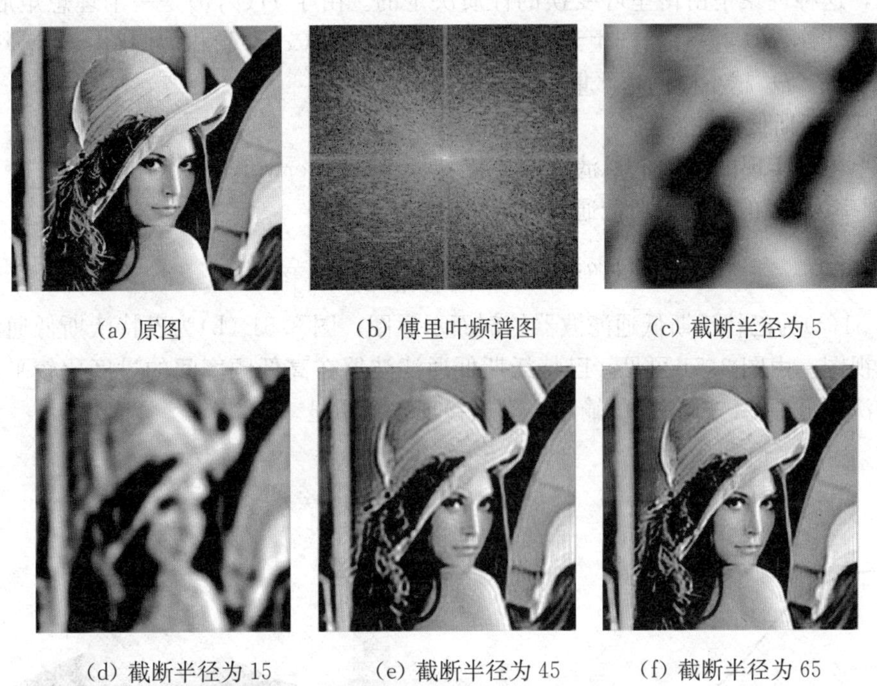

(a) 原图　(b) 傅里叶频谱图　(c) 截断半径为5

(d) 截断半径为15　(e) 截断半径为45　(f) 截断半径为65

图3.50　理想滤波器所产生的模糊

相应的Matlab程序如下：

```
J= imread('lean.bmp');figure(1);imshow(J);
J= double(J);f= fft2(J);g= fftshift(f);
figure(2);imshow(log(abs(g)),[]),color(jet(64));
[M,N]= size(f); n1= floor(M/2);n2= floor(N/2);
% d0= 5,15,45,65
d0= 15;
for i= 1:M
    for j= 1:N
```

```
            d= sqrt((i- n1)^2+ (j- n2)^2);
            if d< = d0
                h= 1;
            else
                h= 0;
            end
            g(i,j)= h* g(i,j);
        end
    end
    g= ifftshift(g); g= uint8(real(ifft2(g)));
    figure(3); imshow(g);
```

理想低通滤波器平滑处理的概念非常清晰，但在处理过程中会产生比较严重的模糊和振铃现象，这种现象是由傅里叶变换的性质决定的。由于$H(u,v)$是一个理想矩形特性，那么它的逆变换$h(x,y)$必然产生无限的振铃特性，经$f(x,y)$卷积后则给$g(x,y)$带来模糊和振铃现象。D_0越小模糊越严重，其平滑效果越差。

(2) 巴特沃斯低通滤波器

物理上可以实现的一种低通滤波器是巴特沃斯(Butterworth)低通滤波器。一个阶为n、截距频率为D_0的巴特沃斯低通滤波器的传递函数为

$$H(u,v)=\frac{1}{1+[D(u,v)/D_0]^{2n}} \tag{3.90}$$

图3.51(a)为巴特沃斯低通滤波器的剖面示意图，图3.51 (b)为巴特沃斯低通滤波器的一个透视图。由图3.51可见，巴特沃斯低通滤波器在高低频率间的过度比较平滑，所以用巴特沃斯低通滤波器得到的输出，其振铃现象不明显。

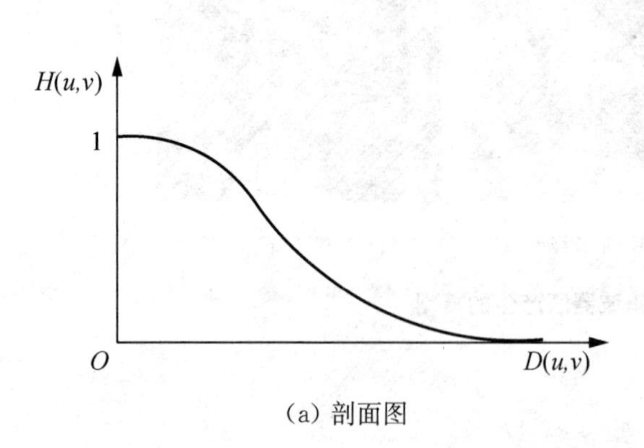

(a) 剖面图

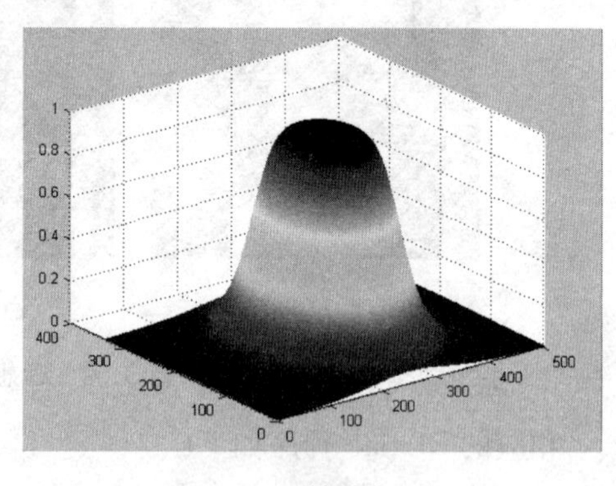

(b) 透视图

图3.51 巴特沃斯低通滤波器

一般情况下，常取使H最大值降到某个百分比的频率为截断频率。在式(3.91)中，当$D(u,v)=D_0$时，$H(u,v)=0.5$(即降到50%)。另一种常用的截断频率值是使H降到最大的$1/\sqrt{2}$时的频率。

下面是用巴特沃斯滤波器去除图像中的椒盐噪声。图3.52(a)为原图像加上了椒盐噪声，图3.52(b)是图3.52(a)经巴特沃斯低通滤波后的图像。

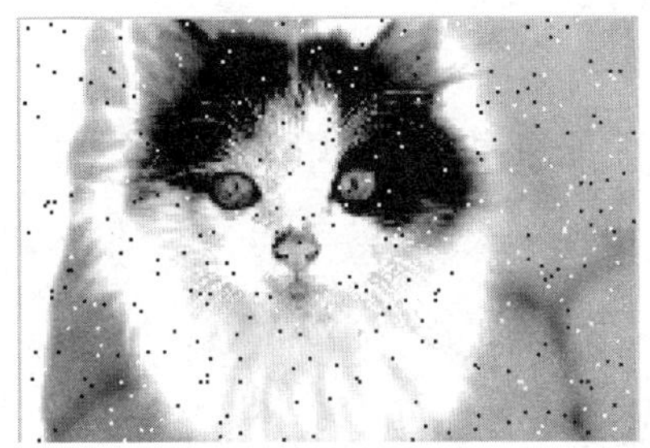

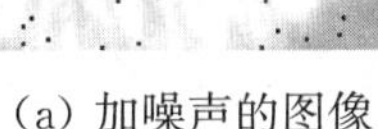

(a) 加噪声的图像　　　　(b) 低通滤波后的图像

图 3.52　巴特沃斯滤波后的图像

实现的 Matlab 程序如下：

```
J= imread('CAT.jpg'); J= imnoise(I,'salt&pepper',0.02);
subplot(121);imshow(J);tilte('含有椒盐噪声的图像')
J= double(J);f= fftshift(f);              % 采用傅里叶变换
[M,N]= size(f); n= 3;d0= 20; n1= floor(M/2);n2= floor(N/2);
for i= 1:M
    for j= 1:N
        d= sqrt((i- n1)^2+ (j- n2)^2)
        h= 1/(1+ (d/d0)^(2* n));
        g(i,j)= h* g(i,j);
    end
end
g= ifftshift(g); g= uinit8(real(iffte2(g))); subplot(122); imshow(g);
```

如果图像量化灰度级不足，容易产生虚假轮廓，这时对图像进行低通滤波可以改进图像质量。图 3.50(a)是一幅 256 级灰度的图像，图 3.53(a)为由图 3.50(a)量化为 12 个灰度级的图像。从图中可以看出，其帽子和肩膀等处有不同程度的虚假轮廓现象产生。图 3.53(b)和图 3.53(c)分别为理想低通滤波器和用一阶巴特沃斯低通滤波器进行平滑处理过。这两个滤波器的截断频率所对应的半径均为 35。通过对图 3.53(b)和图 3.53(c)进行比较，理想低通滤波的结果中有明显的振铃现象，而巴特沃斯滤波器的滤波效果相对较好。

(a) 量化为 12 个灰度级的图像

(b) 理想低通滤波器平滑处理

(c) 巴特沃斯滤波器平滑处理

图 3.53　低通滤波器消除假轮廓

3.4.4 高通滤波器

因为图像的边缘对应于高频分量，所以要锐化图像可以使用高通滤波器。下面讨论与3.4.3节相对应的零相称高通滤波器。

(1) 理想高通滤波器

一个$2D$理想高通滤波器的传递函数满足下列条件：

$$H(u,v)=\begin{cases}0 & D(u,v)\leqslant D_0\\ 1 & D(u,v)\geqslant D_0\end{cases} \tag{3.91}$$

图3.54给出了H的一个剖面示意图，它和理想低通滤波器的形状刚好相反，但与理想低通滤波器一样，其也无法用实际的电子器件来实现。

(2) 理想高通滤波器

一个阶为n、截断频率为D_0的巴特沃斯高通滤波器的传递函数为

$$H(u,v)=\frac{1}{1+[D_0/D(u,v)]^{2n}} \tag{3.92}$$

图3.55为巴特沃斯高通滤波器的剖面示意图。可以看出该滤波器在高低率间的过渡比较光滑，所以其输出图振铃效应不明显。

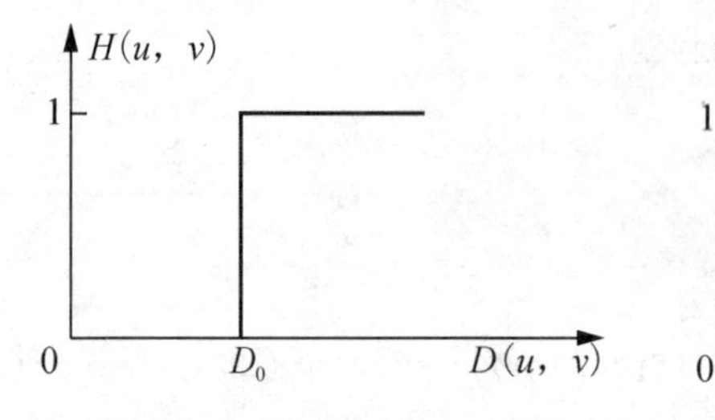

H(u, v)
1
0
D(u, v)

图3.54 理想高通滤波器　　图3.55 巴特沃斯高通滤波器

与巴特沃斯低通滤波器一样，一般情况下，常取H最大值降到某个百分比的频率为巴特沃斯高通滤波器的截断频率。

图像经过高通滤波器处理后，许多低频信号没了。因此，图像的平滑区基本上消失。对于这个问题可以用高频加强滤波来弥补。所谓高频加强滤波就是在设计滤波器传递函数时，加上一个大于0小于1的常数c，即

$$H'(u,v)=H(u,v)+c \tag{3.93}$$

用高频加强滤波可以取得比一般高通滤波器效果好的增强图像。为了说明这个问题，我们对一幅模糊图像进行频率高通滤波器。设截断频率$D_0=20$、$c=0.5$。用上述方法对经典lena图像的增强效果如图3.56所示。对应的Matlab程序如下：

```
J= imread('Lena.jpg');
figure(1);imshow(uint8(J));title('原图');axis off
J= double(J);f= fft2(J);                % 采用傅里叶变换
g= fftshift(f);                         % 数据矩阵平衡
[M,N]= size(f);
n1= floor(M/2);n2= floor(N/2);
```

```
    d0= 20; cc= 0.5;
% 进行理想高通滤波和理想高通加强滤波
    for i= 1:M
        for j= 1:N
            d= sqrt((i- n1)^2+ (j- n2)^2);
            if d> = d0
                h1= 1;
                h2= 1+ cc;
            else
                h1= 0;
                h2= cc;
            end
            g1(i,j)= h1* g(i,j);
            g2(i,j)= h2* g(i,j);
        end
    end
    g1= ifftshift(g1);g1= uint8(real(ifft2(g1)));
    figure(2);imshow(g1);title('理想高通滤波');axis off
    g2= ifftshift(g2);g2= uint8(real(ifft2(g2)));
    figure(3);imshow(g2);title('理想高通加强滤波');axis off
% 进行巴特沃斯高通滤波和加强高通滤波
n= 2;
for i= 1:M
    for j= 1:N
        d= sqrt((i- n1)^2+ (j- n2)^2);
        if d= = 0
            h1= 0;
            h2= cc;
        else
            h1= 1/(1+ (d0/d)^(2* n));
            h2= 1/(1+ (d0/d)^(2* n)) + cc;
        end
        gg1(i,j)= h1* g(i,j);
        gg2(i,j)= h2* g(i,j);
    end
end
gg1= ifftshift(gg1);gg1= uint8(real(ifft2(gg1)));
figure(4);imshow(gg1);title('巴特沃斯高通滤波');
gg2= ifftshift(gg2);gg2= uint8(real(ifft2(gg2)));
figure(5);imshow(gg2);title('巴特沃斯高通加强滤波');
```

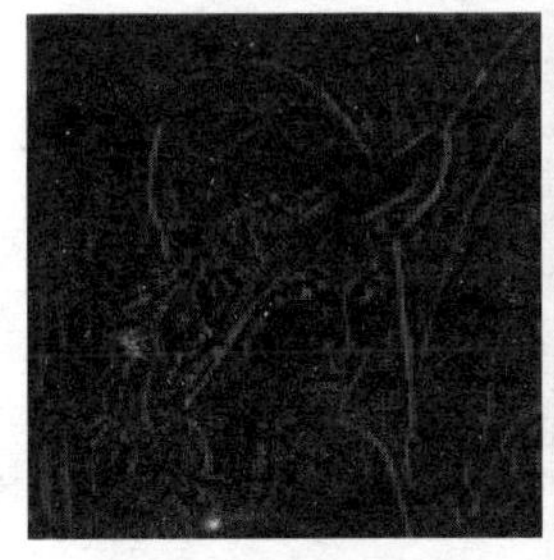

(a) 理想高通滤波

(b) 理想高通加强滤波

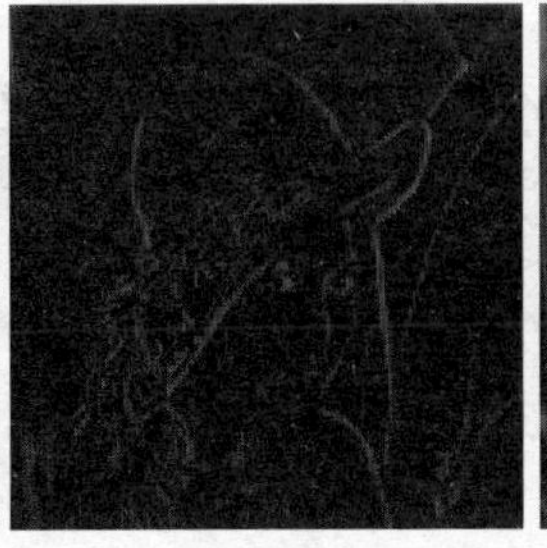

(c) 巴特沃斯高通滤波

(d) 巴特沃斯高通加强滤波

图 3.56 频域高通滤波图像增强

图 3.56(a)给出用理想高通滤波器进行处理的效果；图 3.56(b)给出理想高通增强滤波的结果；图 3.56(c)给出用巴特沃斯滤波器处理的效果；图 3.56(d)给出了用二阶巴特沃斯高通加强滤波的效果。从图 3.56(a)和图 3.56(c)可以看出，经过高通滤波，低频分量大部分被过滤。虽然图中各区域的边界有了明显的增强，但图中原来比较平滑的区域，灰度动态范围变小，因此整幅图比较暗。为了弥补低频信息，图 3.56(b)和图 3.56(d)使

用了高频加强滤波。这样处理后的情况得到明显的改善，使图像模糊的边缘得到增强，且整个图像层次也较丰富。另外，通过图 3.56 看出，理想高通滤波与低通滤波一样有明显的振铃现象；而巴特沃斯高通滤波与其低通滤波一样，在高低频率间的过渡比较光滑。所以用巴特沃斯滤波器得到的输出图其振铃效应不明显。

(3) 带通和带阻滤波

带通滤波器允许某个频率范围内的信号通过，而阻止其他频率范围的信号通过。与此相对应，带阻滤波器阻止某个频率范围的信号通过，而允许其他频率范围的信号通过。例如，要消除以(u_0, v_0)为中心、D_0 为半径的区域内的所有频率，这样的理想带通滤波器的传递函数为

$$H(u,v)=\begin{cases}1 & D(u,v)\leqslant D_0\\ 0 & D(u,v)>D_0\end{cases} \tag{3.94}$$

其中，$D(u,v)=[(u-u_0)^2+(v-v_0)^2]^{1/2}$。

考虑到傅里叶变换的对称性，为了消除不是以原点为中心的给定区域以外的频率，式(3.94)要改为

$$H(u,v)=\begin{cases}1 & D_1(u,v)\leqslant D_0 \text{ 或 } D_2(u,v)\leqslant D_0\\ 0 & \text{其他}\end{cases} \tag{3.95}$$

其中，$D_1(u,v)=[(u-u_0)^2+(v-v_0)^2]^{1/2}$、$D_2(u,v)=[(u+u_0)^2+(v+v_0)^2]^{1/2}$。

带阻滤波器可以设计为用于除去以原点为中心的频率，同样，要消除不是以原点为中心的给定区域内的频率，理想带阻滤波传递函数为

$$H(u,v)=\begin{cases}0 & D_1(u,v)\leqslant D_0 \text{ 或 } D_2(u,v)\leqslant D_0\\ 1 & \text{其他}\end{cases} \tag{3.96}$$

其中，$D_1(u,v)$和 $D_2(u,v)$同上，很明显带通滤波器和带阻滤波器是互补的。

为了深入了解带阻和带通滤波的效果，我们对图 3.57(a)进行了滤波增强，对应的 Matlab 代码如下：

```
    J= imread('eight.tif');figure(1);imshow(J);axis off;
    sourmatrix= double(J);C = fft2(sourmatrix);C = fftshift(C);
    [row,col]= size(C);
    n1 = fix(row/2);n2 = fix(col/2);
% ------------带阻滤波------------
d0= 0;d1= 8;
for r = 1 :row;
    for c = 1:col
        d = sqrt((n1- r)^2 + (n2- c)^2);
        if ( d > d1) || (d < d0)
            G(r,c) = C(r,c);
        else
            G(r,c) = 0;
        end
    end
```

```
% ------------带通滤波------------
d0= 0; d1= 20;
for r = 1 :row;
    for c = 1:col
        d = sqrt((n1- r)^2 + (n2- c)^2);
        if (d< = d1) && (d> = d0)
            GG(r,c) = C(r,c);
        else
            GG(r,c) = 0;
        end
```

```
    end
    G = ifftshift(G) ;
    subret = ifft2(G);
    subret = mat2gray(abs(real(subret)));
    figure(2);imshow(subret);title('带阻滤波');
        end
    end
    GG = ifftshift(GG) ;
    Gsubret = ifft2(GG);
    Gsubret = mat2gray (abs (real (Gsubret)));
    figure (3);imshow (Gsubret);title('带通滤波!!! ');
```

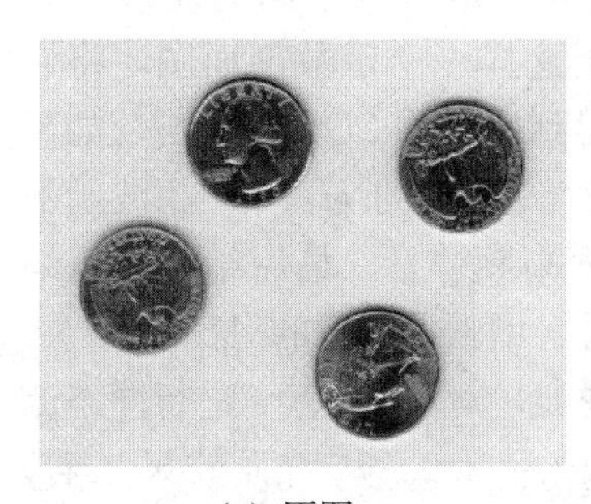

(a) 原图

(b) 带阻滤波后

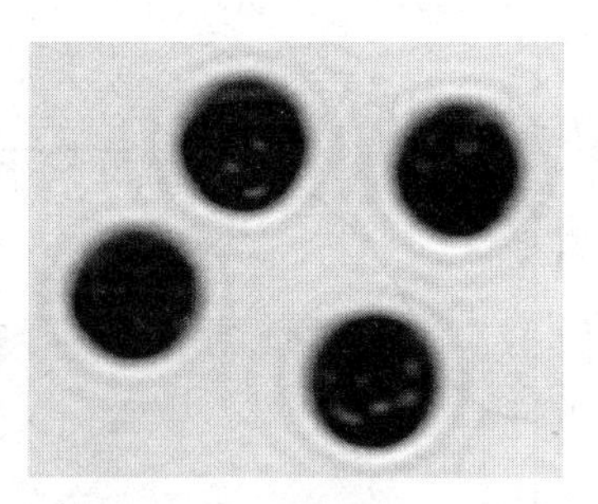

(c) 带通滤波后

图 3.57　带阻和带通滤波

(4) 同态滤波器

该滤波器是一种在频域中同时将图像亮度范围进行压缩和将图像对比度增强的方法。一幅图像 $f(x,y)$ 可以用它的照明分量 $i(x,y)$ 和反射分量 $r(x,y)$ 的乘积来表示，即

$$f(x,y) = i(x,y) \cdot r(x,y) \tag{3.97}$$

由于这两个函数的傅里叶变换是不可分的，即

$$F\{f(x,y)\} \neq F\{i(x,y)\} \cdot F\{r(x,y)\} \tag{3.98}$$

对式(3.97)两边取自然对数，有

$$\ln f(x,y) = \ln i(x,y) + \ln r(x,y) \tag{3.99}$$

再对上式取傅里叶变换，得

$$F(u,v) = I(u,v) + R(u,v) \tag{3.100}$$

假设用一个滤波器函数 $H(u,v)$ 来处理 $F(u,v)$，可得到

$$H(u,v)F(u,v) = H(u,v)I(u,v) + H(u,v)R(u,v) \tag{3.101}$$

逆变换到空域，可得

$$h_f(x,y) = h_i(x,y) + h_r(x,y) \tag{3.102}$$

通过上式可知增强后的图像是由对应的照明分量与反射分量两部分叠加而成。

对式(3.102)两边取指数，可得

$$g(x,y) = \exp|h_f(x,y)| = \exp|h_i(x,y)| \cdot \exp|h_r(x,y)| \tag{3.103}$$

以上的图像增强过程如图 3.58 所示。这种方法是以一类系统的特殊情况为基础的，通常称其为同态图像增强法，而 $H(u,v)$ 为同态滤波函数，它可以分别作用于照明分量和反射分量上。

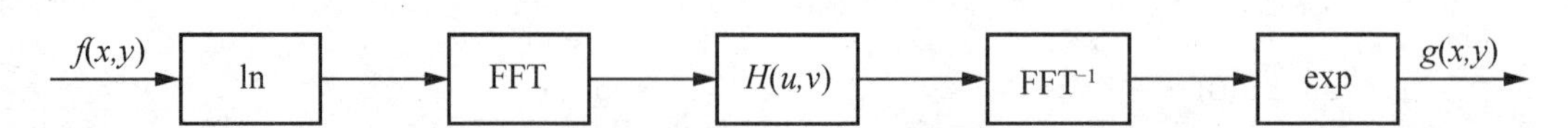

图 3.58　同态图像增强法

一般照明分量通常可用缓慢的空间变化表示，而反射分量在不同物体的交界处是急剧变化的，这使图像对数傅里叶变换中的低频部分对应照明分量，而高频部分对应反射分量。虽然这是一个粗略的近似，但它对图像增强是有用的。

根据以上分析，可设计一个对傅里叶变换的高频和低频分量影响不同的滤波函数$H(u,v)$。图 3.59 给出了这样一个函数剖面图，将它绕垂直轴旋转 360°就可得到完整的 2D $H(u,v)$。如果$H_l<1$而$H_h>1$，则图 3.59 所示的$H(u,v)$滤波函数势必减弱低频分量而增强高频分量，最后结果是压缩了图像的动态范围的同时又增强了图像的对比度。

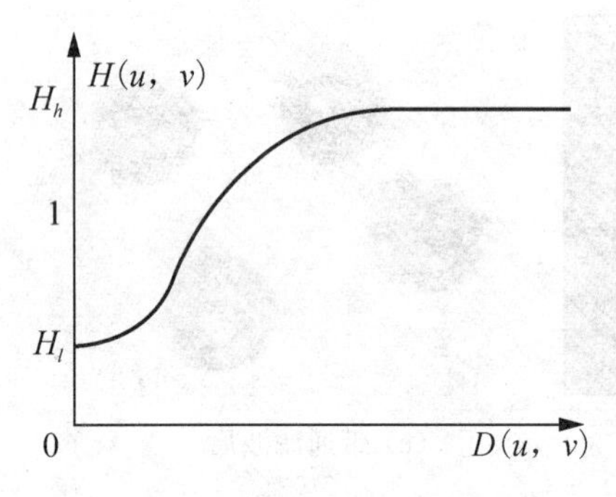

图 3.59　同态滤波器的径向横断面

为了深入了解同态滤波，对图 3.60(a)进行同态滤波增强。设$H_l=0.5$，$H_h=2.0$。从增强效果来看，我们发现原始图像背景的亮度被减弱，而钱币边缘及图案中线条的对比度增强了。

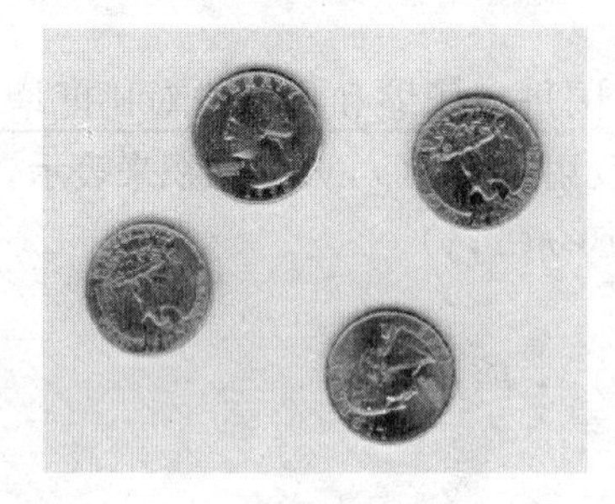

(a) 原图

(b) 同态滤波后

图 3.60　同态滤波增强效果

上例的 Matlab 程序如下：

```
J= imread('eight.tif');
figure(1);imshow(J);axisoff;
J= double(J);f= fft2(J);g= fftshift(f);
[M,N]= size(f);
d0= 10;r1= 0.5;rh= 2;c= 4;
n1= floor(M/2);n2= floor(N/2);
for i= 1:M
    for j= 1:N
        d= sqrt((i- n1)^2+ (j- n2)^2);
        h= (rh- r1)* (1- exp(- c* (d.^2/d0.^2)))+ r1;
        g(i,j)= h* g(i,j);
    end
```

```
end
g= ifftshift(g);g= uint8(real(ifft2(g)));
figure(2);imshow(g);axisoff;
```

3.5 形态学图像处理

数学形态学(Mathematical Morphology)是一门建立在严格数学理论基础上的学科，其基本思想和方法对图像处理的理论和方法产生了重大影响。数学形态学主要用于从图像中提取表达和描绘区域形状有意义的图像分量，使后续的识别工作能够抓住目标对象最为本质(最具区分能力，Most Discriminative Ability)的形状特征。许多非常成功的理论模型和视觉检测系统都采用了数学形态学算法作为其理论基础或组成部分，如边界和连通区域等。同时像细化、像素化和修剪毛刺等技术也常应用于图像的预处理和后处理中，成为图像增强技术的有力补充。

3.5.1 二值图像中的基本形态学运算

本节介绍几种二值图像的基本形态学运算，包括腐蚀(Erosion)、膨胀(Dilation)、开(Opening)和闭(Closing)运算。腐蚀和膨胀是两种最基本也是最重要的形态学运算，它们是后续要介绍的很多高级形态学处理的基础，很多其他的形态学算法都是由这两种运算复合而成。

1. 腐蚀

设 A 和 B 是整数空间 Z^2 中的集合，其中 A 为原始图像，而 B 为结构图像。则 B 对 A 的腐蚀运算记为 $A\Theta B$，并定义为

$$A\Theta B = \{z \mid (B)_z \subseteq A\} \tag{3.104}$$

式(3.104)表明结构元素 B 在整个 Z^2 平面上移动，如果当 B 的原点平移至 z 点时 B 能够完全包含于 A 中，则所有这样的 z 点构成的集合即为 B 对 A 的腐蚀图像。

对比图 3.61(c)，以前的集合 A 显示为实线，阴影区域的边界说明 B 的原点进一步移动的界限。超出这个界限会使集合不再完全包含于集合 A 中。因此，在这个边界内(也就是阴影区域)，点的位置构成了使用 B 对 A 进行的腐蚀。图 3.61(d)所示为一个拉长的结构元素，图 3.61(e)所示为用这个元素腐蚀 A 的结果。注意原来的集合被腐蚀成一条线。

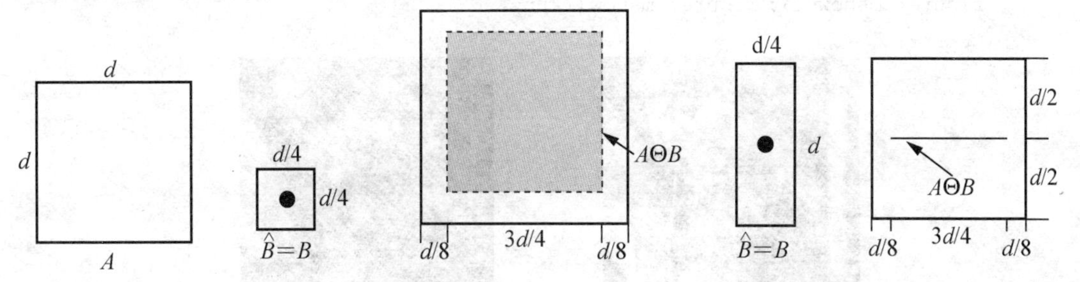

(a) 集合 A　(b) 方形结构元素　(c) B对 A腐蚀(如阴影)　(d) 拉长结构元素　(e) 使用拉长元素腐蚀

图 3.61 腐蚀运算

腐蚀的作用顾名思义，即能够消融物体的外界，而具体的腐蚀结果与图像本身和结构元素的开关有关。如果物体整体大于结构元素，腐蚀是使物体变“瘦”一圈，而这一圈到底有大多是由结构元素决定的；如果物体本身小于结构元素，则在腐蚀后的图像中物体将完全消失；如物体仅有部分区域小于结构元素(如细小的连通)，则腐蚀后物体会在细连通处断裂，分离为两部分。

从图 3.62 可以看出，随着腐蚀结构元素的逐步增大，小于结构元素的物体相继消失。由于其有这样的特点，也可以用于滤波。选择适当大小和形状的结构元素，可以消除掉所有不能完全包含结构元素的噪声点。然而，利用腐蚀滤除噪声有一个缺点，即在去除噪声的同时，对图像中前景物体的形状也会有影响，但当我们只关心物体的位置或个数时，则影响不大。

(a) 原图

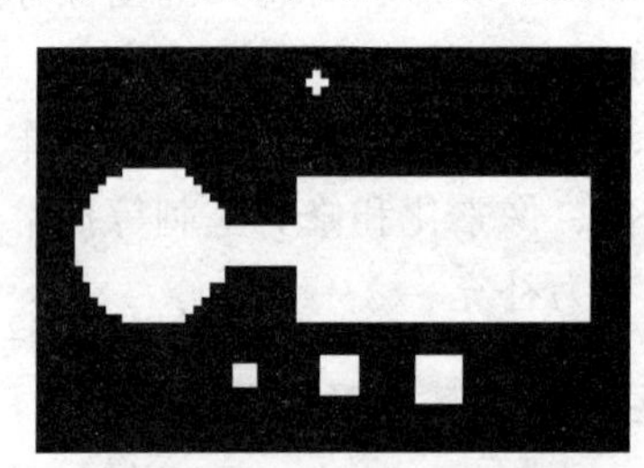

(b) 经 3 * 3 方形结构元素腐蚀

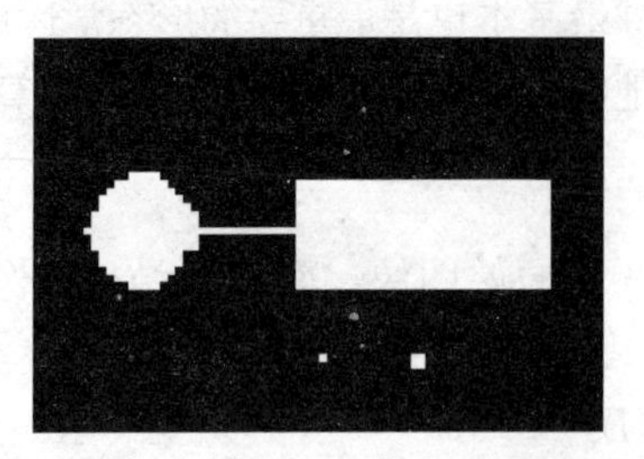

(c) 经 5 * 5 方形结构元素腐蚀

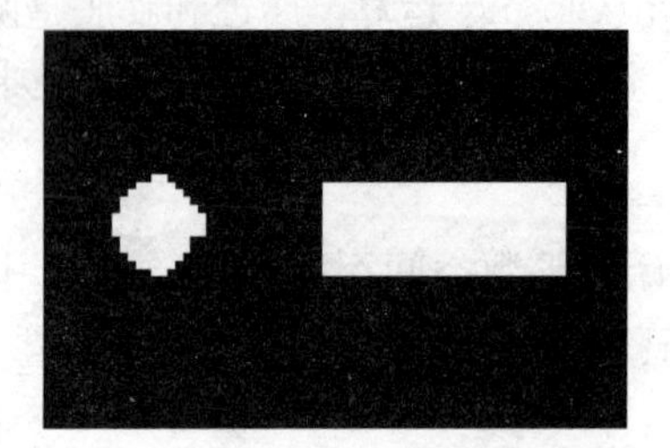

(d) 经 7 * 7 方形结构元素腐蚀

图 3.62　不同结构元素对腐蚀的影响

对经典的图像 3.63(a)进行腐蚀操作，其对应的 Matlab 代码如下：

```
I= imread('lena_new.bmp');
se= strel('ball',8,8); I2= imerode(I,se);
figure;imshow(I); figure;imshow(I2);
```

(a) 原图像

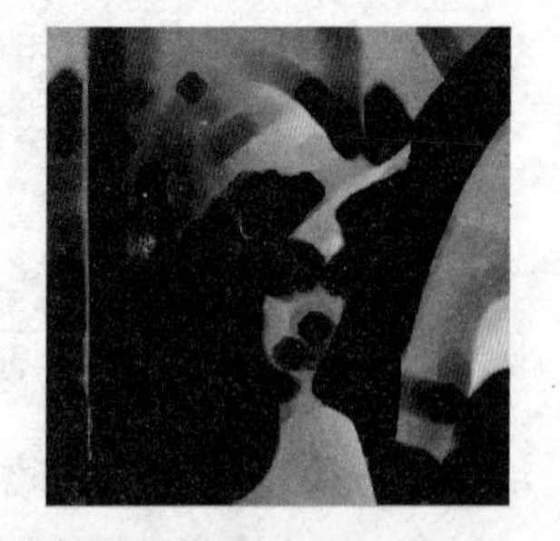

(b) 腐蚀后的图像

图 3.63　图像腐蚀示例

2. 膨胀

腐蚀表示用某种探针(即某种形状的基元或结构元素)对一个图像进行探测，以便找出在图像内部可以放下该基元的区域。所有数学形态学运算都依赖于这一概念。膨胀是腐蚀的对偶运算，可定义为对图像的补集进行的腐蚀运算。B 对 A 的膨胀定义为

$$A \oplus B = \{z \mid (\hat{B})_z \cap A \neq \varnothing\} \tag{3.105}$$

这个公式是先得到 B 的相对于它自身原点的映像，并且由 z 对映像进行位移。A 被 B 膨胀是所有位移 z 的集合，这样，$\hat{B}$ 和 A 至少有一个元素是重叠的。根据这种解释，式(3.105)可以重写为

$$A \oplus B = \{z \mid [(\hat{B})_z \cap A] \subseteq A\} \tag{3.106}$$

与其他形态学运算中一样，集合 B 通常被称为**膨胀的结构元素**。

尽管膨胀是以集合运算为基础，而卷积是以算术运算为基础，但相对于 B 的原点对 B 进行翻转，而后逐步移动 B 滑过集合(图像)A，这一过程与卷积过程是相似的。

图 3.64(a)所示为一个简单的集合，图 3.64(b)所示为一个结构元素和它的映像(黑色点表示元素的原点)。此时，结构元素和它的映像是相等的，因为 B 关于它的原点对称。图 3.64(c)中的虚线显示了作为基准的初始集合，实线显示了对齐的原点进一步移动到 z 的限制。超出这个限制会使 B 和 A 的交集为空。所以，所有处在这一边界之内的点构成了使用 B 进行的 A 的膨胀。图 3.64(d)所示为一个被设计用于在垂直方向比水平方向进行更多膨胀的结构元素。图 3.64(e)所示为用这个结构元素进行膨胀的结果。

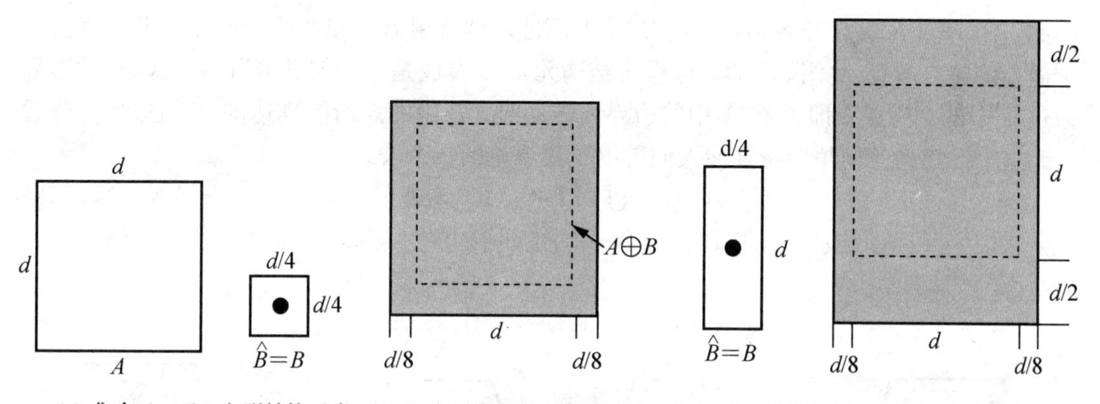

(a) 集合 A (b) 方形结构元素 (c) B 对 A 的膨胀(阴影部分) (d) 拉长的结构元素 (e) 拉长元素膨胀

图 3.64 膨胀运算

对经典的图像 3.65(a)进行膨胀操作，其对应的 Matlab 代码如下：

```
I= imread('lena_new.bmp');
se= strel('ball',8,8); I2= imdilate(I,se);
figure; imshow(I); figure;imshow(I2);
```

实际上，膨胀和腐蚀对于集合示补和反射运算是彼此对偶的①。即$(A\Theta B)^c = A^c \oplus \hat{B}$。

① 对偶的意义：某个图像处理系统用硬件实现了腐蚀运算，那么不必再另设计一套膨胀的硬件，直接利用该对偶性就可以实现了。

(a) 原始图像

(b) 膨胀后图像

图 3.65 膨胀运算示例

3. 开运算和闭运算

膨胀使图像扩大而腐蚀使图像缩小，由于膨胀与腐蚀并不是互为逆运算，所以可以将它们级联结合使用。开运算就是先对图像进行腐蚀，然后膨胀其结果。闭运算就是先对图像进行膨胀，然后腐蚀其结果。开运算一般使对象的轮廓变得光滑，断开狭窄的间断和消除细的突出物。闭合同样使轮廓线变得光滑，但与开运算相反的是，它通常消除狭窄的间断和长细的鸿沟，消除小的孔洞，并填补轮廓线中的断裂部分。

(1) 开运算

使用结构元素 B 对集合 A 进行开运算，表示为 $A\circ B$，定义为

$$A\circ B=(A\Theta B)\oplus B \tag{3.107}$$

因此，用 B 对 A 进行开运算就是用 B 对 A 腐蚀，然后用 B 对结果进行膨胀。开运算有一个简单的集合解释(见图 3.66)。假设将结构元素 B 看成是一个转动的圆盘，$A\circ B$ 的边界通过 B 中的点完成，即 B 在 A 中的边界内转动时，B 中的点所能到达的 A 的边界的最远点。这个开启的几何拟合特性使人们得出了集合论的一个公式。

$$A\circ B=\bigcup\{(B)\mid(B)\subseteq A\} \tag{3.108}$$

该公式说明开运算是通过求取 B 在拟合 A 时的平移并集得到的。也就是说，开运算可以表示为

$$A\circ B=\bigcup\{(B)_z\mid(B)_z\subseteq A\} \tag{3.109}$$

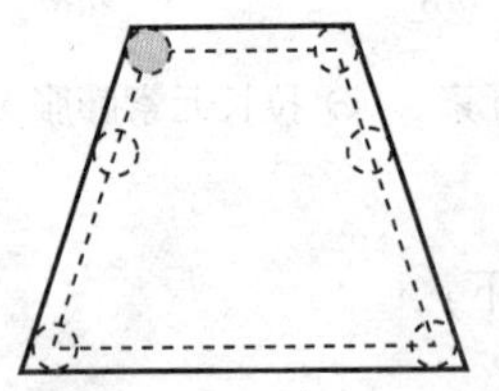
(a) B 紧贴 A 的内边界转动 (b) 结构元素 B

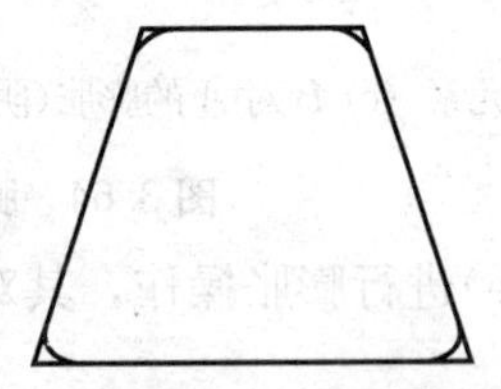
(c) 圆角轮廓是开运算的外部边界

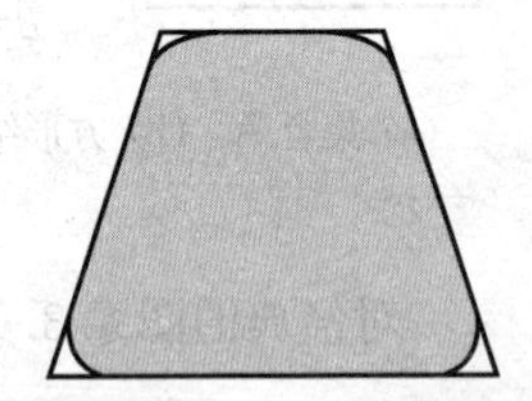
(d) 灰色部分为开运算结果

图 3.66 开运算

(2) 闭运算

使用结构元素 B 对集合 A 的闭运算表示为 $A\cdot B$，可定义为

$$A\cdot B=(A\oplus B)\Theta B \tag{3.110}$$

式(3.110)说明使用结构元素 B 对集合 A 的闭运算就是用 B 对 A 进行膨胀，而后用 B 对

结果进行腐蚀。类似于开运算，闭合也有相似的几何解释，只是现在在边界的外部转动 B，如图 3.67 所示。

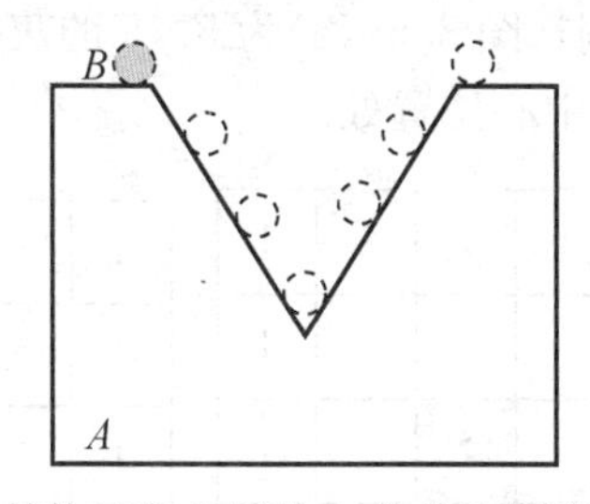

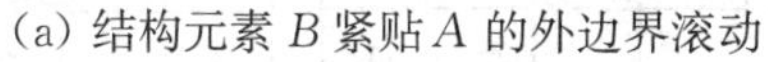
(a) 结构元素 B 紧贴 A 的外边界滚动

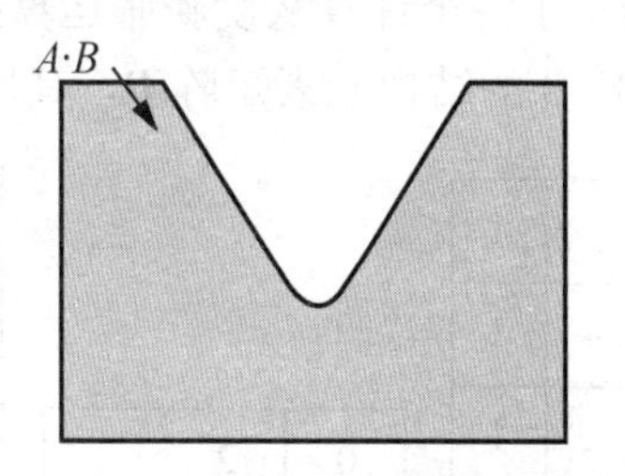

(b) 阴影区域是闭运算的结果

图 3.67　闭合运算

对图 3.68 进行开运算与闭运算。其对应的 Matlab 代码如下：

```
I= imread('erode_dilate.bmp');
se= strel('disk',5,4);
I2= imopen(I,se);I3= imclose(I,se);
imshow(I);figure;imshow(I2);figure;imshow(I3);
```

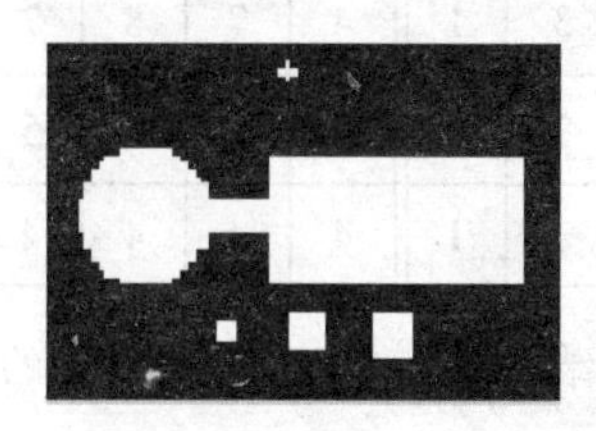

(a) 原图像

(b) 开运算结果

(c) 闭运算结果

图 3.68　开闭运算示例

3.5.2　灰度图像中的基本形态学运算

本节把二值图像的形态学处理扩展到灰度图像的基本操作，包括灰度膨胀、灰度腐蚀、灰度开和灰度闭。在灰度形态学中，分别用图像函数 $f(x,y)$ 和 $b(x,y)$ 表示二值形态学中的目标图像 A 和结构元素 B，并把 $f(x,y)$ 称为输入图像，$b(x,y)$ 称为结构元素，函数中的 (x,y) 表示图像中像素点的坐标。二值形态学中用到的交和并运算在灰度形态学中分别用最大极值和最小极值运算代替。

1. 灰度膨胀

灰度膨胀是灰度腐蚀运算的对偶运算，结构元素 $b(x,y)$ 对目标图像 $f(x,y)$ 进行灰度膨胀可表示为

$$(f \oplus b)(s,t) = \max\{f(s-x,t-y)+b(x,y) \mid (s-x,t-y) \in D_f,(x,y) \in D_b\} \tag{3.111}$$

其中，D_f 和 D_b 分别是 f 和 b 的定义域，类似于二值膨胀运算中要求目标图像集合和结构元素集合相交至少有一个元素。灰度膨胀运算的计算是逐点进行的，求某点的膨胀运算结

果，也就是计算该点局部范围内各点与结构元素中对应点的灰度值之和，并选取其中的最大值作为该点的膨胀结果，经膨胀运算，边缘得到了延伸。

图 3.69 给出了一个计算灰度膨胀运算的示例。图 3.69(a)为 5×5 的灰度图像矩阵 **A**，图 3.69(b)为 3×3 的结构元素矩阵 **B**，其原点在中心位置处。

1	1	1	1	1
1	2	3	4	1
1	3	5	3	1
1	4	3	2	1
1	1	1	1	1

(a) 灰度图像 A

0	2	0
2	3	2
0	2	0

(b) 结构元素 B

1	1	1	1	1
1				1
1		5		1
1				1
1	1	1	1	1

(c) 过程①的结果

1	1	1	1	1
1	5	7	5	1
1	7	8	7	1
1	5	7	5	1
1	1	1	1	1

(d) 过程②的结果

1	1	1	1	1
1	2			
1	3		3	
1	4			
1	1	1	1	1

(e) B 原点移到 A 右侧

1	1	1	1	1
1	2	3	5	3
1	3	5	6	5
1	4	3	5	3
1	1	1	1	1

(f) 过程③的结果

1	1	1	1	1
1	2	3	4	1
1	3	8	3	1
1	4	3	2	0
1	1	1	1	1

(g) 过程④的结果

4	4	4	4	4
4	5	7	7	4
4	7	8	7	4
4	7	7	5	4
4	4	4	4	4

(h) 灰度腐蚀的结果

图 3.69　灰度腐蚀示例

下面以计算图像 **A** 的中心元素的膨胀结果为例，说明膨胀运算过程。

① 将 **B** 的原点重叠在 **A** 的中心元素上，如图 3.69(c)所示。

② 依次用 **A** 的中心元素加上 **B** 的各个元素并将结果放在对应的位置上，如图 3.69(d)所示。

③ 将 **B** 的原点移动到与 **A** 的中心元素相邻的八个元素上进行相同的操作，可得到八个平移相加的结果，图 3.69(e)所示为把 **B** 的原点移动到 **A** 中心元素的右侧位置上，图 3.69(f)为此时的计算结果。

④ 取得九个位置结果的最大值作为 **A** 中心元素的膨胀结果如图 3.69(g)所示。

⑤ 依据该方法计算 **A** 中的其他元素，就可得到图像灰度矩阵 **A** 的膨胀结果如图 3.69(h)所示。

为了便于分析和理解灰度膨胀运算的原理和效果，可将式(3.99)进一步简化，仅列出一维函数的形式：

$$(f \oplus b)(s) = \max\{f(s-x)+b(x) \mid x \in D_b, s-x \in D_f\} \tag{3.112}$$

其中，输入图像和结构元素简化为 x 的函数，分别要求 x 和平移参数 $s-x$ 在定义域 D_b 和 D_f 之内。图 3.70 给出了当输入图像化为 x 的函数时膨胀运算的过程示意图。图 3.70(a)为输入图像 $f(x)$，图 3.70(b)为一维圆形结构元素 $b(x)$，图 3.70(c)为膨胀的结果。

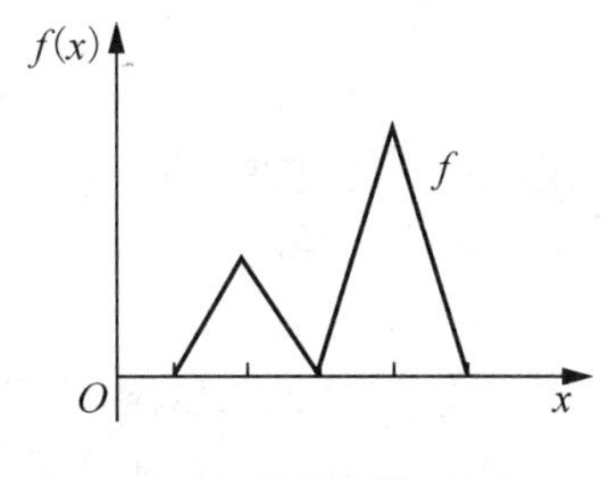

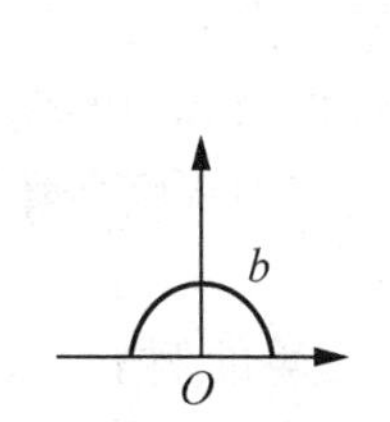

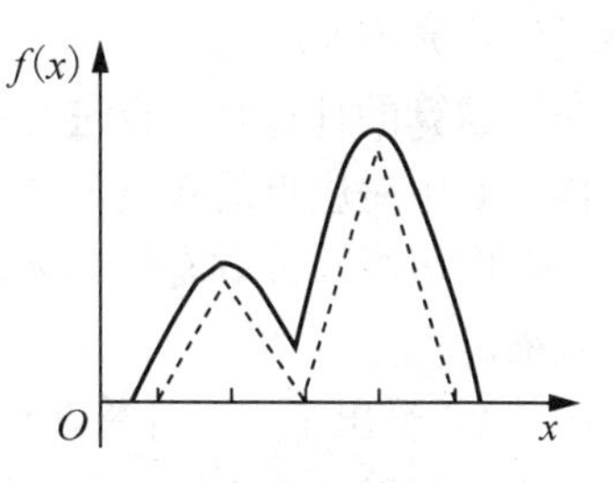

(a) 目标函数 $f(\mathrm{x})$　(b) 一维圆形结构元素 $b(\mathrm{x})$　(c) 膨胀运算结果

图 3.70　膨胀运算过程

采用结构元素 $b(x)$对输入图像 $f(x)$进行膨胀过程是将结构元素的原点平移到输入图像曲线上，使原点沿着输入图像曲线“滑动”，膨胀的结果为输入图像曲线与结构元素之和的最大值。这与二值膨胀运算中，结构元素平移通过二值图像中的每一点，并求结构元素与二值图像的并是相似的。

对图 3.71 进行灰度膨胀的 Matlab 实现代码如下：

```
f1= imread('tire.tif');
b1= strel('disk',5); f3= imdilate(f1,b1);
figure;imshow(f1); figure,imshow(f3);
```

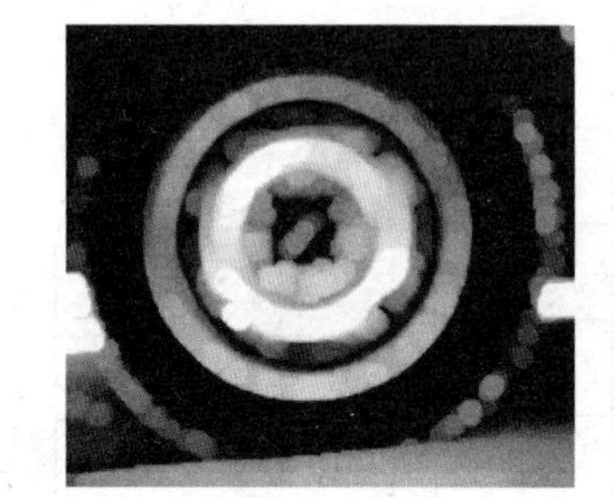

(a) 原图像　(b) 灰度膨胀后

图 3.71　灰度膨胀示例

从图 3.71 可以看出，由于膨胀操作是以在结构元素形状定义的区间内选取$(f+b)$的最大值为基础的，因此灰度膨胀运算的效果是，对于所有元素都为正的结构元素，输出图像趋于比输入图像亮；当输入图像中的暗细节面积小于结构元素时，暗的效果将被削弱，削弱的程度取决于膨胀所用结构元素的形状与幅值。

2. 灰度腐蚀

在灰度值图像中，用结构元素 $b(x,y)$对输入图像 $f(x,y)$进行灰度腐蚀运算可表示为

$$(f\Theta b)(s,t)=\min\{f(s+x,t+y)-b(x,y)\mid(s+x),(t+y)\in D_f;(x,y)\in D_b\} \tag{3.113}$$

其中，要求 x 和 y 在结构元素 $b(x,y)$的定义域之内，而平移参数$(s+x)$和$(t+y)$必须在 $f(x,y)$的定义域内，这与二值形态学腐蚀运算定义中要求结构元素必须完全包括在被腐蚀图像中情况类似。但与二值图像的腐蚀运算的不同之处是，被移动的是输入图像函数 f

而不是结构元素 b。

灰度运算的计算是逐点进行的，求某点的腐蚀运算结果就是计算该点局部范围内各点与结构元素中对应点的灰度值之差，并选取其中的最小值作为该点的腐蚀结果。经腐蚀运算后，图像边缘部分具有较大灰度值的点的灰度会降低。因此，边缘会向灰度值高的区域内部收缩。

图 3.72 给出了一个计算灰度腐蚀运算的例子。图 3.72(a)为 5×5 的灰度图像矩阵 **A**，图 3.72(b)为 3×3 的结构元素矩阵 **B**，其原点在中间位置处。下面以该例腐蚀结果为例，说明灰度腐蚀运算过程。

① 将 **B** 的原点重叠在 **A** 的中心元素上，如图 3.72(c)所示。

② 依次用 **A** 的中心元素减去 **B** 的各个元素并将结果放在对应的位置上，如图 3.72(d)所示。

③ 将 **B** 的原点移动到与 **A** 的中心元素相邻的 8 个元素上进行相同的操作，可得到八个平移相减的结果。图 3.72(e)所示为把 **B** 的原点移动到 **A** 中心元素的右侧位置上，图 3.72(f)为此时计算的结果。

④ 取得到的 9 个位置的最小值，即为 **A** 中心元素腐蚀结果，如图 3.72(f)所示。

⑤ 依据该方法计算 **A** 中的其他元素，就可得到图像灰度矩阵 **A** 的腐蚀结果如图 3.72(h)所示。

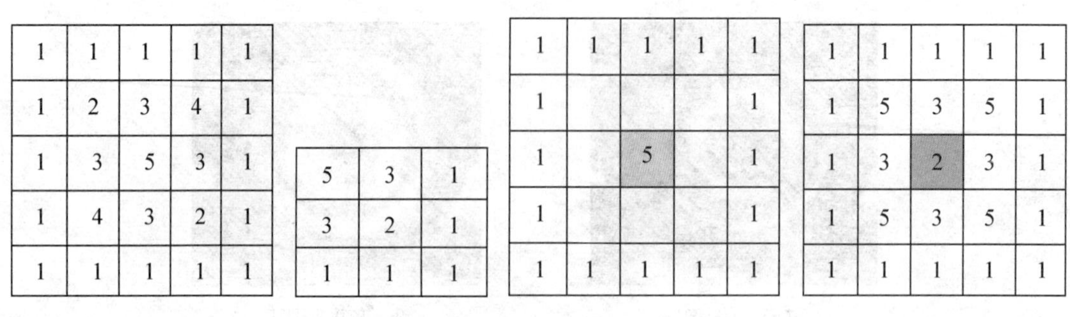

(a) 灰度图像 **A** (b) 结构元素 **B** (c) 过程①的结果 (d) 过程②的结果

1	1	1	1	1
1	2			
1	3		3	
1	4			
1	1	1	1	1

(e) **B** 原点移到 **A** 右侧

1	1	1	1	1
1	2	3	1	3
1	3	1	0	1
1	4	3	1	3
1	1	1	1	1

(f) 过程③的结果

1	1	1	1	1
1	2	3	4	1
1	3	1	3	1
1	4	3	2	0
1	1	1	1	1

(g) 过程④的结果

−2	−2	−2	−2	−2
−2	−1	0	1	−2
−2	0	1	0	−2
−2	1	0	−1	−2
−2	−2	−2	−2	−2

(h) 灰度腐蚀的结果

图 3.72 灰度腐蚀运算

为了便于分析和理解灰度腐蚀运算的原理和效果，可将式(3.100)进一步简化，仅列出一维函数的形式。

$$(f\Theta b)(s)=\min\{f(s+x)-b(x)\mid(s+x)\in D_f;x\in D_b\} \tag{3.114}$$

式(3.114)中，目标图像和结构元素简化为 x 的函数，要求 x 和平移参数 $s+x$ 分别在定义域 D_f 和 D_b 之内是为了保证结构元素 $b(x)$ 在目标图像 $f(x)$ 的范围内进行处理，在目标图像范围外的处理显然是没有意义的。

图 3.73 给出了当目标图像和结构元素均为一维函数时，腐蚀运算的过程示意图。其中图 3.73(a)为目标图像 $f(x)$，图 3.73(b)为一维圆形结构元素 $b(x)$，图 3.73(c)为腐蚀的结果。

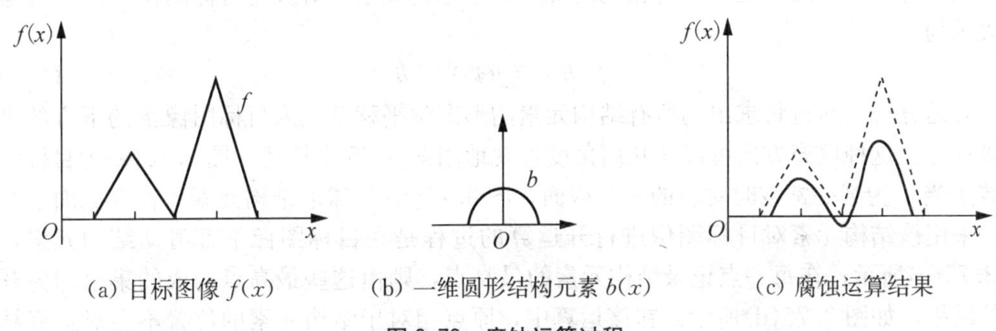

(a) 目标图像 $f(x)$　　(b) 一维圆形结构元素 $b(x)$　　(c) 腐蚀运算结果

图 3.73　腐蚀运算过程

利用结构元素 $b(x)$ 对目标图像 $f(x)$ 的腐蚀过程：在目标图像下方“滑动”结构元素，结构元素所能达到的最大值所对应的原点位置的集合即为腐蚀的结果，如图 3.73(c)所示。这与二值腐蚀运算为结构元素“填充”到输入图像中对应的原点集合是相似的。从图 3.73(c)还可以看到结构元素 $b(x)$ 必须在目标图像 $f(x)$ 的下方，所以空间平移结构元素的定义域必为输入图像函数的定义域的子集，否则腐蚀运算在该点没有意义。

对图 3.74 进行灰度腐蚀的 Matlab 实现代码如下：

(a) 原图像

(b) 灰度腐蚀后

图 3.74　灰度腐蚀

```
f1= imread('tire.tif');
b1= strel('disk',5);
f2= imerode(f1,b1);
figure,imshow(f1); figure,imshow(f2);
```

灰度腐蚀与灰度膨胀之间的对偶关系，可以用下式来表示

$$\begin{aligned}(f\oplus b)^c&=f^c\Theta\hat{b}\\(f\Theta b)^c&=f^c\oplus\hat{b}\end{aligned} \tag{3.115}$$

其中，$f(x,y)$的补为$f_c(x,y)=-f(x,y)$，函数$b(x,y)$的反射$\hat{b}(x,y)$定义为$\hat{b}(x,y)=b(-x,-y)$。

3. 灰度开运算与灰度闭运算

与二值形态学类似，在定义了灰度腐蚀和灰度膨胀运算的基础上，可以进一步定义灰度开运算和灰度闭运算。

(1) 灰度开运算

其与二值图像的开运算具有相同的形式，用结构元素 b 对灰度目标图像 f 进行开运算可表示为

$$f \circ b = (f \Theta b) \oplus b \tag{3.116}$$

开运算可以通过将求出的所有结构元素的形态学平移都填入目标图像 f 的下方的极大点来计算。这种填充方式可以从几何角度直观地用图 3.75 来描述。图 3.75(a)为目标图像函数 f 当 y 为某一常数时对应的一个截面，图 3.75(b)为球形结构元素 b 在该截面上的投影，采用该结构元素对目标图像进行开运算的过程是在目标图像下方滑动结构元素，如图 3.75(c)所示；在每一点记录结构元素的最高点，则由这些最高点构成的集合即为开运算的结果，如图 3.75(d)所示。在该运算中，原点相对于结构元素的位置不会对运算结果产生影响。

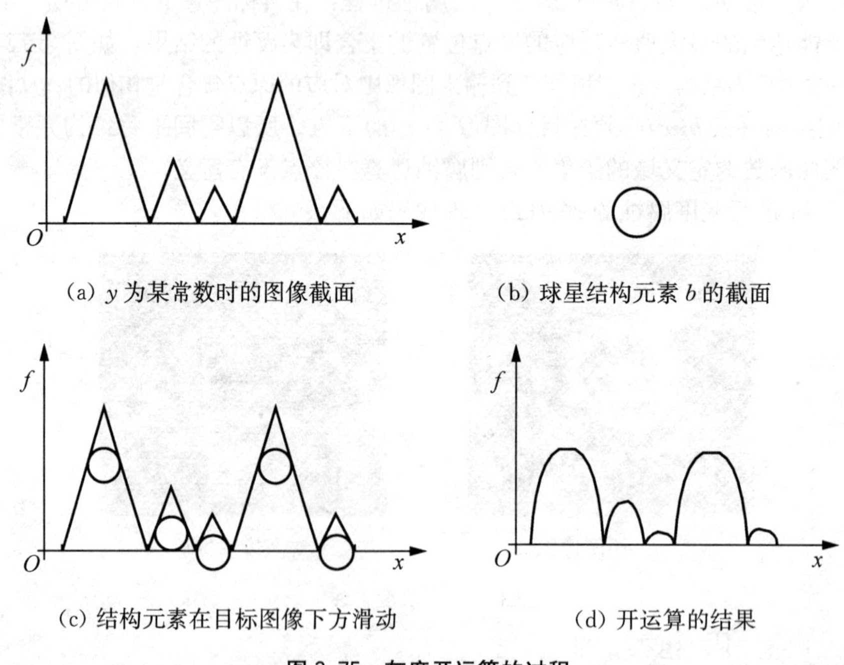

(a) y 为某常数时的图像截面　　(b) 球星结构元素 b 的截面

(c) 结构元素在目标图像下方滑动　　(d) 开运算的结果

图 3.75　灰度开运算的过程

由图 3.75 可以看出，在开运算中所有比球体直径窄的波峰在幅度和尖锐上都减小了。因此，开运算可以去除相对于结构元素较小的明亮细节，保持整体的灰度级和较大的明亮区域不变。

对图 3.76(a)进行灰度开运算的 Matlab 代码实现如下：

```
f1= imread('lena_new.bmp');
```

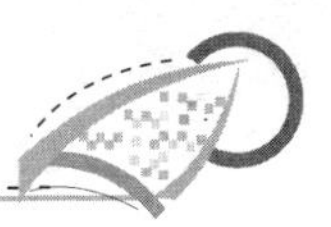

```
b1= strel('disk',3); figure,imshow(f1);
f2= imopen(f1,b1); figure,imshow(f2);
```

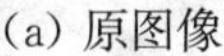

(a) 原图像　　(b) 开运算后的图像

图 3.76　灰度开运算

(2) 灰度闭运算

用结构元素 b 对目标图像 f 进行闭运算可表示为

$$f \cdot b = (f \oplus b) \ominus b \tag{3.117}$$

闭运算可以通过求出所有结构元素的形态学平衡与目标图像上方的极小点来计算，这种平移方式可以从几何角度直观地用图 3.77 来描述。图 3.77 (a)为目标图像函数 f 当 y 为某一常数时对应的一个截面，图 3.77(b)为球形结构元素 b 在该截面上的投影，采用该结构元素对目标图像进行闭运算的过程：在目标图像上方滑动结构元素，如图 3.77(c)所示；在每一点记录结构元素上的最低点，则由这些最低点构成的集合即为开运算的结果，如图 3.77(d)所示。在该运算中，原点相对于结构元素的位置不会对运算结果产生影响。

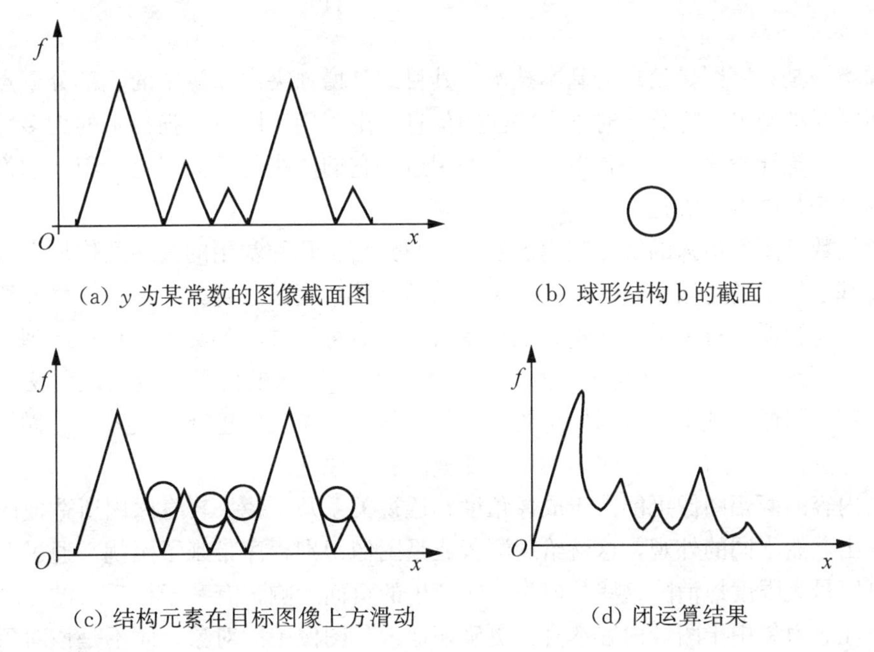

(a) y 为某常数的图像截面图　　(b) 球形结构 b 的截面

(c) 结构元素在目标图像上方滑动　　(d) 闭运算结果

图 3.77　灰度闭运算的过程

由图 3.77 可以看出，在开运算中所有比球体直径窄的波谷在幅度和尖锐度上都增加了；闭运算可以除去图像中的暗细节部分，相对的保持明亮部分不受影响。

对图 3.78(a)进行灰度闭运算，其对应的 Matlab 代码实现如下：

```
f1= imread('lena_new.bmp');
b1= strel('disk',3); figure,imshow(f1);
f3= imclose(f1,b1); figure,imshow(f3);
```

(a) 原图像

(b) 闭运算后的图像

图 3.78 灰度闭运算

(3) 灰度开运算与闭运算的对偶性

与二值开运算与闭运算相同，灰度开运算与闭运算也具有对偶性，可用公式表示为

$$
\begin{aligned}
(f \circ b)c &= f^c \bullet \hat{b} \\
(f \bullet b)c &= f^c \circ \hat{b}
\end{aligned}
\tag{3.118}
$$

3.6 小 结

图像增强是数字图像处理的基本技术，其目的是增强突出图像中的一部分重点关注的信息，而同时抑制另一部分暂时不太关注的信息。由于用于图像增强技术的大多数工具都是基于数学和统计学概念，而且根据不同的用途，它们严格的面向问题，因此图像增强的定义正确与否是高度主观化的。

本章从数字图像增强的实际应用出发，详细介绍了几种常用的数字图像增强方法，首先介绍了基于像素的空域法，即点处理法，包括直接灰度法、直方图法；接着介绍了基于模板的空域滤波器，有平滑滤波器和锐化滤波器。对每种方法都给出了算法原理、应用实例和 Matlab 程序。与数字图像的空域表示法相对应，图像的傅里叶变换表示法，即频域表示法在数字图像处理中占有同样重要的地位。从一维离散傅里叶变换入手，详细介绍了离散傅里叶变换的物理意义、快速傅里叶变换的算法原理。

相同内容的两幅图像可能由于成像角度、透视关系乃至镜头自身原因所造成的几何失真而呈现出截然不同的外观，这就给观测者或是图像识别程序带来了困扰。通过适当的几何变换可以最大限度地消除这些几何失真所产生的负面影响，有利于在后续的处理和识别工作中将注意力集中于图像内容本身，更确切地说是图像中的对象，而不是该对象的角度和位置等。因此，几何变换常常作为其他图像处理应用的预处理步骤，是图像归一化的核心工作之一。

形态学图像处理是图像处理中应用最为广泛的技术之一，主要用于从图像中提取对表达和描绘区域形状有意义的图像分量，使后续的识别工作能够抓住目标对象最为本质的形状特征，如边界和连通区域等。同时图像细化、像素化和修剪毛刺等技术也常应用于图像的预处理和后处理中，成为图像增强技术的有力补充[①]。

习　　题

3.1　设一幅图像具有如表 3.1 所示概率分布，对其分别进行直方图均衡化和规定化。要求规定化后的图像具有如表 3.2 所示的灰度级分布。

表 3.1　原始图像具有如表 3.2 所示的灰度级分布

灰度级	0	1	2	3	4	5	6	7
各灰度级概率分布	0.14	0.22	0.25	0.17	0.10	0.06	0.03	0.03

表 3.2　规定化后的图像具有的灰度级分布

灰度级	0	1	2	3	4	5	6	7
各灰度级概率分布	0	0	0	0.19	0.25	0.21	0.24	0.11

3.2　对于如下所示的空域增强公式，试推导出其相应的频域等价滤波器 $H(u,v)$。

$$g(m,n)=f(m,n)-f(m+1,n)+f(m,n)-f(m,n+1)$$

3.3　如图 3.79 所示 256×256 的二值图像(白为 1，黑为 0)，其中的白条是 7 像素宽，210 像素高。两个白条之间的宽度是 17 像素，当用下面的方法处理时图像的变化结果(按最靠近原则仍取 0 或 1)是什么(图像边界不考虑)？

(1) 3×3 的邻域平均滤波；

(2) 7×7 的邻域平均滤波；

(3) 9×9 的邻域平均滤波。

图 3.79　二值图像

3.4　用中值滤波重复习题 3.3 的问题。

---

① 开运算常用于去除小的亮点，闭运算用于去除小的暗点。

3.5 图3.80所示为两幅64×64的图像(白为1，黑为0)，它们看起来完全不同，但其直方图是相同的。假设每幅图像均用3×3的平滑模板进行处理(图像边界不考虑，结果按四舍五入仍取0或1)。

(1) 处理后的图像的直方图是否一样。

(2) 如果不一样，则求出这两个直方图。

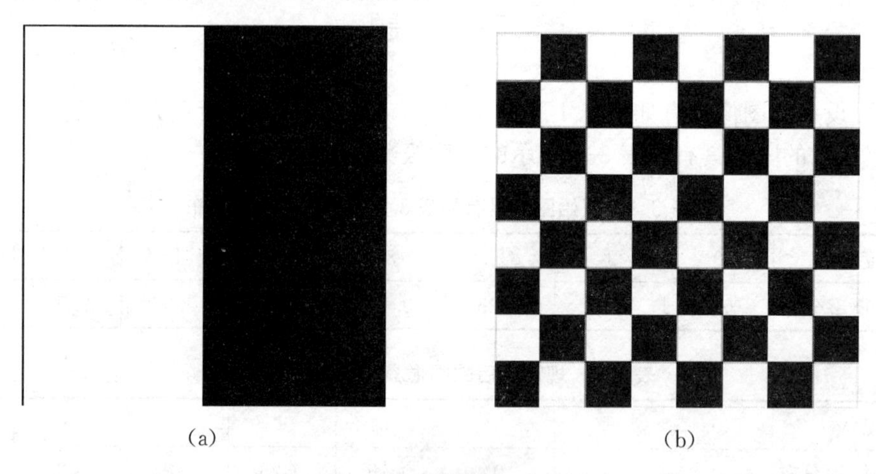

(a) (b)

图3.80 直方图相同的二值图像

3.6 设给定如下平移变换矩阵 $\boldsymbol{T}$ 和尺度变换矩阵 $\boldsymbol{S}$，分别计算对空间点(1，2，3)先平移变换后尺度变换和先尺度变换后平移变换所得到的结果，并进行比较讨论。

$$\boldsymbol{T}=\begin{bmatrix}1&0&0&2\\0&1&0&4\\0&0&1&6\\0&0&0&1\end{bmatrix}\qquad \boldsymbol{S}=\begin{bmatrix}4&0&0&0\\0&3&0&0\\0&0&2&0\\0&0&0&1\end{bmatrix}$$

3.7 已知空间某点成像在图像平面(a,b)处，现要将其移到(c,d)处，试分别写出用以下变换进行移动所需的变换矩阵。

(1) 只用平移变换；

(2) 只用尺度变换；

(3) 只用旋转变换。

3.8 试讨论连续卷积和离散卷积的不同。

3.9 证明离散傅里叶变换和反变换都是周期函数(为简便可以用1-D函数为例)。

3.10 已知计算N点的FFT需要$N\log_2 N$次加法和$(1/2\ N\log_2 N)$次乘法，则计算一幅$N\times N$图的2-D FFT需要多少次加法和乘法？

3.11 设有一组随机矢量$\boldsymbol{x}=[\boldsymbol{x}_1\quad \boldsymbol{x}_2\quad \boldsymbol{x}_3]^{\mathrm{T}}$，其中$\boldsymbol{x}_1=[0\quad 0\quad 1]^{\mathrm{T}}$，$\boldsymbol{x}_2=[0\quad 1\quad 0]^{\mathrm{T}}$，$\boldsymbol{x}_3=[1\quad 0\quad 0]^{\mathrm{T}}$，请分别给出$\boldsymbol{x}$的协方差矩阵和经霍特林变换所得到的矢量$\boldsymbol{y}$的协方差矩阵。

3.12 设有一组64×64的图像，其协方差矩阵是单位矩阵。如果只使用一半的原始特征值来重建图像，那么原始图和重建图之间的均方误差是多少？

3.13 空间滤波器在具体实现时需要让模版的中心移过图像中的每个位置，计算模版系数和对应像素的乘积并对它们求和。对所有模版系数均为1的低通滤波器，可使用称为

盒滤波器或移动平均的算法程序，即每次只计算在模版移动中其值变化的部分。

(1) 对 $n\times n$ 的滤波器编一个程序实现上述快速算法。

(2) 用直接算法和用上述快速算法所需的计算次数之比成为计算效益 I。忽略图像边界的影响，计算当 n 为 3 到 11 的奇数时的计算效益，并画出计算效益为 n 的函数的曲线。注意$\frac{1}{n^2}$的尺度系数对两种算法是公共的，所以这里可不考虑。

3.14 编程实现 $n\times n$ 中值滤波器。当模板中心移过图像中每个位置时，设计一种简便的更新中值的方法。

3.15 有一种计算梯度的基本步骤是计算 $f(x,y)$和 $f(x+1,y)$的差。

(1) 给出在频域进行等价计算所用的滤波器转移函数 $H(u,v)$；

(2) 证明这个运算相当于一个高通滤波器的功能。

3.16 讨论用于空间滤波的平滑滤波器和锐化滤波器的相同点、不同点以及联系。

3.17 证明 $f(x)$的自相关函数的傅里叶变换就是 $f(x)$的功率谱(谱密度)$|F(u)|^2$。

3.18 图 3.81 中带阴影的大图为原图像，结构元素 B^i 见下面四个小图(图中黑点表示结构元素的中心)，试描绘如下形态学操作的结果。

(1) $(A\Theta B^4)\oplus B^2$；

(2) $(b)(A\Theta B^1)\oplus B^3$；

(3) $(A\oplus B^1)\oplus B^3$；

(4) $(A\oplus B^3)\Theta B^2$。

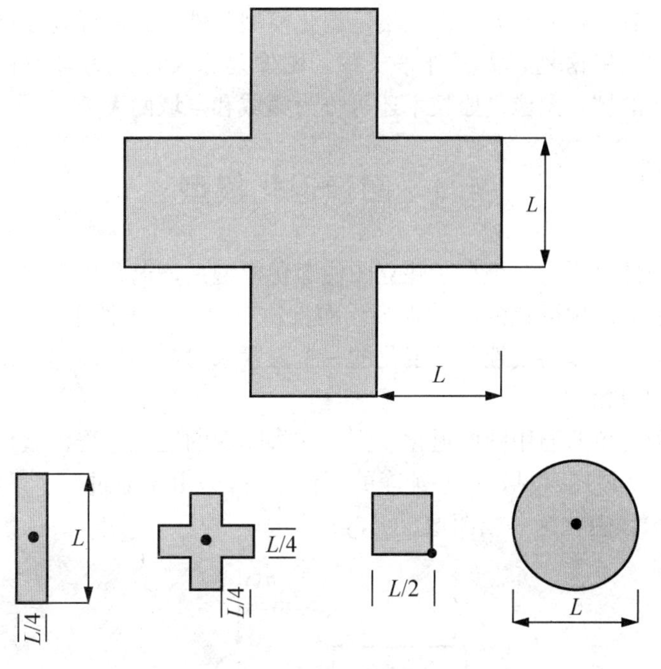

图 3.81 十字阴影图及结构元素

3.19 理想低通滤波器的截止频率选择不恰当时，会有很强的振铃效应。试从原理上解释振铃效应的产生原因。

第 4 章

图 像 复 原

图像在形成、记录、处理和传输过程中，由于成像系统、记录设备、传输介质和处理方法的不合理，从而导致图像质量下降，这种现象就称为图像退化。

而图像复原就是对退化的图像进行处理，尽可能恢复原图像的本来面目。与图像增强的目的一样，都是在某种意义上对图像进行改进，即改善输入图像的质量，但二者使用的方法和评价标准不同。图像增强技术一般要利用人的视觉系统的特性，目的是取得较好的视觉效果，并不需要考虑图像退化的真实物理过程，增强后的图像也不一定要逼近原始图像。而图像复原则认为图像是在某种情况下退化了，即图像品质下降了，现在需要针对图像的退化原因设法进行补偿，这就需要对图像的退化过程有一定的先验知识，利用图像退化的逆过程去恢复原始图像，使复原后的图像尽可能接近原图像。换言之，图像复原技术就是要将图像退化的过程模型化，并且采用相反的过程恢复出原始图像。

图像复原技术有多种分类方法。在给定退化模型条件下，图像复原技术可以分为无约束和有约束两大类。根据是否需要外来干预，图像复原又可分为自动和交互两大类。此外，根据处理所在的域，图像复原技术还可分为频域和空域两大类。

4.1 图像退化模型

如前所述，图像复原的关键在于建立图像退化模型。该退化模型应该能够反映图像退化的原因。由于造成图像退化的因素很多，而且比较复杂，不便于逐个分析和建立模型；因此，通常将退化原因作为线性系统退化的一个因素来对待，从而建立系统退化模型来近似描述图像函数的退化。

图 4.1 是一种简单的通用图像退化模型，它将图像的退化过程模型化为一个退化系统(或退化算子)H。从该图可见，一幅纯净的图像 $f(x,y)$由于通过一个系统 H 以及引进外来加性噪声$n(x,y)$而退化为一幅图像 $g(x,y)$。

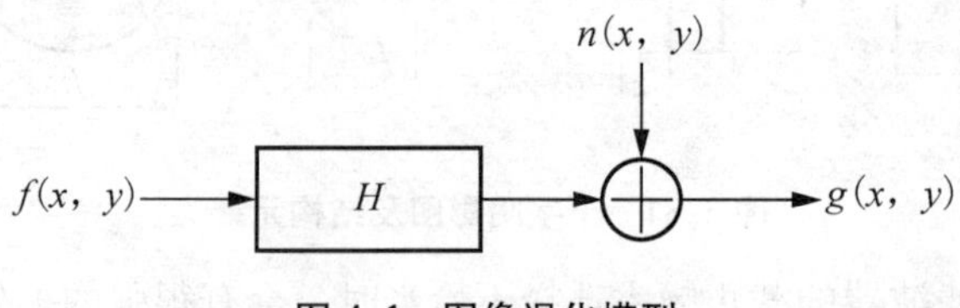

图 4.1 图像退化模型

其中，$g(x,y)=H[f(x,y)]+n(x,y)$。如果暂不考虑加性噪声$n(x,y)$的影响，即令$n(x,y)=0$，则有$g(x,y)=H[f(x,y)]$。

下面考察退化系统 H 的性质。设 k、k_1、k_2 为常数，$g_1(x,y)=H[f_1(x,y)]$，$g_2(x,y)=H[f_2(x,y)]$，则 H 有如下性质。

(1) 齐次性

$$H[kf(x,y) = kH[f(x,y)] = kg(x,y) \tag{4.1}$$

即系统对常数与任意图像乘积的响应等于常数与该图像响应的乘积。

(2) 叠加性

$$H[f_1(x,y)+f_2(x,y)] = H[f_1(x,y)]+H[f_2(x,y)] = g_1(x,y)+g_2(x,y) \tag{4.2}$$

即系统对两幅图像之和的响应等于它对两个输入图像的响应之和。

(3) 线性

同时具有齐次性与叠加性的系统称为线性系统。该系统有

$$\begin{aligned} H[k_1f_1(x,y)+k_2f_2(x,y)] &= k_1H[f_1(x,y)]+k_2H[f_2(x,y)] \\ &= k_1g_1(x,y)+k_2g_2(x,y) \end{aligned} \tag{4.3}$$

不满足齐次性或叠加性的系统就是非线性系统。显然，线性系统的齐次性与叠加性为求解多个激励情况下的响应带来很大方便。

(4) 位置或空间不变性

$$H[f(x-a,y-b)] = g(x-a,y-b) \tag{4.4}$$

其中，a 和 b 分别是空间位置的位移量。这说明图像中任一点通过系统时的响应只取决于该点的输入值，而与该点的位置无关。

由上述基本定义可见，如果系统具有式(4.3)和式(4.4)的关系，那么系统就是线性空间不变的系统。在图像复原处理中，尽管非线性和空间变化的系统模型更具有普遍性和准确性；但是，它却给处理工作带来巨大的困难，常常没有解或者很难用计算机来处理。因此，在图像复原处理中，往往用线性和空间不变性的系统模型加以近似。这种近似的优点是可直接利用线性系统中的许多理论与方法来解决图像复原问题。所以图像复原处理，特别是数字图像复原处理主要采用线性的、空间不变的复原技术。

4.1.1 连续函数退化模型

由本书 2.1.1 节介绍的线性系统理论可知，单位冲激信号$\delta(x)$推广到二维，有$\int_{-\infty}^{\infty}\int_{-\infty}^{\infty}\delta(x,y)\mathrm{d}x\mathrm{d}y = 1$。其中，当 $x\neq0$，$y\neq0$ 时，$\delta(x,y)=0$。如果二维单位冲激信号沿 x 和 y 轴分别有位移 x_0、y_0，则有

$$\int_{-\infty}^{\infty}\int_{-\infty}^{\infty}\delta(x-x_0,y-y_0)\mathrm{d}x\mathrm{d}y = 1 \tag{4.5}$$

其中，当 $x\neq x_0$，$y\neq y_0$ 时，$\delta(x-x_0,y-y_0)=0$。

因为$\delta(x,y)$具有取样特性。由式(4.5)很容易得到

$$
\begin{aligned}
&\int_{-\infty}^{\infty}\int_{-\infty}^{\infty} f(x,y)\delta(x,y)\mathrm{d}x\mathrm{d}y = f(0,0) \\
&\int_{-\infty}^{\infty}\int_{-\infty}^{\infty} f(x,y)\delta(x-x_0,y-y_0)\mathrm{d}x\mathrm{d}y = f(x_0,y_0)
\end{aligned} \tag{4.6}
$$

由二维卷积的定义①，有 $f(x,y) = f(x,y) * \delta(x,y) = \int_{-\infty}^{\infty}\int_{-\infty}^{\infty} f(\alpha,\beta)\delta(x-\alpha,y-\beta)\mathrm{d}\alpha\mathrm{d}\beta$。

考虑退化模型中 H 是线性空间不变系统，因此，根据线性系统理论，系统 H 的性能就完全由其单位冲激响应 $h(x,y)$ 来表征，即

$$h(x,y) = H[\delta(x,y)] \tag{4.7}$$

而线性空间不变系统 H 对任意输入信号 $f(x,y)$ 的响应则为该信号与系统的单位冲激响应的卷积，即

$$H[f(x,y)] = f(x,y) * h(x,y) = \int_{-\infty}^{\infty}\int_{-\infty}^{\infty} f(\alpha,\beta)h(x-\alpha,y-\beta)\mathrm{d}\alpha\mathrm{d}\beta \tag{4.8}$$

在不考虑加性噪声的情况下，上述退化模型的响应为

$$g(x,y) = H[f(x,y)] = \int_{-\infty}^{\infty}\int_{-\infty}^{\infty} f(\alpha,\beta)h(x-\alpha,y-\beta)\mathrm{d}\alpha\mathrm{d}\beta \tag{4.9}$$

由于系统 H 是空间不变的，则它对移位信号 $f(x-x_0,y-y_0)$ 的响应为

$$f(x-x0,y-y_0) * h(x,y) = g(x-x_0,y-y_0) \tag{4.10}$$

在有加性噪声的情况下，上述线性退化模型可以表示为

$$g(x,y) = f(x,y) * h(x,y) + n(x,y) \tag{4.11}$$

当然，在上述情况中，都假设噪声与图像中的位置无关。

4.1.2 离散的退化模型

对于一维来说，假设对两个函数 $f(x)(x=0,1,\cdots,A-1)$ 和 $h(x)(x=0,1,\cdots,B-1)$ 进行均匀采样，其结果放到尺寸为 A 和 B 的两个数组中。

为了避免卷积的各周期重叠，我们设采样函数的周期为 $M \geqslant A+B-1$，并将函数用零扩展补齐。用 $f_e(x)$ 和 $h_e(x)$ 来表示扩展后的函数，有

$$f_e(x) = \begin{cases} f(x,y) & 0 \leqslant x \leqslant A-1 \\ 0 & A \leqslant x \leqslant M-1 \end{cases} \tag{4.12}$$

$$h_e(x) = \begin{cases} h(x) & 0 \leqslant x \leqslant B-1 \\ 0 & B \leqslant x \leqslant M-1 \end{cases} \tag{4.13}$$

则它们的卷积为

$$g_e(x) = \sum_{m=0}^{M-1} f_e(m)h_e(x-m) \tag{4.14}$$

其中，$x=0,1,2,\cdots,M-1$。引入矩阵表示法，则式(4.14)可改为

① 任意二维信号 $f(x,y)$ 与 $\delta(x,y)$ 卷积的结果就是该二维信号本身，即 $f(x,y) * \delta(x,y) = f(x,y)$；而任意二维信号 $f(x,y)$ 与 $\delta(x-x_0,y-y_0)$ 卷积的结果就是该二维信号产生相应位移后的结果，即 $f(x,y) * \delta(x-x_0,y-y_0) = f(x-x_0,y-y_0)$。

$$\boldsymbol{g} = \boldsymbol{H}\boldsymbol{f} \tag{4.15}$$

其中，

$$\boldsymbol{g}=\begin{bmatrix} g_e(0) \\ g_e(1) \\ \vdots \\ g_e(M-1) \end{bmatrix}，\boldsymbol{f}=\begin{bmatrix} f_e(0) \\ f_e(1) \\ \vdots \\ f_e(M-1) \end{bmatrix}，\boldsymbol{H}=\begin{bmatrix} h_e(0) & h_e(-1) & \cdots & h_e(-M+1) \\ h_e(1) & h_e(0) & \cdots & h_e(-M+2) \\ \vdots & \vdots & \vdots & \vdots \\ h_e(M-1) & h_e(M-2) & \cdots & h_e(0) \end{bmatrix}。$$

根据 $h_e(x)$ 的周期性可知[①]，$h_e(x)=h_e(x+M)$，所以 $\boldsymbol{H}$ 又可以写为

$$\boldsymbol{H} = \begin{bmatrix} h_e(0) & h_e(M-1) & \cdots & h_e(1) \\ h_e(1) & h_e(0) & \cdots & h_e(2) \\ \vdots & \vdots & \vdots & \vdots \\ h_e(M-1) & h_e(M-2) & \cdots & h_e(0) \end{bmatrix} \tag{4.16}$$

通过式(4.16)，我们发现 $\boldsymbol{H}$ 是个循环矩阵，即每行最后一项等于下一行的最前一项，最后一行的最后一项等于第一行最前一项。

将一维结果推广到二维，有

$$f_e(x,y) = \begin{cases} f(x,y) & 0 \leqslant x \leqslant A-1, 0 \leqslant y \leqslant B-1 \\ 0 & A \leqslant x \leqslant M-1, B \leqslant y \leqslant N-1 \end{cases} \tag{4.17}$$

$$h_e(x,y) = \begin{cases} h(x,y) & 0 \leqslant x \leqslant C-1, 0 \leqslant y \leqslant D-1 \\ 0 & C \leqslant x \leqslant M-1, D \leqslant y \leqslant N-1 \end{cases} \tag{4.18}$$

与一维情况类似，两函数二维情况下的卷积为

$$g_e(x,y) = \sum_{m=0}^{M-1}\sum_{n=0}^{N-1} f_e(m,n)h_e(x-m,y-n) \tag{4.19}$$

其中，$x=0,1,2,\cdots,M-1$；$y=0,1,2,\cdots,N-1$。如果考虑噪声，将 $M\times N$ 的噪声项加上，式(4.19)可改为 $g_e(x,y) = \sum_{m=0}^{M-1}\sum_{n=0}^{N-1} f_e(m,n)h_e(x-m,y-n) + n_e(x,y)$ 。引入矩阵的表示法，其可表示为

$$\boldsymbol{g} = \boldsymbol{H}\boldsymbol{f} + \boldsymbol{n} = \begin{bmatrix} \boldsymbol{H}_0 & \boldsymbol{H}_{M-1} & \cdots & \boldsymbol{H}_1 \\ \boldsymbol{H}_1 & \boldsymbol{H}_0 & \cdots & \boldsymbol{H}_2 \\ \vdots & \vdots & \vdots & \vdots \\ \boldsymbol{H}_{M-1} & \boldsymbol{H}_{M-2} & \cdots & \boldsymbol{H}_0 \end{bmatrix}\begin{bmatrix} f_e(0) \\ f_e(1) \\ \vdots \\ f_e(MN-1) \end{bmatrix} + \begin{bmatrix} n_e(0) \\ n_e(1) \\ \vdots \\ n_e(MN-1) \end{bmatrix} \tag{4.20}$$

其中，每个 $\boldsymbol{H}_i$ 是由扩展函数 $h_e(x,y)$ 的第 i 行而来的，即

$$\boldsymbol{H}_i = \begin{bmatrix} h_e(i,0) & h_e(i,N-1) & \cdots & h_e(i,1) \\ h_e(i,1) & h_e(i,0) & \cdots & h_e(i,2) \\ \vdots & \vdots & \vdots & \vdots \\ h_e(i,N-1) & h_e(i,N-2) & \cdots & h_e(i,0) \end{bmatrix} \tag{4.21}$$

同上，这里的 $\boldsymbol{H}_i$ 也是一个循环矩阵。因为 $\boldsymbol{H}$ 中的每块是循环标注的，所以这里 $\boldsymbol{H}$ 是块循环矩阵。

---

① 因为 $f_e(x)$ 和 $h_e(x)$ 的周期为 M，则 $g_e(x)$ 的周期也为 M。

4.1.3　循环矩阵对角化

上述离散退化模型是在线性空间不变的前提下提出的，目的是在给定了 $g(x,y)$，并且知道 $h(x,y)$ 和 $n(x,y)$ 的情况下，估计出理想的原始图像 $f(x,y)$。但是，要想从式(4.20)得到 $f(x,y)$，对于常用大小的图像来说，处理工作是十分艰巨的。例如，对于一般精度的图像来说，$M=N=512$，此时 $\boldsymbol{H}$ 的大小为 $MN\times MN=(512)^2\times(512)^2=262144\times262144$。因此，要直接得到 $f(x,y)$，则需要求解 262144 个联立方程组。其计算量是非常大的。这个问题可通过 $\boldsymbol{H}$ 对角化来简化。

(1) 循环矩阵的对角化

对于式(4.16)所示的 M 阶循环矩阵 $\boldsymbol{H}$，其特征向量和特征值分别为

$$\boldsymbol{w}(k)=\left[1\quad \exp(\mathrm{j}\frac{2\pi}{M}k)\quad \cdots\quad \exp\left[\mathrm{j}\frac{2\pi}{M}(M-1)k\right]\right]^{\mathrm{T}} \tag{4.22}$$

$$\lambda(k)=h_e(0)+h_e(M-1)\exp(\mathrm{j}\frac{2\pi}{M}k)+\cdots+h_e(1)\exp\left[\mathrm{j}\frac{2\pi}{M}(M-1)k\right] \tag{4.23}$$

其中，$k=0,1,2,\cdots,M-1$。将 $\boldsymbol{H}$ 的 M 个特征向量组成 $M\times M$ 的矩阵 $\boldsymbol{W}=[\boldsymbol{w}(0)\boldsymbol{w}(1)\cdots\boldsymbol{w}(M-1)]$。此处各 $\boldsymbol{w}$ 的正交性保证了 $\boldsymbol{W}$ 的逆矩阵存在，而 $\boldsymbol{W}^{-1}$ 的存在保证了 $\boldsymbol{W}$ 的列(即 $\boldsymbol{H}$ 的特征向量)是线性独立的。

于是，可以将 $\boldsymbol{H}$ 写成

$$\boldsymbol{H}=\boldsymbol{W}\boldsymbol{D}\boldsymbol{W}^{-1} \tag{4.24}$$

其中，$\boldsymbol{D}$ 为对角矩阵，其元素正是 $\boldsymbol{H}$ 的特征值，即 $D(k,k)=\lambda(k)$。

(2) 块循环矩阵的对角化

对于式(4.20)中的块循环矩阵 $\boldsymbol{H}$，定义一个 $MN\times MN$(包含 $M\times M$ 个 $N\times N$ 块)的矩阵 $\boldsymbol{W}$，其块元素为 $\boldsymbol{W}(i,m)=\exp(\mathrm{j}\frac{2\pi}{M}im)\boldsymbol{W}_N$。其中，$i$，$m=0,1,\cdots,M-1$，$\boldsymbol{W}_N$ 为 $N\times N$ 的矩阵，其元素为 $\boldsymbol{W}_N(k,n)=\exp(\mathrm{j}\frac{2\pi}{N}kn),k,n=0,1,2,\cdots,N-1$。

借助以上对循环矩阵的讨论可类似得到

$$\boldsymbol{H}=\boldsymbol{W}\boldsymbol{D}\boldsymbol{W}^{-1} \tag{4.25}$$

进一步，$\boldsymbol{H}$ 的转置 $\boldsymbol{H}^{\mathrm{T}}$ 可用 $\boldsymbol{D}$ 的复共轭 $\boldsymbol{D}^*$ 表示为

$$\boldsymbol{H}^{\mathrm{T}}=\boldsymbol{W}\boldsymbol{D}*\boldsymbol{W}^{-1} \tag{4.26}$$

(3) 退化模型对角化的效果

对于一维情况来说，将式(4.24)代入式(4.15)，并且两边同时左乘 $\boldsymbol{W}^{-1}$，可得

$$\boldsymbol{W}^{-1}\boldsymbol{g}=\boldsymbol{D}\boldsymbol{W}^{-1}\boldsymbol{f} \tag{4.27}$$

乘积 $\boldsymbol{W}^{-1}\boldsymbol{f}$ 和 $\boldsymbol{W}^{-1}\boldsymbol{g}$ 都是 M 维列向量，其第 k 项分别记为 $F(k)$ 和 $G(k)$，有

$$F(k)=\frac{1}{M}\sum_{i=0}^{M-1}f_e(i)\exp(-\mathrm{j}\frac{2\pi}{M}ki) \tag{4.28}$$

$$G(k)=\frac{1}{M}\sum_{i=0}^{M-1}g_e(i)\exp(-\mathrm{j}\frac{2\pi}{M}ki) \tag{4.29}$$

其中，$k=0,1,2,\cdots,M-1$，它们分别是扩展序列 $f_e(x)$ 和 $g_e(x)$ 的傅里叶变换。

式(4.27)中$\boldsymbol{D}$的主对角线元素是$\boldsymbol{H}$的特征值，由式(4.23)有

$$D(k,k)=\lambda(k)=\sum_{i=0}^{M-1}h_e(i)\exp(-\mathrm{j}\,\frac{2\pi}{M}ki)=M\cdot H(k) \tag{4.30}$$

其中，$k=0,1,2,\cdots,M-1$，$H(k)$是扩展序列$h_e(x)$的傅里叶变换。

综合以上三个公式，有

$$G(k)=M\cdot H(k)F(k) \tag{4.31}$$

其中，$k=0,1,2,\cdots,M-1$，式(4.31)右边是$f_e(x)$和$h_e(x)$在频域的卷积，可用FFT计算。

现在考虑二维情况。将式(4.24)代入式(4.20)，并且两边同时左乘$\boldsymbol{W}^{-1}$，得

$$\boldsymbol{W}^{-1}\boldsymbol{g}=\boldsymbol{D}\boldsymbol{W}^{-1}\boldsymbol{f}+\boldsymbol{W}^{-1}\boldsymbol{n} \tag{4.32}$$

式中乘积$\boldsymbol{W}^{-1}\boldsymbol{g}$、$\boldsymbol{W}^{-1}\boldsymbol{f}$、$\boldsymbol{W}^{-1}\boldsymbol{n}$都是$MN$维列向量，其元素可记为$G(u,v)$、$F(u,v)$和$N(u,v)$，$u=0,1,2,\cdots,M-1$，$v=0,1,2,\cdots,N-1$，即

$$G(u,v)=\frac{1}{MN}\sum_{x=0}^{M-1}\sum_{y=0}^{N-1}g_e(x,y)\exp\left(-\mathrm{j}2\pi\left(\frac{ux}{M}+\frac{vy}{N}\right)\right) \tag{4.33}$$

$$F(u,v)=\frac{1}{MN}\sum_{x=0}^{M-1}\sum_{y=0}^{N-1}f_e(x,y)\exp\left(-\mathrm{j}2\pi\left(\frac{ux}{M}+\frac{vy}{N}\right)\right) \tag{4.34}$$

$$N(u,v)=\frac{1}{MN}\sum_{x=0}^{M-1}\sum_{y=0}^{N-1}n_e(x,y)\exp\left(-\mathrm{j}2\pi\left(\frac{ux}{M}+\frac{vy}{N}\right)\right) \tag{4.35}$$

它们分别是扩展序列$g_e(x,y)$、$f_e(x,y)$和$n_e(x,y)$的二维傅里叶变换。而式(4.32)中对角矩阵$\boldsymbol{D}$的MN个对角元素$D(k,i)$与$h_e(x,y)$的傅里叶变换$H(u,v)$相关，即

$$H(u,v)=\frac{1}{MN}\sum_{x=0}^{M-1}\sum_{y=0}^{N-1}h_e(x,y)\exp\left(-\mathrm{j}2\pi\left(\frac{ux}{M}+\frac{vy}{N}\right)\right) \tag{4.36}$$

$$D(k,i)=\begin{cases}MN\cdot H(\lfloor k/N\rfloor,k\bmod N) & i=k\\ 0 & i\neq k\end{cases} \tag{4.37}$$

其中，$\lfloor k/N\rfloor$表示不超过k/N的最大整数，$k\bmod N$代表用N除k得到的余数。

综合式(4.33)～式(4.37)，并将MN代入$H(u,v)$，得到

$$G(u,v)=H(u,v)F(u,v)+N(u,v) \tag{4.38}$$

其中，$u=0,1,2,\cdots,M-1$；$v=0,1,2,\cdots,N-1$。

式(4.38)表明，要解式(4.20)所代表的退化模型的大系统方程，只需计算很少几个$M\times N$的傅里叶变换就可以了。

4.1.4 退化函数估计

图像复原的主要目的是在给定退化图像$g(x,y)$以及**退化函数$\boldsymbol{H}$**和噪声的某种了解或假设时，估计出原始图像$f(x,y)$。现在的问题是退化函数$\boldsymbol{H}$一般是不知道的。因此，必须在进行图像复原前对退化函数进行估计。

(1) 图像观察估计法

假设给定一幅退化图像，而没有退化函数$\boldsymbol{H}$的知识，那么估计该函数的方法之一就是收集图像自身的信息。例如，如果图像是模糊的，可以观察包含简单结构的一小部分图像，如某一目标及其背景的一部分。为了减少观察时的噪声影响，可以寻找强信号内容

区。同时，也可以使用目标和背景的样品灰度级，构造一个不模糊的图像，该图像是原始图像在该区域的估计图像，它和看到的子图像有相同的大小和特性。用 $g_s(x,y)$ 表示观察的子图像，用 $\hat{f}_s(x,y)$ 表示构造的子图像。假定噪声影响可忽略，由于选择了一强信号区，则根据式(4.38)有

$$H_s(u,v)=\frac{G_s(u,v)}{\hat{F}_s(u,v)} \tag{4.39}$$

其中，$G_s(u,v)$ 和 $\hat{F}_s(u,v)$ 分别是 $g_s(x,y)$ 和 $\hat{f}_s(x,y)$ 的傅里叶变换。

从这一函数特性，并假设是空间不变的，就可以推出完全函数 $H(u,v)$。例如，假设 $H(u,v)$ 的径向曲线呈现出巴特沃斯低通滤波器的形状，就可以利用这一信息在更大比例上构建一个具有相同形状的函数 $H(u,v)$。

(2) 试验估计法

如果可以使用与获得图像的设备相似的装置，从理论上讲能够得到一个准确的退化估计。与退化图像类似的图像可以通过各种系统装置得到。退化这些图像使其尽可能接近希望复原的图像。利用相同的系统装置，成像一个脉冲(即小亮点)就可以得到退化的冲激响应，如图 4.2 所示。

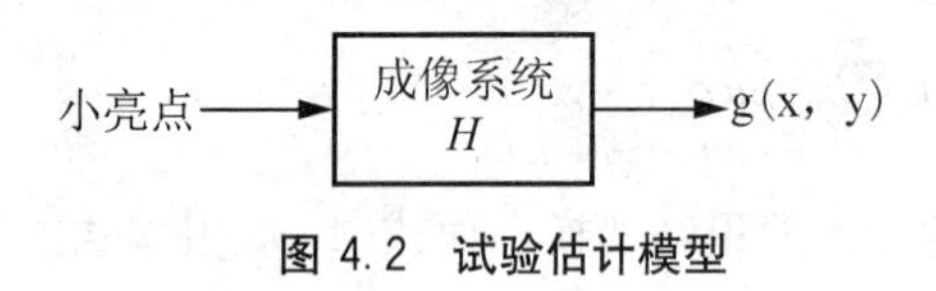

图 4.2　试验估计模型

此处小亮点用来模拟一个冲激，并使它尽可能减少噪声的干扰。根据线性系统理论，线性的、空间不变的系统可完全由其冲激响应来描述。由于冲激函数的傅里叶变换是一个常数，因此有

$$H(u,v)=\frac{G(u,v)}{\Omega} \tag{4.40}$$

这里，函数 $G(u,v)$ 与前面一样，是观察图像 $g(x,y)$ 的傅里叶变换。Ω 是一个常数，表示冲激强度。图 4.3 显示了一个例子。

图 4.3　冲激特性的退化估计

(3) 模拟估计法

退化模型可能解决图像复原问题，因此多年来一直在应用。在某些情况下，模型要把引起退化的环境因素考虑在内。例如，退化模型

$$H(u,v)=\mathrm{e}^{-k(u^2+v^2)^{\frac{5}{6}}} \tag{4.41}$$

就是基于大气湍流的物理特性而提出来的。其中 k 是常数，它与湍流的特性有关。

模型化的另一个主要方法是从基本原理开始推导一个数学模型。例如，匀速直线运动造成的模糊就可以运用数学原理推导出其退化函数。假设对平面匀速运动的物体采集一幅

图像 $f(x,y)$，并设 $x_0(t)$和 $y_0(t)$分别是景物在 x 和 y 方向的运动分量，T 是采集时间长度，忽略其他因素，实际采集到的由于运动造成的模糊图像 $g(x,y)$为

$$g(x,y)=\int_0^T f[x-x_0(t),y-y_0(t)]\mathrm{d}t \tag{4.42}$$

其傅里叶变换为

$$\begin{aligned}G(u,v)&=\int_{-\infty}^{\infty}\int_{-\infty}^{\infty}g(x,y)\mathrm{e}^{-\mathrm{j}2\pi(ux+vy)}\\&=\int_{-\infty}^{\infty}\int_{-\infty}^{\infty}\left[\int_0^T f[x-x_0(t),y-y_0(t)]\mathrm{d}t\right]\mathrm{e}^{-\mathrm{j}2\pi(ux+vy)}\mathrm{d}x\mathrm{d}y\\&=\int_0^T\left[\int_{-\infty}^{\infty}\int_{-\infty}^{\infty}f[x-x_0(t),y-y_0(t)]\right]\mathrm{e}^{-\mathrm{j}2\pi(ux+vy)}\mathrm{d}x\mathrm{d}y\mathrm{d}t\\&=\int_0^T F(u,v)\mathrm{e}^{-\mathrm{j}2\pi[ux_0(t)+vy_0(t)]}\mathrm{d}t\\&=F(u,v)\int_0^T\mathrm{e}^{-\mathrm{j}2\pi[ux_0(t)+vy_0(t)]}\mathrm{d}t\\&=H(u,v)F(u,v)\end{aligned} \tag{4.43}$$

其中，$H(u,v)=\int_0^T\mathrm{e}^{-\mathrm{j}2\pi[ux_0(t)+vy_0(t)]}\mathrm{d}t$ 。如果给定运动量 $x_0(t)$和 $y_0(t)$，退化传递函数可直接由式(4.43)得到。

假设当图像只在 x 方向做匀速直线运动，即

$$\begin{cases}x_0(t)=at/T\\y_0(t)=0\end{cases} \tag{4.44}$$

由式(4.44)可见，当 $t=T$ 时，$f(x,y)$在水平方向的移动距离为 a。则有

$$H(u,v)=\int_0^T\mathrm{e}^{-\mathrm{j}2\pi ux_0(t)}\mathrm{d}t=\int_0^T\mathrm{e}^{-\mathrm{j}2\pi uat/T}\mathrm{d}t=\frac{T}{\pi ua}\sin(\pi ua)\mathrm{e}^{-\mathrm{j}\pi ua} \tag{4.45}$$

上述表明，当 n 为整数时，H 在 $u=n/a$ 处为零。若允许 y 分量也变化，且按 $y_0(t)=bt/T$ 运动，则退化传递函数成为

$$H(u,v)=\frac{T}{\pi(ua+vb)}\sin[\pi(ua+vb)]\mathrm{e}^{-\mathrm{j}\pi(ua+vb)} \tag{4.46}$$

如图 4.4 给出了由于运动造成图像模糊的实例。其中，运动位移 LEN 为 30 个像素，运动角度 THETA 为 45°。

(a) 原始图像

(b) 运动造成的图像模糊

图 4.4 运动模糊实例

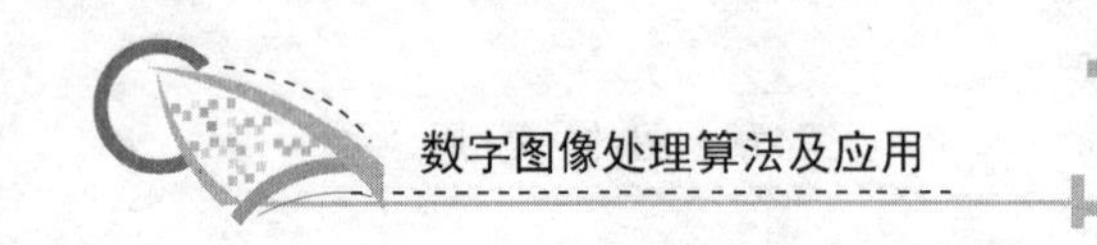

4.2 常用图像复原法

4.2.1 逆滤波

(1) 无约束复原

通过式(4.20)可知，噪声 $\boldsymbol{n}=\boldsymbol{g}-\boldsymbol{H}\boldsymbol{f}$。在并不了解 $\boldsymbol{n}$ 的情况下，希望找到一个 $\boldsymbol{f}$ 使得 $\boldsymbol{H}\boldsymbol{f}$ 在最小二乘方意义上来说近似于 $\boldsymbol{g}$。换言之，希望找到一个 $\boldsymbol{f}$ 的估计$\hat{\boldsymbol{f}}$，使得 $\|\boldsymbol{n}\|^2=\|\boldsymbol{g}-\boldsymbol{H}\hat{\boldsymbol{f}}\|^2$为最小。由范数定义有 $\|\boldsymbol{n}\|^2=\boldsymbol{n}^{\mathrm{T}}\boldsymbol{n}$，$\|\boldsymbol{g}-\boldsymbol{H}\hat{\boldsymbol{f}}\|^2=(\boldsymbol{g}-\boldsymbol{H}\hat{\boldsymbol{f}})^T\cdot(\boldsymbol{g}-\boldsymbol{H}\hat{\boldsymbol{f}})$。求 $\|\boldsymbol{n}\|^2$最小等效于求 $\|\boldsymbol{g}-\boldsymbol{H}\hat{\boldsymbol{f}}\|^2$最小，为此令

$$J(\hat{\boldsymbol{f}})=\|\boldsymbol{g}-\boldsymbol{H}\hat{\boldsymbol{f}}\|^2 \tag{4.47}$$

这样复原问题变成求 $J(\hat{f})$的极小值问题。这里选择$\hat{\boldsymbol{f}}$除了要求 $J(\hat{\boldsymbol{f}})$为最小外，不受任何其他条件约束，因此成为无约束复原。

将 $J(\hat{\boldsymbol{f}})$对$\hat{\boldsymbol{f}}$微分，并使结果为零，即$\dfrac{\partial J(\hat{\boldsymbol{f}})}{\partial \hat{\boldsymbol{f}}}=-2\boldsymbol{H}^{\mathrm{T}}(\boldsymbol{g}-\boldsymbol{H}\hat{\boldsymbol{f}})=0$。有$\hat{\boldsymbol{f}}=(\boldsymbol{H}^{\mathrm{T}}\boldsymbol{H})^{-1}\boldsymbol{H}^{\mathrm{T}}\boldsymbol{g}$成立。当 $M=N$ 时，$\boldsymbol{H}$ 为一方阵，并且假设$\boldsymbol{H}^{-1}$存在，则可得

$$\hat{\boldsymbol{f}}=\boldsymbol{H}^{-1}(\boldsymbol{H}^{\mathrm{T}})^{-1}\boldsymbol{H}^{\mathrm{T}}\boldsymbol{g}=\boldsymbol{H}^{-1}\boldsymbol{g} \tag{4.48}$$

(2) 逆滤波复原

设 $M=N$，将式(4.25)代入上式，有$\hat{\boldsymbol{f}}=\boldsymbol{H}^{-1}\boldsymbol{g}=(\boldsymbol{W}\boldsymbol{D}\boldsymbol{W}^{-1})^{-1}\boldsymbol{g}=\boldsymbol{W}\boldsymbol{D}^{-1}\boldsymbol{W}^{-1}\boldsymbol{g}$。此式两边左乘$\boldsymbol{W}^{-1}$，得$\boldsymbol{W}^{-1}\hat{\boldsymbol{f}}=\boldsymbol{D}^{-1}\boldsymbol{W}^{-1}\boldsymbol{g}$。由循环矩阵对角化的讨论可知，上式的各个元素可写成如下形式：

$$\hat{F}(u,v)=\frac{G(u,v)}{H(u,v)} \tag{4.49}$$

其中，$u,v=0,1,2,\cdots,M-1$，$H(u,v)$为滤波函数。由式(4.49)可见，滤波函数的逆函数 $H^{-1}(u,v)$乘以退化图像的傅里叶变换 $G(u,v)$，就可以得到复原图像的傅里叶变换 $\hat{F}(u,v)$。因此，式(4.49)就表示一个逆滤波函数的过程。

将式(4.38)代入式(4.49)，有

$$\hat{F}(u,v)=F(u,v)+\frac{N(u,v)}{H(u,v)} \tag{4.50}$$

其中，$u,v=0,1,2,\cdots,M-1$。对其求逆变换就得到复原后的图像：

$$\hat{f}(x,y)=F^{-1}[G(u,v)H^{-1}(u,v)]=F^{-1}[F(u,v)]+F^{-1}a[N(u,v)H^{-1}(u,v)] \tag{4.51}$$

这种退化和复原的全过程可以用图 4.5 来表示。

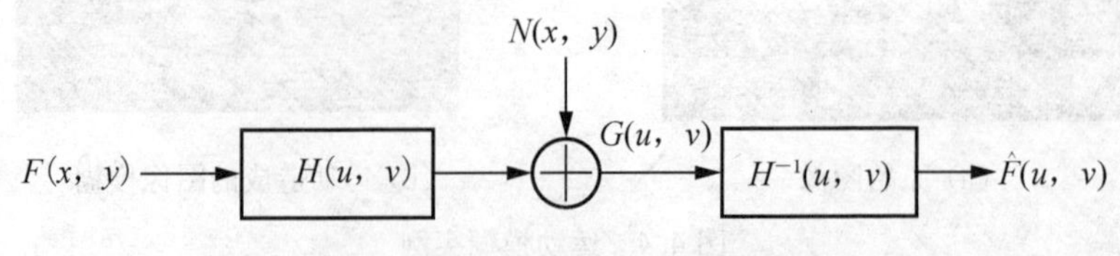

图 4.5 频率上图像退化与复原过程

图中 $H^{-1}(u,v)$为逆滤波器的传递函数。问题是逆滤波复原法会出现病态性，即在频域中对应图像信号的那些频率上，若 $H(u,v)=0$ 或很小，而噪声谱 $N(u,v)\neq 0$，则 $N(u,v)H^{-1}(u,v)$就难以计算或者比 $F(u,v)$大得多，从而使复原结果与预期结果相差很大，甚至面目全非。

一种改进的方法是在 $H(u,v)=0$ 的那些频率点及其附近，人为地设置 $H^{-1}(u,v)$的值，使得在这些频率点附近，$N(u,v)H^{-1}(u,v)$不会对复原结果产生太大的影响。于是，可令逆滤波器的传递函数为

$$M(u,v)=\begin{cases} k & H(u,v)\leqslant d \\ 1/H(u,v) & H(u,v)>d \end{cases} \tag{4.52}$$

其中 k 和 d 均为小于 1 的常数。

另一种改进的方法是考虑退化系统的传递函数 $H(u,v)$的带宽比噪声窄的多这一事实，其频率响应有低通特性，因此可令逆滤波器的传递函数为

$$M(u,v)=\begin{cases} 1/H(u,v) & (u^2+v^2)^{1/2}\leqslant D_0 \\ 0 & (u^2+v^2)^{1/2}>D_0 \end{cases} \tag{4.53}$$

式中 D_0 是逆滤波器的空间截止频率。一般选择 D_0 位于 $H(u,v)$通带内某一适当位置，使复原图像的信噪比较大。

(3) 消除匀速运动模糊

用逆滤波法消除由于平面匀速运动而造成的图像模糊的过程包括：

1) 求模糊图像的傅里叶变换 $G(u,v)$；

2) 观察图像中感兴趣的物体或目标，分别估计水平方向与垂直方向的移动距离 a 和 b，按式(4.46)确定退化传递函数 $H(u,v)$；

3) 计算复原图像的傅里叶变换 $\hat{F}(u,v)=H^{-1}(u,v)G(u,v)$；

4) 对 $\hat{F}(u,v)$执行傅里叶逆变换，就得到复原图像。

根据傅里叶变换的卷积性质，模糊图像 $g(x,y)$是退化系统单位冲激响应 $h(x,y)$与原图像 $f(x,y)$卷积的结果。因此，频域中的逆滤波就相当于时域中的去卷积[①]过程。消除运动模糊的应用如图 4.6 所示。其对应的 Matlab 程序如下：

```
[MF,map]= imread('TestImage.jpg');figure(1);imshow(MF); % 显示模糊图像
LEN= 35; THETA= 40;
INITPSF= fspecial('motion',LEN,THETA);                    % 建立复原点扩散函数
[J,P]= deconvblind(MF,INITPSF,30);                        % 去卷积
figure(2); imshow(J);figure(3);imshow(P,[ ],'notruesize');
```

需要指出的是图 4.6(a)是精确设置复原点扩散函数的结果，即复原点扩散函数与模糊原图像的点扩散函数的参数相同，此时，复原效果很好。但是，如果通过观察模糊图像来估计有关运动参数时，去模糊效果就要受到其估计精度的影响。图 4.6(c)和图 4.6(e)给出两种非精确设置复原点扩散函数的结果，而图 4.6(d)和图 4.6(f)分别是这两种情况下

① Matlab 提供了盲目去卷积函数，即 [J, PSF] =deconvblind(I, INITPSF)。该函数运用最大似然算法去图像 I 去卷积，返回消除模糊的图像 J 和复原点扩散 PSF，可以方便地用于图像复原。

的复原点扩散函数。

(a) LEN=30 THETA=45

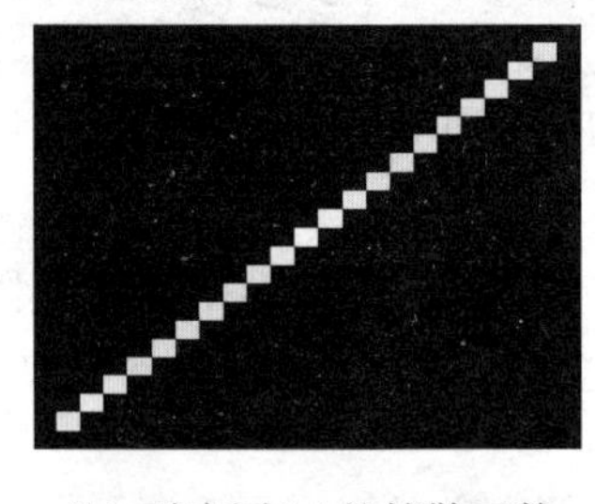
(b) 对应图(a)的扩散函数

(c) LEN=30 THETA=40

(d) 对应图(c)的扩散函数

(e) LEN=35 THETA=40

(f) 对应图(e)的扩散函数

图 4.6 去卷积复原

4.2.2 维纳滤波

(1) 有约束滤波

最小二乘方复原处理中，为了在数学上更容易处理，常常附加某种约束条件。例如，可以令 $\boldsymbol{Q}$ 为 $\boldsymbol{f}$ 的线性算子，那么，最小二乘方复原问题可看成是使 $\| \boldsymbol{Q}\hat{\boldsymbol{f}} \|^2$ 的函数服从约束条件 $\| \boldsymbol{g}-\boldsymbol{H}\hat{\boldsymbol{f}} \|^2 = \| \boldsymbol{n} \|^2$ 的最小化问题。而这种有附加条件的极值问题可以用拉格朗日乘数法来处理。即寻找 $\hat{f}$，使下述准则函数为最小。

$$J(\hat{\boldsymbol{f}}) = \| \boldsymbol{Q}\hat{\boldsymbol{f}} \|^2 + \lambda(\| \boldsymbol{g}-\boldsymbol{H}\hat{\boldsymbol{f}} \|^2 - \| \boldsymbol{n} \|^2) \tag{4.54}$$

其中，λ 为拉格朗日乘数。加上约束条件后，就可以按一般求极小值的方法进行求解。将式(4.54)对 $\hat{f}$ 微分，并使结果为零，有 $\dfrac{\partial J(\hat{\boldsymbol{f}})}{\partial \hat{\boldsymbol{f}}} = 2\boldsymbol{Q}^{\mathrm{T}}\boldsymbol{Q}\hat{\boldsymbol{f}} - 2\lambda \boldsymbol{H}^{\mathrm{T}}(\boldsymbol{g}-\boldsymbol{H}\hat{\boldsymbol{f}}) = 0$。则有

$$\hat{\boldsymbol{f}} = (\boldsymbol{H}^{\mathrm{T}}\boldsymbol{H} + s\boldsymbol{Q}^{\mathrm{T}}\boldsymbol{Q})^{-1}\boldsymbol{H}^{\mathrm{T}}\boldsymbol{g} \tag{4.55}$$

其中，$s=1/\lambda$。

(2) 维纳滤波复原

逆滤波比较简单，但没有清楚地说明如何处理噪声。而维纳滤波综合了退化函数和噪声统计特性两个方面进行复原处理。维纳滤波是寻找一个滤波器，使得复原后图像 $\hat{f}(x,y)$ 与原始图像 $f(x,y)$ 的均方误差最小，即

$$\min(E\{[\hat{f}(x,y) - f(x,y)]^2\}) \tag{4.56}$$

其中，$E[\cdot]$ 为数学期望算子。因此，维纳滤波器通常又称为最小均方误差滤波器。

令 $\boldsymbol{R}_f$ 和 $\boldsymbol{R}_n$ 分别是 $\boldsymbol{f}$ 和 $\boldsymbol{n}$ 的相关矩阵，即

$$\boldsymbol{R}_f = E\{\boldsymbol{f}\boldsymbol{f}^{\mathrm{T}}\} \tag{4.57}$$

$$\boldsymbol{R}_n = E\{\boldsymbol{n}\boldsymbol{n}^{\mathrm{T}}\} \tag{4.58}$$

$\boldsymbol{R}_f$的第 ij 个元素是 $E\{f_i f_j\}$，代表 f 的第 i 个和第 j 个元素的相关，因为 f 和 n 中的元素都是实数，所以$\boldsymbol{R}_f$和$\boldsymbol{R}_n$都是实对称矩阵。对于大多数图像来说，像素间的相关不超过 20～30 个像素。所以典型的相关矩阵只在主对角线方向有一条带不为零，而右上角和左下角都是零。根据两个像素间的相关只是它们的相互距离而不是位置的函数的假设，可将$\boldsymbol{R}_f$和$\boldsymbol{R}_n$都用块循环矩阵来表示，有$\boldsymbol{R}_f=\boldsymbol{WA}\,\boldsymbol{W}^{-1}$、$\boldsymbol{R}_n=\boldsymbol{WB}\,\boldsymbol{W}^{-1}$。其中，$\boldsymbol{A}$ 和 $\boldsymbol{B}$ 中的元素对应$\boldsymbol{R}_f$和$\boldsymbol{R}_n$中的相关元素的傅里叶变换，与式(4.25)$\boldsymbol{D}$ 中的对角元素对应 $\boldsymbol{H}$ 中块元素的傅里叶变换类似。这些相关元素的傅里叶变换称为图像和噪声的功率谱。

令$\boldsymbol{Q}^{\mathrm{T}}\boldsymbol{Q}=\boldsymbol{R}_f^{-1}\boldsymbol{R}_n$，将其代入式(4.55)得$\hat{\boldsymbol{f}}=(H^{\mathrm{T}}H+s\boldsymbol{R}_f^{-1}\boldsymbol{R}_n)^{-1}H^{\mathrm{T}}g$，再代入式(4.25)和式(4.26)得

$$\hat{\boldsymbol{f}}=(\boldsymbol{WD}*\boldsymbol{D}\boldsymbol{W}^{-1}+s\boldsymbol{W}\boldsymbol{A}^{-1}\boldsymbol{B}\boldsymbol{W}^{-1})^{-1}\boldsymbol{WD}*\boldsymbol{W}^{-1}g \tag{4.59}$$

式(4.59)两边同时左乘$\boldsymbol{W}^{-1}$得

$$\boldsymbol{W}^{-1}\hat{\boldsymbol{f}}=(\boldsymbol{D}*\boldsymbol{D}+s\boldsymbol{A}^{-1}\boldsymbol{B})^{-1}\boldsymbol{D}*\boldsymbol{W}^{-1}g \tag{4.60}$$

式(4.60)中的元素可写为

$$\hat{F}(u,v)=\frac{1}{H(u,v)}\frac{|H(u,v)|^2}{|H(u,v)|^2+s\dfrac{P_n(u,v)}{P_f(u,v)}}G(u,v) \tag{4.61}$$

其中，$G(u,v)$是退化图像的傅里叶变换；$H(u,v)$是退化函数；$|H(u,v)|^2=H^*(u,v)H(u,v)$；$H^*(u,v)$是退化函数 $H(u,v)$的复共轭；$Pn(u,v)=|N(u,v)|^2$ 是噪声的功率谱；$P_f(u,v)=|F(u,v)|^2$ 是原始图像的功率谱。

显然，维纳滤波器的传递函数为

$$H_w(u,v)=\frac{1}{H(u,v)}\frac{|H(u,v)|^2}{|H(u,v)|^2+s\dfrac{P_n(u,v)}{P_f(u,v)}} \tag{4.62}$$

注意：

1) 上述推导中假设图像 $f(x,y)$与噪声 $n(x,y)$不相关，且其中一个有零均值，同时估计的灰度级是退化图像灰度的线性函数。

2) 维纳滤波能够自动抑制噪声。当 $H(u,v)=0$ 时，由于 $P_n(u,v)$和 $P_f(u,v)$的存在，分母不为零，不会出现被零除的情形。

3) 如果信噪比较高，即 $P_f(u,v)$远远大于 $P_n(u,v)$时，$P_n(u,v)/P_f(u,v)$很小，因此 $H_w(u,v)\to 1/H(u,v)$，即维纳滤波器变成了逆滤波器，所以说逆滤波是维纳滤波的特例。反之，当 $P_n(u,v)$远远大于 $P_f(u,v)$时，则 $H_w(u,v)\to 0$，即维纳滤波器避免了逆滤波器过于放大噪声的问题。

4) 维纳滤波需要知道原图像和噪声的功率谱 $P_f(u,v)$和 $P_n(u,v)$，实际上 $P_f(u,v)$和 $P_n(u,v)$都是未知的，这时常用一个常数 K 来代替 $P_n(u,v)/P_f(u,v)$，所以式(4.61)变为

$$\hat{F}(u,v)=\frac{1}{H(u,v)}\frac{|H(u,v)|^2}{|H(u,v)|^2+K}G(u,v) \tag{4.63}$$

(3) 如何确定特殊常数 K

我们令平均噪声功率谱 $n_A=\frac{1}{MN}\sum_u\sum_v P_f(u,v)$ 和平均图像功率谱 $f_A=\frac{1}{MN}\sum_u\sum_v P_f(u,v)$。其中 M 和 N 分别表示噪声和图像阵列垂直与水平尺寸。而平均噪声功率谱 n_A 和平均图像功率谱 f_A 的比值为 $R=n_A/f_A$ 通常就用来代替 $P_n(u,v)/P_f(u,v)$。此时，即使真实的比值不知道，也可以通过实验来获得。

(4) 相同噪声方差情况下逆滤波复原与维纳滤波复原的比较

图 4.7(a)是棋盘；图 4.7(b)是图 4.7(a)的运行模糊同时叠加高斯噪声的退化图像；图 4.7(c)是对退化图像，图 4.7(b)采用直接逆滤波复原的结果；图 4.7(d)则是对退化图像图 4.7(b)采用常数噪信比的维纳滤波复原的结果。由图 4.7(c)和(d)可见，维纳滤波有很强的抑制噪声的能力，因而可以获得更好的复原效果。

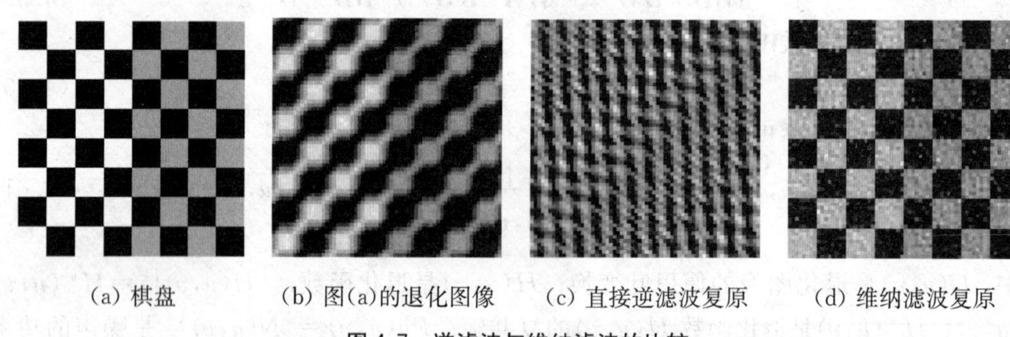

(a) 棋盘　(b) 图(a)的退化图像　(c) 直接逆滤波复原　(d) 维纳滤波复原

图 4.7　逆滤波与维纳滤波的比较

下面给出对应的 Matlab 实现程序。需要说明的是由于原始图像一般是未知的，因此，在计算噪信比时，只能用退化图像来代替原始图像。

```
F= checkerboard(8);                                          % 生成原始图像
figure(1);imshow(F,[ ]);
PSF= fspecial('motion',7,45);                                % 生成运动模糊图像
MF= imfilter(F,PSF,'circular');
noise= imnoise(zeros(size(F)),'gaussian',0,0.001)            % 生成高斯噪声
MFN= MF+ noise;                                              % 生成运动模糊+ 高斯噪声图像
figure(2);imshow(MFN,[ ]);
NSR= sum(noise(: ).^2)/sum(MFN(:).^2) ;                      % 计算噪信比
figure(3); imshow(deconvwnr(MFN,PSF),[ ]);                   % 逆滤波复原
figure(4);imshow(deconvwnr(MFN,PSF,NSR),[ ]);                % 维纳滤波复原
```

(5) 不同噪声方差情况下逆滤波复原与维纳滤波复原的比较

图 4.8(a)为运动模糊同时叠加高斯噪声的污染图像，图 4.8(b)和图 4.8(c)分别为逆滤波和式(4.63)的维纳滤波的结果。图 4.8 第二行显示了同样的序列，但噪声幅度的方差减少了一个数量级。图 4.8 第三行相当于第一行噪声方差减少了两个数量级。由图中第二列的逆滤波效果与第三列的维纳滤波效果可见，维纳滤波在图像受噪声影响时效果比逆滤波好，而且噪声越强优势越明显。

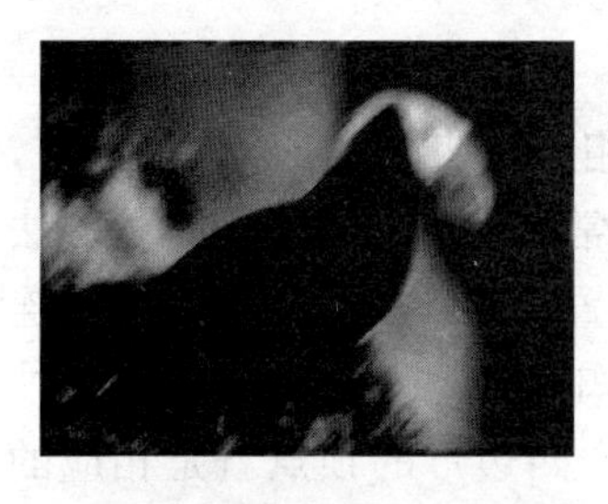

(a) 运动模糊加高斯噪声 $\delta^2=0.1$

(b) 对应图(a)的逆滤波复原图

(c) 对应图(a)的维纳滤波复原图

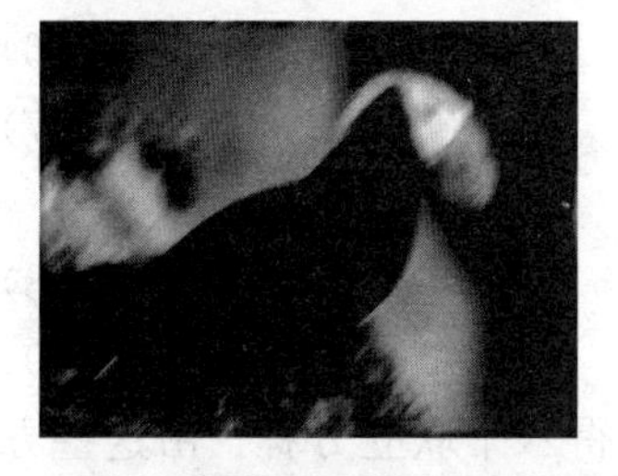

(d) 运动模糊加高斯噪声 $\delta^2=0.01$

(e) 对应图(d)的逆滤波复原图

(f) 对应图(d)的维纳滤波复原图

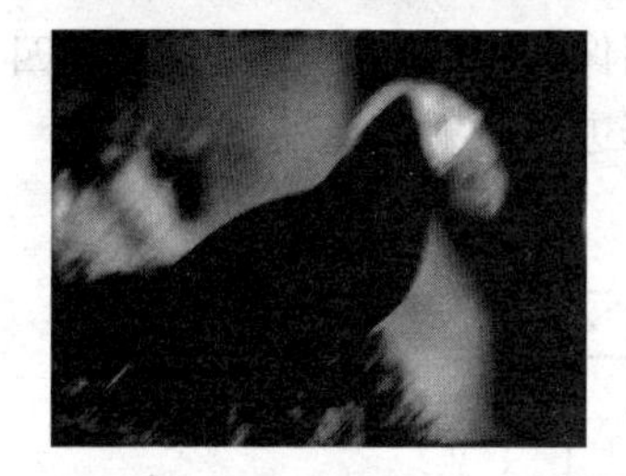

(g) 运动模糊加高斯噪声 $\delta^2=0.001$

(h) 对应图(g)的逆滤波复原图

(i) 对应图(g)的维纳滤波复原图

图 4.8 逆滤波与维纳滤波的进一步比较

4.2.3 几何失真校正

图像在生成过程中，由于成像系统本身具有的非线性或者摄像时视角的不同，都会使生成的图像产生几何失真或几何畸变。图像的几何失真从广义上来说也是一种图像退化。这就需要通过几何变换来校正失真图像中的各像素位置，以重新得到像素间原来的空间关系，包括原来的灰度值关系。

图像的几何失真校正包括如下两个步骤。

1）空间变换：对图像平面上的像素进行重新排列以恢复原空间关系。

2）灰度差值：对空间变换后的图像赋予响应的灰度值以恢复原位置的灰度值。

(1) 空间变换

假设一幅图像为 $f(x,y)$，经过几何失真变成了 $g(x',y')$，这里(x',y')表示失真图像的坐标，它已不是原图像的坐标(x,y)。上述变化可表示为

$$x' = r(x,y) \tag{4.64}$$

$$y' = s(x,y) \tag{4.65}$$

其中，$r(x,y)$和 $s(x,y)$是空间变换，该变换产生几何失真图像 $g(x',y')$。例如，如果 $r(x,y)=x/2$，$s(x,y)=y/2$，则失真后的图像只是简单地在两个空间方向上将 $f(x,y)$的

尺寸收缩为一半。

如果已知 $r(x,y)$ 和 $s(x,y)$ 的解析表达式，理论上可以用相反的变换从失真图像 $g(x',y')$ 复原 $f(x,y)$。遗憾的是这样的解析式通常是不知道的。最常用的克服这一困难的方法是利用“连接点”建立失真图像与校正图像间其他像素空间位置的对应关系，而这些“连接点”在输入(失真)图像和输出(校正)图像中的位置是精确已知的。

图 4.9 显示了失真图像和校正图像中的四边形区域，这个四边形的顶点就是相应的“连接点”。假设四边形区域中的几何变形过程可以用双线性方程表示，即

$$r(x,y) = k_1x + k_2y + k_3xy + k_4 \tag{4.66}$$

$$s(x,y) = k_5x + k_6y + k_7xy + k_8 \tag{4.67}$$

将上述两式代入式(4.64)和式(4.65)得

$$x' = k_1x + k_2y + k_3xy + k_4 \tag{4.68}$$

$$y' = k_5x + k_6y + k_7xy + k_8 \tag{4.69}$$

因为一共有四对“连接点”，代入式(4.68)和式(4.69)可得八个联立方程，由这些方程可以解出八个系数 $k_i(i=1,2,\cdots,8)$。这些系数就构成了用于变换四边形区域内所有像素的几何失真模型，即空间映射公式。一般来说，可将一幅图像分成一系列覆盖全图的四边形区域的集合，对每个区域都寻找足够的“连接点”以计算进行映射所需的系数。

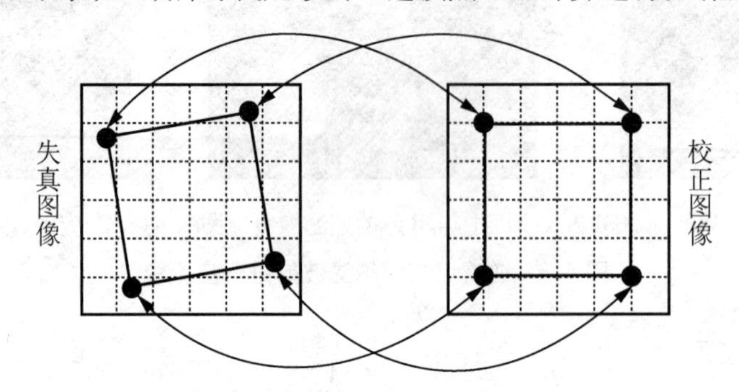

图 4.9　失真图和校正图的“连接点”

一旦有了系数，产生校正(即复原)图像就不困难了。设 $g(x',y')$ 为几何失真图像，$\hat{f}(x,y)$ 是校正图像，确定校正图像中任意点 (x_i,y_i) 灰度值的过程如下：

1) 将 x_i 和 y_i 代入式(4.68)和式(4.69)，得 $x'_i=k_1x_i+k_2y_j+k_3x_iy_j+k_4$ 和 $y'_j=k_5x_i+k_6y_j+k_7x_iy_j+k_8$；

2) $\hat{f}(x_i,y_j)=g(x'_i,y'_j)$。

(2) 灰度插值

众所周知，数字图像中的坐标 (x,y) 总是整数。由于失真图像 $g(x',y')$ 是数字图像，其像素值仅在坐标为整数处有定义。而由式(4.68)和式(4.69)计算出来的坐标 (x',y') 值可能不是整数。此时，非整数处的像素值就要用其周围一些整数坐标处的像素值来推断。用于完成该任务的技术称为灰度插值。

最简单的灰度插值是**最近邻插值**，也叫**零阶插值**。最近邻插值首先就是将 (x,y) 经空间变换映射为 (x',y')。如果 (x',y') 是非整数坐标，则寻找 (x',y') 的最近邻，并将最近邻的灰度值赋给校正图像 (x,y) 处的像素，如图 4.10 所示。虽然这种方法实现起来非常方

便，其缺点是有时不够精确，甚至经常产生不希望的人为疵点，如高分辨率图像直边的扭曲。可以采用更完善的技术得到较平滑的结果，如样条插值、立方卷积内差等。更平滑的近似所付出的代价是增加计算开销。

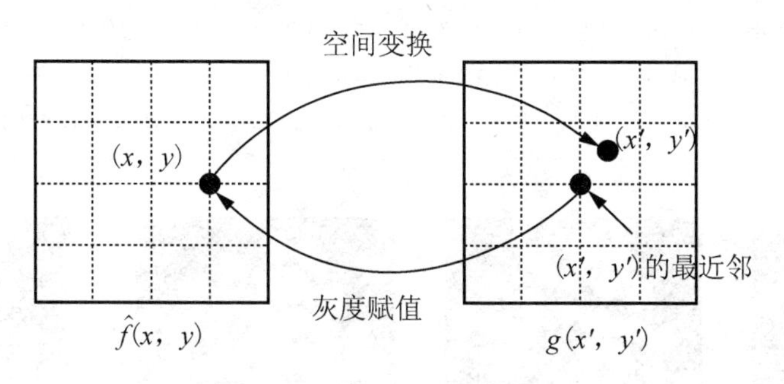

图 4.10 最近邻灰度差值示意图

对于通常的图像处理，双线性插值很实用。它利用(x',y')点的四个最近邻的灰度值来确定(x',y')处的灰度值，如图 4.11 所示。设(x',y')的四个最近邻为 A、B、C、D；它们的坐标分别为(i,j)，$(i+1,j)$，$(i,j+1)$，$(i+1,j+1)$；其灰度值分别为 $g(A)$、$g(B)$、$g(C)$ 和 $g(D)$。

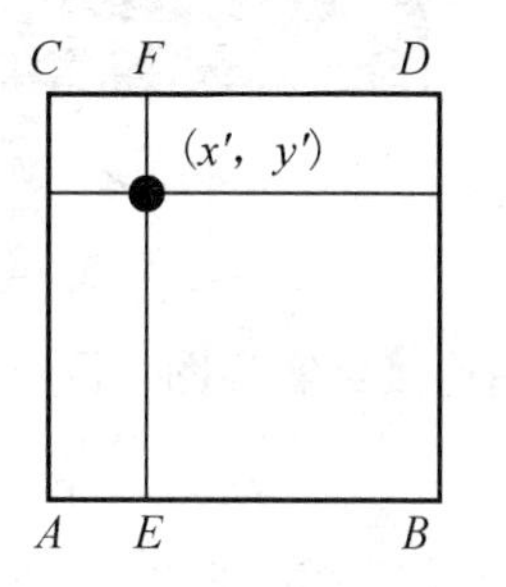

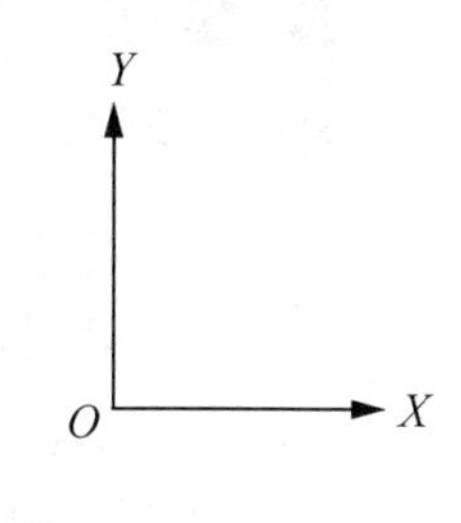

图 4.11 双线性插值示意图

首先计算 E 和 F 这两点的灰度值 $g(E)=(x'-i)[g(B)-g(A)]+g(A)$和 $g(F)=(x'-i)[g(D)-g(C)]+g(E)$，则$(x',y')$点的灰度值 $g(x',y')=(y'-j)[g(F)-g(E)]+g(E)$。

(3) 几何失真图像配准复原

设原始图像坐标系统为(x,y)，几何失真后图像的坐标系统为(x',y')，则有

$$(x' \quad y' \quad 1)=(x \quad y \quad 1)\boldsymbol{T} \tag{4.70}$$

其中，当 $\boldsymbol{T}=\begin{bmatrix} \cos\theta & \sin\theta & 0 \\ -\sin\theta & \cos\theta & 0 \\ 0 & 0 & 1 \end{bmatrix}$时，则表示失真后的图像是原图像旋转一个角度 θ 后的结果；当 $\boldsymbol{T}=\begin{bmatrix} s_x & 0 & 0 \\ 0 & s_y & 0 \\ 0 & 0 & 1 \end{bmatrix}$时，则表示失真后的图像是原图像在 x 和 y 方向分别进行尺度变换后的结果。

为了更清楚地掌握几何失真图像配准复原，我们首先实现一个图像的 affine 变换。如图 4.12 所示分别用最近邻插值变换和双线性插值变换来实现相应的功能。相关的 Matlab 程序如下：

```
f= checkerboard(24); figure(1); imshow(f,[]);                    % 生成原始图像 F
s= 0.7;theta= pi/6;
T= [s* cos(theta)  s* sin(theta)  0                         % 建立变换矩阵:旋转与尺寸变换
```

```
    - s* sin(theta)  s* cos(theta)  0
      0  0  1];
  tform= maketform('affine',T);
  g1= imtransform(f,tform,'nearest'); figure(2);imshow(g1);% 最近邻插值变换
  g2= imtransform(f,tform); figure(3);imshow(g2);            % 双线性插值变换
  g3= imtransform(f,tform,'fillValue',0.5); figure(4);imshow(g3);  % 修改双线性
插值变换的背景为灰色
```

(a) 原始图像

(b) 最近邻插值变换

(c) 双线性插值变换

(d) 修改(c)的背景为灰色

图 4.12　affine 变换实例

其次，我们利用连接点实施图像配准复原，如图 4.13 所示。其 Matlab 程序如下：

```
f= imread('text.jpg'); figure(1);imshow(f);             % 读入原始图像
g= imread('textg.jpg'); figure(2);imshow(g);            % 读入几何失真图像
% 利用 cpselect(f,f)函数交互选择连接点
base_points= [256.4000   256.1273;  1.5818      256.4182;
              256.4182  1.0000;     2000.5636  203.4727;
              147.3273  183.9818;   96.4182    145.0000;
              44.6364   35.0364;    157.5091    30.3818 ];
input_points= [280.0455   304.6128;  1.3455     255.2545;
               255.2545  1.0000;     205.8545  255.8909;
               145.7455  196.5273;   90.4727   146.7818;
               38.6545   32.4364;    148.5091  31.0545];
tform= cp2tform(input_points,base_points,'projective');
gp= imtransform(f,tform,'XData',[1 256],'YData',[1 256]);
figure(3);imshow(gp); axis off;
```

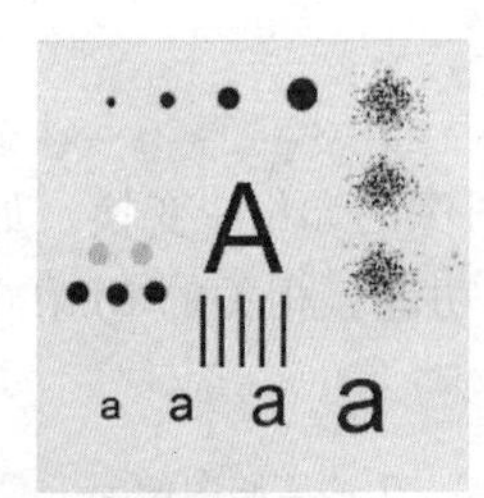
(a) 原始图像

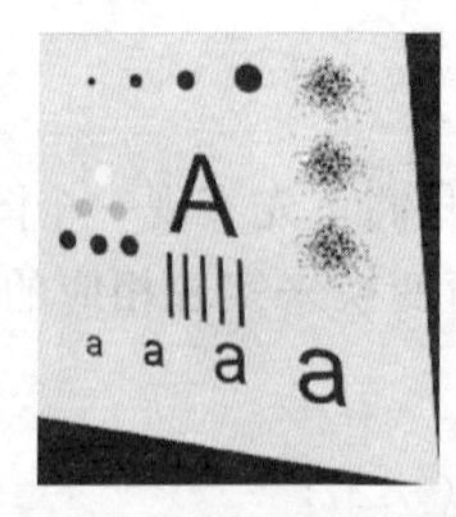
(b) 几何失真图像

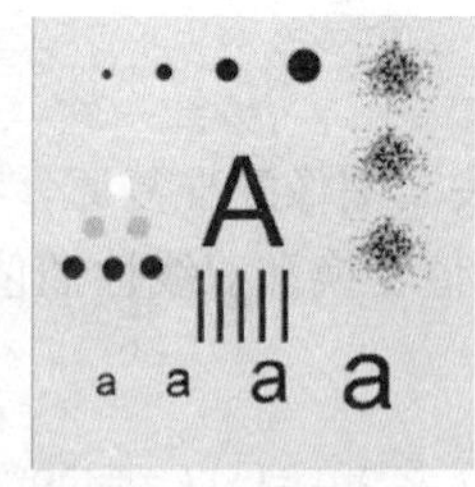
(c) 复原图像

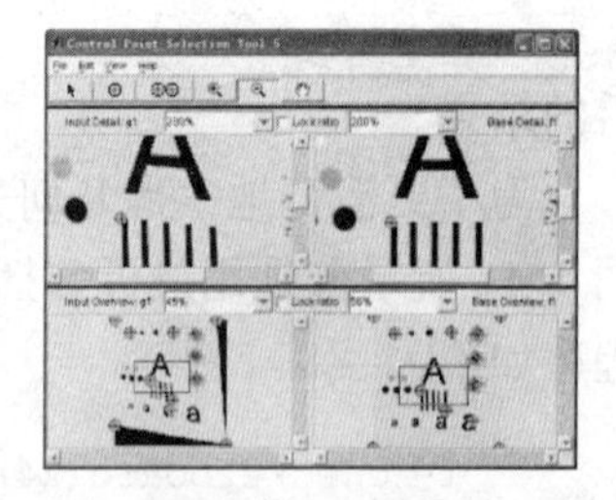
(d)“连接点”交互选择工具

图 4.13　图像配准复原

4.2.4 从噪声中复原

1. 噪声模型

噪声是造成图像退化的重要因素之一。数字图像的噪声主要来源于图像获取(即数字化过程)和传输过程。图像传感器的工作情况受各种因素的影响，如图像获取中的环境条件和传感器件自身的质量。例如，使用CCD摄像机获取图像，光照程度和传感器温度是图像产生大量噪声的主要因素。图像在传输过程中受到的噪声污染主要是由所用传输信道的干扰造成的。例如，通过无线网络传输的图像可能因为光或其他大气因素的干扰被污染。通常认为噪声是由PDF表示的随机变量。

图像处理应用中最常见噪声的PDF如下。

(1) 高斯噪声的PDF

$$p(z)=\frac{1}{\sqrt{2\pi\delta}}\mathrm{e}^{-(z-\mu)^2/2\delta^2} \tag{4.71}$$

其中，z表示灰度级，μ表示z的平均值或期望，δ表示z的标准差。标准差的平方δ^2称为z的方差。当z服从式(4.71)分布时，其值有70%落在$[\mu-\delta,\mu+\delta]$范围内，且有95%落在$[\mu-2\delta,\mu+2\delta]$范围内。

(2) 瑞利噪声的PDF

$$p(z)=\begin{cases}\frac{2}{b}(z-a)e^{-(z-a)^2/b} & z\geqslant a\\ 0 & z<a\end{cases} \tag{4.72}$$

其均值和方差分别为$\mu=a+\sqrt{\pi b/4}$和$\delta^2=\frac{b(4-\pi)}{4}$。

(3) 伽马噪声的PDF

$$p(z)=\begin{cases}\frac{a^b z^{b-1}}{(b-1)!}\mathrm{e}^{-az} & z\geqslant 0\\ 0 & z<0\end{cases} \tag{4.73}$$

其中，$a>0$，b为正整数，其密度的均值和方差分别为$\mu=\frac{b}{a}$和$\delta^2=\frac{b}{a^2}$。

(4) 指数噪声的PDF

$$p(z)=\begin{cases}a\mathrm{e}^{-az} & z\geqslant 0\\ 0 & z<0\end{cases} \tag{4.74}$$

其中$a>0$，其均值和方差分别为$\mu=\frac{1}{a}$和$\delta^2=\frac{1}{a^2}$。

(5) 均匀噪声的PDF

$$p(z)=\begin{cases}\frac{1}{b-a} & a\leqslant z\leqslant b\\ 0 & \text{其他}\end{cases} \tag{4.75}$$

其均值和方差分别为$\mu=\frac{a+b}{2}$和$\delta^2=\frac{(b-a)^2}{12}$。

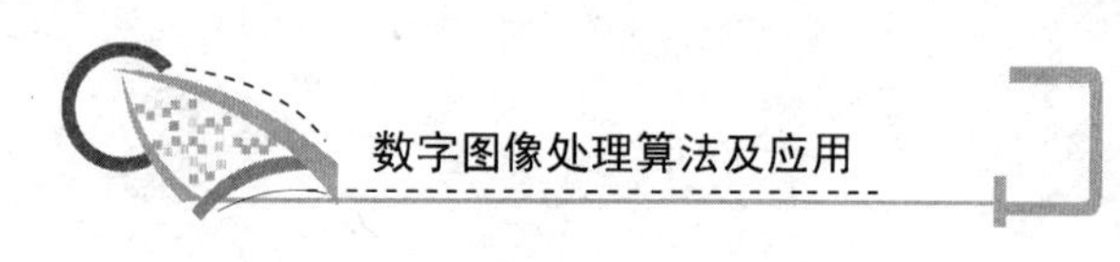

(6) 脉冲(椒盐)噪声的 PDF

$$p(z)=\begin{cases}P_a & z=a\\ P_b & z=b\\ 0 & 其他\end{cases} \tag{4.76}$$

噪声 PDF 参数一般可从传感器的技术说明中得知。但对于传感器型号未知或只有图像可利用的情况下，就有必要去估计这些参数。此时，可以从图像中抽取合理的、具有恒定灰度值的一小部分(称为子图像 S)来估计 PDF 的参数。利用子图像 S 中的数据，最简单的方法是计算灰度值的均值和方差：

$$\mu=\sum_{z_i\in S} z_i p(z_i) \tag{4.77}$$

$$\delta^2=\sum_{z_i\in S}(z_i-\mu)^2 p(z_i) \tag{4.78}$$

其中，z_i 是 S 中像素的灰度值，$p(z_i)$表示相应的归一化直方图值。可以根据子图像 S 的直方图的形状来匹配最接近的 PDF。如果直方图的形状最接近于高斯，那么，由式(4.77)和式(4.78)计算出的均值和方差可作为高斯 PDF 所需要的两个参数的近似值。而对于其他形状的 PDF，可以利用计算出来的均值和方差解出所需的 a 和 b。

上述 PDF 为在实践中模型化宽带噪声干扰提供了有用的工具。例如，在一幅图像中，**高斯噪声**的产生源于电子电路噪声和由低照明度或高温带来的传感器噪声；**瑞利密度分布**在图像范围内特征化噪声现象时非常有用；**指数密度分布和伽马密度分布**在激光成像中有一些应用；**脉冲噪声**主要表现在成像中的短暂停留中，例如，错误的开关操作；**均匀密度分布**可能是在实践中用得最少的，然而，均匀密度作为模拟随机数发生器的基础是非常有用的。

2. 空域滤波复原

当一幅图像中存在的唯一退化是噪声时，$g(x,y)=H[f(x,y)]+n(x,y)$就变为

$$g(x,y)=f(x,y)+n(x,y) \tag{4.79}$$

对应的傅里叶变换为

$$G(u,v)=F(u,v)+N(u,v) \tag{4.80}$$

由于噪声项是未知的，从 $g(x,y)$中减去 $n(x,y)$是不现实的。此时，可以选择空域滤波的方法进行复原。常见的空间滤波器有均值滤波器、顺序统计滤波器、自适应滤波器。滤波器的输入为受噪声污染而退化的图像 $g(x,y)$，如式(4.79)所示。而滤波器的输出为复原的图像$\hat{f}(x,y)$，即原始图像 $f(x,y)$的近似估计。

(1) 均值滤波器

均值滤波器包括算术均值滤波器、几何均值滤波器、谐波均值滤波器和逆谐波均值滤波器。令 S_{xy} 表示中心为点(x,y)、尺寸为 $m\times n$ 的矩阵图像窗口，下面列出各种滤波器的表达式。

- 算术均值滤波器

$$\hat{f}(x,y)=\frac{1}{mn}\sum_{(s,t)\in S_{xy}} g(s,t) \tag{4.81}$$

- 几何均值滤波器

$$\hat{f}(x,y)=\Big[\prod_{(s,t)\in S_{xy}} g(s,t)\Big]^{1/mn} \tag{4.82}$$

- 谐波均值滤波器

$$\hat{f}(x,y)=\frac{mn}{\sum\limits_{(s,t)\in S_{xy}}\frac{1}{g(s,t)}} \tag{4.83}$$

- 逆谐波均值滤波器

$$\hat{f}(x,y)=\frac{\sum\limits_{(s,t)\in S_{xy}} g(s,t)^{Q+1}}{\sum\limits_{(s,t)\in S_{xy}} g(s,t)^{Q}} \tag{4.84}$$

算术均值滤波器简单地平滑了一幅图像的局部变化，在模糊了结果的同时减少了噪声；几何均值滤波器所达到的平滑度可以与算术均值滤波器相比，但在滤波过程中会丢失更少的图像细节；谐波均值滤波器善于处理类似高斯噪声那样的噪声，它对于正脉冲(即盐点)噪声效果较好，但不适于负脉冲(即胡椒点)噪声；逆谐波均值滤波器适合减少或消除脉冲噪声。当 Q 值为正时，适用于消除胡椒噪声；当 Q 值为负时，适用于消除盐点噪声；$Q=0$ 时，逆谐波滤波器蜕变为算术均值滤波器；$Q=-1$ 时，逆谐波滤波器蜕变为谐波均值滤波器。

(2) 顺序统计滤波器

顺序统计滤波器的输出基于由滤波器包围的图像区域中像素点的排序，滤波器在任何点的输出由排序结果决定。几种常用的顺序滤波器方程如下。

- 中值滤波器

$$\hat{f}(x,y)=\underset{(s,t)\in S_{xy}}{\text{median}}\{g(s,t)\} \tag{4.85}$$

- 最大值滤波器

$$\hat{f}(x,y)=\max_{(s,t)\in S_{xy}}\{g(s,t)\} \tag{4.86}$$

- 最小值滤波器

$$\hat{f}(x,y)=\min_{(s,t)\in S_{xy}}\{g(s,t)\} \tag{4.87}$$

- 中点滤波器

$$\hat{f}(x,y)=\frac{1}{2}\Big[\max_{(s,t)\in S_{xy}}\{g(s,t)\}+\min_{(s,t)\in S_{xy}}\{g(s,t)\}\Big] \tag{4.88}$$

其中，最著名的顺序统计滤波器是**中值滤波器**，正如第 3 章所介绍的那样，它对很多随即噪声都有良好的去噪能力，且在相同尺寸下比线性平滑滤波器引起的模糊更小。最大值滤波器在发现图像中的最亮点时是非常有用的，同时特别适用于消除胡椒噪声；而最小值滤波器在发现图像中的最暗点时是非常有用的，同时特别适用于消除盐噪声；中点滤波器将顺序统计和求均值相结合，对于高斯和均匀随即分布噪声有最好的效果。

图 4.14(a)是一幅风景图像，图 4.14(b)是图 4.14(a)受椒盐噪声污染的图像，图 4.14 (c)～图 4.14(f)分别是上述四种顺序统计滤波器对图 4.14(b)实施复原处理的结果。其中中值滤波器与中点滤波器效果明显，而最小值和最大值滤波器则根本不适合滤除椒盐噪声。

(a) 原始图像

(b) 椒盐噪声污染的图像

(c) 中值滤波图像

(d) 中点滤波图像

(e) 最小值滤波图像

(f) 最大值滤波图像

图 4.14 顺序统计滤波器比较

另一种有特色的顺序统计滤波器是修正后的阿尔法均值滤波器。假设 S_{xy} 领域内去掉 $d/2$ 个最高灰度值，去掉 $d/2$ 个最低灰度值。用 $g_r(s,t)$ 表示剩余的 $mn-d$ 个像素，则修真后的阿尔法均值滤波器就由剩余像素点的平均灰度值来代替点 (x, y) 的灰度值，即

$$\hat{f}(x,y)=\frac{1}{mn-d}\sum_{(s,t)\in S_{xy}}g_r(s,t) \tag{4.89}$$

其中，d 可以取 $0\sim mn-1$ 之间的任意数。当 $d=0$ 时，修正后的阿尔法均值滤波器非常适用于包含多种噪声的场合。

3. *频域滤波复原*

周期噪声是在图像获取过程中从电力或机电干扰中产生的，这是唯一的一种空间依赖型噪声。可以通过专用的带阻、带通和陷波滤波器来削减或消除周期性噪声干扰。其中带阻和带通滤波器已经在第 3 章中介绍过，此处仅简要介绍陷波滤波器。陷波滤波器阻止(或通过)事先定义的中心频率邻域内的频率分量。

半径为 D_0、中心在 (u_0, v_0)，且在 $(-u_0, -v_0)$ 对称的理想陷波带阻滤波器的传递函数为

$$H(u,v)=\begin{cases}0 & D_1(u,v)\leqslant D_0, D_2(u,v)\leqslant D_0\\ 1 & \text{其他}\end{cases} \tag{4.90}$$

n 阶巴特沃斯陷波带阻滤波器的传递函数为

$$H(u,v)=\frac{1}{1+\left[\dfrac{{D_0}^2}{D_1(u,v)D_2(u,v)}\right]^n} \tag{4.91}$$

高斯陷波带阻滤波器的传递函数为

$$H(u,v)=1-\mathrm{e}^{-\frac{1}{2}\left[\frac{D_1(u,v)D_2(u,v)}{{D_0}^2}\right]} \tag{4.92}$$

其中，$D_1(u,v)=[(u-M/2-u_0)^2+(v-N/2-v_0)^2]^{\frac{1}{2}}$，$D_2(u,v)=[(u-M/2+u_0)^2+(v-N/2+v_0)^2]^{\frac{1}{2}}$。当 $u_0=v_0=0$ 时，这三个滤波器都变为高通滤波器。

图 4.15 显示了理想的、一阶巴特沃斯和高斯陷波带阻滤波器传递函数的三维透视图。必须指出，由于傅里叶变换是对称的，要获得有效结果，陷波滤波器必须以关于原点对称的形式出现，除非它位于原点处。此外，为了说明起见，上述陷波滤波器传递函数和图 4.15 中都只列出了一对，但是可实现任意对陷波滤波器。同时，陷波区域的形状也是任意的，如矩形、多边形等。

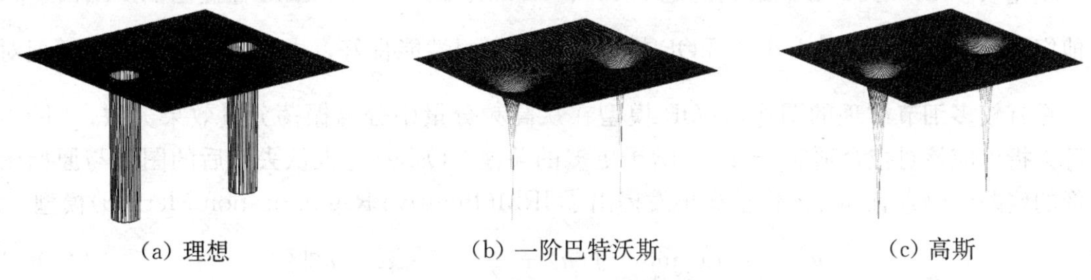
(a) 理想　　(b) 一阶巴特沃斯　　(c) 高斯

图 4.15　陷波带阻滤波器透视图

类似于第 3 章对带阻滤波器的讨论，我们可以由上述陷波带阻滤波器获得陷波带通滤波器。设 $H_{nr}(u,v)$为陷波带阻滤波器的传递函数，$H_{np}(u,v)$为陷波带通滤波器的传递函数，有

$$H_{np}(u,v) = 1 - H_{nr}(u,v) \tag{4.93}$$

同理，当 $u_0 = v_0 = 0$ 时，陷波带通滤波器变为低通滤波器。

图 4.16 显示了理想、一阶巴特沃斯和高斯陷波带通滤波器传递函数的三维透视图，其中图 4.16(a)为三对理想陷波带通滤波器；图 4.16(b)为两对一阶巴特沃斯陷波带通滤波器；图 4.16(c)为两对高斯陷波带通滤波器。

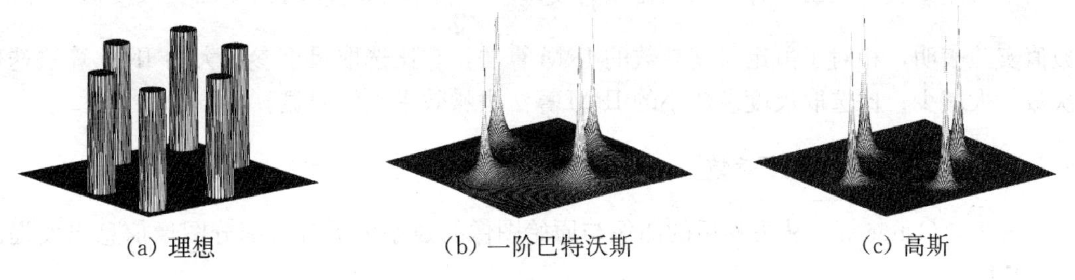
(a) 理想　　(b) 一阶巴特沃斯　　(c) 高斯

图 4.16　陷波带通滤波器透视图

4.3　一种变尺度参数的 IRM 去噪算法

图像去噪是图像处理中的经典问题，各种各样的方法如线性滤波、小波阈值滤波、基于偏微分方程的变分方法等用于去噪都取得了良好的效果。经过实践发现，在噪声项中也有有用的信息。故在本节中考虑含有加性高斯噪声的去噪问题。

假设输入图像 $f(x,y)$：$\Omega \to \mathbb{R}$ 由原始图像和噪声组成，即分解式为

$$f(x,y) = g(x,y) + n(x,y) \tag{4.94}$$

其中，$g(x,y)$是不含噪声的图像，$n(x,y)$是含有高斯噪声的图像，即 $n(x,y) \sim (0, \delta^2)$，$(x,y) \in \Omega$。

经典的变分去噪模型为

$$u = \arg\min_{u \in BV(\Omega)} \{J(u) + \lambda \| f - u \|_2^2\} \tag{4.95}$$

其中，$BV(\Omega)$是关于Ω的函数空间；$J(u)$是正则化项，$\| f-u \|_2^2$是拟合项，尺度参数$\lambda>0$是两者之间的平衡。显然正则化项可以包含图像的先验信息，因而大量的研究集中于正则化项$J(u)$，其中影响最大的是1992年Rudin、Osher和Fatem等提出的FOR模型，他们取$J(u)=\iint_\Omega |\nabla u| \mathrm{d}x\mathrm{d}y$，FOR模型由于其保边性能良好，去噪效果非常明显，但对于具有较多细节纹理的图像，FOR模型在从高频分量中分离振荡分量效果欠缺，Meyer等人指出应该对拟合项$\| f-u \|_2^2$给予更多的关注。Osher等人从去噪后的图像与原始图像的残差中仍含有部分图像信息出发提出了IRM(Iterative Regularization Method)模型：

$$u_{k+1} = \arg\min_{u \in BV(\Omega)} \{J(u) + \frac{\lambda}{2} \| f + v_k - u \|_2^2\} \tag{4.96a}$$

$$v_{k+1} = v_k + f - u_{k+1} \tag{4.96b}$$

IRM模型由于对图像的残差进行了迭代，对于细节纹理有更强的处理，因而比FOR模型效果更好。同样地，IRM模型的去噪效果依赖于尺度参数λ，文中作者指出，尺度参数λ取得偏大，则迭代次数较小就可以达到停止准则，但可能过快地趋于含噪图像，从而去噪效果欠佳；λ取得偏小，则迭代次数会增多。Hao给出了IRM模型在小波域中当正则化项为$J(\bar{u})=\iint_\Omega |\bar{u}| \mathrm{d}x\mathrm{d}y$的变尺度参数方法，其中$\bar{u}$表示$u$的小波变换；当为其他情形时，确定尺度参数更为困难。

本文中，我们提出一种当正则化项为$J(u)=\iint_\Omega |\nabla u| \mathrm{d}x\mathrm{d}y$时去噪的变尺度参数方法。数值实验表明，相对于恒定尺度参数的IRM算法，它比选取尺度参数大的IRM算法迭代次数大大减少；比选取尺度参数小的IRM算法去噪效果更为明显。

4.3.1 IRM模型及其尺度参数

最近，Osher等人从去噪后的图像与原始图像的残差里仍含有部分图像信息出发提出了IRM模型。

对于$p \in \partial J(v)$，定义非负量

$$D^p(u,v) \equiv D_J^p(u,v) \equiv J(u) - J(v) - \langle p, u-v \rangle \tag{4.97}$$

则方程(4.96)可以表示为

$$u_{k+1} = \arg\min_{u \in BV(\Omega)} D^{p_k}(u,u_k) + \frac{\lambda}{2} \| f - u \|_2^2\} \tag{4.98a}$$

$$p_{k+1} = p_k + f - u_{k+1} \tag{4.98b}$$

其中，$u_0=0$，而$D^{p_k}(u,u_k)$可以很好地度量信号(图像)的奇异能量；随着迭代步数k的增加，序列$\{u_k\}$趋于含噪图像f。

我们知道，序列$\{u_k\}$满足：序列$\{u_k-f\}$是单调不增的，即$\| u_k-f \|_{L^2}^2 \leqslant \| u_{k-1}-f \|_{L^2}^2$，并且假如$f \in BV(\Omega)$，则$\| u_k - f \|_{L^2}^2 \leqslant \frac{J(f)}{k}$，即$u_k$以$\frac{1}{k}$的速度收敛于$f$；当然，

收敛结果对于作为一种去噪方法并没有给予特定的信息。并且我们还知道，对于 $g\in BV(\Omega)$，$\gamma>1$，假如有 $\|u_k-f\|_{L^2}\geqslant\gamma\|g-f\|_{L^2}$，则 $D(g,u_k)\geqslant D(g,u_{k-1})$。也就是说只要 $\|u_k-f\|_{L^2}\geqslant\gamma\sigma$，那么 $D(g,u_k)$ 单调下降，所以它可以用来作为算法的停止准则。

4.3.2 变尺度参数的 IRM 模型

与其他正则化方法一样，尺度参数 λ 是正则化项和拟合项之间的平衡，尺度参数 λ 越大，则正则化作用越强，反之亦然。

(1) 变尺度参数理论的推导

对于 IRM 模型，尺度参数 λ 取得偏大，则迭代次数较小就可以达到停止准则，但可能过快地趋于含噪图像，从而去噪效果不理想；λ 取得偏小，则迭代次数会增多。因此选择一个很好的 λ 就成为一个重要的问题，Xu 等人于 2007 年将 ISS 算法运用于小波域去噪时也遇到同样的问题；Hao 和 Liu 等人将 IRM 算法应用于磁共振重建时也同样存在这样的问题。下面提出一种当正则化项为 $J(u)=\iint_\Omega|\nabla u|\mathrm{d}x\mathrm{d}y$ 时去噪的变尺度参数方法。

对式(4.96a)进行求导，得到欧拉-拉格朗日方程

$$\nabla\cdot\left(\frac{1}{|\nabla u|}\nabla u^*\right)+\lambda(f+v_k-u)=0 \tag{4.99}$$

记 u^* 和 v^* 分别为其最优解，则有 $\nabla\cdot\left(\frac{1}{|\nabla u^*|}\nabla u*\right)+\lambda(f+v^*-u^*)=0$，对其两边同乘以 $\nabla\cdot\left(\frac{1}{|\nabla u^*|}\nabla u^*\right)$，得

$$\begin{aligned}&\iint_\Omega\nabla\cdot\left(\frac{1}{|\nabla u^*|}\nabla u^*\right)\nabla\cdot\left(\frac{1}{|\nabla u^*|}\nabla u^*\right)\mathrm{d}x\mathrm{d}y+\\&\lambda\iint\nabla\cdot\left(\frac{1}{|\nabla u^*|}\nabla u^*\right)(f+v^*-u^*)\mathrm{d}x\mathrm{d}y=0\end{aligned} \tag{4.100}$$

这样可以求得

$$\lambda=\frac{\iint_\Omega\nabla\cdot\left(\frac{1}{|\nabla u^*|}\nabla u^*\right)\nabla\cdot\left(\frac{1}{|\nabla u^*|}\nabla u^*\right)\mathrm{d}x\mathrm{d}y}{\iint_\Omega\nabla\cdot\left(\frac{1}{|\nabla u^*|}\nabla u^*\right)(u^*-f-v^*)\mathrm{d}x\mathrm{d}y} \tag{4.101}$$

在数值迭代时，对 λ 进行更新，这样得到了变尺度参数的迭代：

$$\lambda_{k+1}=\frac{\iint_\Omega\nabla\cdot\left(\frac{1}{|\nabla u_k|}\nabla u_k\right)\nabla\cdot\left(\frac{1}{|\nabla u_k|}\nabla u_k\right)\mathrm{d}x\mathrm{d}y}{\iint_\Omega\nabla\cdot\left(\frac{1}{|\nabla u_k|}\nabla u_k\right)(u_k-f-v_k)\mathrm{d}x\mathrm{d}y} \tag{4.102a}$$

$$u_{k+1}=\arg\min_{u\in BV(\Omega)}\{|\nabla u|+\lambda_{k+1}\|f+v_k-u\|_2^2\} \tag{4.102b}$$

$$v_{k+1}=v_k+(f-u_{k+1}) \tag{4.102c}$$

在这里，得到了自适应的尺度值 λ_{k+1}，其中当 $k\to\infty$ 时收敛。

(2) 初始尺度参数 λ 的推导

在数值实验中发现，在算法中迭代初始值 $u_0=0$，$v_0=0$ 会使每一步的 λ 无法计算，导致迭代无法进行。

我们任意给定一个尺度参数值 λ^0，迭代若干步后计算每一步的 $\tilde{\lambda}_k$，即当 k 为步数时，有

$$\tilde{\lambda}_k=\frac{\iint_{\Omega}\nabla\cdot\left(\frac{1}{|\nabla u_k|}\nabla u_k\right)\nabla\cdot\left(\frac{1}{|\nabla u_k|}\nabla u_k\right)\mathrm{d}x\mathrm{d}y}{\iint_{\Omega}\nabla\cdot\left(\frac{1}{|\nabla u_k|}\nabla u_k\right)(u_k-f-v_k)\mathrm{d}x\mathrm{d}y} \tag{4.103}$$

得到一个序列值 $\{\tilde{\lambda}_k\}$。观察到对于任意给定的初始值(λ_0，λ_1 或 λ_2)，有如下重要的规律。

1) 当 $\lambda_0\leqslant\lambda_1$ 时，序列 $\{\tilde{\lambda}_k\}$ 呈单调下降(见图 4.17(c))；

2) 当 $\lambda_2\geqslant\lambda_0>\lambda_1$ 时，序列 $\{\tilde{\lambda}_k\}$ 刚开始时单调下降，后又上升趋于 λ_0 本身(见图 4.17(b))；

3) 当 $\lambda_0>\lambda_2$ 时，序列 $\{\tilde{\lambda}_k\}$ 呈单调上升(见图 4.17(a))。

事实上，$\{\tilde{\lambda}_k\}$ 可以从某种程度上反映图像的“复杂性”，这与我们的直觉很相符，当 λ_0 偏小，侧重于“光滑”作用，随着迭代的进行，导致 $\{\tilde{\lambda}_k\}$ 逐渐下降；反之，当 λ_0 偏大，侧重于“趋噪”作用，随着迭代的进行，导致 $\{\tilde{\lambda}_k\}$ 逐渐上升，因而可以根据 $\{\tilde{\lambda}_k\}$ 的趋势确定变尺度参数方法的初始值。

1) 序列 $\{\tilde{\lambda}_k\}$ 刚开始时单调下降，则判断出任意选取的尺度参数值 λ_0 出现了情形 1)或情形 2)，将迭代两步或三步得到的值 $\tilde{\lambda}_2$ 或 $\tilde{\lambda}_3$ 的作为变尺度参数方法的初始值即可；

2) 序列 $\{\tilde{\lambda}_k\}$ 呈单调上升，则判断出任意选取的尺度参数值 λ_0 出现了情形 3)，则可以将迭代一步得到的值 $\tilde{\lambda}_1$ 作为变尺度参数方法的初始值或者将 λ_0 除以一个大于 1 的常数使其下降转化为情形 1)或情形 2)。

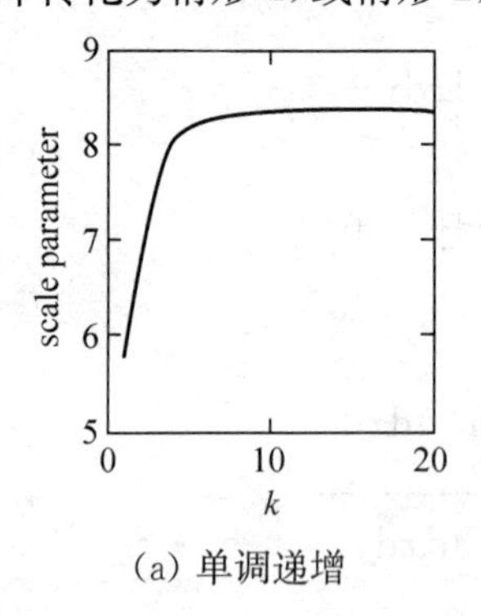

(a) 单调递增

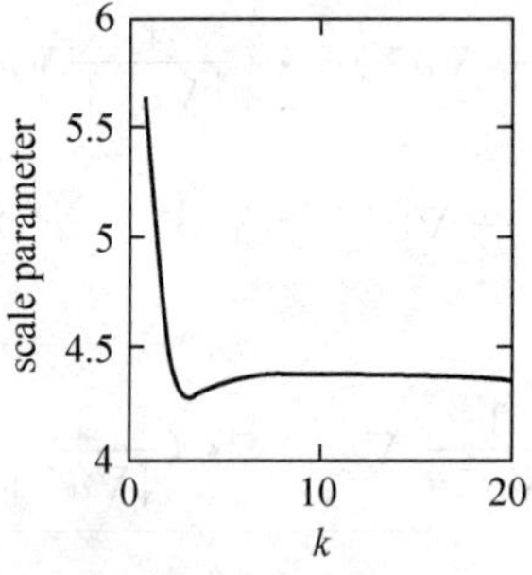

(b) 随 k 值先减后增

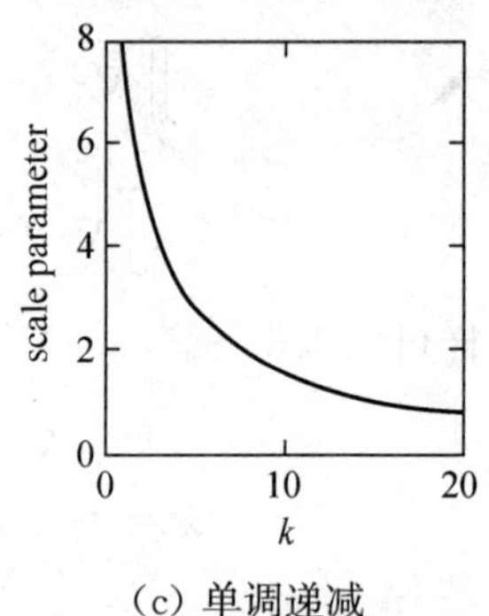

(c) 单调递减

图 4.17 尺度参数的变化趋势

以图像‘Barbara’为例，我们得到当尺度参数为 $\lambda_0=8.33$，$\lambda_0=4.35$，$\lambda_0=0.013$ 时序列 $\{\lambda_k'\}$ 的趋势，如图 4.17 所示。

(3) 变尺度参数的 IRM 算法框架

综合上述两点，我们得到变尺度参数的 IRM 算法框架如下：

$$\begin{cases}u_{j+1}=\arg\min\limits_{u\in BV(\Omega)}\left\{J(u)+\dfrac{\lambda_0}{2}\|f+v_j-u\|_2^2\right\}\\ v_{j+1}=v_j+f-u_{j+1}\end{cases} \tag{4.104}$$

1) 步骤 1：根据式(4.103)，任意取定一个尺度参数值 λ_0，迭代公式 4.114 数步(通常 3 步)。计算每一步的 $\tilde{\lambda}_k$，观察判断 $\{\lambda'_k\}$ 的趋势，依据上述所讲的规律，得到变尺度参数方法的初始尺度参数值；

2) 步骤 2：根据式(4.102)和初始值 $u_0=0$，$v_0=0$ 及初始尺度参数值，循环计算 u_{k+1}、v_{k+1} 和 λ_{k+1}，直至满足停止准则 $\| f-u_k \| \leqslant \sigma$，得到去噪图像 u_k。

4.3.3 实验结果与分析

在进行数值实现时，修改以下两点。

1) 因为 $J(u)=\iint_{\Omega} |\nabla u| \mathrm{d}x\mathrm{d}y$ 不可微，所以在计算中用 $J_\varepsilon(u)=\iint_{\Omega} \sqrt{|\nabla u|^2+\varepsilon^2}\mathrm{d}x\mathrm{d}y$ 近似替代。这样不仅数值上更好实现，而且一定程度上减弱了“阶梯”(staircase)效应。

2) 在算法中，我们使用差异准则作为停止条件，即当满足 $\| f-u_k \| \leqslant \sigma$ 时，算法停止迭代。本文中，我们使用基于对偶原理的 Chambolle 算法，迭代单元间隔为 $\tau=0.2$。而对于去噪效果用峰值信噪比(Peak Signal-to-Noise-Ratio ，PSNR)来衡量，即

$$\mathrm{PSNR}=10*\log_{10}\left(\frac{255^2}{\frac{1}{MN}\sum_{m=1}^{M}\sum_{n=1}^{N}(f_{mn}-u_{mn})^2}\right) \tag{4.105}$$

其中，f 和 u 分别为原图像和处理图像。

1. 收敛性分析

(1) 恒定尺度参数偏小的情形

图 4.18 显示的是当 λ 比较小时对含有高斯白噪声 $\sigma=20$ 的图像“cameraman”进行去噪的结果，图 4.18 中第一行是用恒定尺度参数 $\lambda=0.67$ 迭代至第 1，5，15，21 步的图像。可以看出要经过 15 步才能到达停止准则，第二行是用变尺度参数的 IRM 模型迭代至第 1，2，3，5 步的图像。即首先使用恒定尺度参数 $\lambda_0=0.67$ 迭代三步，序列 $\{\lambda'_k\}$ 呈单调下降(见图 4.18(i))，然后选取第 2 步迭代的 $\lambda'_2=5.74$ 作为初始值进行变尺度参数方法的迭代。图 4.18(j)和图 4.18(k)分别显示使用恒定尺度参数的迭代次数为 15 步，使用变尺度参数的迭代次数为 5 步(加上选取初始尺度参数所用的 3 步)。这充分说明我们提出的变尺度参数的 IRM 模型具有非常快的收敛性。

(a) $k=1$，PSNR=19.7dB

(b) $k=5$，PSNR =25.1dB

(c) $k=15$，PSNR=30dB

(d) $k=21$，PSNR=28.8dB

图 4.18 恒定尺度参数和变尺度参数的去噪效果

(e) $k=1$，PSNR=25dB

(f) $k=2$，PSNR=30.2dB

(g) $k=3$，PSNR=28.3dB

(h) $k=5$，PSNR=25.4dB

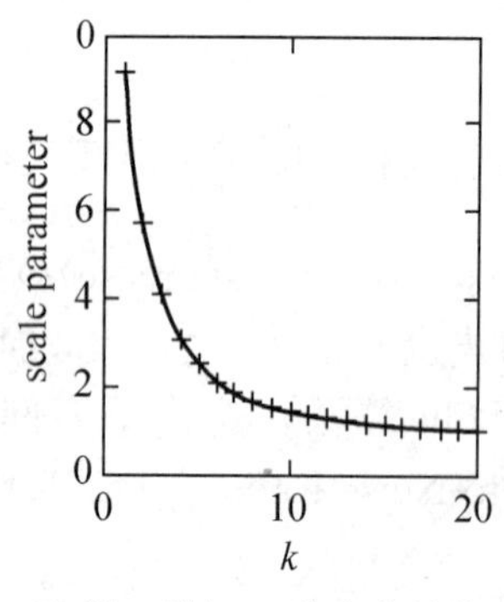

(i) 随 k 增加 λ_k 的变化趋势

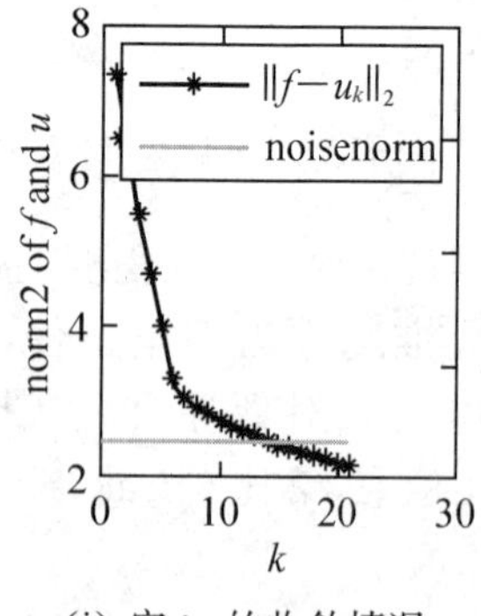

(j) 定 λ_k 的收敛情况

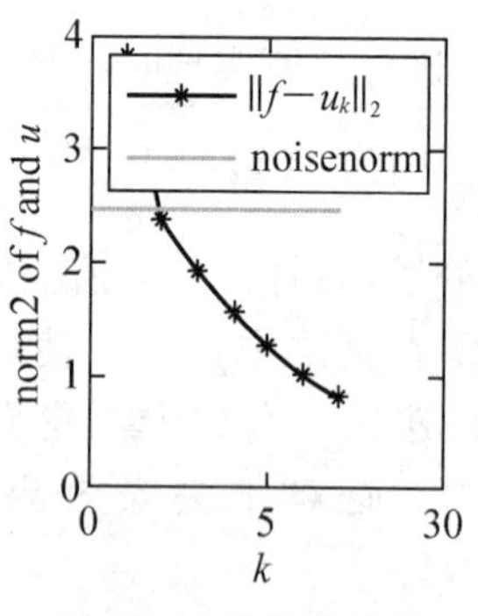

(k) 变 λ_k 的收敛情况

图 4.18　恒定尺度参数和变尺度参数的去噪效果(续)

(2) 恒定尺度参数偏大的情形

当 λ 比较大时，图 4.19 中第一行是用恒定尺度参数 $\lambda=10$ 迭代至第 1，2，15，21 步的图像。由于 λ 较大，可以看出迭代很快到达停止准则，但去噪效果欠佳。

第二行是使用变尺度参数迭代至第 1，2，3，5 步的图像。首先使用恒定尺度参数 $\lambda_0=10$ 迭代 3 步，序列 $\{\lambda_k'\}$ 呈单调上升(见图 4.19(i))，然后选取第一步迭代的 $\lambda_1'=7.84$ 作为初始值进行变尺度参数方法的迭代。可以看出我们提出的方法要比恒定尺度参数的去噪效果要提高很多，图 4.19(j)和图 4.19(k)分别显示 IRM 模型分别使用恒定尺度参数和变尺度参数的迭代步数。在这种情况下，我们的方法收敛性也是非常好的。

(a) $k=1$，PSNR=27.2dB

(b) $k=2$，PSNR=28.7dB

(c) $k=15$，PSNR=23.5dB

(d) $k=21$，PSNR=23.5dB

(e) $k=1$，PSNR=26.3dB

(f) $k=2$，PSNR=30.2dB

(g) $k=3$，PSNR=28.4dB

(h) $k=5$，PSNR=25.6dB

图 4.19　恒定尺度参数和变尺度参数的去噪效果

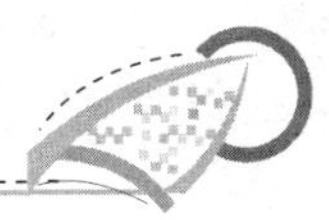

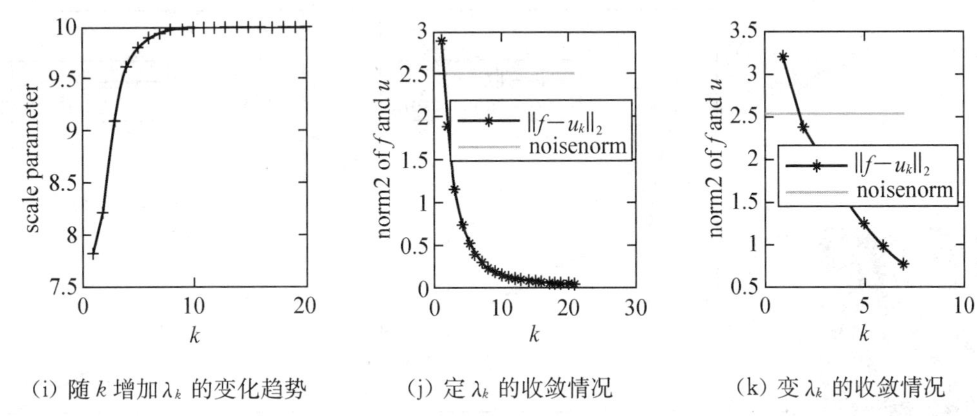

（i）随 k 增加 λ_k 的变化趋势　（j）定 λ_k 的收敛情况　（k）变 λ_k 的收敛情况

图 4.19　恒定尺度参数和变尺度参数的去噪效果(续)

2. 保持纹理分析

下面对含有高斯白噪声 $\sigma=25.5$ 的图像‘Barbara’（见图 4.20）进行去噪。其中第一行是用恒定尺度参数 $\lambda=1$ 的 IRM 模型迭代至第 1，3，11 和 13 步的图像；第二行是用变尺度参数的 IRM 模型迭代至第 1，2，3 和 5 步的图像。取定初始尺度参数为 $\lambda_1=1$；从中可以看出两者的去噪效果差不多，但图 4.20 中显示使用恒定尺度参数的迭代次数(13 步)要比变尺度参数的迭代次数(三步)多的多且保持比较好的纹理特征。

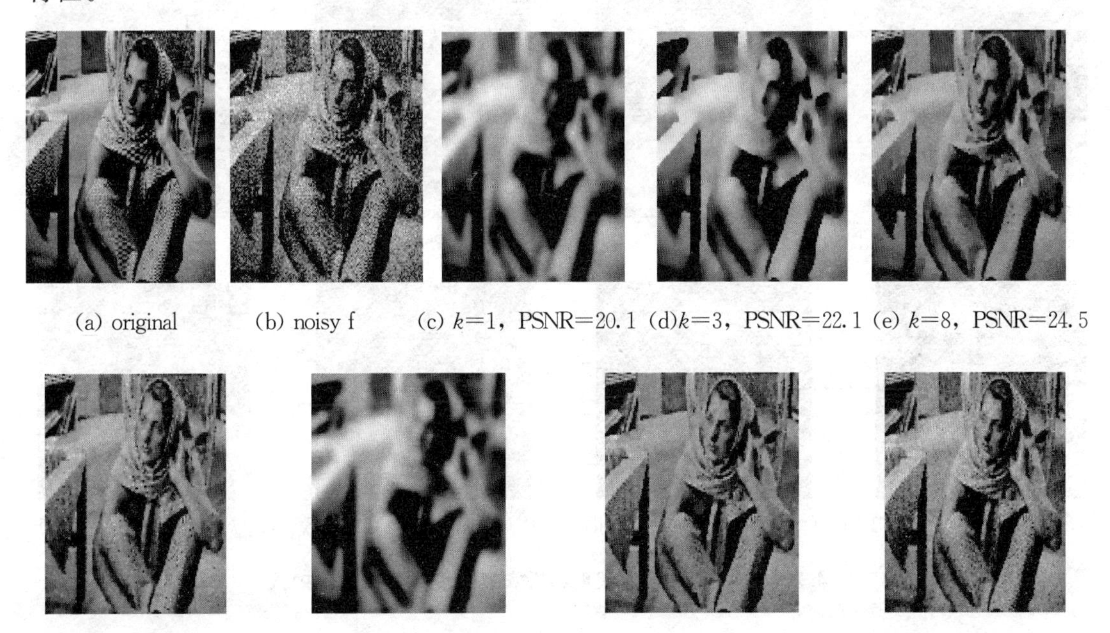

(a) original　(b) noisy f　(c) $k=1$，PSNR=20.1　(d) $k=3$，PSNR=22.1　(e) $k=8$，PSNR=24.5

(f) $k=12$，PSNR=26.1　(g) $k=1$，PSNR=22.5　(h) $k=2$，PSNR=25.2　(i) $k=3$，PSNR=26.2

图 4.20　分别采用恒定尺度参数和变尺度参数的去噪效果

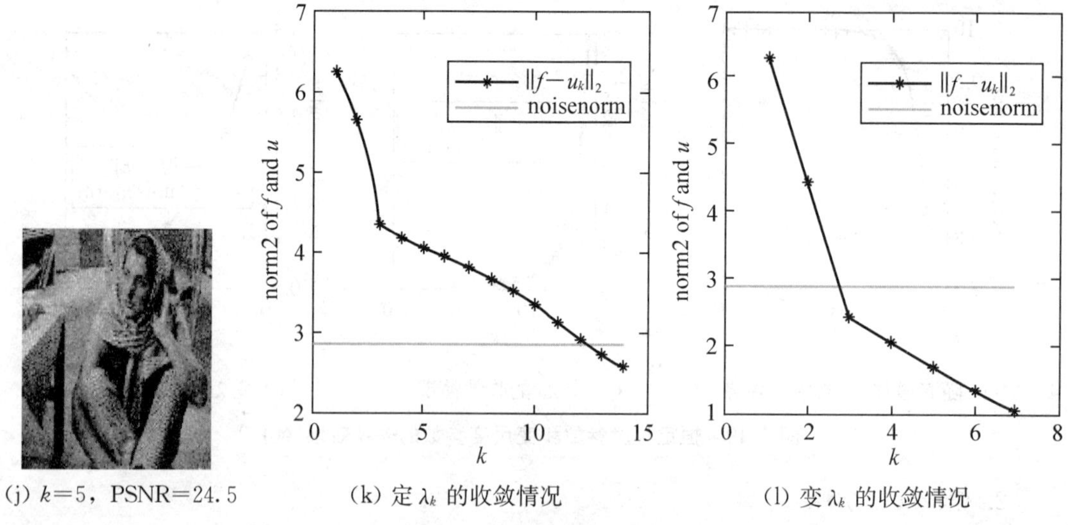

(j) $k=5$，PSNR=24.5　　(k) 定 λ_k 的收敛情况　　(l) 变 λ_k 的收敛情况

图 4.20　分别采用恒定尺度参数和变尺度参数的去噪效果(续)

3. MRI 图像去噪

图 4.21 显示的是对含有高斯白噪声 $\sigma=53.83$ 的 MRI 图像“MRI_Coronal_Brain”进行去噪实验。第一行是用恒定尺度参数 $\lambda=0.33$ 迭代至第 1，5，11 和 18 步的图像，可以看出要经过 11 步才能到达停止准则，而我们提出的方法中需要迭代 5 步就可以了。

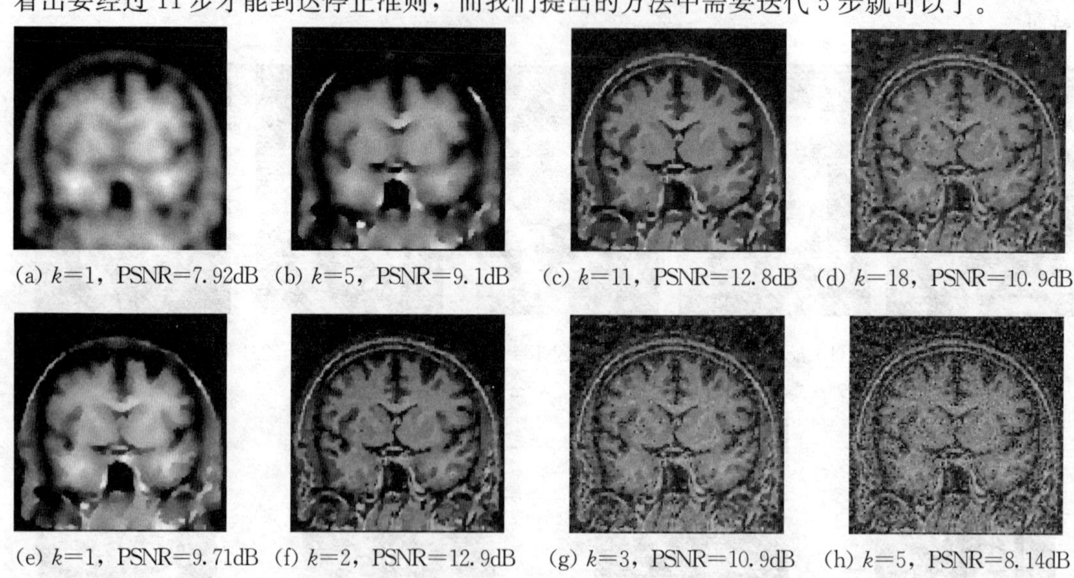

(a) $k=1$，PSNR=7.92dB　(b) $k=5$，PSNR=9.1dB　(c) $k=11$，PSNR=12.8dB　(d) $k=18$，PSNR=10.9dB

(e) $k=1$，PSNR=9.71dB　(f) $k=2$，PSNR=12.9dB　(g) $k=3$，PSNR=10.9dB　(h) $k=5$，PSNR=8.14dB

图 4.21　分别使用恒定尺度参数和变尺度参数的去噪效果

4.4　基于逆尺度空间和 Contourlet 阈值的 MRI 重建方法

磁共振成像(MRI)是在将 MR 信号采集到傅里叶变换频率空间(K 空间)中，再经过图像重建得到所需医学图像的过程，自从 Lauterbur 在 1973 年采用径向方式采集 MRI 数据，

使用 X-CT 中的反投影重建方法重建得到第一张图像以来，无论在成像质量还是在成像速度上，MRI 成像技术都取得了长足的进步，重建算法的设计与改进在这其中起了关键的作用。但重建效果差强人意，原因比较复杂。为此，有必要对 MRI 重建进行研究。

本文利用压缩感知，通过改进逆尺度空间(噪声项)求 1-范数问题(L1-minimization)，结合 Contourlet 变换提出了一种新的 MRI 重建方法，其速度和精度上都有一定的优势。

我们知道，压缩感知理论与传统奈奎斯特采样定理不同，它指出只要信号是可压缩的或在某个变换域是稀疏的，那么就可以用一个与变换基不相关的观测矩阵将变换所得高维信号投影到一个低维空间上，然后通过求解一个优化问题就可以从这些少量的投影中以高概率重构出原信号，可以证明这样的投影包含了重构信号的足够信息。在该理论框架下，采样速率不决定于信号的带宽，而决定于信息在信号中的结构和内容。事实上，压缩感知理论的某些抽象结论源于 Kashin 创立的泛函分析论。最近由 Candès、Romberg、Tao 和 Donoho 等人构造了具体的算法并且通过研究表明了这一理论的巨大应用前景。

从信号分析角度来讲，傅里叶变换是信号和数字图像处理的理论基础，小波分析将信号和数字图像处理带入到一个崭新的领域。多尺度几何分析是继小波分析后的新一代信号分析工具，它具有多分辨、局部化和多方向性等优良特性，更适合于处理图像等高维信号。这些研究工作都为压缩感知理论奠定了基础。

显然，在压缩感知理论中，图像/信号的采样和压缩同时以低速率进行，使传感器的采样和计算成本大大降低，而信号的恢复过程是一个优化计算的过程。因此，该理论指出了将模拟信号直接采样压缩为数字形式的有效途径，具有直接信息采样特性。由于从理论上讲任何信号都具有可压缩性，只要能找到其相应的稀疏表示空间，就可以有效地进行压缩采样，这一理论必将给信号采样方法带来一次新的革命。

4.4.1 压缩感知理论框架

(1) 问题描述

考虑一个实值的有限长一维离散时间信号 f，可以看做一个 R^N空间 $N\times1$ 的维的列向量，元素为 $f(n)$，$n=1,2,\cdots,N$。R^N空间的任何信号都可以用 $N\times1$ 维的基向量 $\{\boldsymbol{\psi}_i\}_{i-1}^N$ 的线性组合表示。为简化问题，假定这些基是规范正交的。把向量 $\{\boldsymbol{\psi}_i\}_{i-1}^N$ 作为列向量形成 $N\times N$ 的基矩阵 $\boldsymbol{\Psi}=[\Psi_1,\Psi_2,\cdots,\Psi_N]$。于是任意信号 f 都可以表示为

$$f=\sum_{i-1}^{N}\theta_i\boldsymbol{\psi}_i \quad 或 \quad f=\boldsymbol{\psi\Theta} \tag{4.106}$$

其中，$\boldsymbol{\Theta}$ 是投影系数 $\boldsymbol{\Theta}=[\theta_i]=[<f,\boldsymbol{\psi}_i>]$ 构成的 $N\times1$ 的列向量。显然，f 和 Θ 是同一个信号的等价表示，f 是信号在时域的表示，$\boldsymbol{\Theta}$ 则是信号在 $\boldsymbol{\psi}$ 域的表示。如果 $\boldsymbol{\Theta}$ 的非零个数比 N 小很多，则表明该信号是可压缩的。一般而言，可压缩信号是指可以用 K 个大系数很好地逼近的信号，即它在某个正交基下的展开的系数按一定量级呈现指数衰减，具有非常少的大系数和许多小系数。

2006 年 Candès 证明了只要信号在某一个正交空间具有稀疏性，就能以较低的频率($M\leqslant N$)采样信号，而且可以以高概率重构该信号。

首先，如果信号 $f\in R^N$ 在某个正交基或紧框架 $\boldsymbol{\Psi}$ 上是可压缩的，求出变换系数 $\boldsymbol{\Theta}=$

$\boldsymbol{\psi}^{\mathrm{T}}f$；其次，设计一个平稳的、与变换基 $\boldsymbol{\psi}$ 不相关的 $M\times N$ 维的观测矩阵 $\boldsymbol{\Phi}$，对 $\boldsymbol{\Theta}$ 进行观测得到观测集合 $Y=\boldsymbol{\Phi\Theta}=\psi^{\mathrm{T}}f$，该过程也可以表示为信号 f 通过矩阵 $\boldsymbol{A}^{cs}$ 进行非自适应观测：$Y=\boldsymbol{A}^{cs}f$，其中 $\boldsymbol{A}^{cs}=\boldsymbol{\Phi\psi}^{\mathrm{T}}$，而 $\boldsymbol{A}^{cs}$ 称为 CS 信息算子；最后，利用 0-范数意义下的优化问题求解 f 的精确或近似逼近 $\hat{f}$：

$$\min \|\boldsymbol{\psi}^{\mathrm{T}}f\|_0 \qquad \text{满足 } \boldsymbol{A}^{cs}f=\boldsymbol{\Phi\psi}^{\mathrm{T}}f=Y \tag{4.107}$$

其中，求得的向量 $\hat{f}$ 在 ψ 上的表示最稀疏。

压缩感知理论主要涉及以下几个方面的内容。

1）对于信号 $f\in R^N$，如何找到某个**正交基或紧框架** ψ，使其在 $\boldsymbol{\psi}$ 上的表示是稀疏的，即信号的稀疏表示问题；

2）如何设计一个平稳的、与变换基 $\boldsymbol{\psi}$ 不相关的 $M\times N$ 维的**观测矩阵** $\boldsymbol{\Phi}$，保证稀疏向量 $\boldsymbol{\Theta}$ 从 N 维降到 M 维时重要信息不遭破坏，即信号低速采样问题；

3）如何设计快速重构算法，从线性观测 $Y=\boldsymbol{A}^{cs}f$ 中恢复信号，即信号重构问题。

（2）信号的稀疏表示

从傅立叶变换到小波变换再到后来出现的多尺度几何分析(Ridgelet、Curvelet、Bandelet 和 Contourlet)。科学家们的研究目的均是为了研究如何在不同的函数空间为信号提供一种更加简洁、直接的分析方式，所有这些变换都旨在发掘信号的特征并稀疏表示它，或者说旨在提高信号的非线性函数逼近能力，进一步研究用某空间的一组基表示信号的稀疏程度或分解系数的能量集中程度。文献［46］给出稀疏的数学定义：信号 f 在正交基 $\boldsymbol{\psi}$ 下的变换系数向量为 $\boldsymbol{\Theta}=\boldsymbol{\psi}^{\mathrm{T}}f$，假如对于 $0<p<2$ 和 $R>0$，这些系数满足

$$\|\boldsymbol{\Theta}\|_p=(\sum_i|\theta_i|^p)^{1/p}\leqslant R \tag{4.108}$$

则说明系数向量 $\boldsymbol{\Theta}$ 在某种意义下是稀疏的。

另一种定义：如果变换系数 $\theta_i\leqslant f,\boldsymbol{\psi}_i>$ 的支撑域 $\{i：\theta_i\neq 0\}$ 的势小于等于 K，则可以说信号 f 是 K 项稀疏。

如何找到信号最佳的稀疏域，这是压缩感知理论应用的基础和前提，只有选择合适的基表示信号才能保证信号的稀疏度，从而保证信号的恢复精度。在研究信号的稀疏表示时，可以通过变换系数衰减速度来衡量变换基的稀疏表示能力。

Candès 和 Tao 研究表明，满足具有幂次(Power Law)速度衰减的信号，可利用压缩感知理论得到恢复，并且重构误差满足

$$E=\|\hat{f}-f\|_2\leqslant C_pR\,(K/\log N)^{-r} \tag{4.109}$$

其中 $r=1/p-1/2$，$0<p<1$ 和 $R>0$。

（3）观测矩阵的设计

压缩感知理论中，通过变换得到信号的稀疏系数向量 $\boldsymbol{\Theta}=\boldsymbol{\psi}^{\mathrm{T}}f$ 后，需要设计压缩采样系统的观测部分，它围绕观测矩阵 $\boldsymbol{\Phi}$ 展开。观测器的设计目的是如何采样得到 M 个观测值，并保证从中能重构出长度为 N 的信号 f 或者基 $\boldsymbol{\Psi}$ 下等价的稀疏系数向量 $\boldsymbol{\Theta}$。显然，如果观测过程破坏了 f 中的信息，重构是不可能的。观测过程实际就是利用 $M\times N$ 观测矩阵 $\boldsymbol{\Phi}$ 的 M 个行向量 $\{\boldsymbol{\varphi}_j\}_{j=1}^M$ 对稀疏系数向量进行投影，即计算 $\boldsymbol{\Theta}$ 和各个观测向量 $\{\boldsymbol{\varphi}_j\}_{j=1}^M$ 之间的内积，得到 M 个观测值 $y_j=\langle\boldsymbol{\Theta},\varphi_j\rangle\ (j=1,2,\cdots,M)$，记观测向量 $Y=$

$(y_1, y_2, \cdots, y_M)$，即

$$Y = \boldsymbol{\Phi\Theta} = \boldsymbol{\Theta\psi}^{\mathrm{T}} f = \boldsymbol{A}^{cs} f \tag{4.110}$$

这里，采样过程是非自适应的。也就是说，$\boldsymbol{\Phi}$ 无须根据信号 f 而变化，观测的不再是信号的点采样而是信号的更一般的 K 线性泛函。

对于给定的 Y 从式(4.110)中求出 $\boldsymbol{\Theta}$ 是一个线性规划问题，但由于 $M \leqslant N$，即方程的个数少于未知数的个数，这是一个欠定问题。一般来讲无确定解。然而，如果 $\boldsymbol{\Theta}$ 具有 K-项稀疏性($K \leqslant M$)，则该问题有望求出确定解。此时，只要设法确定出 $\boldsymbol{\Theta}$ 中的 K 个非零系数 θ_i 的合适位置，由于观测向量 Y 是这些非零系数 θ_i 对应 $\boldsymbol{\Phi}$ 的 K 个列向量的线性组合，从而可以形成一个 $M \times K$ 的线性方程组来求解这些非零项的具体值。对此，有限等距性质(Restricted Isometry Property，RIP)给出了存在确定解的充要条件。这个充要条件和 Candès、Tao 等人提出的稀疏信号在观测矩阵作用下必须保持的几何性质相一致。即要想使信号完全重构，必须保证观测矩阵不会把两个不同的 K-项稀疏信号映射到同一个采样集合中，这就要求从观测矩阵中抽取的每 M 个列向量构成的矩阵是非奇异的。

从中可以看出，问题的关键是如何确定非零系数的位置来构造出一个可解的 $M \times K$ 线性方程组。然而，判断给定的 $\boldsymbol{A}^{cs}$ 是否具有 RIP 性质是一个组合复杂度问题。为了降低问题的复杂度，能否找到一种易于实现 RIP 条件的替代方法成为构造观测矩阵 $\boldsymbol{\Phi}$ 的关键。

文献 [50] 指出如果保证观测矩阵 $\boldsymbol{\Phi}$ 和稀疏基 $\boldsymbol{\psi}$ 不相干，则 $\boldsymbol{A}^{cs}$ 在很大概率上满足 RIP 性质。不相干是指向量 $\{\boldsymbol{\varphi}_j\}$ 不能用 $\{\boldsymbol{\psi}_j\}$ 稀疏表示。不相干性越强，互相表示时所需的系数越多；反之，相关性则越强。通过选择高斯随机矩阵 $\boldsymbol{\Phi}$ 作为即可高概率保证不相干性和 RIP 性质。例如，可以生成多个零均值、方差为 $1/N$ 的随机高斯函数，将它们作为观测矩阵 $\boldsymbol{\Phi}$ 的元素 $\boldsymbol{\varphi}_j$，使得 A^{cs} 以很高的概率具有 RIP 性质。随机高斯矩阵 $\boldsymbol{\Phi}$ 具有一个有用的性质：对于一个 $M \times N$ 的随机高斯矩阵 $\boldsymbol{\Phi}$，可以证明当 $M \geqslant cK\log(N/K)$ 时 $\boldsymbol{\Phi\psi}^{\mathrm{T}} = A^{cs}$ 在很大概率下具有 RIP 性质(其中 c 是一个很小的常数)。因此，可以从 M 个观测值 $\boldsymbol{Y} = (y_1, y_2, \cdots, y_M)$ 中以很高的概率去恢复长度为 N 的 K-项稀疏信号。总之，随机高斯矩阵与大多数固定正交基构成的矩阵不相关，这一特性决定了选其作为观测矩阵，其他正交基作为稀疏变换基时，$\boldsymbol{A}^{cs}$ 满足 RIP 性质。为进一步简化观测矩阵 $\boldsymbol{\Phi}$，在某些条件下，以随机 ± 1 为元素构成的 Rademacher 矩阵也可以证明具有 RIP 性质和普适性。

目前，对观测矩阵的研究是压缩感知理论的一个重要方面。在该理论中，对观测矩阵的约束是比较宽松的，Donoho 在文献 [42] 中给出了观测矩阵所必须具备的三个条件，并指出大部分一致分布的随机矩阵都具备这三个条件，均可作为观测矩阵，如部分 Fourier 集、部分 Hadamard 集、一致分布的随机投影(Uniform Random Projection)集等，这与对 RIP 性质进行研究得出的结论相一致。但是，使用上述各种观测矩阵进行观测后，都仅仅能保证以很高的概率去恢复信号，而不能保证百分之百地精确重构信号。对于任何稳定的重构算法是否存在一个真实的确定性的观测矩阵仍是一个有待研究的问题。文献 [49] 则从信息论角度描述了信息论与 CS 之间的联系。并指出在模拟系统中，观测噪声也是影响观测次数的重要因素，为说明这一点，作者从信息论的角度研究了稀疏信号的率失真函数，给出了观测噪声对信号重建效果的影响。

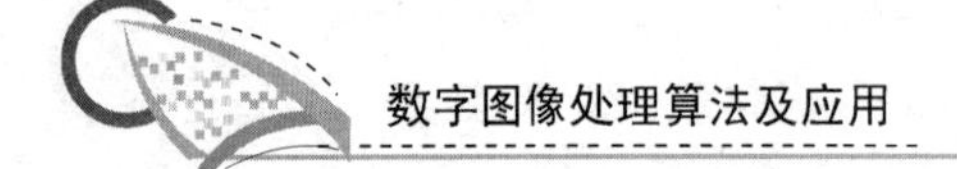

(4) 信号重构

在压缩感知理论中，由于观测数量 M 远小于信号长度 N，因此不得不面对求解欠定方程组 $\boldsymbol{Y}=\boldsymbol{A}^{cs}f$ 的问题。表面上看，求解欠定方程组似乎是无望的，但是，文献［46］和文献［50］均指出由于信号 f 是稀疏的或可压缩的，这个前提从根本上改变了问题，使得问题可解，而观测矩阵具有 RIP 性质也为从 M 个观测值中精确恢复信号提供了理论保证。为更清晰地描述压缩感知理论的信号重构问题，首先定义向量 $\boldsymbol{f}=\{f_1,f_2,\cdots,f_n\}$ 的 p-范数为

$$\|\boldsymbol{f}\|_p=(\sum_{i=1}^{N}|f_i|^p)^{1/p} \tag{4.111}$$

当 $p=0$ 时得到 0-范数，它实际上表示 f 中非零项的个数。于是，在信号 f 稀疏或可压缩的前提下，求解欠定方程组 $\boldsymbol{Y}=\boldsymbol{A}^{cs}f$ 的问题转化为最小 0-范数问题

$$\min\|\boldsymbol{\psi}^{\mathrm{T}}f\|_0 \quad 满足 \quad A^{cs}f=\boldsymbol{\Phi\psi}^{\mathrm{T}}X=Y \tag{4.112}$$

但是，它需要列出 f 中所有非零项位置的 C_N^K 种可能的线性组合，才能得到最优解。因此，求解式(4.112)的数值计算极不稳定而且是 NP 难问题。注意，这和稀疏分解问题从数学意义上讲是同样的问题。于是稀疏分解的已有算法可以应用到 CS 重构中。

Chen、Donoho 和 Saunders 指出，求解一个更加简单的 l_1 优化问题会产生同等的解(要求 $\boldsymbol{\Phi}$ 和 ψ 不相关)：

$$\min\|\boldsymbol{\psi}^{\mathrm{T}}f\|_1 \quad 满足 \quad \boldsymbol{A}^{cs}f=\boldsymbol{\Phi\psi}^{\mathrm{T}}X=Y \tag{4.113}$$

稍微的差别使得问题变成了一个凸优化问题，于是可以方便地化简为线性规划问题，典型算法代表：BP 算法。尽管 BP 算法可行，但在实际应用中存在两个问题：第一，即使是常见的图像尺寸，算法的计算复杂度也难以忍受，在采样点个数满足 $M\geqslant cK$，$c\approx\log_2(N/K+1)$时，重构计算复杂度的量级在 $\mathrm{O}(\mathrm{N}^3)$；第二，由于 1-范数无法区分稀疏系数尺度的位置，所以尽管整体上重构信号在欧氏距离上逼近原信号，但存在低尺度能量搬移到了高尺度的现象，从而容易出现一些人工效应，如一维信号会在高频出现振荡。基于上述问题，2005 年 1 月 Candè s 和 Romberg 提出了不同的信号恢复方法，该方法要求对原信号具有少量的先验知识，同时也可以对所求结果施加适当的期望特性，以约束重构信号的特性。通过在凸集上交替投影(Projections onto Convex Sets)的方法，可以快速求解线性规划问题。

Tropp 提出利用匹配追踪(MP)和正交匹配追踪(OMP)算法来求解优化问题重构信号，大大提高了计算的速度，且易于实现。树形匹配追踪(TMP)算法是 2005 年 La 和 N Do 提出的。该方法针对 BP、MP 和 OMP 方法，没有考虑信号的多尺度分解时稀疏信号在各子带位置的关系，将稀疏系数的树型结构加以利用，进一步提升了重构信号的精度和求解的速度。匹配追踪类算法都是基于贪婪迭代算法，以多于 BP 算法需要的采样数目换取计算复杂度的降低。如 OMP 算法，需要 $M\geqslant cK$，$c\approx 2\ln(N)$个采样点数才能以较高的概率恢复信号，信号重构的计算复杂度为 $O(NK^2)$。2006 年 Donoho 等人提出了分段正交匹配追踪(stage-wise OMP，StOMP)算法。它将 OMP 进行一定程度的简化，以逼近精度为代价进一步提高了计算速度(计算复杂度为 $O(N)$)，更加适合于求解大规模问题。Hale 基于分裂算子(Operator Splitting)和同伦算子(Homotopy Algorithms)，提出了求解最小 1-范数大规模问题的方法，适用于求解纠错编码、磁共振成像、NMR 波谱研究等领域的大规模问题。

在上述各种方法中，观测矩阵中的所有值都非零，这样信号采样过程的计算量是 $O(MN)$，在大规模的数据面前，这个量级还是非常大的。因此一类利用稀疏矩阵作为观测矩阵进行采样的方法出现了。

Cormode 等人提出利用分组测试和随机子集选取来估计稀疏信号的非零系数的位置和取值，该方法需要的采样数为 $M=O(K\log N)$，信号重构的计算复杂度为 $O(K\log N)$，得到重构信号的速度更快。

总之，目前为止出现的重构算法都可归入以下三大类：

1) **贪婪追踪算法**：这类方法是通过每次迭代时选择一个局部最优解来逐步逼近原始信号。这些算法包括 MP 算法、OMP 算法、分段 OMP 算法(StOMP)和正则化 OMP (ROMP)算法；

2) **凸松弛法**：这类方法通过将非凸问题转化为凸问题求解找到信号的逼近，如 BP 算法、内点法、梯度投影方法和迭代阈值法；

3) **组合算法**：这类方法要求信号的采样支持通过分组测试快速重建，如傅里叶采样链式追踪和 HHS(Heavg Hitters on Steroids)追踪等。

可以看出，每种算法都有其固有的缺点。凸松弛法重构信号所需的观测次数最少，但往往计算负担很重。贪婪追踪算法在运行时间和采样效率上都位于另两类算法之间。

由上面的分析可知，重构算法和所需的观测次数密切相关。当前，压缩感知理论的信号重构问题的研究主要集中在如何构造稳定的、计算复杂度较低的、对观测数量要求较少的重构算法来精确地恢复原信号。

4.4.2 Contourlet 变换的基本性质

对于人类视觉系统来讲，视觉皮层的接收场具有局部性、方向性和带通的特点，而且研究表明自然图像的稀疏部分具有类似于前面提到的视觉皮层的特性。这一研究结果表明了人类视觉系统是采用最小的视觉细胞来获得自然景色中必需的信息。这就表明了对于一个有效的图像表示来说，它应该是具有局部性、方向性和多分辨率的特性。

这就要求新的图像表示应该具备下面的特性：

1) 多分辨率：图像表示应该逼近图像，从粗略到精细分辨率；

2) 局部性：图像表示的基元素应该在空间域和频域中是局部性；

3) 临界采样：对于某些应用来讲，如压缩，图像表示应该形成一个基，或者是具有很小冗余度的框架；

4) 方向性：图像表示应该包含有不同方向上的不同的基方向，要比可分离小波所能够提供的方向多；

5) 各向异性：为了获得图像中的平滑轮廓，图像表示应该包含有不同比率的不同拉伸形状的基函数。

可分离小波变换能够提供前面的三个特性，要求新的图像表示方法还能够具备后两种约束条件。在获取图像中的几何信息和方向信息时，主要的挑战在于数据的离散性。

经典的矩形采样格子如同加入了一个预先设定的几何形状，这样在水平和垂直的方向上就具有较强的偏差。为了克服这一个困难，因此提出了 Contourlet 变换。

Contourlet 变换的目的是对包含有曲线奇异的分片光滑的图像提供有效的稀疏表示。一维小波变换只能够稀疏的逼近分段光滑信号，这就意味着只有较少数量的小波的基函数在不连续点附近能发现奇异性，并且相应系数的幅值较大。在二维分片光滑的图像中，奇异点既有空间特性也有方向特征，稀疏表示要求只有位于曲线奇异的附近且方向与曲线方向一致的基函数能够发觉奇异性，即在某方向上有足够多的消失矩(方向消失矩)。小波变换的关键在于设计出频率选择性好的滤波器，即低通滤波器在 $\omega=\pi$ 是有足够多的零点，这样才使得小波的基函数有足够多的消失矩。这也是 Contourlet 变换提供稀疏表示的条件之一。

Contourlet 变换是 LP 结构和 DFB 结构结合而成的二层滤波器组结构，因此既有源于 LP 和 DFB 的性质，也有组合结构的特有性质。Contourlet 变换的一些重要性质表述如下：

1) 若 LP 和 DFB 都采用完全重建滤波器，则 PDFB 能够完全重建原始图像，即能提供一个框架。

2) 若 LP 和 DFB 都用正交滤波器实现，则 PDFB 提供框架界为 1 的紧框架。

3) PDFB 结构的冗余来源于 LP 且与 LP 的冗余度相同，上限为 4/3。这是因为方向滤波器组是临界采样的，所以 Contourlet 变换的冗余度就等于拉普拉斯金字塔的冗余度，为 $1+\sum_{j=1}^{J}(1/4)^{j}<4/3$；

4) 若将 LP 的第 j 层分解得到的高通子带输入 l_j 级二叉树 DFB 结构($j=1,2,\cdots,J$，其中 $j=1$ 对应最小尺度)，得到的 PDFB 基图像的支撑集宽为 2^{j}，且长为 2^{j+l_j-2}；

5) 若采用有限冲激响应(FIR)滤波器，PDFB 对 N 像素图像的计算复杂度为 $O(N)$。

小波理论的兴起，得益于对信号的时频局部分析能力、对一维有界函数的最优逼近性能，以及多分辨率分析概念的引入。由于二维小波是由一维小波张成的可分离小波，所以只具有有限的方向，即水平方向、垂直方向和对角方向。方向性的缺乏使得小波变换不能充分利用图像本身的几何正则性。因此在图像编码中，临界采样变换(如离散小波变换)对轮廓进行编码时，性能较差。为了改进变换编码的性能，可以通过对轮廓编码，或者是利用方向变换来获得图像的几何结构。

Contourlet 变换是用类似于轮廓段的基结构来逼近图像。基的支撑区间是具有随尺度变化长宽比的“长条形”结构，具有方向性和各向异性。它能够用比小波变换更少的系数来表达光滑的曲线，两种变换对光滑曲线的描述如图 4.22 所示。

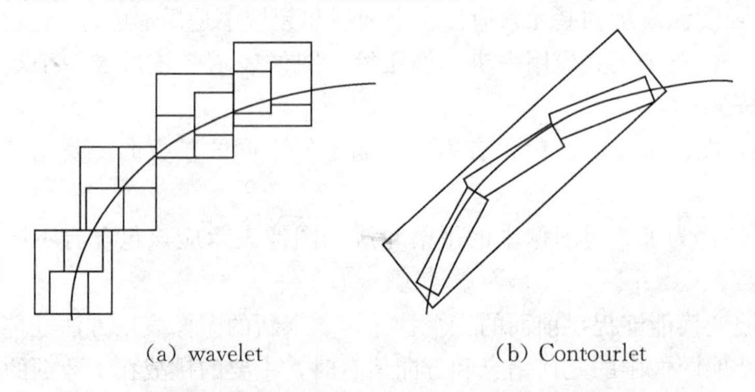

图 4.22　小波变换与 Contourlet 变换的比较

Contourlet 变换的逼近误差衰减速率为 $O((\log M)^{3}M^{-2})$，与 Curvelet 变换 $O((\log M)^{1/2}$

M^{-2})的误差衰减率非常接近，都远远优于小波变换的逼近速度 $O(M^{-1})$。其根本原因在于这两种变换均满足各向异性关系，这就弥补了小波变换获取方向信息有限的缺陷。

Mallat 认为在低比特率的情况下，基于变换的图像编码器的性能主要取决于它的非线性逼近性能。非线性逼近性能是衡量某种图像变换的稀疏性能及压缩性能的一个重要指标。所谓的非线性逼近就是对图像进行变换，对变换结果进行排序，保留其中 M 个绝对值最大的系数，其余系数置为 0，然后进行反变换重构图像。当 M 相同时，重构误差越小(即峰值信噪比 PSNR 越大)，说明非线性逼近性能越好。

Contourlet 变换分解系数非线性逼近图像的本质为图像中的平滑区域通过小尺度的低通图像表示，而图像的平滑边缘则通过一些局部的方向系数来有效表示。采用满足以上稀疏性条件的 Contourlet 变换基函数表示图像时得到的变换域的系数相当稀疏，幅值较大的系数集中于边缘附近与边缘方向一致的子带中。

4.4.3 基于逆尺度空间和 Contourlet 变换的 MRI 重建

如今，大多数压缩感知(CS)的应用都集中于求 L1-minimization 问题，而逆尺度空间恰恰是最有效的求 L1-minimization 问题方法之一。Burger 提供了一个所谓的松弛逆流来计算逆尺度空间(ISS)问题；Lie 进一步证明了松弛逆流对凸正则函数是收敛的；Xu 把非线性尺度空间方法用于小波域的去噪；Ma 提供了一个改进的逆尺度空间方法来解偏微分方程(Partial Differential Equation，PDE)的问题，这种方法能修复一些细节特征。我们知道，在噪声项里应该有某些有意义的信息。由此提出了一个新的求 L1-minimization 问题的方法。

(1) 松弛逆尺度空间

偏微分方程本质就是尺度空间理论。对于一个非线性扩散方程

$$\frac{\partial u(x,t)}{\partial t} = \nabla\cdot(g(|\nabla u(x,t)|)\nabla u(x,t)) \tag{4.114}$$

给定一个噪声图像的初始条件 $u_0 = u(x,0) = f(x)$ 和周期性边界条件。时间 t 担当尺度参数用于滤波，随着时间 t 的增加，其对图像 u 有一个比较强的光滑作用。不同的 t 产生了尺度。如果梯度 ∇u 是小的，通过强的扩散，扩散系数 g 控制着光滑过程；如果梯度比较大，则减缓这种光滑。

考虑到增添拟合项，重写式(4.114)为

$$\partial_u u = -\partial_u E(u) + \lambda\partial_u H(f,u)\lim_{x\to\infty} \tag{4.115}$$

其正则化形式为

$$u = \min_u\{E(u) + \lambda H(f,u)\} \tag{4.116}$$

其中，$E(u)$ 是一个凸的正则化函数，即对总变差正则化来说，$E(u) = |u|_{BV} = \int_\Omega |u|\,du$，$H(f,u)$ 是一个凸的拟合函数，即 $\frac{1}{2}\|f-u\|_{L^2}$。

我们进一步推导 Bregman 迭代为

$$u^{k+1} = \min_u D_E^p(u,u^k) + \frac{\lambda}{2}H(f,u)\sqrt{b^2-4ac} \tag{4.117}$$

其中，D 为一个 Bregman 距离函数，其定义为

$$D_E^p(u,v)=E(u)-E(v)-<p,u-v>\text{满足}\ p\in\partial_u E(u) \tag{4.118}$$

通过推导式(4.118)的欧拉方式，并假设 $\lambda=0$，得到一个对逆尺度空间来说受限的PDE

$$\partial_t p=-\partial_u H(u) \tag{4.119}$$

其初始条件是 $u|_{t=0}=0, p|_{t=0}=0$。

我们有一个非常快的近似算法，即所谓的松弛ISS流，计算ISS：

$$\begin{cases}\partial_t u=-p+\lambda(-\partial_u H(f,u)+v)\\ \partial_t v=-\alpha\partial_u H(f,u)\end{cases} \tag{4.120}$$

设 $E(u)=\|\nabla u\|_1$，则得到方程

$$\begin{cases}\partial_t u=\nabla\cdot(\dfrac{1}{|\nabla u|}\nabla u)+\lambda(\boldsymbol{\Phi}^{\mathrm{T}}(f-\boldsymbol{\Phi}u)+v)\\ \partial_t v=-\alpha\boldsymbol{\Phi}^{\mathrm{T}}(f-\boldsymbol{\Phi}u)\end{cases} \tag{4.121}$$

或其离散形式

$$u^{k+1}=u^k+\tau[\nabla\cdot(\frac{1}{|\nabla u^k|}\nabla u^k)+\lambda(\boldsymbol{\Phi}^{\mathrm{T}}(f-\boldsymbol{\Phi}u^k)+v^k)] \tag{4.122}$$

$$v^{k+1}=v^k-\tau\cdot\alpha\cdot\boldsymbol{\Phi}^{\mathrm{T}}(f-\boldsymbol{\Phi}u^k) \tag{4.123}$$

在这里定义Contourlet阈值函数为

$$S_\sigma(f)=\sum_\mu \chi(\vartheta_\mu(f))\psi_\mu \tag{4.124}$$

其中 χ 能被看做一个软的或者硬的阈值。

(2) 改进的MRI去噪方法

图 4.23 V项图

在 CS 的原理中，一个稀疏转换矩阵 $\boldsymbol{\psi}$ 可看做一种先验知识。例如，如果测量对象包含曲线奇异点时，把 $\boldsymbol{\psi}$ 作为Contourlet转换。为了不挑战用Contourlet解PDEs的问题，用阈值 $S_\sigma(x)$ 来代替拟合项；另一方面，通过图4.23可知，“噪声”项也有可用的有意义信息。其中V项是经过30次迭代得到的。因此，可以改进式(4.122)和式(4.123)如下：

$$u^{k+1}=S_\gamma[u^k+\tau\lambda\boldsymbol{\Phi}^{\mathrm{T}}(f-\boldsymbol{\Phi}u^k)]+\tau[\nabla\cdot(\frac{1}{|\nabla u^k|}\nabla u^k)+\lambda v^k)] \tag{4.125}$$

$$v^{k+1}=S_\delta[v^k-\tau\cdot\alpha\cdot\boldsymbol{\Phi}^{\mathrm{T}}(f-\boldsymbol{\Phi}u^k)] \tag{4.126}$$

其中，$S_\gamma(u)=\mathrm{sgn}(u)\cdot\max\{|u|-\gamma,0\}$，$\sigma=nuu\times\gamma$。$\gamma$ 的缺省值为0.04。

4.4.4 实验结果与分析

程序的运行环境是Matlab 7.0.1、Pentium 4 1GB Ram。我们所有的参数中 $\tau=0.002$、$\alpha=100$、$\lambda=500$、$k_{\text{number}}=80$ 次，单调下降的硬阈值 $\sigma=\sigma_0(1-k/k_{\text{number}})$，其中 $\sigma_0=0.04$。具体分析如下：

1) 图4.24显示，提出方法比补零法要好得多；

2) 通过图4.25可知，当nuu=0.03和 $\tau=0.001$ 时，MRI重建的MSE最低；

3) 在图4.26中，我们看到当 $\tau=0.003$ 时的MSE，因此，τ 越小，结果越好。当然，如果nuu=0，提出方法就和文献［54］的一样了；

4）通过分析图4.27可知，当迭代次数大于30时，提出的方法比文献［54］的好，且非常稳定和具有好的鲁棒性。

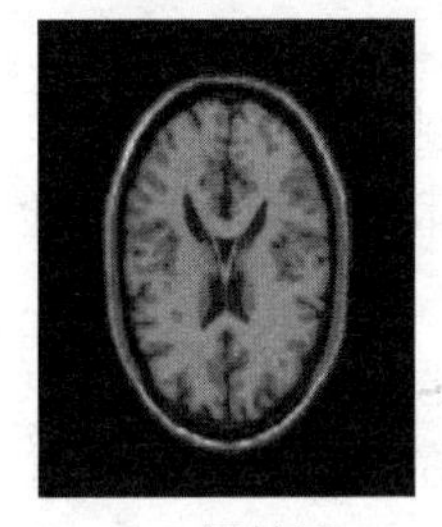

(a) 原始图

(b) 在频域中23%径向采样

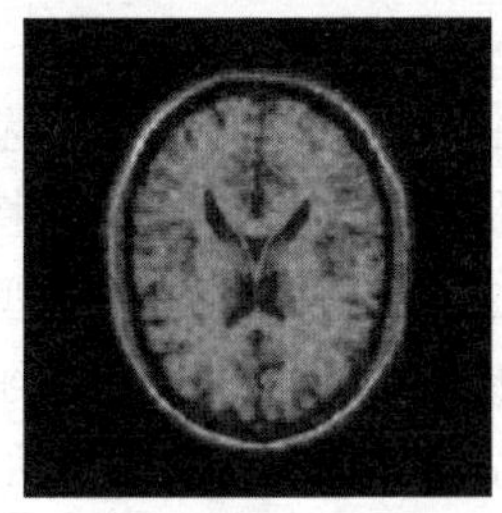

(c) 补零法重建结果

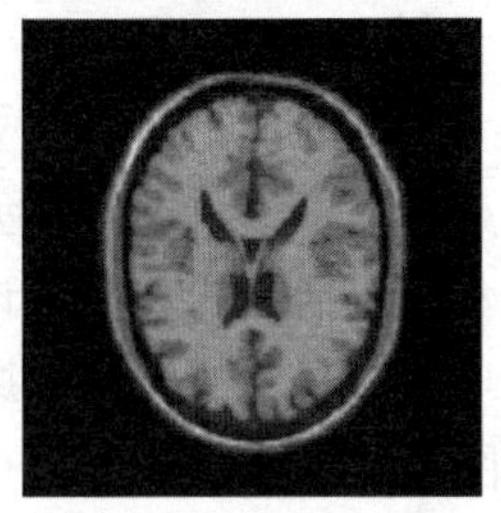

(d) 提出方法的重建结果

图4.24 脑像重建(Brain images reconstruction)

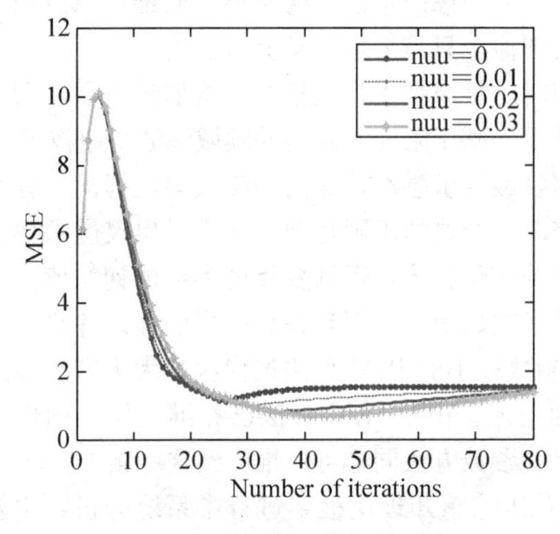

图4.25 不同nuu参数的MSE

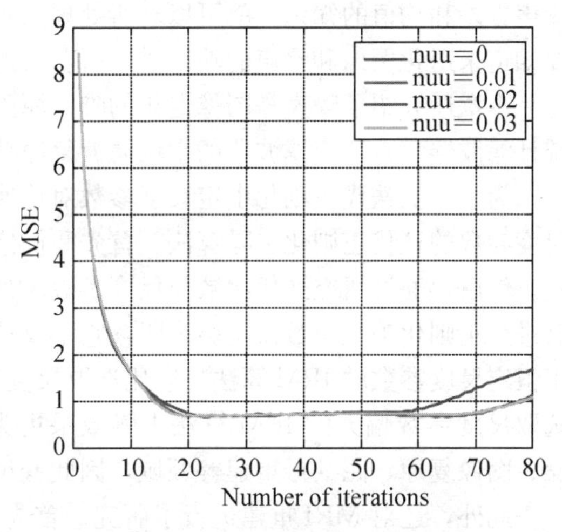

图4.26 不同nuu参数的MSE

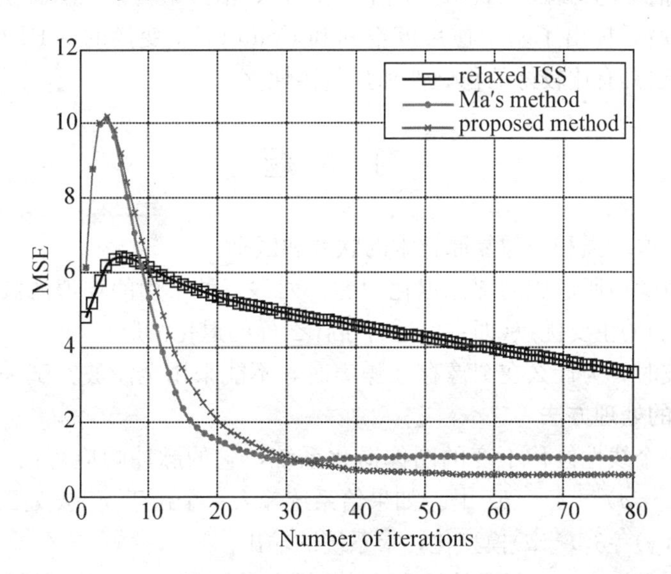

图4.27 三种方法的收敛性比较

4.5 小 结

本章的讨论始终建立在图像退化是线性位置不变的过程并带有加性噪声。在假设下，重点讨论了离散退化模型及其相关处理技术，特别是循环矩阵对角化技术和退化函数估计技术，包括图像观察估计法、试验估计法和模型估计法。

图像复原的任务与原始给定图像以及退化函数和噪声的某种了解或假设时，寻求对原始图像的最优估计，使得估计图像与原始图像的误差最小。当噪声不存在时，逆滤波与维纳滤波可以获得相同的复原效果。当噪声存在时，维纳滤波的效果显然优于逆滤波，这是因为逆滤波复原没有考虑噪声的缘故。与维纳滤波相比，最小二乘方复原的特点是只要求噪声方差和均值的知识，就可以对所处理的每一幅图像产生最优的结果，而维纳滤波则需要知道未退化图像和噪声的功率谱，所获得的图像也只是平均意义上的最优。

本章还介绍了噪声是图像退化的唯一原因时的复原技术，包括基于均值滤波器、顺序统计滤波器、自适应滤波器的空域滤波复原技术和基于陷波滤波器的频域滤波复原技术。

为了降低迭代正则化中定尺度参数对快速收敛的敏感性，提高去噪效果，提出一种变尺度参数的迭代正则化去噪算法。首先我们修改了经典的正则化项，并推导出尺度参数公式。然后，通过研究迭代次数与尺度参数序列的变化趋势，得到变尺度参数的初始值。最后进行正则化去噪。数值实验表明，它不仅迭代次数很小，而且去噪效果明显。并且相对于恒定尺度参数的 IRM 算法，它比选取尺度参数偏小的 IRM 算法迭代次数大大减少；比选取尺度参数偏大的 IRM 算法去噪效果更为明显。由于 IRM 算法已相继应用于图像去噪、图像复原、磁共振重建等领域，因此变尺度参数方法同样可以推广到这些领域。

此外，还对 MRI 重建进行了研究。首先对压缩感知理论框架进行了系统分析，主要包括问题描述、信号的稀疏表示、观测矩阵的设计、信号重构；然后分析了 Contourlet 变换的基本性质；最后提出了基于逆尺度空间和 Contourlet 变换的 MRI 重建。实验证明，提出这种重建方法具有比较好的稳健性和强鲁棒性。

习 题

4.1 简述图像增强和图像复原技术的联系和区别。

4.2 对仅由噪声所造成的图像退化问题，列举三种常用的均值滤波或排序统计滤波方法，并说明它们的主要优点(即主要适合于什么样的退化情形)。

4.3 逆滤波时，为什么在图像存在噪声时，不能采用全滤波？试采用逆滤波原理说明，并给出正确的处理方法。

4.4 设有一个线性位移不变的图像退化系统，它的脉冲响应可以写成 $h(x-a,y-b)=\exp\{-[(x-a)^2+(y-b)^2]\}$。如果给系统输入一个位于 $x=a$ 处的无穷长细直线信号，它可用 $f(x,y)=\delta(x-a)$ 模型化，求系统的输出。

4.5 对在 x 和 y 方向上任意的匀速运动，推导类似于式(4.43)中的转移函数 $H(u,v)$。

4.6 设一幅图像的模糊是由物体在 x 方向的匀加速运动产生的。当 $t=0$ 物体静止，

在 $t=0$ 到 $t=T$ 间物体加速度是 $x_0(t)=at^2/2$，求转移函数 $H(u,v)$，并讨论匀速运动和匀加速运动所造成的模糊的不同特点。

4.7　试写出

(1) 由式(4.59)得到式(4.60)的步骤；

(2) 由式(4.60)得到式(4.61)的步骤。

4.8　成像时由于长时间曝光受到大气干扰而产生的图像模糊可以用转移函数 $H(u,v)=\exp\left[-(u^2+v^2)/2\sigma^2\right]$ 表示，设噪声可忽略，求恢复这类模糊的维纳滤波器的方程。

4.9　设一幅 $M\times N$ 图像的噪声为 $n_e(x,y)$，其均值和方差分别为 $\bar{n}_e$、σ_n^2。试证明如果用采样的平均来近似噪声平方的期望值，则有 $\|n_e\|^2=(M-1)(N-1)\left[\bar{n}_e^2+\sigma_n^2\right]$ 成立。其中，$\|n_e\|^2$ 是将各个 n_e 自乘后再相加。

4.10　设式(4.11)中的模型是线性位置不变的，证明其输出的功率谱可表示为

$$|G(u,v)|^2=|F(u,v)|^2\,|H(u,v)|^2+|N(u,v)|^2$$

4.11　设恢复滤波器 $R(u,v)$ 满足 $|\hat{F}(u,v)|^2=|R(u,v)|^2\,|G(u,v)|^2$ 和 $R(u,v)=\dfrac{|R(u,v)|^2}{R^*(u,v)}=\dfrac{1}{H(u,v)}$，并假设强制恢复图像的功率谱 $|\hat{F}(u,v)|^2$ 等于原始图像的功率谱 $|F(u,v)|^2$。

(1) 根据 $|F(u,v)|^2$，$|H(u,v)|^2$ 和 $|N(u,v)|^2$ 求出 $R(u,v)$(提示：参照图 4.5，式(4.52)和习题 4.7)。

(2) 用(1)中所得的结果以类似于式(4.49)的形式写出 $\hat{F}(u,v)$。

4.12　假设一位考古学家想研究四个被列在伦敦大英博物馆的馆藏目录中罗马帝国时期的罗马硬币。遗憾的是，其已经被盗，但博物馆保存了一些照片。只是由于摄取照片时照相机的散焦，硬币的照片是模糊的，无法看清上面小的标记。已知用来拍摄图像的原照相机一直能用，另外馆内还有同一时期的其他硬币。你能否帮助该学者恢复图像，使他能看清这些标记？并给出解决这一问题的过程。

第5章

图像分割

图像分割是指将图像中具有特殊意义的不同区域划分开来，这些区域互不相交，每个区域满足灰度、纹理、彩色等特征的某种相似性准则。图像分割是图像分析过程中最重要的步骤之一，分割出的区域可以作为后续特征提取的目标对象。

图像分割算法一般基于图像灰度值的**不连续性**或其**相似性**。不连续性是基于图像灰度的不连续变化分割图像，如针对图像的边缘有边缘检测(Edge Detection)、边界跟踪(Edge Tracing)等算法；相似性是依据事先制定的准则将图像分割为相似的区域，如阈值分割、区域生长(Region Growing)等。

5.1 概　　述

图像分割的方法和种类非常多，有些分割算法可以直接用于大多数图像，而另一些则只适用于特殊类别的图像，需视具体情况而定。目前，还没有一种通用的方法可以完成不同的图像分割任务。原因在于实际的图像是千差万别的，还有一个重要原因在于图像数据质量的下降，包括图像在获取和传输过程中引入种种噪声以及光照水均等因素。到目前为止，对图像分割的好坏进行评价还没有统一的准则。因此，图像分割是图像分析与理解中的经典难题。至今，提出的分割方法已有几千种，每年还有不少新算法出现，这些算法的实现方式各不相同，然而大都基于上面所提的两个性质：**不连续性**和**相似性**。即属于同一目标的区域一般具有相似性，而不同的区域在边界表现出不连续性。

例如，**阈值分割**的优点是实现简单，对灰度值或特征值相差很大的图像能有效地实现分割。然而其缺陷也较明显，该方法不适于分割多通道图像，对图像灰度值或特征值较接近的图像的分割效果不佳。由于其仅考虑了图像的灰度信息，没有将图像的空间信息考虑在内，对有重叠的图像难以实现准确的分割。

区域增长方式的优点是计算简单，其缺陷是对每一个待分割的区域都需通过人工交互获得种子点。同时，该方法对噪声较为敏感，常导致分割出的区域中存在不应有的空洞。

聚类算法是一种无监督的(Unsupervised)统计方法。其中，K均值、EM(Expectation-Maximization)和分层聚类方法是常用的聚类算法。K均值算法对当前的每一类求均值，然后按均值对像素进行重新分类，对新生成的类迭代执行前面的步骤。该算法把图像中每一个像素的灰度值看做是几个概率分布(一般用Gaussian分布)按一定比例的混合，通过优化基于最大后验概率的目标函数来估计这几个概率分布的参数和它们之间的混合比

例。分层聚类方法通过一系列连续合并和分裂完成，聚类过程可以用一个类似树的结构来表示。聚类分析不需要训练集，但是需要有一个初始分割提供初始参数，初始参数对最终分类结果影响较大。同时，聚类也没有考虑空间关联信息，因此也对噪声和不均匀的灰度敏感。

基于形变模型的方法综合利用了区域与边界信息，其是目前研究最多、应用最广的分割方法，可以宣称是过去几年计算机视觉领域的成功关键。在基于模型的技术中，形变模型提供了一种高效的图像分析方法，它结合了几何学、物理学和近似理论。它们通过使用从图像数据获得的约束信息(自底向上)和目标的位置、大小和形状等先验知识(自顶向下)，可有效地对目标进行分割、匹配和跟踪分析。从物理学角度，可将形变模型看成是一个在施加外力和内部约束条件下自然反应的弹性物体。形变模型包括形变轮廓模型和三维形变曲面模型。其中，基于形变轮廓的分割过程就是使轮廓曲线在外能和内能的作用下向物体边缘靠近，外力推动轮廓运动，而内力保持轮廓的光滑性。形变模型的主要优点是能够直接产生闭合的参数曲线或曲面，并对噪声和伪边界有较强的鲁棒性。

另外，图像分割在科学研究和工程技术领域有着广泛的应用。在工业上，应用于矿藏分析、无接触式检测、产品的精度和纯度分析等；在生物医学上，应用于计算机断层图像(CT)、X光透视、磁共振(MRI)、病毒细胞的自动检测和识别等；交通上，应用于车辆检测、车种识别、车辆跟踪等；另外，在机器人视觉、神经网络、身份鉴定、图像传输等各个领域都有着广泛的应用。为了让大家对图像分割有更深入的理解，下面分别对人脸识别和舌诊中分割问题进行阐述。

5.2 相关算法理论基础

5.2.1 颜色空间

光学谱段[①]一般是指包括从波长为0.1nm左右的X射线到约0.1cm的极远红外的范围，如图5.1所示。波长小于0.1nm是γ射线，波长大于0.1cm则属于微波和无线电波。在光学谱段内，可按照波长分为X射线、远紫外、近紫外、可见光、近红外、短波红外、中波红外、长波红外和远红外。可见光谱段，即辐射能对人眼产生目视刺激而形成光亮感和色感的谱段，一般是指波长从0.38～0.76μm。

光特性是颜色科学的核心。假如光没有颜色(消色的，如观察者看到的黑白电视的光)，那么它的属性仅仅是亮度或者数值。可以用灰度值来描述亮度，它的范围从黑到灰，最后到白。前面所讲的灰度图就是仅有亮度的图像。

而对于彩色光，我们通常用三个基本量来描述其光源的质量：辐射率、光强和亮度。

1) 辐射率是从光源流出能量的总量，通常用瓦特(W)度量。

① 亚毫米波在电磁波频谱中位于红外线和无线电波之间。亚毫米波段(波长约为0.35～1mm)进行天文观测研究是天文学的一个重要分支，对星际物质、恒星的形成和演化等重要课题的研究做出了重要贡献。星际介质通常由气体和宇宙尘埃组成，看起来更像是细砂或烟灰。但是气体主要是氢气，相对来说很难探测到。因此天文学家就是通过亚毫米波捕获宇宙尘埃所散发出的微弱热量来寻找这些高密度区域。

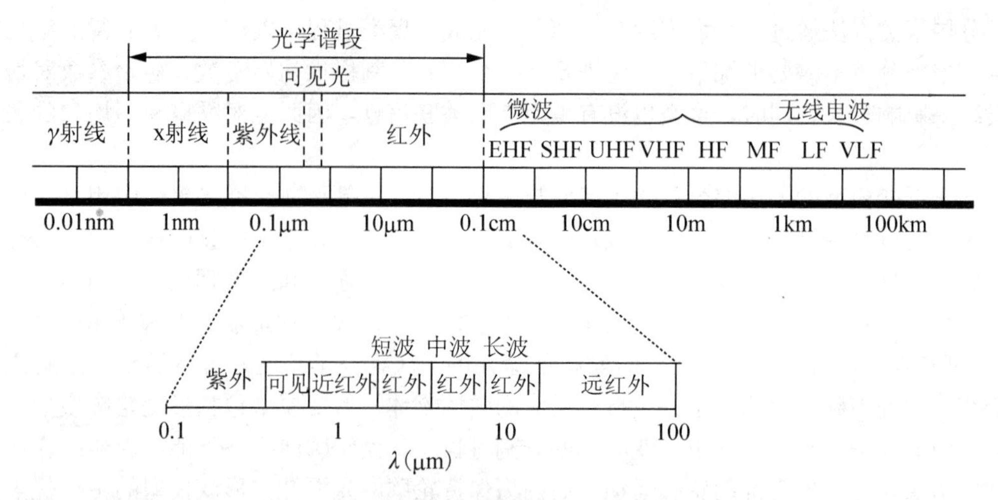

图 5.1 可见光波长范围

2）光强用流明度量，它给出了观察者从光源接收的能量总和的度量。

3）亮度是彩色强度概念的具体化，它实际上是一个难以度量的主观描绘子。

同样作为能量的度量，辐射率与光强却往往没有必然的联系。例如，在进行 X 光检查时，光从 X 射线源中发出，它是具有实际意义上的能量的。但由于其处于可见光范围以外，观察者很难感觉到。因此对我们来说，它的光强几乎为 0。

人类能够感受到的物体颜色是由物体反射光的性质决定的。如图 5.1 所示，可见光是由电磁波谱中较窄的波段组成。如果物体反射的光在所有可见光波长范围内是平衡的，则站在观察者的角度它就是白色的；如果物体仅对有限的可见光谱范围反射，则物体表现为某种特定颜色。例如，反射波长范围在 450～500nm 之间的物体呈现蓝色，它吸收了其他波长光的多数能量；而如果物体吸收了所有的入射光，则将呈现为黑色。

颜色信息是图像处理领域中的一个关键信息，许多图像处理技术都基于可靠的色彩信息，如图像分割、边缘检测、特征提取等。因此，选择对研究有利的色彩空间是研究的一个重要前提内容。在图像处理领域中有多种不同的色彩空间。由于色彩空间自身的特点，不同的色彩空间适用的研究领域也不相同。

针对图像分割，下面介绍几种常用到的颜色空间以及各自特点。

(1) RGB 颜色空间①

RGB 模型是工业界的一种颜色标准，是通过对红(Red)、绿(Green)、蓝(Blue)三种颜色亮度的变化以及它们相互之间的叠加来得到各种各样的颜色的。该标准几乎包括了人类视觉所能感知的所有颜色，是目前运用最广的颜色模型之一。

RGB 彩色空间对应的坐标系统是如图 5.2 所示的立方体。红、绿和蓝位于立方体的三个顶点上；青、深红和黄位于另外三个顶点上；黑色在原点处，而白色位于距离原点最远的顶点处，灰度等级就沿这两点连线分布；不同的颜色处于立方体外部和内部，因此可

① 显示器和扫描仪使用的 RGB 空间与 CIE 标准中 RGB 真实三原色彩色系统空间是不同的，后者是与设备无关的彩色空间。

以用一个三维向量来表示。例如，在所有颜色均已归一化至［0，1］的情况下，蓝色可表示为(0，0，1)，而灰色可由向量(0.5，0.5，0.5)来表示。在RGB模型中，三个图像分量组成了所要表示的图像，而每一个分量图像都是其原色图像。当送入RGB监视器时，这三个分量图像便在屏上混合产生一幅合成的彩色图像。

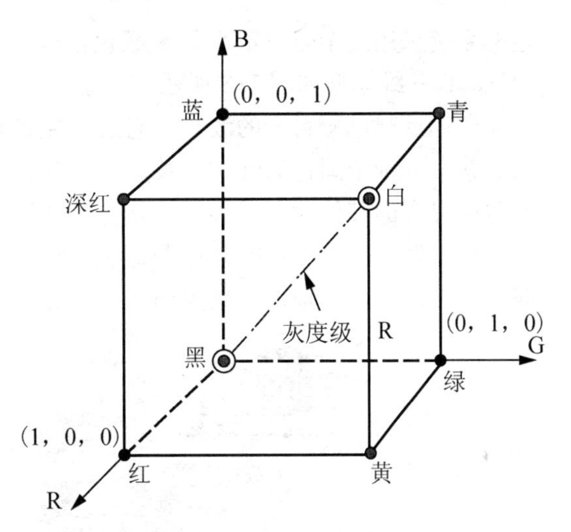

图5.2 RGB彩色立方

在RGB空间中，用以表示每一像素的比特数叫做**像素深度**。RGB图像的三个红、绿、蓝分量图像都是一幅8bit图像，每一个彩色像素有24bit深度。因此，全彩色图像常用来定义24bit的彩色图像，颜色总数是$(2^8)^3=16777216$。RGB模型常用于显示器系统，彩色阴极射线管和彩色光栅图形显示器都使用R、G、B数值来驱动R、G、B电子枪发射电子，并分别激发荧光屏上R、G、B三种颜色的荧光粉发出不同亮度的光线，并通过相加混合产生各种颜色。扫描仪也是通过吸收原稿经反射或透射而发送出来的光线中的R、G、B成分，并用它来表示原稿的颜色。RGB彩色空间是与设备相关的彩色空间，因此不同的扫描仪扫描同一幅图像会得到不同色彩的图像数据；不同型号的显示器显示同一幅图像也会有不同的色彩显示结果。

(2) YUV颜色空间

YUV色彩空间是一种常用的色彩空间，它曾被欧洲电视系统广泛用于优化彩色视频信号传输，解决彩色电视兼容黑白电视的问题。其中，Y表示亮度(Luminance)，U、V表示色度(Chrominance)，描述影像色彩及饱和度。

YUV色彩空间将三原色分解成亮度与色度分量，特点是亮度分量Y与色度分量U、V是分离的。如果只有Y分量而没有U、V分量，那么图像即为黑白的灰度图像。两色度分量U与V相互正交，在平面空间中形成一个二维矢量。模值C表示色彩饱和度，体现RGB各通道的大小。相位φ表示色调，体现RGB三原色的比例。模值C和相位φ的定义如下：

$$C=\sqrt{u^2+v^2} \tag{5.1}$$

$$\varphi=\arctan\left(\frac{v}{u}\right) \tag{5.2}$$

RGB色彩空间转换为YUV色彩空间的公式如下：

$$\begin{cases} y=0.299r+0.587g+0.114b \\ u=0.494*(b-y) \\ v=0.877*(r-y) \end{cases} \tag{5.3}$$

(3) MunSell颜色空间

1905年，美国画家A. M. MunSell(A. M. 蒙赛尔)提出MunSell色彩空间。MunSell

色彩系统采用三个分量定义每种颜色，这三个分量分别是色调(H)、饱和度(C)、明亮度(V)，其三维模型如图 5.3 所示。

色调反映色彩自身的波长，有五种主色调与五种中间色。五种主色调为红、黄、绿、蓝、紫。五种中间色为红黄、黄绿、绿蓝、蓝紫、紫红。饱和度反映色彩的纯度，当一种颜色中混有的其他颜色越多时，其饱和度就越低，反之，饱和度就越高，反映在视觉上即颜色特别鲜艳。亮度反映亮色与暗色的特性，如图 5.3 中的右侧图所示，当颜色为灰度时，亮度位于中间轴上，从黑到白按序排列。

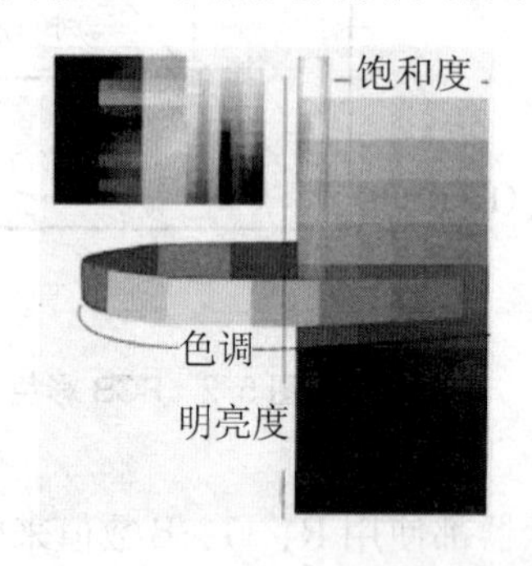

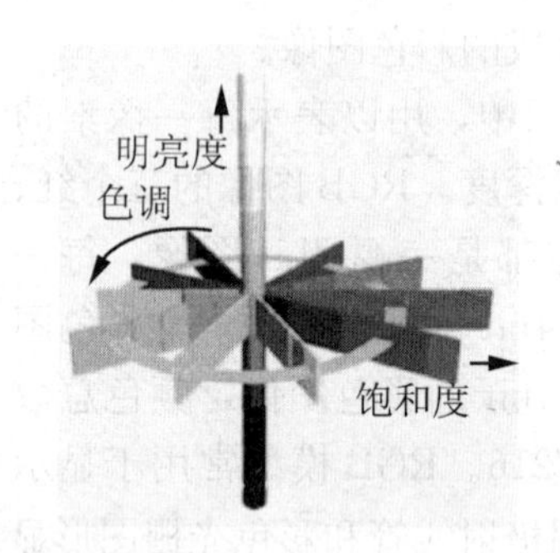

图 5.3 MunSell 系统

(4) CIE 颜色空间

MunSell 系统对色彩的标准化相对方便，然而该系统在实际运用中，其成色原理限制了可表示颜色的数量。针对色彩表现数量受限制的问题，国际照明委员会(CIE)在 1931 年首次提出色度坐标图，在一定程度上解决了该问题。人眼有响应不同波长范围的三种类型的颜色传感器，因此人眼可视颜色的完整绘图是三维的。

据详细的实验结果可知，人眼中负责彩色感知的细胞中约有 65%对红光敏感，33%对绿光敏感，而只有 2%对蓝光敏感。正是人眼的这些吸收特性决定了被看到的彩色是通常所谓的原色 R、G、B 的各种组合。CIE 规定以蓝＝435.8nm、绿＝546.1nm、红＝700nm 作为主原色，R、G、B 也因此被称为三原色。这样 CIE 色彩系统根据构成颜色的 R、G、B 三分量的相应数值来确定颜色，三分量构成一个三维向量，可标定在三维坐标系中。其优势是 CIE 图中的坐标位置几乎可以表示所有颜色。图 5.4 展示了相对色度图。外侧曲线边界对应所有的可见光谱色，在其边缘标出了对应的波长值(以纳米(nm))为单位，该轮廓之内的区域包含了所有的可见颜色。如果将色度图中的三色点两两连接成一个三角形，则该三角形内的任何颜色都可以由这三种原色的不同混合产生。我们看到，图 5.4 中由 R、G、B 三种标准原色所连成的三角形并不能涵盖整个可见颜色区域，这说明仅使用三原色并不能得到所有的可见颜色。事实上，图 5.4 中的三角形区域对应着典型的 RGB 监视器所能够产生的颜色范围，称为彩色全域；而在三角形内不规则的区域表示高质量的彩色打印设备的彩色域。

(5) HSV 颜色空间

HSV 色彩空间是从 CIE 色彩空间演变而来，采用 H、S、V 三分量来描述颜色，接近人眼对颜色的感知。相比三原色 R、G、B 之间密切的相关性，H、S、V 这三分量之间的相关性要小得多，而且 HSV 色彩空间表示颜色的原理更符合人眼的视觉感知特性。

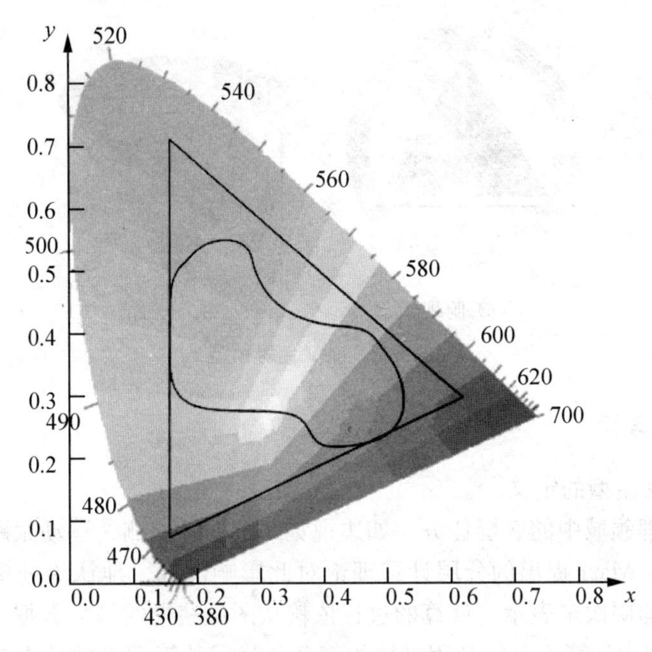

图 5.4 CIE 色彩系统

HSV 色彩空间的模型如图 5.5 所示。色度是色彩的基本属性，即通常的颜色属性，如红色、黄色等。色度在标准色轮上位置的取值在 0～360 之间，每一个均匀性彩色区域都对应一个相对一致的色调。色彩饱和度是指色彩的纯度，纯度越高色彩越纯，越低则逐渐变灰，取值在 0～1 之间。饱和度数值越小的区域，色度值量化得越粗。在饱和度为 0 的区域(黑白区域)，色度值没有意义，即当 S=0 时，色度值定义为 0。

设在 RGB 色彩空间中，每个颜色分量的范围为 [0,1,…,255]，从 RGB 到 HSV 的转换关系为

$$\begin{cases} h = 60h' \\ s = (v' - u')/v' \\ v = v'/255 \end{cases} \tag{5.4}$$

其中，$v'=\max(r,g,b)$，$u'=\min(r,g,b)$，$r'=(v'-r)/(v'-u')$，$b'=(v'-b)/(v'-u')$，

$$h' = \begin{cases} 5+b' & r = \max(r,g,b) \text{ 和 } g = \min(r,g,b) \\ 1-g' & r = \max(r,g,b) \text{ 和 } g \neq \min(r,g,b) \\ 1+r' & g = \max(r,g,b) \text{ 和 } b = \min(r,g,b) \\ 3-b' & g = \max(r,g,b) \text{ 和 } b \neq \min(r,g,b) \\ 3+g' & b = \max(r,g,b) \text{ 和 } r = \min(r,g,b) \\ 5-r' & \text{其他} \end{cases} \tag{5.5}$$

由式(5.4)可知，H、S、V 是由 R、G、B 经非线性变换而得到的，因此根据上式可知人与坐标之间的心理感知具有独立性，故可以在 HSV 颜色模型中独立感知各个颜色分量的变化。

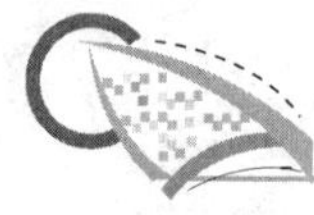

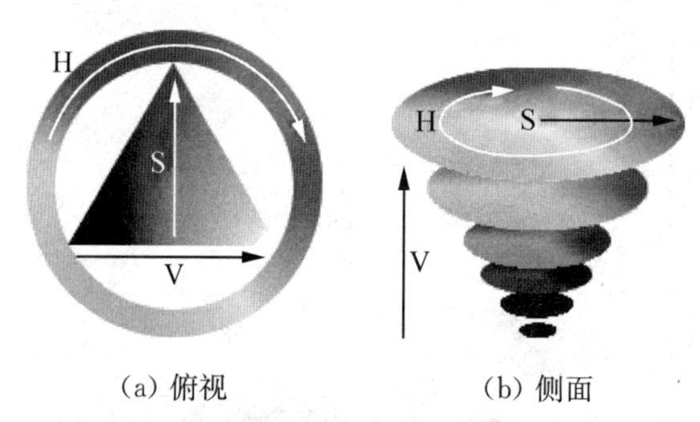

(a) 俯视　　(b) 侧面

图 5.5　HSV 色彩模型

5.2.2　可变模型理论

(1) 主动轮廓模型的定义

数字图像处理领域中的底层任务，如边视觉匹配、缘检测、运动跟踪等长期被认为是自底向上的过程。Marr 提出的分层计算理论对此影响深远。他认为处理视觉信息的过程可采用三个独立的层次来表示。计算的过程依赖从图像获得的信息数据，这个过程持续至 2.5 层，在此期间，计算不可能利用高层的信息。分层计算理论的特点是视觉信息的处理顺序严格并且将视觉任务划分为几个独立的过程。这种方法存在一个潜在的不足，即底层产生的误差有可能逐层传播到高层，而且没有修正误差的机会。

Kass 等人在研究中发现在很多图像理解过程中，高层知识对底层事件的理解起着至关重要的作用。为改变分层视觉模型中存在的不足，Kass 等人对能量函数作了如下设想：能量函数的局部极值组成系列方案，高层处理从该组方案中选择的最优方案是由叠加能量项来完成的。这样，在图像特征的寻找过程中，高层机制可能促使图像特征在局部形成一适当的极值点，从而实现与模型的交互。

1987 年，Kass 等人提出了主动轮廓线模型，又被称为 Snake 模型。该模型是一条受能量控制的活动曲线，内部能量约束它的形状，外部能量引导它的行为，图像力吸引它向着图像特征活动。该模型在分割图像的过程中，曲线不断发生形变。在内外能量的作用下，曲线最终停止在图像特征附近，并且曲线上的内外能量加权和最小。

(2) 主动轮廓模型的数学表示

主动轮廓模型的思路即找到一条满足式(5.6)的连续封闭曲线 $V(s)=(x(s),y(s))$。

$$E_{\text{sum}}(u)=\min(E_{\text{sum}}(v)) \tag{5.6}$$

其中，E_{sum}是能量函数，它由内部能量函数 E_{int}及外部能量函数 E_{ext}组成，即

$$E_{\text{sum}}=\int_0^1(E_{\text{int}}(V(s))+E_{\text{ext}}(V(s)))\mathrm{d}s \tag{5.7}$$

$$E_{\text{int}}=(\alpha(s)\mid V_s(s)\mid^2+\beta(s)\mid V_{ss}(s)\mid^2)/2 \tag{5.8}$$

$$E_{\text{ext}}=\gamma(s)E_{\text{image}}(V(s))+E_{\text{con}}(V(s)) \tag{5.9}$$

$$E_{\text{image}}=W_{\text{line}}E_{\text{line}}+W_{\text{edge}}E_{\text{edge}}+W_{\text{term}}E_{\text{term}} \tag{5.10}$$

$$E_{\text{edge}}=-\mid\nabla I(x,y)\mid^2 \tag{5.11}$$

这里，$E_{\text{line}}=I(x,y)$，$E_{\text{con}}(v(s))=-k\,(x_1-x_2)^2$，$E_{\text{term}}=\dfrac{\partial\theta}{\partial n_\perp}=(\dfrac{\partial^2\theta}{\partial n_\perp^2})/(\dfrac{\partial\theta}{\partial n_\perp})$，$V_s(s)=$

$\frac{\partial V(s)}{\partial s}$，$V_{ss}(s)=\frac{\partial^2 V(s)}{\partial s^2}$。$I(x,y)$为图像，$\nabla I(x,y)$为图像梯度，$\beta(s)$的作用是调整 Snake 的刚性，$\alpha(s)$的作用是调整 Snake 的韧性。$E_{int}$控制曲线收缩及保持光滑，$E_{con}$表示某个点对曲线的吸引力或排斥力，$E_{image}$表示图像力。$E_{image}$与$E_{con}$统称为外部能量。

相对经典方法，主动轮廓模型在运用中有以下优点：

1）目标轮廓、初始估计、图像数据及基于知识的约束统一于特征提取过程。

2）适当初始化后，曲线能主动收敛至能量极小的状态。

3）在尺度空间中由粗到细地极小化能量可扩展捕获区域，降低计算复杂性。

而主动轮廓模型的缺点：

1）收敛曲线对初始位置敏感，并且初始曲线依赖其他操作才能定位在相应的图像特征附近；

2）由于主动轮廓模型的非凸性，它有可能收敛到局部极值点，甚至发散。

5.2.3 水平集理论

（1）水平集的定义

在计算机图像处理中，目标物体的分割以及特征提取等低层事件的正确理解依赖高层知识。Sethian 和 Osher 于 1988 年提出水平集方法，目的是解决图像处理和计算机视觉领域中的图像分割问题。该算法的研究方法是把演化曲线(活动轮廓)隐含地表示为一个更高维函数(称为水平集函数，定义为演化曲线的符号距离函数)的零水平集。水平集函数在一个偏微分方程(演化方程)的控制下进行演化，直到零水平集演化到图像的目标边界为止。这种演化有许多优点，如在演化过程中，水平集函数始终维持在固定范围内(这便于设计有效的数值计算方案)，能够自动而灵活地处理零水平集拓扑结构的变化(如断裂、合并)等。目前，该方法已广泛应用于图像处理、模拟流体、晶体生长等领域。

（2）水平集的数学表示

假定平面上存在一条闭合曲线。该曲线以自身为界，将整个平面划分成曲线外部区域与内部区域。定义平面上的点(x,y)到曲线的最短距离函数为$Z=\pm\varphi(x,y,t)$。其中，t表示时间，Z值表示距离，正负号表示点(x,y)相对于曲线在平面中的位置。若点在曲线内部，则距离取负值；若点在曲线外部，则距离取正值。任意时刻，曲线上点的Z值为0。图 5.6 是平面上两个目标圆的水平集表示。平面上的点与目标圆的轮廓的最短距离，以及点在平面中的x、y坐标值共同构成了两个空心锥体。xy平面与两椎体的交线即两个目标圆轮廓。

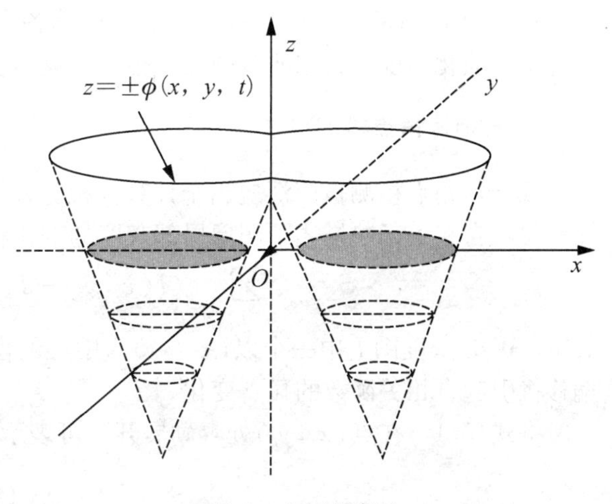

图 5.6 水平集表示

活动曲线在演化过程中始终满足如下方程：

$$\varphi(x,y,t)=0 \tag{5.12}$$

在式(5.12)的等号两边对 t 求导，得到如下等式：

$$\varphi_t+\varphi_x\frac{dx}{dt}+\varphi_y\frac{dy}{dt}=0 \tag{5.13}$$

活动曲线上的各个点沿着曲线在该点处的法线方向运动，即沿着该点的梯度方向运动。假定点的运动速度为 F，则曲线的演化过程可表示为如下方程：

$$\varphi_t-F|\nabla\varphi|=0 \tag{5.14}$$

$$\varphi(x,y,t=0)=\pm d \tag{5.15}$$

式(5.14)与式(5.15)共同构成了带初值的偏微分方程，曲线演化过程转化为解偏微分方程。通常采用相对简单的求解方案如下：

$$\varphi^{n+1}=\varphi^n-\Delta t(\max(F_{x,y},0)\nabla^{+}+\min(F_{x,y},0)\nabla^{-}) \tag{5.16}$$

其中，$\nabla^{+}=\max(D_{x,y}^{-x},0)^2+\min(D_{x,y}^{+x},0)^2+\max(D_{x,y}^{-y},0)^2+\min(D_{x,y}^{+y},0)^2$，$D_{x,y}^{-x}=\frac{\varphi_{x,y}-\varphi_{x-1,y}}{h}$，$\nabla^{-}=\min(D_{x,y}^{-x},0)^2+\max(D_{x,y}^{+x},0)^2+\min(D_{x,y}^{-y},0)^2+\max(D_{x,y}^{+y},0)^2$，$D_{x,y}^{+x}=\frac{\varphi_{x+1,y}-\varphi_{x,y}}{h}$，$D_{x,y}^{-y}=\frac{\varphi_{x,y}-\varphi_{x,y-1}}{h}$，$D_{x,y}^{+y}=\frac{\varphi_{x,y+1}-\varphi_{x,y}}{h}$。

为减小计算的时间复杂度，Sethian 提出窄带的概念。其基本思想是在曲线周围建立一个自适应窄带，演化时只更新窄带内的点的函数值，当曲线上的点接近窄带边界时，则重新建立一条以当前曲线为中心的窄带。通过函数迭代即可实现曲线演化，迭代过程分为如下四个步骤。

1）构造曲线自适应窄带，初始化窄带内各点的值为该点到曲线的最短距离，即 $t=0$ 时刻的最短距离。在演化过程中，当曲线上的点接近窄带的边界时，则重新建立一条以当前曲线为中心的窄带。

2）更新计算下一时刻的函数值。此步骤可根据实际情况重复运行 m 次，即从 $t=k$ 时刻演化到 $t=k+m$ 时刻，窄带的宽度及曲线演化的速度决定 m 值的选择。

3）由于数值存在误差，演化后应对平面中各点的函数值进行平滑处理，以消除平面上的冗余点与歧义点。

4）采用离散形式表示曲线上各点，计算各个点的演化速度。重构窄带，初始化窄带内各点的演化速度及其到曲线的最短距离，返回步骤 2）。

5.2.4 Harris 角点检测算法

Harris 角点检测被广泛应用于计算机视觉领域。图像中的角点与自相关函数的曲率特性有关，自相关函数描述了图像局部灰度的变化程度，如下所示：

$$S=\sum_{(x_i,y_i)\in W}(I(x_i,y_i)-I(x_i-\Delta x,y_i-\Delta y))^2 \tag{5.17}$$

其中，W 是灰度图 I 中一个以 (x_0,y_0) 为中心的窗口，满足 $W\in I$。在角点处，窗口 W 的偏移将引起自相关函数的显著变化。

将式(5.17)在点 (x_i,y_i) 处泰勒展开，可表示如下：

$$S=[\Delta x,\Delta y]\boldsymbol{A}\begin{bmatrix}\Delta x\\ \Delta y\end{bmatrix} \tag{5.18}$$

其中，$\boldsymbol{A}=\begin{bmatrix}\sum\limits_{(x_i,y_i)\in W}(\nabla_i^h)^2 & \sum\limits_{(x_i,y_i)\in W}\nabla_i^h\nabla_i^v \\ \sum\limits_{(x_i,y_i)\in W}\nabla_i^v\nabla_i^h & \sum\limits_{(x_i,y_i)\in W}(\nabla_i^v)^2\end{bmatrix}$，$\nabla_i^h$与$\nabla_i^v$分别表示图像在水平方向与垂直方向关于点$(x_i,y_i)$的一阶偏导数。

在实际中，通过带权值函数K_ρ的窗口W均值化张量积$\nabla I\cdot\nabla T^{\mathrm{T}}$得到矩阵$\boldsymbol{A}$，$\nabla I$为图像$I$的灰度图。

$$\boldsymbol{A}_\rho=\begin{bmatrix}\sum\limits_{(x_i,y_i)\in W}K_\rho(i)(\nabla_i^h)^2 & \sum\limits_{(x_i,y_i)\in W}K_\rho(i)\nabla_i^h\nabla_i^v \\ \sum\limits_{(x_i,y_i)\in W}K_\rho(i)\nabla_i^v\nabla_i^h & \sum\limits_{(x_i,y_i)\in W}K_\rho(i)(\nabla_i^v)^2\end{bmatrix} \tag{5.19}$$

其中，K_ρ为高斯函数，$K_\rho(i)=\dfrac{1}{\sqrt{2\pi}\rho}\exp\left(-\dfrac{d_i^2}{2\rho^2}\right)$、$d_i^2=(x_i-x_0)^2+(y_i-y_0)^2$，$\rho$是高斯核的标准差。

$\boldsymbol{A}_\rho$是一个对称半正定矩阵，其变换对应着两个正交方向偏导的变化，而偏导的变化反映在$\boldsymbol{A}_\rho$的两个特征值上。通过分析特征值，判断被检测点是否是角点。特征值有如下三种情形：①两个特征值均很小，则被检测点的周围是平坦区域；②一个特征值较大而另一个较小，则被检测的点位于边缘区域；③两个特征值均很大，则表明在被检测点周围任意方向的微小移动都会引起极大的变化，该点即为角点。

为避免计算$\boldsymbol{A}_\rho$的特征值，Harris 定义了如下角点响应函数：

$$R(\boldsymbol{A}_\rho)=\det(\boldsymbol{A}_\rho)-k\cdot\mathrm{tr}^2(\boldsymbol{A}_\rho) \tag{5.20}$$

其中，$\det(\boldsymbol{A}_\rho)$为$\boldsymbol{A}_\rho$的行列式，$\mathrm{tr}(\boldsymbol{A}_\rho)$为$\boldsymbol{A}_\rho$的迹，$k$为可变参数。$R(\boldsymbol{A}_\rho)$大于零且值较大时，被检测点为角点。$R(\boldsymbol{A}_\rho)$小于零且值较小时，被检测点位于边缘区域。$|R(\boldsymbol{A}_\rho)|$较小时，被检测点位于平坦区域。

5.3 人眼区域分割与定位

眼睛作为人类心灵的窗户，不仅将看到的外界信息反映给大脑，同时反映人内心的精神状态。基于人眼状态，驾驶员疲劳检测系统主要是依据人眼的状态进行疲劳判断，而人眼的状态由上下眼睑、虹膜等特征决定。

对于由摄像头所采集的人脸序列，首先进行人脸检测，在人脸定位的基础上，进一步提取人眼轮廓和虹膜定位，方法如下。

1) 基于积分投影的人眼定位方法：首先在 Adaboost 算法检测到的人脸区内，利用人眼的先验知识(三庭五眼规则)划分为眼睛的感兴趣区域，再对感兴趣区域进行积分投影，得到人眼精确区域。流程图如图 5.7(a)区域内所示。

2) 眼睛的椭圆拟合和虹膜的定位：对于检测到的人眼区域利用数学形态学得到人眼边缘信息，然后用边缘跟踪的方法提取出人眼轮廓，再用椭圆拟合人眼。流程图如图 5.7(b)所示；在虹膜定位中，我们采用 Canny 边缘检测和 Hough 变换的方法获得虹膜位置。流程图如图 5.7(c)所示。

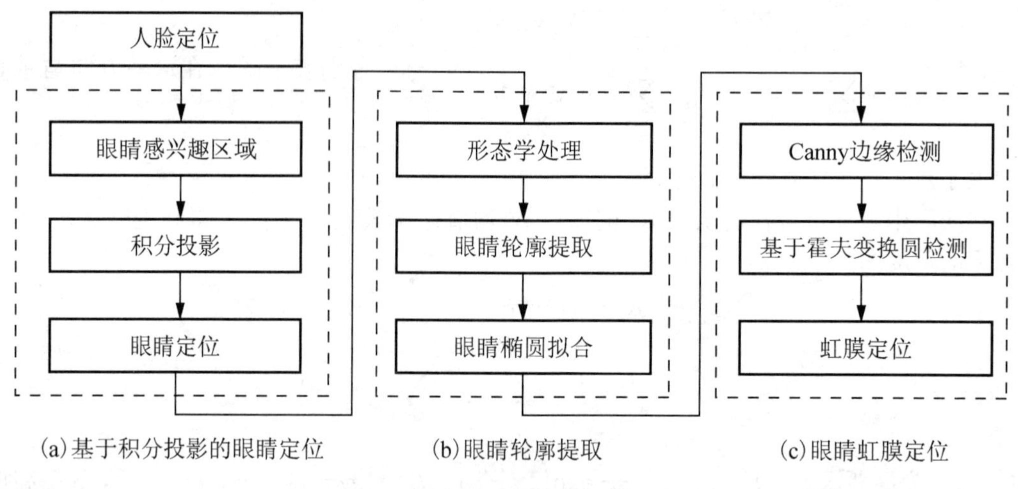

图 5.7　眼睛定位流程

5.3.1　基于 Adaboost 人脸检测

在定位人眼之前，首先应该对视频图像进行人脸检测。在人脸中进行人眼定位要比在复杂的图像当中定位眼睛容易得多，对检测到的人脸，将其从复杂的图像中分割出来，可减少背景的干扰，同时提高人眼定位的准确性与速度。

人脸检测即在图像当中识别是否是人脸，若是则进一步判断它的位置。人脸检测问题的方法很多，归纳起来，有基于知识的方法和有基于统计的方法。基于知识的方法利用在认识人脸过程中所总结出来的一些规则，运用这些规则搜索出人脸区域。基于统计的方法就是通过大量的人脸和分人脸样本作为训练集，然后利用支持向量机(SVM)、人工神经网络等方法训练出一个或多个分类器来进行人脸检测。

考虑到疲劳驾驶系统的实时性，这就要求我们的算法具有较高的准确率和较好的实时性。由 Paul Viola 和 Michael Jones 提出的基于 AdaBoost 的目标检测算法，无论是在检测速度还是检测精度上，都被认为已经达到了很高的水准。由此，本节采用了基于 AdaBoost 人脸检测方法，详见图 5.8 所示。

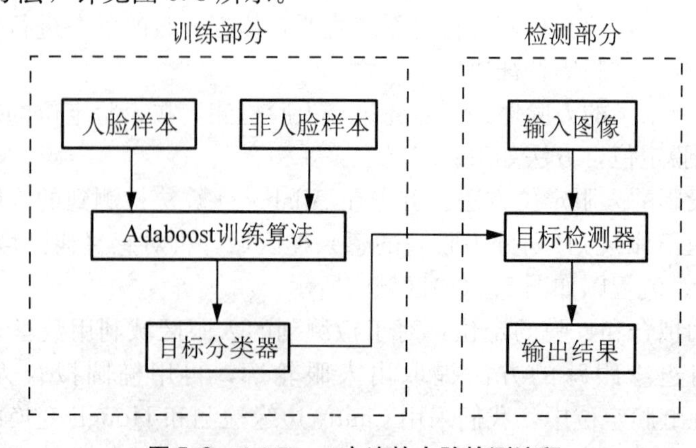

图 5.8　AdaBoost 方法的人脸检测流程

Adaboost 是一种迭代算法，其核心思想是针对同一个训练集训练不同的分类器(弱分类器)，然后把这些弱分类器集合起来，构成一个更强的最终分类器(强分类器)。2001 年 Viola 和 Jones 提出了积分图像的概念以及基于 Adaboost 方法训练人脸分类器的方法，建立一个真正实时的人脸检测系统。AdaBoost 方法的人脸检测流程过程如下。

(1) Harr 特征与积分图

2001 年 Viola 提出的 Haar-like 特征原型只有四种形式，如图 5.9 所示。Haar-like 特征也称矩形特征，是作为 Adaboost 训练分类器的输入特征。后来扩展到三类 14 种。其特征值

$$\text{feature} = \sum_{i=1}^{2} \omega_i \text{Rectsum}(r_i) \tag{5.21}$$

其中，ω_i 为矩形 r_i 的权值，Rectsum(r)来表示矩形内所有像素的灰度值和。可以算得，仅在 24×24 的图像窗口中就包含 117941 个特征，若要以逐行逐列的方式进行特征值的计算，则分类器的训练将是一件非常耗时的事情。

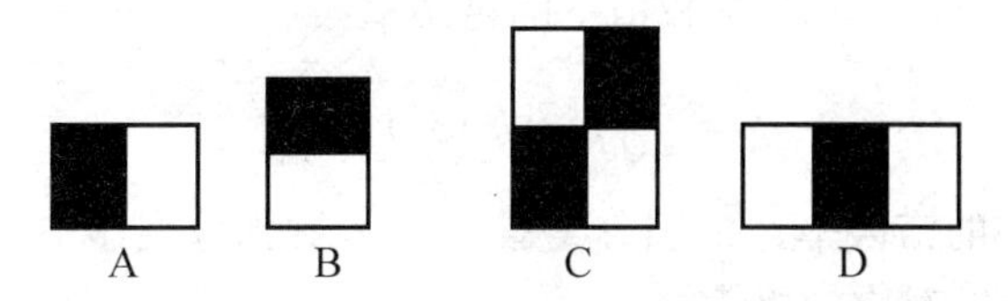

图 5.9 Viola 提出的基本 Harr-like 特征原型

Viola 中引入了一种新的图像表示方法——积分图，利用积分图可以快速地计算出 Haar-like 特征的特征值。积分图的主要思想是将图像从原点开始到各个点所形成的矩形区域像素值之和保存在一个二维数组内，当要计算某个区域的像素和时可以直接索引数组的元素，不用重新计算这个区域的像素和，从而加快了特征值的计算速度。积分图的定义为

$$\text{sum}(x,y) = \sum_{\substack{x' \leqslant x \\ y' \leqslant y}} I(x', y') \tag{5.22}$$

其中，$I(x',y')$为图像在点(x',y')处的灰度值，sum(x,y)表示以原点为左上角坐标，点(x,y)为右下角坐标的矩形内所有灰度值之和。利用积分图，可以快速地计算出任意矩形包含的灰度值，以图 5.10 中的矩形为例计算 D 中包含的灰度值。

$$\text{Rectsum(D)} = \text{sum4} + \text{sum1} - \text{sum2} - \text{sum3} \tag{5.23}$$

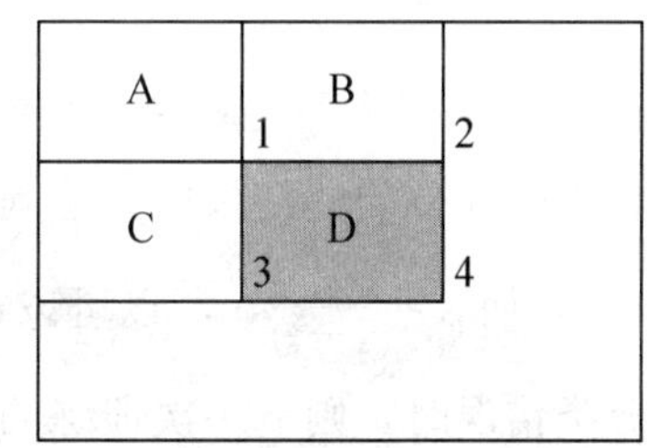

图 5.10 积分图举例

Haar-like 特征的特征值计算只与该特征端点的积分图有关，而与图像坐标无关。因此，不管此 Haar-like 特征的尺度如何，特征值的计算所耗费的时间都是常量，而且都只是简单的加减运算。积分图的引入大大提高了训练和检测的速度。

(2) Adaboost 训练算法

Adaboost 训练算法具体描述如下。

1) 给定弱学习算法和训练集合 $\{(x_1,y_1),(x_2,y_2),\cdots(x_n,y_n)\}$，其中，$x_i$ 是输入的训练样本向量，y_i 是分类器的类别标志，$y_i\in\{-1,1\}$，其中，-1 和 1 分别表示非目标和目标。

2) 指定循环次数 T。T 将决定最后强分类器中的弱分类器的数目。

3) 初始化权重：$\omega^1=\{\omega_{1,1},\omega_{1,2},\cdots,\omega_{1,n}\}$，$\omega_{1/t}=\mathrm{D}(i)$，其中 $\mathrm{D}(i)$是样本的概率分布情况。

4) For $t=1$ to T。

(a) 归一化权值

$$p^t=\frac{\omega^t}{\sum\limits_{i=1}^{n}\omega_{t,i}} \tag{5.24}$$

其中，$\omega^t=\{\omega_{t,1},\omega_{t,2},\cdots,\omega_{t,n}\}$，$p^t=\{p_{t,1},p_{t,2},\cdots,p_{t,n}\}$。

(b) 对每个归一化权值后的样本用弱学习算法进行训练，可得到一个弱分类器：$h_t:x\rightarrow[0,1]$。

(c) 对每个弱分类器，计算当前权值下的错误率：

$$e_t=\sum_{t=1}^{n}p_{t,i}\left|h_t(x_t)-y_t\right| \tag{5.25}$$

(d) 选择具有最小的错误率 ε_t 的弱分类器 h_t 加入到强分类器中。

(e) 更新每个样本所对应的权值：

$$\omega_{t+1,i}=\omega_{t,i}\beta_t^{1-|h_t(x_i)-y_i|} \tag{5.26}$$

上式中，若第 i 个样本分类正确，则 $\varepsilon_t=|h_t(x_i)-y_i|=0$，否则 $\varepsilon_t=|h_t(x_i)-y_i|=1$，且 $\beta_t=\dfrac{\varepsilon_t}{1-\varepsilon_t}$。

5) T 轮训练完毕，最后得到的强分类器为

$$H(x)=\begin{cases}1 & \sum\limits_{t-1}^{T}\partial_t h_t(x)\geqslant 0.5\sum\limits_{t-1}^{T}\partial_t \\ 0 & 其他\end{cases} \tag{5.27}$$

其中，$\partial_t=\log\dfrac{1}{\beta_t}$。在这里，假设每一个分类器都是实际有用的，即 $\varepsilon_t<0.5$。也就是说，在每一次分类的结果中，正确分类的样本个数始终大于错误分类的样本个数。因为 $\varepsilon_t<0.5$，而 $\beta_t=\dfrac{\varepsilon_t}{1-\varepsilon_t}$，所以可以得知 $\beta_t<1$。当前一次训练生成的弱分类器 h_j 对于样本 x_i 分类错误时，则下一次训练的样本所对应的权值 $\omega_{t+1,i}=\omega_{t,i}\beta_t^{1-|h_t(x_i)-y_i|}$ 不变。如果前一次训练生成的弱分类器 h_j 对于样本 x_i 分类正确，则会使 $\omega_{t+1,i}$减小，从而使得在下一次训练时，弱分类器更多地重视上一次训练分类错误的样本，来满足分类器性能提升的思想。

本节依据上述方法训练出一系列基于人脸特征的分类器，然后通过级联的方式使它们最终形成一个人脸分类器，利用这个人脸分类器，经过层层筛选最终能把人脸区域精确定位出来。

5.3.2 人眼定位

在检测出的人脸区域，需要进一步定位出眼睛。人眼定位有很多方法，如模板匹配法、灰度投影法，基于 Gabor 小波变换方法，等等。

在每一帧图像中对人脸进行了精确的定位，接下来的后续工作就是试图在人脸区域中检测到人眼区域。要在整个人脸区域进行人眼检测，无论哪一种算法的计算量也都是比较大的。如果在人眼检测前能利用某种方法进一步裁剪人脸区域，把人眼检测的搜索区域降低到最小，那么就能为接下来的检测工作节省计算量，提高搜索速度，满足驾驶疲劳检测实时性的需要。

本节采用的算法是先建立人眼感兴趣区域，即搜索区域，然后再对眼睛的感兴趣区域进行积分投影得到眼睛的上下左右边沿，定位出眼睛。

(1) 眼睛约束区域的建立

众多的人脸虽然看起来都各不相同，但其五官位置分布存在比较普遍一致的规律，这就是我国传统上所说的“三庭五眼”，如图 5.11 归纳起来就是每个人人脸从发际到眉间、眉间到鼻尖、鼻尖到下巴距离大致相等，称为三庭。正面上看，理想脸型的宽度为五个眼睛的长度，就是以一个眼睛的长度为标准，从发际线到外眼角为一眼，从外眼角到内眼角为二眼，两个内眼角的距离为三眼，从内眼角到外眼角，又一个眼睛的长度为四眼，从外眼角再到发际线称为五眼。

本书在三庭五眼的基础上进一步减少搜索区域，设驾驶员人脸区域的高度为 faceAreaHeight，宽度为 faceAreaWidth，将眼睛检测的感兴趣区域下边沿减少至人脸上半区域，即为高度的 1/2，上边沿为高度的 1/4 区域，左右眼眶的区域也各减少人脸宽度的 1/6。这样做减少了搜索区域，同时进一步剔除眉毛的影响。在图示数字图像处理中，一般采用如下的坐标系统中，原点在左上角，这样在得到感兴趣区域同时，利用式(5.11)，以左眼为例，可得到左眼的最大/最小坐标，如图 5.12 所示。

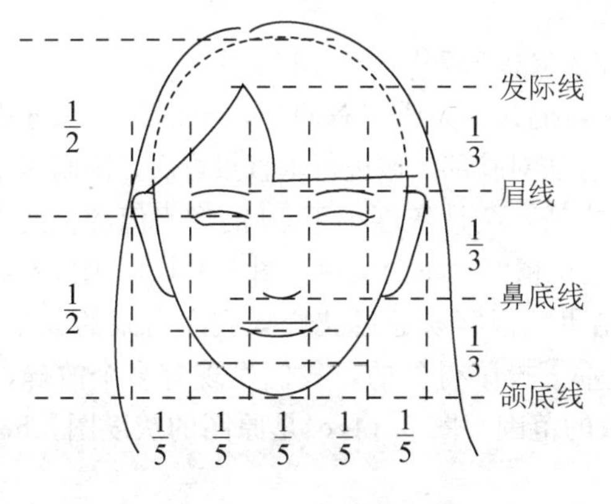

图 5.11 三庭五眼示意

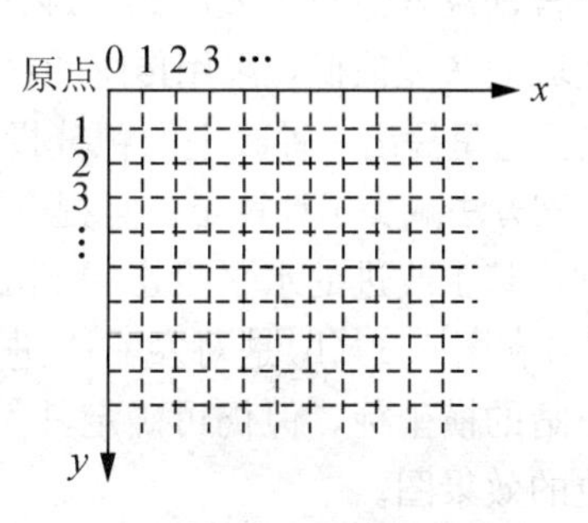

图 5.12 数字图像的坐标约定

$$\begin{cases} \text{leftEye}Y_{\min} = \text{faceAreaHeight}/4 \\ \text{leftEye}Y_{\max} = \text{faceAreaHeight}/2 \\ \text{leftEye}X_{\min} = \text{faceAreaWidth}/6 \\ \text{leftEye}X_{\max} = \text{faceAreaWidth}/2 \end{cases} \tag{5.28}$$

图 5.13(a)为 Adaboost 人脸检测的效果图。从人脸划分出来的眼睛感兴趣区域如图 5.13(b)所示。

(a) 人脸检测

(b) 划分出来的眼睛感兴趣区域

图 5.13 眼睛感兴趣区域结果

(2) 改进的眼睛区域投影

积分投影法是基于先验知识的方法，该方法是根据图像在某些方向上的投影分布特征来进行脸部特征的检测，主要有水平投影和垂直投影，其实质是一种统计方法。积分投影就是将灰度值进行分别沿 x 轴和 y 轴累加得到积分曲线，区间 $[x_1, x_2]$ 和 $[y_1, y_2]$ 在水平和垂直积分投影的计算表达式为

$$S_v(x) = \int_{y_1}^{y_2} I(x,y)\mathrm{d}y \tag{5.29}$$

$$S_v(y) = \int_{x_1}^{x_2} I(x,y)\mathrm{d}x \tag{5.30}$$

由于实验室采集摄像头采集的图像是彩色图像，一般用 R、G、B 值表示，在进行眼睛区域检测前，通常先要将彩色图像转换成灰度图像，进而对它处理。一般选取的 R、G、B 系数分别为 0.229、0.587、0.114，此时生成的灰度图像最为合理。即计算像素点的灰度值

$$h = r \times 0.229 + g \times 0.587 + b \times 0.114 \tag{5.31}$$

然后根据灰度值对于人脸感兴趣区域，把其等分成左右两个，分别进行积分投影。由于眼睛区域的灰度值低，采用传统的投影方法对脸部图像进行垂直投影后，眼睛区域有明显的波谷点。这里提出一种改进的积分投影方法，统计灰度小于 50 的像素值和，波峰即为眼睛位置，该方法减少了计算量，且提升了定位精度，减少误判。图 5.14(c)和图 5.14(d)是对左右眼进行基于改进的水平投影得到的结果，很容易通过波峰找到左右眼的纵坐标范围，图 5.14(a)和图 5.14(b)是对左右眼进行垂直投影得到的，我们发现有多个波峰，无法直接确定眼睛的横坐标，但仍可确定其大致的范围。图 5.14(e)是原图的灰度图，5.14(f)是眼睛定位的效果图。

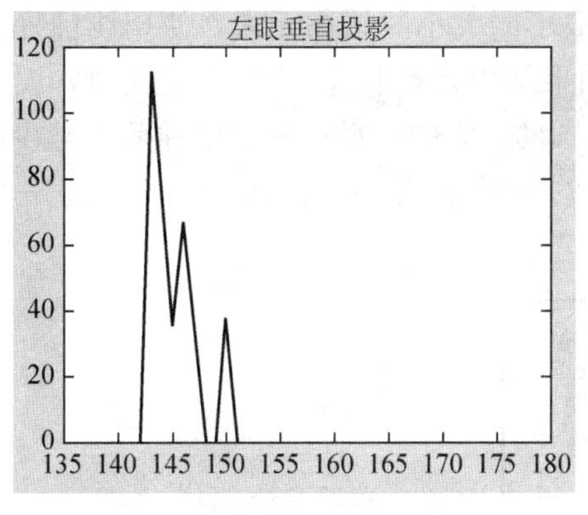

(a) 左眼进行垂直投影

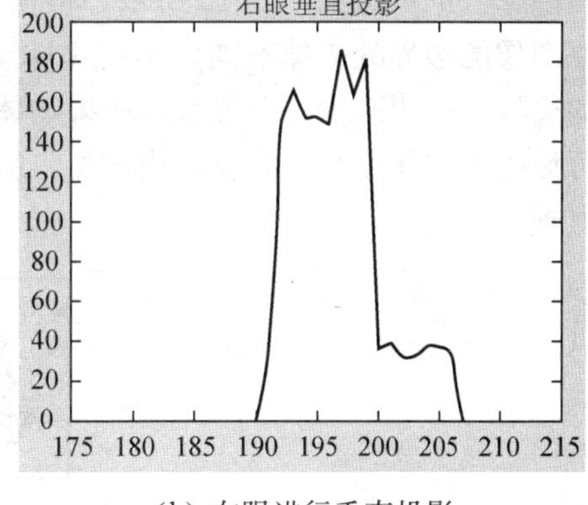

(b) 右眼进行垂直投影

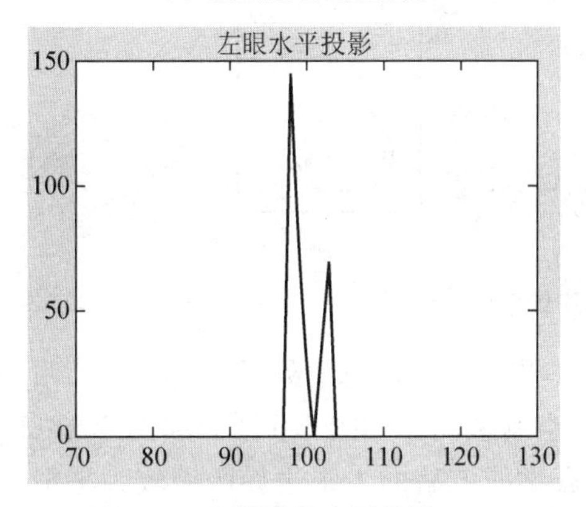

(c) 左眼进行水平投影

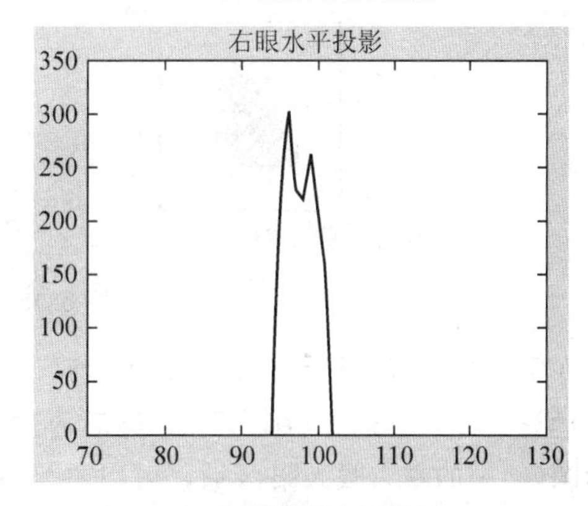

(d) 右眼进行水平投影

(e) 原图的灰度图

(f) 眼睛定位

图 5.14 积分投影效果

5.3.3 基于椭圆拟合的眼睛轮廓提取

(1) 眼睛形态学滤波

为了得到眼睛的轮廓区域，把眼睛分割出来利用数学形态学来进行处理。数学形态学是一门图像处理中应用最为广泛的技术之一，其原理是利用一个称为结构元素的“探针”(一个小的图像集合)在图像中不断移动，搜寻图像的信息来分析各图像部件之间的关系。

腐蚀膨胀的示意如图 5.15 所示，根据选取不同大小的结构元素，使用腐蚀操作就可以在原图像的边界处去掉不同大小的物体。如果结构元素取 3×3 的像素块时，腐蚀将使物体的边界沿周边减少一个像素，如果物体是圆的，它的直径在每次腐蚀后将减少两个像素。可见腐蚀的作用是消除物体边界点，膨胀的作用与腐蚀的作用恰好相反，它是对物体边界点进行扩充。

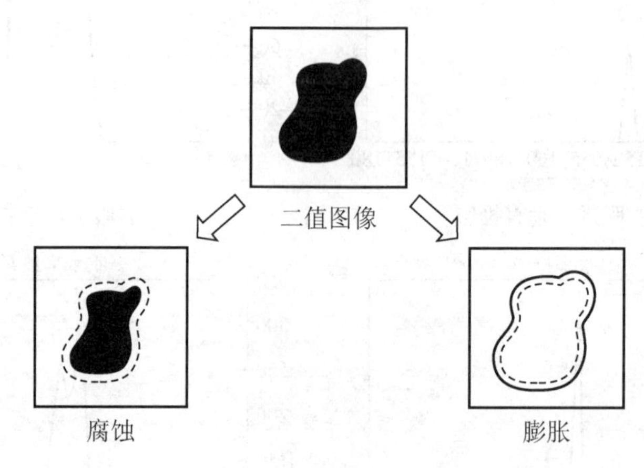

图 5.15 腐蚀膨胀

在定位出人眼区域后，将左右人眼区域分割出来进行形态学处理，对左右两眼进行一次闭运算，即先开运算后闭运算，然后再进行空洞填充。如图 5.16(b)和图 5.16(c)分别表示图(a)中的左右眼人眼区域，可以看到形态学滤波后的人眼边界区域较为平滑，这样有利于我们提取眼睛的轮廓特征。

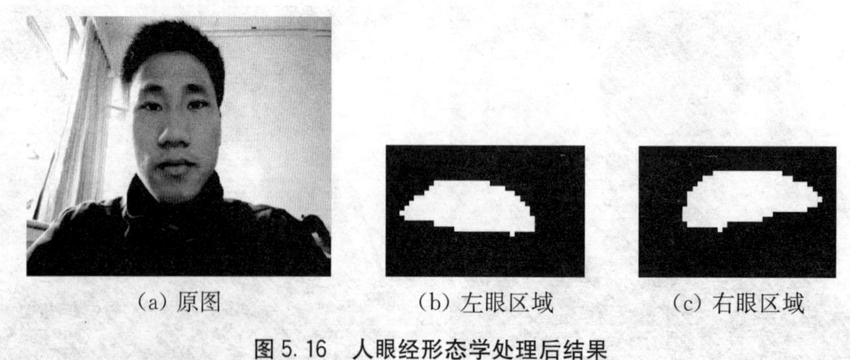

(a) 原图　(b) 左眼区域　(c) 右眼区域

图 5.16 人眼经形态学处理后结果

(2) 眼睛轮廓的提取

对驾驶员轮廓的提取，即提取轮廓的边缘点，以便于我们后续做进一步研究。为此本文采用轮廓跟踪的方法来提取眼睛的边缘点。轮廓跟踪即采用一定的规则，顺序地查找出眼睛轮廓的边缘点。对于一幅二值化图像，眼睛轮廓的提取比较简单，即按照从上到下、从左到右的顺序查找到图像左上方的第一个点记为 A，在其右、右下、下、左下四个邻点当中至少有一个边界点，记为 B，然后以 B 开始，按照从上到下、从左到右搜寻相邻八个的边界点，若搜寻到的点为 A，则搜寻结束，否则再继续查找，直到找到 A 位置。左右眼睛轮廓的结果如图 5.17(b)和图 5.17(c)所示，图 5.17(a)是眼睛边缘轮廓提取得到的结果图。

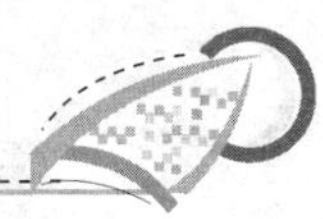

(a) 提取后的结果

(b) 左眼对应区域

(c) 右眼对应区域

图 5.17 眼睛轮廓的提取结果

在得到眼睛的轮廓曲线后，采用几何模型的方法来拟合人的整个眼眶。由观察可以发现，眼睛轮廓可用一个近似椭圆来拟合，椭圆在描述平面图形信息时有其独特的优势，因此可通过椭圆来近似描述眼睛的轮廓信息，为后续的眼睛开闭判断，注视方向的估计打下基础。

常用的椭圆拟合方法主要有三种：基于 Hough 变化的椭圆拟合方法、基于不变矩的方法和基于最小二乘法。在这三种方法中，最小二乘法适用于各种复杂的模型，能达到较高的拟合精度。因此本文采用最小二乘技术拟合椭圆的方法来定位驾驶员眼睑轮廓。本文的算法是在眼睛提取的眼睛轮廓曲线中获得六个点，即可确定一个椭圆，将点的坐标带入拟合的椭圆表达式中，求取参数，即可确定椭圆方程。

最小二乘法主要是寻找参数集合，从而最小化数据点与椭圆之间的距离度量。设图 5.17 所得到的眼睛边缘的轮廓点坐标为$(x_i, y_i)(i=0,1,\cdots,n)$，在二维平面的坐标系中，广义的圆锥曲线表达式为

$$F(x,y) = ax^2 + bxy + cy^2 + dx + ey + f = 0 \tag{5.32}$$

引入向量$\boldsymbol{A}=[a,b,c,d,f]^{\mathrm{T}}$，$\boldsymbol{X}=[x^2,xy,y^2,x,y,1]^{\mathrm{T}}$，由最小二乘原理，令最小距离度量为 $D(A)$则可得

$$D_{\min}(\boldsymbol{A}) = \sum_{i=1}^{N} F_A(x_i)^2 \tag{5.33}$$

为了避免平凡解 $G=0$，或同一曲线有多解问题，必须对参数矢量 G 进行约束，Rosin 和 Gander 加入 $a+c=1$ 的约束，Taubin 将 G 约束为$\boldsymbol{A}^{\mathrm{T}}\boldsymbol{C}\boldsymbol{A}=1$，式中 $\boldsymbol{C}$ 是个 6×6 的矩阵。在保证上式有解时，参数这种约束使得二次曲线逼近于椭圆，这种近似约束是已知的，即 $b^2-4ac<0$。

在约束条件的基础上加入缩放因子，就可以得到一个等式约束条件：$4ac-b^2=1$，这是个二次约束。这样可将矩阵$\boldsymbol{A}^{\mathrm{T}}\boldsymbol{C}\boldsymbol{A}=1$，表示为

$$\boldsymbol{A}^{\mathrm{T}}\begin{bmatrix}0 & 0 & 2 & 0 & 0 & 0\\ 0 & -1 & 0 & 0 & 0 & 0\\ 2 & 0 & 0 & 0 & 0 & 0\\ 0 & 0 & 0 & 0 & 0 & 0\\ 0 & 0 & 0 & 0 & 0 & 0\\ 0 & 0 & 0 & 0 & 0 & 0\end{bmatrix}\boldsymbol{A} = 1 \tag{5.34}$$

上一节中我们提取了眼睛的边缘轮廓，进而可以提取到人眼睛的边缘点的集合(x_i, y_i)，将此点集代入式(5.33)，计算其最小化的解。由函数理论，代入的边缘点集合数要求不少于

6。同时加入对参数 $\boldsymbol{A}$ 的约束条件，即式(5.34)。这样就能避免多余的解或者同一曲线有多解问题。从理论上讲，这样的椭圆是唯一的。图 5.18 为驾驶员的轮廓椭圆拟合图。

图 5.18　轮廓拟合

5.4　基于改进 Level Set 的中医舌体分割

获取对舌诊研究有效的信息是实现中医舌诊客观化的一个重要前提工作。原始的舌体图像往往包括舌体、嘴唇及其周围的皮肤。舌体分割的过程即将舌体从舌体原始图像中提取出来，作为后续研究的对象。后续的研究将在舌体分割的基础上展开，故舌体分割的质量将直接关系到后续研究工作的成效。由此可见，舌体分割是舌诊客观化的第一步，也是极为关键的一步。为获取舌体图像，曾有研究采用人工遮罩来获得舌体图像，但从卫生、患者心理等因素考虑，这种方法有诸多不便，因此直接建立有效的舌象分割方法是研究的主要方向。目前，已提出的舌体分割方法很多，如阈值分割、区域生长法、聚类算法、分水岭(Watershed)算法、可变形模型法(如 Snake)等。

由以上分析可知，前几种方法自适应性较差，对舌体的分割效果较差。而形变模型(Snake 模型)是一种有效的自适应分割算法，其优点是在分割过程中及最终得到的分割轮廓是一条完整的曲线。但是该算法存在两个不足之处：第一，分割曲线的初始位置对最终的分割结果影响较大，初始位置的选择要求较高；第二，算法对凹处不敏感，分割曲线在凹处收敛效果较差。为克服这两个缺陷，文献［64］提出了一种改进的 Snake 算法，但改进了缺陷的同时又出现了新的问题。

在舌象灰度图中，舌体边缘的灰度值往往与舌体周围皮肤的灰度值极为接近，在视觉上表现为在灰度图中舌体的部分边界轮廓模糊不清，难易区分舌体与皮肤的边界。而这种现象往往导致分割不能沿着舌体的真实轮廓进行，甚至导致分割失败。

为解决此问题，本章提出了一种改进的水平集(Level Set)方法。该算法主要有如下几处改进：①利用 HSV 空间的 H 分量与 V 分量的特性，自动确定 Snake 的初始位置；②根据舌体与皮肤的颜色中 R、G、B 三原色在 RGB 空间的分布特性，提出了一种灰度增强方法，增强舌体与皮肤这二处灰度值的对比度；③为提高 Snake 在弱边界处的收敛性，构造基于区域的符号压力函数以取代水平集的边界停止函数。④使用高斯滤波过程取代符号距离函数来规则化水平集，极大提高了 Snake 曲线的演化效率。对大量舌象所做的实验表明，本章提出的改进算法取得了满意的分割结果。

5.4.1 去除舌区域淤点并初始化舌体轮廓线

舌体与图像中其他部分的一个重要区别在于舌体表面有一层水膜，它对光线有很强的反射性。因此，在图像中舌体的亮度值通常较高，亮度信息也就被用来作为区分舌体与非舌体的一个重要特征。

采用单一的色彩通道进行边界检测时常受到一些非舌体边界的干扰而影响检测效果，还有一些舌体真实边界在色彩上与附近的皮肤较接近，从而导致在边界检测中被遗漏。为了减少边界的误检测，本章的舌体分割算法采用了多种色彩空间与多种色彩通道。利用HSV色彩空间中H分量和V分量的特性得到舌体初始轮廓线。图5.19为提取舌体初始轮廓线的流程图。

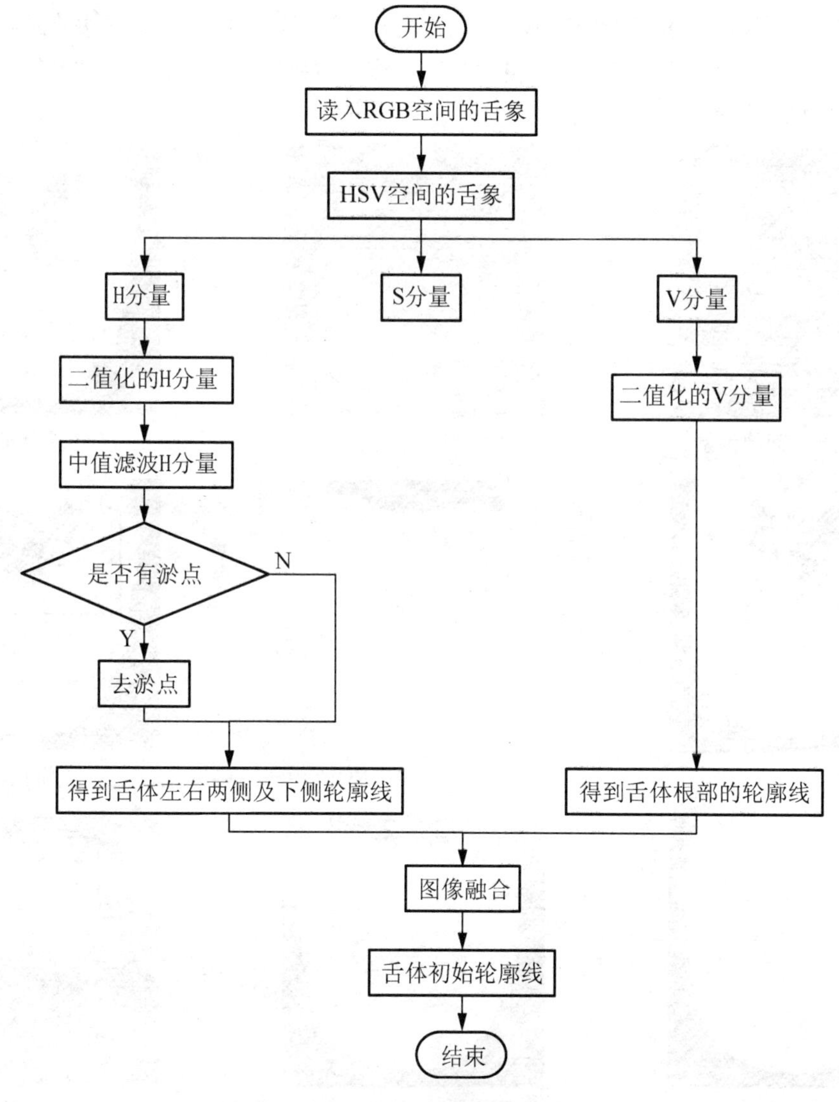

图5.19 舌体初始分割

先将舌象原始图片从RGB空间转换到HSV空间。图5.20(a)是舌象原图。图5.20(b)是将舌象原图转换到HSV空间后的结果。图5.20(c)是H分量示意图。图5.20(d)与图5.20(e)分别是H与V分量二值化并中值滤波后的结果。从图5.20(e)可得到舌体根部的轮廓曲线。

图5.20(d)中的淤点将导致舌体轮廓线初始化失败。经实验发现，淤点主要集中分布在舌体中线以上，舌体根部轮廓线以下的舌体区域中，见图5.20(f)。为去除这些淤点，我们提出如下方法：

1) 通过V分量得到舌体根部轮廓线。

2) 根据淤点的分布特征，构造一个淤点分布区域，见图5.20(f)；这个区域由舌体根部轮廓曲线(虚线)、舌体中线(粗直线)以及两条垂线构成。

3) 从淤点区域左上角开始向右下角方向搜索淤点并去除，图5.20(g)即去除淤点后的结果。

将图5.20(e)和图5.20(g)作逻辑“与”操作，得到图5.20(h)，做“开”运算后得到舌体初始轮廓线，见图5.20(i)。

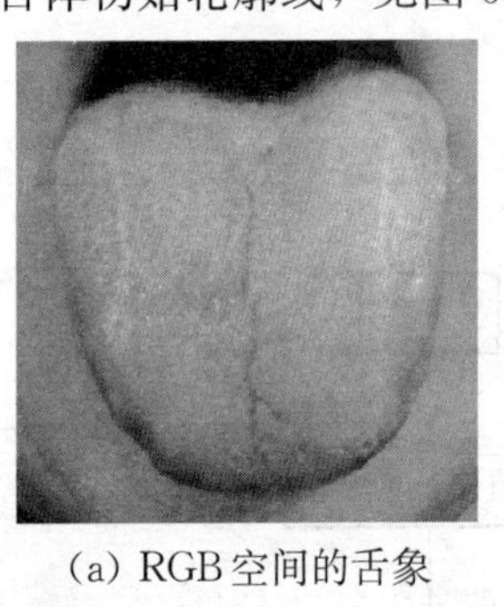
(a) RGB空间的舌象

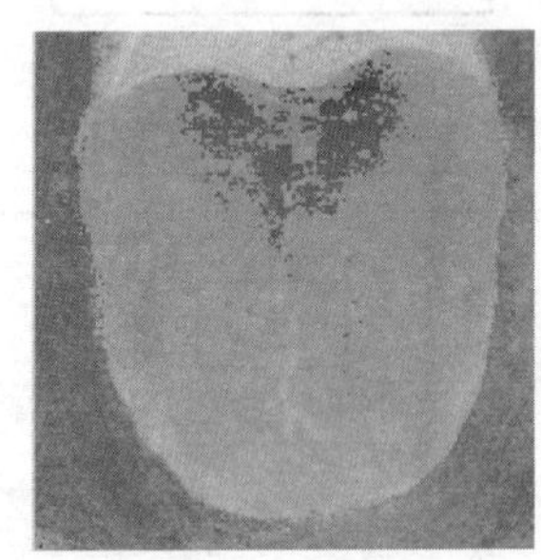
(b) HSV空间的舌象

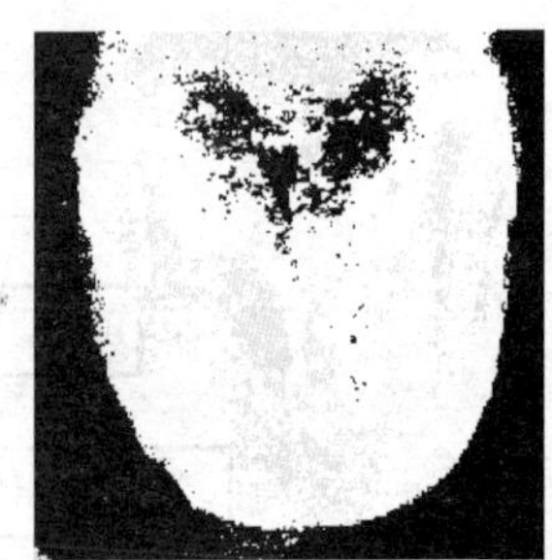
(c) H分量效果

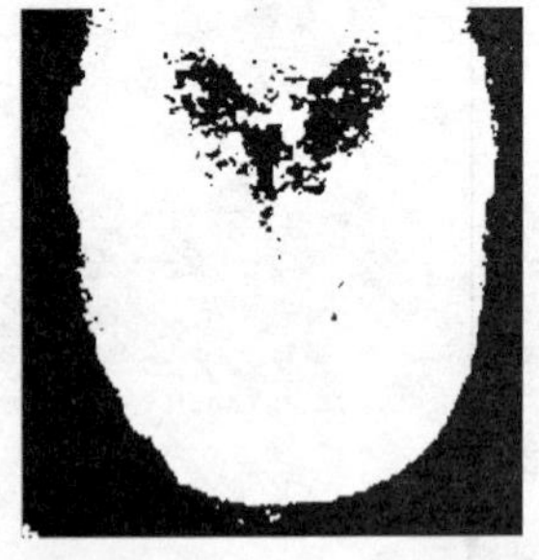
(d) H分量二值化

(e) V分量二值化

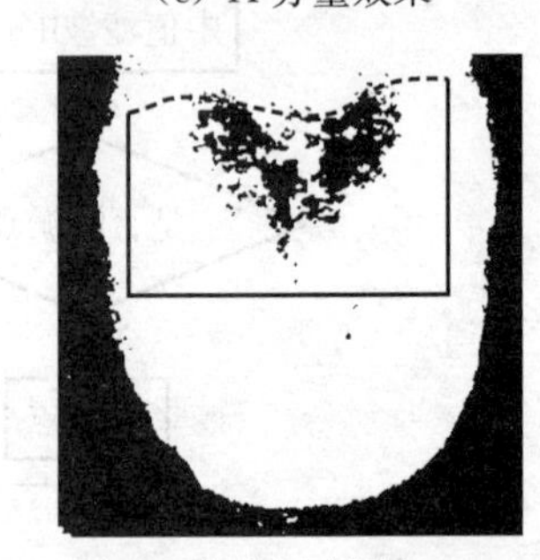
(f) 淤点识别

(g) 去除淤点

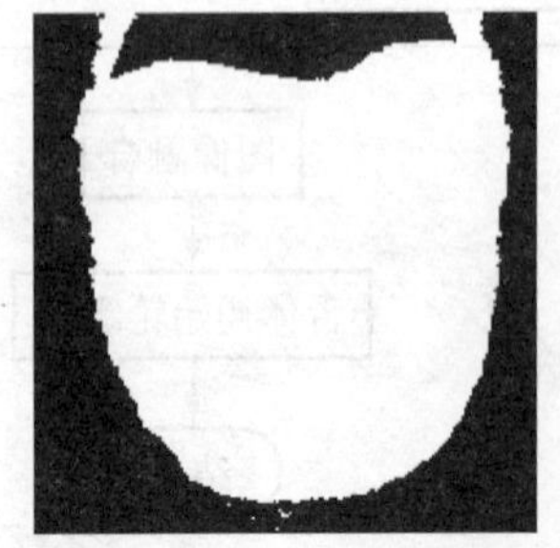
(h) 图(e)和图(g)作逻辑“与”操作

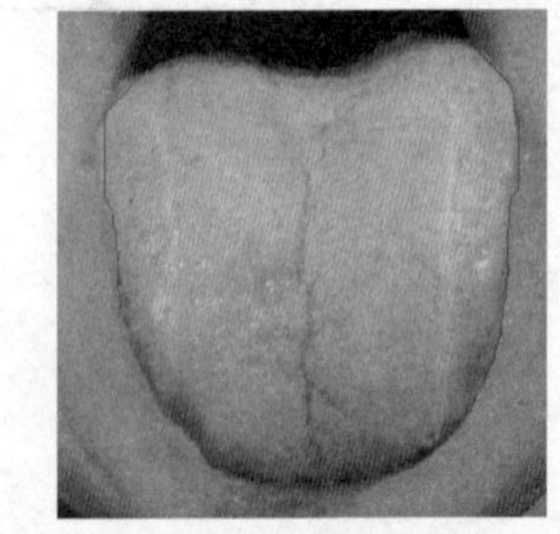
(i) 舌体初始轮廓线

图5.20 舌体初始分割

5.4.2 增强舌体与皮肤之间的弱边界

舌体与皮肤之间往往存在弱边界，如图 5.21(a)所示是直接从舌象图转换得到的灰度图，舌体左下部与皮肤之间的界限模糊不清。弱边界给接下来的分割带来了极大的困难，并有可能因此导致分割失败。为了给后续工作提供一个良好的基础，我们使用先验知识处理图像以增强弱边界。

我们发现在 RGB 空间中舌体与皮肤的 R 值几乎一致。然而，舌体比皮肤在视觉上更红的原因是，这二处的 G 分量存在差异，并表现出如下的规律：

1) 皮肤处的 G 分量值比舌体上的 G 分量值较大。

2) 在皮肤处，G 分量值大于 B 值。但在舌体处，G 值等于或大于 B 值。

3) 不论舌体还是皮肤处，R 值大于 G、B 这两个值。

选择 G 分量作为处理对象，增强 G 空间内的对比度。设 R、B 分量是常量，G 分量是变量，提出对比度增强方法，如式(5.35)所示。根据 R、G、B 三分量的分布特征，增强图像对比度：

$$G' = \frac{R-G}{|G-B|+1} \tag{5.35}$$

其中，$R \geqslant G$，$R \geqslant B$，分母加 1 是为了避免分母出现等于 0 的情况。

由于舌体上的 G 值小于皮肤上的 G 值，舌体上的 G' 值大于皮肤上的 G' 值，见图 5.21(b)。将 G' 值取代 RGB 中的 G 值。从图 5.21(c)中可以发现，灰度图中的弱边界得到了明显增强。

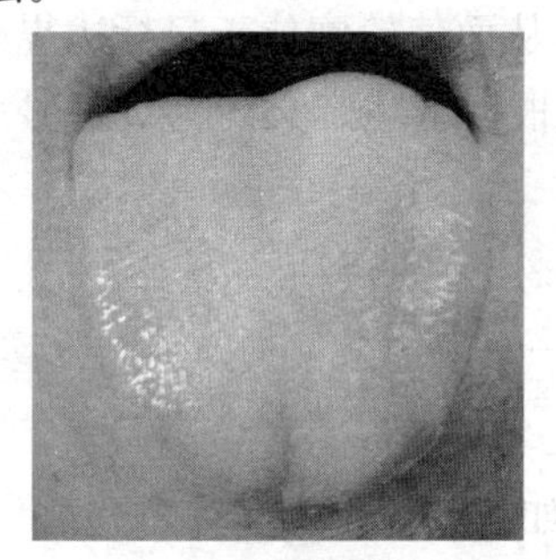
(a) 灰度图

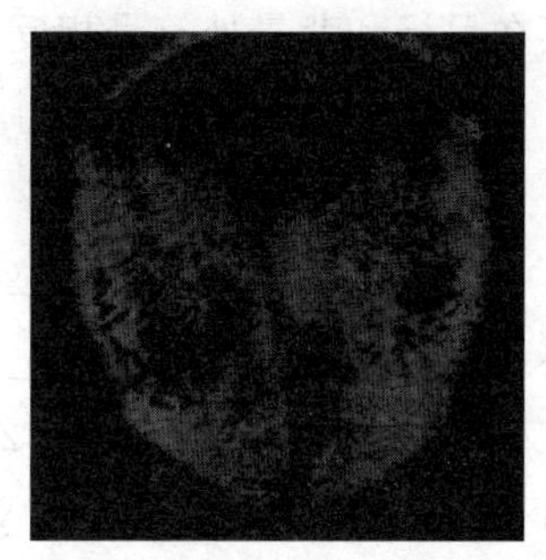
(b) G′值

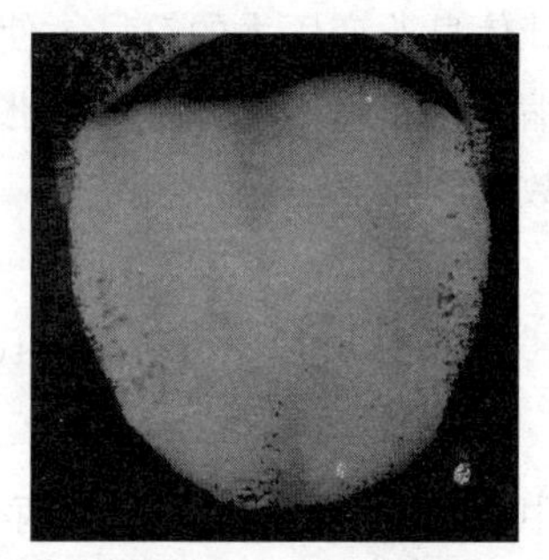
(c) 对比度增强结果

图 5.21 舌体与皮肤之间的对比度

5.4.3 GAC 主动轮廓模型的水平集表示

测地线主动轮廓模型(Geodesic Active Contour，GAC)是一种基于曲线演化理论和水平集方法的模型，它被广泛地应用于图像分割中，并以极小化能量函数为目标，其对应的曲线 φ 的运动方程为

$$L(\varphi) = \int_0^{L(\varphi)} g(|\nabla I(\varphi(s))|)\mathrm{d}s \tag{5.36}$$

其中，$L(\varphi)$是闭合曲线 φ 的周长，∇I 是图像 I 的梯度，而 g 是边界停止函数(Edge Stopping Function，ESF)，可表示为

$$g=\frac{1}{1+|\nabla G_{\sigma}*I|^{2}} \tag{5.37}$$

其中，$\nabla G_{\sigma}*I$ 是将一个标准差为 σ 的高斯核与图像 I 做卷积。

极小化式(5.36)所对应的梯度下降流为

$$\frac{\partial\varphi(t)}{\partial t}=gk\vec{N}-(\nabla g\cdot\vec{N})\vec{N} \tag{5.38}$$

其中，k 是轮廓曲线的曲率，$\vec{N}$ 是曲线法向单位向量。通常增加一个速度常量 α 以提高曲线演化速度，方程(5.38)可写为

$$\frac{\partial\varphi(t)}{\partial t}=g(k+\alpha)\vec{N}-(\nabla g\cdot\vec{N})\vec{N} \tag{5.39}$$

根据本章5.2.3节中阐述的水平集理论，模型对应的水平集方程如下：

$$\frac{\partial\varphi(t)}{\partial t}=g|\nabla\varphi|(\mathrm{div}(\frac{\nabla\varphi}{|\nabla\varphi|})+\alpha)+\nabla g\cdot\nabla\varphi \tag{5.40}$$

其中，div 是散度算子，α 是常数，其作用是加速轮廓演化。

5.4.4 改进的水平集方法

针对舌体弱边界问题，本节提出了一种符号压力函数，以增强 Snake 曲线在弱边界的收敛能力；改进水平集的规则化过程，将提高 Snake 曲线的演化效率。

(1) 符号压力函数的设计

文献［66］提出的符号压力函数(Signed Pressure Function，SPF)的定义：利用区域统计信息改变压力的符号，使其在目标和背景处符号相反，从而使轮廓位于目标边界外时收缩，位于目标边界里时扩张，值域一般位于［−1，1］。根据上述定义，构造符号压力函数如下：

$$\mathrm{spf}(I(x))=\frac{I(x)-\frac{c_1+c_2}{2}}{\max\left(\left|I(x)-\frac{c_1+c_2}{2}\right|\right)} \tag{5.41}$$

其中 c_1 与 c_2 是曲线内外的两个区域中灰度的均值，其定义如下：

$$c_1=\frac{\sum I(x)\cdot\mathrm{sign}(\varphi)}{\sum\mathrm{sign}(\varphi)} \tag{5.42}$$

$$c_2=\frac{\sum I(x)\cdot(1-\mathrm{sign}(\varphi))}{\sum(1-\mathrm{sign}(\varphi))} \tag{5.43}$$

另外，在轮廓曲线内时 $\varphi<0$，$\mathrm{sign}(x)$是符号函数，定义如下：

$$\mathrm{sign}(x)=\begin{cases}1 & x<0\\0 & x\geqslant 0\end{cases} \tag{5.44}$$

方程(5.41)表明，假设曲线内外的区域的灰度值是均衡的，那么不等式 $\mathrm{Min}(I(x))\leqslant c_1,\ c_2\leqslant\mathrm{Max}(I(x))$很明显成立，其中在曲线上时不能取等号，那么方程可转换为如下的形式：

$$\text{Min}(I(x)) < \frac{c_1 + c_2}{2} < \text{Max}(I(x)) \tag{5.45}$$

由式(5.41)知，SPF 范围限制在［−1，1］。因此，构造的函数满足符号压力函数的定义。

(2) 改进水平集表示式

将符号压力函数式(5.41)代替式(5.40)中的边界停止函数，水平集方程可改写为

$$\frac{\partial \varphi}{\partial t} = \text{spf}(I(x)) \cdot \left(\text{div}\left(\frac{\nabla \varphi}{|\nabla \varphi|}\right) + \alpha\right)|\nabla \varphi| + \nabla \text{spf}(I(x)) \cdot \nabla \varphi \tag{5.46}$$

在本节提出的方法中，水平集方程采用常量被初始化，并且曲线内外取不同的符号。在传统的水平集方法中，水平集方程边界被初始化为符号距离函数(Signed Distance Function)，并且在曲线的演化过程中还需重新初始化。然而，目前使用的重新初始化方法通常存在副作用，它往往导致水平集偏离分割的边界，并且，何时及如何重新初始化也是一个难以确定的难题。此外，重新初始化是一个极耗时间的过程。为解决这些问题，本章提出一种新的水平集方法，它在每一次迭代后使用高斯滤波规则化水平集函数。

在传统的水平集中，$\text{div}\left(\frac{\nabla \varphi}{|\nabla \varphi|}\right)|\nabla \varphi|$ 通常用于规则化水平集方程 φ。因为 φ 是一个符号距离函数，满足 $|\nabla \varphi = 1|$，故规则化的部分可写为 $\Delta \varphi$，它是水平集方程 φ 的一个拉普拉斯算子。

如文献［67］所提及，以及基于文献［68］中尺度空间理论，一个使用拉普拉斯算子演化的方程等同于使用高斯核对方程的初始状态进行滤波。因此我们使用一个高斯滤波过程进一步规则化水平集方程。高斯核模板大小为 $K \times K$，标准差 σ 控制规则化的强度。由于我们使用了高斯核平滑水平集方程从而保证了水平集边界规则，故规则化部分 $\text{div}\left(\frac{\nabla \varphi}{|\nabla \varphi|}\right)|\nabla \varphi|$ 就可省去。此外，式(5.46)中的 $\nabla \text{spf}(I(x)) \cdot \nabla \varphi$ 部分也可去除，因为我们的模型利用了区域统计信息，这有着更大范围捕捉能力以及对遗漏边界有着良好的处理能力。最后，提出的水平集公式可写为

$$\frac{\partial \varphi}{\partial t} = \text{spf}(I(x)) \cdot \alpha |\nabla \varphi| \tag{5.47}$$

5.4.5 实验与讨论

本节提出的算法在 Matlab 2009 中运行，CPU 为 2.70 GHz、AMD Athlon Processor。取四张舌象进行实验，对应的实验参数 $K=5$、$\sigma=0.5$、$\alpha=0.15$。

图 5.22 显示有弱边界图像的分割结果。第一行是各舌象原图；第二行是各舌象的灰度图。在第二行中可以看到黑色矩形框内的弱边界；第三行是采用我们提出的方法增强对比度后的结果图；第四行是采用文献［64］中的方法分割的结果；第五行是传统的测地线主动轮廓模型分割的结果；第六行是采用我们提出的方法分割的结果图。从第二行灰度图中矩形框内可以看到，这些地方的舌体与皮肤模糊不清，难识别区分舌体的边界。而在增强图像对比度之后，这些区域的边界得到了明显的增强。

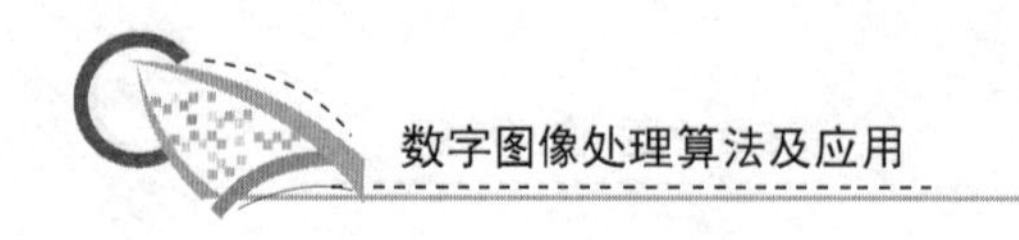

将本节提出的方法与文献［64］的方法比较，发现采用文献［64］得到的分割曲线不能较好地收敛在弱边界处，而采用本章所提算法的分割曲线则能较好地收敛在弱边界处。例如，在第二列中，采用文献［64］的方法得到的分割曲线不能收敛到舌体的右下角，而本节所提算法的分割曲线则能较为精确地收敛到舌体的右下角。

GAC算法的传统水平集演化过程有平均290次左右的迭代，平均耗时2.5min。然而，本章提出的改进算法，平均迭代次数为120，平均耗时仅0.17min。GAC算法的传统水平集使用了符号距离函数，在重新初始化水平集时耗费了大量时间，而本章所提算法采用高斯滤波取代符号距离函数，从而简化了水平集表达式，这样做不仅节省了大量的运行时间，而且提高了算法效率。本节采用符号压力函数取代边界停止函数并且在每次迭代后使用高斯滤波规则化水平集，从图5.22的第六行图像中可以发现，最终的分割曲线有效地收敛在舌体弱边界处。

图5.23是本章所提算法对其他舌体的分割结果。我们对400张舌体图像进行了实验，根据中医专家对分割结果的判断，分割正确率达到了98.5％。实验证明，本章改进的水平集分割算法能有效地分割舌体弱边界。

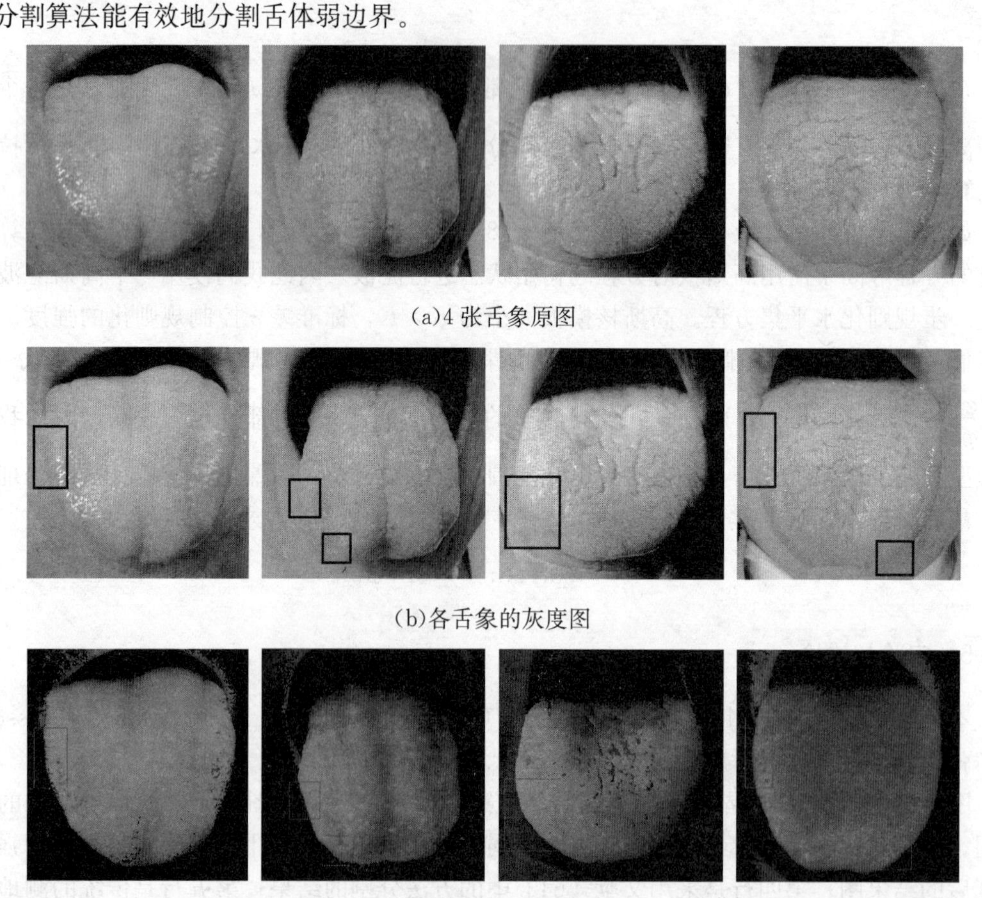

(a)4张舌象原图

(b)各舌象的灰度图

(c)增强对比度后的结果图

图5.22　对比度增强以及不同方法分割的结果

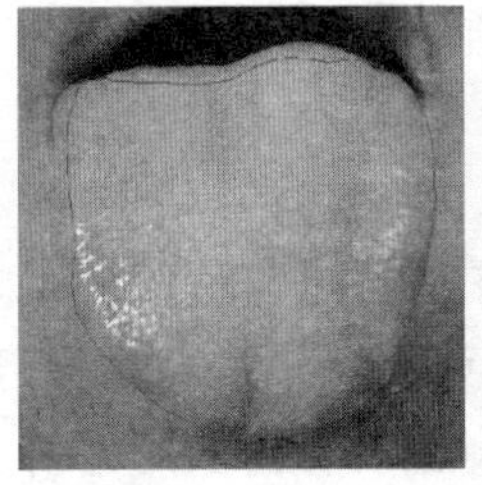 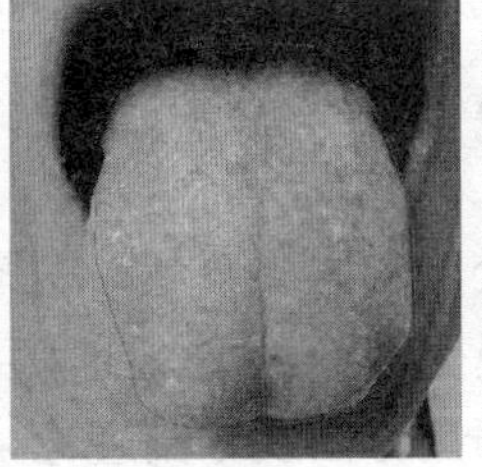 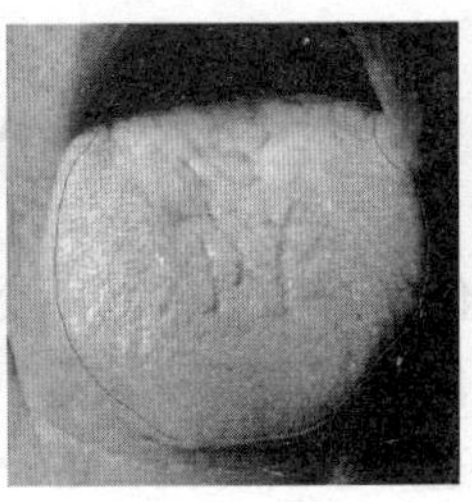 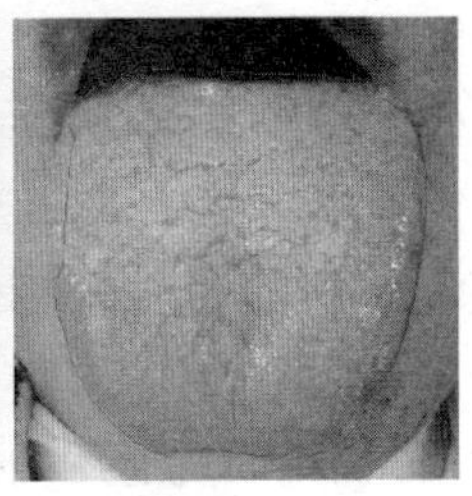

(d) 文献［64］中的方法分割的结果

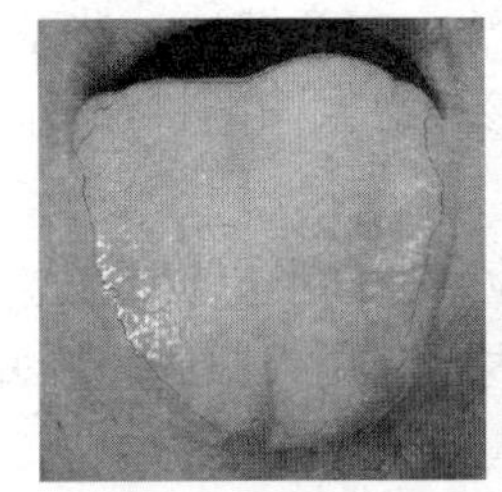 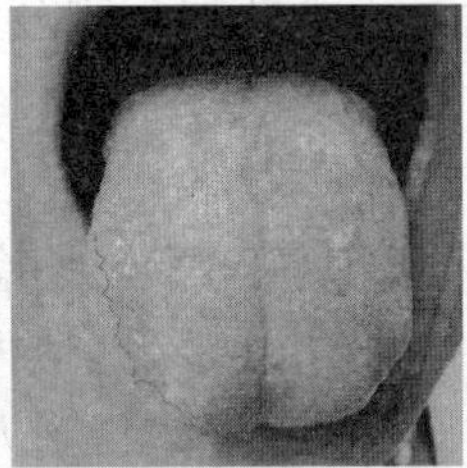 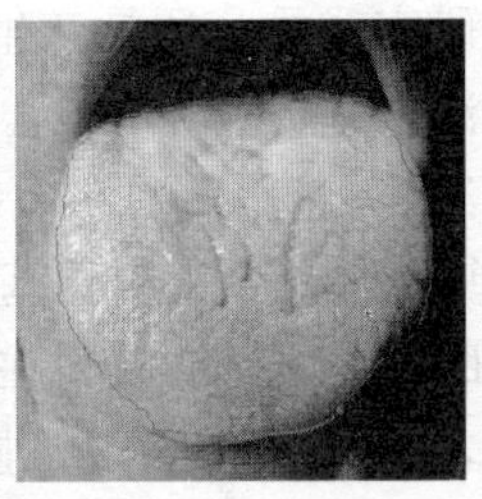 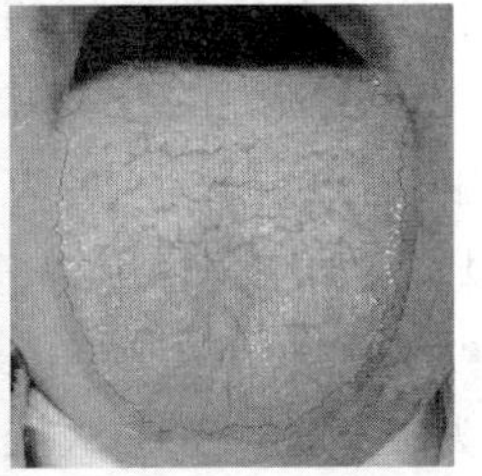

(e) 传统的 GAC 主动轮廓模型分割的结果

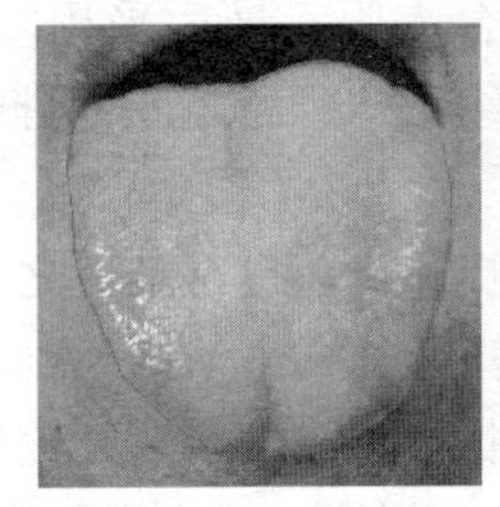 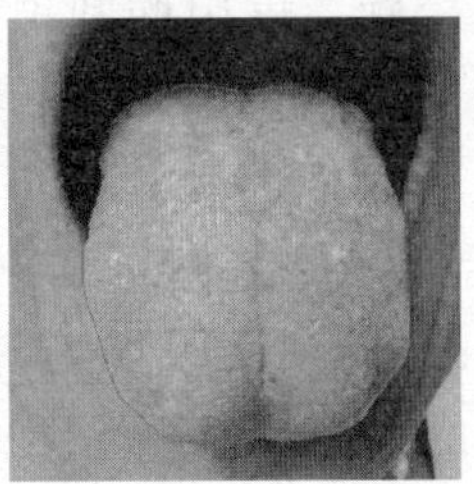 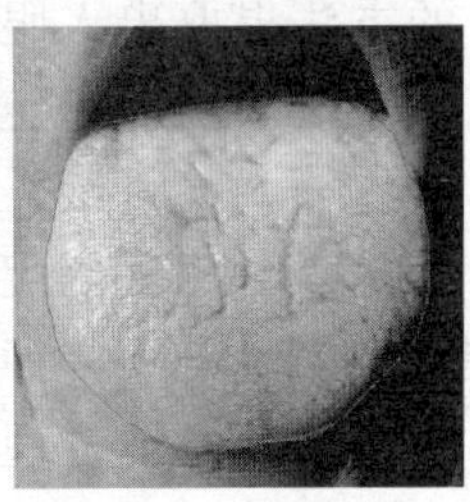 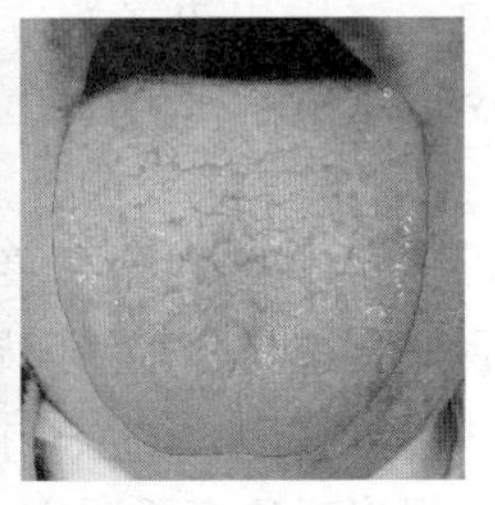

(f) 提出的方法分割的结果

图 5.22 对比度增强以及不同方法分割的结果(续)

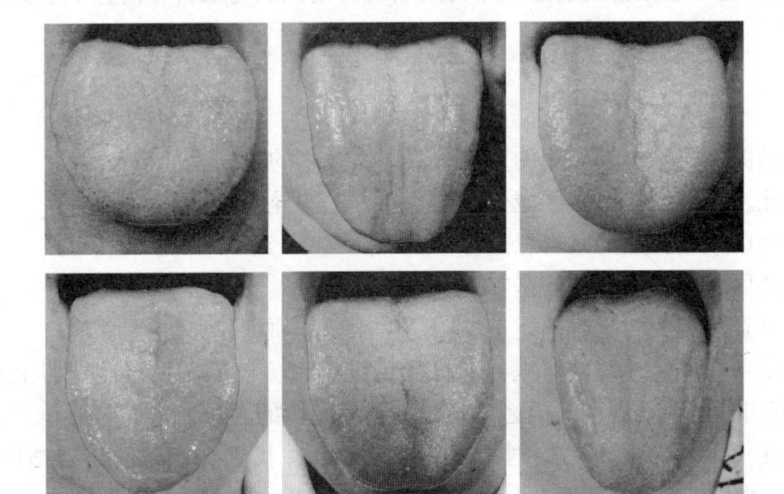

图 5.23 对不同舌体的分割结果

5.5 小　　结

图像分割是将一幅图像分解为若干互不交叠的同质区域，是图像分析与理解的基本问题之一。从 20 世纪 70 年代起，许多研究人员为图像分割付出了巨大的努力，然而，到目前为止，仍未发现通用的适用于所有图像的通用方法及分割理论，也没有公认的评价分割性能的客观标准。虽然如此，但通过借鉴小波变换、分形理论、形态学、模糊数学、遗传算法、人工智能等领域的研究成员，还是产生了不少新的分割算法。本章综述一些基本、实用、有代表性的分割方法，分析其优缺点。根据人脸识别和舌诊中分割问题特殊性，提出了解决该问题的两种方法。

1）在利用 Adaboost 算法检测到人脸的基础上，提出了人眼检测和虹膜定位方法。

● 基于积分投影的人眼定位方法：首先在检测到的人脸区域内，利用人眼的先验知识划分为眼睛的感兴趣区域，再对感兴趣区域进行积分投影，得到人眼精确区域。

● 眼睛的椭圆拟合和虹膜的定位：对于检测到的人眼区域利用数学形态学得到人眼边缘信息，然后用边缘跟踪的方法提取出人眼轮廓，再用椭圆拟合人眼。最后采用基于 Canny 边缘检测和 Hough 变换的方法获得定位虹膜位置，为后续的人眼状态识别打下基础。

2）将舌体从舌体图像中分割出来是中医舌诊客观化的重要前提工作，也是难点之一。针对舌体弱边界分割的问题，本章提出了一种改进的水平集分割算法。首先，针对舌体和非舌体区域在 HSV 空间中的特征，选取合理的阈值，从原始图中提取舌体的大致轮廓。然后，提出对比度增强方法来增强舌体弱边界。最后，改进 GAC 分割算法的水平集表达式，在舌体初始分割曲线的基础上演化水平集，得到较为精确的舌体分割曲线。实验结果表明，本章提出的方法是行之有效的，为后续的齿痕识别与质苔分离打下了良好的基础。

习　　题

5.1　何谓图像分割？其常用的方法有哪些？分割的依据是什么？

5.2　试比较区域增长法和区域分裂与合并方法的异同。

5.3　简述区域增长法的基本思想。

5.4　简述区域分裂与合并的基本思想。

5.5　通过查阅相关文献，简述 Hough 变换的基本原理及其主要用途。

5.6　假定一个成像系统的监视器和打印机没有完美校准。在该监视器上看起来平衡的一幅图像打印时出现了青色。描述可矫正这种不平衡的通用变换。

5.7　当在白天进入一个黑暗剧场时，在能看清并找到空座位时需要适应一段时间，试述发生这种现象的视觉原理。

5.8　简述梯度法与拉普拉斯算子检测边缘的异同点。

5.9　将高频加强和直方图均衡相结合是得到边缘锐化和对比度增强的有效方法。上述两个操作的先后顺序对结果有影响吗？为什么？

5.10 给出如图 5.24 所示的彩色立方体模型，画出对应的 HSI 系模型(可用横截面分别为正六边形、三角形和圆形中的一种)，并辅以必要的文字说明。

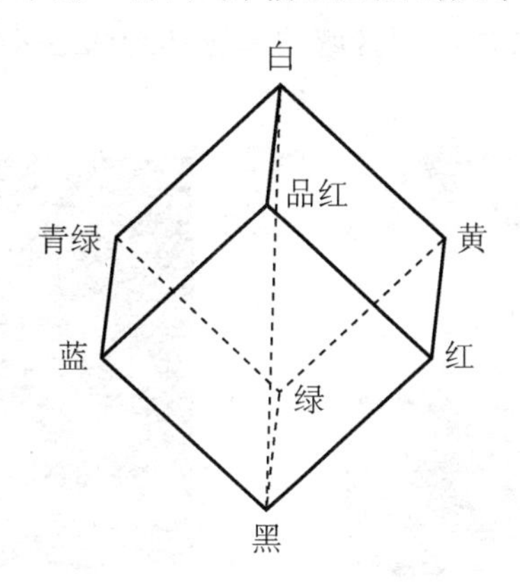

图 5.24 彩色立方体模型

5.11 设一幅 7×7 大小的二值图像中心处有一个值为 0 的 3×3 大小的正方形区域，其余区域的值为 1，如图 5.25 所示。

(1) 使用 Sobel 算子计算这幅图的梯度，并画出梯度幅度图(需给出梯度幅度图中所有像素的值)；

(2) 使用拉普拉斯算子计算拉普拉斯图，并给出图中所有像素的值。

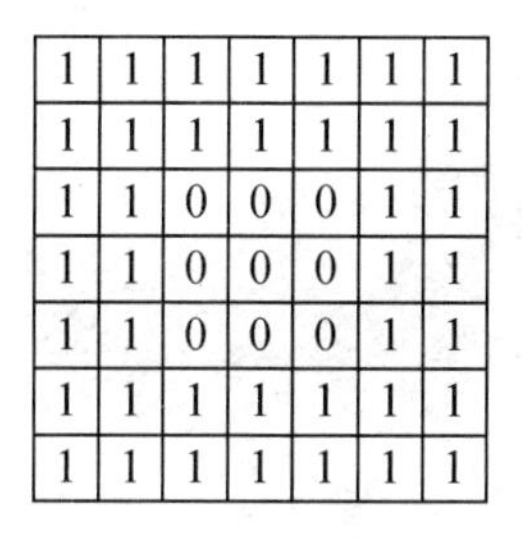

1	1	1	1	1	1	1
1	1	1	1	1	1	1
1	1	0	0	0	1	1
1	1	0	0	0	1	1
1	1	0	0	0	1	1
1	1	1	1	1	1	1
1	1	1	1	1	1	1

图 5.25 拉普拉斯图

5.12 假设图像的灰度级概率密度如图 5.26 所示。其中 $p_1(z)$对应于目标，$p_2(z)$对应于背景。试求分割目标与背景的最佳门限。

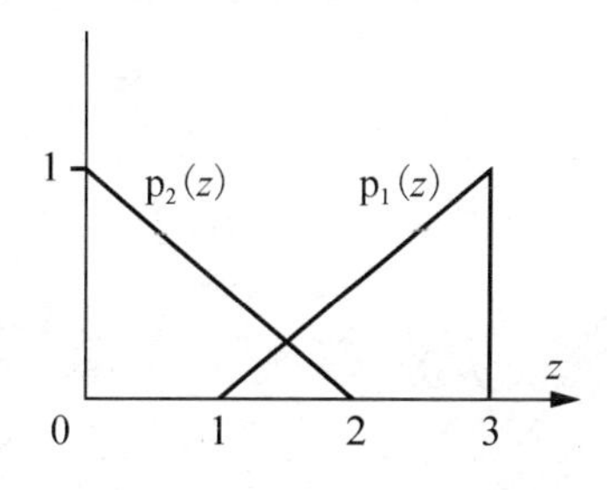

图 5.26 灰度级概率密度图

5.13 图像中背景像素的均值与标准差分别为 110 和 20，目标像素的均值和标准差分别为 200 和 45。试提出一种基于区域生长的方法将目标分割出来。

5.14　给你一副房屋图像(见图 5.27 左图)，试设计一种检测其主要轮廓的方法。

要求：写出设计思路和所要用到的基本算法，画出算法流程图，并提出减少不相关细节(也就是基本轮廓外的不相关的细节区域的边缘)的方法。最终的处理效果可参见图 5.27 右图。

图 5.27　房屋图像

第6章

特 征 提 取

从本章开始，我们将逐步从数字图像处理向图像识别过渡。严格地说，图像特征提取属于**图像分析**的范畴，是数字图像处理的高级阶段，同时也是**图像识别**的开始。

6.1 概　　述

众所周知，计算机不识别图像，只识别数字。为了使计算机能够“理解”图像，从而具有真正意义上的“视觉”，本章将研究如何从图像中提取有用的数据或信息，得到图像的“非图像”的表示或描述，如数值、向量和符号等。这一过程就是特征提取，而提取出来的这些“非图像”的表示或描述就是**特征**。有了这些数值或向量形式的特征就可以通过训练过程使得计算机如何“理解”这些特征，从而使计算机具有识别图像的本领。

特征是某一类对象区别于其他类对象的相应(本质)特点或特性，或是这些特点和特性的集合。特征是通过测量或处理能够抽取的数据。对于图像而言，每一幅图像都具有能够区别于其他类图像的自身特征，有些是可以直观感受到的自然特征，如亮度、边缘、纹理和色彩等；有些则是需要通过变换或处理才能得到的，如矩、直方图以及主成分等。

图像特征的分类有多种标准。例如，根据特征自身的特点可以将其分为两大类：描述物体外形的形状特征和描述物体表面灰度变化的纹理特征。而根据特征提取所采用方法的不同又可以将特征分为统计特征和结构(句法)特征。

我们常常将某一类对象的多个或多种特性组合在一起，形成一个特征向量来代表该类对象，如果只有单个数值特征，则特征向量为一个一维向量；如果是 n 个特性的组合，则为一个 n 维特征向量。该特征向量常常被作为识别系统的输入。实际上，一个 n 维特征就是一个位于 n 维空间中的点，而识别(分类)的任务就是找到对这个 n 维空间的一种划分，如图 6.1 所示。在后面各章的讨论中，一般将待分类的对象称为**样本**，将其特征向量称为**样本特征向量**或**样本向量**。

如要区分三种不同的鱼，可以选择其长度和宽度作为特征，这样就以一个二维特征代表一个鱼对象，如(length：3.5，width：0.5)。如果再加上鱼身的亮度和生活在水中的深度，则每个鱼对象由一个四维特征向量表示，如(length：3.5，width：0.5，bright：30，height：5)。

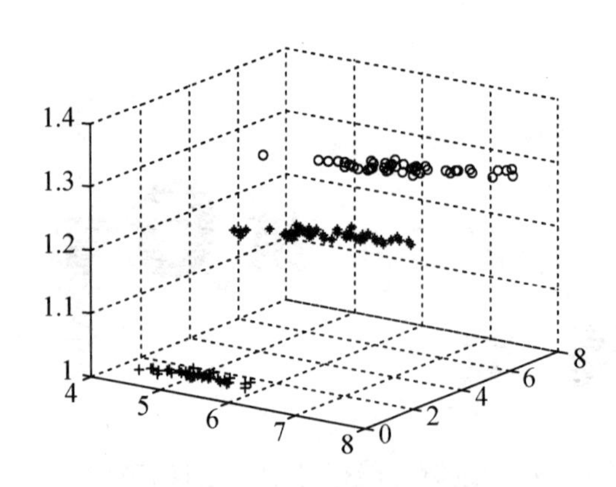

(a) 3D空间中的三类特征向量样本

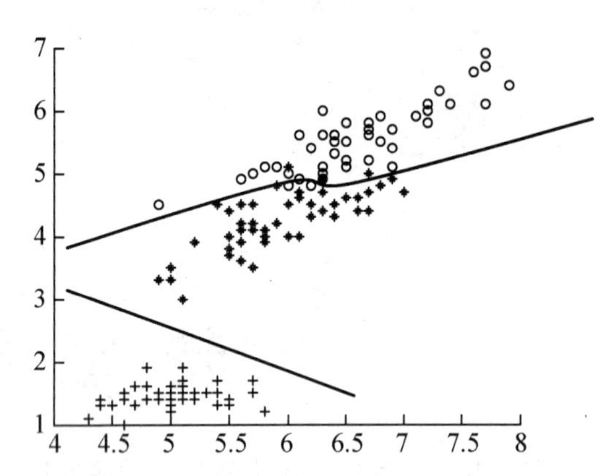

(b) 2D空间三类特征向量及其上的一种可能的划分

图6.1 特征向量的几何解释例

(1) 特征提取的一般原则

图像识别实际上是一个分类的过程，为了识别出某图像所属的类别，需要将它与其他不同类别的图像区分开来。这就要求选取的特征不仅要能够很好地描述图像，更重要的是还要能够很好地区分不同类别的图像。

我们希望选择那些在同类图像之间差异较小(较小的类内距)，在不同类别的图像之间差异较大(较大的类间距)的图像特征，称之为最具有区分能力(Most Discriminative)的特征。此外，在特征提取中先验知识扮演着重要的角色，如何依靠先验知识来帮助我们选择特征也是后面将持续关注的问题。如需对某个图像进行分类，应如何提取该图像的特征。一个最容易想到的方法是提取图像中所有像素的灰度值作为特征，这样可以提供尽可能多的信息给识别程序(分类器)，让分类器具有最大的工作自由度。然而，高维度意味着高计算复杂度，这为后续的处理和识别带来了巨大的困难(即维度灾难)。

此外，很多时候由于我们已经掌握了有关样本图像的某些先验知识，因此这种把全部像素信息都交给分类器的做法显得没有必要。例如，已知鼻子、肤色、面部轮廓等信息与表情关联不大，那么在表情识别中就不需要人脸照片中的全部信息，可以只拿出眉毛、眼睛和嘴等表情区域作为特征提取的候选区，这时可以进一步在表情区中提取统计特征。

(2) 特征的评价标准

一般来说，特征提取应具体问题具体分析，其评价标准具有一定的主观性。然而，还是有一些可供遵循的普遍原则，能够作为特征提取实践中的指导。

总的来说，特征应当容易提取。换言之，为了得到这些特征付出的代价不能太大。当然，这还要与特征的分类能力权衡考虑。

选取的特征应对噪声和不相关转换不敏感。例如，要识别车牌号码，车牌照片可能是从各个角度拍摄的，而我们关心的是车牌上字母和数字的内容，因此就需要得到对几何失真变形等转换不敏感的描绘子，从而得到旋转不变，或是投影失真不变的特征。最重要的一点，总是应试图寻找最具区分能力的特征。

6.2 图像特征提取方法

除了用一些简单的区域描述子(如周长L：位于区域边界上的像素数目、面积S：区域中的像素总数、致密性：L^2/S、区域的质心、灰度均值、欧拉数：区域中的对象数减去这些对象的孔洞数)来代表区域的特征外，现在比较常用的特征主要包括如下几种。

6.2.1 直方图

前面我们已经学习过直方图的概念和计算方法，当时直方图更多的是作为一种辅助图像分析的工具。这里则要将直方图作为图像纹理描述的一种有力手段，以直方图及其统计特征作为描述图像的代表性特征。

纹理是图像固有的特征之一，是灰度(对彩色图像而言是颜色)在空间以一定的形式变换而产生的图案(模式)，有时具有一定的周期性。例如，金属表面纹理是平滑的、龟壳表面纹理是粗糙无规则的，而百叶门图像中的纹理具有一定的周期性。

既然纹理区域的像素灰度级分布具有一定的形式，而直方图正是描述图像中像素灰度级分布的有力工具，因此用直方图来描述纹理就顺理成章。

毫无疑问，相似的纹理具有相似的直方图，即直方图与纹理之间存在着一定的对应关系。因此，可以用直方图或其统计特征作为图像纹理特征。直方图本身就是一个向量，向量的维数是直方图统计的灰度级数，因此可以直接以此向量作为代表图像纹理的样本特征向量，从而交给分类器处理；另一种思路是进一步从直方图中提取出能够很好地描述直方图的统计特征，将直方图的这些统计特征组合成为样本特征向量，这样做可以大大降低特征向量的维数。直方图的常用统计特征如下所述。

(1) 均值

均值是纹理平均亮度的度量。

$$m=\sum_{i=0}^{L-1} z_i p(z_i) \quad 或 \quad m=\frac{\sum_{i=0}^{L-1} z_i h(z_i)}{\sum_{i=0}^{L-1} h(z_i)} \tag{6.1}$$

其中，L是灰度级总数，z_i表示第i个灰度级，$p(z_i)$是归一化直方图灰度级分布中灰度为z_i的概率，$h(z_i)$表示直方图中统计的灰度为z_i的像素个数(不需要归一化)。

(2) 标准方差

标准方差是纹理平均对比度的度量。

$$\sigma=\sqrt{\sum_{i=0}^{L-1} (z_i-m)^2 p(z_i)} \tag{6.2}$$

其中根号中的内容实际上是均值的二阶矩μ_2。一般地，均值m的n阶矩表示为

$$\mu_n(z)=\sum_{i=0}^{L-1} (z_i-m)^n p(z_i) \tag{6.3}$$

(3) 平滑度

平滑度反映纹理亮度的相对平滑度度量。对于灰度一致的区域，平滑度$R=1$；对于

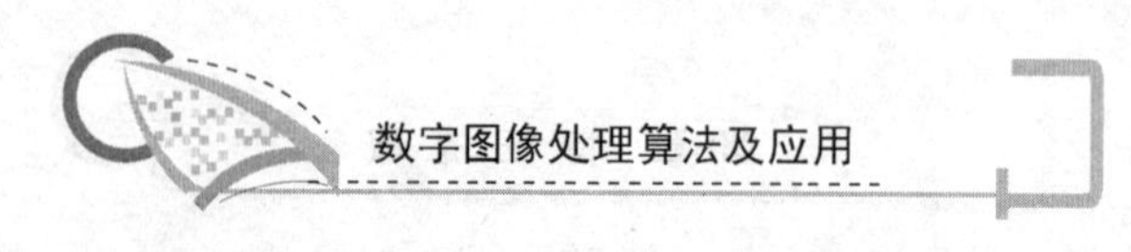

灰度级的值有着较大差异的区域 $R=0$。

$$R=\frac{1}{(1+\sigma^2)} \tag{6.4}$$

(4) 三阶矩

三所矩反映直方图偏斜性的度量。对于对称的直方图，此值为 0。若为正值，则直方图向右偏斜，为负值则直方图向左偏斜。

$$\mu_3=\sum_{i=0}^{L-1}(z_i-m)^3 p(z_i) \tag{6.5}$$

(5) 一致性

当区域中所有灰度相等时，该度量最大并由此处开始减小。

$$U=\sum_{i=0}^{L-1}p^2(z_i) \tag{6.6}$$

(6) 熵

熵是随机性的度量。熵越大表明随机性越大，信息量也就越大；反之确定性越大，已经都确定的当然信息量就越小。这里给出熵的定量描述：

$$e=-\sum_{i=0}^{L-1}p(z_i)\log_2 p(z_i) \tag{6.7}$$

一个由均值、标准差、平滑度和熵组合而成的特征向量，如 $v=(m,\sigma,R,e)$。应认识到直方图及其统计特征是一种区分能力相对较弱的特征，主要因为直方图属于一阶统计特征，而一阶统计特征是无法反映纹理结构的变化，即直方图与纹理的对应关系并不是一对一的。首先，不同的纹理可能具有相同或相似的直方图，如图 6.2 所示的两种截然不同的图案就具有完全相同的直方图；其次，即便是两个不同的直方图，也可能具有相同的统计特征，如均值、标准差等。因此，依靠直方图及其统计特征来作为分类特征时需要特别注意。

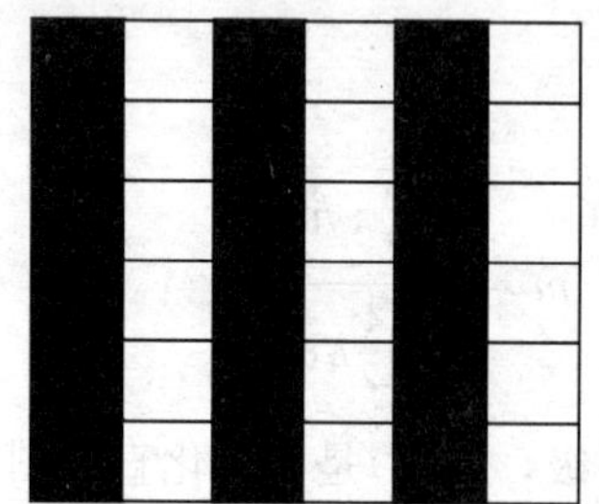

图 6.2　具有相同直方图的两种图案

6.2.2　灰度共生矩阵

从 6.2.1 节可知，灰度直方图是一种描述单个像素灰度分布的一阶统计量，而灰度共生矩阵描述的则是具有某种空间位置关系的两个像素的联合分布，可以看成是两个像素灰度对的联合直方图，是一种二阶统计量。

纹理是由灰度分布在空间位置上反复交替变化而形成的，因此在图像中具有某种空间位置关系的两个像素之间会存在一定的灰度关系，这种关系被称为图像灰度的空间相关特性。作为一种灰度的联合分布，灰度共生矩阵能够较好地反映这种灰度空间相关性。

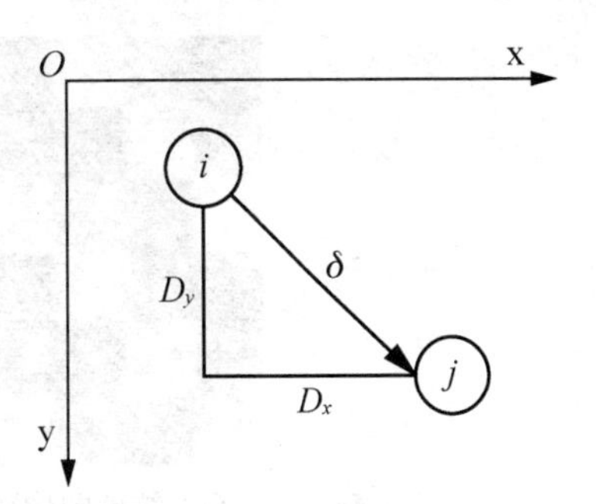

图 6.3 空间位置关系

我们通常用 $\boldsymbol{P}_\delta$ 表示灰度共生矩阵，如果灰度级为 L，则 $\boldsymbol{P}_\delta$ 为一个 $L\times L$ 的方阵，其中的某个元素 $\boldsymbol{P}_\delta(i,j)(i,j=0,1,2,\cdots L-1)$ 被定义为具有空间位置关系 $\delta=(D_x,D_y)$，并且灰度分别为 i 和 j 的两个像素出现的次数或概率(归一化)，如图 6.3 所示。

常用的空间位置关系 δ 有水平、竖直和正、负 45°共四种，如图 6.4 所示。图 6.4(c) 中的 $\delta=(D_x,-D_y)$ 或 $\delta=(-D_x,D_y)$ 且 $D_x=D_y$，而图 6.4(d)中的 $\delta=(D_x,D_y)$ 或 $\delta=(-D_x,-D_y)$ 且 $D_x=D_y$。

一旦空间位置关系确定后，就可以生成对应该位置关系的灰度共生矩阵。例如，对于图 6.5 中的纹理，其距离为 1 的水平和＋45°灰度共生矩阵如下所示。

$\boldsymbol{P}_\delta=\begin{bmatrix}0&10&10\\10&0&10\\10&10&0\end{bmatrix}$，$\delta=(\pm1,0)$，相应的归一化形式为 $\boldsymbol{P}_\delta=\begin{bmatrix}0&1/6&1/6\\1/6&0&1/6\\1/6&1/6&0\end{bmatrix}$。另外，当

$\boldsymbol{P}_\delta=\begin{bmatrix}16&0&0\\0&16&0\\0&0&18\end{bmatrix}$，$\delta=(1,-1)$ 或 $\delta=(-1,1)$，相应的归一化形式为 $\boldsymbol{P}_\delta=\begin{bmatrix}8/25&0&0\\0&8/25&0\\0&0&9/25\end{bmatrix}$。

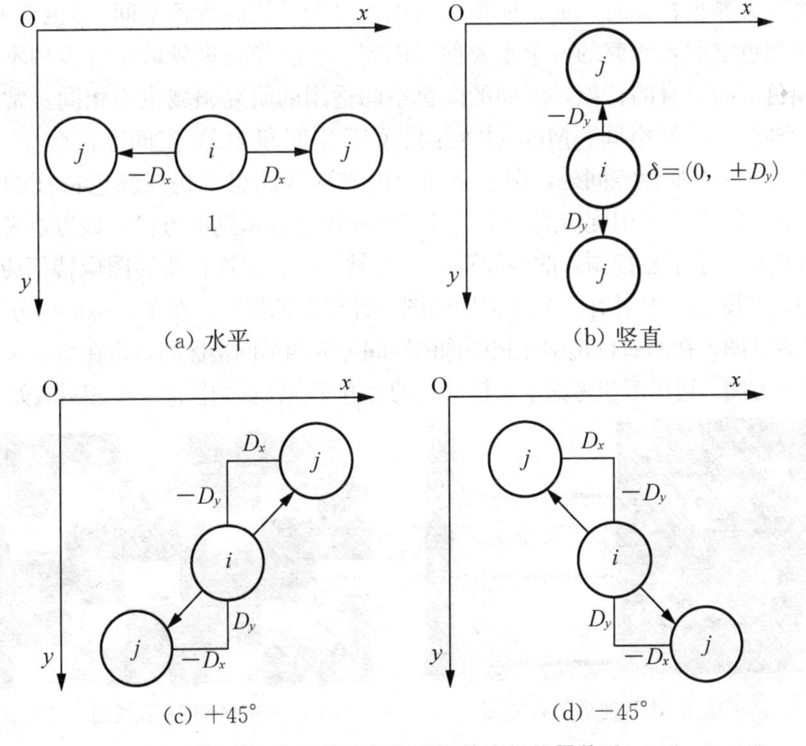

图 6.4 灰度共生矩阵常用的空间位置关系

(a) 纹理图像放大显示

0	1	2	0	1	2
1	2	0	1	2	0
2	0	1	2	0	1
0	1	2	0	1	2
1	2	0	1	2	0
2	0	1	2	0	1

(b) 图(a)对应的像素灰度矩阵

图 6.5 图像纹理像素

由于灰度共生矩阵 P_δ 总共含有 $L\times L$ 个元素，当灰度级 L 比较大时它将是一个庞大的方阵。如对于一般的 256 灰度图，P_δ 就是一个 256×256 的矩阵，共 2^{16} 个元素。如此庞大的矩阵将使后续的计算量剧增。因此普通灰度图像通常要经过处理以减少灰度级数，而后再计算灰度共生矩阵。例如，可以通过分析纹理图像的直方图，在尽量不影响纹理质量的情况下，进行适当的灰度变换来达到灰度级压缩的目的。

6.2.3 颜色特征

颜色特征是图像处理中应用较为广泛的视觉特征，原因主要在于颜色经常和图像中所包含的物体或周围场景十分相关。相比较其他的视觉特征，颜色特征对图像本身的尺寸、方向、视角的依赖性相对较小，具有很好的鲁棒性。

在讨论有关颜色特征时，通常所重点考虑的是所使用的颜色空间(颜色变换)。选择对研究有利的颜色空间是研究的一个重要前提内容。在图像处理领域中有多种不同的颜色空间。由于颜色空间自身的特点，不同的颜色空间适用的研究领域也不相同。常用的颜色空间有 RGB 空间、YUV 空间、Munsell 空间、CIE 空间和 HSV 空间等。

事实上，除了在颜色空间外，图像空间上的采样区间也是构成颜色特征的一个关键因素。文献［73］提出了利用旋转图像特征对三维物体进行识别的方法，该方法考虑了图像中每一个像素点相对于中心控制点的空间距离。文献［74］将这种旋转图像特征应用到一般的二维图像中。在图 6.6 中对有三个多边形的图像计算颜色特征。在图 6.6(a)中分别在 RGB 通道计算三个直方图，在图 6.6(b)中先把图像的空间分成四个网格区间，再在每个区间对 RGB 进行分别计算直方图。可以看出考虑了采样区间的直方图在特征的性能上要相对较好一些。

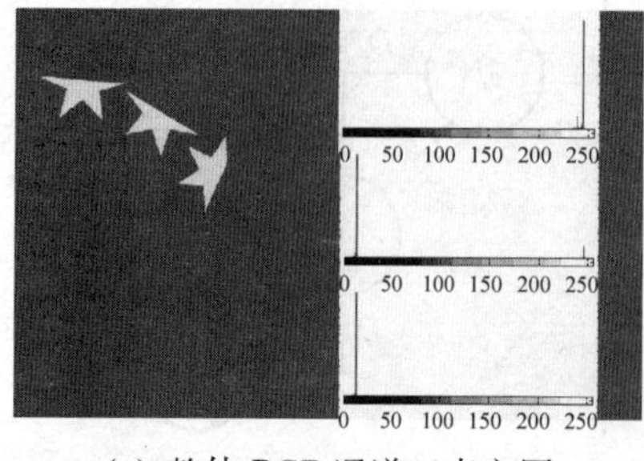

(a) 整体 RGB 通道三直方图

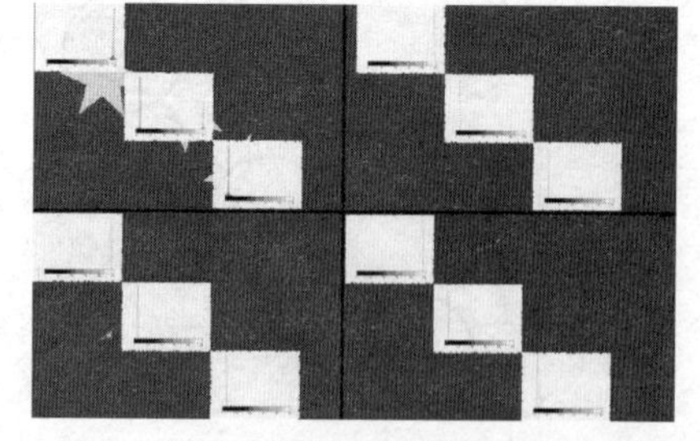

(b) 四网格区间 RGB 通道三直方图

图 6.6 颜色特征在颜色空间的直方图采样以及在图像空间的直方图采样

6.2.4 形状上下文特征

在对形状上下文特征(Shape Context，SC)进行描述之前，需要先定义图像的边界图。对于输入图像 $I_{w\times h}$，其边界图 $E_{w\times h}$定义为：

$$E_{w\times h}(x,y)=\begin{cases}1 & 当点(x,y)是边界点时\\0 & 其他\end{cases} \tag{6.8}$$

其中，$1\leqslant x\leqslant w$，$1\leqslant y\leqslant h$。

边界图记录了图像的某种信号发生变化的大致的位置，在实际应用中，边界的强度信息是一个非常重要的信息点，我们可以利用其来排除一些噪声。另外，除强度外，每一个边界点还能够记录下边界点的切线方向。

形状上下文是一种基于物体图像的边界轮廓图的特征。简单地说，它是一种直方图，表示某一个方向上的向量个数。基于形状上下文特征的目标检测方法是一种以目标边缘的若干有限点集合来表示物体特征的方法。该方法首先对图像进行边缘检测操作，然后选择边缘上的一组离散点的集合 $p=\{p_1,p_2,\cdots,p_n\}$来描述目标的形状信息。形状上下文特征方法中的离散点的位置和数目要根据具体问题来确定。若离散点数目太大，必然会导致匹配速度降低；离散点数目太少则又会导致较低的匹配精度。总之，所选择的离散点集要尽可能反映目标的真实形状特点，这些点应该尽可能均匀、一致地分布在物体的边缘或者轮廓上，如图 6.7 所示。

在有 n 个离散点集合中，对其中一个离散点，剩余 $n-1$ 个离散点与该点可构成 $n-1$ 个向量，如图 6.8 所示。这 $n-1$ 个向量描述了较为丰富的信息，反映了当前的某个离散点在整个目标形状中的位置特征。采用形状直方图的形式表示这 $n-1$ 个向量。为进行量化处理，使用了方向参数和距离参数。方向参数表示将圆周所分成的份数，距离参数表示将向量长度所分成的份数。

图 6.7 形状及其对应的点集

(a) 原图

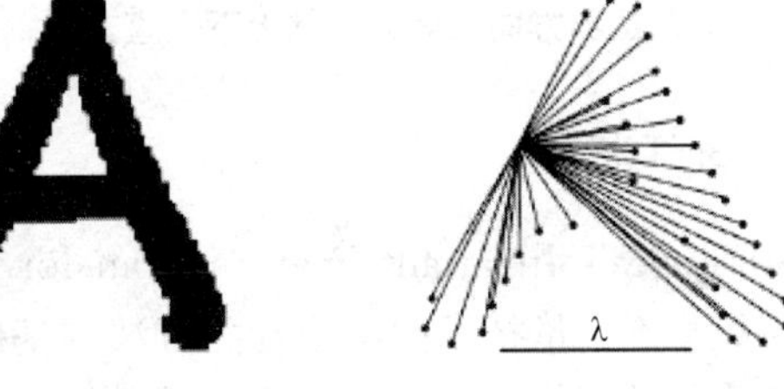

(b) 某点到其余点的向量

图 6.8 点与点之间的关系

在具体试验中，假设某个特征点周围含有 n_r 个半径方向上的直方图区间(Bin)和 n_θ 个角度方向上的直方图区间，那么某点周围的形状上下文特征描述为 $h=\{h_1,h_2,\cdots,h_{n_r n_\theta}\}$，并且 $h_i=\#\{q\neq p,\ \overrightarrow{pq}\in(i)\}(i=1,2,\cdots,n_r n_\theta)$，具体关于形状上下文特征的提取过程如图 6.9 所示。在图 6.9(a)中给出了直方图的区间，指出了所给的两个区间内的轮廓点个数，即 3 和 2。在图 6.9(b)中给出了沿着相应半径和角度方向每个对应区间内的边界点个数(颜色愈黑，值愈大)。

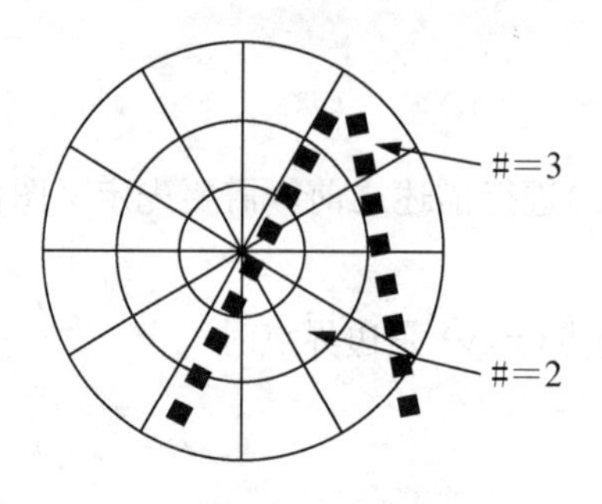

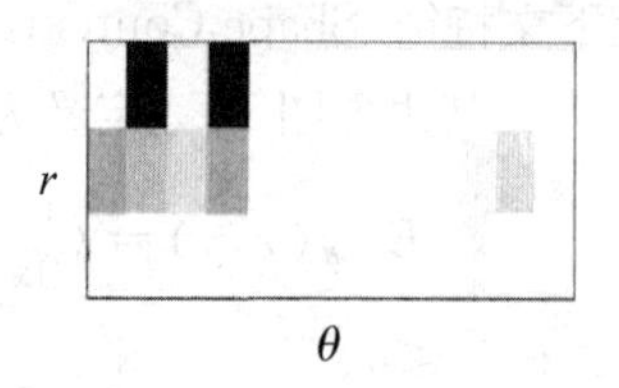

(a) 区间内边界点计数　　(b) 对应的形状上下文特征

图 6.9　形状上下文的提取

文献［75］对形状上下文进行了描述，并提出了改进算法，其主要改进是将边界的方向加入到直方图的采样维度中，如图 6.10 所示。

文献［76］给出了一种 Inner-Distance 的形状上下文，如图 6.11 所示。在具体的抽取特征过程中，中心点与邻域内的其他点的距离是通过物体本身内部最短折线的长度来计算的。这种距离度量方法可以使 Inner-Distance 的形状上下文不会因为多肢节物体的形变而受到影响。因而具有关节形变的不变性。

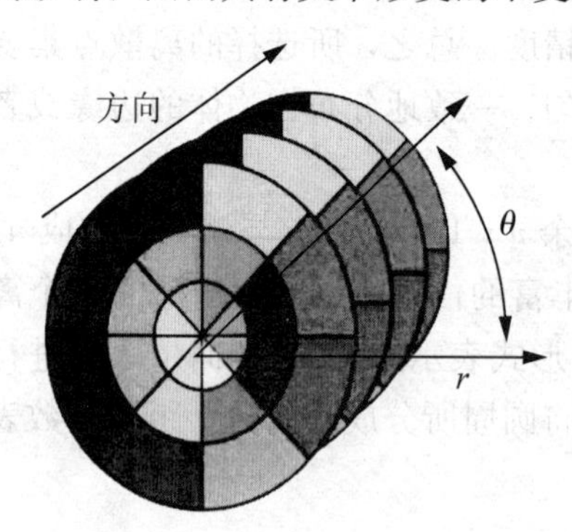

图 6.10　加入边界方向维度的形状上下文直方图

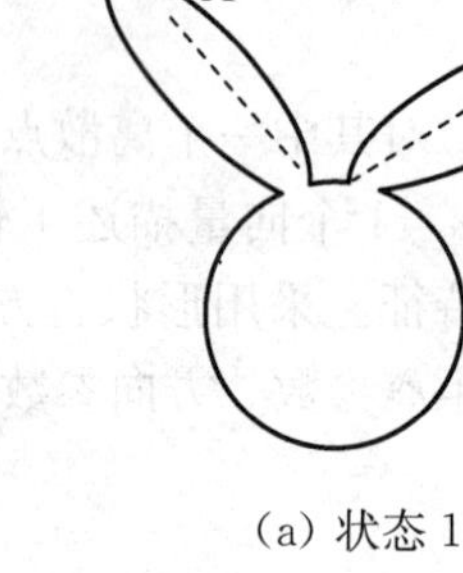

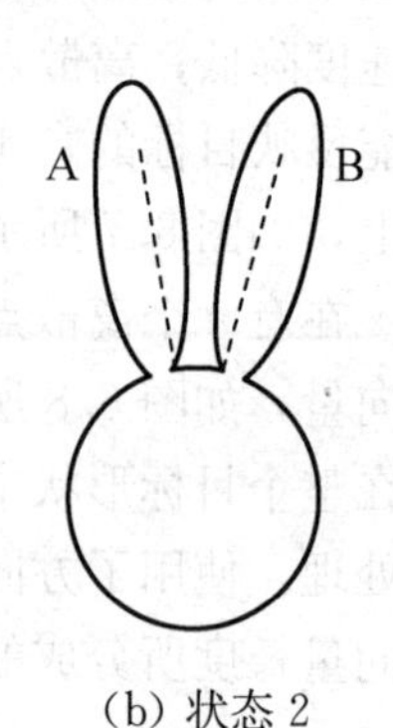

(a) 状态 1　　(b) 状态 2

图 6.11　加入边界方向维度的形状上下文直方图

6.2.5　SIFT 特征

SIFT(Scale Invariant Feature Transform)是 David Lowe 教授于 1999 年在总结了现有的一些基于不变量技术的特征检测方法的基础上，提出的一种基于尺度空间的、对图像旋转、缩放，甚至仿射变换保持不变性的图像局部特征描述算子，并于 2004 年进行了比较深入的发展和完善。

SIFT 描述算子是一种具有综合性能较好的特征描述子，它具有尺度和仿射不变性，适合复杂条件下的特征描述。其在一定程度上可以解决的问题包括目标的旋转、缩放、平移，以及图像仿射/投影变换、光照影响、目标遮挡、杂物场景和噪声。

SIFT 特征具有如下特性：

1) SIFT 特征是图像的局部特征，其对平移、旋转、尺度缩放、亮度变化、遮挡和噪声等具有较好的不变性，对视觉变化、仿射变换也保持着一定程度的稳定性。

2) 独特性好，信息量丰富，较适用于在海量特征数据库中进行快速、准确的匹配。

3）具有多量性，即使少数的几个物体也可以产生大量的 SIFT 特征向量。

4）经过优化的 SIFT 算法可满足一定的速度需求。

5）具有较强的扩展性。

利用 SIFT 特征实现物体识别主要包括两个阶段，第一阶段，SIFT 特征的生成，即从图像中提取对尺度缩放、旋转、亮度变化无关的特征向量；第二阶段，SIFT 特征向量的匹配，即通过两方特征点的两两比较找出相互匹配的若干对特征点，建立景物间的对应关系。

SIFT 特征的生成一般包括如下步骤：

1）构建尺度空间，检测极值点，获得尺度不变性。

2）特征点过滤并进行精确定位。

3）为特征点分配方向值。

4）生成特征描述子。

在具体实验中，SIFT 特征点的位置是通过在空间区域与尺度区域中寻找局部极值得到，对于输入图像 $I(x,y)$，描述卷积图像为

$$L(x,y,\sigma)=G(x,y,\sigma)*I(x,y) \tag{6.9}$$

其中，$G(x,y,\sigma)=\frac{1}{2\pi\sigma^2}e^{\frac{x^2+y^2}{2\sigma^2}}$。而尺度空间响应图像描述为

$$\begin{aligned}D(x,y,\sigma)&=(G(x,y,k\sigma)-G(x,y,\sigma))*I(x,y)\\&=L(x,y,k\sigma)-L(x,y,\sigma)\end{aligned} \tag{6.10}$$

对于寻找最值的具体过程，如图 6.12 所示。在图 6.12(a)中，利用上式计算出 $D(x,y,\sigma)$金字塔，在图 6.12(b)中的空间(x,y,σ)中检查 26 个邻域点求局部极值。

在图 6.12 中求得的极值点为关键点，这些关键点中含有的信息是其在图像中的位置与它所处的尺度。尺度信息可以为特征的提取估计邻域的区域范围，正因为如此，SIFT 具有尺度不变性。在对应的尺度图像中，进一步对每个关键点计算相应的梯度方向与梯度强度。SIFT 特征的计算是在每一个关键点周围其他特征点的强度和方向直方图的基础上进行的。图 6.13 给出了某个关键点的特征计算过程。

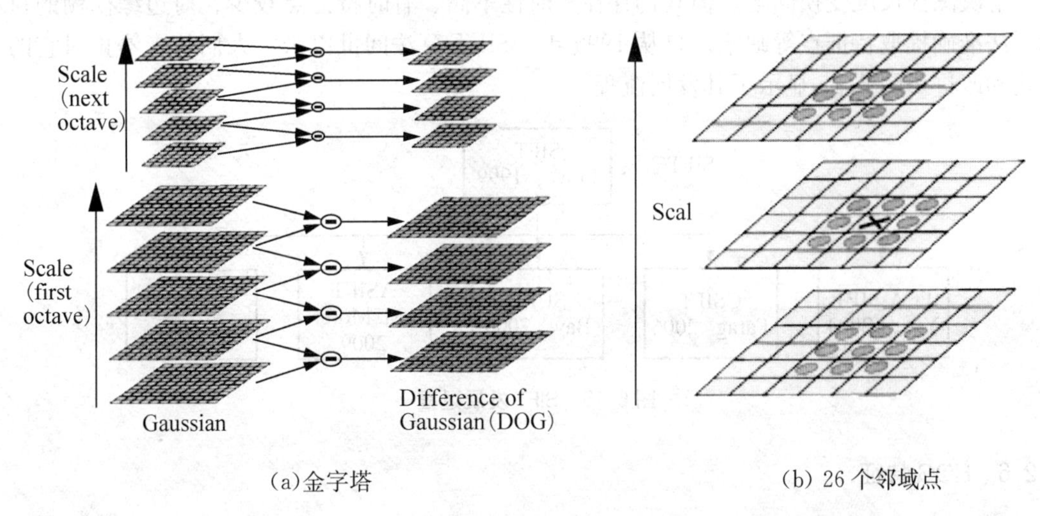

(a)金字塔　　(b) 26 个邻域点

图 6.12　SIFT 中求最值

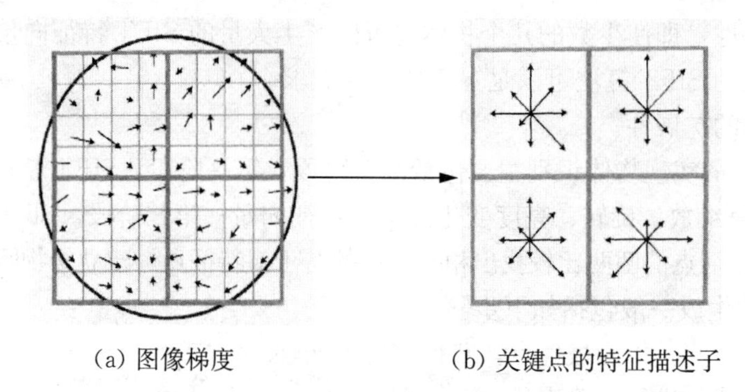

(a) 图像梯度　　(b) 关键点的特征描述子

图 6.13　SIFT 特征直方图

在图 6.13 中，对于关键点周围的 2×2 的四个窗口，每一个窗口在八个方向上统计直方图。但在实际应用中，选取 4×4 的窗口，这样每个 SIFT 特征的维度为 4×4×8=128。

利用 SIFT 特征的实质可以归纳为在不同尺度空间上查找特征点(关键点)的问题。实现步骤如图 6.14 所示。

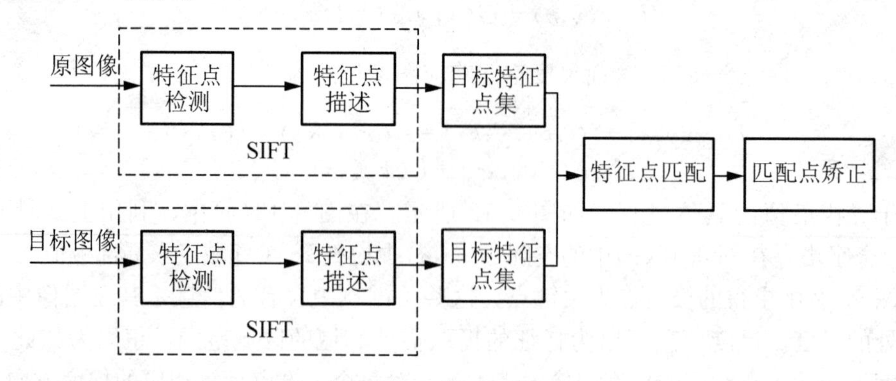

图 6.14　SIFT 实现流程

SIFT 在图像的不变特征提取方面拥有较好优势，其精妙之处在于采用图像金字塔的方法解决图像尺度变换问题。但其仍存在实时性不高、有时特征点较少、对边缘模糊的目标无法准确提取特征点等缺陷。自从 1999 年，SIFT 算法问世以来，人们从未停止对它的优化和改进。图 6.15 显示了其发展流程。

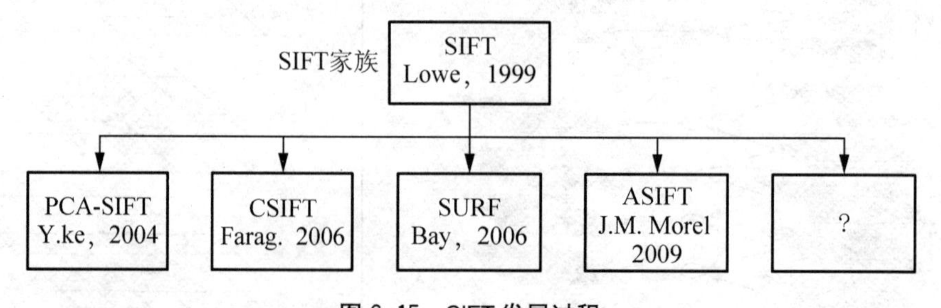

图 6.15　SIFT 发展过程

6.2.6　HOG 特征

HOG(Histograms of Oriented Gradients)特征算法由 Dalal 在 2005 年提出。它是应用

在机器视觉和图像处理领域，用于目标检测的一个特征描述器。该描述器是在一个网格密集的大小统一的细胞单元(Cell)上计算，并且为提高性能，还采用了重叠的局部对比度归一化技术。

HOG 描述器的重要思想是在一副图像中，局部目标的表象和形状可以用梯度或者是边缘的方向密度分布进行很好的描述。实现方法是首先将图像(大小为 64(列)×128(行)的训练样本)分成小的连通区域，把它称之为细胞单元。按照 8×8 像素的细胞单元进行划分，这样就可以形成 8×16＝128 个细胞单元，然后采集各细胞单元中各像素点的梯度的或边缘的方向直方图。最后将这些直方图进行组合起来构成特征描述器。为了提高性能，将每相邻的四 个细胞单元划分为一块(Block)。根据 Dalal 提出的方法，图 6.16 为 HOG 特征模板，其中宽(W)高(H)之比为 1∶1。

块的形成是根据每个细胞单元进行滑动生成的，块每次滑动八个像素(即一个细胞单元的宽)，因此原图像(64(列)×128(行) 的训练样本)，便可以得到 7×15＝105 个块，每个块为 16×16 大小。样本图像中块和细胞单元之间的关系如图 6.17 所示。

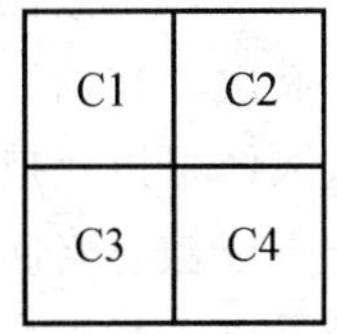

图 6.16 HOG 特征模板

对于划分后的每个细胞单元，将其中各像素的梯度方向进行投影，形成每个细胞单元各自的梯度方向直方图。这里的梯度方向被划分为九个区间，在 0°～180°范围内统计，如图 6.18 所示，即每 20°一个区间，然后再将每个块中的四个细胞单元的梯度方向直方图进行数据串联起来，则每个块便是一个 36 维的向量。再将所有的块依次串联起来，这样则形成对每一个训练样本的 36×105＝3780 维编码。

HOG 为减少低对比度区域中一些有用信息的丢失，采用了局部的正则化方法，即对图像中划分的互相有交叠的块之间进行正则化，以提升低对比度区域中有用信息的比重。该过程如图 6.19 所示。

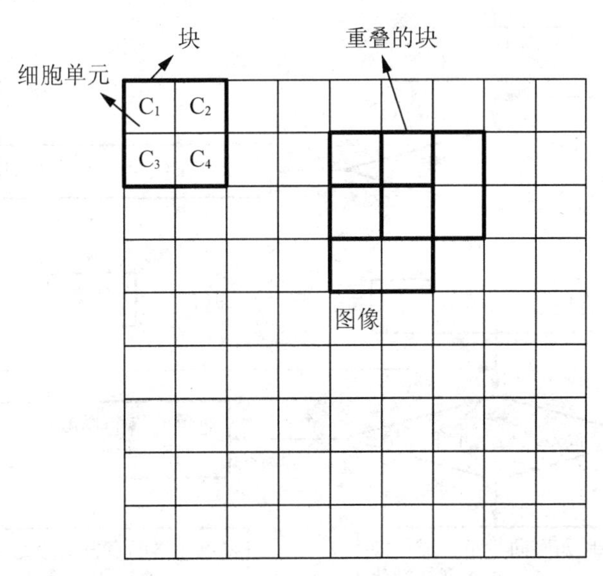

图 6.17 样本图像中块和细胞单元的关系

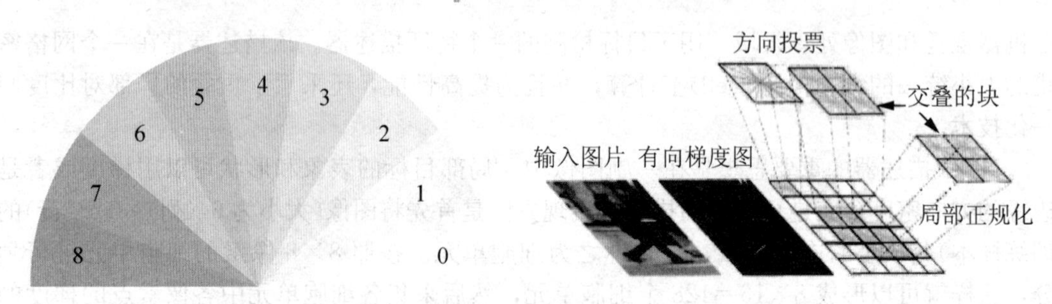

图 6.18 HOG 梯度方向的划分　　图 6.19 HOG 特征的计算与正则化过程

相比较其他的特征描述方法，在行人检测方面，HOG 描述器有如下优点。

首先，HOG 方法是在图像的局部细胞单元上进行操作，因此它对于图像几何的与光学的形变都可以保持很好的不变性，这两种形变只会出现在更大的空间领域上。

其次，在精细的方向抽样、粗的空域抽样以及较强的局部光学归一化等条件下，如果行人大体可以保持直立的姿势，就可以容许行人有一些较细微的肢体动作，这些较细微的动作可以被忽略而不会影响检测效果。但是其存在向量维数较大、检测时间较长的问题，有待于进一步提高。对于 HOG 特征的运用，其提取算法流程如图 6.20 所示。

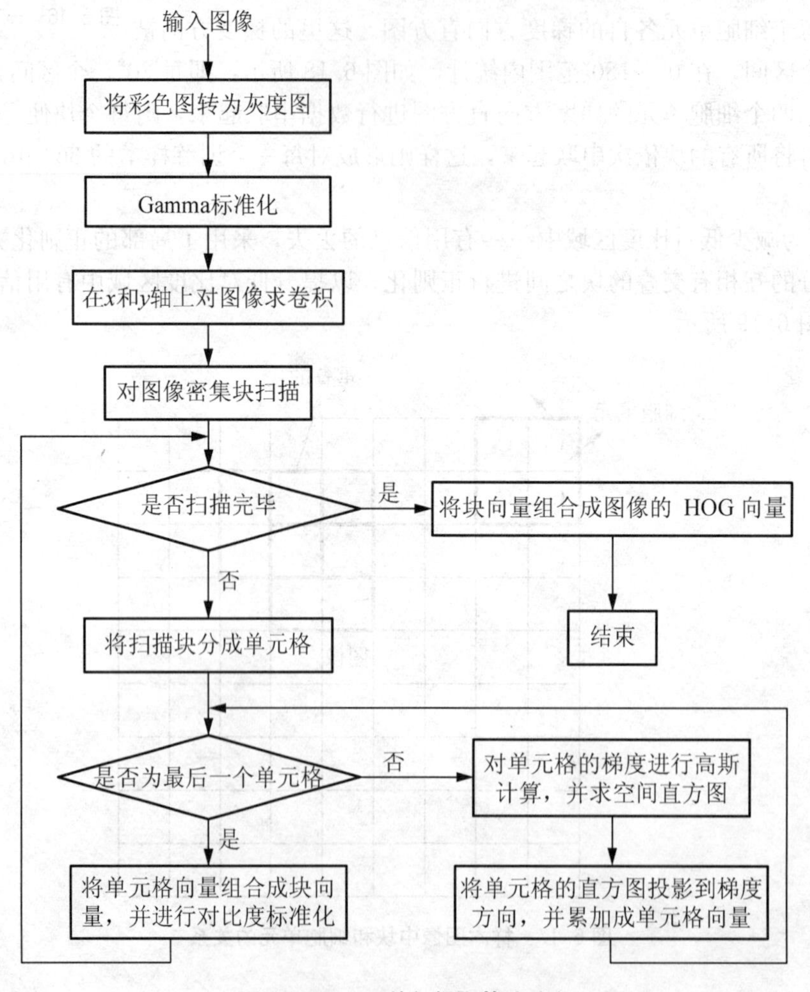

图 6.20 HOG 特征提取算法流程

6.2.7 LBP-TOP 特征提取

(1) LBP 算子

局部二元模式即 LBP(Local Binary Patterns)，是一种有效的纹理描述算子，可对灰度图像中的局部领域的纹理信息进行度量以及提取，其利用结构法思想分析固定的窗口特征，再利用统计的方法做整体的特征提取，具有旋转不变性和灰度不变性等特点，计算简单，且能捕捉图像中微量的细节特征。在短短几年内，广泛应用于纹理分类、图像分析等领域。

LBP 首先要计算的是图像中每个像素点的灰度值，还要计算每个像素点与其局部邻域点在灰度上的二值关系，并且对得到的二值关系按一定的规则加权形成局部二值模式；然后，采用多区域的直方图序列作为该图像的二值模式。下面对 LBP 算子定义进行详细的描述。

图像局部纹理 T 的分布可看做是局部区域内像素灰度的联合分布密度，纹理可定义为

$$T = t(g_c, g_0, \cdots, g_{p-1}) \tag{6.11}$$

其中，g_c是图像局部邻域中心像素点的灰度值，$g_i(i=0,1,\cdots,P-1)$则对应于 P 个等距离分布在以半径为 R、中心像素点为圆心的圆周上的像素点的灰度值，邻近区域的定义可以由(P,R)来表示，不同的 P、R 值相对应的局部邻域像素分布示意图如图 6.21 所示。

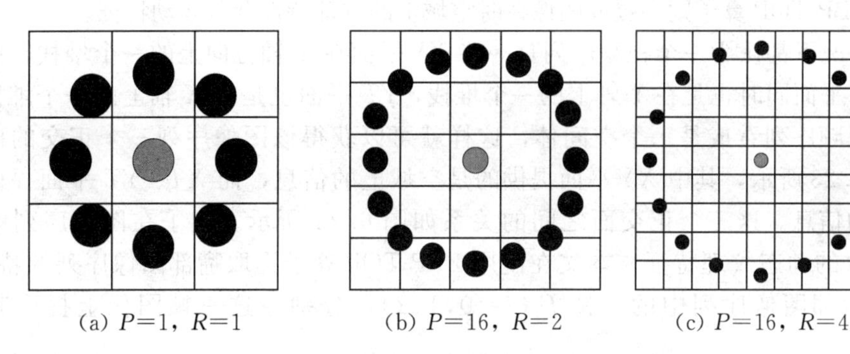

图 6.21 LBP 局部邻域像素分布图

在不损失纹理信息的前提条件下，从邻域点 g_i减掉中心像素点灰度值g_c，则有

$$T = t(g_c, g_0 - g_c, \cdots, g_{p-1} - g_c) \tag{6.12}$$

对邻域范围内所有的像素点作差值计算，可以使得较大或者较小的灰度均匀化(特别是关照不均匀的条件下)，均匀光照可以看成是灰度范围的平移，其具备均匀亮度不变性，所以 LBP 局部纹理特征在灰度范围内具备平移不变这一特性。中心像素点与周边像素点的差值独立于中心像素点的值，转变式(6.12)得

$$T = t(g_c)t(g_0 - g_c, \cdots, g_{p-1} - g_c) \tag{6.13}$$

由于 $t(g_c)$只是描述图像的亮度情况，与图像局部纹理特性无关，可忽略不计，转化式(6.13)为

$$T = t(s(g_0 - g_c), \cdots, s(g_{p-1} - g_c)) \tag{6.14}$$

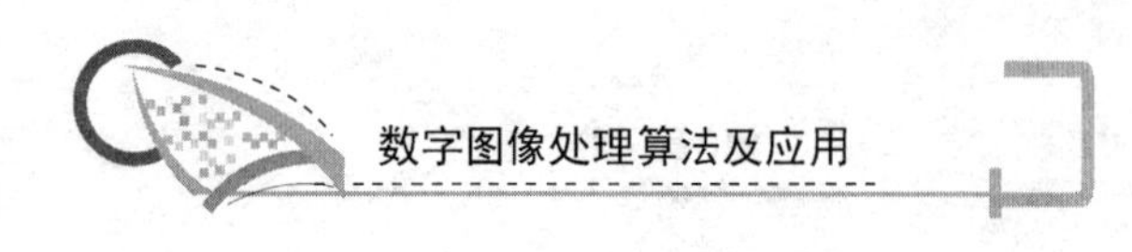

其中，$s(x)=\begin{cases}1 & x\geqslant 0\\ 0 & 其他\end{cases}$。按照式(6.14)为 $s(g_i-g_c)$ 分配权值 2^i，即可得到该窗口的 LBP 编码：

$$\mathrm{LBP}_{P,R}=\sum_{i=0}^{P-1}s(g_i-g_c)2^i \tag{6.15}$$

一个基本的 LBP 算子如图 6.21(a)所示，定义为 3×3 窗口，八个邻域像素点，以窗口中心点灰度值为阈值对窗口内的邻域像素点的灰度值作二值化处理，并根据像素点不同的位置进行加权求和，得到该窗口的 LBP 编码值，计算过程如图 6.22 所示。

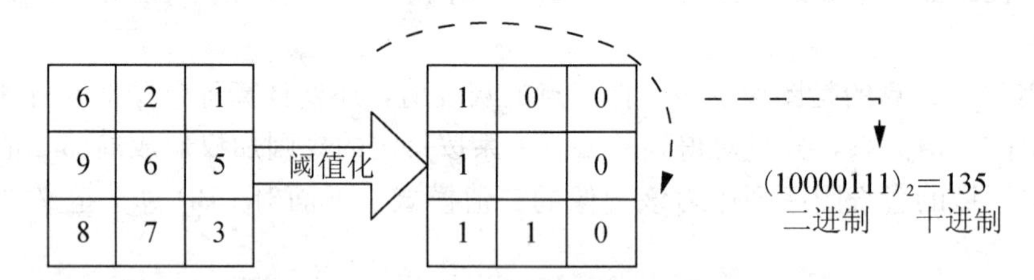

图 6.22　基本 LBP 算子计算过程

(2) LBP-TOP 算子

LBP-TOP(Local Binary Patterns From Three Orthogonal Panels)是在 LBP 算子的基础之上进一步结合考虑时空域的角度，分别从三个正交平面提取图像序列的动态纹理特征，以更好地表达出对象(如嘴部)运动的实质信息。LBP 算子主要是提取静态图像的纹理特征，而 LBP-TOP 算子则是提取图像在时空域上的纹理特性及其运动特征。

一般情况下都认为一个视频序列是一些 XY 平面在 T 轴方向上的一个堆栈，而没有考虑到 XT 平面同时也是在 Y 轴上的一个堆栈，YT 平面也是在 X 轴上的一个堆栈，故在这里将视频序列看成是一个空间体，这样就可以获得该图像序列三个正交的横截面图，如图 6.23 所示，其中 XY 平面提供的是空域上的信息，而 XT、YT 平面提供则是时空变换的信息。这三个正交面之间的关系如图 6.24 所示。为了在图像序列中获得精简而有效的动态纹理特征，本文在使用 LBP-TOP 算子提取嘴部图像序列的特征时，选取的是嘴部图像序列中的三帧 $F_i(i=0,1,2)$，分别在这三帧图像上提取其 LBP 特征。

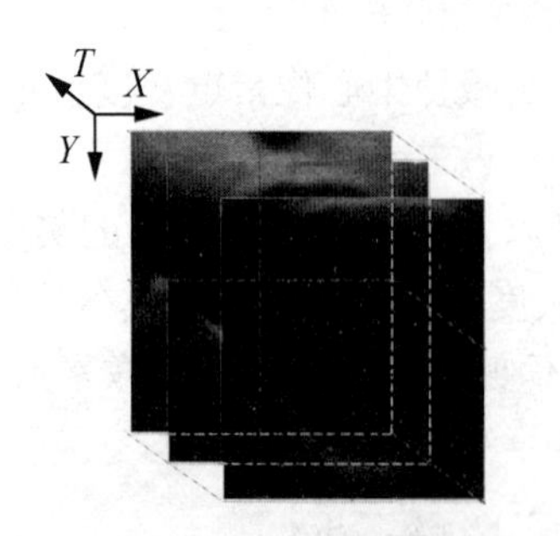

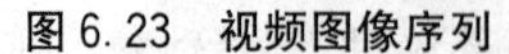
图 6.23　视频图像序列

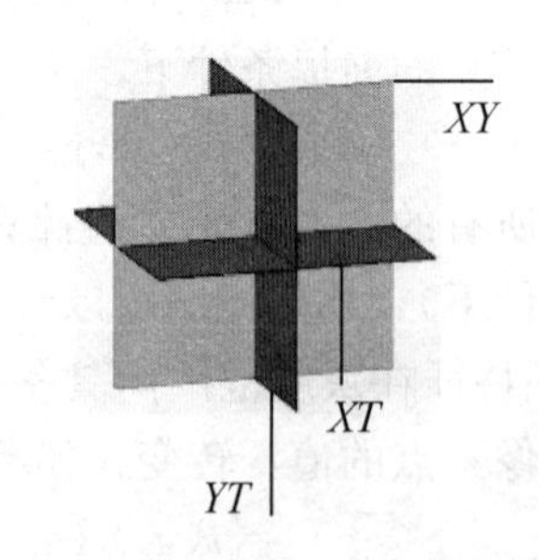

图 6.24　XY、XT、YT 正交平面

对 F_i 进行基于 LBP-TOP 算子提取特征，与 LBP 算子提取特征一样，也就是说在图像的某个像素点的半径为 R 的领域上均匀提取 P 个点，构成了循环对称的邻域集。以图像序列中的 F_1 帧作为基准帧，将该帧中每个像素点作为中心像素点分别在三个正交平面

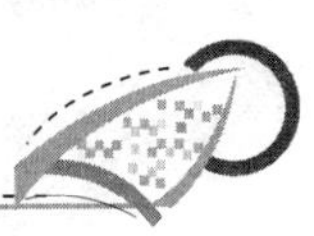

上计算其 LBP 编码，分别记为 LBP_{XY}、LBP_{XT} 和 LBP_{YT}，并对它们进行直方图的统计，分别记 XY、XT 和 YT 三个正交平面上的直方图为 $XY\text{-}LBP$、$XT\text{-}LBP$、$YT\text{-}LBP$；并串联这些直方图形成一个总直方图，记此直方图为 $H_i=\{XY\text{-}LBP, XT\text{-}LBP, YT\text{-}LBP\}$ 为图像序列的 LBP-TOP 直方图，如图 6.25 所示。

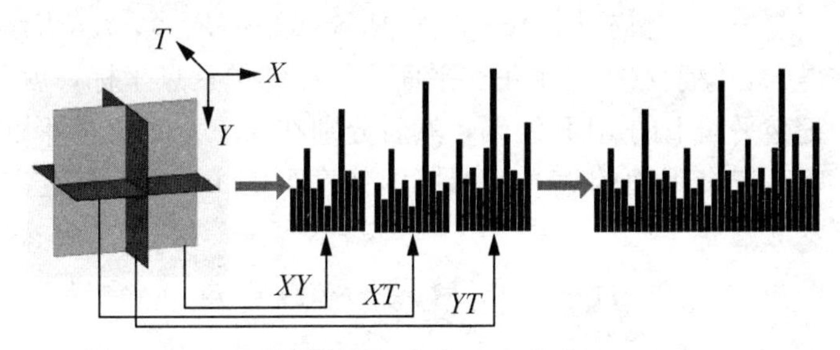

图 6.25 特征直方图形成过程

在取中心像素点 g_c 的环形领域上的相邻点时，时间轴半径与空间轴半径可以取不相等的值。这是由于图像序列有时是在高分辨率的图片以及低帧速率的情况下拍摄的，其在 X 轴以及 Y 轴方向上的图像纹理变化不是很大，但是在 T 轴的方向上，图像纹理变化则是巨大的，所以就需要对时间轴和空间轴设置不同的半径。由于 XT 和 YT 平面所取半径的不同，在获取 LBP 时，需要将圆扩展为椭圆。除此之外，每一个像素在 XT、YT、XY 这三个正交平面上所取的相邻点的数目也可能是不同的。分别记 X、Y、T 轴上的半径为 R_X、R_Y、R_T。记 XY、XT、YT 平面上的相邻点的数目为 P_{XY}、P_{XT}、P_{YT}；具体如图 6.26 和图 6.27 所示。其对应的 LBP 特征就可以表示为 $LBP_{P_{XY}}$，$LBP_{P_{XT}}$，$LBP_{P_{YT}}$，LBP_{R_X}，LBP_{R_Y}，LBP_{R_T}。

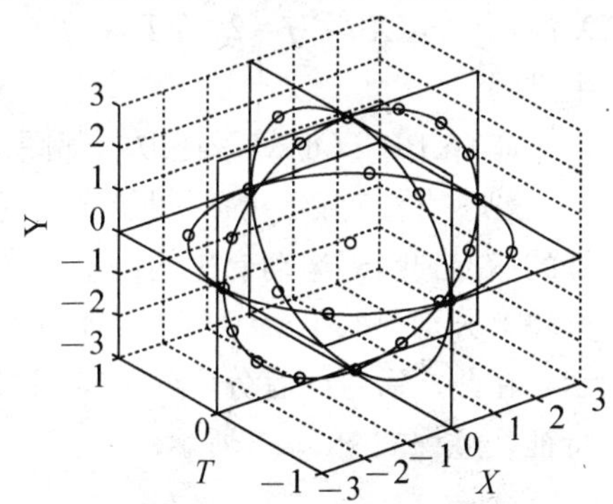

图 6.26 三个平面上的不同半径和不同相邻点数

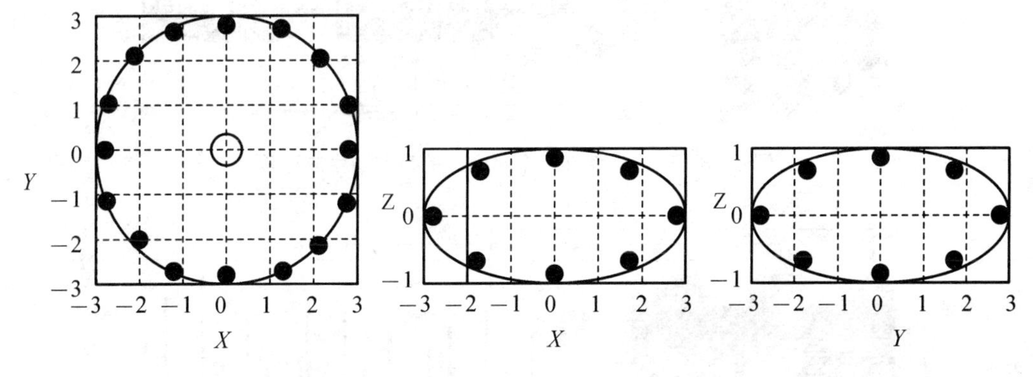

图 6.27 $R_X=R_Y=3$、$R_T=1$、$P_{XY}=16$、$P_{XT}=P_{YT}=8$

在三维坐标系 $X\text{-}Y\text{-}T$ 中，设中心像素点 g_c 的 c 点坐标是(x_c, y_c, t_c)，分别计算 g_c 在三个正交平面上相邻点的像素值：

1) 在平面 XY 上以 R_X 和 R_Y 为半径的环形邻域内，记中心像素点的第 p 个相邻像素点

为 $g_{XY,p}(p=0,1,\cdots,p_{XY}-1)$，则其坐标为$(x_c-R_X\sin(2\pi p/P_{XY}),\ y_c+R_Y\cos(2\pi p/P_{XY}),t_c)$。

2）在平面 XT 上以R_X和R_T为半径的环形邻域内，记中心像素点的第 p 个相邻像素点为 $g_{XT,p}(p=0,1,\cdots,p_{XT}-1)$，其坐标为$(x_c-R_X\sin(2\pi p/P_{XY}),y_c,t_c-R_T\cos(2\pi p/P_{XT}))$；

3）在平面 YT 上 R_Y和R_T为半径的环形邻域内，记中心像素点的第 p 个相邻像素点为 $g_{YT,p}(p=0,1,\cdots,p_{YT}-1)$，其坐标为$(x_c,y_c-R_Y\cos(2\pi p/P_{YT}),\ t_c-R_T\cos(2\pi p/P_{YT}))$。

由上可以获得中心像素点在三个正交平面上的相邻像素点坐标，就可以分别计算该中心像素点在三个正交平面上的 LBP 编码，然后分别在这三个正交的平面上进行 LBP 直方图的统计，最后串联三个平面的直方图形成图像序列的 LBP-TOP 直方图。LBP-TOP 直方图的定义如下：

$$H_{i,j}=\sum_{x,y,t}I\{f_j(x,y,t)=i\} \tag{6.16}$$

$$I\{A\}=\begin{cases}1 & A\text{ 为真}\\0 & A\text{ 为假}\end{cases} \tag{6.17}$$

其中，$i=0,1,\cdots,n_j-1$，$j=0,1,2,n_j$ 为 LBP 算子在第 j 个平面产生的模式数目（$j=0$：XY；$j=1$：XT；$j=2$：YT）。$f_j(x,y,t)$表示中心像素(x,y,t)在第 j 个平面的 LBP 码的十进制。

(3) LBP-TOP 算子提取嘴部图像特征

若是直接对整个嘴部图像序列提取特征，就不能很好的反映出嘴部微小变化，为了更好的捕捉到嘴部运动变化的信息，在这里对嘴部图像序列进行合理的分块，并且在每一个分块上分别提取 LBP-TOP 特征以及进行 LBP-TOP 特征直方图统计。过程如图 6.28 所示。在此之后将所有分块的 LBP-TOP 特征的直方图进行串联成为当前图像序列的直方图特征，过程如图 6.29 所示。

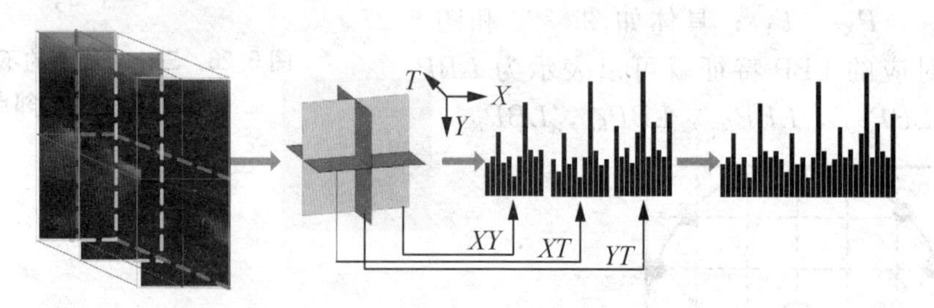

图 6.28　一个小块在三个平面上的直方图生成过程

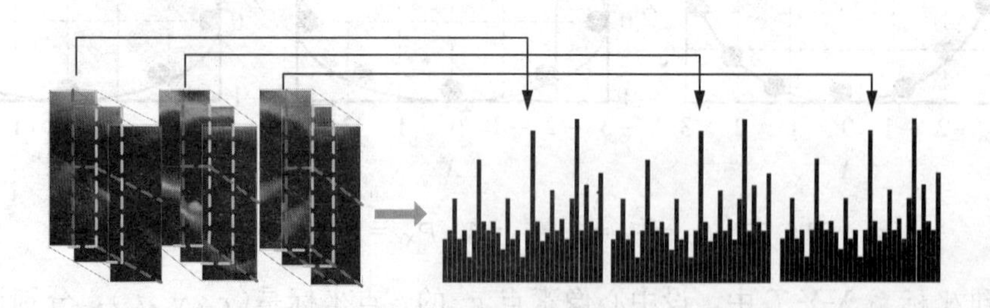

图 6.29　整个嘴部图像直方图形成过程

LBP-TOP算子提取分块图像序列特征的具体方法如下所示。

1) 对图像F_0、F_1、F_2进行分块处理，并将F_0作为特征提取的第一帧，F_1、F_2作为第二、三帧，在这里以F_1帧作为基准帧，本文将其等分为三块，如图6.28所示，令中心像素点为(x,y,t)，则分块$b(b=1,2,3)$的LBP-TOP直方图的定义为

$$H_{i,j}^{b} = \sum_{x,y,t} I\{f_j(x,y,t)=i\} \tag{6.18}$$

其中，$I\{A\}=\begin{cases}1 & A\text{为真}\\0 & A\text{为假}\end{cases}$，$i=0,1,\cdots,n_j-1$，$j=XY,XT,YT$，$f_j(x,y,t)$表示的是中心像素点$(x,y,t)$在第$j$平面上的LBP码十进制；$n_j$为LBP算子在第$j$平面上产生的模式的总数目。

提取基准帧F_1中b分块的当前像素点的LBP-TOP特征，F_1中b分块中当前像素点为(x_c,y_c,t_c)，分别在三个正交面提取点(x_c,y_c,t_c)的LBP码的十进制数，分别记为$f_{XY}(x_c,y_c,t_c)$、$f_{XT}(x_c,y_c,t_c)$和$f_{YT}(x_c,y_c,t_c)$。

2) 对基准帧中b块区域的所有像素点，分别提取三个正交平面上的LBP编码的十进制数值，然后分别在三个正交平面上对小块b区域内的所有像素点的二元模式的直方图特征进行统计，参照公式$H_{i,j}^{b}=\sum\limits_{x_c,y_c,t_c} I\{f_j(x_c,y_c,t_c)=i\}$($i=0,1,\cdots,n_j-1$，$j=XY,XT,YT$)，于是就可以得到$b$分块的三部分直方图$H_{i,XY}^{b}$、$H_{i,XT}^{b}$、$H_{i,YT}^{b}$，$i=0,1,\cdots,n_j-1$，并将三部分直方图串联起来，得到$b$分块LBP-TOP直方图$H_b=\{H_{i,XY}^{b},H_{i,XT}^{b},H_{i,YT}^{b}\}$，$i=0,1,\cdots,n_j-1$，也就是图像序列的LBP-TOP特征向量，如图6.27所示。

3) 根据1)、2)可获取图像F_0、F_1、F_2的全部分块的LBP-TOP直方图特征，将F_0、F_1、F_2嘴部图像的所有小块的直方图特征串联起来，得到嘴部图像F_0、F_1、F_2的LBP-TOP直方图特征。本文取b为3，则其图像F_0、F_1、F_2的LBP-TOP直方图特征向量可表示为$[H_{i,XY}^{1},H_{i,XT}^{1},H_{i,YT}^{1},H_{i,XY}^{2},H_{i,XT}^{2},H_{i,YT}^{2},H_{i,XY}^{3},H_{i,XT}^{3},H_{i,YT}^{3}]$，$i=0,1,\cdots,n_j-1$，过程如图6.28所示。

6.2.8 Gabor变换

为了解决傅里叶变换在时域的局部化分析能力，Dennis Gabor于1946年引入了短时傅里叶变换(Short-Time Fourier Transform)。短时傅里叶变换是傅里叶变换的自然推广，它是通过窗函数来实现信号的时—频分析的。短时傅里叶变换的基本思想是把信号划分成许多小的时间间隔，用傅里叶变换分析每一个时间间隔，以便确定该时间间隔存在的频率。窗函数不是唯一的，当采用高斯函数作窗函数时，短时傅里叶变换称为Gabor变换。

(1) 一维Gabor变换

Gabor函数于20世纪40年代提出后，由J. Daugman首先用于表征图像，并作视觉方面的研究，后来得到计算机视觉的不断发展，成为非常流行的图像处理方法，这得益于Gabor特有的属性及其生物意义。生物学的研究表明Gabor函数可以较准确地描述人脑视觉皮层简单细胞的感受野。

Gabor函数的表达式是一个三角函数乘以一个高斯函数：

$$W(t,t_0,\omega)=\mathrm{e}^{-\sigma(t-t_0)^2}\mathrm{e}^{i\omega(t-t_0)} \tag{6.19}$$

图 6.30 为四个 Gabor 函数的形状，它们有着不同的周期。为此，我们就可以定义 Gabor 变换如下：

$$C(x(t))(t_0,\omega)=\int_{-\infty}^{+\infty}x(t)W(t,t_0,\omega)\mathrm{d}t \tag{6.20}$$

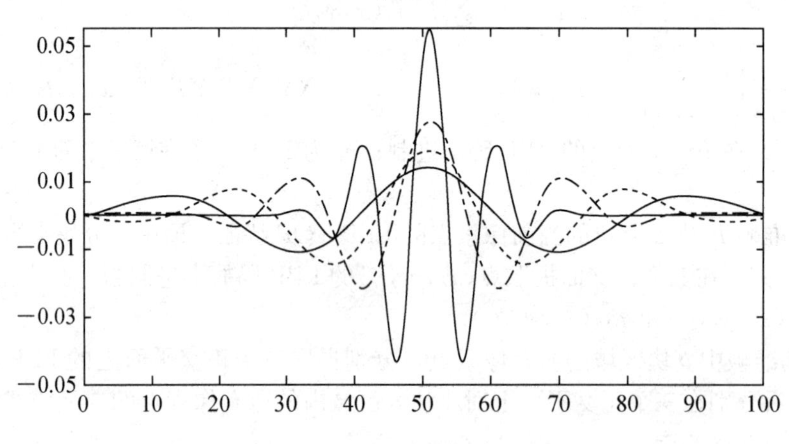

图 6.30　四个不同周期的 Gabor 函数

将式(6.19)代入上式，可得

$$C(x(t))(t_0,\omega)=\int_{-\infty}^{+\infty}x(t)\mathrm{e}^{-\sigma(t-t_0)^2}\mathrm{e}^{i\omega(t-t_0)}\mathrm{d}t \tag{6.21}$$

将上式展开为

$$C(x(t))(t_0,\omega)=\int_{-\infty}^{+\infty}x(t)\mathrm{e}^{-\sigma(t-t_0)^2}\cos(\omega(t-t_0))\mathrm{d}t+\mathrm{i}\int_{-\infty}^{+\infty}x(t)\mathrm{e}^{-\sigma(t-t_0)^2}\sin(\omega(t-t_0))\mathrm{d}t \tag{6.22}$$

其中，复数 $C(x(t))(t_0,\omega)$代表信号 $x(t)$在频率为 ω，时间为 t_0 的频率信息，当然，这个复数也可以表示为实部和虚部，即

$$C(x(t))(t_0,\omega)=a_{\mathrm{real}}+\mathrm{i}a_{\mathrm{imag}} \tag{6.23}$$

所以，复数 $C(x(t))(t_0,\omega)$也可以用极坐标的幅值 a 和相角 φ 来表示：

$$\begin{cases}a=\sqrt{{a_{\mathrm{real}}}^2+{a_{\mathrm{imag}}}^2}\\ \varphi=\begin{cases}\arctan(a_{\mathrm{imag}}/a_{\mathrm{real}}) & 当\ a_{\mathrm{real}}>0\\ \pi+\arctan(a_{\mathrm{imag}}/a_{\mathrm{real}}) & 当\ a_{\mathrm{real}}<0\\ \pi/2 & 当\ a_{\mathrm{real}}=0\ 且\ a_{\mathrm{imag}}\geqslant 0\\ -\pi/2 & 当\ a_{\mathrm{real}}=0\ 且\ a_{\mathrm{imag}}<0\end{cases}\end{cases} \tag{6.24}$$

需要指出的是在时间轴上的平移距离和 Gabor 小波系数的相角有着很重要的关系。当时间轴上的两点非常接近的时候，它们之间的距离大致正比于两点小波系数的相角值之差。如图 6.31 所示，最上面的图像为输入函数信号，第二个为两个不同相位(实部和虚部)Gabor 小波，第三个为卷积结果的实部和虚部，第四个和第五个分别是卷积结果的幅值和相角，可以看到在小范围内时间轴偏差内，两点的幅值大致不变，而相角差大致正比于时间轴上的偏差。

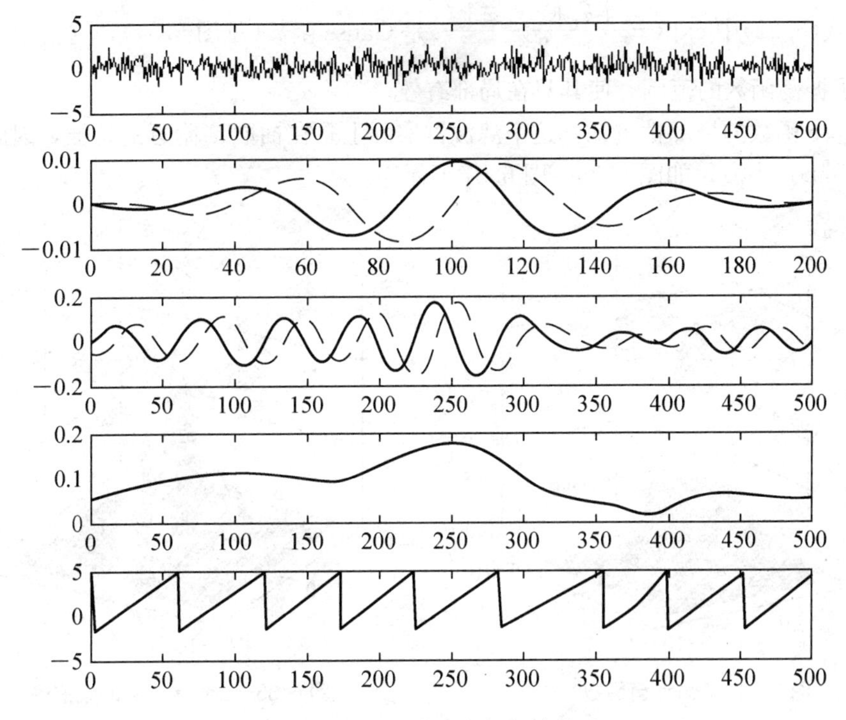

图 6.31 平移距离和相角的关系

(2) 二维 Gabor 滤波

在图像处理与计算机视觉方面，主要使用二维 Gabor 小波。我们使用文献［81］～文献［84］中的 Gabor 核函数定义：

$$\psi_j(\vec{x}) = \frac{\|\vec{k}_j\|^2}{\sigma^2}\exp\left(-\frac{\|\vec{k}_j\|^2\|\vec{x}\|^2}{2\sigma^2}\right)\left[\exp(\mathrm{i}\vec{k}_j\vec{x}) - \exp\left(-\frac{\sigma^2}{2}\right)\right] \tag{6.25}$$

Gabor 滤波可以定义为

$$J_j(\vec{x}) = \int I(\vec{x}')\psi_j(\vec{x}-\vec{x}')\mathrm{d}^2\vec{x}' \tag{6.26}$$

下面我们对式(6.25)和式(6.26)中的各项作一个说明。

1) $\exp(\mathrm{i}\vec{k}_j\vec{x})$是一个振荡函数，实部为余弦函数，虚部为正弦函数，如图 6.32 和图 6.33 所示。

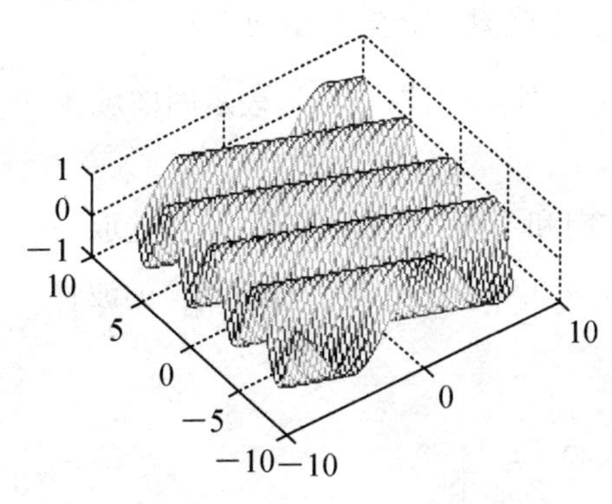

图 6.32 振荡函数的实部——余弦波

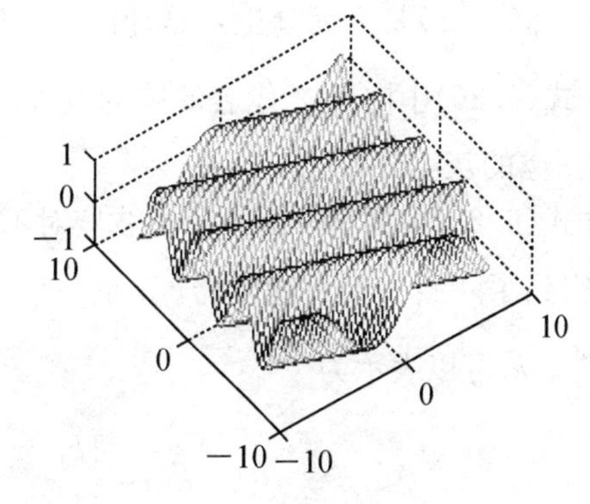

图 6.33 振荡函数的虚部——正弦波波

2）公式(6.22)中 $\exp\left(-\frac{\|\vec{k}_j\|^2\ \|\vec{x}\|^2}{2\sigma^2}\right)$是 Gauss 函数(见图 6.34)，这实际上是通过加窗限制了振荡函数的范围，使其只在局部有效。

由 Gauss 函数的局部性可知，这个滤波器实际上是在抽取 $\vec{x}$ 附近的特征，因此可以看做是一种 Gabor 小波，如图 6.35～图 6.37 所示。

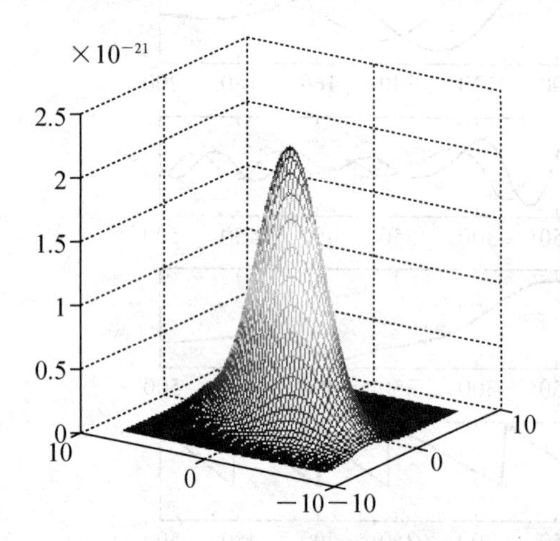

图 6.34　Gauss 窗函数

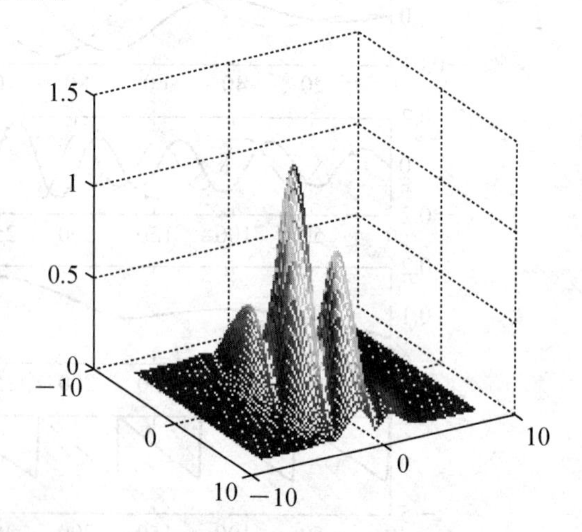

图 6.35　Gabor 函数的幅值图

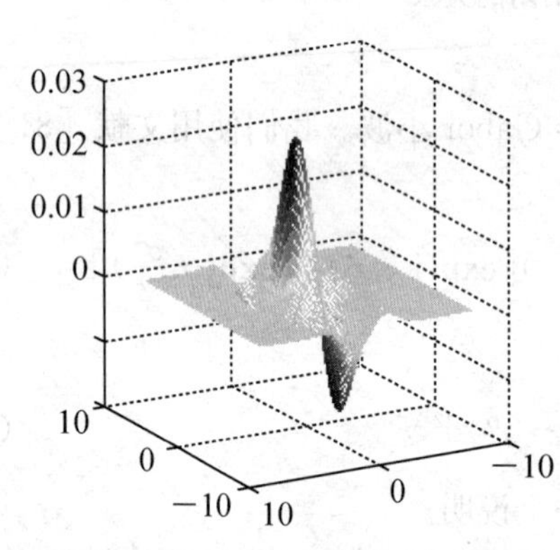

图 6.36　Gabor wavelet 的实部

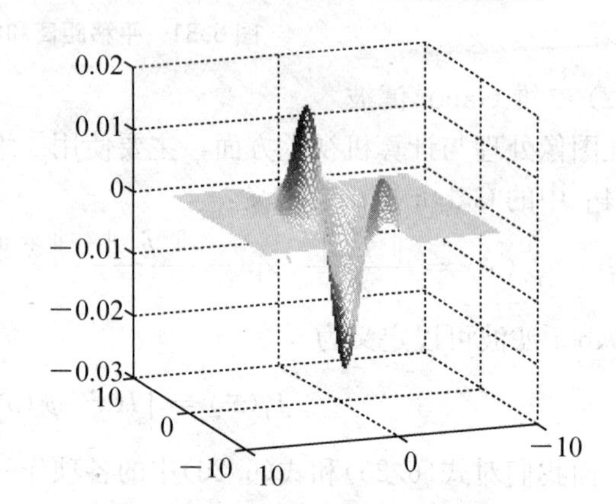

图 6.37　Gabor wavelet 的虚部

3）$\exp\left(-\frac{\sigma^2}{2}\right)$是直流分量，这样滤波器就可以不受直流分量大小的影响。

4）式(6.26)中向量 $\vec{x}$ 代表滤波的位置，即对 $\vec{x}$ 处做滤波。$I(\vec{x'})$表示图像域在 $\vec{x}$ 上的值，如图像的灰度分布。

5）式(6.25)中向量$\vec{k}_j$描述了滤波器对不同方向和不同尺度的响应。通过选取一系列的$\vec{k}_j$，就得到了一族 Gabor 滤波器。σ 是一个常量，σ 和$\vec{k}_j$一起刻画了 Gauss 窗的波长。这里取 $\sigma=\frac{\pi}{2}$。$\vec{k}_j$可以表示为

$$\vec{k}_j=\begin{pmatrix}k_{jx}\\k_{jy}\end{pmatrix}=\begin{pmatrix}k_v\cos(\varphi_\mu)\\k_v\sin(\varphi_\mu)\end{pmatrix}\tag{6.27}$$

其中 $k_v=2^{-\frac{v+2}{2}}\pi$，$\varphi_\mu=\mu\frac{\pi}{8}$。选取不同的下标 v 可以描述不同的 Gauss 窗的波长，从而控制采样的尺度，或者说是频率。选取不同的下标 μ 可以描述振荡函数不同的振荡方向，从而控制采样的方向。

这里选取 $v=0,1,\cdots,4$，这样就可以在五个不同的尺度上采样。选取 $\mu=0,1,\cdots,7$，这样就可以在八个不同的方向上采样。可以用图 6.38 来形象地表示。

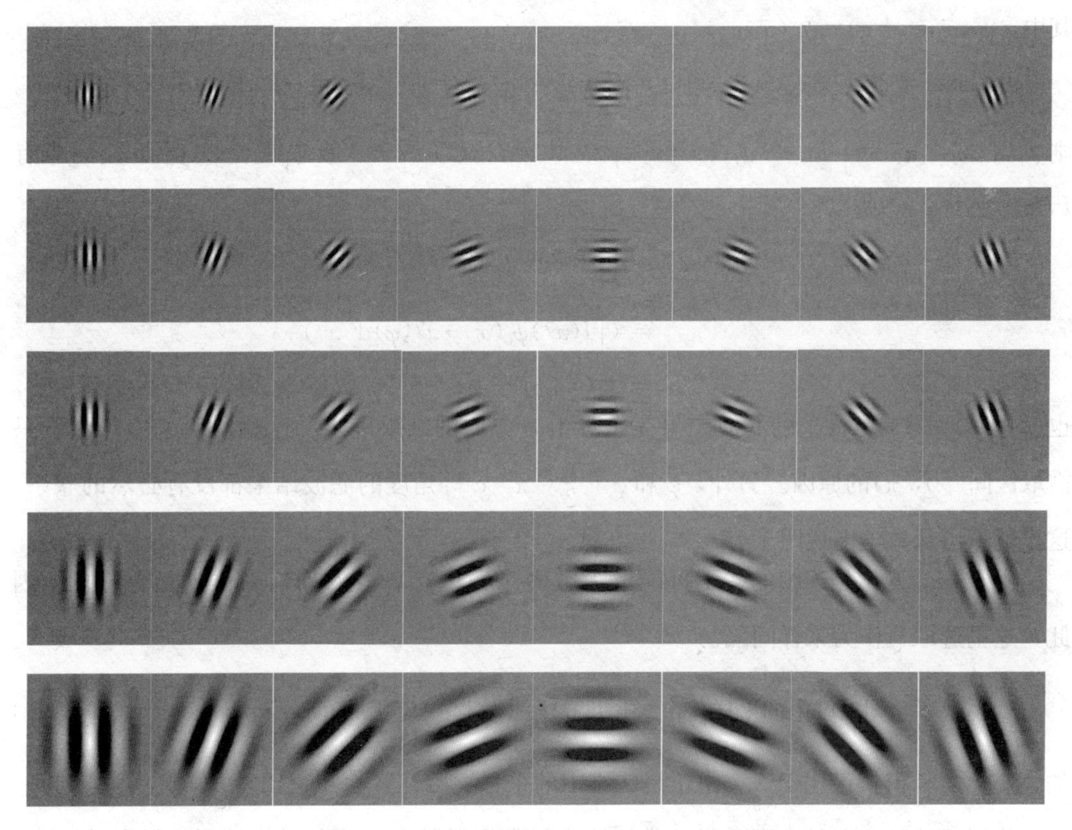

图 6.38　40 个不同方向和频率的 Gabor wavelet

6）下面介绍对式(6.27)中 k_v 和 φ_μ 选取的考虑。

由于不同的 k_v 和 φ_μ 代表了不同的采样方式，因此需要保证在不同尺度和不同方向上的采样尽量均匀。

从方向上来看，比较直观的想法是，只需对区间 $[0,\pi)$ 进行采样，因为区间 $[0,\pi)$ 可以描述所有的方向。注意我们并不关心方向的正负，也就是说角度 φ 和角度 $\varphi+\pi$ 实际只描述了一个方向。以下从数学上来说明这一点。

由式(6.25)中的振荡函数 $\exp(\mathrm{i}\vec{k}_j\vec{x})$ 和式(6.27)，可知

$$\because \quad \exp(\mathrm{i}\vec{k}_j\vec{x})=\exp\left[\mathrm{i}\begin{pmatrix}k_v\cos(\varphi_\mu)\\k_v\sin(\varphi_\mu)\end{pmatrix}\cdot\begin{pmatrix}x_1\\x_2\end{pmatrix}\right]$$

$$=\exp[\mathrm{i}(x_1k_v\cos\varphi_\mu+x_2k_v\sin\varphi_\mu)]$$

$$\therefore \quad \exp\left[\mathrm{i}\begin{pmatrix}k_v\cos(\varphi_\mu+\pi)\\k_v\sin(\varphi_\mu+\pi)\end{pmatrix}\cdot\begin{pmatrix}x_1\\x_2\end{pmatrix}\right]$$

$$
\begin{aligned}
&=\exp[\mathrm{i}(x_1k_v\cos(\varphi_\mu+\pi)+x_2k_v\sin(\varphi_\mu+\pi))]\\
&=\exp[-\mathrm{i}(x_1k_v\cos\varphi_\mu+x_2k_v\sin\varphi_\mu)]\\
&=\exp(\mathrm{i}\vec{k}_j\vec{x})^*
\end{aligned}
$$

因此，可将式(6.25)写为

$$\psi_j(\vec{x},\ \varphi_\mu)=\frac{\|k_j\|^2}{\sigma^2}\exp\left(-\frac{\|k_j\|^2\ \|x\|^2}{2\sigma^2}\right)\left[\exp(\mathrm{i}\vec{k}_j\vec{x})-\exp\left(-\frac{\sigma^2}{2}\right)\right]$$

其中，$\psi_j(\vec{x},\varphi_\mu+\pi)=\psi_j(\vec{x},\varphi_\mu)^*$。

由Gabor滤波定义式(6.25)可知，对于每个φ_μ，有$J_j(\vec{x},\varphi)=\int I(\vec{x}')\psi_j(\vec{x}-\vec{x}',\varphi)\mathrm{d}^2\vec{x}'$。则$J_j(\vec{x},\varphi+\pi)=\int I(\vec{x}')\psi_j(\vec{x}-\vec{x}',\varphi)^*\mathrm{d}^2\vec{x}'$。又$I(\vec{x})$一般来说是实值函数，即有$I(\vec{x})^*=I(\vec{x})$。所以

$$
\begin{aligned}
J_j(\vec{x},\varphi+\pi)&=\int I(\vec{x}')^*\psi_j(\vec{x}-\vec{x}',\varphi)^*\mathrm{d}^2\vec{x}'\\
&=\left(\int I(\vec{x}')\psi_j(\vec{x}-\vec{x}',\varphi)\mathrm{d}^2\vec{x}'\right)^*\\
&=J_j(\vec{x},\varphi)^*
\end{aligned}
$$

也就是说，$\varphi+\pi$方向上的滤波结果完全可由φ方向的结果确定。这就说明了为什么φ只需取区间$[0,\pi)$的原因。另外，φ和$\varphi+\frac{\pi}{2}$，$\pi-\varphi$等角度的滤波结果都没有必然的联系，这里就不再从数学上说明了。

由于φ的变化是连续的，不可能取无穷多个，只有离散的均匀采样才是合理的。因此，这里选取$\frac{\pi}{8}$作为采样间隔。

k_v反映了空间尺度上的采样。由于尺度的大小实际决定于Gauss窗$\exp\left(-\frac{\|k_j\|^2\ \|x\|^2}{2\sigma^2}\right)$的大小，而其窗长正比于$\frac{\sigma}{k_v}$。由于是二维中的采样，因此其面积正比于$\frac{\sigma^2}{k_v{}^2}$。

为了反映尺度上的合理采样，我们认为每次采样的面积成倍的方式递减比较合理，σ是一个常量，这就要求kv正比于$2^{-\frac{v}{2}}$。这就解释了式(6.27)中选取$k_v=2^{-\frac{v+2}{2}}\pi$的原因。

通过式(6.26)，就可以在图像每个不同的$\vec{x}$处得到$\mu\times v=40$个不同的复值。若记$j=\mu+8v$，就称这40个复数构成了图像$\vec{x}$处的一个Jet：

$$J=\{J_i\}\quad 当\ J_i=\alpha_j\exp(\varphi_j),j=0,1,\cdots,39 \tag{6.28}$$

6.3 特征降维

6.3.1 奇异值分解

任何一个实对称方阵都可以经过正交变换转化为对角阵，对于任意实矩阵$\mathbf{A}_{m\times n}$，则可以利用奇异值分解将其转化为对角阵。

引理6.1(SVD) 令$\mathbf{A}_{m\times n}$是实矩阵(不失一般性，设$m>n$)，且$\mathrm{rank}(\mathbf{A})=k$，则存在

两个正交矩阵$\boldsymbol{U}_{m\times m}$和$\boldsymbol{V}_{n\times n}$及对角阵$\boldsymbol{D}_{m\times n}$使下式成立：

$$\boldsymbol{A}=\boldsymbol{UDV}^{\mathrm{T}} \tag{6.29}$$

其中，$\boldsymbol{D}=\begin{bmatrix}\sum_{k\times k} & \boldsymbol{o}\\ \boldsymbol{o} & \boldsymbol{o}\end{bmatrix}$，$\sum_{k\times k}=\mathrm{diag}(\sigma_1,\sigma_2,\cdots,\sigma_k)$，$\boldsymbol{U}_{m\times m}=(u_1,u_2,\cdots,u_k,u_{k+1},u_m)$，$\boldsymbol{V}_{n\times n}=(v_1,v_2,\cdots,v_k,v_{k+1},\cdots,v_n)$。式中 T 表示转置，$\sigma_i=\sqrt{\lambda_i}\,(i=1,2,\cdots,k,\cdots,n)$称为矩阵$\boldsymbol{A}$的奇异值，$\lambda_1\geqslant\lambda_2\geqslant\cdots\geqslant\lambda_k>0$是$\boldsymbol{AA}^{\mathrm{T}}$并且也是$\boldsymbol{A}^{\mathrm{T}}\boldsymbol{A}$的非零特征值的全体，而$\lambda_{k+1}=\lambda_{k+2}=\cdots=\lambda_n=0$为$\boldsymbol{A}^{\mathrm{T}}\boldsymbol{A}$的$n-k$个零特征值。$u_i$和$v_i(i=1,2,\cdots,k)$分别是$\boldsymbol{AA}^{\mathrm{T}}$和$\boldsymbol{A}^{\mathrm{T}}\boldsymbol{A}$对应于非零特征值$\lambda_i$的特征向量。$u_i(i=k+1,k+2,\cdots,m)$是为了表达上的方便而引入的$(m-k)$个向量，可以设想它是$\boldsymbol{AA}^{\mathrm{T}}$对应于$\lambda_i=0$的特征向量。同理，$v_i$为$\boldsymbol{A}^{\mathrm{T}}\boldsymbol{A}$对应于$\lambda_i=0$的特征向量。将式(6.28)写为乘积的形式：

$$\boldsymbol{A}=\sum_{i=1}^{k}\sigma_i u_i v_i^{\mathrm{T}} \tag{6.30}$$

如果矩阵$\boldsymbol{A}$代表一幅图像(如人脸或舌象)，式(6.30)就是对该图像进行了正交分解，将矩阵$\sum$中主对角线上的奇异值元素σ_i连同$\boldsymbol{D}_{m\times n}$中剩余的$(n-k)$个0构成一个$n$维列向量：

$$x_{n\times 1}=\boldsymbol{D}_{n\times n}\boldsymbol{e}=(\sigma_1,\cdots,\sigma_k,0,\cdots,0)^{\mathrm{T}} \tag{6.31}$$

其中，$\boldsymbol{D}_{n\times n}$为$\boldsymbol{D}$中的第1个$n$阶子式，列向量$\boldsymbol{e}=(1,1,\cdots,1)^{\mathrm{T}}_{n\times 1}$，称$x_{n\times 1}$为$\boldsymbol{A}$的奇异值特征向量。对于任何实矩阵$\boldsymbol{A}$，在$\lambda_1\geqslant\lambda_2\geqslant\cdots\geqslant\lambda_k$的限制下，奇异值对角矩阵是唯一的，因此，原图像$\boldsymbol{A}$对应于唯一的奇异值特征向量。

6.3.2 主成分分析

主成分分析(PCA)是模式识别中一种有效的特征降维方法。用于以较少的维数描述数据，同时最大限度地保持数据的结构。经典的 PCA 特征脸方法就是，假定每个人脸都是由若干特征脸线性组合而成。其目的是用较少数量的特征对样本进行描述，降低特征空间的维数，同时又能保留所需要的识别信息。

PCA 是坐标系的正交变换，所求出的特征向量互相正交，各个向量在特征向量上的投影就是主分量(特征向量)。

下面介绍 PCA 应用于舌象识别的基本原理。每个舌象表示成原空间的一个向量，对训练集中的m个舌象数据所构成的协方差矩阵进行特征值分解，从而求出前$m(1\leqslant m\leqslant M)$个最大特征值所对应的$m(1\leqslant m\leqslant M)$个特征向量，这些特征向量称为特征舌。训练集和测试集的数据在特征向量上的投影就是所提取的舌象特征向量，利用这些特征向量，就可以进行舌象的识别和分类。

对于一幅$I\times h$大小的舌象来说，将其按列相连构成一个$D=I\times h$维的列向量，其中D为舌象向量的维数。例如，224×224 的舌象将会生成一个 50176 的列向量。设M为训练集中的样本数目，x_i为第i幅舌象形成的舌象向量，则训练样本集的总体散布矩阵定义为

$$S_t=\sum_{i=1}^{M}(x_i-u)(x_i-u)^{\mathrm{T}} \tag{6.32}$$

其中，u 为训练样本集的平均图像向量，$u=\frac{1}{M}\cdot\sum_{i=1}^{M}x_i$。令 $\boldsymbol{X}=[x_1-u,x_2-u,\cdots,x_M-u]$，则 $\boldsymbol{S}_t=\boldsymbol{X}\boldsymbol{X}^{\mathrm{T}}$。由于 $\boldsymbol{S}_t$ 为对称矩阵，可以将其对角化：$\boldsymbol{S}_t=\boldsymbol{W}\Delta\boldsymbol{W}^{\mathrm{T}}$。若对 $\boldsymbol{X}$ 作线性变换：$\boldsymbol{Y}=\boldsymbol{W}^{\mathrm{T}}\boldsymbol{X}$，则 Y 的协方差矩阵 $\sum=\boldsymbol{Y}\boldsymbol{Y}^{\mathrm{T}}=\boldsymbol{W}^{\mathrm{T}}\boldsymbol{X}\boldsymbol{X}^{\mathrm{T}}\boldsymbol{W}=\Delta$。因此，经过上述线性变换后，矩阵 $\boldsymbol{Y}$ 的协方差阵变成了对角阵，消除了数据间的冗余。将 $\boldsymbol{W}$ 的每个列向量正交归一化，记为 $[\boldsymbol{W}_1,\boldsymbol{W}_2,\cdots,\boldsymbol{W}_M]$，舌象向量 $\boldsymbol{P}_i$ 在由 $\boldsymbol{W}_1$，$\boldsymbol{W}_2$，…，$\boldsymbol{W}_M$ 组成的子空间中的投影 $\boldsymbol{Q}=\boldsymbol{W}^{\mathrm{T}}\boldsymbol{P}_i$，重构时，有

$$\boldsymbol{P}_i=\boldsymbol{W}\boldsymbol{Q}=\sum_{i=1}^{K}\boldsymbol{W}_i\boldsymbol{Q}_i+\sum_{i=k+1}^{M}\boldsymbol{W}_i\boldsymbol{Q}_i \tag{6.33}$$

若只用前 $m(1\leqslant m\leqslant M)$ 个投影进行重构，则最小均方意义下的重建误差为

$$e_{ms}=\sum_{i=m+1}^{M}\lambda_i \tag{6.34}$$

其中，λ_i 为矩阵 $\boldsymbol{S}_t=\boldsymbol{W}\Delta\boldsymbol{W}^{\mathrm{T}}$ 的特征值。另外，值得一提的是，在小样本情况下，$\boldsymbol{S}_t$ 将变得很大，这样的矩阵是很难直接处理的。Turk 等人通过计算一个 $\boldsymbol{M}\times\boldsymbol{M}$ 的 $\boldsymbol{X}^{\mathrm{T}}\boldsymbol{X}$ 矩阵的特征值和特征向量间接求得 $\boldsymbol{S}_t=\boldsymbol{W}\Delta\boldsymbol{W}^{\mathrm{T}}$ 的特征值和特征向量。

因此，可以将特征值从大到小排列，选取最大的前 $m(1\leqslant m\leqslant M)$ 个特征值对应的特征向量，这些特征向量就是所谓的特征舌。将舌象向量向这 m 个特征值对应的特征向量投影，可获得一组坐标系数，它代表了该图像在子空间的位置，可作为舌象鉴别的依据。这样就可以把舌象向量从原来的 D 维降到 m 维。m 维投影系数就作为舌象的特征向量输入分类器进行识别。上述就是所谓的特征舌法(Eigentongues)。

因为 PCA 寻求整体散度(方差)最大，利用其得到的特征保留了图像的主要的信息。故常常用于全局特征的提取。

6.3.3 核主成分分析

(1) 核函数

20 世纪 90 年代中期以来，核学习已经成为机器学习领域中最有影响的成果之一。其中一个引人注目的特点是用满足 Mercer 条件的核函数代替两向量间的内积运算来实现非线性变换，而不需要非线性变换的具体形式。

假设输入空间的样本 $x_i\in R^n$，$i=1,2,\cdots,N$，被某种非线性映射 φ：$x\in R^n\rightarrow f\in F$ 映射到某一属性空间 F 得到 $\varphi(x_1),\varphi(x_2),\cdots,\varphi(x_N)$。那么输入空间的点积形式，在属性空间就可以用 Mercer 核表示为 $K(x_i,x_j)=(\varphi(x_i)\cdot\varphi(x_j))$。

事实上任一个函数只要满足 Mercer 条件，就可用作 Mercer 核，同时可以分解成属性空间的点积形式。Mercer 条件可描述为对任意的平方可积函数都满足

$$\iint_{L_2\otimes L_2}K(x,y)g(x)g(y)\mathrm{d}x\mathrm{d}y\geqslant 0 \tag{6.35}$$

下面是一些常见的 Mercer 核函数：

1) 多项式核 $k(x,y)=(1+a\cdot x\cdot y)^2$，其中 a 是参数。

2) 径向基核函数 $k(x,y)=\exp(\frac{-\|x-y\|^2}{\sigma^2})$。

3) 多层感知器 $k(x,y)=\tanh((x\cdot y)-\Theta)$，其中 Θ 是自定义参数。

更多的 Mercer 核函数生成可以参考文献 [89]。目前对于如何选取核还没有定论，根据不同的问题往往可以选取不同的核。

(2) KPCA 的基本原理

利用核技巧，首先通过一个非线性映射函数 $\boldsymbol{\Phi}$: $\Re^N\rightarrow\mathbb{F}$，将每个向量 x 从原空间 $\Re^N$ 映射到一个高维的特征空间$\mathbb{F}$中(特征空间的维数可以是无穷大)，在特征空间$\mathbb{F}$中进行标准的 PCA。其具体原理如下。

设 $\boldsymbol{X}=[x_1,x_2,\cdots,x_M]$ 是 $\Re^N$ 空间的训练样本集，其中 x_i 表示每一个训练样本向量，$\boldsymbol{\Phi}=[\varphi(x_1),\varphi(x_2),\cdots,\varphi(x_M)]$ 是非线性映射函数，$\bar{\varphi}=\frac{1}{M}\sum_{i=1}^{M}\varphi(x_i)$ 。我们构造在特征空间$\mathbb{F}$的协方差矩阵：

$$\boldsymbol{S}=\frac{1}{M}\sum_{i=1}^{M}(\varphi(x_i)-\bar{\varphi})(\varphi(x_i)-\bar{\varphi})' \tag{6.36}$$

假设 $\varphi(x_1),\varphi(x_2),\cdots,\varphi(x_m)$是去均值的数据，即 $\varphi(x_i)\in F,\sum_{k=1}^{M}\varphi(x_k)=0(k=1,2,\cdots,M)$，则式(6.36)退化为$\tilde{\boldsymbol{S}}=\frac{1}{M}\boldsymbol{\Phi\Phi}'$。如果设 $M\times M$ 矩阵$\tilde{\boldsymbol{R}}=\boldsymbol{\Phi}'\boldsymbol{\Phi}$，利用核的技巧，可以表示$\tilde{\boldsymbol{R}}$ 为$\tilde{\boldsymbol{R}}_{ij}=\varphi(x_i)'\varphi(x_j)=k(x_i,y_j)$。

通常上面提到的去均值的数据是不合理的。为此，设 $\tilde{\varphi}(x_j)=\varphi(x_j)-1/M*\sum_i\varphi(x_i)$ ，$1\leqslant j\leqslant M$，那么$\tilde{\boldsymbol{R}}$ 可定义为$\boldsymbol{R}=\tilde{\boldsymbol{\Phi}}'\tilde{\boldsymbol{\Phi}}=(I-\frac{1_{M\times M}}{M})'\tilde{\boldsymbol{R}}(I-\frac{1_{M\times M}}{M})$，其中前 $m(1\leqslant m\leqslant M)$个最大特征值和其所对应的 $m(1\leqslant m\leqslant M)$个特征向量分别是 λ_1，λ_2，…，λ_m，u_1，u_2，…，u_m。

根据奇异值分析(SVD)原理，得到 $\boldsymbol{S}$ 的归一化正交特征向量 w_1，w_2，…，w_m。这样，可以得到第 j 个特征

$$y_j=\boldsymbol{w}'_j\varphi(x)=\frac{1}{\sqrt{\lambda_j}}u'_j[k(x_1,x),k(x_2,x),\cdots,k(x_M,x)] \tag{6.37}$$

这样，$j=1,2,\cdots,m$，低维的向量$\boldsymbol{Y}=(y_1,y_2,\cdots,y_m)$捕捉原空间 $\boldsymbol{X}$ 的最有表现力的特征。

综上所述，通过一个非线性映射 φ 将输入数据变换到一个高维特征空间中，然后通过特定的核函数 $k(x_i,y_j)=\varphi(x_i)'\varphi(x_j)$(满足 Mercer 条件)在特征空间进行 PCA，并提取出相对于原空间为非线性的主元(特征向量)。在特征空间中计算特征值全部是通过核函数来完成的，并没有涉及具体的非线性映射函数，这就是核技巧的本质所在。φ 称为与核 k 有关的特征映射。

6.3.4 线性鉴别方法

PCA 方法的缺点是得到的特征在一般情况下是最佳描述特征(the Most Expressive Features，MEFs)，而不是最佳分类特征(the Most Discriminating Features，MDFs)。线性鉴别方法(LDA)有效弥补了这个缺点。

LDA 的目的是从高维的特征空间提取出最具有判别能力的低维特征，这些特征能帮

助将同一个类别的所有样本聚集在一起，不同类别的样本尽量地分开，即选择使得样本类间离散度和样本类内离散度的比值最大的特征。

设 $\boldsymbol{w}_1$，$\boldsymbol{w}_2$，…，$\boldsymbol{w}_c$ 为 c 个已知模式类，$X=\{x_i\}$ $(i=1,2,\cdots,N)$ 为 N 维训练样本集，$x_i\in\boldsymbol{w}_j$，其中 $i=1,2,\cdots,N$，$j=1,2,\cdots,c$。设 $\boldsymbol{w}_i$ 类的平均矢量、协方差矩阵与先验概率分别为 $\boldsymbol{m}_i$，$\boldsymbol{C}_i$，$P(\boldsymbol{w}_i)$，则类间散布矩阵 $\boldsymbol{S}_b$，类内散布矩阵 $\boldsymbol{S}_w$ 和总散布矩阵 $\boldsymbol{S}_t$ 分别为

$$\boldsymbol{S}_b=\sum_{i=1}^{c}(\boldsymbol{m}_i-\boldsymbol{m}_o)(\boldsymbol{m}_i-\boldsymbol{m}_o)^{\mathrm{T}} \tag{6.38}$$

$$\boldsymbol{S}_w=\sum_{i=1}^{c}P(\boldsymbol{w}_i)E\{(x-\boldsymbol{m}_i)(x-\boldsymbol{m}_i)^{\mathrm{T}}/\boldsymbol{w}_i\}=\sum_{i=1}^{c}P(\boldsymbol{w}_i)\boldsymbol{C}_i \tag{6.39}$$

$$\boldsymbol{S}_t=\boldsymbol{S}_b+\boldsymbol{S}_w=E\{(x-\boldsymbol{m}_0)(x-\boldsymbol{m}_0)^{\mathrm{T}}\} \tag{6.40}$$

其中，$\boldsymbol{C}_i=E\{(x-\boldsymbol{m}_i)(x-\boldsymbol{m}_i)^{\mathrm{T}}/\boldsymbol{w}_i\}$，$\boldsymbol{m}_0=\sum_{i=1}^{c}P(\boldsymbol{w}_i)\boldsymbol{m}_i$，$\boldsymbol{m}_0$ 为全体训练样本的平均矢量。

我们希望投影后在低维空间中不同类别的样本尽可能分得开些，同时希望每个类别内部样本尽量密集。也就是说，样本类间离散度越大越好，而样本类内离散度越小越好。因此，如果 $\boldsymbol{S}_w$ 是非奇异矩阵，最优的投影方向 $\boldsymbol{W}_{opt}$ 就是使得样本类间离散度矩阵和样本类内离散度矩阵的行列式比值最大的那些正交特征向量。因此，Fisher 准则函数定义为

$$J(\boldsymbol{W}_{opt})=\arg\max_{W}\frac{|\boldsymbol{W}^{\mathrm{T}}\boldsymbol{S}_b\boldsymbol{W}|}{|\boldsymbol{W}^{\mathrm{T}}\boldsymbol{S}_w\boldsymbol{W}|} \tag{6.41}$$

通过线性代数理论可知 $\boldsymbol{W}_{opt}$ 就是满足如下等式的解。

$$\boldsymbol{S}_b\boldsymbol{W}_i=\lambda_i\boldsymbol{S}_W\boldsymbol{W}_i \tag{6.42}$$

也就是对应于矩阵 $\boldsymbol{S}_w^{-1}\boldsymbol{S}_b$ 较大的特征值 λ_i 的特征向量。该矩阵最多只有 $c-1$ 个非零特征值。

6.4 基于 IKDA 的并行特征融合人脸表情识别

特征提取是表情识别中最关键的环节之一，提取具有鉴别意义的特征对准确分类人脸表情，解决实际问题起着重要作用。随着相关研究的不断深入，特征融合技术逐渐受到了业内的关注。这是由于该技术既融合了多种特征的有效鉴别信息，又能消除大部分冗余的信息，从而实现了信息的有效压缩、节约了信息存储空间、有利于加快运算速度和进行信息的实时处理。

目前常用的特征级融合方法为串行融合方法，该方法首先将两组或多组特征向量按照首尾相连的方式生成一个联合向量，然后再对这个新的特征向量进行特征提取。该方法保留了多种特征的鉴别信息，具有一定的优势，但同时会导致合并后新特征的维数急剧增加，从而加大后续步骤如特征抽取和识别的难度，使甄别速度和准确率大幅降低。目前，对传统串行融合技术进行改进的研究有很多，其中杨健等人的研究提出了一种并行特征融合的方法，该方法的原理是利用复向量将样本空间上的两组或多组特征集合起来构成复特征向量空间，即将实向量空间的特征拓展到复向量空间。该方法用 LDA 来抽取有效鉴别特征。LDA 是目前常用的特征提取方法之一，但由于其本质上提取的是线性特征，对非

线性特征处理存在不足。因此，文献［80］提出了基于核的LDA方法，即基于核判别分析方法(KDA)，该方法通过将样本映射到一个高维空间，在该高维空间利用Fisher方法提取鉴别特征，得到原图像的非线性特征，实践证明，核判别方法对解决非线性问题具有显著优势。然而实践表明，在使用KDA过程中核空间的维数往往大于训练样本的数目，即小样本问题。对小样本的改进方法很多，如对Fisher准则局部加权，重新定义类间散度矩阵，用零空间解决小样本问题等。基于并行特征融合的特征方法由于使用的是Fisher鉴别准则，因此不但存在小样本问题，同时也存在融合特征矩阵不平衡的问题，使类内散度矩阵不但受小样本问题影响而丢失类内散射信息，同时因特征矩阵不平衡而产生偏差和较大方差，影响实验效果。

为解决以上问题，本文将两组经过不同表达的特征采用复数的组合形式并行融合，构成复特征向量，并将核Fisher鉴别准则引入复空间，从而在复空间的基础上以解决传统LDA只能分析线性问题的缺陷，同时对类内散度矩阵重定义，通过可调控的参数来解决小样本问题和特征矩阵不平衡问题，在这里称其为改进的核LDA，简称IKDA。在人脸表情库上的实验结果表明，该方法比传统并行特征融合方法和串行特征融合方法有不同程度上的改进。

6.4.1 特征融合策略

(1) 串行特征融合

设模式样本空间Ω上存在两个不同的特征空间A，B，对于任意模式样本$\xi\in\Omega$，设它对应的两个特征向量分别设为$\boldsymbol{\alpha}\in A$和$\boldsymbol{\beta}\in B$，则组合后的串行特征为$\boldsymbol{\gamma}=(\boldsymbol{\alpha},\boldsymbol{\beta})$。

由组合原理可知，若特征向量$\boldsymbol{\alpha}$和$\boldsymbol{\beta}$分别为n和m维，则其组合后的串行特征空间为$(n+m)$维。

(2) 并行特征融合

设有样本空间Ω上的两组特征集A、B，A对应的特征向量为$\boldsymbol{\alpha}\in A$，B对应的特征向量为$\boldsymbol{\beta}\in B$。$\boldsymbol{\gamma}=\boldsymbol{\alpha}+\mathrm{i}\boldsymbol{\beta}$表示特征向量的组合，其中i为虚数单位，即在样本空间Ω上经过组合的特征空间可定义为$C=\{\boldsymbol{\alpha}+\mathrm{i}\boldsymbol{\beta}|\boldsymbol{\alpha}\in A,\boldsymbol{\beta}\in B\}$，同时，若两组特征$\boldsymbol{\alpha}$与$\boldsymbol{\beta}$的维数不等，低维的特征向量用零补足。我们知道，该空间为n维复向量空间。其中，$n=\max\{\dim A,\dim B\}$。

定义如下内积：

$$(\boldsymbol{X},\boldsymbol{Y})=\boldsymbol{X}^{\mathrm{H}}\boldsymbol{Y} \tag{6.43}$$

其中，$\boldsymbol{X}$，$\boldsymbol{Y}\in C$，H为共轭转置符号。称定义了式(6.43)中的内积的复空间为酉空间。相应地，酉空间内的类间散度矩阵、类内散度矩阵和总体散度矩阵为

$$\boldsymbol{S}_b=\sum_{i=1}^{L}P|\boldsymbol{\omega}_i||\boldsymbol{m}_i-\boldsymbol{m}_0||\boldsymbol{m}_i-\boldsymbol{m}_0|^{\mathrm{H}} \tag{6.44}$$

$$\mathrm{S}_\omega=\sum_{i=1}^{L}P|\boldsymbol{\omega}_i|E\{|\boldsymbol{X}-\boldsymbol{m}_i||\boldsymbol{X}-\boldsymbol{m}_i|^{\mathrm{H}}|\omega\} \tag{6.45}$$

$$\boldsymbol{S}_t=\boldsymbol{S}_b+\boldsymbol{S}_\omega=E\{(\boldsymbol{X}-\boldsymbol{m}_0)(\boldsymbol{X}-\boldsymbol{m}_0)^{\mathrm{H}}\} \tag{6.46}$$

其中，$P|\boldsymbol{\omega}_i|$为第i类训练样本的先验概率，$\boldsymbol{m}_i=E|X|\boldsymbol{\omega}_i|$为第$i$类训练样本的均值，

$\boldsymbol{m}_0 = E|X| = \sum_{i=1}^{m} P|\boldsymbol{\omega}_i|\boldsymbol{m}_i$ 为全体训练样本的均值。

由式(6.44)、式(6.45)和式(6.46)的定义知，$\boldsymbol{S}_\omega$、$\boldsymbol{S}_b$ 和 $\boldsymbol{S}_t$ 均为 Hermit 阵，且非负定。当 $\boldsymbol{S}_\omega$ 可逆时，易得 $\boldsymbol{S}_\omega$、$\boldsymbol{S}_t$ 均为正定矩阵。

酉空间内的 Fisher 鉴别函数可定义为

$$J_f|\varphi| = \frac{\varphi^{\mathrm{H}}\boldsymbol{S}_b\varphi}{\varphi^{\mathrm{H}}\boldsymbol{S}_\omega\varphi} \tag{6.47}$$

其中，φ 为任一 n 维非零复矢量。

(3) 并行特征融合性质研究

特征 $\boldsymbol{\alpha}$、$\boldsymbol{\beta}$ 可以经过 $\boldsymbol{\alpha}+\mathrm{i}\boldsymbol{\beta}$ 或 $\boldsymbol{\beta}+\mathrm{i}\boldsymbol{\alpha}$ 这两种方式进行组合，经过特征提取后进行分类。这里提出的一个问题是，同一样本的两个特征用不同方式组合后，再经同一分类器进行分类，是否会得到相同的结果。

如果能得到相同的结果，那么就称酉空间内的特征融合是对称的，否则就说明这种对称性不存在。下面就从理论上来论证这种对称性。

设样本空间 Ω 上的两组合特征空间分别定义为 $C_1=\{\boldsymbol{\alpha}+\mathrm{i}\boldsymbol{\beta}|\boldsymbol{\alpha}\in A,\boldsymbol{\beta}\in B\}$，$C_2=\{\boldsymbol{\beta}+\mathrm{i}\boldsymbol{\alpha}|\boldsymbol{\alpha}\in A,\boldsymbol{\beta}\in B\}$。

引理 6.2 设矩阵 $\boldsymbol{H}(\boldsymbol{\alpha},\boldsymbol{\beta})=(\boldsymbol{\alpha}+\mathrm{i}\boldsymbol{\beta})(\boldsymbol{\alpha}+\mathrm{i}\boldsymbol{\beta})^{\mathrm{H}}$，$\boldsymbol{H}(\boldsymbol{\alpha},\boldsymbol{\beta})=(\boldsymbol{\beta}+\mathrm{i}\boldsymbol{\alpha})(\boldsymbol{\beta}+\mathrm{i}\boldsymbol{\alpha})^{\mathrm{H}}$，$\boldsymbol{H}(\boldsymbol{\beta},\boldsymbol{\alpha})=\overline{\boldsymbol{H}(\boldsymbol{\beta},\boldsymbol{\alpha})}$。其中，$\boldsymbol{\alpha}$，$\boldsymbol{\beta}$ 为 n 维实向量。

证明：设 $\boldsymbol{\alpha}=(\alpha_1,\alpha_2,\cdots,\alpha_n)^{\mathrm{T}}$，$\boldsymbol{\beta}=(\boldsymbol{b}_1,\boldsymbol{b}_2,\cdots,\boldsymbol{b}_n)^{\mathrm{T}}$，则有

$$\begin{aligned}[\boldsymbol{H}(\boldsymbol{\alpha},\boldsymbol{\beta})]_{kl} &= (a_k+\mathrm{i}b_k)\overline{(a_l+\mathrm{i}b_l)}=(a_ka_l+b_kb_l)+\mathrm{i}(a_lb_k-a_kb_l)\\ &= (b_k+\mathrm{i}a_k)\overline{(b_l+\mathrm{i}a_l)}=(a_ka_l+b_kb_l)-\mathrm{i}(a_lb_k-a_kb_l)\end{aligned}$$

故 $[\boldsymbol{H}(\boldsymbol{\beta},\boldsymbol{\alpha})]_{kl}=\overline{[\boldsymbol{H}(\boldsymbol{\beta},\boldsymbol{\alpha})]_{kl}}$。因此，有 $[\boldsymbol{H}(\boldsymbol{\beta},\boldsymbol{\alpha})]=\overline{[\boldsymbol{H}(\boldsymbol{\beta},\boldsymbol{\alpha})]}$ 成立。

设组合特征空间 C_i 内的类内、类间和总体散布阵分别表示为 $\boldsymbol{S}_w^i$、$\boldsymbol{S}_b^i$、$\boldsymbol{S}_t^i(i=1,2)$，由引理 6.2，易证它们满足以下性质。

性质 6.1 $\boldsymbol{S}_w^2=\overline{\boldsymbol{S}_w^1}$，$\boldsymbol{S}_b^2=\overline{\boldsymbol{S}_b^1}$，$\boldsymbol{S}_t^2=\overline{\boldsymbol{S}_t^1}$。

性质 6.2 设 $\boldsymbol{\xi}$ 是 $\boldsymbol{S}_t^1$($\boldsymbol{S}_w^1$ 或 $\boldsymbol{S}_b^1$)的属于特征值 λ 的特征向量，则 $\overline{\boldsymbol{\xi}}$ 是 $\boldsymbol{S}_t^2$($\boldsymbol{S}_w^2$ 或 S_b^2)的属于特征值 λ 的特征向量。

证明：因为 $\boldsymbol{S}_t^1\boldsymbol{\xi}=\lambda\boldsymbol{\xi}\Rightarrow\overline{\boldsymbol{S}_t^1\boldsymbol{\xi}}=\overline{\lambda\boldsymbol{\xi}}\Rightarrow\overline{\boldsymbol{S}_t^1}\overline{\boldsymbol{\xi}}=\overline{\lambda\boldsymbol{\xi}}$，由性质 6.1 和推论 $\boldsymbol{S}_t^2=\overline{\boldsymbol{S}_t^1}$，$\lambda=\overline{\lambda}$，故 $\boldsymbol{S}_t^2\overline{\boldsymbol{\xi}}=\lambda\overline{\boldsymbol{\xi}}$，命题成立。

性质 6.3 说明在两种不同的特征组合方式下，所对应的广义 K-L 变换的投影轴互为共扼关系。即若 $\boldsymbol{\xi}_1$，$\boldsymbol{\xi}_2$，…，$\boldsymbol{\xi}_d$ 为组合特征空间 C_1 中 K-L 变换的投影轴，则 $\overline{\boldsymbol{\xi}}_1$，$\overline{\boldsymbol{\xi}}_2$，…，$\overline{\boldsymbol{\xi}_d}$ 为组合特征空间 C_2 中 K-L 变换的投影轴。

引理 6.3 设在组合特征空间 C_1 中，样本 $x+\mathrm{i}y$ 在投影方向 $\boldsymbol{\xi}$ 上的投影分量为 $p+\mathrm{i}q$，则在组合特征空间 C_2 中，样本 $y+\mathrm{i}x$ 在投影方向上的投影分量为 $q+\mathrm{i}p$。

证明：设 $\boldsymbol{\xi}=(a_1+\mathrm{i}b_1,\cdots,a_n+\mathrm{i}b_n)^{\mathrm{T}}$，则有

$$\begin{aligned}\boldsymbol{\xi}^{\mathrm{H}}(x+\mathrm{i}y) &= (a_1-\mathrm{i}b_1,\cdots,a_n-\mathrm{i}b_n)(^x_1+\mathrm{i}y_1,\cdots,x_n+\mathrm{i}y_n)\mathrm{T}\\ &= \sum_{l=i}^{n}(a_lx_l+b_jy_j)+\mathrm{i}\sum_{l=1}^{n}(a_ly_l-b_lx_l)\end{aligned}$$

$$
\begin{aligned}
&= p + \mathrm{i}q \\
\bar{\boldsymbol{\xi}}^{\mathrm{H}}(y+\mathrm{i}x) &= (a_1+\mathrm{i}b_1,\cdots,a_n+\mathrm{i}b_n)(y_1+\mathrm{i}x_1,\cdots,y_n+\mathrm{i}x_n)^{\mathrm{T}} \\
&= \sum_{j=1}^{n}(a_jy_j-b_jx_j)+\mathrm{i}\sum_{j=1}^{n}(a_ix_j+b_iy_j) \\
&= q+\mathrm{i}p
\end{aligned}
$$

命题得证。

由引理 6.3，不难得出以下结论。

性质 6.4 在组合特征空间 C_1 内，$x+\mathrm{i}y \xrightarrow{K-L\text{变换}} u+\mathrm{i}v$；在组合特征空间 C_2 内，$y+\mathrm{i}x \xrightarrow{K-L\text{变换}} v+\mathrm{i}u$。

在酉空间内，由性质 6.1 中定义的度量(范数)意义下，复向量的实部和虚部具有对称性，即 $\| u+\mathrm{i}v \| = \| v+\mathrm{i}u \|$。

再由性质 6.2 中所示的复空间内的距离定义知，两复向量之间的距离只与实部和虚部的取值有关，而与实部和虚部的组合次序无关。更具体地讲，设 $Z_1^1=u_1+\mathrm{i}v_1$，$Z_2^1=u_2+\mathrm{i}v_2$，$Z_1^2=v_1+\mathrm{i}u_1$，$Z_2^2=v_2+\mathrm{i}u_2$，则 $\| Z_1^1-Z_2^1 \| = \| Z_1^2-Z_2^2 \|$。因此，可以总结如下：引理 6.3 在酉空间内，基于复主分量分析的特征融合具有对称性。

6.4.2 改进的核 LDA

(1) 复空间的核 Fisher 鉴别准则

我们将输入空间 X 经过非线性映射 Φ 变换到特征空间 F 中，即 Φ：$x_i \in X \rightarrow \Phi(x_i) \in F$。此时，在特征空间 F 中，可利用线性 Fisher 来鉴别。故该线性 Fisher 鉴别函数的表达式可写为

$$
J(\omega)=\frac{\omega^{\mathrm{T}}\boldsymbol{S}_b^{\Phi}\omega}{\omega^{\mathrm{T}}\boldsymbol{S}_{\omega}^{\Phi}\omega} \tag{6.48}
$$

其中，$\omega \in F$，且

$$
\boldsymbol{S}_b^{\Phi}=\sum_{i=1}^{c}n_i(\boldsymbol{m}_i^{\Phi}-\boldsymbol{m}_0^{\Phi})(\boldsymbol{m}_i^{\Phi}-\boldsymbol{m}_0^{\Phi})^{\mathrm{T}} \tag{6.49}
$$

$$
\boldsymbol{S}_{\omega}^{\Phi}=\sum_{i=1}^{c}\sum_{j=1}^{n_i}(\Phi(x_i^j)-\boldsymbol{m}_i^{\Phi})(\Phi(x_i^j)-\boldsymbol{m}_i^{\Phi})^{\mathrm{T}} \tag{6.50}
$$

其中，$\boldsymbol{S}_b^{\Phi}$ 和 $\boldsymbol{S}_{\omega}^{\Phi}$ 分别为特征空间 F 中对应的类内散布矩阵和类间散布矩阵。$\boldsymbol{m}_i^{\Phi}=\frac{1}{n}\sum_{i=1}^{n_i}\Phi(x_i^j)$ 表示在特征空间 F 中的第 i 个类别中的样本均值，$\boldsymbol{m}_0^{\Phi}=\frac{1}{n}\sum_{i=1}^{n}\Phi(x_i)$ 表示在特征空间 F 中的所有样本的均值。

将其引入复空间，得到复空间的类间散度矩阵和类内散度矩阵

$$
\boldsymbol{S}_b^{\Phi}{}'=\sum_{i=1}^{c}P(\boldsymbol{\omega}_i)(\boldsymbol{m}_i^{\Phi}-\boldsymbol{m}_0^{\Phi})(\boldsymbol{m}_i^{\Phi}-\boldsymbol{m}_0^{\Phi})^{\mathrm{H}} \tag{6.51}
$$

$$
\boldsymbol{S}_{\omega}^{\Phi}{}'=\sum_{i=1}^{c}\sum_{j=1}^{n_i}P(\boldsymbol{\omega}_i)E\{(\Phi(x_i^j)-\boldsymbol{m}_i^{\Phi})(\Phi(x_i^j)-\boldsymbol{m}_i^{\Phi})^{\mathrm{H}}\,|\,\boldsymbol{\omega}\} \tag{6.52}
$$

其中，$\boldsymbol{m}_i^{\Phi}=E\{\Phi(x_i^j)\,|\,\boldsymbol{\omega}_i\}$，$\boldsymbol{m}_0^{\Phi}=E\{\Phi(x_i)\}$。

由核再生理论可知，解向量$\boldsymbol{\omega}$在特征空间F中可以按所有训练样本数据展开，即

$$\boldsymbol{\omega}=\sum_{k=1}^{N}\zeta_k\Phi(x_k)=\Phi\boldsymbol{\zeta} \tag{6.53}$$

将式(6.51)～式(6.53)代入式(6.48)，经过矩阵变换，可得到

$$\boldsymbol{\omega}^{\mathrm{H}}\boldsymbol{S}_b^{\Phi\prime}\boldsymbol{\omega}=\boldsymbol{\zeta}^{\mathrm{H}}\boldsymbol{P}\boldsymbol{\zeta} \tag{6.54}$$

$$\boldsymbol{\omega}^{\mathrm{H}}\boldsymbol{S}_\omega^{\Phi\prime}\boldsymbol{\omega}=\boldsymbol{\zeta}^{\mathrm{H}}\boldsymbol{Q}\boldsymbol{\zeta} \tag{6.55}$$

其中，$\boldsymbol{P}=\sum_{i=1}^{c}\boldsymbol{P}(\boldsymbol{\omega}_i)(\mu_i-\mu_0)(\mu_i-\mu_0)^{\mathrm{H}}$，而$\boldsymbol{Q}=\sum_{i=1}^{c}\sum_{j=1}^{n_i}\boldsymbol{P}(\omega_i)E\{(\eta_{X_i^j}-\mu_i)(\eta_{X_i^j}-\mu_i)^{\mathrm{H}}|\boldsymbol{\omega}_i\}$。

这里，$\boldsymbol{\eta}_{X_i^j}=(k(X_1,X_i^j),\cdots,k(X_N,X_i^j))^{\mathrm{H}}$，$\boldsymbol{\mu}_i=E\left[\sum_{k=1}^{n_i}\Phi(X_1)^{\mathrm{H}}\Phi(X_k^i),\cdots,\sum_{k=1}^{n_i}\Phi(X_N)^{\mathrm{H}}\Phi(X_k^i)|\boldsymbol{\omega}_i\right]^{\mathrm{H}}$，$\mu_0=E[\Phi(X_1)^{\mathrm{H}}\Phi(X_k),\cdots,\Phi(X_N)^{\mathrm{H}}\Phi(X_k)|\omega_i]^{\mathrm{H}}$。

称式(6.53)中的$\boldsymbol{\zeta}$为核鉴别矢量，式(6.54)和式(6.55)中的$\boldsymbol{P}$和$\boldsymbol{Q}$分别称为核类间散度矩阵、核类内散度矩阵。

将式(6.54)和式(6.55)代入式(6.48)可知，特征空间F中的线性Fisher鉴别函数转化为

$$J(\zeta)=\frac{\boldsymbol{\zeta}^{\mathrm{H}}\boldsymbol{P}\boldsymbol{\zeta}}{\boldsymbol{\zeta}^{\mathrm{H}}\boldsymbol{Q}\boldsymbol{\zeta}} \tag{6.56}$$

(2) IKDA并行特征融合

在进行特征融合时，同一样本的两组特征值在数量关系上可能存在较大差别，大的特征值偏大，而小的特征值偏小，融合后可能使特征矩阵失衡。为此，通过对类内离散矩阵$\boldsymbol{S}_\omega$重新定义来解决小样本问题，即

$$\boldsymbol{S}_\omega=\frac{1}{c}\sum_{i=1}^{c}\boldsymbol{S}_i \tag{6.57}$$

其中，$\boldsymbol{S}_i=\boldsymbol{S}_i+k\boldsymbol{I}$，$k$是规范化参数，$\boldsymbol{I}$是单位矩阵，$\boldsymbol{S}_i$是单个样本类协方差矩阵。该方案可以通过调整参数$k$来增大类内离散度矩阵$\boldsymbol{S}_\omega$的小特征值，减小其大的特征值来抑制偏差，从而达到提高识别率的目的。

结合式(6.55)和式(6.57)，有

$$\boldsymbol{Q}'=\frac{1}{c}\sum_{i=1}^{c}\sum_{j=1}^{n_i}[\boldsymbol{P}(\omega_i)E\{(\eta_{X_i^j}-\mu_i)(\eta_{X_i^j}-\mu_i)^{\mathrm{H}}|\omega_i\}+k\boldsymbol{I}] \tag{6.58}$$

从而一个新的准则函数定义如下：

$$J(\zeta)=\frac{\boldsymbol{\zeta}^{\mathrm{H}}\boldsymbol{P}\boldsymbol{\zeta}}{\boldsymbol{\zeta}^{\mathrm{H}}\boldsymbol{Q}'\boldsymbol{\zeta}} \tag{6.59}$$

求当$\boldsymbol{\zeta}$何值时$J(\zeta)$取得最大值，可对式(6.59)运用Lagrange算法求解，即求得

$$\boldsymbol{P}\boldsymbol{\zeta}=\lambda\boldsymbol{Q}'\boldsymbol{\zeta} \tag{6.60}$$

其中，$\boldsymbol{Q}$是非负定矩阵，参数k和单位矩阵$\boldsymbol{I}$的积是正定的，则$\boldsymbol{Q}+k\boldsymbol{I}$就是正定的，所以式(6.59)中$\boldsymbol{\zeta}$有解，并且与核类内散度矩阵$\boldsymbol{Q}$的奇异性无关，解决了$\boldsymbol{Q}$的奇异性问题，从而小样本的问题得到了解决，定义在抑制$\boldsymbol{S}_\omega$偏差的同时也平衡了在融合中可能存在的特征向量不均等问题。

(3) 算法实现流程

为了充分表达表情信息，本文用PCA提取局部信息，而用Gabor提取人脸表情的整体信息，具体流程如图6.39所示。首先执行PCA算法得到局部特征向量$\boldsymbol{\alpha}$，将$\boldsymbol{\alpha}$和经由Gabor变化得到的全局特征向量$\boldsymbol{\beta}$通过并行特征信息融合得到矩阵$\boldsymbol{X}$。

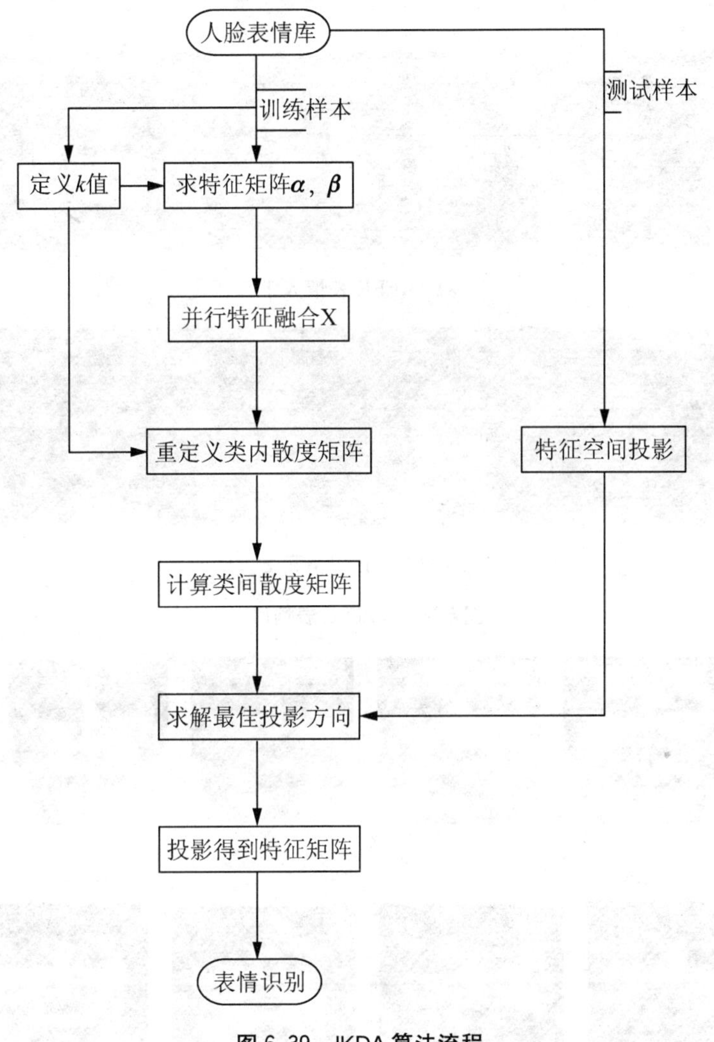

图6.39 IKDA算法流程

再有，分析$\boldsymbol{\alpha}$和$\boldsymbol{\beta}$的维数大小和训练样本数，得到调节可控参数k的值用以重新定义类内散度矩阵，计算得到复空间的核类内散度矩阵和核类间散度矩阵。求解广义特征方程$\boldsymbol{P}\boldsymbol{\zeta}=\lambda\boldsymbol{Q}'\boldsymbol{\zeta}$，找到一组基特征向量，得到最佳投影方向$\boldsymbol{\zeta}$。将$\boldsymbol{X}$投影到一个$t$维空间，得到所有样本的最佳分类特征：$\boldsymbol{Y}_i=\boldsymbol{\zeta}^{\mathrm{H}}\boldsymbol{X}_i$。

6.4.3 实验结果与分析

我们实验选择JAFFE和Yale两个表情库；为不失一般性，分类器采用KNN(基于K近邻法则)。其中，JAFFE人脸表情数据库由十人的213幅图像组成，每人展示七种表情；而Yale表情库包含15个人的四种表情，共165幅图像，均为320×243的8位灰度图像。

JAFFE下的部分人脸表情如图6.40所示，这两组表情分别为生气、厌恶、害怕、高兴、伤心、惊讶。Yale表情库下的部分表情如图6.41所示，这两组表情分别为高兴、伤心、惊讶、中性。

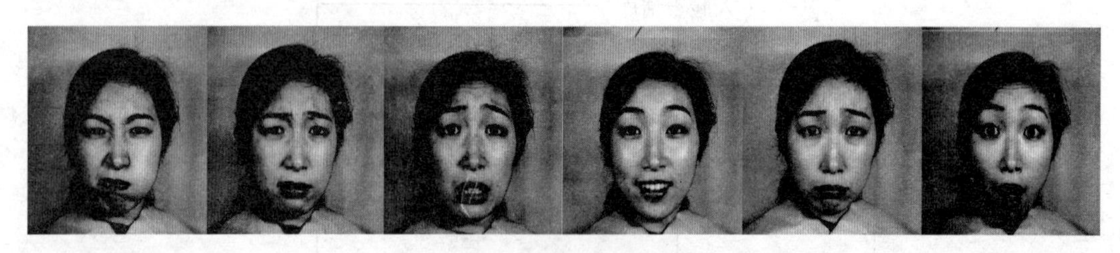

(a) JAFFE表情人1

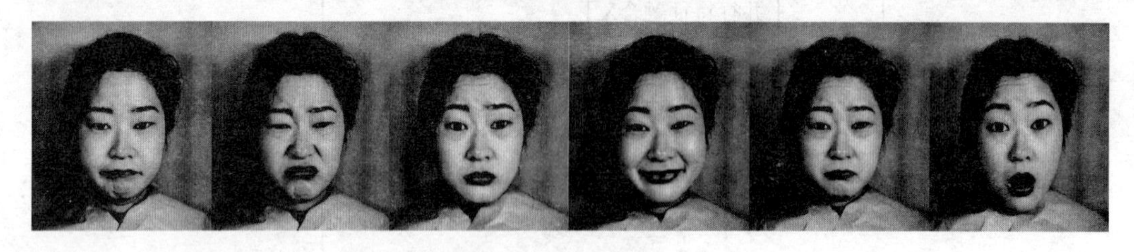

(b) JAFFE表情人2

图6.40　JAFFE表情库

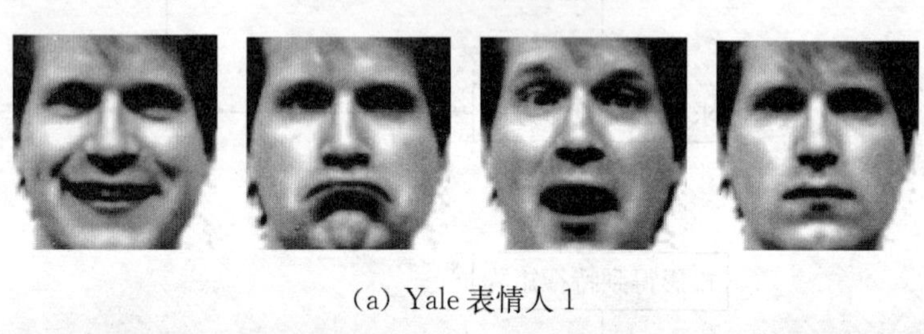

(a) Yale表情人1

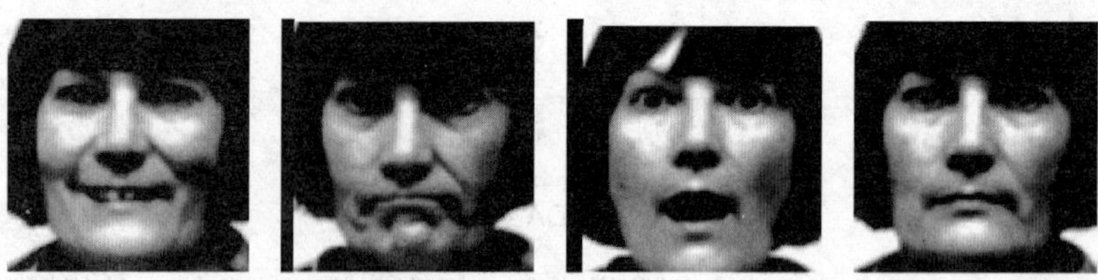

(b) Yale表情人2

图6.41　Yale表情库

以JAFFE中的愤怒表情图为例，用Gabor提取六个方向上的全局特征之后的结果如图6.42所示，六个方向分别为0、π/6、2π/6、3π/6、4π/6和5π/6。我们用PCA对人脸(见图6.42(a))的局部特征进行提取，相应的局部特征如图6.43所示。

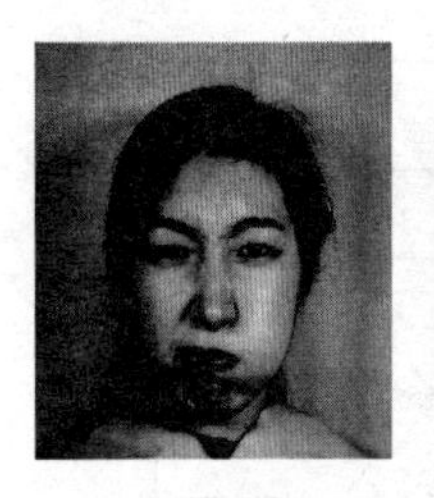
(a) 原图

(b) 方向为0

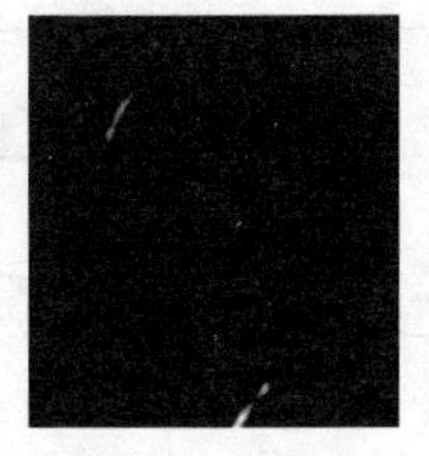
(c) 方向为π/6

(d) 方向为2π/6

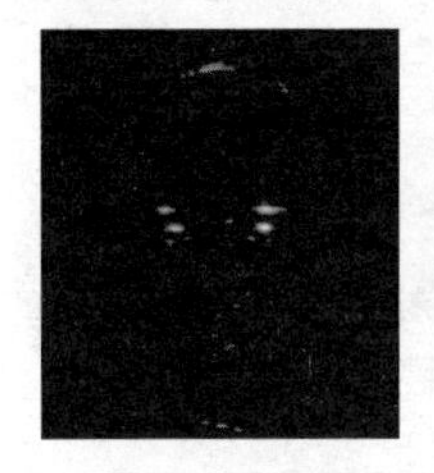
(e) 方向为3π/6

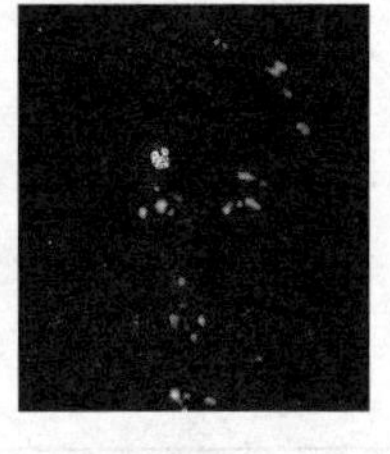
(f) 方向为4π/6

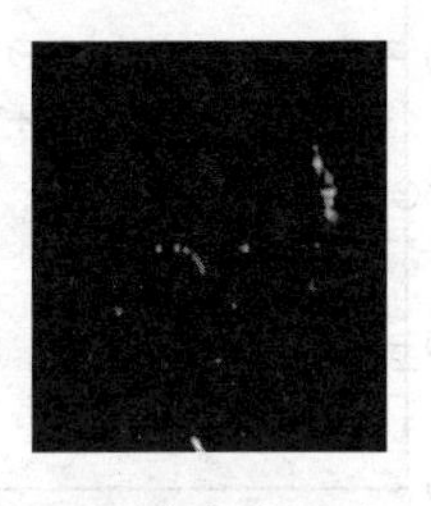
(g) 方向为5π/6

图6.42 六个方向上的Gabor特征提取

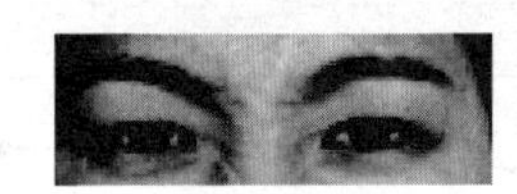
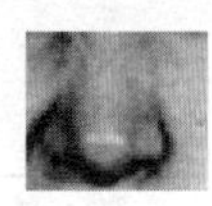

图6.43 PCA提取局部特征

实验1：讨论不同k的取值对平衡S_ω偏差和小样本问题的影响

实验采取与人无关的测试方法，从JAFFE中选择每人六种表情各一副共计60副，从Yale中选择十人四种表情各一副共计40幅，以每种表情的前M幅图像作为训练样本，后$10-M$幅作为测试样本。这样，训练样本和测试样本形成典型的高维小样本问题。循环五次，取所有表情的平均值作为实验结果。

k在[0，1]间进行变化，可以是连续变化也可以是离散变化。从图6.44和图6.45可以看出，当$M\geqslant 4$时由于有足够多的训练样本，k值很小也能保证方差和偏差平衡，当$M=2,3$时，由于训练样本不足，类内离散矩阵$\boldsymbol{S}_\omega$会出现高额方差。因此，就必须增大控制参数来增加它的小的特征值，减小大的特征值抑制其偏差，从而控制零空间的方差，才能达到比较好的识别率。实验同时可知随着k值的增大识别率不断增大，当增大到一定值后取得峰值，且在识别率最高点附近识别率变化缓慢。大量结果表明不同的表情库或同一样库中不同样本值的情况下识别率最高点所对应的k并不相同。

实验2：验证基于IKDA的并行特征融合在表情识别应用中的有效性

实验采用与人有关测试方法，即在两个数据库中取一人每种表情中的一张表情图像作为测试样本，其余的作为训练样本。循环五次，取平均值作为识别率。本试验中JAFFE数据库下所用的k为0.9，Yale数据库下所用的k为0.85。

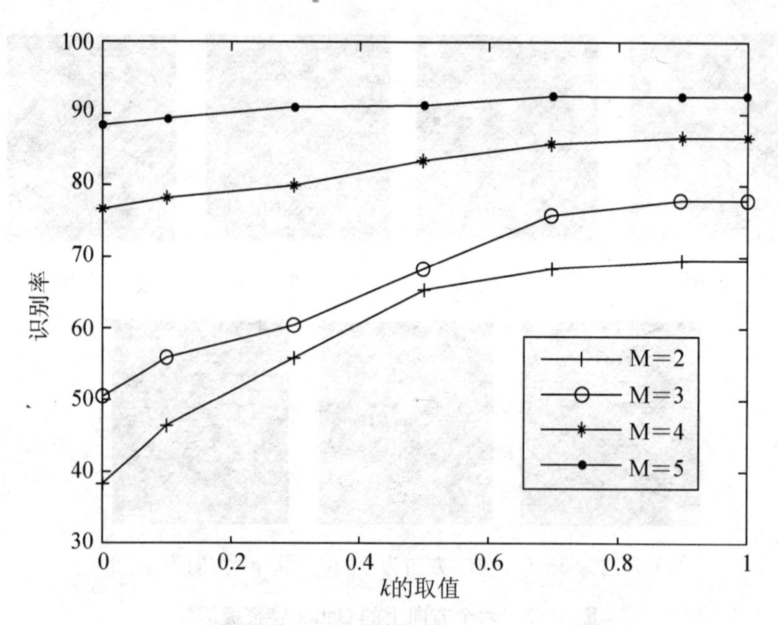

图 6.44　JAFFE 数据库下不同 k 的分类精度

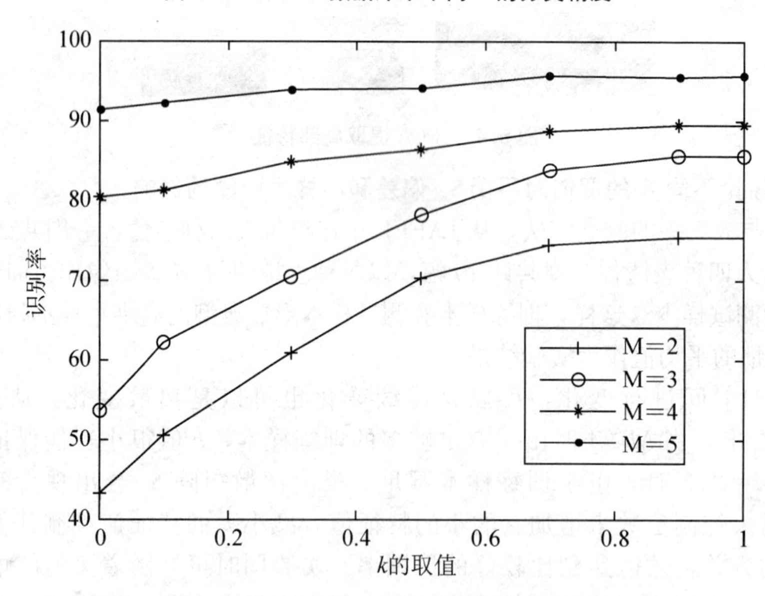

图 6.45　Yale 数据库下不同 k 的分类精度

从表 6.1 和表 6.2 可见，串行特征融合的方法在三种方法中得到的识别率却是最低的，这是由于 Gabor 特征提取产生较大特征维度，在没有降维的情况下，经过串行特征融合将使特征维度急剧增加。传统的 LDA 并行特征融合在两个样本库上的平均识别率分别为 90.2% 和 92.1%，而本文所提出的 IKDA 特征融合方法，分别得到了 93.4% 和 95.90% 的识别率，验证了本文所提出并行融合方法的有效性。

文献［94］提出基于加权的最大散度差并行特征融合，在 JAFFE 数据库上的平均识别率达到 83%，本文比该方法提高了 10.1%，再一次证明了本文方法的高效。

表 6.1 JAFFE 数据库下不同方法的识别率

	生气	开心	恐惧	伤心	惊讶	厌恶	平均识别率/%
串行特征融合	84.5	85.3	84.6	85.3	85.1	84.7	84.9
并行特征融合	89.5	90.7	90.2	90.4	90.8	89.7	90.2
IKDA	93.3	93.7	93.1	93.6	93.5	93.0	93.4

表 6.2 Yale 数据库下不同方法分类器的分类精度

	开心	中性	伤心	惊讶	平均识别率/%
串行特征融合	89.9	87.6	88.6	89.8	88.9
并行特征融合	92.3	91.5	92.7	91.5	92.1
IKDA	95.6	95.1	96.3	96.8	95.9

实验 3：验证特征融合策略对识别率的影响

同样采取与人无关测试方法，测试五次取平均值。本实验中所用的 k 值同样分别为 0.9 和 0.85。

从表 6.3 和表 6.4 可以得出，与单一人脸表情 PCA 特征和 Gabor 特征识别结果相比较，将两种特征采用前文提到的并行融合策略进行融合，提高了识别率。这是由于并行融合这两种方法包含了人脸表情的局部特征和整体特征，保留了其有效鉴别信息的同时也防止了信息冗余。而我们提出的基于 IKDA 的并行特征融合方法由于充分处理了表情图像的非线性特征，在两个数据库上的识别率达到 92.9%和 95.3%，比传统方法分别提高了 2.6%和 2.7%，证明了在核空间并行特征融合策略的有效性。

表 6.3 JAFFE 数据库下不同特征提取方法的识别率

	PCA	Gabor	传统并行融合	本法/%
生气	84.6	87.4	90.2	92.7
开心	84.3	89.3	90.6	92.7
恐惧	82.7	87.4	89.5	92.6
伤心	84.7	86.7	91.5	91.8
惊讶	82.9	86.9	90.4	93.4
厌恶	83.7	87.2	89.6	93.9
平均识别率/%	83.8	84.2	90.3	92.9

表 6.4 Yale 数据库下不同特征提取方法的分类精度

	PCA	Gabor	传统并行融合	本法/%
开心	86.6	90.4	93.6	95.3
中性	85.4	89.3	92.5	95.7
伤心	86.8	89.5	92.4	94.8
惊讶	86.9	90.4	91.8	95.3
平均识别率/%	86.4	89.9	92.6	95.3

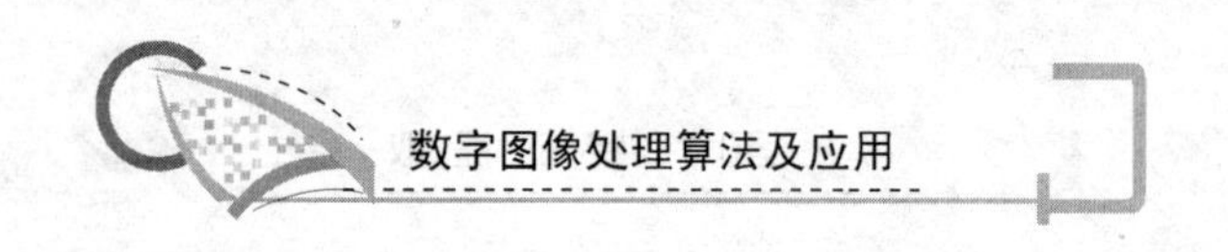

6.5 小　结

特征提取对图像理解具有重要的意义，为此本章对常用的图像特征提取方法进行了综述，包括直方图、灰度共生矩阵、颜色特征、形状上下文特征、SIFT 特征、HOG 特征、LBP-TOP 特征提取、Gabor 变换；为了防止维数灾难，我们又简述了特征降维的相关内容，包括奇异值分解、PCA、非线性主成分分析、线性鉴别方法。

另外，根据提出的一种基于 IKDA 的并行特征融合方法，它不仅解决了传统 LDA 在人脸表情识别等领域对非线性特征无法处理的问题，同时在一定程度上解决了小样本问题，在 JAFFE 和 Yale 数据库上的实验取得了很好的识别率。本节同时讨论了可调参数 k 和训练样本 M 的关系，实验表明在选择合适的 M 和 k 时，人脸表情识别将达到最佳识别率。今后的研究重点是进一步讨论 k 值在不同数据库和不同样本值中的变化规律和自适应问题，以及如何在多类问题上提高 IKDA 的运算效率和识别率。

习　题

6.1　图像都有哪些特征？
6.2　特征提取的一般原则是什么？
6.3　简述图像特征提取方法。
6.4　什么是 HOG 特征？简述该算法的流程。
6.5　简述 LBP-TOP 特征提取，描述 LBP-TOP 算子的计算过程。
6.6　Gabor 小波的特点是什么？
6.7　简述特征降维有哪些，它们之间的联系与区别。

第7章

视频跟踪

7.1 概　　述

视频跟踪是一门融合了图像处理、计算机视觉、模式识别、人工智能等学科的技术，也是一种应用前景非常广泛的技术。所谓视频目标跟踪，是指对视频图像序列中的特定目标进行检测、提取、识别和跟踪，获得目标的位置参数，如目标质心的位置、速度、加速度，或者目标整体所占的图像区域，亦或是目标的运动轨迹，等等，从而进行后续深入的处理与分析，以实现对特定目标的行为理解，或完成更高级的任务。视频目标的跟踪包括目标的特征提取、目标的检测、目标的跟踪等几个阶段。其中目标检测和特征提取需要根据目标的先验信息，针对不同的应用背景进行不同的设计。目标跟踪阶段是指根据已知的目标初始状态和图像序列中提取到的目标特征，进行目标状态估计的过程。

一个视频跟踪系统通常包括以下几个环节：图像采集、视频图像处理、数据通信、传感器控制与伺服系统等，如图7.1所示。

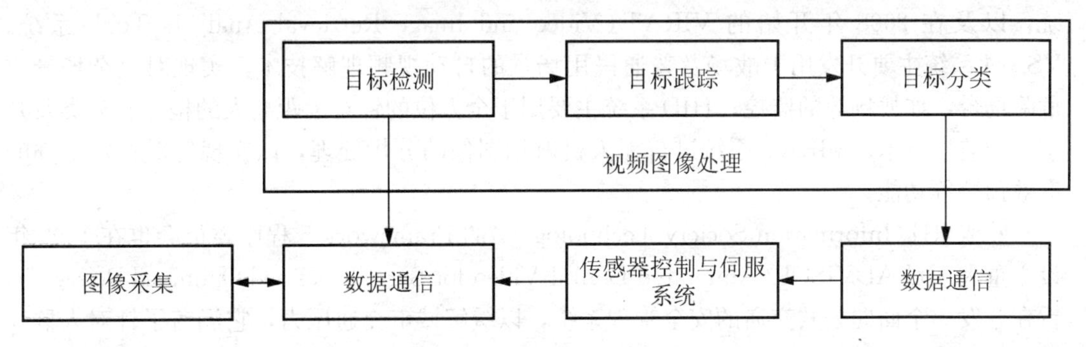

图7.1　视频跟踪系统结构

图像采集通过摄像机捕获监视场景的光学图像，采用视频卡和视频检测技术，并经过A/D转换将视频信号转换成数字图像序列，为视频图像处理提供数据。新型的摄像传感器CCD、CMOS等逐渐成熟，由于其集成度高，空间分辨率高，而且结构简单、信噪比高、易于与计算机连接、价格便宜等因素，使它们在视频摄像机中得到广泛应用。摄像头要能够灵活简便地安装在全方位云台上，云台又安装在云台支架上，所以应采用可自动调节镜头参数的摄像镜头，自主调节镜头变焦和聚焦。传感器控制系统与伺服系统对摄像传感器进行反馈控制，在主动视觉系统中，驱动云台使摄像机镜头跟随被跟踪目标运动。数据通信则是完成视频图像数据的传输和控制以及反馈信号的通信。

视频目标跟踪在诸如安全与监控系统、交通控制系统、定位导航系统、三维重建、视频传输与压缩、虚拟现实、增强现实等诸多方面均有广阔的应用，研究视频目标跟踪，具有重要的军事、商业价值。

7.2 视频跟踪的应用

随着近十几年信息技术日新月异的发展，计算机硬件的处理能力大幅提升，视频目标跟踪技术在军事和民用的诸多领域得到广泛的应用，下面介绍与视频目标跟踪技术密切相关的几类重要应用。

7.2.1 视频监控

视频监控是目前最活跃的应用领域，涵盖了社区和重要建筑的安防系统、城市交通及高速公路等的监控系统、军事目标的检测监视系统等诸多方面。视频监控系统可通过对目标进行识别跟踪，并进行判断，从而实现对特殊场所(如军事部门或政府关键机构等)的安全防范和进出控制等功能；交通控制领域内的视频监控系统可通过对人流量或车流量的统计分析，实现对交通枢纽或路网的拥塞监控等有效干预；公共场所的视频监控系统，如地铁、超市等的监控系统，可以针对特定的异常行为进行检测和预警，例如，有异常的包裹遗失、盗窃等情况，进而减少公共场所的不安全因素。

目前全球已有很多面向视频监控系统的大型研究项目。美国国防部高级研究项目署支持了多个与视频监控系统相关的研究项目，包括 1977 年开始的 VSAM(Visual Surveillance and Monitoring)系统，2000 年开始的 HID(Human Identification at a Distance)系统，以及在 2008 年开始的 VIRAT(Video and Image Retrieval Analysis Tool)系统。VSAM 系统主要开发用于战场及普通民用场景的自动视频理解技术，实现对复杂场景或危险场合，如战场等的监控；HID 系统主要用于全方位的针对远距离人的检测、分类及判别等的监控技术；VIRAT 系统进行无人机航拍图像的分析处理，以实现针对特定事件的有效预警等功能。

欧盟 IST(Information Society Technologies)的 Framework 5 程序委员会也在 1999 年设立重大项目 ADVISOR(Annotated Digital Video for Surveillance and Optimized Retrieval)，旨在开发一个面向公共交通的安全管理系统，以缓解城市交通压力，它涵盖了针对人群和个人的行为模式分析等研究内容。PRISMATICA(The Proactive Integrated Systems for Security Management by Technological，Institutional and Communication Assistance)视频分析系统和 CARETAKER(The Content Analysis and Retrieval Technologies to Apply Knowledge Extraction to Massive Recording)视频分析与检索系统已分别在法国和意大利部署。

7.2.2 视觉导航

随着视频图像处理技术以及摄像机等硬件设备的快速发展，依赖计算机视觉的导航技

术被广泛应用于地面智能机器人、无人驾驶汽车(Autonomous Ground Vehicle，AGV)、无人驾驶飞机(Unmanned Aerial Vehicles，UAV)以及水下机器人等的导航系统。

无人驾驶汽车是一种智能汽车，也可以称之为轮式移动机器人，主要依靠车内以计算机系统为主的智能驾驶仪来实现无人驾驶。它一般是利用车载传感器来感知车辆周围环境，并根据感知所获得的道路、车辆位置和障碍物信息，控制车辆的转向和速度，从而使车辆能够安全、可靠地在道路上行驶。车辆定位技术是无人驾驶汽车开发的关键技术，视觉导航由于其对基础设施要求低，对道路识别的适应能力强，可以更有效地处理复杂的交通状况，是未来定位技术的发展趋势。

近几年来无人机技术迅猛发展，无人机在军事预警、巡逻、侦查、救援、民用航测和勘探等领域具有广泛的应用前景，然而受限于无人机系统有效载荷的尺寸和重量要求，很多传统的导航设备不适合搭载，而使用摄像机的视觉方法在低重量、小尺寸的前提下为无人机系统提供了可靠的导航解决方案。

视觉导航和定位系统按照对地图的依赖性可分为基于地图的导航系统和无地图导航系统。其中，基于地图的视觉导航系统，可通过对场景特定图像特征的提取与跟踪，实现在未知环境的同时实时定位、绘图和自定位的任务。无地图的导航系统，可通过图像序列估计目标或特征点的运动来计算光流场，进而得到自身的运动情况，这类基于光流的方法在UAV运动估计中具有广阔的应用前景；无地图的导航系统还可以通过跟踪图像序列中的特征元素(如角点、线、轮廓等)获取导航信息，由于在图像序列中进行特征跟踪的方法具有较好的稳定性，因而基于特征跟踪的导航方法是视觉导航的研究热点之一；还有一类无地图的导航系统，在导航过程中用当前图像与预置的图像模板进行匹配跟踪来获取导航信息。

7.2.3 三维重构

基于视频图像序列进行目标的三维重建是近年来计算机视觉领域广受关注的一个研究热点。其中，基于视频序列的城市建模、人体三维运动/姿态重构等都是当前主要的研究方向，是计算机动画、人机交互、数字博物馆、智能导航、医疗诊断等诸多应用的关键技术。

传统的几何建模技术最为成熟，该方法生成的目标模型具有良好的交互性，但这类方法构建复杂的三维模型是一件耗时费力的工作，且其绘制结果真实感不够强；采用三维扫描设备可以精确地获取大多数真实景物的几何模型，因而特别适合于逆向工程、文物保护等应用领域，但三维扫描设备价格非常昂贵，且采样得到的模型数据会有部分缺失，另外该类方法一般也无法同时获取模型表面的颜色信息；近年来，基于视频图像的建模技术受到了广泛关注，这种技术可以仅仅利用价格低廉的数码相机(摄像机)作为图像获取设备，其最大的优点就是可以直接从视频图像中为重建几何模型抽取表面纹理和光照信息，从而简单、快速地构建出具有很强真实感的三维模型。

视频目标跟踪技术是基于视频序列进行三维重建过程中的重要步骤，用于计算摄像头的姿态参数，或是重建目标如人体各个关节的姿态参数等，并为后续重构计算提供支持。

7.2.4 其他

视觉跟踪技术除了在以上所述方面应用广泛之外，其相关技术还可以应用到很多方面。与用于视频监控的图像跟踪技术不同的是，视频图像压缩要求对运动目标分割和提取的精度非常高，能够尽量完整准确地将运动目标从背景中提取出来，在这方面有大量的文献对此进行研究。此外，视觉跟踪技术也是虚拟现实(Virtual Reality)和增强现实(Augumented Reality)中的核心技术之一。

例如，目前虚拟试衣得到越来越多的关注，大部分电子商务、服装零售商等均开始关注虚拟试衣给客户的体验，用户只需对着摄像头，便可“试穿”各式各样的衣服，看到真实的试穿效果。人体追踪识别技术是虚拟试衣的关键技术之一。

7.3 视频跟踪的技术现状

本节首先介绍视频目标跟踪方法的分类，再对当前的跟踪技术进行简述，最后对其面临的困难进行分析。

7.3.1 视频跟踪方法的分类

视频序列中的目标跟踪是以视频图像处理技术为基础，其根本任务是从视频图像的每一帧中捕获被跟踪目标的真实位置，并进行行为分析以及目标识别。当今目标跟踪的方法多种多样，下面给出一些常见的主要分类。

(1) 单摄像头与多摄像头

在视频跟踪的过程中，根据使用的摄像头的数目，可将目标跟踪方法分为单摄像头跟踪方法(Monocular camera)与多摄像头跟踪方法(Multiple cameras)。

由于单摄像头视野有限，大范围场景下的目标跟踪需要使用多摄像头系统。基于多个摄像头的跟踪方法有利于解决遮挡问题、场景混乱、环境光照突变情况下的目标跟踪问题。

目前有关目标跟踪的工作大多数集中在单摄像头系统，基于单摄像头的目标识别跟踪算法是多摄像头目标系统的重要基础。多摄像头的目标跟踪系统主要考虑的问题包括相同目标在多个摄像头视野中如何关联；如何协同控制系统中的多个摄像头来可靠地进行目标识别跟踪等。当前多摄像头目标跟踪算法主要分为三类：先跟踪、先融合以及基于流形的方法。先跟踪的方法中，每个摄像头独立执行目标跟踪，然后再将结果投影并连接得到最终的跟踪结果。先融合的方法是将每个摄像头的识别信息融合到一个公共的视角中，再进行跟踪。基于流形的方法是将目标特征投影到流形上进行处理，适用于摄像头标定信息未知等情况。

(2) 摄像头静止与摄像头运动

在实际的目标跟踪系统中，摄像头可以是固定在某个位置，不发生变化，也可以是运动，不固定的。例如，对于大多数的视频监视系统而言，都是在摄像机静止状态下，对特定关注区域进行目标的识别跟踪；而在视觉导航等的应用系统中，摄像头往往随着无人汽车、无人机等载体进行运动。

在摄像头静止的条件下，对运动目标的识别跟踪通常采用背景差分方法；在摄像头运动的情况下，目标和背景都在运动，此外摄像头的运动还会造成图像模糊、光照快速变化等，因此进行目标跟踪相对更加困难。基于补偿和预测的方法可用于解决摄像头运动情况下的目标跟踪问题，如何估计和补偿背景运动参数，并消除其给运动目标检测带来的影响是解决问题的关键；基于识别的目标跟踪方法也可以用于解决摄像头运动下的目标跟踪问题，该类方法的核心在于训练得到稳定的目标描述模型，并能在图像上进行可靠的目标识别。

(3) 单目标跟踪与多目标跟踪

根据跟踪目标的数量可以将跟踪算法分为单目标跟踪与多目标跟踪。相比单目标跟踪而言，多目标跟踪问题更加复杂和困难。多目标跟踪问题需要考虑视频序列中多个独立目标的位置、大小等数据，多个目标各自外观的变化、不同的运动方式、动态光照的影响以及多个目标之间相互遮挡、合并与分离等情况均是多目标跟踪问题中的难点。

相比单目标跟踪算法，多目标跟踪算法的核心是数据关联。例如，最近邻居法可将每个目标与其最近的状态测量值相关联；多前提假设方法可将每个观测值与已存在的每个目标轨迹关联起来，最大关联概率的假设作为对关联的最终估计；还有类似的联合概率关联方法，通过估计关联概率确定实际关联。随着跟踪目标数量的增多，状态空间随之大幅增长，这些方法的计算开销会变得非常大。最近，随着机器学习技术在单目标跟踪方面的应用，多目标跟踪问题也被视为分类问题予以解决，并取得了不错的结果。

(4) 刚体跟踪与非刚体跟踪

根据被跟踪目标的结构属性，可将跟踪目标分为刚体与非刚体。所谓刚体，是指具备刚性结构、不易形变的物体，如车辆等目标；非刚体通常指外形容易变形的物体，如布料表面、衣服表面等。针对刚体目标的跟踪一直得到广泛深入的研究，而非刚体目标的跟踪，由于目标发生变形以及出现自身遮挡等现象，不能直接应用基于刚体目标的跟踪算法，针对非刚体目标的跟踪一直是非常困难并且具有挑战性的课题。

针对非刚体目标的跟踪通常有两类主要的方法：一是基于特征的方法，另一种是直接方法。基于特征的方法是在输入图像上寻找与目标图像特征相匹配的特征，再通过匹配特征之间的一致性关系估计目标在图像上位置的变换。直接方法是对非刚体的变形进行建模描述，直接在输入图像上对变形模型的参数进行拟合，采用全局约束条件搜索得到最后的估计结果。

(5) 可见光与红外图像的目标跟踪

根据传感器成像的类型不同，目标跟踪还可以分为基于可见光图像的跟踪和基于红外图像的跟踪。目标的红外图像和目标的可见光图像不同，它不是人眼所能看到的可见光图像，而是目标表面温度分布的图像。红外图像属于被动式成像，无需各种光源照明，全天候工作，安全隐蔽，使用方便；红外光较之可见光的波长长得多，透烟雾性能较好，可在夜间工作。可见光图像具有光谱信息丰富、分辨率高、动态范围大等优点，但在夜间和低能见度等条件下，成像效果差。

随着传感器日新月异的变化，成像类型丰富多样。单一传感器获得的图像信息由于受传感器本身的工作波段、制造工艺、工作机理等因素的影响，性能上存在着局限性。而针对多种传感器采集到的关于目标的多源图像进行融合处理，可以获得更为准确、全面、可靠的跟踪结果，是未来发展的重要趋势。

7.3.2 视频跟踪算法

视频跟踪算法主要可以分为两个部分：目标检测算法和运动估计算法。

(1) 目标检测算法

在目标检测算法方面，最常用的方法是帧间差分法、背景差分法、光流法，等等。帧间差分法是基于视频中连续帧间运动目标的相关性，逐个像素地相减，背景像素被减掉，而保留目标像素。这种方法原理简单，易于实现，而且由于相邻帧的时间间隔比较小，所以光线变化对算法的影响不大。这种方法的缺点是背景不能有明显的变化，不然，差分之后，目标将会被淹没在噪声之中；此外检测到的目标的轮廓也不是非常精确。

背景差分法与帧间差分法类似，只不过是用当前帧的图像与背景图像相减。这种方法与帧间差分法相比，在原理与编程复杂性相似的情况下，提取的目标的轮廓更加精确。但是在实际应用中，一幅完美的背景总是很难得到的，因此在实际使用时还要有更多的策略。在本文当中使用了一种背景估计算法，在一段时间内，分析多帧图像，建立一个对背景图像的估计，实验证明，这种方法是非常有效的。

由于目标与背景通常有相对运动，因此也可以通过分析目标的运动特征来检测背景中的运动目标。其中最常用的算法是先估计运动场，然后在运动场估计的基础上进行目标检测。运动场是三维物体的运动在图像平面的投影，但是我们可以得到的是图像亮度随时间的变化，也就是所谓的光流场。光流场并不等同于运动场，但是在很多情况下，可以用光流场近似运动场。但是这种方法的一个致命缺点就是计算非常复杂，除非有特定的硬件支持，否则很难得到实时的结果，因此本文并没有过多地讨论这种方法。

(2) 运动估计算法

视频跟踪算法中另外一个重要的部分是运动估计算法，主要包括卡尔曼滤波、粒子滤波，以及各种改进的卡尔曼滤波和粒子滤波。

卡尔曼滤波是信号处理领域常用的一种预测器，它是一个线性递归的滤波器，是以最小均方误差为准则的最优线性估计器。卡尔曼滤波根据前一个时刻的估计值和当前时刻的观测数据来估计当前值，用状态方程和递推的方法进行估计。卡尔曼滤波的计算量小，可以满足实时性的要求，而且估计的结果是最优的。

但是卡尔曼滤波也有很大的局限性，它要求状态方程必须是线性的，噪声必须是高斯的。然而在实际应用中，严格来说，所有的系统都是非线性的，因此对于非线性滤波的研究是很有意义的。在非线性滤波领域内比较经典的一种算法是扩展卡尔曼滤波(EKF)，其基本思想是围绕状态估计值对非线性模型进行一阶 Taylor 展开，然后再应用卡尔曼滤波。

除了 EKF，牛津大学的科学家 Julier 等人在 1995 年还提出了一种新的算法——UKF (Unscented Kalman Filter)，其核心思想是通过一种非线性变换——Unscented 变换来进行非线性模型的状态与误差协方差的递推和更新。

EKF 和 UKF 都是递推滤波算法，其核心思想都是通过采用参数化的解析形式对系统的非线性进行近似，而且都是基于高斯假设。而粒子滤波则在本质上与这两种算法完全不同，它以贝叶斯估计为基础，利用非参数化的形式解决非线性、非高斯问题。

粒子滤波也存在一些亟待解决的问题，其中最普遍的就是退化问题。所谓退化(Degeneracy)，是指经过若干次迭代之后，除了极少数粒子之外，大多数粒子都只有很小的权值。这种现象意味着大量的计算工作都被用来更新那些后验概率极低的粒子了。目前，解决这个问题主要有两种方法：合理选择重要性概率密度函数和重采样策略。

由于视频跟踪具有广阔的发展前景，因此对视频跟踪的研究正在计算机视觉等相关领域内如火如荼地进行，各种算法如雨后春笋一般不断涌现。它们各有所长，但是还没有一种算法可以在任意条件下都保持稳定的表现，还有很多问题没有得到完美地解决。

7.3.3 视频跟踪中的技术难点

视频跟踪中的技术难点主要包括：遮挡问题；光线亮度变化对跟踪的影响；变化的背景，如摄像机的平移、旋转、俯仰运动以及焦距的调整；多目标跟踪的问题；目标快速运动时跟踪的稳定性问题；图像数据融合的问题，主要在多摄像头跟踪中；强背景噪声问题，如背景中大片树叶的晃动，目标阴影的存在；跟踪的实时性问题。

以上就是视频跟踪中存在的主要问题，虽然已提出了多种视频目标跟踪算法，但是大多数算法一般只适用于一些特定的目标、特定的环境或者具有其他一些应用约束条件，并且存在着这样或那样的不足有待进一步优化和完善，而一些更为优秀的无环境约束下的视频目标跟踪算法也有待去进一步研究开发。

7.4 视频跟踪的基础核心技术

本章围绕视频跟踪的基础核心技术展开论述，首先介绍目标如何表示，即被跟踪目标的特征表示，阐述特征选取的原则和常用的视觉特征；其次介绍目标的检测技术，即如何在场景中进行目标的提取与识别；再次对目标的跟踪方法进行介绍，重点介绍了基于贝叶斯估计理论的目标跟踪方法；最后给出评价跟踪算法性能的主要评价标准。

7.4.1 目标表示方法及目标特征

在视频目标跟踪的领域中，跟踪目标可以是路面上行驶的车辆、行人，或是海面上的舰船，亦或是空中的飞行物，等等。针对如此广泛的事物，计算机视觉理论中通常给出诸多相应的目标表示方法，用以描述被跟踪的物体，便于后续的分析计算。目标特征是指目标物体具有的一个或多个可度量性质的度量值函数，用于目标的区分识别。

对目标特征的提取需要解决两个关键问题：一是选用什么特征来描述目标，二是如何准确计算这些特征。目标的表示方法和目标特征紧密相关，二者在目标跟踪过程中起到重要作用。下面对目标的表示方法和目标的特征分别进行论述。

(1) 目标表示方法

在视频目标跟踪领域中，被跟踪的目标往往通过其形状和外观等来表示自身。通常的形状描述方法有以下几种。

1）**点**：用单个点或一组点集来表示目标。点可代表目标的质心，点集可代表目标区域等。点描述方法通常用于在图像中目标所占区域较小的情况，或目标外形相对不规则的情况。

2）**几何形状**：目标外形可表示为矩形或者椭圆。采用这类规则几何形状表示目标外形的方法，通常用于描述进行平动、仿射变换或投影变换的目标。这种简单的几何形状描述不仅适用于简单的刚体目标，而且在实际情况中许多非刚体目标跟踪中也采用了这种描述方法并取得了很好的效果。

3）**目标轮廓**：采用图像上目标区域的边界来表示目标外形，这种表示方式描述目标外形相对比较准确，通常适合形状复杂的非刚体目标。

4）**关节形状**：关节目标，如行人；由若干部分连接构成，如行人由头部、躯干、四肢等部分构成，其中每一部分都可以通过矩形或椭圆形等几何形状表示，目标整体则由这些几何形状组合起来进行表示。这类方法多用于行人姿态的检测与跟踪。

5）**骨架模型**：将目标抽象成简单的骨架形状，通常用于表示具有关节目标，如行人等，同关节形状一样，这种描述方式多用于行人姿态的检测与跟踪。

除了描述目标的形状之外，还有一些方法可以用来表示目标的外观，常用的**外观描述**方法有以下几种。

1）**目标外观的概率密度**：有参数化的目标外观概率密度估计表示方法，例如，高斯或者混合高斯模型，也有非参数的表示方法，如Parzen窗、直方图等。目标外观的概率密度通常采用图像中目标形状所含区域的像素计算得到。

2）**模板**：模板是已知的对目标形状和外观的描述。它同时包含了目标形状与外观的特征信息，但单一的模板由于其视角的单一性使其仅适用于目标在整个跟踪过程中姿态保持不变的情况。当然，增加模板的数量可以提高对目标描述的准确性，进而提高跟踪的准确度。

3）**主动外观模型**：可对目标的形状和外观特征同时建模，通过目标上特定的关键点或有意义的特征点来描述目标的形状，每个关键点对应一个外观向量，用于描述当前位置的颜色、纹理或梯度等外观信息。主动外观模型需要根据已知的一组实例进行训练，才能得到相应形状和外观的描述模型。

4）**多视角的外观模型**：通常单一角度下目标的外观模型不足以全面准确表示目标外观，多视角的方法结合不同的目标描述模型可更有效稳定的表示目标。

还有针对不同视角下多个目标实例进行训练学习得到的分类器也是描述目标的有效方法。基于学习的方法对目标的描述更加稳定可靠，适应性更强。

（2）目标特征

对于被跟踪的目标，选取合适的目标特征对于跟踪算法的性能至关重要。目标特征的选择与目标的表示方法有紧密关系，例如，选择直方图的外观表示方法通常可以选择颜色特征，选择目标轮廓的表示方法通常可以采用边信息的特征。

应用于目标跟踪的良好的目标特征应具有以下特点。

1）判别性强。不同类别的目标之间、目标与背景之间的特征具有显著差异。

2）稳定性好。可适用于描述广泛的同类型的目标。

3）维数适当。目标特征向量的维数适当，便于快速计算。另外，特征向量各个分量之间的独立性强。

常用的视觉特征简介如下。

1）**颜色特征**：在视频图像处理中，RGB空间是最常用来描述颜色的。但是RGB空间结构存在一些缺陷，一是从RGB颜色值中很难看出其所表示的颜色的认知属性，二是RGB空间中任意两个颜色点之间的几何距离并不代表这两种颜色之间在视觉上的差异。为此在视频图像处理中大多采用更加符合颜色视觉特性的颜色空间。Lab颜色空间（L表示亮度，a与b分别表示颜色对立维度）和Luv颜色空间（L表示亮度，u和v分别表示色度坐标）相比RGB空间，更接近人类视觉，是视觉感知均匀的颜色空间，可以由RGB转换得到。HSV空间是近似感知均匀的颜色空间，相比RGB空间也是更符合人的视觉特性的一种颜色空间，在视频图像处理中得到广泛应用。描述颜色特征的常用方法是颜色直方图。颜色直方图是对图像中像素按照颜色在不同的量化区间的分布数量的统计。这种非参数化的表示方法优点是计算简便，易于统计且具有较强的抗图像变换和旋转能力。

2）**边缘特征**：图像的灰度通常在目标边缘处变化剧烈。边缘特征的提取在目标的识别与跟踪应用中有重要作用。相对于颜色特征而言，边缘特征因对光照变化不敏感而相对稳定。经典的边缘检测方法是对图像的各个像素计算它的某个领域内灰度阶变化，利用边缘邻近一阶或二阶方向导数变化规律检测边缘。常用的提取边缘的方法是对原始图像按像素的某邻域构造边缘检测算子，如梯度算子、Sobel算子、拉普拉斯算子、Canny算子等。

3）**纹理特征**：图像处理领域中，纹理通常是指在图像中反复出现的局部模式及其排列规则，主要用来反映目标表面图像灰度特征变化的情况，如平滑性、方向性以及规则性等。与边缘特征相同，纹理特征对于光照强度的改变同样不太敏感。关于纹理特征的提取方法有很多，主要可以分为五类：统计方法、几何方法、结构方法、模型方法和信号处理的方法，当今研究主要侧重统计方法、结构方法、模型方法和信号处理的方法。统计方法是基于像素单元及其邻域的灰度值属性，或像素单元及其邻域灰度的一阶、二阶甚至高阶属性，来研究纹理区域中的统计特性；结构方法认为纹理特征是由多个纹理单元按照不同形式构成的，通过纹理单元进行纹理特征的提取与分析；模型方法假设纹理是由参数化的分布模型构成，并通过纹理图像实现模型的参数的估计；信号处理方法建立在时域、频域分析和多尺度分析基础上，先对图像的某个区域进行特定变换处理，再实现纹理特征的提取，其中基于小波变换的方法研究广泛。

4）**光流场特征**：光流场是描述像素运动分布情况的一种有效方法，是真实空间中的运动信息在二维图像平面上的投影分布。通过计算图像的光流场可以近似估计目标的运动情况。光流场的计算不需要预先知道场景的任何信息，并且可用于摄像机运动的情况。此外，近年来光流场的计算精确度越来越高，多种高效的计算方法被应用于GPU加速，可实现光流场的实时计算。

在视频目标的识别与跟踪领域，还有很多新的目标特征被提出和广泛应用。通常选择何种目标特征主要取决于应用本身，多种特征进行组合，弥补单一特征自身的缺陷和局限性也是视频目标跟踪算法中常用的有效方法。

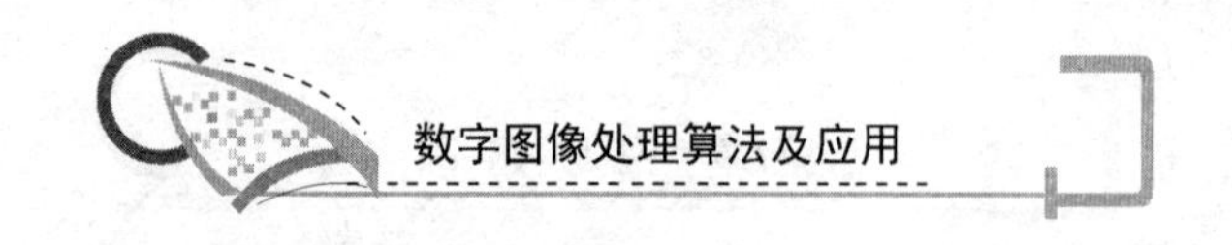

7.4.2 目标的检测方法

视频目标跟踪算法需要在视频图像中进行目标的识别检测，在视频图像上提取目标所在区域。在给定图像上提取到目标的区域后，再由跟踪算法确定当前帧和下一帧上目标位置的一致性关系。常用的目标识别检测方法主要有基于局部特征的方法、基于运动信息的方法、基于图像分割的方法、基于模板匹配的方法以及基于统计学习模型的方法等。

(1) 基于局部特征的方法

基于特征的目标检测方法通常是利用目标的某些局部特征标识目标，这类方法的优点在于对目标局部遮挡具有较好的鲁棒性，当部分特征被遮挡时，利用其余可见特征依然可能完成目标检测；另外该类方法可以在目标发生特定变换、光照改变等外观差异的图像中被可靠检测。目前用于目标检测的局部特征有很多，包括显著特征点、边缘特征以及显著区域等。

常用的特征点有 Harris 角点、KLT(The Kanade-Lucas-Tomasi)特征点、SIFT(Scale-Invariant Feature Transform)特征点、SURF(Speeded Up Robust Features)特征点以及各个方法的改进算法等。这类局部特征描述方法判别性强、定位准确、重现性强，在图像进行几何变换、光照变换、尺度变换甚至图像模糊等情况下，具有良好的稳定性，在目标识别与跟踪方面得到了广泛应用。

基于边缘特征的目标检测方法抗噪声干扰性能要优于显著特征点的方法，但计算复杂度相对较高，且线段在连续的视频图像中容易出现断裂的现象，因此稳定性相对较低。

常见的基于区域的局部特征有 HOG(Histogram of Oriented Gradient)、MSER (Maximally Stable Extremal Regions)及基于灰度的区域。

HOG 特征是统计计算图像局部区域内所有像素的梯度方向直方图信息；MSER 区域内局部特征区域内的像素灰度值均大于或均小于 MSER 区域边界外的像素灰度；基于灰度的区域特征则通过从图像的灰度极值点发出射线，在每条射线上选择灰度值突然改变的点作为区域局部特征的边界点，连接所有边界点得到相应的区域局部特征。基于区域的特征，相比点和边缘特征，更加稳定且更加容易匹配。

当前很多视频目标识别跟踪的应用中，将不同局部特征融合使用可以有效弥补单一特征的缺陷，发挥不同局部特征的互补优势。另外，将局部特征结合上下文信息使用，引入语义信息，可大大提高局部特征的判别性和稳定性，提高目标检测的准确度。

(2) 基于图像分割的方法

图像分割是将图像划分为多个子区域，划分的目的是便于后续对图像的分析与理解。一般来说，图像分割得到的每个子区域中所有像素点具有相近的属性，如颜色、纹理等。在图像分割的基础上可更加便捷、有效地进行目标识别。

相比区域局部特征，如 MSER 等，图像分割得到的子区域包含一定的语义感知信息。文献［100］中采用 Normalized cuts 的方法进行图像分割，得到的子区域称为超级像素块(Super Pixels)。依照给定的分割标准，每个超级像素块区域内的像素具有相似的灰度或颜色等属性。所有超级像素块并不重叠且紧密相接，覆盖整幅图像。图像分割后得到的超

级像素块的数目要远远少于图像中像素点的数目，因此基于超级像素块进行计算的效率很高。由于目标所占区域的边界往往也是超级像素块的边界，因此通过超级像素块进行分析可以有效辅助目标的识别与检测。

除了上述方法以外，与目标识别跟踪相关的图像分割方法还有 Mean-shift 聚类分割算法、主动轮廓算法等。

(3) 基于运动信息的方法

基于运动信息进行目标识别是最基本的目标检测手段。通常假设目标的运动特征与背景的运动特征是不同的，一般认为大多数情况下，背景运动比较缓慢，而目标运动相对较快。因此通过对视频序列图像的运动分析，可有效分离出目标区域。运动分析的方法可以分为基于差分的方法、基于背景建模的方法和基于运动场估计的方法三种。

基于差分的方法是最常用的运动目标检测方法，主要通过对相邻帧的视频图像作相减运算，并利用视频序列邻帧之间的强相关性进行变化检测，从而确定运动目标。在背景静止，亦即摄像机位置固定的情况下，只要对相邻帧图像直接作差分，即可检测出视场中的差异部分，提取出运动目标的区域。在摄像机自身运动的情况下，由于目标和背景同时处于运动状态中，则需要通过对背景的运动情况进行补偿后，才能将目标从背景区域中区分出来。基于差分的方法直观实用，对光照的变化干扰不敏感，但是对目标的检测不准确，对于缓慢运动的目标甚至可能无法提取出目标边界，对于快速运动的目标提取出的目标区域又过大。

基于背景建模方法的基本思想是，将当前图像与事先存储或随时间更新的背景图像相减，若某一像素值大于给定阈值，则认为该像素属于运动目标。对所有像素操作后即可获得目标的完整信息。由于背景模型是随着环境的变化不断更新的，文献［102］提出了混合高斯分布的背景统计模型，对每一个像素点建立一个由若干个高斯分布组成的混合高斯模型。这种动态背景模型可以较好的适应光照的变化以及缓慢的运动目标，可得到目标的准确描述，是当前常用的一种算法，但是该方法计算量较大，而且混合高斯模型中高斯分布的个数很难确定。文献［103］和文献［106］等方法结合图像区域信息，建立了更为稳定、有效的背景模型。

基于运动场估计的方法，通过视频序列的时空相关性分析估计运动场，建立相邻帧的对应关系，进而利用目标与背景的运动形式的不同进行目标检测。例如，光流法，其是通过计算图像的光流场并对光流场图像进行分割来检测运动目标。光流场是对真实运动场(场景、摄像机和目标等三维运动在二维图像平面的投影)的近似估计。基于光流估计的方法都是基于如下假设：图像灰度分布的变化完全是由于目标或背景的运动引起的。在光流场中，背景往往对应运动的主体，前景目标则是和主体运动不一致的像素集合。因此，可以对光流场进行低通滤波或聚类分析得到背景运动场估计，然后进行运动补偿，并在补偿后的视频序列中使用静止背景下运动目标的检测方法进行计算，或者直接对运动场进行高通滤波检测目标。大多数的光流计算方法相当复杂，需通过 GPU 等硬件设备加速来实现视频流的实时处理。

(4) 基于模板匹配的方法

模板匹配法的基本思想是把一个预置的目标图像模板作为识别和测定目标位置的依

据，用目标模板与实际图像的各个子图像进行匹配，计算相关度量函数值，找出使得相关度量函数值取最大的位置，即为与目标模板最相似的图像区域位置，即为当前帧中目标的位置。

模板匹配可以在图像空间进行，直接利用像素灰度模板匹配，也可以在特征空间进行，利用图像特征来匹配，图像特征可采用颜色、轮廓、梯度等。模板匹配可以在整个空间进行，也可以在一个子空间内进行。一般为了减小计算量，匹配只在目标状态的邻域内进行。匹配准则一般包括最大互相关函数、最小均方差函数、最小平均绝对差值函数、最大匹配像素统计等。不同的匹配准则的定义不同，计算开销也不同。

在视频序列图像中，目标的外观会随着时间的推移而发生改变，因此采用固定模板不能处理长时间目标跟踪问题，而采用及时更新模板等方法则可以有效解决这样的问题。

(5) 基于统计学习模型的方法

基于统计学习理论的目标检测问题通常被视为机器学习理论中的分类问题。通过对目标的样本集合进行自动学习，从而获得针对该目标的分类器，根据该分类器即可在视频图像上检测出指定目标的位置。

用于学习的样本由该样本包含的特征值及该样本的类别标记值(Label)组成。特征的选择是一个很重要的问题，因为最终生成的分类器是根据选用的特征作为判定依据，在图像中实现目标检测的。除了选择特征之外，还需要选择学习算法对已有目标的样本集合进行自动学习，从而得到描述目标的分类器。当前主要的机器学习法包括神经网络、Adboost、随机森林 RF、SVM，等等。

基于机器学习的目标检测方法更加类似于人类对外界环境认知和理解的过程。随着机器学习理论的不断完善和发展，各种学习方法层出不穷，分类识别的性能非常好。其中根据对训练样本的要求以及分类器是否可以持续更新，机器学习方法可分为批量学习方法和增量学习方法。批量学习的方法，即所有的训练样本一次性学习完毕后，学习过程不再继续。但在实际应用中，被检测的目标在视频图像序列中的外观等会发生很多变化，很难用一个固定、完备的样本集进行描述。增量学习方法则能够在已有训练结果的基础上继续学习新样本，不断增强模型本身的识别能力，因此近年来增量学习的方法受到了广泛的重视。

为得到描述目标的分类器，通常需要准备大量的训练样本，传统的监督学习(Supervised Learning)的方法，即通过人工方式进行样本类别值的标注来完成学习，是一项很烦琐的工作；然而随着数据收集和存储技术的飞速发展，收集大量未标记的样本则相当容易，在有标记样本较少时，利用大量的未标记样本来实现自动学习已成为当前机器学习研究中最受关注的问题之一。半监督学习(Semi-Supervised Learning)的方法，是当前利用未标记样本实现自动学习的主要方法之一，该方法不需要人工干预，仅依赖未标记样本进行自动学习。协同训练(Co-Training)算法是一类重要的半监督学习方法，该方法使用两个或多个可增量学习的分类器，在学习过程中，每个分类器对未标记样本进行分类识别，并从识别结果中挑选出若干标记置信度(即对样本赋予正确标记的置信度)较高的样本，将其加入另一个分类器的训练样本集中，使对方利用这些新标记的样本进行模型更新。协同训练过程不断迭代进行，直到达到某个停止条件。文献［107］提出最早的协同训练算法后，很多研究人员对其进行了改进并取得了很多进展，使得协同训练成为半监督学习中最重要的一类方法。

7.4.3 目标的跟踪方法

目标跟踪是为了确定目标在视频序列图像中的位置轨迹。目标跟踪的方法总体可分为两种：一种称之为自底向上(Bottom-Up)的方法，另一种称之为自顶向下(Top-Down)的方法。自底向上的方法又称之为数据驱动的方法，该类方法不依赖于先验知识，直接通过视频图像分析来获得目标的状态信息，实现目标跟踪。

自顶向下的方法又称之为模型驱动的方法，该类方法根据预先构建的模型或先验知识，产生一组目标状态的假设，然后再根据视频图像信息对提出的目标状态假设进行验证，从而实现对目标位置和状态的估计，完成目标跟踪。

Mean Shift 核跟踪是自底向上实现视频目标跟踪的一类典型算法。该算法是一种基于核密度估计的模式匹配算法，利用视觉特征，如颜色、纹理等的信息描述跟踪目标，并通过 Mean Shift 迭代搜索与跟踪目标模板具有最大相似度的候选目标区域，从而实现对当前帧中目标的定位和跟踪。Dorin 在文献[96]中使用了一种圆形区域内的加权颜色直方图分布来表征目标。文中采用的 Mean Shift 跟踪方法首先计算参考模板的颜色直方图分布 Q 和候选位置的目标区域颜色直方图分布 P，然后计算两者的相似度量 Bhattacharya 系数 $\sum_{u=1}^{b} P(u)Q(u)$，这里 b 为颜色的量化级数。在迭代过程中，Bhattacharya 相似度量系数随迭代次数增大直到达到收敛。在目标区域颜色直方图的计算过程中，引入了核函数 $k(x)$，它是一个凸的单调递减函数，用来给目标区域内的像素分配权值系数，像素距离目标中心距离越远，该像素对颜色概率的贡献权值越小，属于目标区域的可能性越小。核跟踪算法效率高，执行速度快，适合实时跟踪的应用。自底向上的跟踪方法的准确性主要依赖于目标的特征表示和对视频图像的分析。

自顶向下的跟踪方法利用先验知识对跟踪问题建立模型，再利用实际视频图像序列验证模型的正确性，这种方法具有坚实的数学理论基础，有很多数学工具可以使用，因此一直是研究视频目标跟踪问题选择的主流方法。该类方法中先验知识和前提假设，关系到跟踪算法的准确性。滤波方法是一类典型的自顶向下的跟踪方法。该方法依据贝叶斯理论，将目标跟踪问题转换为在已知目标状态的先验概率和在当前状态测量值的情况下，不断求解目标状态的最大后验概率的问题。

(1) 贝叶斯估计理论

依据贝叶斯估计理论，目标跟踪问题可以看做目标状态估计的问题，目标的状态可以包括目标的位置、大小、速度等信息。目标跟踪的关键在于给定目标观测数据的情况下，如何准确推断目标状态的后验概率密度。

贝叶斯估计理论是一种对不确定性信息进行表示和推理的工具，试图用所有已知信息来构造系统状态变量的后验概率密度，形式化表示如下：

t 时刻以前目标状态序列定义为 $\{x_k\}_{k=0,1,\cdots,t}$，目标状态变化满足动态方程 $x_k = f_k(x_{k-1}, v_k)$。已知的目标观测值与目标状态满足观测方程 $z_k = h_k(x_{k-1}, n_k)$。其中，

$\{v_k\}_{k=0,1,\cdots,t}$与$\{n_k\}_{k=0,1,\cdots,t}$分别为独立同分布的过程噪声序列和观测噪声序列，x_k与z_k分别为k时刻的状态向量与观测值向量。f_k和h_k通常为非线性时变方程。

已知目标状态的初始概率密度函数$p(x_0 \mid z_0)=p(x_0)$，目标状态的估计是从所有已知的观测信息中推断出k时刻状态变量x_k的后验概率密度函数$p(x_k \mid z_{0:k})$。由贝叶斯估计理论可得以下递推公式。

预测方程

$$p(x_k \mid z_{0:k-1})=\int p(x_k \mid x_{k-1})p(x_{k-1} \mid z_{0:k-1})\mathrm{d}x_{k-1} \tag{7.1}$$

更新方程

$$p(x_k \mid z_{0:k})=\frac{p(z_k \mid x_k)p(x_k \mid z_{0:k-1})}{p(z_k \mid z_{0:k-1})} \tag{7.2}$$

其中，$p(z_k \mid x_k)$称为似然函数(Likelihood)，表示目标状态由x_{k-1}转移到x_k后对观测值的度量；$p(x_k \mid z_{0:k-1})$称为先验概率密度，由系统状态迁移方程得到$p(z_k \mid z_{0:k-1})$为归一化常数。

利用贝叶斯估计得到的后验概率密度函数通常都是各种近似解。到目前为止，已提出了很多求取贝叶斯估计近似解的方法。当f_k和h_k是线性方程时，最优解可以通过卡尔曼滤波得到，这种情况下所得到的后验概率满足高斯分布。卡尔曼滤波限制在线性假设之下，然而大部分实际的应用系统都是非线性系统，当f_k和h_k是非线性方程时，可以通过扩展卡尔曼滤波线性化后获得后验概率的近似解，然而此时后验概率仍然是高斯分布的，实际上真实世界的许多动态系统并不确切地符合高斯模型。为了对动态系统进行精确建模，常常需要利用非线性、非高斯模型。基于序贯蒙特卡罗(Sequential Monte Carlo, SMC)的粒子滤波结合了贝叶斯估计理论，适用于任意非线性、非高斯模型，在处理非线性、非高斯系统的状态估计问题上优于其他滤波方法，引起了国内外研究人员的极大关注，成为了视频目标跟踪研究领域的一个重要方向。

(2) 粒子滤波

粒子滤波在计算机视觉领域又称为凝聚算法(Condensation)、序贯蒙特卡罗方法(Sequential Monte Carlo Methods，SMCM)等，是求解贝叶斯后验概率的一种算法。该算法通过非参数化的蒙特卡罗模拟方法来实现递推贝叶斯估计，适用于任何能用状态空间模型表示的非线性系统，以及传统卡尔曼滤波无法表示的非线性系统，精度可以逼近贝叶斯最优估计。

通常目标状态的后验概率$p(x_k \mid z_{1:k})$无法直接得到，贝叶斯重要性采样定理给出了一种近似计算方法：目标状态后验分布可以用一系列离散的粒子来近似表示，近似的程度高低依赖于粒子的数量。粒子滤波算法即利用粒子集来表示概率，其核心思想是通过从后验概率中抽取的随机状态粒子来表达其分布。粒子滤波的核心是序贯重要性采样算法(Sequential Importance Sampling，SIS)，该算法的核心思想是利用一系列随机样本(即粒子)的加权和表示所求的后验概率密度，得到状态的估计值，当样本点数增至无穷大时，结果接近于最优贝叶斯估计。

粒子滤波打破了解决非线性滤波问题时系统状态变量必须满足高斯分布的约束，能表达比高斯模型更广泛的分布，对状态参数的非线性特性有更强的建模能力，能够更为精确地表示动态系统目标状态的后验概率。

粒子滤波算法的一个最大问题是粒子匮乏现象。它是指算法经过若干次迭代后，粒子权值的方差会随时间逐渐增大，使得重要性权值有可能集中到少数粒子上，而大多数粒子的权值很小以至于可以忽略不计，从而不能有效表达出后验概率密度函数。目前消除退化的两大关键技术包括①在序贯重要性采样之前选取适当的重要密度函数；②在序贯重要性采样之后进行样本重采样。

7.4.4 目标跟踪算法的性能评估

视频目标跟踪算法的性能要求通常可归纳为三个方面，即对算法的稳定性、准确性和实时性的要求。

(1) 稳定性

所谓稳定性是指视频目标跟踪算法能够在各种环境条件下实现对运动目标持续稳定的跟踪。影响视频目标跟踪算法稳定性的最主要因素包括运动目标姿态或外观的改变，视频图像中存在的噪声，环境光照的变化，部分遮挡引起的目标不规则变形和全部遮挡引起的目标消失，摄像机的抖动等。

(2) 准确性

准确性是指目标跟踪算法的结果，能够在连续的视频图像序列中正确确定目标的位置，或目标所占图像区域，甚至是目标在图像中所包含的全部像素。准确性的定义通常与应用需求相关，以确定目标位置为主要目的的跟踪算法，通常只需要确定目标所在位置或大致区域即可，而以跟踪目标全部像素为目的的跟踪算法，往往需要保证目标所含全部像素的准确性。高准确度往往会造成计算复杂度的提升，这需要对算法的实时性与准确性进行权衡。

(3) 实时性

通常情况下，一个实用的视频目标跟踪系统必须能够实现对视频图像序列的实时处理，实现对目标的实时跟踪。但是，当前很多跟踪算法通常需要对大量的图像数据进行处理分析，往往需要大量的计算开销，在通用 PC 上进行计算，往往很难达到实时处理的要求。往往简单算法能够实现实时跟踪，但跟踪准确性却很差；复杂算法具有很高的跟踪准确度，实时性却很差。实际上在将复杂的目标跟踪算法投入到实际应用系统当中时，可以通过专用硬件设备进行加速，例如，GPU、DSP(Digital Signal Processing)，甚至 FPGA (Field Programmable Gate Array)等硬件设备，从而实现跟踪算法的实时处理，满足实际应用系统的实时性要求。

总之，稳定性、准确性、实时性是视频目标跟踪系统性能评估需要考虑的三个要素。不同的应用系统所关注的性能重点各不相同。跟踪算法的稳定性对于公共场所的视频监控系统等应用特别重要，这是因为这些系统通常要求是连续长时间的工作，要求系统对于如噪声、天气等干扰因素的影响不能太敏感；跟踪算法的准确度对于预警系统及控制系统等特别重要；而跟踪算法的处理速度对于道路交通监控系统而言则非常关键。如何选择有效的工作方案来提高系统性能、降低计算开销是每个跟踪算法都需要仔细考虑的问题。

7.5 基于改进 Random Forest 的行人检测方法

行人检测是视频监控、智能交通、视频压缩和编码等机器视觉应用中的重要技术之一。当物体周围环境较为复杂时，获得高效的行人检测是当前计算机视觉应用领域中的一个非常具有挑战性的研究课题。针对机器视觉中的行人检测，当行人受到光照、非刚性形变、遮挡、色彩等干扰因素影响时，如何对物体建立良好的特征描述是获得良好实验结果的重要基础。近年来，许多研究者针对行人所处的不同的条件，提出了一些有效的方法。他们通过建立高鲁棒性的目标特征描述，以进一步更好的克服复杂环境中的非刚性形变、遮挡、光照变化以及黏连等不利因素的影响。在过去的一些研究中，一些学者使用纹理等静态特征，但是这些特征的缺点是很容易受到光照变化与形变的干扰。后来一些研究者为了提高检测效果，采用了基于梯度信息的特征，如 SIFT 特征、梯度直方图等，然而这些特征的维度相对较高，计算量比较大，很难满足实时的视频处理要求。在序列图片中，运动的行人在相邻图片中存在着一些关系，对于静态特征，它只考虑了当前帧的空间结构的信息，较大程度地忽略了运动的目标在时间上的一些动态关联的信息。目前，有些研究者已经开始注意到这种动态信息在进行目标表述鲁棒性方面的作用。Viola 等提出了将相邻两张图片中的强度信息与运动信息进行结合的方法，更好地实现了低速效率下的目标检测。Dalal 等人提出一种新的方法，即引入光流场，该光流场含有运动信息。将光流场与外貌的梯度信息相结合，实现了摄像机运动等复杂场景中的目标检测。Laszlo Viola 等人给出了一种只依靠行人腿部运动信息的简化的特征，利用行人的腿部外轮廓的垂直三阶对称性进行目标检测，可是这种特征需要建立在对行人腿部行动的多帧跟踪的基础上。Liu 等人用 2D Haar-like 特征抽象描述反映语义级行走动作的运动轮廓，可是运动的轮廓对于物体的运动的速度以及动作的幅度较敏感。

为了更好地解决复杂场景中光照变化、遮挡以及行人姿态等干扰因素的影响，本节引入了一种基于随机森林(Random Forest)的行人检测方法，并结合点对比较特征对行人进行检测。随机森林方法具有分类迅速和训练简单的特点，实验表明，该方法是一种简单而且有效的方法。

7.5.1 随机森林分类器设计

随机森林是 Leo Breiman 提出的一种基于树分类器的算法，该方法可以解决多类分类问题，该方法有如下特征：

1）具有不需要预处理的特点。

2）能够稳健有效地处理大数据集。

3）不会出现过拟合现象。

4）在构建过程中可以生成一个泛化误差的内部无偏估计。

5）可以平衡在不平衡数据集中出现的类别误差现象。

一般情况下，对于普通数据，在实验过程中，通常只需要对终结点规模、每个分离点选择的变量数目和决策树分类器个数这三个参数进行设置就可以得到相对较为理想的检测

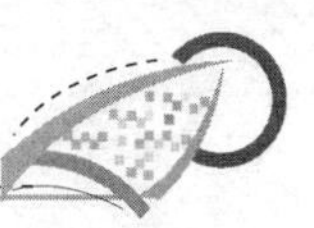

结果。在实际问题中，通常情况遇到的数据是不均衡的，即数据中类和类之间所含样本的数目相差比较大。随机森林在处理这类数据时具有比较好的效果，因为该方法属于集成算法，在构造决策树分类器时，其是通过拔靴法来选择数据构建树分类器。

随机森林的基本思想是把多个弱分类器组合成一个强大分类器。如图 7.2 所示，一个随机森林由 K 个决策树组成，每一个决策树都是一个分类器，在决策树中，每一个节点都是一个分类器，所有决策树的分类结果的平均就构成了随机森林的决策结果。在具体的训练过程中，随机森林中的每个决策树的训练样本集都来自总体样本中的一个子集，决策树会选择当前分类效果最好的弱分类器。将所有分类器组合在一起就构成了一个强大的随机森林分类器。假设在一个 M 类分类的问题中，一个样本 P 通过每一个决策树分类器有 M 个输出结果(输出 M 个置信度，$c\in\{1,2,\cdots,M\}$，每一个置信度 $P_{\langle n,p\rangle}(f(p)=c)$ 表示该样本 P 属于第 c 类的概率)，最后随机森林的结果取决于所有决策树的结果的平均，即

$$F(P)=\operatorname{argmax}P_c(p)=\operatorname{argmax}\frac{1}{N}\sum_{n=1,2,\cdots,N}P_{\langle n,p\rangle}(f(p)=c) \tag{7.3}$$

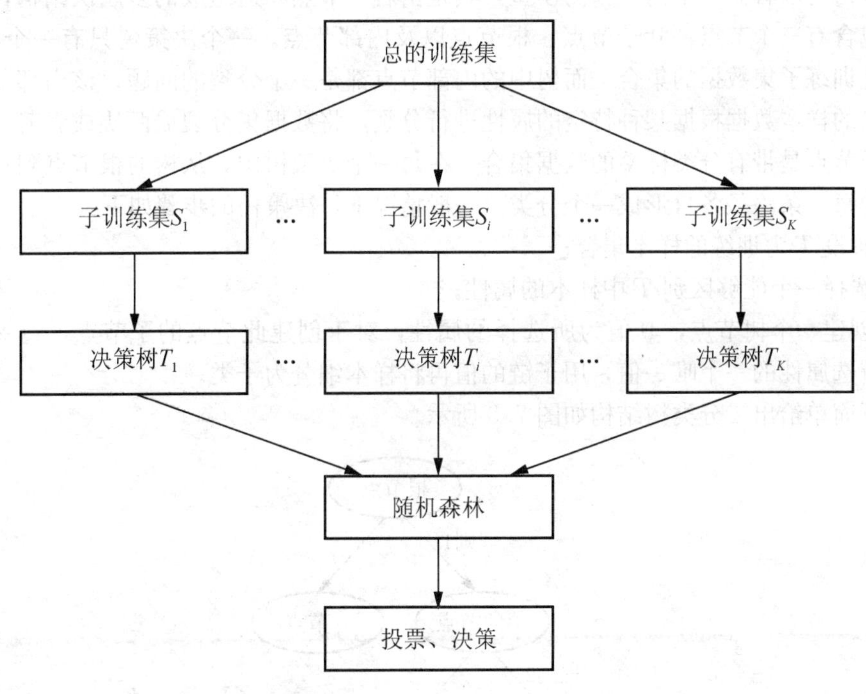

图 7.2 随机森林结构

对于训练集的选择方法，通常在统计量重采样的技术中，采用自助法。该方法是从原始的样本容量为 N 的训练样本集合中任意抽出 N 个样本生成新的训练样本集，抽样方法为有放回的抽样，独立进行抽样 K 次，生成 K 个独立的自助样本集。

随机森林的生成是通过自助法重采样技术生成若干个弱分类器。从原始的数据集中生成了 K 个自助样本集，各个自助样本集合构成每棵分类树的训练数据。在抽样过程中，将那些不在自助样本中的剩余样本称为袋外数据，袋外数据每次大约余下少部分的样本，其可以用于估计组合分类器的正确率。随机森林在每个节点处任意选择特征进行分支，使得各棵分类树之间的相关性较小，提高了分类的精确性。由于在试验中，单棵树的生成比

较迅速，所以随机森林的分类速度也较快，很容易实现并行化。

7.5.2 决策树构建

决策树是一种实现分治策略的层次数据结构，它是一种有效的非参数学习方法，可以用于分类与回归。决策树具有以下显著的特点：

1）不需要假设先验概率分布，这体现出其非参数化特点，该特点使得决策树方法具有良好鲁棒性和灵活性；

2）可以有效抑制训练样本噪声和解决属性缺少的问题，可以防止由于训练样本存在噪声和数据严重缺失所引起的精度降低；

3）既可以利用连续或者离散的数值样本，还可以利用语义数据，如离散的语义数据：东、南、西、北等；

4）计算效率相对较高。

决策树可以看做一个树状预测模型，其是由若干节点和边组成的多层次结构，每个决策树中包含有三个节点：叶子节点、根节点以及内部节点。一个决策树只有一个根节点，该节点是训练子集数据的集合。而树中的内部节点都是一个分裂的问题，该内部节点将到达此节点的样本数据根据某种特定的属性进行分裂，将数据集分裂成两块或者若干块。每一个叶子节点是带有分类标签的数据集合。在每一个决策树中，从树的根节点到每一个叶子节点的每一条路径各自形成一个分类。一般情况下，决策树的步骤如下：

1）假设 T 为训练的样本集合；

2）选择一个能够区别 T 中样本的属性；

3）创建一个树节点，其值为所选择的属性，对于创建此节点的子节点，每一个子链代表其所选属性的一个唯一值，用子链的值再将样本细分为子类。

以下简单给出二分类树结构如图 7.3 所示。

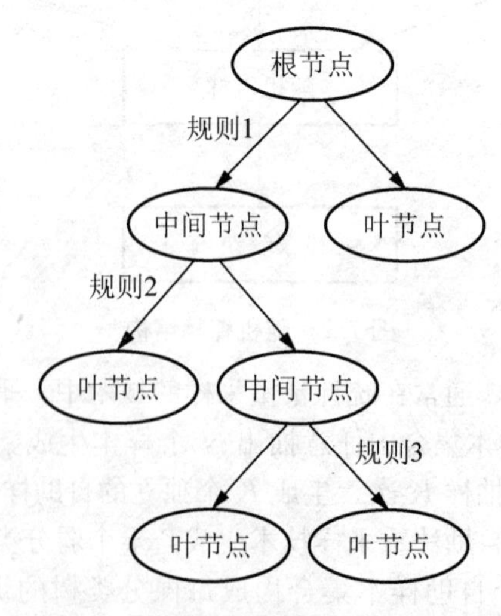

图 7.3 二分类树结构

(1) 训练样本集的收集

收集 1500 多张包含行人的图片，对每张图片手动进行操作，割取一些样本作为正例

样本(含有行人的部分)以及反例样本(不含行人)。收集的部分正例和反例的样本分别如图 7.4 和图 7.5 所示。

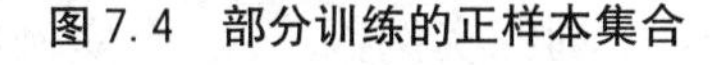

图 7.4 部分训练的正样本集合

图 7.5 部分训练的负样本集合

(2) 特征选择以及决策树设计

特征选择是本章的重要部分，通常使用的基于统计学的算法中，常见的有梯度特征，Haar 特征以及 Gabor 特征。本节中我们选择点对比较特征进行描述，如图 7.6 所示就是在一个图像块中任意选取两个像素点 p_1 和 p_2，对这两点灰度的大小值 $I(p_1)$ 和 $I(p_2)$ 进行比较。

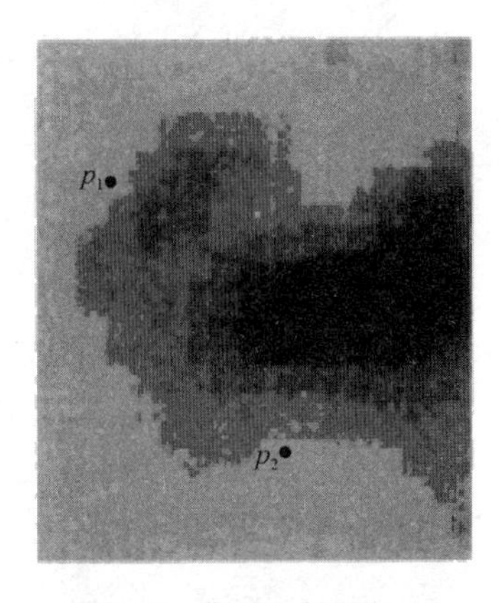

图 7.6 点对比较特征

在本节中，选取点对比较特征作为一个弱分类器，在具体试验中，选择的判断函数(见图 7.7)为

$$T_{p,q,r,s}(I)=\begin{cases}0 & I(p,q)<I(r,s)\\ 1 & 其他\end{cases} \tag{7.4}$$

其中，p 与 q 为点 p_1 的坐标，r 和 s 为点 p_2 的坐标。

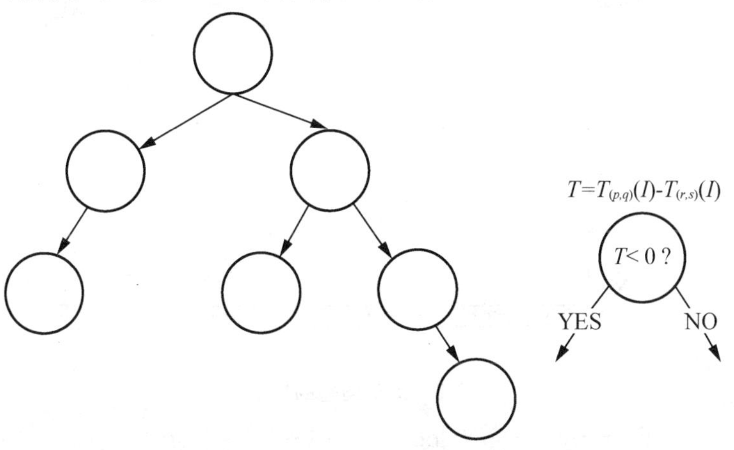

图 7.7 二分类树中节点的判断图

根据判断函数可知，利用点对比较特征只需要做比较运算，不必进行加法和乘法等运算，这样在具体运行中可以使得速度加快。对于一个 32×32 的图像来说，存在的点对组合大约为C_{1024}^2，约为 52 万个点对，即存在 52 万个弱分类器。

决策树训练与特征选择是一起完成的，本章中主要讨论的是两类分类问题，因此在训练的每棵树都是一棵二叉树。决策树训练的目的是为每一个节点选择弱分类器，在实际操作中，第一个节点随机选择1000个点对比较特征作为弱分类器，然后从中进一步选择并记录对当前的样本分类效果最好的一个作为此节点的弱分类器。然后，根据分类结果，把样本分别送入下一层的两个节点，反复进行此过程，直到决策树的层数达到预先设定的最大值，或者到达此节点的正负样本的比例大于预先设定值，此时则称该节点是叶子节点。停止训练叶子节点并在叶子节点保存正负样本数目。在测试图片时，输入一个样本，最终可以进入到达一个叶子节点 i，则该测试样本属于正样本的概率为 $a(i)/b(i)$，属于负样本的概率就为 $1-a(i)/b(i)$。其中，$a(i)$为叶子节点 i 保存的到达该节点的正样本个数，为 $b(i)$叶子节点 i 保存的全部样本数目。

在用于分类的决策树中，划分的优劣由不纯性度量定量分析。一个划分是纯的，如果对于所有分支，划分后选择相同分支的所有实例都属于相同的类。对于某节点 m，令 N_m 为到达节点 m 的训练实例数。对于根节点，N_m 为 N 个训练实例数。N_m 个实例中 N_m^i 个属于 C^i 类，而 $\sum_i N_m^i = N_m$。如果一个实例达到节点 m，则它属于类的概率估计为

$$p(C_i \mid x,m) = P_m^i = \frac{N_m^i}{N_m} \tag{7.5}$$

其中，如果对于所有的 i，P_m^i 为0或者1；当到达节点 m 的所有实例都不属于C^i 类时，P_m^i 为0，而当到达节点 m 的所有实例都属于C^i 类时，P_m^i 为1。如果划分是纯的，则不需要进一步划分，并可以添加一个树叶节点，用 P_m^i 为1的类标记，一种度量不纯性的函数是熵(Entropy)函数，如图7.8所示。

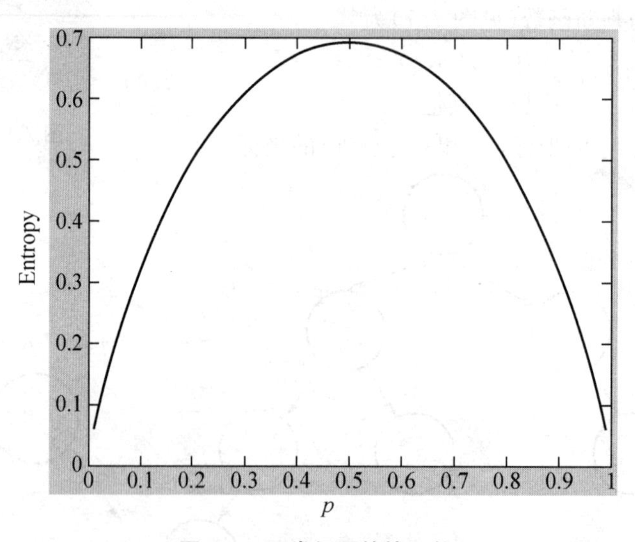

图7.8　两类问题的熵函数

$$\text{Entropy} = -p * \log(p) - (1-p) * \log(1-p) \tag{7.6}$$

其中，0log0=0。在信息论中，熵是对一个实例的类代码进行编码所需要的最少位数。对于两类问题，如果 $p^1=1$ 而 $p^2=0$，则所有的实例都属于 C^1 类，并且也不需要发送，熵为0，如果 $p^1=p^2=0.5$，则需要发送一位通告两种情况之一，并且熵为1。在这两个极端之间，可以设计编码，更可能的类用较短的编码，更不可能的类用较长的编码，每个信息使用不足一位。

但是，熵并非是唯一可能的度量。对于两类问题，其中 $p^1=p$，$p^2=1-p$，函数$\Phi(p,1-p)$是非负函数，度量划分的不纯度，如果它满足如下性质：

1) 对于任意的 $p\in[0,1]$，$\Phi(0.5,0.5)\geqslant\Phi(p,1-p)$；

2) $\Phi(0,1)=\Phi(1,0)=0$；

3) 当 $p\in[0,0.5]$时，$\Phi(p,1-p)$是递增的，而当 $p\in[0.5,1]$时，$\Phi(p,1-p)$是递减的。

则有

1) 熵

$$\Phi(p,1-p)=-p*\log_2(p)-(1-p)*\log_2(1-p) \tag{7.7}$$

2) Gini 指数

$$\Phi(p,1-p)=2p(1-p) \tag{7.8}$$

3) 误分类误差

$$\Phi(p,1-p)=1-\max(p,1-p) \tag{7.9}$$

这些都可以使用，研究表明，这三个度量之间并不存在十分明显的差别。在本章中，我们选用 Gini 指数度量节点的不纯性。

如果节点 m 是不纯的，则应当划分实例，降低不纯度，并且有多个属性可以划分。对于数值属性，可能存在多个划分情况。这些可能的划分中，我们寻找最小划分后的不纯度的划分，因为希望产生最小的树。划分后的子集越纯，则其后需要的划分就越少。当然，这是局部最优，并不能保证找到最小的决策树。

设在节点 m，N_m 个实例中的 N_{mj} 个取分支；这些是测试 $f_m(x^t)$返回输出 j 的 x^t。对于具有 n 个值的离散属性，有 n 个输出；而对于数值属性，有两个输出($n=2$)。在两种情况下，都满足 $\sum_{j=1}^{n} N_{mj}=N_m$。$N_{mj}$ 个实例中的 N_{mj}^i 个属于 C^i 类。类似地，$\sum_{j=1}^{n} N_{mj}=N_m^i$。

于是，给定节点 m、测试返回输出 j，类 C^i 的概率估计为

$$p=(C_i\mid x,m,j)=p_{mj}^i=\frac{N_{mj}^i}{N_{mj}} \tag{7.10}$$

而划分后的总的不纯度为

$$I_m=-\sum_{j=1}^{n}\frac{N_{mj}}{N_m}\sum_{i=1}^{k}p_{mj}^i\log p_{mj}^i \tag{7.11}$$

对于数值属性，为了能够计算 p_{mj}^i，还需要知道该节点的 w_{m0}。在 N_m 个数据点之间，存在 N_m-1 个可能的 w_{m0}。不需要测试所有可能的点，例如，只需要考虑两点之间的中值就足够了。还要注意，最佳划分总是在属于不同类的两个相邻点之间。这样，检查每一个，并取最高度作为该属性的纯度。对于离散属性，不需要这种迭代。对于所有的离散属性和数值属性，对于数值属性的所有可能划分的位置，计算不纯度，并且取最小值。也可以说，在树的构造的每一步，选择导致不纯度降低最多的划分。构造分类树的算法流程如下：

```
Generate Tree(T)
    If NodeEntroy(T)< m // m节点中含有的最少图像块
                    创建树叶,并用 T 中的多数类进行标记
       Return
```

```
    Else
        i= SplitAttribute(T);
        for Ti的每个分支
            找出落入该分支的 Ti
            Generate Tree(Ti)

SplitAttribute(T);
        MinEnt= MAX;
        For 所有的属性 i= 1,2,…,d
            If Ti是具有 n 个值的离散属性
            按照 Ti将 T 进行划分到 T1,T2,…,Tn
            e= SplitAttribute(T1,T2,…,Tn);
            If e< MinEnt  MinEnt= e; bestf= i
    Else
        For 所有可能的划分
            在 Ti上将 T 划分为 T1,T2
            e= SplitAttribute(T1,T2);
        If e< MinEnt  MinEnt= e; bestf= i
    Return bestf
```

另外，当存在噪声时，增长树直到最纯可能产生一棵非常大的、过拟合的树。例如，假设情况：一个错误标记的实例混杂在一组正确标记的实例之中。为了减轻这种过分拟合，当节点变得足够纯时，构造树终止；即如果 $I<\theta_1$，则数据子集就不再划分。这意味不需要使 p_{mj}^i 都恰好为 0 或者 1，而只需要按照某个阈值 θ_p，p_{mj}^i 足够接近 0 或者 1。在这种情况下，创建一个树叶节点，并将它标记为最大值的类。

θ_p 是复杂度参数，与非参数估计中的 h 或者 k 一样。当它们较小时，方差大并且树增长较大，以正确反映训练集；当它们较大时，方差小并且树较小，粗略地表示训练集并且可能具有较大偏差。理想的值需要依赖于误分类的代价以及存储和计算开销。一般情况下，在树叶节点存放属于每个类的后验概率，而不是用具有最大后验概率类来标记树叶。

7.5.3 实验结果与分析

为验证改进算法的有效性，我们选取 TUD 数据库提供的标准图片进行测试。并将实验结果同部分文献中提出的算法作了比较。本章提出的算法是在 Matlab 2009 中运行，CPU 为 2.70GHz，AMD Athlon Processor。对于一幅测试图片如图 7.9(a)所示，主要是能够确定图像中行人的中心点，如图 7.9(b)所示，在霍夫变换后的图像中，亮度最强的部分体现出行人的可能的中心，确定物体的中心后，再结合第 6 章的投票回溯策略就可以确定行人的轮廓如图 7.9(c)所示。

为进一步测试算法的有效性，将本章算法与基于 ISM(Implicit Shape Model)的行人检测以及基于 HOG(Histograms of Oriented Gradients)的行人检测方法进行了比较，如图 7.10～图 7.12 所示。

(a) 原图像

(b) 霍夫变换后的图像

(c) 行人的轮廓

图 7.9 测试图片的行人检测流程

(a) 单人

(b) 两人

(c) 多人

图 7.10 基于提出方法的行人检测结果

(a) 单人

(b) 两人

(c) 多人

图 7.11 基于 ISM 的行人检测结果

将本章提出的方法与基于 HOG 的行人检测算法和基于 ISM 的行人检测方法比较，在对于单个行人进行检测时，我们发现本文算法以及基于 HOG 的行人检测算法都可以较好检测出目标物体，如图 7.10(a)和图 7.12(a)所示，而采用基于 ISM 的行人检测方法也可以获得目标行人，但是会有一些误差，基于 ISM 的行人检测方法会将周围的其他物体误检测为行人，如图 7.11(a)所示。在对两个行人进行检测时，如图 7.10(b)所示，本章算法可以较好地检测出行人，在图 7.11(b)中，基于 ISM 的行人检测算法会出现漏检和误检的情况，在图 7.12(b)中，基于 HOG 的行人检测算法则出现了漏检的现象，没有能够完全检测出测试图片的行人。而对于较多行人以及环境相对较为复杂的情况进行检测时，本章算法也获得了相对较好的效果，如图 7.10(c)所示，但是该算法仍然出现了问题，其没有完全检测出测试图片中的行人，本章算法仍然需要进一步改进。在图 7.11(c)中，可以看出基于 ISM 的行人检测算法也可以获得良好效果，只是部分检测对象出现了偏差。另外，该算法也出现了漏检的现象。基于 HOG 的行人检测算法在多人检测时，其效果不是很好，出现了较大的偏差与漏检现象，如图 7.12(c)所示。

(a) 单人

(b) 两人

(c) 多人

图 7.12　基于 HOG 的行人检测结果

为了进一步验证本文算法，我们使用了查全率(Recall)和查准率(Precision)衡量检测效果的相对合理的指标即。本章中利用 Recall-Precision 图对基于 HOG 和基于 ISM 的行人检测算法以及本章算法进行了对比，具体比较结果如图 7.13 所示。在图 7.13 中，可以看出 Recall 以及 1－Precision 的具体变化情况，从图 7.13 可以看出，在同等错误率的情况下，本章算法具有较好的查准率。在同等查准率的情况下具有较小的错误率。因此，本章算法相对于基于 HOG 的行人检测算法和基于 ISM 行人检测算法具有较高的效率。

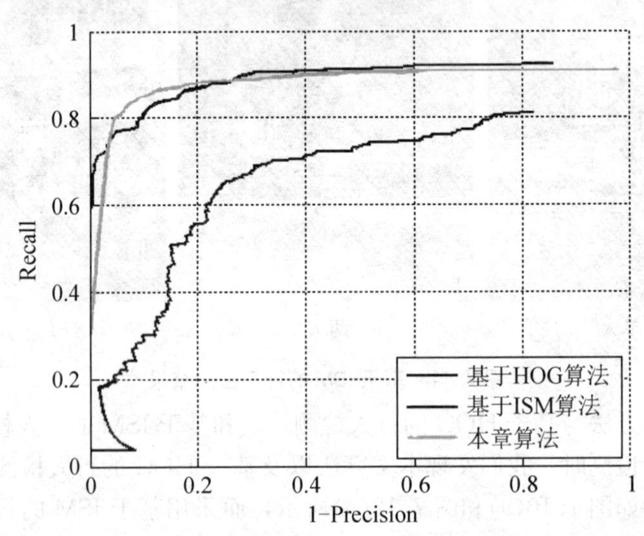

图 7.13　几种算法的 Recall-Precision 图

7.6　基于改进均值漂移的行人跟踪算法

由于人体固有的一些特性，应用场景的复杂性，人与人或人与环境之间的相互影响，使得人体的跟踪成为视觉研究领域中最难的挑战之一。目前，人体跟踪方法大体可以分为随机性方法和确定性方法。其中，确定性方法是指通过搜索目标的最优匹配实现目标跟踪的方法。比较常用的如均值漂移算法，作为一种非参数密度统计方法，其可经过有限次的迭代、有效地寻找到样本点分布的最近模式。该算法自提出以来，因其自身的特点，已广泛应用于聚类分析、图像分割、目标跟踪和模式识别中。

在过去的几年中，一些学者对其算法进行了改进，文献[111]提出了一种用来解决均值漂移算法不能很好地适应目标尺度变化缺点的方法。文献[112]提出了基于一种具有较好分辨力的相似性测度的均值漂移算法，并且该文应用高斯变换进一步减少计算复杂性。文献[113]对 Correlogram 直方图进行简化，并考虑了目标的三维信息，结合均值漂移算法对目标进行跟踪。文献[97]和文献[115]将卡尔曼滤波器应用于目标跟踪中的模型更新，而文献[116]选取了区分度比较明显的不同目标特征来建立和更新模型。但是，上述的目标模型表示方法在背景相对较为复杂时跟踪的效果并不好。我们知道，背景信息在目标跟踪中起着较为重要的作用，目标和背景信息的相关性，会影响目标定位的不准确。同时，还会造成目标表征的困难。针对此问题，本文提出对背景和目标本身进行加权的方法，减小背景因素的影响，进一步准确表征目标特征。另外，当目标的运动状态比较复杂时，均值漂移跟踪算法就会出现跟踪偏差甚至完全跟不上目标的情况，进行模板更新是必要的。同时，如果目标特征模型的建立和更新的计算复杂度很高，将会很难满足实时跟踪的要求。针对该问题，本文通过模板更新因子决定是否进行目标模板更新，实现对视频序列图像中目标的准确、稳定、实时地跟踪。

人体跟踪要解决的关键问题是准确性、鲁棒性和快速性。其中准确性主要是指人体被检测和分割的准确度。影响人体跟踪鲁棒性的主要因素来自于环境光照变化和多目标的相互遮挡。在人体跟踪中，人体特征的选择对于跟踪效果有着重要的作用。文献[117]和文献[118]使用边缘特征进行目标跟踪，可以较好地解决光照的影响，但边缘的精确运动估计比较困难，并且在复杂的环境下难以将目标和背景区分开来。文献[119]将目标的速度、位置、颜色直方图和包围盒的大小构成特征向量。当特征选取较多，会导致系统效率下降，而且较容易出错，实际应用中并不必要。本文采用颜色特征作为目标的特征，因为颜色特征具有对尺度和旋转不变性、对目标姿态的变化不敏感、抗部分遮挡以及计算简单的特性。

本节主要从均值漂移算法的数学模型角度出发，分析其基本原理，根据人体跟踪过程中的问题，对目标的背景和目标本身进行加权，减小背景因素的影响，提高对目标较为准确的描述，并且在跟踪过程中根据模板更新因子对目标模板进行有条件的更新，进一步提高对目标稳定实时的跟踪。

7.6.1 基于均值漂移算法的目标跟踪

1. 什么是均值漂移

Fukunaga 等人于 1975 年在一篇关于概率密度梯度函数的估计中提出了 Mean-Shift 方法，起初该方法是指偏移的均值向量。然而，该方法在较长的一段时间内并没有引起研究者的关注。在 1995 年，一篇关于 Mean-Shift 的重要文献的发表引起了研究者的注意。在该文献中，作者对 Mean-Shift 方法在两个方面进行了推广，首先作者定义了一族核函数，使得样本离偏移点的距离不同，其偏移量对均值向量的贡献也不同，其次作者还设定了权重系数，使得不同样本点的重要性也不一样，这大大扩大了 Mean-Shift 方法在计算机视觉领域的使用范围。

作为匹配搜索类跟踪算法的典型代表之一，Mean-Shift 算法以其计算量小，对目标变形、旋转变化适应性强等特点得到了普遍的重视和广泛的研究。

Mean-Shift 是一种最优的寻找概率密度极大值的梯度上升法，在解决底层图像处理中表现出了良好的鲁棒性和较高的处理速度。基于 Mean-Shift 方法的目标跟踪技术采用核函数概率密度来描述目标的特征，然后利用 Mean-Shift 搜寻目标位置。这种方法具有很高的稳定性，能够适应目标的形变、大小的连续变化，而且计算速度很快，抗干扰能力强，能够保证系统的实时性和稳定性。

2. Mean-Shift 的理论基础

FuKunaga 对 Mean-Shift 定义为对 d 维空间 R^d 中的 n 个样本点 x_i，$i=1,2,\cdots,n$，在 x 点的 Mean-Shift 向量的基本形式为

$$M_h(x)=\frac{1}{k}\sum_{x_i\in S_h}(x_i-x) \tag{7.12}$$

其中，k 为在这 n 个样本点中有 k 个点落在 S_h 区域中，S_h 为一个半径为 h 的高维球形区域，即满足以下关系的 y 点的集合：

$$S_h(x)=\{y:(y-x)^T(y-x)\}\leqslant h^2 \tag{7.13}$$

Cheng 把 Mean-Shift 算法进行了推广：①允许使用非扁平核函数；②数据点可以加权；③在数据集合 S_h 不变的情况下，移动可以在任何 R^d 子集上进行。最终基本的 Mean-Shift 形式扩展为

$$M(x)=\frac{\sum_{i=1}^{n}G_{\boldsymbol{H}}(x_i-x)w(x_i)(x_i-x)}{\sum_{i=1}^{n}G_{\boldsymbol{H}}(x_i-x)w(x_i)} \tag{7.14}$$

其中，$G(x)$是单位核函数；$\boldsymbol{H}$ 为带宽矩阵；$w(i)$是权重。

Mean-Shift 算法其实是一个迭代的逐渐收敛至局部密度极大值的过程。把式(7.14)化简可以得到

$$M_h(x)=\frac{\sum_{i=1}^{n}G(\frac{x_i-x}{h})w(x_i)x_i}{\sum_{i=1}^{n}G(\frac{x_i-x}{h})w(x_i)}-x \tag{7.15}$$

式(7.15)等号右边的第一项记为

$$m_h(x)=\frac{\sum_{i=1}^{n}G(\frac{x_i-x}{h})w(x_i)x_i}{\sum_{i=1}^{n}G(\frac{x_i-x}{h})w(x_i)} \tag{7.16}$$

Mean Shift 算法的具体步骤是给定一个初始点 x，核函数 $G(x)$，阈值 ε，Mean Shift 算法循环执行以下步骤到结束条件满足：

1）计算 $m_h(x)$ 值；

2）if $\| m_h(x) < x \|$，循环结束，else 继续；

3）把计算的 $m_h(x)$ 值赋给 x，继续执行 1）步骤。

以上步骤也就是不断地沿概率密度的梯度方法移动的过程，同时移动的步长和方向与该处梯度有关。即在密度小的地方，移动的步长就长，密度大的地方移动的步长就短。

3. 多维空间下的非参数密度估计

（1）多变量核函数的生产方式

假设 X 代表一个 d 维欧式空间，x 是该空间中的一个点，用向量表示。x 的模为 $\| x \|^2 = x^{\mathrm{T}} x$，$R$ 为实数域。在 X 空间中进行非参数密度估计时，要用到多变量核函数。Comaniciu 等在文献中提出了两种多量核函数的产生方式：

$$K^p(x) = \prod_{i=1}^{d} K_1(x) \tag{7.17}$$

$$K^s(x) = a_{k,d} K_1(\| x \|) \tag{7.18}$$

其中，多变量核函数 $K^p(x)$ 和 $K^s(x)$ 都是指 $X \rightarrow R$ 的函数，而 $K_1(x)$ 是式(7.18)中的单变量核函数。$K^p(x)$ 是由单变量核函数的简单相乘得到，$K^s(x)$ 则是对 $K_1(x)$ 在 R^d 中的旋转得到的，通过旋转得到的 $K^s(x)$ 通常被认为是放射状对称的，常数 $a_{k,d}$ 是保证 $K^s(x)$ 积分为 1。在图像处理中使用对称核函数会更合适些，其放射状对称核函数应该满足一个条件：

$$K(x) = c_{k,d} k(\| x \|^2) \tag{7.19}$$

其中，$K(x)$ 是放射状对称核函数，$k(x)$ 称为 $K(x)$ 的轮廓函数，并且 $x \geqslant 0$；标准化常量 $c_{k,d}$ 使 $K(x)$ 积分为 1。通常 $k(x)$ 可以看做是 $K(x)$ 的一个剖面函数。

（2）多维空间下的非参数密度估计

x 表示在 d 维欧式空间中的一个点，$K_H(x)$ 表示该空间中的核函数。则在 R^d 空间中，点 x 处的概率密度估计值可表示为

$$\hat{f}(x) = \frac{1}{n} \sum_{i=1}^{n} K_H(x - x_i) \tag{7.20}$$

其中

$$K_H(x) = |\boldsymbol{H}|^{-\frac{1}{2}} K(|\boldsymbol{H}|^{-\frac{1}{2}} x) \tag{7.21}$$

式(7.21)中 $\boldsymbol{H}$ 表示 $d \times d$ 带宽矩阵。带宽矩阵 $\boldsymbol{H}$ 的使用增加了密度估计的灵活性，即可以在不同子空间采用不同的带宽。带宽矩阵一般可取两种形式，一种是对角阵形式：$\boldsymbol{H} = \mathrm{diag}\lfloor h_1^2 h_2^2 \cdots h_d^2 \rfloor$；二是单位比例阵的形式：$\boldsymbol{H} = h^2 I$。为了简化计算一般采用单位比例阵的形式。带宽矩阵采用 $\boldsymbol{H} = h^2 \boldsymbol{I}$ 形式的优势是显而易见的，它只需提供一个参数即可。如果带宽矩阵采用单位比例阵的形式，此时式(7.20)就可写为

$$\hat{f}(x) = \frac{1}{nh^d} \sum_{i=1}^{n} K\left(\frac{x - x_i}{h}\right) \tag{7.22}$$

将式(7.19)代入式(7.22)就可把概率密度估计表达式重写成基于核函数的轮廓函数，有

$$\hat{f}_{h,K}(x) = \frac{c_{k,d}}{nh^d} \sum_{i=1}^{n} k\left(\left\| \frac{x - x_i}{h} \right\|^2\right) \tag{7.23}$$

式(7.23)就是用 Mean-Shift 算法计算特征值概率密度估计时常用的公式。至此，已经导出了如何用核函数的方式来求解概率密度估计，下节将介绍 Mean-Shift 算法中关键的一步。

4. Mean-Shift 向量

在分析数据集合时往往关心的是数据集合中数据密度最大点的位置分布，可以通过对数据集合的密度梯度进行估计来获得位置分布。将密度梯度估计定义为$\nabla f_{h,K}(x)$，利用核函数的可微性与密度梯度的估计恒等于核密度估计的梯度的性质。对式(7.23)取梯度，有

$$\nabla^{\wedge} f_{h,K}(x) \equiv \nabla \hat{f}_{h,K}(x) = \frac{2c_{k,d}}{nh^{d+2}} \sum_{i=1}^{n} (x - x_i) k'\left(\left\| \frac{x - x_i}{h} \right\|^2 \right) \tag{7.24}$$

令 $g(x)=-k'(x)$，除了有限个点以外，轮廓函数 $k(x)$的梯度对所有的 $x\in[0,\infty)$均存在。定义新的核函数 $G(x)$，其轮廓函数为 $g(x)$，$G(x)=c_{g,d}g(\|x\|^2)$，$c_{g,d}$为标准化常量，通常称核函数 $K(x)$为核函数 $G(x)$的影子函数。将 $g(x)$代入式(7.24)，有

$$\begin{aligned}\nabla^{\wedge} f_{h,K}(x) &= -\frac{2c_{k,d}}{nh^{d+2}} \sum_{i=1}^{n} (x - x_i) g\left(\left\| \frac{x - x_i}{h} \right\|^2 \right) \\ &= \underbrace{\frac{2c_{k,d}}{nh^{d+2}} \left[\sum_{i=1}^{n} g\left(\left\| \frac{x - x_i}{h} \right\|^2 \right) \right]}_{1} \cdot \underbrace{\left[\frac{\sum_{i=1}^{n} x_i g\left(\left\| \frac{x - x_i}{h} \right\|^2 \right)}{\sum_{i=1}^{n} g\left(\left\| \frac{x - x_i}{h} \right\|^2 \right)} - x \right]}_{2}\end{aligned} \tag{7.25}$$

可以看出，$\nabla_{\wedge} f_{h,K}(x)$主要包含两项，并且两项都有特殊的意义。由式(7.25)容易看出：

第 1 项是在 x 点处基于核函数$G(x)$的非参数密度估计

$$f_{h,G}(x) = \frac{c_{k,d}}{nh^d} \sum_{i=1}^{n} g\left(\left\| \frac{x - x_i}{h} \right\|^2 \right) \tag{7.26}$$

第 2 项便是在 Mean-Shift 算法中最关键的 Mean-Shift 向量，将它表示为

$$m_{h,G}(x) = \frac{\sum_{i=1}^{n} x_i g\left(\left\| \frac{x - x_i}{h} \right\|^2 \right)}{\sum_{i=1}^{n} g\left(\left\| \frac{x - x_i}{h} \right\|^2 \right)} - x \tag{7.27}$$

为了能更好地理解式(7.27)的物理意义，假设该式中的 $g(x)=1$，这时式(7.27)可化简为

$$m(x) = \frac{1}{n} \sum_{i=1}^{n} (x_i - x) \tag{7.28}$$

图 7.14 较好地说明了式(7.28)的物理含义：中间黑点表示 x 点，也是式(7.28)中核函数 $g(x)$的中心点，周围的空心是样本点 x_i，小箭头表示为样本点相对于核函数中心点 x 的偏移量，平均的偏移量指向样本点最密的方向也就是梯度方向，图中用粗线剪头表示。向量 $m_{h,G}(x)$指向样本点最密集的方向就是密度梯度的方向。但是在式(7.28)中的各样本点 x_i 对$m(x)$的贡献是相同的。通常离中心点 x 越近的样本点 x_i 对估计中心点 x 周围的统计特性就显得越重要，因而引入核函数的概念，式(7.27)中 $g\left(\left\| \frac{x-x_i}{h} \right\|^2 \right)$就是对

每个样本点的权值，所以式(7.27)就被认为是在核函数 $g(x)$ 加权下的 Mean-Shift 向量。

Mean-Shift 算法是一个循环执行算法，一般分为三部分。在给定初始点 x，核函数 $G(x)$ 以及最小误差 ε，Mean-Shift 算法循环地执行以下三步，直到条件满足退出循环：

1) 计算 Mean-Shift 向量 $m_{h,G}(x)$；

2) 把 $m_{h,G}(x)$ 赋给 x；

3) 如果 $\| m_{h,G}(x) \| < \varepsilon$ 或达到循环次数，结束循环，否则继续执行 1)。

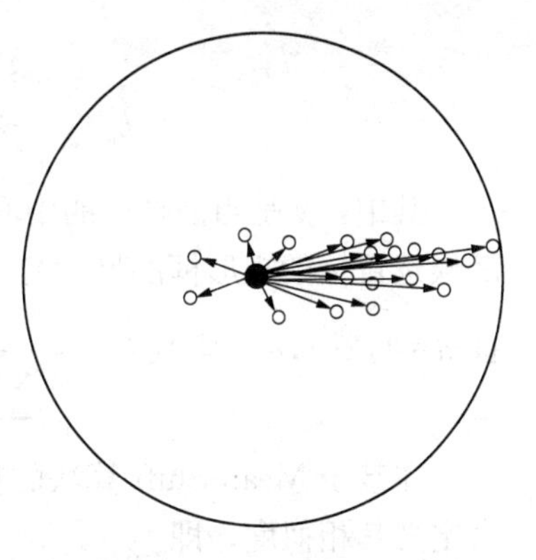

图 7.14 Mean Shift 向量

最终，核函数的中心收敛到样本数据空间中密度最大的区域，它的密度梯度估计接近于零。Mean-Shift 向量的方向总是指向概率密度变化最大的方向，在不包含感兴趣特征的区域，Mean-Shift 向量的步长较大，而在感兴趣特征的区域，步长较小，并且越接近最大密度处，步长越小。可以说 Mean-Shift 算法是一个步长变化的梯度上升算法，也称为自适应梯度上升算法。

基于 Mean-shift 的跟踪算法将灰度核直方图作为目标特征的描述，根据采样点得到核密度估计函数，从起始点开始，通过反复迭代搜索特征空间中样本最密集的区域，沿着样本点密度增加最快的方向逐渐“漂移”到核密度估计函数的局部极大值。在基于 Mean-Shift 算法的目标跟踪的过程中，有关目标模型和候选模型以及相似性度量等相关知识将在后续章节中介绍。

5. 目标模型表示与目标定位

目标模型的选择与目标跟踪算法的效果有着密切的关系。在行人跟踪中，常用的目标模型有基于目标颜色特征和基于目标的轮廓特征的模型。为了降低计算的复杂度，以及基于颜色特征的模型具有很好的鲁棒性、较好的抗遮挡性，本文中选用基于目标颜色特征的模型进行对目标进行描述。

在目标跟踪过程中，通常选用矩形框或椭圆形框对目标对象区域进行初始化。设 $\{x_i^*\}_{i=1,2\cdots,n}$ 为目标区域归一化后的图像像素，则目标物体模型 q 可表示为

$$q = \{q_u\}_{u=1,2,\cdots,m} \tag{7.29}$$

$$q_u = C\sum_{i=1}^{n} k(\| x_i^* \|^2)\delta[B(x_i^*)-u] \tag{7.30}$$

其中，n 是目标区域中像素点的个数，$k(x)$ 是核剖面函数，定义如下

$$k(x) = \begin{cases} 1-x^2 & x<1 \\ 0 & 其他 \end{cases} \tag{7.31}$$

这里，δ 是狄拉克函数，$B(x_i^*)$ 是在位置 x_i^* 处对应的特征值，特征空间均匀划分成 m 个子区间，$\delta[B(x_i^*)-u]$ 的作用是判断目标区域中像素 x_i^* 的颜色值是否属于第 u 个特征区间，若属于，值为1；反之为0。q_u 是目标物体区域中第 u 个特征的概率，概率特征 $u=1,2,\cdots,m$，根据条件 $\sum_{u=1}^{m} q_u = 1$，归一化常数 C 的值为

$$C = 1/\sum_{i=1}^{n} k(\| x_i^* \|^2) \tag{7.32}$$

同理，候选区域中目标模型 $p(y)$ 可以表示为

$$p(y)=\{p_u(y)\}_{u=1,2,\cdots,m} \tag{7.33}$$

$$p_u(y)=C_h\sum_{i=1}^{n_h}k\left(\left\|\frac{y-x_i}{h}\right\|^2\right)\delta[B(x_i)-u] \tag{7.34}$$

其中，y 是当前帧中的中心点，$\{x_i\}_{i=1,2,\cdots,n_h}$ 是候选目标中的像素点，h 是带宽(即跟踪候选目标的矩形框的尺寸)，$p_u(y)$ 是候选目标物体区域中第 u 个特征的概率，概率特征 $u=1,2\cdots,m$，常数 $C_h=\dfrac{1}{\sum_{i=1}^{n_h}k\left(\left\|\frac{y-x_i}{h}\right\|^2\right)}$。

在基于 Mean-Shift 算法的目标物体跟踪过程中，用目标模型和候选目标模型间的距离来定义其相似度，即

$$d(y)=\sqrt{1-\rho[p(y),q]} \tag{7.35}$$

$$\rho(y)=\sum_{u=1}^{m}\sqrt{p_u(y)q_u} \tag{7.36}$$

式(7.36)作为样本点估计的 BH(Bhattacharyya coefficient)系数，该系数衡量了目标模型和候选目标模型分别对应的两个直方图之间的相似性，将目标物体跟踪的相关问题转化为模式匹配问题。

根据式(7.36)可知，距离 $d(y)$ 越短，表明两者相似度就越大。对于行人跟踪来说，就是要找到一个位置 y，使得 $d(y)$ 最小，即使得 BH(Bhattacharyya coefficient)系数 $\rho(y)$ 最大化。首先计算出在当前帧中位于 y_0 处的候选目标区域的颜色概率值 $p_u(y_0)$，利用 Taylor 公式进行展开，可以得到 BH(Bhattacharyya coefficient)系数：

$$\rho(y)\approx\frac{1}{2}\sum_{u=1}^{m}\sqrt{p_u(y_0)q_u}+\frac{C_h}{2}\sum_{i=1}^{n_h}w_ik\left(\left\|\frac{y-x_i}{h}\right\|^2\right) \tag{7.37}$$

其中，权值 $w_i=\sum_{u=1}^{m}\sqrt{\dfrac{q_u}{p_u(y_0)}}\delta[B(x_i)-u]$，其密度分布在局部区域中的最大化可由 Mean-Shift 算法求得，为了使得 $d(y)$ 最小，初始的匹配位置选为上一帧图像中的匹配位置，根据当前位置 y_0，通过计算得出新的位置：

$$y_1=\frac{\sum_{i=1}^{n_h}x_iw_ig\left(\left\|\frac{y_0-x_i}{h}\right\|^2\right)}{\sum_{i=1}^{n_h}w_ig\left(\left\|\frac{y_0-x_i}{h}\right\|^2\right)} \tag{7.38}$$

其中，$g(x)=-k'(x)$，并且设 $x\in[0,\infty]$时，$k(x)$的一阶导数存在(除有限点外)。

7.6.2 基于改进的 Mean-Shift 算法的行人跟踪

(1) 背景加权和目标加权

在跟踪环境中，背景信息与目标信息的相关性，会影响目标定位的准确性。建立一种背景加权模板，可以较为准确地突出目标的特征，减少算法在空间中的迭代次数，提高目标跟踪效果。

设 $\{F_u\}_{u=1,2\cdots,m}\left(\sum_{i=1}^{m}F=1\right)$ 是特征空间中背景上的离散特征点，其中 F^* 是非零特

征值中的最小值。用权值 $w'_i=\sqrt{\min\left(\frac{F_u^*}{F_u},\ 1\right)}w_i$ 定义对目标模型和候选目标模型的变换。该变换使具有较低权值的特征在目标模型中的应用得以减少。

在目标跟踪时，目标被遮挡情况的出现会导致目标跟踪的偏差，甚至丢失。建立目标加权模板，使目标中心的权重最大。将目标中心的权值设定为1，距离中心越远，其权值相应越小，边缘处的权值趋近0，则中间任意点的权值 w''_i为

$$w''_i=1-\sqrt{\frac{(x_i-x_0)^2}{a^2+b^2}+\frac{(y_i-y_0)^2}{a^2+b^2}} \tag{7.39}$$

其中，a 和 b 分别是目标跟踪时初始化的矩形框的长和宽的一半，(x_0,y_0)是矩形框的中心。

结合上述背景加权模板和目标加权模板，可以得到新的目标模型：

$$q_u=C'w'_iw''_i\sum_{i=1}^{n}k(\|x_i^*\|^2)\delta[B(x_i^*)-u] \tag{7.40}$$

其中，常数 C'的值为

$$C'=\frac{1}{\sum_{i=1}^{n}w''_ik(\|x_i^*\|^2)\sum_{u=1}^{m}w'_i\delta[B(x_i^*)-u]} \tag{7.41}$$

同理，候选目标模型为

$$p_u(y)=C'_hw'_iw''_i\sum_{i=1}^{n_h}k\left(\left\|\frac{y-x_i}{h}\right\|^2\right)\delta[B(x_i)-u] \tag{7.42}$$

其中，常数 $C'_h=\dfrac{1}{\sum\limits_{i=1}^{n_h}w''_ik\left(\left\|\frac{y-x_i}{h}\right\|^2\right)\sum\limits_{u=1}^{m}w'_i\delta[B(x_i)-u]}$。

则根据当前位置 y_0 得到新的位置为

$$y_1=\frac{\sum_{i=1}^{n_h}x_iw'''_ig\left(\left\|\frac{y_0-x_i}{h}\right\|^2\right)}{\sum_{i=1}^{n_h}w'''_ig\left(\left\|\frac{y_0-x_i}{h}\right\|^2\right)} \tag{7.43}$$

其中，$w'''_i=\sum\limits_{i=1}^{n}w''_i\sum\limits_{u=1}^{m}\sqrt{\frac{q_u}{p_u(y_0)}}w'_i\delta[B(x_i)-u]$。

(2) 模板更新

通过前面内容可以看出，目标模板在目标跟踪过程中有着比较重要的作用。但是，在目标的运动过程中，由于背景的变化和光照的影响，如果一直使用初始时定义的目标模板与已经发生变化了的目标候选模板进行匹配，则匹配精度将会受到很大影响，影响目标的跟踪效果。因此，在目标跟踪过程中进行动态模板更新是非常有必要的。

在本文中，采用的模板更新机制的具体过程如下。

首先，计算当前帧的背景离散模型$\{F'_u\}_{u=1,2,\cdots,m}$，并计算模板更新因子

$$\rho=\sum_{u=1}^{m}\sqrt{F_uF'_u} \tag{7.44}$$

其次，如果 $\rho>T$，则需模板更新：

$$q'=(1-\rho+T)\times q+(\rho-T)\times p \tag{7.45}$$

其中，q'为更新后的目标模板，q 为当前帧的目标模板，T 为模板更新的阈值，p 为在当

前帧中找到的目标对象。

(3) 基于改进 Mean-shift 的人体跟踪算法流程

基于改进 Mean-shift 算法的人体跟踪算法的计算步骤如图 7.15 所示。其中，若 $\| y_1 - y_0 \| > e$，$k < N$，则 $y_0 \leftarrow y_1$，且转至第二步(e 为设置的阈值，N 为设置的最大迭代次数)；否则，进行模板更新，停止对当前帧的迭代，返回第一步，进行下一帧的操作。

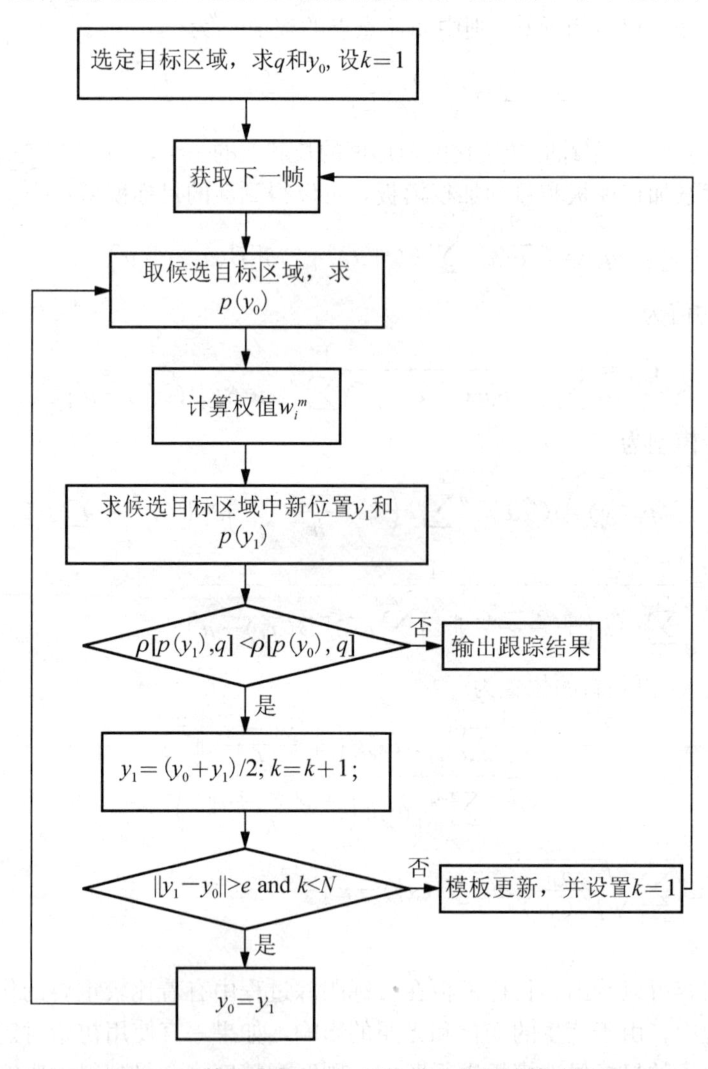

图 7.15 基于改进 Mean-Shift 的人体跟踪算法流程

7.6.3 实验结果及分析

为验证改进算法的有效性，我们选取 CAVIAR 项目组提供的标准视频序列和自拍序列分别进行跟踪测试。并将结果同文献［97］中提出的算法作了比较。

实验 1：采用 CAVIAR 项目组提供的视频序列做跟踪测试

实验结果如图 7.16 所示。该序列(walkbyshop1cor. mpg)采集于一个商场的走廊通道，帧速率是 25 帧每秒，图像大小为 384×288，跟踪的对象在运动过程中出现部分遮挡。

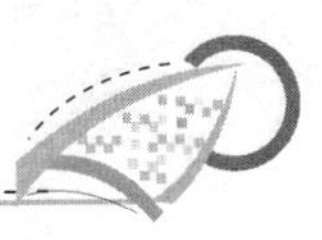

在图 7.16 中，第一行为文献［97］中的算法的结果；第二行为本文中的算法的结果。图像依次为 1352(作为初始帧)、1389、1529、1533 帧。采用文献［114］中提出的算法进行行人跟踪，大约在 1529 帧时跟踪的效果出现了比较大的偏差，到 1533 帧时，跟踪的目标基本跟丢。这是因为在跟踪过程中，文献［97］算法不能很好地将目标与背景分离，使得算法不能很好地达到跟踪效果。对比发现，本文中的算法能够取得相对不错的跟踪效果。特别是在 1533 帧时，当跟踪的行人发生部分遮挡时，文献［97］中算法跟踪的对象几乎跟丢，改进后的算法却能够发挥相对比较好的作用。另外，在实验中，我们比较了算法改进前后为寻找最优收敛值时的迭代次数，具体效果(标准视频序列测试)如图 7.17 所示。算法改进前，其平均迭代次数为 2.94，算法改进后，其平均迭代次数为 2.72。迭代次数的减少主要是因为搜索空间的减小，以及改进算法使得目标特征能更好地突出在跟踪过程中。

图 7.16　标准视频序列测试结果

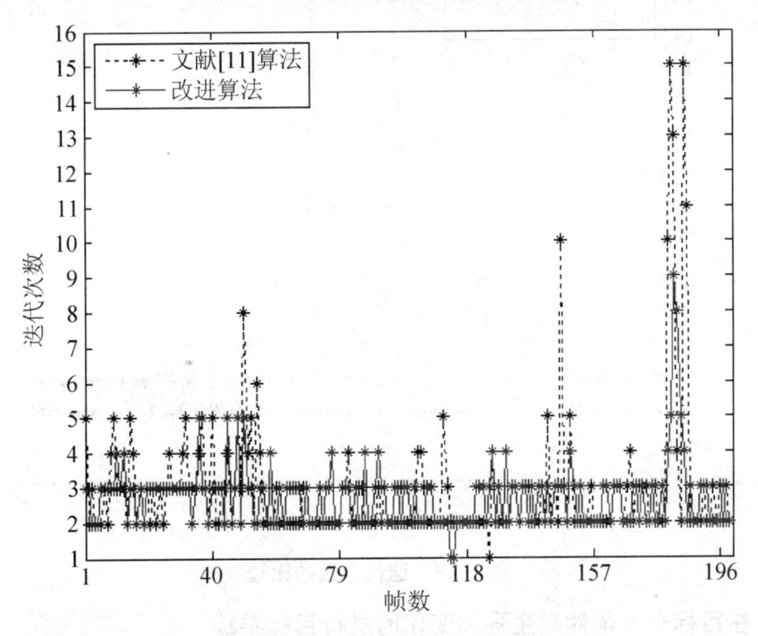

图 7.17　算法改进前后迭代次数的比较

实验 2：采用 DV 拍摄的视频序列做跟踪测试

实验结果如图 7.18 所示。拍摄的现场是校园里的一处场景，选择的跟踪对象是场景中运动的行人，由于受到背景因素的干扰，行人的颜色和车的颜色较接近，会对跟踪的目标产生干扰。第一行为文献［97］中的算法结果；第二行为本文中的算法结果。测试图像分别为第 1(作为初始帧)、26、62、106 帧。在第 62 帧时，文献［97］中算法出现跟踪的偏差，而改进算法利用背景加权和目标加权，以及模板的更新保证了跟踪对象不受背景中相似区域的影响，达到较好的跟踪效果。对于自拍序列，其算法改进前后的平均迭代次数分别为 4.32，3.67。具体比较(自拍序列测试)如图 7.19 所示。

图 7.18　自拍序列测试结果

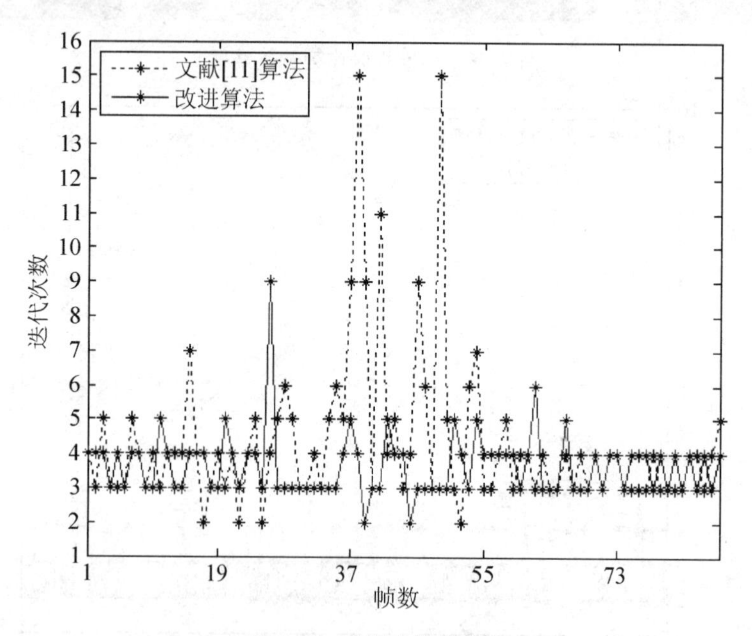

图 7.19　迭代次数的比较

实验 3：在目标光照条件发生强弱变化时进行目标跟踪

采用 CAVIAR 项目组提供的视频序列做跟踪测试，帧速率是 25 帧每秒，图像大小为

384×288，实验结果如图 7.20 所示。第一行为文献［97］中的算法结果；第二行为本文中的算法结果。测试的图像分别为第 2040（作为初始帧）、2077、2137、2180 帧。目标从光照条件比较充足的区域逐渐进入到阴影区，又逐渐走出阴影区，目标整体的亮度也发生了变化，从实验结果可以看出，改进的算法对于环境光照的变化有相对比较不错的跟踪效果。对于迭代次数，其算法改进前后的平均迭代次数分别为 4.24，3.33。具体比较结果如图 7.21 所示。

图 7.20 标准视频序列测试结果

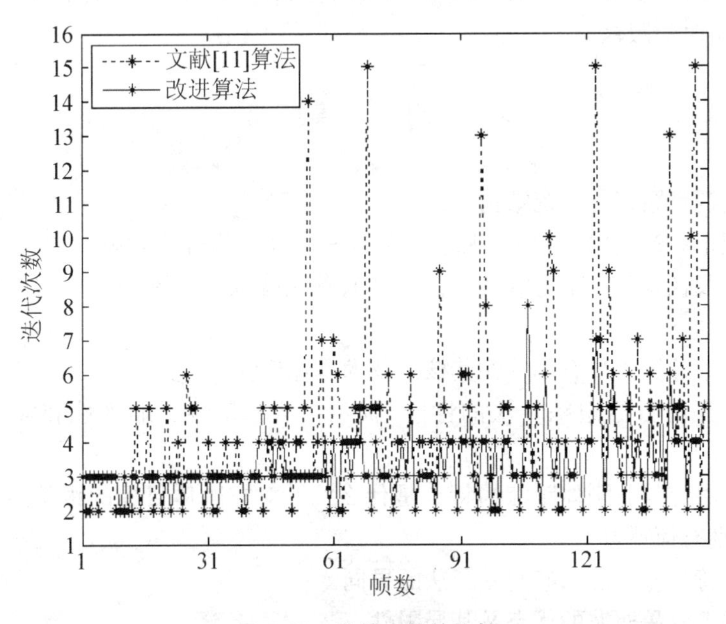

图 7.21 迭代次数的比较

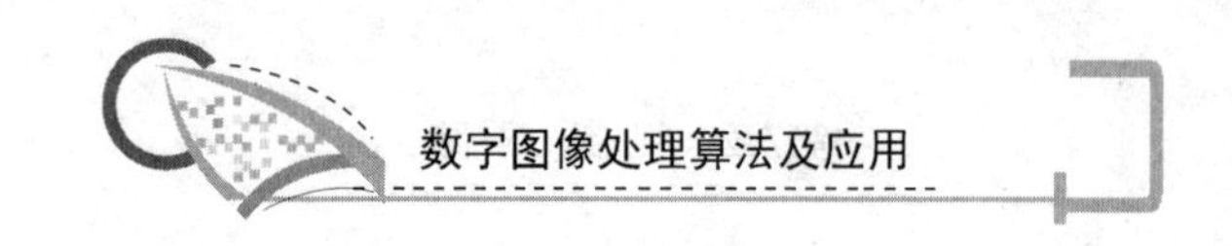

7.7 小　　结

本章围绕视频跟踪相关的基础理论展开论述，首先介绍了被跟踪目标表示方法和目标特征，重点列举了在视频跟踪过程中使用的目标表示方法，并阐述了目标特征选取的原则和常用的视觉特征；其次介绍了视频跟踪过程中，目标的检测技术，重点介绍了常用的目标识别检测方法；最后对目标的跟踪方法进行了介绍，重点介绍了基于贝叶斯估计理论的目标跟踪方法，同时给出了评价跟踪算法性能优劣的几个评价标准。

另外，为了较好地解决光照变化、姿态、遮挡等不利因素的干扰，我们提出一种行人检测的算法。其首先选择图像的点对比较特征设计随机森林的分类器，这种基于大量训练样本的统计学习的方法可以较好地用于行人检测中。为验证本文算法的有效性，分别于基于 HOG 的行人检测算法以及基于 ISM 的行人检测算法进行了对比，并结合 Recall-Precision 图更好地验证了本章算法的有效性。

最后，我们又提出了一种鲁棒性强的行人跟踪算法。通过多组实验，分别从直观跟踪效果和迭代运算次数方面，与文献［97］进行比较，分析了本文给出算法的性能及有效性。改进算法有两大特点：①提出了背景加权和目标加权方法，降低背景干扰因素的影响，较为准确地描述了目标特征，有效提高 Bhattacharyya 系数值；②提出一种目标模板实时更新策略，进一步提高目标物体跟踪的实时性和鲁棒性，实现复杂环境下对序列图像中目标的稳定实时的跟踪。

习　　题

7.1　简述视频跟踪的系统结构。

7.2　视频跟踪的应用范围都有哪些？对当前的生活有什么影响？

7.3　现阶段视频跟踪都有哪些方法？各有什么优缺点？不同的方法分别适合于哪些情况？

7.4　视频跟踪算法都有哪些？其核心技术是什么？

7.5　怎样评估目标跟踪算法的性能(提示：从稳定性、准确性和实时性等方面来阐述)？

7.6　刚体跟踪与非刚体跟踪的特点是什么？针对非刚体目标的跟踪通常分为几类主要的方法？分别有何特点？

7.7　简述背景差分法与帧间差分法的异同。

7.8　简述卡尔曼滤波的优点及其局限性。

7.9　简述粒子滤波的优点及其局限性。

7.10　比较几种常见的基于区域的局部特征(HOG、MSER、基于灰度的区域)，并说明其优缺点。

第8章

图像识别初步

8.1 模式与模式识别

模式识别（Pattern Recognition）是人类的一项基本智能，在日常生活中，人们经常在进行“模式识别”。随着20世纪40年代计算机的出现以及50年代人工智能的兴起，人们也希望能用计算机来代替或扩展人类的部分脑力劳动。模式识别在20世纪60年代初迅速发展并成为一门新学科。

模式是由确定的和随机的成分组成的物体、过程和事件。在一个模式识别问题中，它是识别的对象。

模式识别是指对表征事物或现象的各种形式的(数值的、文字的和逻辑关系的)信息进行处理和分析，以对事物或现象进行描述、辨认、分类和解释的过程，简单地说就是应用计算机对一组事件或过程进行鉴别和分类。

我们所指的模式识别主要是对语音波形、地震波、心电图、脑电图、图片、照片、文字、符号、生物的传感器等对象进行测量的具体模式进行分类和辨识。

模式识别与统计学、心理学、语言学、计算机科学 、生物学、控制论等都有关系。它与人工智能 、图像处理的研究有交叉关系。例如，自适应或自组织的模式识别系统包含了人工智能的学习机制；人工智能研究的景物理解、自然语言理解也包含模式识别问题。又如模式识别中的预处理和特征抽取环节应用图像处理的技术；而图像处理中的图像分析也常常应用模式识别的技术。

8.2 图 像 识 别

将模式识别的方法和技术应用于图像领域，即当识别的对象是图像时就称为图像识别。虽然对人类而言，理解和识别所看见的东西似乎是一件在平常不过的事情，但让计算机具有类似的智能却是一项极具挑战的任务，然而两者在许多环节上是相似的，下面从熟悉的人类视觉过程开始，认识机器的图像识别机理。

图形刺激作用于感觉器官，人们辨认出它是经历过的某一图形的过程，也叫图像再认。所以说在图像识别中，既要有当时进入感官的信息，也要有记忆中存储的信息。只有通过存储的信息与当前的信息进行比较的加工过程，才能实现对图像的再认。这一点和计

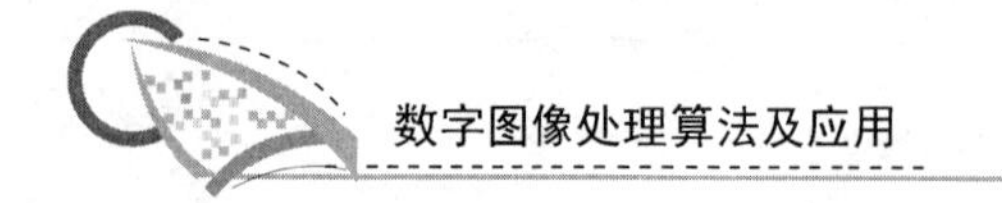

算机的识别过程中相似，即需要先学习一些已经类别的样本(训练样本)，才能识别那些类别未知的新样本(测试样本)。

人的图像识别能力是很强的。图像距离的改变或图像在感觉器官上作用位置的改变，都会造成图像在视网膜上大小和形状的改变，即使在这种情况下，人们仍然可以认出他们过去知觉过的图像。此外，人类还具有非凡的3D重建能力，例如，您可能只见过某人的正面照片，但您可以认出此人的侧脸甚至是背脸。在这个意义上说，目前计算机的识别能力与我们人类还相差甚远。

图像识别可能是以图像的主要特征为基础的。每个图像都有它的特征，如字母A有个尖、P有个圈、而Y的中心有个锐角等。相关研究表明，识别时视线总是集中在图像的主要特征上，也就是集中在图像轮廓曲度最大或轮廓方向突然改变的地方，这些地方的信息量最大。而且眼睛的扫面路线也总是依次从一个特征转到另一个特征上。由此可见，在图像识别过程中，知觉机制必须排除输入的多余信息，抽出关键信息。同时，在大脑中必定有一个负责整合信息的机制，它能把分阶段获得的信息整理成一个完整的知觉映象。这一点正好说明了图像识别中特征提取的必要性。

图像识别中著名的模板匹配模型认为，要识别某个图像，必须在过去的经验中有这个图像的记忆模式，又叫模板。当前的刺激如果能与大脑中的模板相匹配，这个图像就被识别了。例如，有一个字母A，如果在大脑中有个A模板，字母A的大小、方位、形状都与这个A模板完全一致，字母A就被识别了。但这种模型强调图像必须与脑中的模板完全匹配才能成功识别，而事实上人不仅能识别与脑中的模板完全一致的图像，也能识别与模板不完全一致的图像。例如，人们不仅能识别某一个具体的字母A，也能识别印刷体的、手写体的、方向不正、大小不同的各种字母A。这就提示我们匹配过程不是基于完全相同的比较而是基于某种相似性的度量。

8.2.1 识别问题的一般描述

一个模式识别问题一般可描述为在训练样本集合时已经“教授”识别系统如何输入矢量映射为输出矢量，即已知一个从样本模式中抽取的输入特征集合(或输入矢量)$\boldsymbol{X}=\{x_1, x_2, \cdots, x_n\}$，寻找一个根据预定义标准与输入特征匹配的相应特征集合(输出矢量)$\boldsymbol{Y}=\{y_1, y_2, \cdots, y_n\}$。

这其中对于类别已知的样本参与的训练过程，可参考图8.1中的**实线部分**，此时样本的类别信息$\boldsymbol{Y}$是已知的，它训练样本$\boldsymbol{X}$一起参与分类器的训练，而图8.1中的**虚线部分**中的识别正是利用训练得到的分类器将输入模式$\boldsymbol{X}$映射为输出类别信息$\boldsymbol{Y}$的过程，实际上，我们不妨将训练过程理解为一种在输入$\boldsymbol{X}$和输出$\boldsymbol{Y}$均已知的情况下确定函数$\boldsymbol{Y}=f(\boldsymbol{X})$具体形式的函数拟合过程；而识别过程则可理解为将类别未知的模式$\boldsymbol{X}$作为f的输入，从而计算出$\boldsymbol{Y}$的函数求值过程。当然，这里的函数f很可能不具有解析形式，有时会相当复杂，它代表着一种广义上的映射关系。

识别(分类)的任务就是找到对特征空间的一种合理划分。分类器将特征空间分成标记为类别的**决策区域**，对于唯一的分类结果，这些区域必须覆盖整个特征空间且不相交，而每个区域的边缘称为**决策边界**。从这个意义上说分类器就是分割决策区域的决策边界函数集合，图 8.2 给出了一些典型的决策区域和决策边界。对特征矢量的分类就是确定它属于那个决策区域的过程。

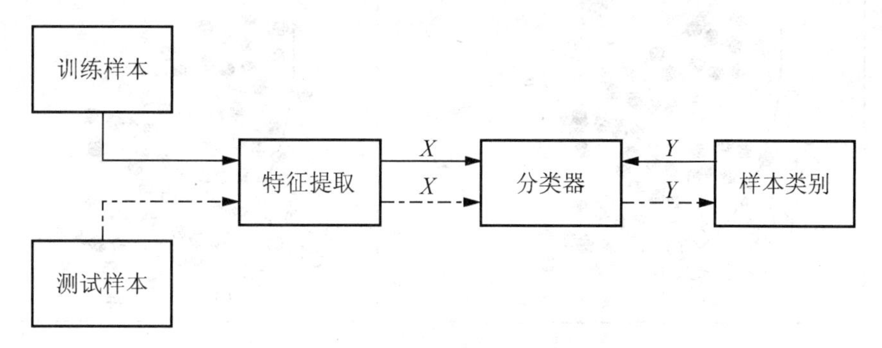

图 8.1　训练与识别过程

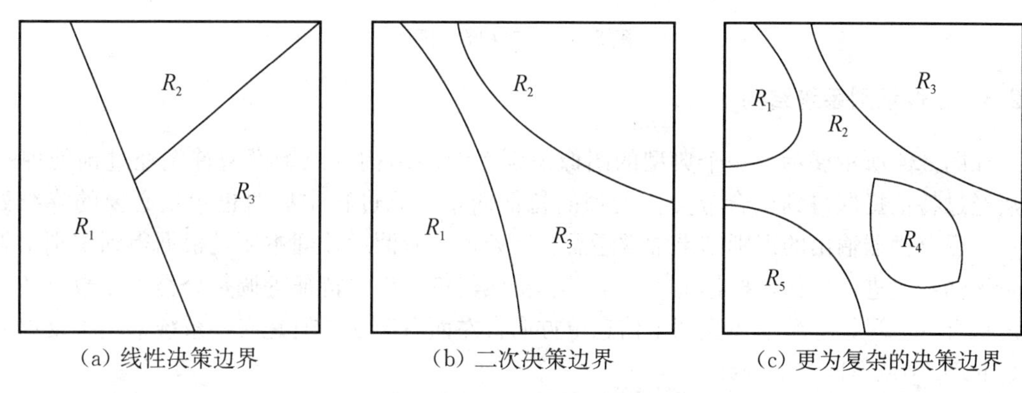

(a) 线性决策边界　(b) 二次决策边界　(c) 更为复杂的决策边界

图 8.2　二维空间中的决策区域

8.2.2　过度拟合

在图 8.3 中，注意到决策边界既可以是图 8.3(a)中实线那样简单的线性或二次形式，也可以像图 8.3(b)中虚线那样极其复杂且不规则的形式。那么，对于一个特定的分类问题，应当选择简单的模型还是比较复杂的模型。一般来说，简单模型具有计算不复杂的优势，训练它们所需的样本数目也更少，但它们对空间的划分往往不够精确，导致识别精度受到一定的限制；而复杂的模型可以更好地拟合训练样本，产生非常适合训练数据的复杂决策边界，从而有理由期望它们在测试集上也会有好的表现。然而，这一美好的愿望并不总能实现，事实上，过程复杂的决策边界常常导致所谓“过度拟合”现象的产生。

对于图 8.3 中的两类训练样本，一个简单的二次曲线和另一个复杂得多的不规则曲线体现两种分类策略。我们看到在图 8.3(a)中不规则曲线完美地分类了所有的训练样本，无一差错；而当面对从未见过的测试样本(见图 8.3(b))时，复杂曲线的表现令人大失所望，它将一大部分“实心圆”类样本错分为“空心圆”类，而简单的二次曲线却工作得相当好。究其原因，主要是过度复杂的决策边界不能够对新数据进行很好地归纳(泛化、一般化)，它们过于倾向对训练数据的正确划分(复杂的形式正好为它们完美地拟合训练数据创造了条件)，而不能够对真正的数据模型进行很好地分类。这个问题称为过度拟合(Overfit)。简单的决策边界对训练数据不够理想，但是对新数据却往往能够较好地归纳。

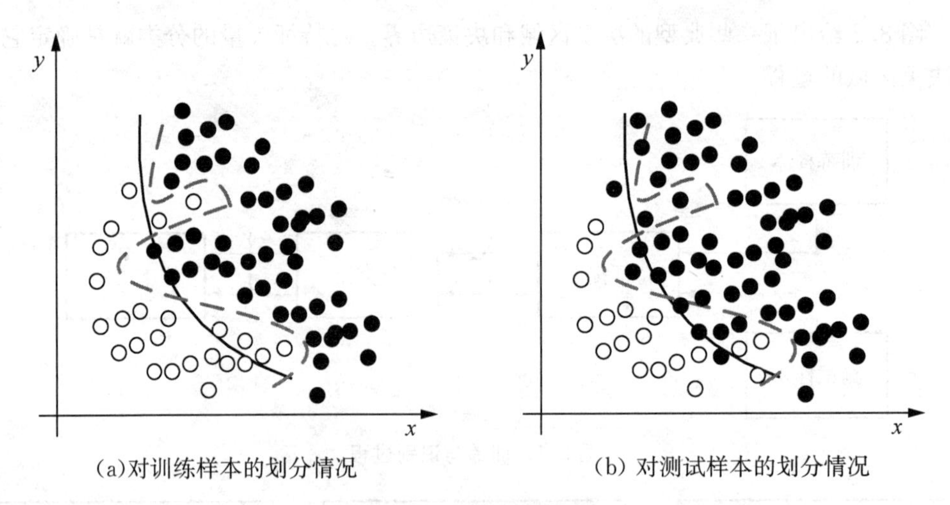

(a)对训练样本的划分情况　　(b) 对测试样本的划分情况

图 8.3　过度拟合问题

8.2.3　图像识别系统结构

如图 8.4 所示展示了一个典型的图像识别系统的结构。原始模型首先经过预处理[①]，而后经过特征提取得到适合分类器处理的特征向量，此过程中有时也包括必要的降维处理；最后分类器输出的识别结果常常还需要后处理。所谓后处理主要是根据得到识别结果进行评估和改进，例如，根据上下文信息、错误代价、损失特征等调整分类器参数以防止过度拟合等。尽管这种描述强调了信息单方向自左而右流动，但是有些系统采用了反馈机制(图 8.4 中从右向左的虚线)。

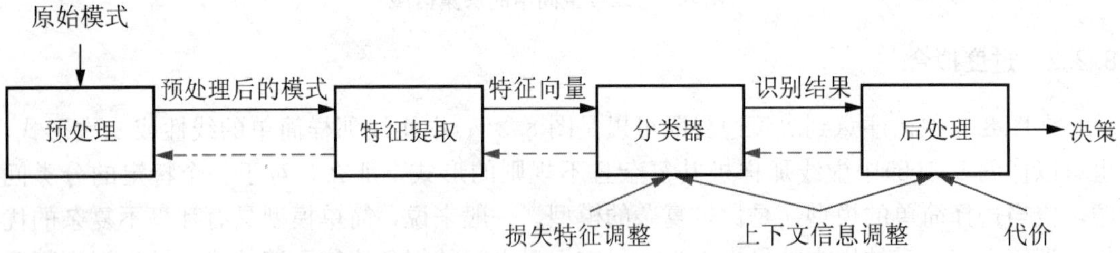

原始模式
预处理后的模式
特征向量
识别结果
预处理
特征提取
分类器
后处理
决策
损失特征调整
上下文信息调整
代价

图 8.4　图像识别系统

(1) 原始模式

为了使计算机能够对各种现象进行分类识别，要用计算机可以运算的符号来表示所研究的对象。通常输入对象的信息有下列四种类型：

1) 二维图像：如文字、指纹、地图、照片等对象；

2) 一维波形：脑电图、心电图、机械振动波形等；

3) **物理参量**：如在疾病诊断中病人的体温及各种化验数据等；

4) **逻辑值**：例如，对某参量正常与否的判断或对症状有无的描述，如痛与不痛，可用逻辑值即 0 和 1 表示。

---

① 预处理的目的是去除噪声，加强有用的信息，并对输入测量仪器或其他因素所造成的退化现象进行复原。

在引入模糊逻辑的系统中，物理参量和逻辑值还可以包括模糊逻辑值，如很大、大、比较大等。此外，通过测量、采样和量化，原始模式可以用矩阵或向量表示二维图像或一维波形。

(2) 特征提取

从概念上划分“特征提取器”和“模式分类器”两个部件存在一些随意性。一个“理想的”特征提取器应该产生一个表达，以使得后继的分类器的工作变得稀松平常。相反，一个“万能的”分类器将不必借助于复杂的特征提取器(就能独立完成任务)。之所以(在概念上)区别对待二者，仅仅是出于实践中的考虑，而并非理论上的原因。

特征提取模块通常要提取具有如下性质的特征描述：来自同一类别的不同样本的特征值应该非常相近，而来自不同类别的样本的特征值应该有很大的差异。这让我们产生了提取最有“鉴别”(Distinguishing)能力的特征的想法，这些特征对与类别信息不相关的变换具有不变性(Invariant)。在鱼的例子中，传送带上的鱼的绝对坐标位置跟类别信息无关，因此特征描述中可以不考虑鱼的绝对位置。理想情况下，特征描述应当对平移变换保持不变，不管在水平或者垂直方向上都希望不变。因为旋转对分类也是无关的，所以我们同样希望特征是旋转不变的。最后，鱼的大小可能并不重要，一条幼小的鲑鱼仍然是一条鲑鱼。因此，我们还希望特征应当是尺度不变的。总之，用来描述诸如形状、颜色和不同纹理等属性的特征量应该是平移不变、旋转不变和尺度不变的。

特征提取相比分类更加依赖于具体问题和具体领域，因此相应领域的知识是必需的。一个性能高超的鱼类分类器可能在指纹识别或者识别显微血细胞时毫无作用。然而，在设计特征提取器时可以利用模式分类的某些基本原则。本书讲述的模式分类技术虽不能替代专门领域知识，但是它们能帮助获取对噪声不敏感的特征值。在某些情况下，这些技术还能帮助如何从一大堆可能的特征中选择最有价值的特征。

(3) 分类器

系统中分类器的作用是根据特征提取得到的特征向量来给一个被测对象赋一个类别标记。因为完美的分类性能通常是不可能获得的，更一般的任务是确定每一个可能类别的概率。由输入数据特征向量表示所提供的抽象，使得建立大规模领域独立的分类理论成为可能。

分类的难易程度取决于两个因素，其一是来自同一个类别的不同个体之间的特征值的波动，其二是属于不同类别的样本的特征值之间的差异。来自同类对象的个体特征值的波动可能是来自问题的复杂度，也可能来自噪声。这里所定义的噪声是一个非常广义的概念：如果一个感知到的模式属性并非来自真正模式的模型，而是来自环境中的某种随机性或者是传感器的性能缺憾，那么就是噪声。所有非平凡的决策和模式识别问题都包含了某种形式的噪声。有没有最好的方式来设计一个能对付所有这些噪声的分类器呢？最终可能达到的最优分类性能又是什么呢？

实际应用中常常遇到这样的问题：从一个输入中试图确定所有的特征值通常是不可能的。例如，在假想的鱼的分类器系统中，也许无法准确确定一条鱼的宽度，因为它可能会被其他的鱼遮挡。该如何对此做出补偿呢？因为2-特征分类器根本无法在某个特征丢失的情况下作出单个特征变量 $x*$ 的判决。它怎么可能根据仅存的特征作出最优判决呢？一种朴素的想法是假定丢失的特征值是零，或者是其他已被观测到的模式的该特征的平均值。这样做的结果很明显将不是最优的。同样地，怎样才能训练或使用一个部分特征丢失了的分类器呢？

(4) 后处理

分类器不是虚幻的东西。正相反，它一般要执行一个推荐的具体的动作(例如，把这条鱼放在这个桶里，而把那条鱼放在那个桶里)，每个动作都要付出相关的代价。后处理模块利用分类器的输出结果来确定合适的动作。

从概念上讲，最简单的分类器性能度量是分类误差率，新模式被标记为错误类别的百分比。因此，一般的做法是寻求具有最低分类误差率的分类器。然而，更好的做法是，推荐一个能够降低总体代价［称为“风险”(Risk)］的动作。怎样在模式识别中嵌入有关代价的知识，并且，这些代价知识对分类器将产生怎样的影响。通过估计总体风险的方法，是否能够在具体使用一个分类器之前就判断它是否是可接受的，是否可以估计任意分类器的最低可能的风险，然后分析分类器与理想情况的接近程度如何，或者问题本身确实太难了而根本无法处理。

后处理模块可能采用“上下文信息(Context)”来改善系统的性能。“上下文”通常来源于输入数据的信息，而不是目标模式本身。假定在光学字符识别系统中，遇到一个T/-\EC/-\T的序列，虽然系统可能无法识别“/-\”为任何独立的英文字母，但是通过上下文可以清楚地看到第一个字母(应该)是H，第二个(应该)是A。上下文信息是很复杂和很抽象的概念。“jeetyet?”这句话听上去是毫无意义的，但是如果是午餐时间你在自助餐厅里听到一个朋友这么说，就知道他在问“did you eat yet?”，这就是一种视觉和时间上的“上下文语境”。

8.2.4 训练/学习方法分类

一般的训练/学习过程是指在给定一般的模型或分类器形成的情况下，利用训练样本去学习和估计模型的未知参数，具体地说就是用某种算法来降低训练样本的分类误差，例如，人工神经网络中将要学习的梯度下降算法，它通过调节分类器的参数，使训练朝着能够降低误差的方向进行。还有很多其他形式的学习算法，通常可分为以下几种形式。

(1) 有监督学习

有监督学习是指在训练样本集中的每个输入样本类别均已知的情况下进行学习，也就是使用训练模式和相应的类别标记一起来“教授”分类器。日常生活中有监督学习的一个例子是教孩子识字，教师将字本身(样本)和具体是什么字(类别)一起教给孩子。

(2) 无监督学习

无监督学习在无监督学习算法或“聚类算法”中并没有显式的教师。系统对输入样本自动形成“聚类”(Cluster)或“自然的”组织。所谓“自然”与否是由聚类系统所采用的显式或隐式的准则确定的。给定一个特定的模式集和代价函数，不同的聚类算法将导致不同的结果。通常要求用户事先指定预定的聚类数目。但如何做到这一点呢，如何才能避免不恰当的模式表达。

(3) 强化学习

强化学习训练模式分类器的典型做法是，给定一个输入样本，计算它的输出类别，将其与已知的类别标记作比较，根据差异来改善分类器的性能。例如，在光学字符识别系统中，输入的是一个字符的图像，如分类器目前的输出是字符类别R，而实际的类别应该是B。在“强化学习”(Reinforcement Learning)或“基于评价的学习”(Learning with a Critic)中，并不需要指明目标类别的教师信号。相反地，它只需要教师对这次分类任务完成情况给出“对”或“错”的反馈。这就好像是说一个评价仅仅给出了某种判断是“对”还是“错”，而没有给出“错”在哪里。在模式识别中，最普通的评价是一个二值的标量：“对”或者“错”。那么，系统将如何才能从这种不明确的反馈中进行学习？

8.3 图像识别方法分类

有两种基本的图像识别方法，即统计模式识别(Statistical Pattern Recognition)方法和句法(结构)模式识别(Syntactic Pattern Recognition)方法。统计模式识别是对模式的统计分类方法，即结合统计概率论的贝叶斯决策系统进行模式识别的技术，又称为决策理论识别的方法；而利用模式与子模式分层结构的树状信息所完成的模式识别工作，就是句法(结构)模式识别。

8.3.1 统计模式识别

统计模式识别是目前最成熟也是应用最广泛的方法，它主要利用贝叶斯决策规则解决最优分类器问题。统计决策理论的基本思想就是在不同的模式类中建立一个决策边界，利用决策函数把一个给定的模式归入相应的模式类中。

统计模式识别方法以数学上的决策理论为基础建立统计模式识别模型。其基本模型是对被研究图像进行大量统计分析，找出规律性的认识，并选取出反映图像本质的特征进行分类识别。统计模式识别系统可分为两种运行模式：训练和分类。训练模式中，预处理模块负责将感兴趣的特征从背景中分割出来、去除噪声以及进行其他操作；特征选取模块主要负责找到合适的特征来表示输入模式；分类器负责训练分割特征空间。在分类模式中，被训练好的分类器将输入模式根据测量的特征分配到某个指定的类。详见图8.1和图8.4所示。

统计模式识别方法最终归结为分类问题，常用的分类方法包括线性判别分析法、最小距离分类法、非线性判别分析法、(动态)贝叶斯网络法等。

8.3.2 句法模式识别

对于较复杂的模式，如采用统计模式识别的方法，所面临的一个困难就是特征提取的问题，它所要求的特征量十分巨大，要把某一个复杂模式准确分类很困难，从而很自然地就想到这样的一种设计，即努力地把一个复杂模式分化为若干较简单子模式的组合，而子模式又分为若干基元，通过对基元的识别，进而识别子模式，最终识别该复杂模式。正如英文句子由一些短语，短语又由单词，单词又由字母构成一样。用一组模式基元和它们的组成来描述模式的结构的语言，称为**模式描述语言**。支配基元组成模式的规则称为文法。当每个基元被识别后，利用句法分析就可以作出整个的模式识别。即以这个句子是否符合某特定文法，以判别它是否属于某一类别。这就是**句法模式识别的基本思想**。

句法模式识别是用小而简单的基元与语法规则描述和识别大而复杂的模式，通过对基元的识别，进而识别子模式，最终识别复杂模式。其是基于描述的结构特征，形式语言中的规则进行分类。句法模式识别系统通常由识别及分析两部分组成。

其中，**识别部分**包括图像预处理、基元及其关系的选择和结构分析。

1）**预处理**主要包括编码、滤波、增强及隙缝填补等一系列操作。

2）**基元选择**包括分割、特征(基元)抽取。这部分在分割的过程中抽取基元并显示基元相互关系，以便利用子模式进行描述，所以基元不一定是模式的一部分，与统计模式识别中特征提取稍有不同，基元的选择要考虑容易识别，所有基元不一定是模式中最小的元素。基元的选择要尽可能少，而且容易被识别。

3）**结构分析**是指“结构分析器”。它可判别所得到的表达式在句法上是否正确。如果句法是正确的，就能得到模式的完整描述。

另外，图 8.5 的**分析部分**包括基元选择及结构推断。模式分析是为模式识别服务的。基元选择提供参考模式基元，供识别部分作为匹配模板用，以完成识别任务。基元选择和结构推断是相互关联的，基元选择的复杂一些，句法结构就可简单些；反之亦然。

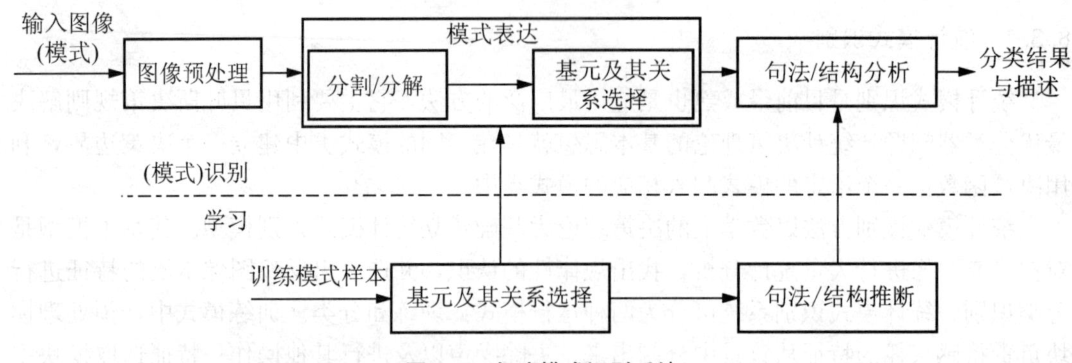

图 8.5　句法模式识别系统

根据模式的不同，模式结构的表示方法也有所不同。一维模式大都用一维链来描述。对于二维的模式，关系就复杂了，一般用树、图结构。所以，句法模式识别推广到多维时，形式语言就不适用了，需要加以推广，以适应识别的需要。

句法模式识别法在以下邻域多有应用：

1）波形分析；

2）声音识别与理解；

3）文字识别；

4）二维数学表达式；

5）指纹分类；

6）图像分析与理解；

7）机器部件识别；

8）自动视觉检查；

9）LANDSAT 资源勘探用陆地卫星数据理解。

注意：

1）句法模式识别方法将复杂的对象层层简化直至最小单元——基元，是一种层次的模式描述。

2）可以把模式描述的结构法类比与语言的语法。由基元、子模式以不同方法构成模式的过程如同由字构成词，由词构成句子的过程。用作模式的结构描述的语言包括两部分，即模式基元和对基元的合成操作规则，这种语言被称为“模式描述语言”。对基元作合成操作以构成模式规则，就叫做语法。当模式中的每一基元被辨认以后，识别过程就可以通过语法分析来实现。

3）句法识别的首要问题是确定一个模式基元集。基元的选择一般应注意两点：

- 基元应是模式的基本单元，且宜于利用它们之间的结构关系来紧凑方便地描述模式；
- 基元就是简单的子模式，可用非语言方法(如统计方法、几何尺寸度量等)来提取。

目前主要有两种选择方法：着眼于图形的边界或骨架的基元选择或按区域划分多边形近似的基元。而基元的抽取方法只能按不同的基元设计不同的方法来进行。

8.4　基于半监督 LDA 的中医五色识别

望面色是医生通过肉眼观察人们面部的颜色以诊断疾病的一种望诊方法。《石室秘录》言：“看病必察色，察色必观面，而各有部位，不可不知”。在中医临床实践中，望面色是进行脏腑病症定位、病情变化和疾病预后判断的重要诊断依据。根据中医经典理论，面色分为青、赤、黄、白、黑等五色和正常色。《灵枢・五色篇》指出“青黑为痛，黄赤为热，白为寒”。传统的望面色都是通过依靠医生的目视判断五色，医生的经验和主观因素会造成颜色判别因人、地而异。缺乏客观化、定量化的五色标准阻碍了中医的发展。因此，中医五色识别研究是面诊实现客观化、定量化不可或缺的一步。

8.4.1　问题的提出

目前客观化研究中已提出的五色识别方法有颜色区间、基于贝叶斯公式的聚类分析、SVM 方法。

颜色区间法是简单的根据中医专家判断过五色的图像样本，分别找出五色 RGB 值的均值和半径，在 RGB 颜色空间中形成五个不同的三维球体，若待测颜色值落入球体范围内，则视为该球体所代表的颜色。该方法的缺点是五色用 RGB 空间的球体表示，分类效果不佳。

基于贝叶斯公式的聚类分析是先对样本进行聚类，找出聚类中心，利用它初始化样本高斯分布参数，最后利用贝叶斯分类器进行分类。SVM 方法本文第 2 章已经介绍过了，这里不再赘述。基于贝叶斯公式的聚类分析方法对于五色识别分类的正确率不够高，无法满足临床实践运用。

针对上述问题，本文提出一种改进的五色识别方法，有效提高了分类效果，为中医面诊客观化进一步发展打下了坚实的基础。方法主要如下：

1）提出利用三维量化颜色直方图来表达每个肤色块，在保留足够的样本颜色信息的同时增强了不同类样本间的区别，有效地改善了识别分类效果；

2）首次引入文本分析工具半监督 LDA(sLDA)方法进行五色识别，实验结果表明，该方法具有良好的识别效果。

本章研究中医五色识别分类，其主要流程如图 8.6 所示。

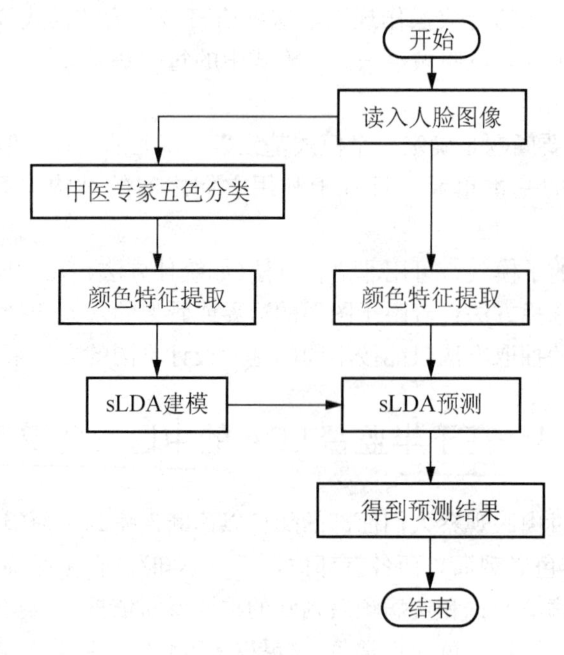

图 8.6　五色识别流程

8.4.2　主题模型

主题模型(Topic Model)是用来找出文档集中抽象主题的统计模型，常用于自然语言处理和机器学习。Thomas Hofmann 于 1999 年提出了 PLSI(Probabilistic Latent Semantic Indexing)主题模型，David M. Blei 在此基础上提出了 LDA 模型，这是目前使用最广泛的主题模型，其他主题模型多是基于 LDA 进行扩展而来。虽然主题模型最早是用自然语言进行描述和实现的，但它也被引入其他许多领域。例如，首次把主题模型用于面诊识别方面。

(1) LDA 主题模型

LDA (Latent Dirichlet Allocation)，即潜在狄利克雷分配主题模型是一种集合中成员的简洁描述方法，它可以高效地处理大规模集合的同时保留其本质的统计关系。因此，LDA 模型适用于分类、总结、相似和相关性判别等场合。

LDA 模型是一个生成概率模型，常用于离散数据集，如文档集。本文以自然语言(单词(Word)、文档(Document)、文档集(Corpus))对LDA进行描述。其中，单词为离散数据的基本单元，文档由一系列单词构成，文档集由一系列文档组成。LDA模型有一个基本假设就是文档中单词具有可交换性。如图8.7所示，LDA是一个三级分层贝叶斯模型，即文档集级、文档级、单词级。其中，α、β属于文档集级变量；θ属于文档级变量；z、w属于单词级变量。

LDA模型基本思想是文档由潜在主题的一个概率分布来表示，而每一个主题由单词的概率分布来表征。在图8.7中，α为狄利克雷分布参数，β为单词概率矩阵，θ为主题分布，z为主题，w为单词，M为文档集所含文档数，N为文档所含单词数。LDA采用如下的生成过程(Generative Process)来生成每一篇文档。

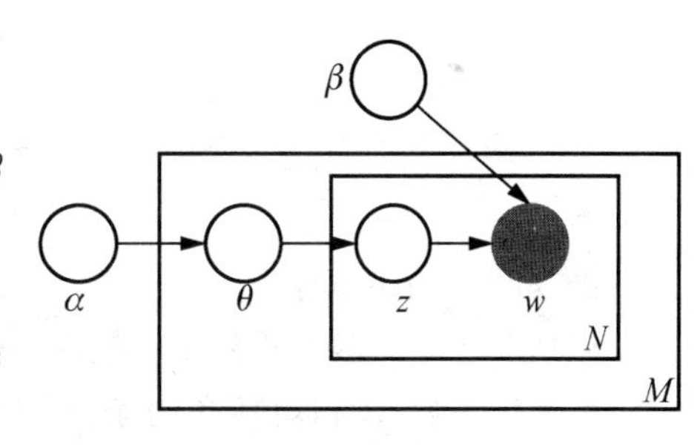

图8.7　LDA的图模型

1) 对每一篇文档，从泊松分布中抽取一个单词数N。

2) 对每一篇文档，从狄利克雷分布中抽取一个主题分布θ。

3) 对N个单词中的每一个单词：从关于θ的多项式分布中抽取一个主题z；从以主题z和矩阵β为条件的多项式概率分布中抽取一个单词w。

其中，泊松分布假设并不是必需的，必要时可以换成实际文档长度(单词数)分布；N独立于其他变量；狄利克雷分布的维数k和主题z的维数相同，并且假定是已知定值；单词概率矩阵β为$k\times V$维，V为单词表维数，矩阵β第i行为主题i在单词表上的概率分布。

$$\ell(\alpha,\beta)=\sum_{d=1}^{M}\log p(w_d\mid\alpha,\beta) \tag{8.1}$$

$$\beta_{ij}\propto\sum_{d=1}^{M}\sum_{n=1}^{N_d}\varphi_{dni}^{*}w_{dn}^{j} \tag{8.2}$$

LDA参数估计方法是通过EM算法对式(8.1)进行参数的极大似然估计，得出参数β的估计为式(8.2)。

(2) sLDA主题模型

LDA模型可以对离散数据进行降维，然后利用其他分类算法对其进行分类。但当我们要对数据进行预测时，LDA并不是一个很好的选择。David M. Blei在LDA模型的基础上提出了sLDA (Supervised Latent Dirichlet Allocation)。sLDA是一个基于带类别标签的文档(Labeled Document)的统计模型，它在LDA模型的基础上，给每篇文档添加了一个响应变量(Response Variable)。sLDA对文档和响应变量联合建模，以便找到对响应变量最具预测性的潜在主题集。

sLDA的图模型如图8.8所示，其中，K为主题数，η、δ为响应参数，y为响应变量，其余参数同LDA主题模型所述。sLDA采用如下生成过程来生成每一篇文档及其响应变量。

1) 对每一篇文档，从狄利克雷分布中抽取一个主题分布$\theta(\theta\mid\alpha\sim\mathrm{Dir}(\alpha))$。

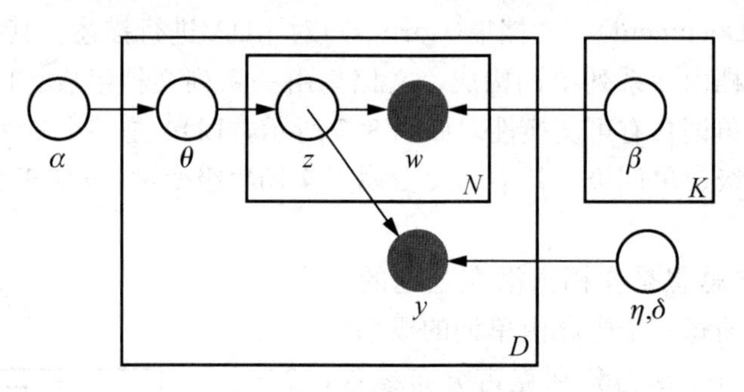

图 8.8　sLDA 的图模型

2）对每一个单词：

• 从关于 θ 的多项式分布中抽取一个主题 $z_n(z_n|\theta \sim \mathrm{Mult}(\theta))$；

• 从以主题 z_n 和矩阵 $\boldsymbol{\beta}$ 为条件的多项式概率分布中抽取一个单词 $w_n(w_n|z_n,\boldsymbol{\beta}_{1:K} \sim \mathrm{Mult}(\boldsymbol{\beta}_{z_n}))$。

3）对每一篇文档，从以主题 z_n、参数 η 和 δ 为条件的 GLM 概率分布中抽取响应变量 $y(y|z_{1:N},\eta,\delta \sim \mathrm{GLM}(\bar{z},\eta,\delta))$。

其中，$\bar{z}:=(1/N)\sum_{n=1}^{N} z_n$，广义线性模型(GLM)概率分布如下：

$$p(y|z_{1:N},\eta,\delta)=h(y,\delta)\exp\left\{\frac{\eta^{\mathrm{T}}(\bar{z}y)-A(\eta^{\mathrm{T}}\bar{z})}{\delta}\right\} \tag{8.3}$$

在 sLDA 模型中，潜在变量为 θ、z_n。对于给定的文档和响应变量，潜在变量的后验分布是

$$p(\theta,z_{1:N}|w_{1:N},y,\alpha,\beta_{1:K},\eta,\delta) = \frac{p(\theta|\alpha)\left(\prod_{n=1}^{N}p(z_n|\theta)p(w_n|z_n,\beta_{1:K})\right)p(y|z_{1:N},\eta,\delta)}{\int \mathrm{d}\theta p(\theta|\alpha)\sum_{z_{1:N}}\left(\prod_{n=1}^{N}p(z_n|\theta)p(w_n|z_n,\beta_{1:K})\right)p(y|z_{1:N},\eta,\delta)} \tag{8.4}$$

对每一篇文档，其下确界((ELBO)$\mathcal{L}(\cdot)$)形式如下：

$$\log p(w_{1:N},y|\alpha,\beta_{1:K},\eta,\delta) \geqslant \mathcal{L}(\gamma,\varphi_{1:N};\alpha,\beta_{1:K},\eta,\delta)=E[\log p(\theta|\alpha)]+ \sum_{n=1}^{N}E[\log p(z_n|\theta)]+\sum_{n=1}^{N}E[\log p(w_n|z_n,\beta_{1:K})]+E[\log p(y|z_{1:N},\eta,\delta)]+H(q) \tag{8.5}$$

这里 q 分布为 $q(\theta,z_{1:N}|\gamma,\varphi_{1:N})=q(\theta|\gamma)\prod_{n=1}^{N}q(z_n|\varphi_n)$，其中 γ 为 K 维狄利克雷参数向量，φ_n 是 K 个元素的一个分布，$E[z_n]=\varphi_n$。

对于响应变量的估计如下：

$$E[y|w_{1:N},\alpha,\beta_{1:K},\eta,\delta] \approx \eta^{\mathrm{T}}E_q[\bar{z}]=\eta^{\mathrm{T}}\bar{\varphi}, \tag{8.6}$$

这里 $E[\bar{z}]=\bar{\varphi}:=(1/N)\sum_{n=1}^{N}\varphi_n$。

8.4.3　颜色特征提取

对得到的皮肤块进行五色识别，首先面临的问题是如何提取皮肤块的颜色信息。目前面诊研究中已提出的颜色信息提取方法有均值法、中位值法、FCM 聚类等。以上方法均

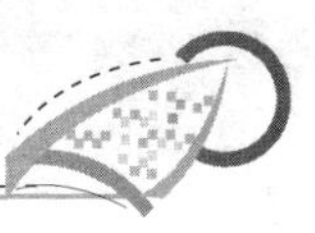

使用一个像素点来描述整个皮肤块，丢失了皮肤块大部分信息。我们认为在五色上一致的皮肤块应具有相似的颜色分布。因此，本节提出利用三维量化颜色直方图来表达每个皮肤块，较好地保留了肤色块的颜色分布统计信息。

量化颜色直方图

假定C为一个三维颜色空间，C_1，C_2，C_3分别是其颜色通道。C_1，C_2，C_3值域依次被等分为g_1，g_2，g_3份。称每一个等份为区间i，$i\in[1,g]$，这里g为g_1、g_2或g_3。$f_C(l_{C_1},m_{C_2},n_{C_3})$是像素的统计数量，其中每一个像素的$C_1$，$C_2$，$C_3$通道值分别落在第$l$，$m$，$n$区间，也就是3D直方图。根据式(8.7)将其转化成一维特征。

$$\mathrm{F_C}(\mathrm{g_2}\times\mathrm{g_3}\times(\mathrm{l_{C_1}}-1)+\mathrm{g_3}\times(\mathrm{m_{C_2}}-1)+\mathrm{n_{C_3}})=\mathrm{f_C}(\mathrm{l_{C_1}},\mathrm{m_{C_2}},\mathrm{n_{C_3}}) \tag{8.7}$$

其中，$l_{C_1}\in[1,g_1]$，$m_{C_2}\in[1,g_2]$，$n_{C_3}\in[1,g_3]$。

因此，最终得到量化颜色直方图特征$F_C(t)$，$t\in[1,g_1*g_2*g_3]$。

本文在RGB和HSV颜色空间进行颜色特征提取。RGB每个通道都等分为g份。可以得到RGB颜色空间的特征为$F_{RGB}(t)$，其由式(8.8)计算得到。其中，$l_R,m_G,n_B\in[1,g]$，$f_{RGB}(l_R,m_G,n_B)$是RGB值落在l，m，n区间的像素数量。

$$F_{RGB}(g\times g\times(l_R-1)+g\times(m_G-1)+n_B)=f_{RGB}(l_R,m_G,n_B) \tag{8.8}$$

在HSV颜色空间，H、S、V通道分为h_1、s_1、v_1份。$F_{HSV}(t)$计算如下：

$$\begin{aligned}&F_{HSV}(s_1\times v_1\times(l_H-1)+v_1\times(m_S-1)+n_V)\\&=f_{HSV}(l_H,m_S,n_V)\end{aligned} \tag{8.9}$$

其中，$l_H\in[1,h_1]$，$m_S\in[1,s_1]$，$n_V\in[1,v_1]$，$f_{HSV}(l_H,m_S,n_V)$是HSV值落在l，m，n区间的像素数量。

因此，得到皮肤块特征表述如下：

$$M\mathrm{term}_1:F_C(\mathrm{term}_1)\cdots\mathrm{term}_M:F_C(\mathrm{term}_M) \tag{8.10}$$

其中，M是非零$F_C(t)$的数量，term_i满足：

$F_C(\mathrm{term}_i)\neq0$且$\mathrm{term}_i<\mathrm{term}_{i+1}$，$i\in[1,M-1]$。

8.4.4 基于sLDA的五色识别

本节引入文本分析工具sLDA进行五色识别。我们从经中医专家进行五色分类的图像中提取大小为30×30的皮肤块，每个皮肤块视做一个文档，像素看做单词。不失一般性，本章实验所用的所有皮肤块均来自人脸的鼻翼基底水平线与外眦垂线交点，如图8.9中A点周围的皮肤块。

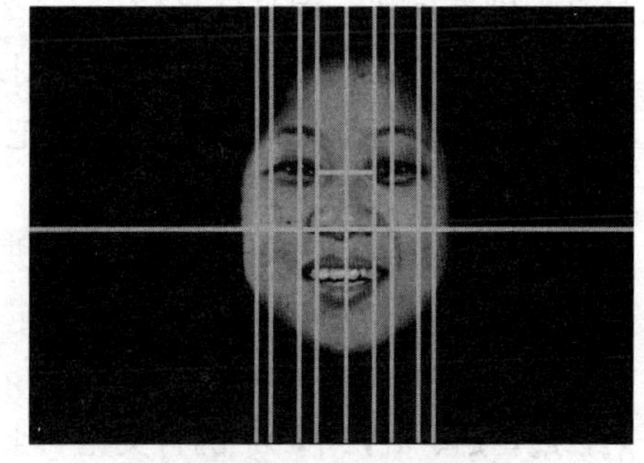

图8.9 人脸皮肤块位置

把正常、青、赤、黄、黑、白编号为0、1、2、3、4、5。我们提取了730个皮肤块，其中660个皮肤块(每类110)用于训练，70个皮肤块用于测试。图8.10(a)和8.10(b)分别为部分训练、测试样本示例。

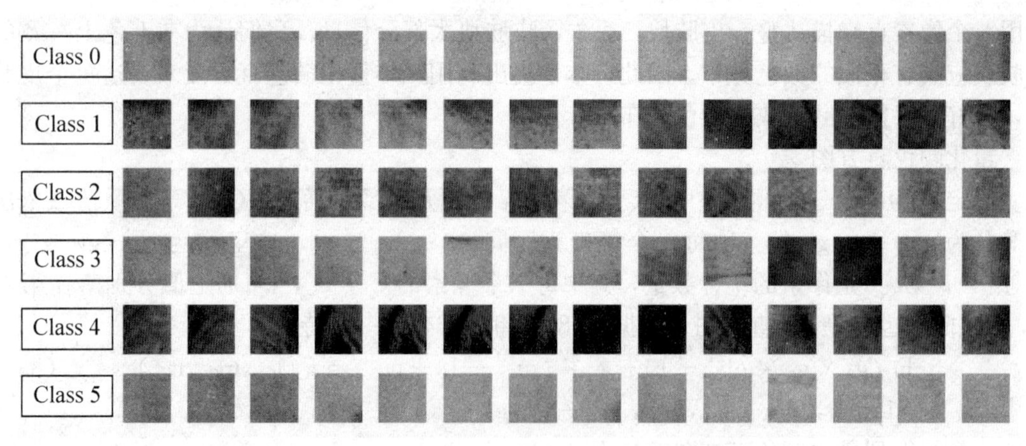

(a) 训练样本

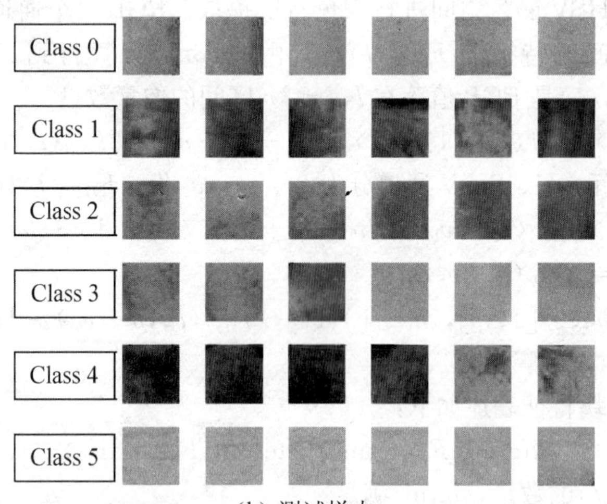

(b) 测试样本

图 8.10　部分训练、测试皮肤块样本示例

对于每个皮肤块利用均值法和颜色直方图分别提取了其颜色特征，利用 sLDA 对其进行分类识别，试验结果如图 8.11 所示。由图 8.11 可知，颜色直方图特征不但取得较好的最高识别准确率，而且较稳定。

由前一节，已知量化颜色直方图表现出了更好的分类性，本节将继续使用量化颜色直方图进行颜色特征提取，实际上是把(l_R, m_G, n_B)或(l_H, m_S, n_V)视做一个单词，这样既降低了维数，又提高了运算速度。

我们在 RGB 和 HSV 颜色空间进行了几组实验。

1）在 RGB 空间中 $g=g_1=g_2=g_3=8$，在 HSV 空间三组，$h_1=100$，$s_1=30$，$v_1=1$、$h_1=100$，$s_1=30$，$v_1=10$ 及 $h_1=100$，$s_1=10$，$v_1=10$。实验结果如图 8.12(a)所示，这里 g，g_1，g_2，g_3、h_1，s_1，v_1 的含义见 8.4.2 节，sLDA 的参数 $\alpha=0.2$。可以看出随着主题(Topics)数增大，五色识别准确率也变大。这是因为足够的主题数能使一些主题被用于解释类标签，而其余的主题用于解释单词的出现频率。但是也并不是主题数越多越好，其后曲线有波动。还发现 RGB 颜色空间在这里取得了更高的准确率，因此下面的试验将基于 RGB 颜色空间。

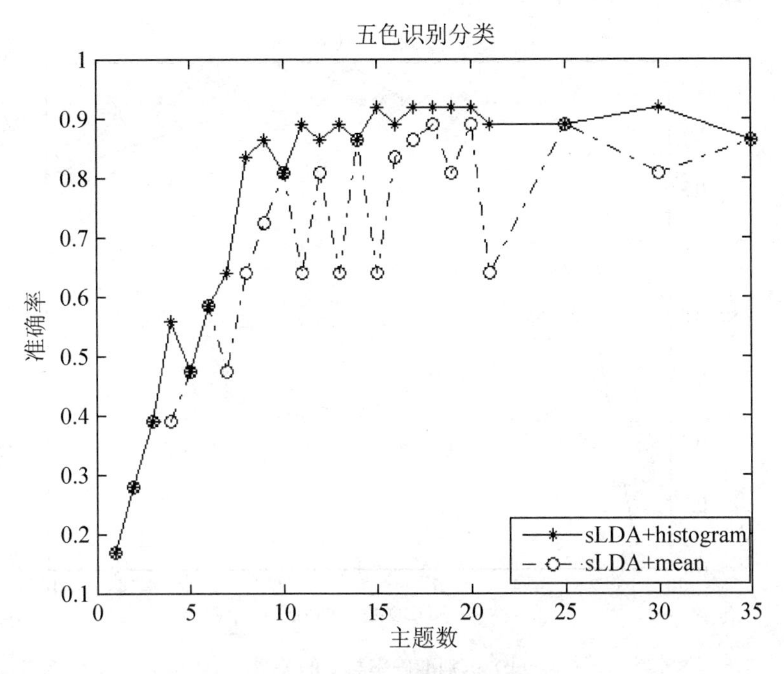

图 8.11 均值法与颜色直方图对比

2）在 RGB 颜色空间，g 取值由小到大进行试验，得到如图 8.12(b)所示实验结果，这里 g 含义见 8.4.2 节，sLDA 的参数 $\alpha=0.2$、$k=20$。从图中，我们发现识别准确率随 g 增大先升后降，$g=8$ 是达到最大准确率。这是因为足够的等分数可以获取足够的颜色分布信息用于分类，但是过多的信息会使模型变得复杂并且因为过多的信息会带来噪声降低识别准确率。

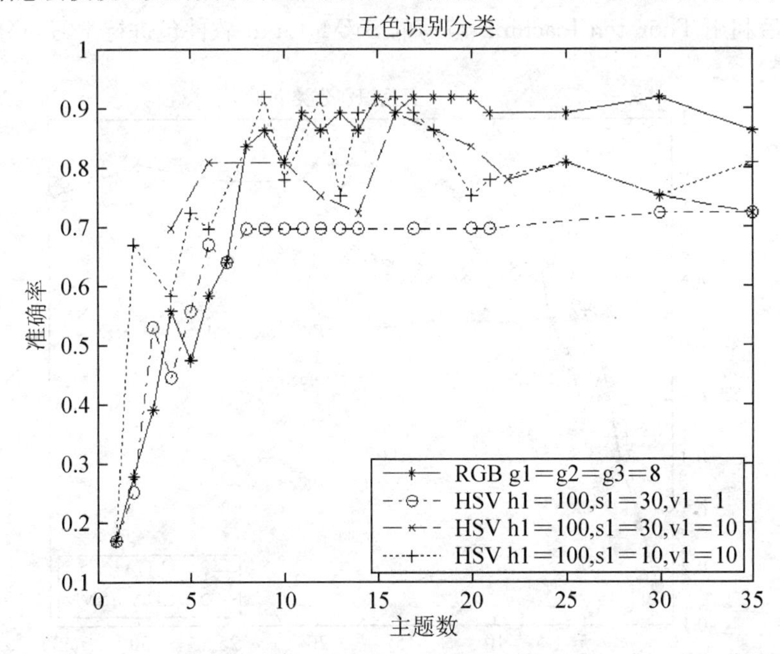

(a) RGB 和 HSV 颜色空间的准确率比较

图 8.12 相应的试验结果

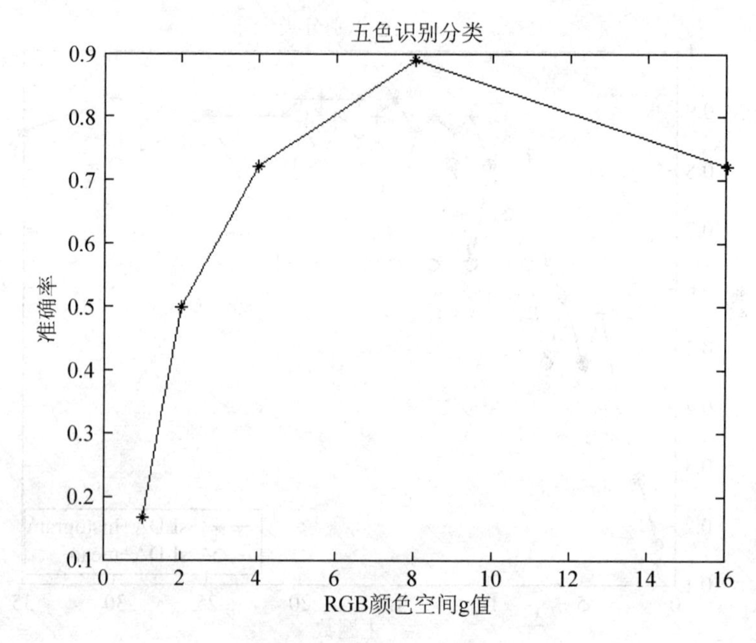

(b) 识别准确率与 g 的关系

图 8.12 相应的试验结果(续)

SVM 是一个经典的学习分类算法，其具有很强的学习能力和泛化能力。对图像提取 LDA 特征后利用 SVM 进行分类预测，并与 sLDA 进行对比。

对每一个皮肤块提取 LDA 特征，这样每个皮肤块就可以由一个 K 维的狄利克雷参数来表示，然后利用 Thorsten Joachims 编写的 SVM_Light 软件包进行学习与分类。结果如图 8.13 所示。

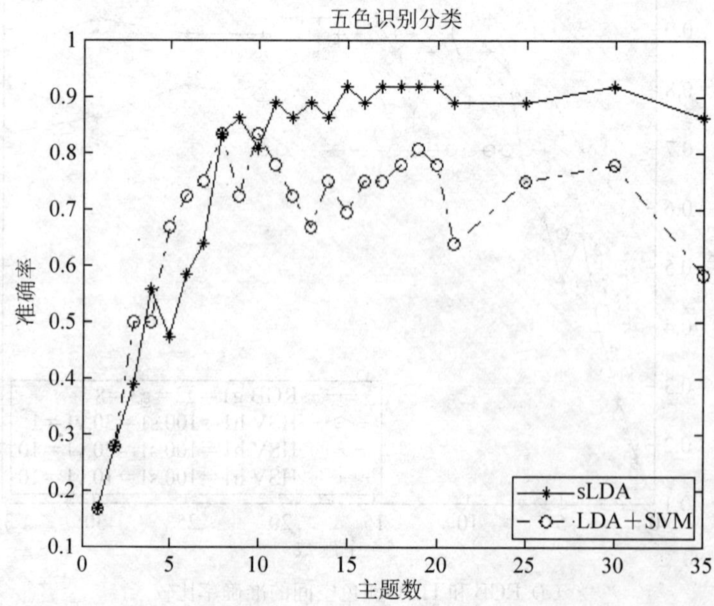

图 8.13 sLDA 与 LDA+SVM 实验对比效果

实验结果表明当主题数大于10时，基于量化颜色直方图的sLDA方法取得了更好的表现，可以达到91.7%的准确率，而文献［121］中吴暾华仅仅达到84.6%。sLDA之所以能取得更好的表现，是因为sLDA把类别标签与主题(颜色分布)统一建模。

8.5　基于胃炎患者舌象特征的识别研究

中医认为，舌与脾胃的关系密切，观察慢性胃炎患者的舌象是舌诊临床研究的主要内容之一。故选择慢性胃炎病患者作为研究对象，进行慢性胃炎不同证型舌象特征的观察与分析。

舌象识别方法主要可以分为两种范畴：舌象特征的提取以及正确的归类，如图8.14所示。识别舌象主要依据舌象上的特征，也就是说依据那些在不同个体之间存在较大差异而对于同一个体则比较稳定的度量。所以提取有效的舌象特征，是正确识别舌象的关键步骤。

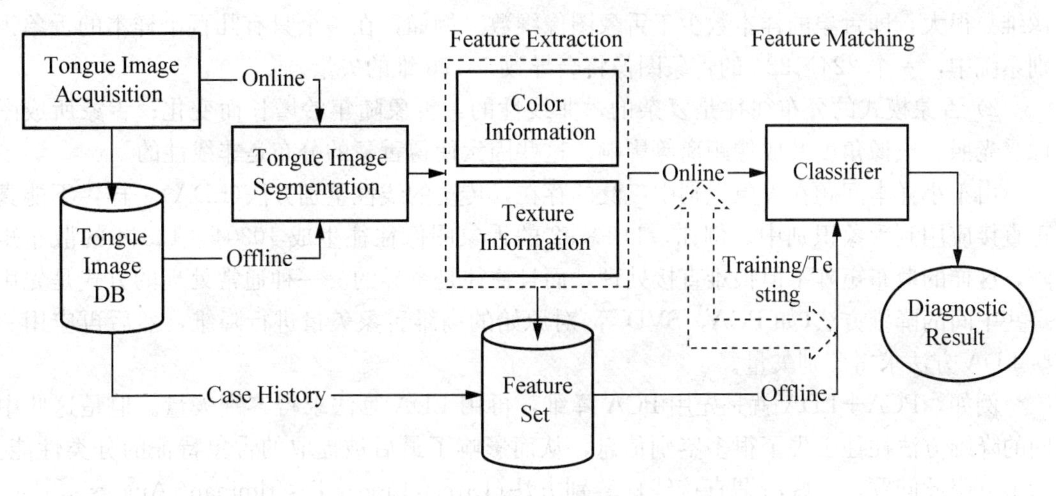

图8.14　舌象识别系统

8.5.1　当前特征提取的热点方法

PCA作为模式识别中一种经典的特征提取方法，在提取特征的同时往往存在如下两个问题：

1) PCA只能去信号二阶相关性，并不能有效地得到信号的高阶统计特性；

2) PCA在降低维数和提取特征的过程中，只考虑到信号重构后的误差最小化，并没有考虑降维后所得到的特征的分类性能。

奇异值分解(Singular Value Decomposition，SVD)是一种有效的代数特征提取方法。由于奇异值特征在描述图像时是稳定的，且具有转置不变性、旋转不变性、位移不变性、镜像变换不变性等重要性质，因此奇异值特征可以作为图像的一种有效的代数特征描述。奇异值分解技术已经在图像数据压缩信号处理和模式分析中得到了广泛的应用。

为了克服此问题，M. S. Bartlett和P. C. Yuen等采用独立成分分析法(ICA)来提取特征。ICA是基于信号高阶统计特性的分析方法，经ICA分解出的各信号分量之间是相互独立的。它能有效地去高阶相关性，获得信号的高阶统计特性。但是PCA、SVD、ICA在降维过程中并没有考虑降维后所得到的特征的分类性能。

在模式识别领域中，Fisher线性鉴别方法(Linear Discriminant Analysis，LDA)有着重大的影响，其基本思想就是在Fisher鉴别准则函数取最大值的条件下，求得最佳鉴别矢量方向，然后将高维模式特征向量投影到该最佳鉴别方向上，构成低维的鉴别特征空间，于是模式鉴别分析可在低维空间中进行。

实际上，LDA就是将原来高维的样本模式投影到最佳鉴别矢量空间，以达到维数压缩的效果，投影后保证样本模式在新的空间中有最大的类间距离和最小的类内距离，即模式在此空间有最佳的可分离性能。因此，鉴别方法在降维的过程中，充分考虑到了降维后的分类性能。到目前为止，已经有大量的鉴别方法被提出。然而，通常的舌象识别系统将存在如下两个重要的问题。

1) 小样本问题(Small Sample Size Problem，SSSP)：舌象的样本数比较少，而舌象图像维数很大，即舌象的样本数少于舌象图像维数。例如，在一个只有几百个样本的舌象识别系统中，一个224×224的舌象图像将会导致50176维的矢量。

2) 舌象模式的分布往往是复杂的，非线性的：舌象随年龄增长而变化；舌象所成图像受光照、成像角度及成像距离等影响。这些因素使得舌象的分布是非线性的。

由于小样本问题在舌象识别中广泛的存在，传统的线性鉴别方法(LDA)一样，不能真正直接应用到舌象识别中。例如，112×92的舌象图像往往生成10304×10304的散布矩阵，这样的散布矩阵不但很难直接处理，而且往往是奇异的。一种通常处理的方式是先用一些中间的降维方法(如PCA，SVD等)对原始的高维舌象矢量进行降维，然后再应用一些LDA方法求得鉴别矢量。

例如，PCA+LDA就是先用PCA降维，再用LDA算法求得鉴别矢量。但是这些中间的降维方法往往丢失了很多鉴别信息，从而影响了最后被提取的舌象特征的分类性能。为了克服此问题，一些所谓直接线性鉴别方法(Direct Linear Discriminant Analysis，DLDA)已经被提出，它们将直接运用一些LDA算法对高维舌象矢量求最佳鉴别矢量。最近，一种更加有效的DLDA算法——直接分步线性鉴别方法(Direct Fractional-Step Linear Discriminant Analysis，DFLDA)被提出，DFLDA有效地混合了直接线性鉴别方法(DLDA)和分步线性鉴别方法(Fractional-Step Linear Discriminant Analysis，FLDA)的特性。它不但克服了传统的DLDA因Fisher鉴别准则函数的定义没有真正直接关系到降维后空间的分类性能而带来的最终分类性能影响，而且使得FLDA能够直接运行在高维空间。但是，由于DFLDA算法中的DLDA算法没有从整体上考虑分类能力而丢失了很多重要的鉴别信息。

当和人视觉系统HVS的识别能力相比较时，上面所提方法最显而易见的缺点之一是适应性很差。例如，当我们面对不同的事物时，人们会自动选择并组合最佳特征用于识别。在最近的一些研究中，已经作了一些工作，但效果都不是太令人满意。

在现实生活中，当一个中医师对病人进行望诊(如望舌)时，都会自觉不自觉地用到全局和局部特征。因此，在舌诊识别系统中，模仿人的HVS系统，运用全局和局部特征，

或者特征级融合对特定的病进行识别分类是一个很好的思路。

近年来，随着计算机技术的发展，信息融合技术成为一种新兴的数据处理技术，并已取得了可喜的进展。从处理对象层次的角度，信息融合一般可划分为像素级(低层)融合，特征级(中层)融合和决策级(高层)融合三个层次。目前，在模式识别领域，以多分类器组合为代表的决策级融合技术已受到普遍的关注。但是，就特征级的融合而言，目前的研究成果较少。

特征级融合在信息融合过程中占有十分重要的地位。由多个特征经融合产生的新特征保留了参与融合的单个特征对各个类别的有效鉴别信息，一定程度上消除了多个特征之间的信息冗余，实现了可观的信息压缩，有利于信息的实时处理。

目前，有关特征级融合的方法(也是最为常用的方法)有两种，第一种是将两组特征直接合并为新的特征向量。具体地讲，设 A，B 为模式样本空间 Ω 上的两组经过标准化后的特征，任意模式样本 $\boldsymbol{\xi}\in\Omega$，它对应的两个特征向量分别设为 $\boldsymbol{\alpha}\in\boldsymbol{A}$、$\boldsymbol{\beta}\in\boldsymbol{B}$，则合并后的特征为 $\boldsymbol{\gamma}=\begin{pmatrix}\boldsymbol{\alpha}\\\boldsymbol{\beta}\end{pmatrix}$。尽管这种方法在多数情况下能有效地提高识别率，但其缺点也是明显的。①由于特征合并后的维数是两原始特征的维数之和，这就导致了合并后新特征的维数急剧增加，从而使得组合后识别的速度大幅度地降低；②在识别等小样本问题中，合并后的特征维数的增加常常导致类内散布矩阵出现奇异的情况，这就为线性鉴别特征的抽取造成困难。

另外一种方法由文献［133］提出的，其基本思想是，首先，利用复向量 $\boldsymbol{\gamma}=\boldsymbol{\alpha}+\mathrm{j}\boldsymbol{\beta}$ 给出组合特征向量的合理表示；然后，在复特征空间内利用鉴别分析法进行最优鉴别特征的抽取。所提出的这种组合特征抽取方法不仅能大幅度地实现原始特征维数的压缩，而且较大程度上提高了分类识别的效果。

针对传统的识别方法存在的以上问题，本文提出了一种基于特征融合的舌象识别方法。如图 5.1 所示，利用前面各章的知识对舌象进行采集、分割。对得到的舌体进行特征提取和特征匹配。最后，进行病态舌的分类识别。本章重点研究特征提取的方法。该方法的主要贡献如下。

1) 模仿人的 HVS 系统，进行特征提取。采用 PCA 方法进行全局特征提取，Gabor 小波用来局部特征提取，因为 Gabor 小波与人类视觉系统中简单细胞的视觉刺激响应非常相似。它在提取目标的局部空间和频率域信息方面具有良好的特性。我们采用杨提出的特征融合方法，避免传统方法维数增加、类内散布矩阵出现奇异的情况等缺点。

2) 对 LDA 提出了一种新的改进思路。在酉空间中有效地利用类内散布矩阵 $\boldsymbol{S}_w$ 的零空间，解决了 $\boldsymbol{S}_w$ 的奇异问题，提高了 LDA 的识别性能。

8.5.2　基于 Gabor 小波的局部特征提取

根据第 5 章，Gabor 小波与人类视觉系统中简单细胞的视觉刺激响应非常相似。它在提取目标的局部空间和频率域信息方面具有良好的特性。虽然 Gabor 小波本身并不能构成正交基，但在特定参数下可构成紧框架。Gabor 小波对于图像的边缘敏感，能够提供良好的方向选择和尺度选择特性，而且对于光照变化不敏感，能够提供对光照变化良好的适应性。上述特点使 Gabor 小波被广泛应用于视觉信息理解。

二维 Gabor 小波可由式(6.25)改写为

$$\psi_{u,v}(z)=\frac{\|k_{u,v}\|^2}{\sigma^2}\mathrm{e}^{-\frac{\|k_{u,v}\|^2\|z\|^2}{2\sigma^2}}\left[\mathrm{e}^{\mathrm{i}k_{u,v}z}-\mathrm{e}^{-\frac{\sigma^2}{2}}\right] \tag{8.11}$$

$$k_{u,v}=k_v\mathrm{e}^{\mathrm{i}\varphi_u} \tag{8.12}$$

其中，u 和 v 是 Gabor 小波的方向和尺度系数，$z=(x,y)$，$\|\cdot\|$ 表示范数算子。$k_v=k_{\max}/f^v$，$\varphi_u=\pi u/8$。f 为频域空间的系数，实验中取 $f=\sqrt{2}$。这里的 Gabor 核函数是自相似的，通过它和 Gabor 小波的方向及尺度系数的变换，可以得到每一个具有各自的频率选择和方向选择特性的 Gabor 小波滤波器，因此，可以获得我们需要的不同纹理特征。

对于一个给定的舌象 $I(x,y)$，它的 Gabor 小波变换可定义如下：

$$W_{u,v}(x,y)=\int I(x_1,y_1)\psi_{u,v}^*(x-x_1,y-y_1)\mathrm{d}x_1\mathrm{d}y_1 \tag{8.13}$$

其中，$*$ 代表复数共轭。实验中取五个不同尺度 $u\in\{0,1,\cdots,4\}$、八个不同的方向 $v\in\{0,1,\cdots,7\}$。然后，对 Gabor 小波变换后得到的结果 $W_{u,v}(x,y)$ 进行正规化处理。即通过对 $W_{u,v}(x,y)$ 进行 ρ 采样，并且正规化为零均值以及单位方差，形成 $W_{u,v}^{\rho}(x,y)$。这样，每一幅舌象经过五不同尺度和八个不同方向的 Gabor 小波后形成了合成 Gabor 属性矢量(Augmented Gabor Feature Vector)，即

$$\boldsymbol{Y}^{(\rho)}=((W_{0,0}^{(\rho)})^{\mathrm{T}},(W_{0,1}^{(\rho)})^{\mathrm{T}},\cdots,(W_{4,7}^{(\rho)})^{\mathrm{T}})^{\mathrm{T}} \tag{8.14}$$

8.5.3 酉空间里的 LDA

在酉空间 C^n 中，定义如下内积：

$$<\boldsymbol{X},\boldsymbol{Y}>=(\bar{\boldsymbol{Y}})^{\mathrm{T}}\boldsymbol{X}=\boldsymbol{Y}^{\mathrm{H}}\boldsymbol{X} \tag{8.15}$$

其中，$\boldsymbol{X}$，$\boldsymbol{Y}\in C^n$，H 为共轭转置符。

设 $\boldsymbol{A}$、$\boldsymbol{B}$ 为模式样本空间 Ω 上的两组特征集，定义酉空间中的特征

$$\boldsymbol{\zeta}=\{\boldsymbol{\alpha}+\mathrm{i}\boldsymbol{\beta}\mid\boldsymbol{\alpha}\in\boldsymbol{A},\boldsymbol{\beta}\in\boldsymbol{B}\} \tag{8.16}$$

其中，$n=\max\{\dim(\boldsymbol{A}),\dim(\boldsymbol{B})\}$。如果 $\boldsymbol{\alpha}$ 和 $\boldsymbol{\beta}$ 的维数不相等，低维的特征向量 $\boldsymbol{\alpha}$(或 $\boldsymbol{\beta}$)用零补足。

假设有 L 个已知模式类，在酉空间 C^n 内的类间离散度矩阵 $\boldsymbol{S}_b$、样本类内离散度矩阵 $\boldsymbol{S}_w$ 和总体散度矩阵 $\boldsymbol{S}_t$ 分别定义为

$$\boldsymbol{S}_b=\sum_{i=1}^{L}p(\boldsymbol{\omega}_i)(\boldsymbol{m}_i-\boldsymbol{m}_0)(\boldsymbol{m}_i-\boldsymbol{m}_0)^{\mathrm{H}} \tag{8.17}$$

$$\boldsymbol{S}_{\mathrm{w}}=\sum_{i=1}^{L}p(\boldsymbol{\omega}_i)E\{(\boldsymbol{X}-\boldsymbol{m}_i)(\boldsymbol{X}-\boldsymbol{m}_i)^{\mathrm{H}}/\omega_i\} \tag{8.18}$$

$$\boldsymbol{S}_t=\boldsymbol{S}_b+\boldsymbol{S}_w=E\{(\boldsymbol{X}-m_i)(\boldsymbol{X}-\boldsymbol{m}_i)^{\mathrm{H}}\} \tag{8.19}$$

其中 $p(\omega_i)$ 为第 i 类训练样本的先验概率，$\boldsymbol{m}_i=E\{\boldsymbol{X}/\omega_i\}$ 为第 i 类训练样本的平均值，$\boldsymbol{m}_0=E\{\boldsymbol{X}\}=\sum_{i=1}^{m}p(\omega_i)\boldsymbol{m}_i$ 为全体训练样本的均值。

由式(8.17)～式(8.19)的定义知，$\boldsymbol{S}_b$、$\boldsymbol{S}_w$ 和 $\boldsymbol{S}_t$ 均为 Hermite 阵，且非负定。由文献[128] 可知，$\boldsymbol{S}_b$、$\boldsymbol{S}_w$ 和 $\boldsymbol{S}_t$ 的特征值为实数。

定理 8.1 在酉空间 C^n 内，令 $\boldsymbol{Q}^{\mathrm{H}}\boldsymbol{S}\boldsymbol{Q}=\boldsymbol{\Lambda}$，其中，$\boldsymbol{\Lambda}=\mathrm{diag}(a_1,a_2,\cdots,a_n)(a_1>a_2>\cdots>a_n)$，$\boldsymbol{Q}=(\boldsymbol{\zeta}_1,\boldsymbol{\zeta}_2,\cdots,\boldsymbol{\zeta}_n)$。$a_1$，$a_2$，…，$a_n$ 和 $\boldsymbol{\zeta}_1$，$\boldsymbol{\zeta}_2$，…，$\boldsymbol{\zeta}_n$ 分别是矩阵 $\boldsymbol{S}$ 的特征值和特征向量。如果矩阵 S 为 Hermite 阵，$\boldsymbol{I}$ 为单位阵，则 $\boldsymbol{Q}^{\mathrm{H}}\boldsymbol{Q}=\boldsymbol{I}$。

假设 $\boldsymbol{P}$ 是 Hermite 矩阵，那么零空间可定义为

$$N(\boldsymbol{P})=\{x\mid \boldsymbol{P}x=0,x\in C^n\} \tag{8.20}$$

其(Nullity of $\boldsymbol{P}$)维数为 $n-\mathrm{rank}(\boldsymbol{P})$

在实数空间，根据文献［131］，当小样本集合问题发生时，样本类内离散度矩阵 $\boldsymbol{S}_w$ 是奇异矩阵。根据线性几何理论，存在这样的向量 $\boldsymbol{q}$，使得 $\boldsymbol{q}^{\mathrm{H}}\boldsymbol{S}_{\mathrm{w}}\boldsymbol{q}=0$。如果 $\boldsymbol{q}^{\mathrm{H}}\boldsymbol{S}_{\mathrm{w}}\boldsymbol{q}=0$ 并且 $\boldsymbol{q}^{\mathrm{H}}\boldsymbol{S}_{\mathrm{b}}\boldsymbol{q}\neq 0$，$\boldsymbol{S}_w$ 的零空间对鉴别分析是很有意义的；但当 $\boldsymbol{q}^{\mathrm{H}}\boldsymbol{S}_{\mathrm{w}}\boldsymbol{q}=0$ 并且 $\boldsymbol{q}^{\mathrm{H}}\boldsymbol{S}_{\mathrm{b}}\boldsymbol{q}=0$，向量 $\boldsymbol{q}$ 对鉴别分析就没有用了。这意味着 $\boldsymbol{S}_w$ 的零空间不是都有益的。

根据 Hermite 矩阵的性质，在酉空间，这种思想也是成立的。也能得到这样一个性质：在酉空间中，$\boldsymbol{S}_t$ 的零空间也是 $\boldsymbol{S}_b$ 和 $\boldsymbol{S}_w$ 的零空间。

证明：在酉空间中，设 $\forall \boldsymbol{x}\in N(\boldsymbol{S}_{\mathrm{t}})$，根据式(8.19)和式(8.20)，有

$$\begin{aligned}
&\langle \boldsymbol{S}_{\mathrm{t}}\boldsymbol{x},\boldsymbol{x}\rangle=\boldsymbol{x}^{\mathrm{H}}\boldsymbol{S}_{\mathrm{t}}\boldsymbol{x}=0\\
&\Leftrightarrow\langle(\boldsymbol{S}_{\mathrm{b}}+\boldsymbol{S}_{\mathrm{w}})\boldsymbol{x},\boldsymbol{x}\rangle\\
&\Leftrightarrow\boldsymbol{S}_{\mathrm{b}}\langle \boldsymbol{x},\boldsymbol{x}\rangle+\boldsymbol{S}_{\mathrm{w}}\langle \boldsymbol{x},\boldsymbol{x}\rangle\\
&\Leftrightarrow\langle \boldsymbol{S}_{\mathrm{b}}\boldsymbol{x},\boldsymbol{x}\rangle+\langle \boldsymbol{S}_{\mathrm{w}}\boldsymbol{x},\boldsymbol{x}\rangle\\
&\Leftrightarrow\boldsymbol{x}^{\mathrm{H}}\boldsymbol{S}_{\mathrm{b}}\boldsymbol{x}+\boldsymbol{x}^{\mathrm{H}}\boldsymbol{S}_{\mathrm{w}}\boldsymbol{x}\\
&\Leftrightarrow\boldsymbol{x}^{\mathrm{H}}\boldsymbol{S}_{\mathrm{b}}\boldsymbol{x}=0\cap\boldsymbol{x}^{\mathrm{H}}\boldsymbol{S}_{\mathrm{w}}\boldsymbol{x}=0
\end{aligned}$$

根据上面所提的思想，我们提出了改进的 LDA 算法。算法具体描述如下。

(1) 对角化 $\boldsymbol{S}_t$

找出一矩阵 $\boldsymbol{V}$，使得 $\boldsymbol{V}^{\mathrm{T}}\boldsymbol{S}_t\boldsymbol{V}=\boldsymbol{\Lambda}$。其中，$\boldsymbol{\Lambda}$ 是对角阵，对角线上的元素是按降序排列的 $\boldsymbol{S}_t$ 的所有特征值；$\boldsymbol{V}$ 是与 $\boldsymbol{S}_t$ 的特征值相对应的特征向量。设 $\boldsymbol{Y}$ 是一个矩阵，其第一列是与 $\boldsymbol{S}_t$ 的非零特征值对应的特征向量，根据定理 8.1，$\boldsymbol{Y}^{\mathrm{H}}\boldsymbol{Y}=\boldsymbol{I}$，从而有 $\boldsymbol{S}_w'=\boldsymbol{Y}^{\mathrm{H}}\boldsymbol{S}_w\boldsymbol{Y}$ 和 $\boldsymbol{S}_b'=\boldsymbol{Y}^{\mathrm{H}}\boldsymbol{S}_b\boldsymbol{Y}$。

(2) 保留类间离散度矩阵的零空间

$\boldsymbol{Q}$ 是 $\boldsymbol{S}_w'$ 的零空间，那么，得到 $\boldsymbol{S}_w''=\boldsymbol{Q}^{\mathrm{H}}\boldsymbol{S}_w'\boldsymbol{Q}=\boldsymbol{Q}^{\mathrm{H}}\boldsymbol{Y}^{\mathrm{H}}\boldsymbol{S}_w\boldsymbol{Y}\boldsymbol{Q}=(\boldsymbol{Y}\boldsymbol{Q})^{\mathrm{H}}\boldsymbol{S}_w(\boldsymbol{Y}\boldsymbol{Q})=0$，$\boldsymbol{S}_b''=\boldsymbol{Q}^{\mathrm{H}}\boldsymbol{S}_b'\boldsymbol{Q}=(\boldsymbol{Y}\boldsymbol{Q})^{\mathrm{H}}\boldsymbol{S}_b(\boldsymbol{Y}\boldsymbol{Q})$。其中，$\boldsymbol{Y}\boldsymbol{Q}$ 是 $\boldsymbol{S}_w$ 零空间的子空间。

(3) 对角化 $\boldsymbol{S}_b$

如果 $\boldsymbol{S}_b''$ 存在零空间，就要把其除掉，以进一步降维。设 $\boldsymbol{\Psi}$ 是一个矩阵，其第一列是与 $\boldsymbol{S}_b''$ 的非零特征值对应的特征向量，即 $\boldsymbol{\Psi}^{\mathrm{T}}\boldsymbol{S}_b'\boldsymbol{\Psi}=\boldsymbol{G}_b>0$。则最后的 LDA 投影是 $\boldsymbol{W}=\boldsymbol{Y}\boldsymbol{Q}\boldsymbol{\Psi}\boldsymbol{G}_b^{-\frac{1}{2}}$。

8.5.4 特征融合框架

在本节中，设由 Gabor 小波得到的局部特征表示为 α，β 表示由 Kernel PCA 得到的全局特征向量 $\boldsymbol{Y}$。在酉空间 C^n 中，根据组合特征表达式 $\boldsymbol{\zeta}=\{\boldsymbol{\alpha}+\mathrm{i}\boldsymbol{\beta}\mid\boldsymbol{\alpha}\in\boldsymbol{A},\boldsymbol{\beta}\in\boldsymbol{B}\}$，得到鉴别特征向量 $\boldsymbol{\Pi}=\boldsymbol{W}^{\mathrm{H}}\boldsymbol{\zeta}$。这种方法称其为 **KGLU-LDA**。其框架描述如图 8.15 所示。

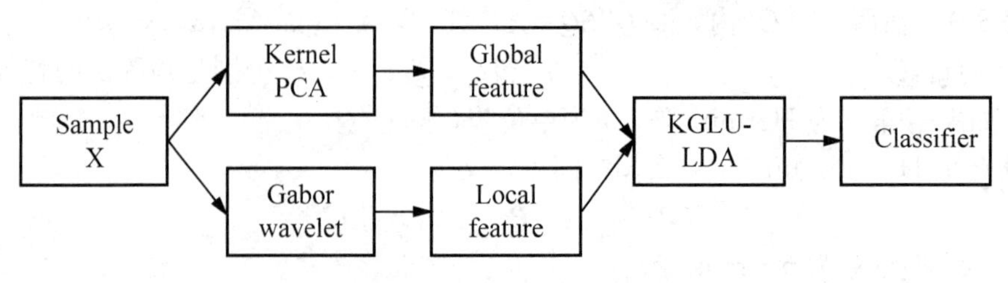

图 8.15　特征组合的框架

由于特征抽取方法与量纲选择的不同，导致了参与组合的同一模式样本的两组特征 $\boldsymbol{\alpha}$ 和 $\boldsymbol{\beta}$ 之间在数量关系上可能存在较大的差别。为了使得两特征能够以近乎平等的地位参与组合，并达到较好的组合效果，有必要考虑特征之间在数值上的均衡性问题。因此，实际中多采取加权组合的方法。在此，采取的组合形式为 $\boldsymbol{\zeta}=\{\boldsymbol{\alpha}+\mathrm{i}\theta\boldsymbol{\beta} \mid \boldsymbol{\alpha}\in A,\boldsymbol{\beta}\in B\}$，其中，权值 θ 称为组合系数。易证明，加权组合特征具有以下性质。

性质 8.2　当 $\theta\neq 0$ 时，组合特征 $\boldsymbol{\gamma}=\boldsymbol{\alpha}+\mathrm{i}\theta\boldsymbol{\beta}$ 与 $\boldsymbol{\gamma}=(\frac{1}{\theta})\boldsymbol{\alpha}+\mathrm{i}\boldsymbol{\beta}$ 是等价的。

性质 8.3　当 $\theta\to 0$ 时，组合特征 $\boldsymbol{\gamma}=\boldsymbol{\alpha}+\mathrm{i}\theta\boldsymbol{\beta}$ 等价于单特征 $\boldsymbol{\alpha}$；当 $\theta\to\infty$ 时，组合特征 $\gamma=\boldsymbol{\alpha}+\mathrm{i}\theta\boldsymbol{\beta}$ 等价于单特征 $\boldsymbol{\beta}$。

以下，我们讨论组合系数 θ 的估计方法。影响组合系数选择的有两个因素：①特征向量的长度，②特征向量的维数。因此，给出的组合系数 θ 的经验公式为

$$\theta=\frac{\mathrm{n}}{\mathrm{m}}\times\frac{\|\boldsymbol{\alpha}\|}{\|\boldsymbol{\beta}\|}\times C_{\mathrm{Gabor}} \tag{8.21}$$

其中，n 和 m 分别为 $\boldsymbol{\alpha}$ 和 $\boldsymbol{\beta}$ 的维数，$\|\cdot\|_2$ 为·的 2 范数，C_{Gabor} 为 Gabor 小波变换的尺度和方向的乘积。

8.5.5　实验结果与讨论

使用自制的慢性胃炎患者的舌象库测试算法 KGLU-LDA 的性能。该舌象库根据专业委员会的辩证标准，实验对 166 对慢性胃炎患者进行了分类，对五种证型以外的证型归入其他类，对于两种以上的合并证型或相兼证型取主要证型纳入。注：标准中脾胃虚弱型包括脾胃气虚和阳虚(虚寒)两种基本证型。其中的五种证型分别是肝胃不和证、脾胃湿热证、脾胃虚弱证、胃络淤血证和胃阴虚证；166 例慢性胃炎病患者，其中男性 77 例，女性 89 例，年龄 28～65 岁。包括上海中医药大学附属龙华医院、曙光医院，上海市黄浦区中西医结合医院，上海市嘉定区中医院，江苏太仓市中医院等医院门诊、住院部具有明确临床诊断的慢性胃炎病患者。

数据库中每张舌象的大小为 224×224。根据中医辩舌的知识，舌中部主脾胃，因此，在建数据库时对胃病主要取其舌的中部。如图 8.16 所示，是舌象采样的过程图，其中的舌象有歪斜的，对其进行了修正。图 8.17 是数据库中的部分舌象。166 张舌象中训练集有 80 张，其他在测试集中。每一种证型有随机的六张舌象用于训练集(或测试集)。我们把 KGLU-LDA 的性能和 KPCA，杨的 LDA 和 GFC 的性能进行了比较。选用最近邻分类器(Nearest Neighbor Classifier，NNC)进行分类比较，因为目的是检验特征提出的效果。实验中使用多项式核函数 $k(x,y)=(1+a\cdot x\cdot y)^2$，其中对系数 a 的值进行大量的实验，以得到较优的效能。

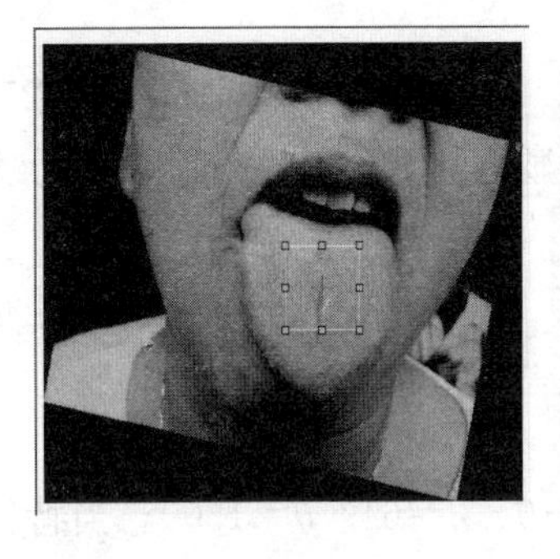
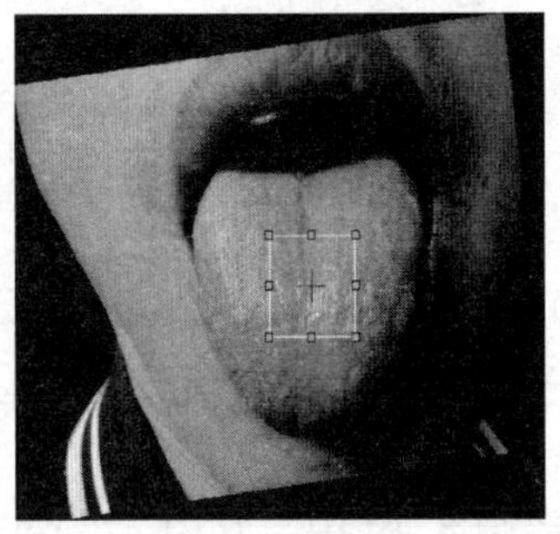
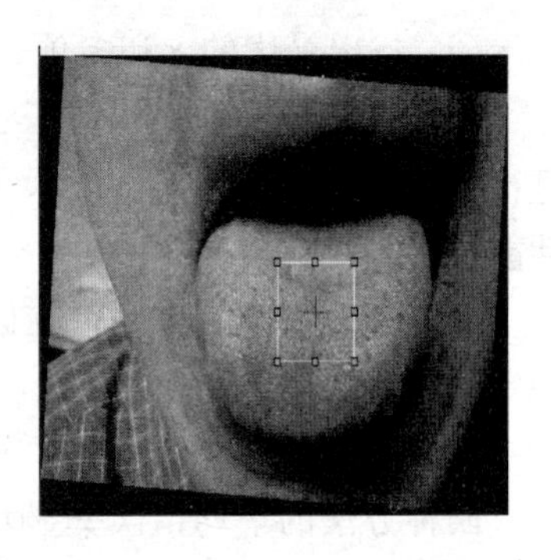

图 8.16　采集用于特征提取的舌象

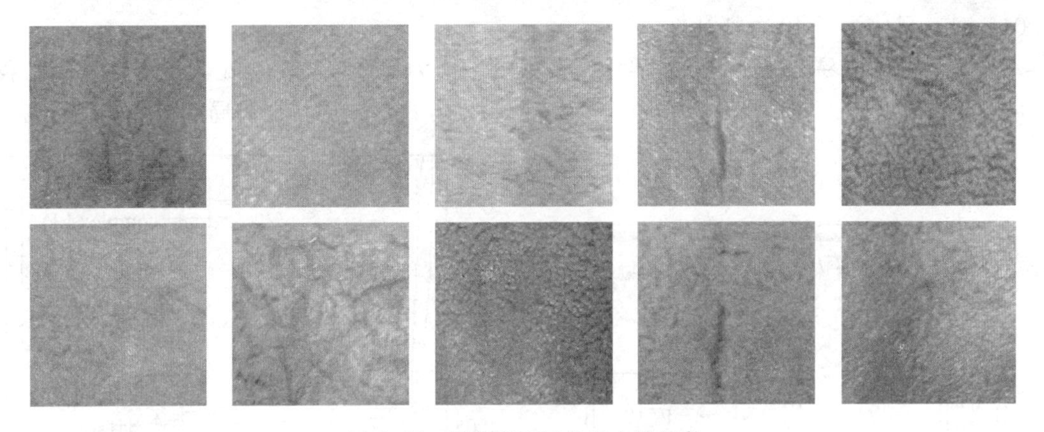

图 8.17　部分胃病舌象库中的舌象

(1) 组合系数θ的有效性实验

因为得到全局特征和局部特征的维数不等，因此，在特征组合以前就找到较优的组合系数。由式(8.21)，有

$$\theta=\frac{25760}{220}\times\frac{3.8\times10^{3}}{1.1\times10^{4}}\times40=1.6179\times10^{3}\approx1620$$

其中$\rho=64$，$a=1.5\mathrm{e}-10$，$C_{\mathrm{Gabor}}=40$。

而从表 8.1 中，可以看到该估计值恰好包含在区间[1100，1700]。在这个区间内，分类错误率对θ的变化有较强的鲁棒性。因此，我们提出的估计公式是合理的。

表 8.1　不同组合系数θ下的识别率

θ	错误率	θ	错误率	θ	错误率
90	0.4526	800	0.01350	1600	0.01236
100	0.3033	900	0.01360	1700	0.01237
200	0.0450	1000	0.01336	1800	0.01246
300	0.0388	1100	0.01236	1900	0.01533
400	0.0180	1200	0.01236	2000	0.0159
500	0.0170	1300	0.01236	10000	0.01600
700	0.0165	1500	0.01236		

(2) 找出最优的 ρ 和多项式核函数中最优的 a

为了找到最优的采样因子 ρ，在求局部特征向量 $\boldsymbol{Y}^{(\rho)}$ 时，取 ρ 分别为 4，16，64，256 进行实验。从图 8.18 中看到，除了 $\rho=256$ 时，分类性能明显下降外，其他三个值的分类性能相近。故在实验中取 $\rho=64$。

从表 8.2 中容易看到，在区间 [4e−10,2e−8]，KGLU-LDA 算法的平均错误率是很稳定的。实验中，取 $\theta=1620$，$\rho=64$。

(3) 评价 KGLU-LDA 算法

四种方法的平均错误率显示在图 8.19 中，其中 $a=1\text{e}-9$、$\rho=64$、$\theta=1500$。当特征数大于 22 时，我们提出的算法 KGLU-LDA 远远超过其他三者。特别是，平均错误率为 0.01%时，只使用了 40 个特征。

从上面的结果易知，所提出的算法是高效的。但为什么该方法会比其他方法好呢？我们的观点是，KGLU-LDA 模仿了 HVS 系统的识别方式，全局特征和局部特征的融合。

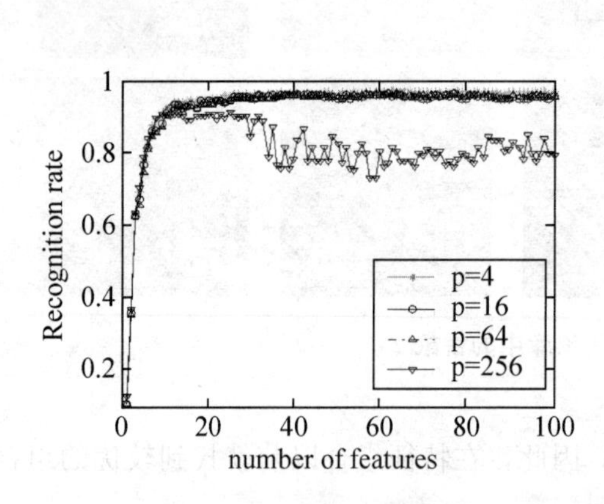

图 8.18 KGLU-LDA 算法在不同采样因子下的识别率

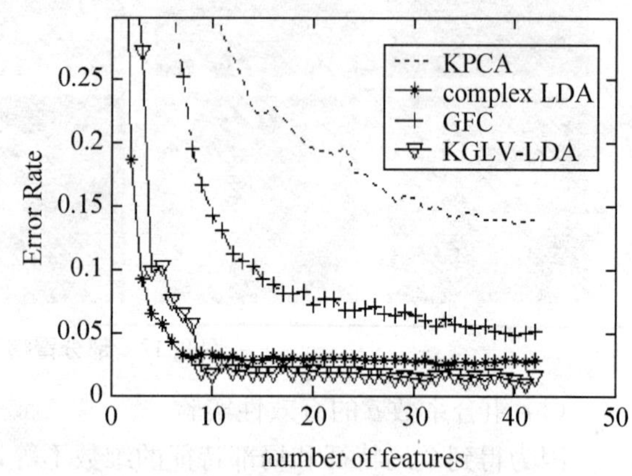

图 8.19 四种不同方法的比较结果

表 8.2 KGLU-LDA 算法在多项核中不同参数 a 下的识别率

$a\times10^{10}$	错误率	$a\times10^{10}$	错误率	$a\times10^{10}$	错误率
0.1	0.1932	3.0	0.0120	205.0	0.0134
0.5	0.0197	4.0	0.0100	255.0	0.0177
0.6	0.0207	5.0	0.0110	305.0	0.0169
0.7	0.0213	55.0	0.0120	405.0	0.0168
0.9	0.0097	105.0	0.0110	455.0	0.0187
1.0	0.0207	155.0	0.0100	1000.0	0.0187
2.0	0.0130	200.0	0.0100		

8.6 小　　结

模式识别方法的选择取决于问题的性质。如果被识别的对象极为复杂，而且包含丰富的结构信息，一般采用句法方法；被识别对象不很复杂或不含明显的结构信息，一般采用

统计方法。但是，这两种方法不能截然分开，在句法方法中，基元本身就是用统计方法抽取的。在应用中，将这两种方法结合起来分别施加于不同的层次，常能收到较好的效果。

本书并不是一本专门介绍模式识别的书籍，后续的讨论将不涉及句法模式识别的相关内容，这主要是出于对本书内容完整性和紧凑性的考虑(句法模式以自然语言与自动机为其理论根基)；同时也不从经典的贝叶斯分类理论开始，对各种统计模式识别技术论，而是将着眼于目前统计模式识别领域中十分活跃和图像识别关系密切，并且已在工程技术领域获得广泛应用的分类器技术。本章为此对面诊客观化中最重要的面色识别和舌诊进行研究。

对前者来说，为了增强皮肤块的类间差别，我们提出了利用量化颜色直方图来表征皮肤块，首次引入 sLDA 方法将该特征构建成一个人脸肤色识别的模型。实验表明了该特征能较好的保留肤色块的颜色分布统计信息并具有良好的可分性。本研究为中医客观化、远程诊断的实现打下了坚实的基础。需要注意的是，本章所使用的图像均为在标准环境下采集的，且样本数量有限，因此，算法的稳定性、小样本泛化能力有待进一步考验。以后，我们将继续拓展图像库，尤其是获取更多高分辨率的人脸图像，同时进一步对更多的五色识别分类的算法进行研究。

祖国医学苔胃理论认为，舌为脾胃之外侯，苔为胃气所蒸化。胃为仓廪之官，水谷之海，主受纳与腐熟，人所食用之食品，水液等营养物质均经胃的消化吸收进入人体，胃腑有病就会影响人体的消化功能及营养状态，同时也必然反映到舌象上来。因此，我们选择慢性胃炎病患者为观察对象，进行慢性胃炎不同证型舌象特征的观察与分析。本章又提出了一种新颖的舌象特征提取方法，其主要思想是模仿 HVS 系统，通过全局、局部的特征融合来辨识每个舌象。具体地说，把由 Kernel PCA 得到的全局特征和由 Gabor 小波变换得到的局部特征组合起来，作为改进 LDA 的输入项。而改进的 LDA 充分利用类间离散度矩阵的零空间和 Hermite 阵的性质。通过对慢性胃炎患者的舌象库的试验，证明了我们提出的 KGLU-LDA 算法是有效的。通过分析 KGLU-LDA 算法实现了依特征辨症状的目的，为舌诊进一步客观化提供研究方法，也具有一定的临床诊断应用价值。我们以后的工作是要实现从特征直接到疾病，真正实现临床化。

习　题

8.1　模式识别是不是就是机器自动识别或机器自动分类？常说的语音识别、汉字识别、手写体识别是不是属于这门学科的内容？

8.2　简述模式类和模式的关系。

8.3　简述模板匹配和特征匹配的过程。

8.4　简述监督分类法和非监督分类法(聚类分析法)的区别。

8.5　试说明用监督学习与非监督学习两种方法对道路图像中道路区域的划分的基本做法，以说明这两种学习方法的定义与它们之间的区别。

8.6　画出图像识别的流程。

8.7　简述图像识别方法。

8.8　请根据汽车车牌识别的例子，简述车牌识别的全过程。

第9章

神经网络分类器

9.1 人工神经网络的基本原理

人工神经网络(Artifical Neural Networks，ANN)的结构和工作机理基本上是以人脑的组织结构(大脑神经元网络)和活动规律为背景的，它反映了人脑的某些基本特征，但并不是要对人脑部分的真实再现，可以说它是某种抽象、简化或模仿。参照生物神经元网络发展起来的人工神经网络现已有许多种类型，但它们中的基本单元——神经元的结构是基本相同的。

9.1.1 人工神经元

人工神经元模型是生物神经元的模拟与抽象。这里所说的抽象是从数学角度而言，所谓模拟是以神经元的结构和功能而言的。图9.1是一种典型的人工神经元模型，它是由模拟神经元的细胞体、树突、轴突、突触等主要部分构成的。其特点主要表现如下。

1) 多输入、单输出的元件。

2) 具有非线性的输入、输出特性。

3) 具有可塑性。而可塑性反映在新突触的产生和现有神经突触的调整上，可塑性使神经网络能够适应周围的环境。其塑性变化的部分主要是权值(w_i)的变化，这相当于生物神经元的突触部分的变化。对于激发状态，w_i 取正值，对于抑制状态，w_i 取负值。

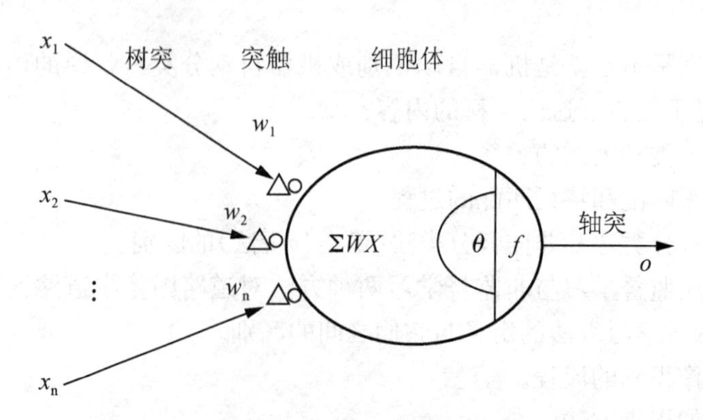

图9.1 人工神经元模型

4）神经元的输出响应是各个输入值的综合作用结果。

5）时空整合功能，时间整合功能表现在不同时间、不同突触上；空间整合功能表现在同一时间、不同突触上。

6）兴奋与抑制状态，当传入冲动的时空整合结果，使细胞膜电位升高，超过被称为动作电位的阈值，细胞进入兴奋状态，产生神经冲动，由轴突输出；同样，当膜电位低于阈值时，无神经冲动输出，细胞进入抑制状态。

图9.1的人工神经元相当于一个多输入单输出的非线性阈值器件。x_1，x_2，…，x_n 表示它的n个输入；w_1，w_2，…，w_n 表示与它相连的n个突触的连接强度，其值称为权值；$\sum \boldsymbol{WX}$ 称为激活值，表示这个人工神经网络的输入总和，对应于生物神经细胞的膜电位；o表示这个人工神经元的输出；θ表示这个人工神经元的阈值。如果输入信号的加权和超过θ，则人工神经元被激活。这样，人工神经元的输出可描述为

$$o=f\left(\sum \boldsymbol{WX}-\theta\right) \tag{9.1}$$

其中，f表示神经元输入输出关系函数，称为激活函数或输出函数。另外，权矢量(Weight Vector)$\boldsymbol{W}=(w_1,w_2,\cdots,w_n)^{\mathrm{T}}$，而输入矢量(Input Vector)$\boldsymbol{X}=(x_1,x_2,\cdots,x_n)^{\mathrm{T}}$；设 $\mathrm{net}=\boldsymbol{W}^{\mathrm{T}}\boldsymbol{X}$ 是权与输入的矢量积(标量)，相当于生物神经元由外加刺激引起的膜内电位的变化。这样激活函数可写成$f(\mathrm{net})$；阈值θ一般不是一个常数，它是随着神经元的兴奋程度而变化的。

激活函数有许多种类型，其中比较常用的激活函数可归结为三种形式：阈值函数、Sigmoid函数和分段线性函数。

(1) 阈值函数

阈值函数(Threshold Function)通常也称为阶跃函数。其可定义为

$$f(t)=\begin{cases}1 & t\geqslant 0\\ 0 & t<0\end{cases} \tag{9.2}$$

若激励函数采用阶跃函数，如图9.2(a)所示的人工神经元模型即为著名的MP(McCulloch-Pitts)模型。此时神经元的输出取1或0，反映了神经元的兴奋或抑制。

此外，符号函数sgn(t)也常常作为神经元的激励函数，如图9.2(b)所示。

$$\mathrm{sgn}(t)=\begin{cases}1 & t\geqslant 0\\ -1 & t<0\end{cases} \tag{9.3}$$

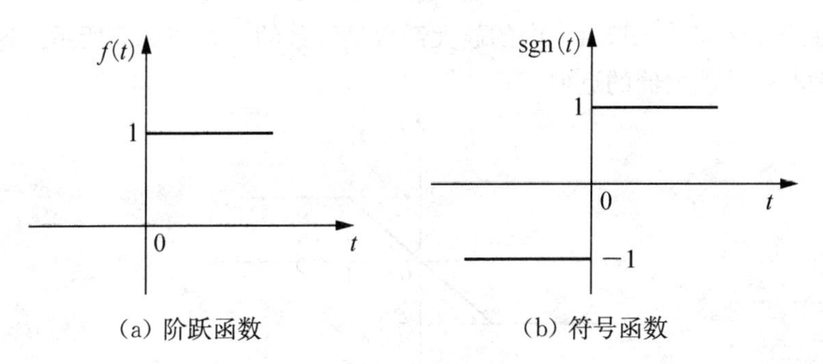

(a) 阶跃函数　　(b) 符号函数

图9.2　阈值函数

(2) Sigmoid 函数

Sigmoid 函数也称为 S 型函数。到目前为止，它是人工神经网络中最常用的激励函数。S 型函数的定义为

$$f(t)=\frac{1}{1+\mathrm{e}^{-at}} \tag{9.4}$$

其中，a 为 S 型函数的斜率参数，通过改变参数 a，会获取不同斜率的 Sigmoid 函数，如图 9.3 所示。

当斜率参数接近无穷大时，此函数转化为简单的阈值函数，但 Sigmoid 函数是可微分的，而阈值函数是不可微分的。

Sigmoid 函数也可用双曲正切函数来表示：

$$f(t)=\tanh(t) \tag{9.5}$$

双曲正切函数如图 9.4 所示。

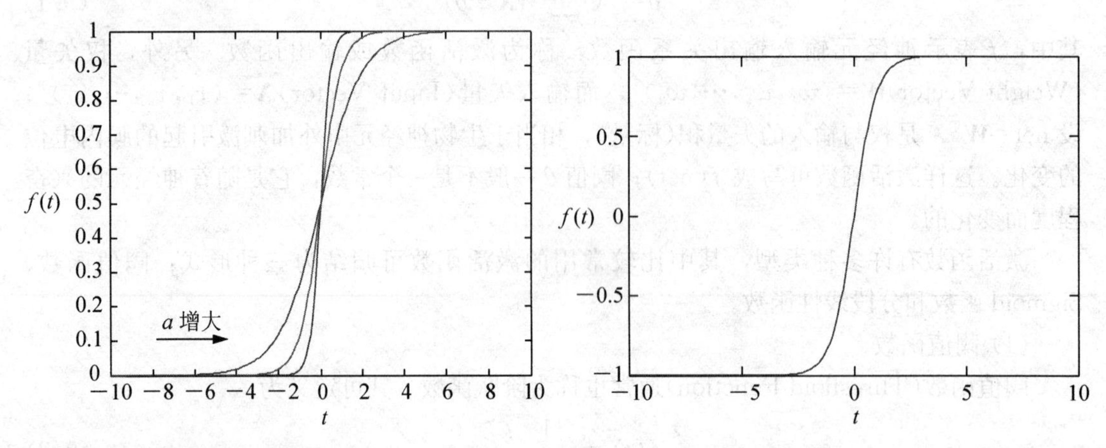

图 9.3　Sigmoid 函数　　　图 9.4　双曲正切函数

(3) 分段线性函数

分段线性函数(Piecewise-Linear Function)定义为

$$f(t)=\begin{cases}1 & t\geqslant 1\\ t & -1<t<1\\ -1 & t\leqslant -1\end{cases} \tag{9.6}$$

该函数在线性区间 [−1, 1] 内的放大系数是一致的，如图 9.5 所示。这种形式的激励函数可看做非线性放大器的近似。

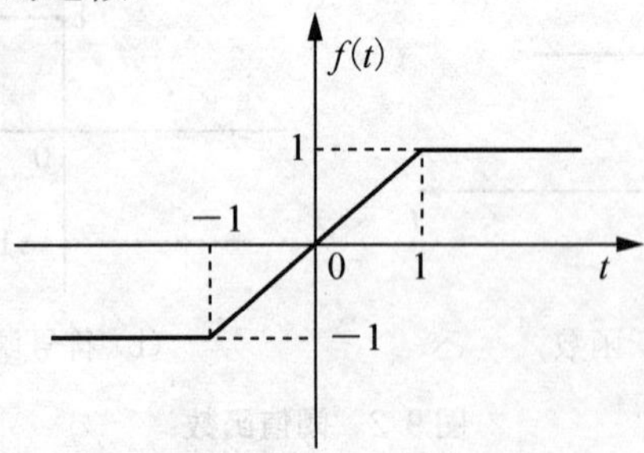

图 9.5　分段线性函数

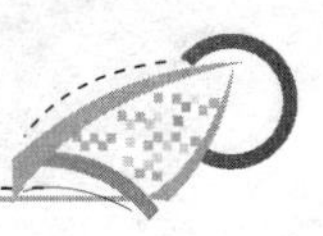

另外，分段线性函数的特殊形式表现在：①在执行中保持线性区域而使其不进入饱和状态，则会产生线性组合器；②若线性区域的放大倍数无限大，则分段线性函数简化为阈值函数。

9.1.2　人工神经网络模型

根据神经元之间连接的拓扑结构的不同，可将神经网络结构主要分为两大类，即分层网络和相互连接网络。分层网络是将一个神经网络中的所有神经元按功能分成若干层，一般有输入层、隐含层和输出层，各层顺序连接。分层网络可以细分为三种互连形式：简单的前向输入模式、具有反馈的前向网络以及层内有相互连接的前向网络。对于简单的前向网络，给定某一输入模式，网络能产生一个相应的输出模式，并保持不变。输入模式由输入层进入网络，经过隐含层的模式变换，由输出层产生输出模式。因此前向网络是由分层网络逐层模式变换处理的方向而得名的。相互连接网络是指网络中任意两个单元之间都是可以相互连接的。对于给定的输入模式，相互连接型网络由某一初始状态出发开始运行，在一段时间内网络以不断更新输出状态的变化过程中。如果网络设计得好，最终可能会产生某一稳定的输出模式；如果设计得不好，网络也有可能进入周期性振荡或发散状态。

本章着重分析 BP 神经网络、径向基函数神经网络、自组织竞争神经网络、概率神经网络、对向传播神经网络和反馈型神经网络等的特点。其中，五种网络结构模型及分类特点的如表 9.1 和表 9.2 所示。

表 9.1　五种网络模型比较 1

	BP 神经网络	径向基函数神经网络	自组织竞争神经网络
网络模型图	见图 9.7	见图 9.12	见图 9.15
结构特点	BP 神经网络具有三层或三层以上的多层神经网络，上下各神经元之间无连接	与 BP 神经网络结构相似，但其隐含层神经元的核函数取为高斯核函数	由输入和竞争层构成的两层网络没有隐含层，输入和竞争层之间的神经元实现双向连接，同时竞争层各个神经元之间还存在横向连接
训练学习方式比较	当一对样品提供给网络后，从输入层经过各中间层向输出层传播，在输出层获得响应。按照减少目标输出与实际误差的方向，采用负梯度下降等多种方法，从输出层经过中间层逐层修正连接权值，正确率不断提高	输入层到隐含层采用非线性映射，隐含层到输出层采用线性映射，具有最佳逼近，克服局部极小值的性能。神经元个数可能比 BP 神经网络多，训练时间比 BP 少	网络竞争层的各神经元通过竞争来获取输入模式的响应机会，最后仅有一个神经元成为竞争胜利者，并将与获胜神经元有关的各种连接权值向着更有利于其竞争的方向发展
学习方式	两步都采用有导师学习	第一步为无导师学习，第二步为有导师学习	无导师自组织学习
训练时间	长	较短	较短

表 9.2　五种网络模型比较 2

	对向传播神经网络	反馈型神经网络
网络模型图	见图 9.16	见图 9.17
结构特点	由输入层、竞争层、输出层组成三层结构，输入层与竞争层构成 SOM 网络，竞争层与输出层构成基本竞争型网络	全连接型网络属于单层反馈非线性网络，每一个结点的输出均反馈到其他结点的输入
训练学习方式比较	仅仅调整与竞争层获胜神经元有关的连接权向量，既反映了输入模式的统计特性，又反映了输出模式的统计特性。输入、输出模式通过竞争层实现了相互映射，即网络具有双向记忆的性能	其是一种循环神经网络，从输出到输入有反馈连接，这个反馈过程一直进行下去。如果网络能稳定收敛，则反馈与迭代的计算过程所产生的变化越来越小，一旦到达了稳定平衡状态，则会输出稳定的恒值。具有联想记忆功能
学习方式	从整体上看属于有导师型的网络，而由输入层和竞争层构成的 SOM 网络属于无教师型网络	无导师学习
训练时间	较长	短

9.1.3　神经网络的学习过程

人的学习过程主要有三种：有导师学习、无导师学习和强化学习。模仿人的学习过程，人们提出了多种神经网络的学习方式，按学习方式进行神经网络模型分类，可以分为相应的三种，即有导师学习网络、无导师学习网络和强化学习网络。其中，有导师型的学习或者说有监督型的学习是在有指导和考察的情况下进行的，如果学完了没有达到要求，那么就要再继续学习(重新学习)；无导师型的学习或者说无监督型的学习是靠学习者或者说神经系统本身自行完成的。学习是一个相对持久的变化过程，学习往往也是一个推理的过程。例如，通过经验也可以学习，学习是神经网络最重要的能力。

人工神经网络可从所需要的例子集合中学习、从输入与输出的映射中学习。对于有监督学习，是在已知输入模式和期望输出的情况下进行的学习。对应每一个输入，有导师提供的系统以实际响应与期望响应之间的差距作为测量误差，用来校正网络的参数(权值和阈值)，输入/输出模式的集合称为这个学习模型的训练样品集合。

神经网络最大的特点就是它有学习能力。在学习过程中，主要是网络连接权的值发生了相应的变化，学习到的内容也算记忆在连接权当中。

9.1.4　人工神经网络在模式识别问题上的优势

人工神经网络简称神经网络(NN)，是对人脑或自然神经网络若干基本特性的抽象和模拟，是一种基于连接学说构造的智能仿生模型，是由大量神经元组成的非线性动力系统。

以生物神经网络为模拟基础的人工神经网络试图在模拟推理和自动学习等方面向前发

展，使人工智能更接近人脑的自组织和并行处理功能，它在模式识别、聚类分析和专家系统等多方面显示出了新的前景和新的思路。神经网络可以看成是从输入空间到输出空间的一个非线性映射，它通过调整权重和阈值来“学习”或发现变量间的关系，实现对事务的分量。由于神经网络是一种对数据分布无任何要求的非线性技术，它能有效解决非正态分布、非线性的评价问题，因而受到广泛的应用。由于神经网络具有信息的分布存储，并行处理以及自学习能力等特点，所有它在信息处理、模式识别、智能控制等领域有着广泛的应用前景。

1. 人工神经网络的特点

(1) 固有的并行结构和并行处理

人工神经网络和人类的大脑类似，不但结构上是并行的，它的处理顺序也是并行的和同时的，在同一层内的处理单元都是同时操作的，即神经网络的计算功能分布在多个处理单元上。而一般的计算机通常有一个处理单元，其处理顺序是串行的。

(2) 知识的分布存储

在神经网络中，知识不是存储在特定的存储单元中，而是分布在整个系统中，要存储多个知识就需要很多链接。在计算机中，只要给定一个地址就可得到一个或一组数据。在神经网络中要获得存储的知识则采用“联想”的办法，这类似人类和动物的联想记忆。人类根据联想善于正确识别图形，人工神经网络也是这样。

(3) 容错性

人工神经网络具有很强的容错性。它可以从不完善的数据和图形中 进行学习并做出决定。由于知识存在于整个系统中，而不只是在一个存储单元中，预定比例的特点不参与运算，对整个系统的性能不会产生重大影响。能够处理那些有噪声或不完全的数据，具有泛化功能和很强的容错能力。

(4) 自适应性

根据所提供的数据，通过学习和训练，找出输入行输出行之间的内在关系，从而求取问题的解，而不是根据对问题的经验知识和规则。因而具有自适应功能，这对于软化权重确定因素是十分有益的。

(5) 模式识别能力

目前有各种各样的神经网络模型，其中有很多网络模型善于模式识别。模式识别是人工神经网络最重要的特征之一。它不但能识别静态信息，对实时处理复杂的动态信息(随时间和空间变化的)也具有巨大的潜力。模式识别往往是非常复杂的，各个因素之间相互影响，呈现出复杂的非线性关系，人工神经网络为处理这类非线性问题提供了强有力的工具。

2. 人工神经网络的优点

人工神经网络在模式识别的问题上，相比其他传统方法的优势可以大致归结为以下三点：

1) 要求对问题的了解较少；

2) 可对特征空间进行较为复杂的划分；

3）适用于高速并行处理系统来实现。

但是人工神经网络同其他理论一样也不是完美的，也有其固有的弱点。例如，需要更多的训练数据，在非并行处理系统中的模拟运行速度很慢，以及无法获取特征空间中的决策面等。

9.2 BP神经网络

9.2.1 BP神经网络的基本概念

1. BP神经网络拓扑结构

BP神经网络是一种具有三层或三层以上的多层神经网络，每一层都有若干个神经元组成，如图9.6所示，它的左、右各层之间各个神经元实现全连接，即左层的每一个神经元与右层的每一个神经元都有连接，而上下各神经元之间无连接，如图9.7所示。BP神经网络按有导师学习方式进行训练，当一对学习模式特供给网络后，其神经元的激活值将从输入层经各隐含层向输出层传播，在输出层的各神经元输出对应于输入模式的网络响应。然后，按减少希望输出与实际输出误差的原则，从输出层经各隐含层，最后回到输入层逐层修正各连接权。由于这种修正过程是从输出到输入逐层进行的，所以称它为“误差逆传播法”。随着这种误差逆传播训练的不断进行，网络对输入模式响应的正确率也将不断提高。

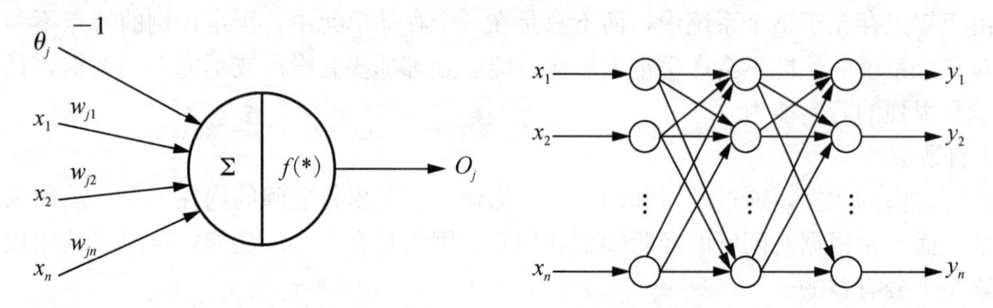

图9.6 人工神经元模型　　图9.7 用于多指标综合评价的三层BP神经网络

由于BP神经网络有处于中间位置的隐含层，并有相应的学习规则可循，可训练这种网络，使其具有对非线性模式的识别能力。特别是它的数学意义明确、步骤分明的学习，更使其有广泛的应用前景。

2. BP神经网络的设计

在进行BP神经网络的设计时，应从网络的层数、每层中的神经元数、初始值以及学习速率等几个方面进行考虑。

(1) 网络的层数

已经证明三层BP神经网络可以实现多维单位立方体R^m到R^n的映射，即能够逼近任何有理函数。这实际上给了一个设计BP神经网络的基本原则。增加层数可以更进一步地降低误差、提高精度，但同时也使网络复杂化，从而增加网络权值的训练时间。而误差精

度的提高实际上也可以通过增加隐含层中的神经元数目来获得，其训练结果也比增加层数更容易观察和调整。所以，一般情况下，应优先考虑增加隐含层中的神经元数目。

(2) 隐含层的神经元数

网络训练精度的提高，可以通过采用一个隐含层而增加神经元数的方法获得。这在结构的实现上要比增加更多的隐含层简单得多。在具体设计时，比较实际的做法是隐含层取输入层的两倍，然后适当地加上一点余量。评价一个网络设计得好坏，首先是它的精度，其次是训练时间。而训练时间包含有两层：一层是循环次数，另一层是每一次循环中计算所花的时间。

(3) 初始权值的选取

由于系统是非线性的，初始值的选取对于学习是否达到局部最小，是否能够收敛以及训练时间的长短有很大关系。初始值过大、过小都会影响学习速度，因此权值的初始值应选为均匀分布的小数经验值，一般取初始权值在(−1，1)之间的随机数，也可选取在$[-2.4/n, 2.4/n]$之间的随机数，其中n为输入特征个数。为避免每一步权值的调整方向是同向的，应将初始值设为随机数。

(4) 学习速率

学习速率决定每一次循环训练中所产生的权值变化量。高的学习速率可能导致系统的不稳定；但低的学习速率导致较长的训练时间，可能收敛很慢，不过能保证网络的误差值跳出误差表面的低谷而最终趋于最小误差值。在一般情况下，倾向于选取较小的学习速率以保证系统的稳定性。学习速率的选取范围在0.01～0.8之间。

如同初始权值的选取过程一样，在一个神经网络的设计中，网络要经过几个不同的学习速率的训练，通过观察每一次训练后的误差平方和$\sum e^2$的下降速率来判断所选定的学习速率是否合适，若$\sum e^2$下降很快，则说明学习速率合适，若$\sum e^2$出现震荡现象，说明学习速率过大。对于每一个具体网络都存在一个合适的学习速率，但对于较复杂网络，在误差曲面的不同部位可能需要不同的学习速率。为了减少寻找学习速率的训练次数以及训练时间，比较合适的方法是采用变化的自适应学习速率，使网络的训练在不同的阶段自动设置不同的学习速率。一般来说，学习速率越高，收敛越快，但容易震荡；而学习速率越低，收敛越慢。

(5) 期望误差的选取

在网络的训练过程中，期望误差值也应当通过对比训练后确定一个合适的值。所谓的“合适”，是相对于所需要的隐含层的结点数来确定的，因为较小的期望误差要靠增加隐含层的结点，以及训练时间来获得。一般情况下，作为对比，可以同时对两个不同期望误差的网络进行训练，最后通过综合因素的考虑来确定采用其中一个网络。

尽管含有隐含层的神经网络能实现任意连续函数的逼近，但在训练过程中如果一些参数选取得合适，可以加快神经网络的训练，缩短神经网络的训练时间和取得满意的训练结果。对训练过程有较大影响的有权系数的处置、学习速率等。

调整量与误差成正比，即误差越大，调整的幅度就越大，这一物理意义是显而易见的。调整量与输入值的大小成正比，这里由于输入值越大，在这次学习过程中就显得越活跃，所以与其相连的权值的调整幅度就应该越大。调整量与学习系数成正比。通常学习系数在 0.1～0.8 之间，为使整个学习过程加快，又不引起震荡，可采用变学习速率的方法，即在学习初期取较大的学习系数，随着学习过程的进行逐渐减少其值。

3. BP 神经网络训练

为了使 BP 神经网络具有某种功能，完成某项任务，必须调整层间连接权值和结点阈值，使所有样品的实际输出和期望输出之间的误差稳定在一个较小的值之内。在训练 BP 神经网络算法中，误差反向传播算法是最有效的、最常用的一种方法。另外，BP 神经网络参数(连接权值和结点阈值)的调整方法，一般包括梯度下降法、有动量的梯度下降法、有自适应 lr 的梯度下降法、有动量加自适应 lr 的梯度下降法、弹性梯度下降法、Fletcher-Reeves 共轭梯度法、Polak-Ribiere 共轭梯度法、Powell-Beale 共轭梯度法、量化共轭梯度法。

三层 BP 神经网络学习训练过程如图 9.8 所示。BP 神经网络的学习过程主要由**输入模式顺传播**(输入模式由输入层经隐含层向输出层传播计算)、**输出误差逆传播**(输出的误差由输出层经隐含层传向输入层)、**循环记忆训练**(模式顺传播与误差逆传播的计算过程反复交替循环进行)、**学习结果判别**(判定全局误差是否趋向极小值)四部分组成。

下面以梯度下降法训练 BP 神经网络为例，介绍和分析四个过程，在第 l 次输入样品($l=1,2,\cdots,N$)进行训练时各个参数的表达及计算方法。

(1) 确定参数

1) 确定输入向量 $\boldsymbol{X}=[x_1,x_2,\cdots,x_n]^{\mathrm{T}}$，其中，$n$ 为输入层单元数；

2) 确定输出向量 $\boldsymbol{Y}=[y_1,y_2,\cdots,y_q]^{\mathrm{T}}$ 和希望输出向量 $\boldsymbol{O}=[o_1,o_2,\cdots,o_q]^{\mathrm{T}}$。其中，$q$ 为输出层单元数；

3) 确定隐含层输出向量 $\boldsymbol{B}=[b_1,b_2,\cdots,b_p]^{\mathrm{T}}$。其中，$p$ 为输出层单元数；

4) 初始化输入层至隐含层的连接权值 $\boldsymbol{W}_j=[w_{j1},w_{j2},\cdots,w_{jt},\cdots,w_{jn}]^{\mathrm{T}}$，$j=1,2,\cdots,p$；

5) 初始化隐含层至输出层的连接权值 $\boldsymbol{V}_k=[v_{k1},v_{k2},\cdots,v_{kj},\cdots,v_{kp}]^{\mathrm{T}}$，$k=1,2,\cdots,q$。

(2) 输入模式顺传播

这一过程主要是利用输入模式求出它所对应的实际输出。

1) 计算隐含层各神经元的激活值 s_j 为

$$s_j=\sum_{i=1}^{n}w_{ji}\cdot x_i-\theta_j \tag{9.7}$$

其中，w_{ji} 为输入层至隐含层的连接权；θ_j 为隐含层单元的阈值，$j=1,2,\cdots,p$。

激活函数采用 S 型函数，即

$$f(x)=\frac{1}{1+\exp(-x)} \tag{9.8}$$

这里之所以选 S 型函数为 BP 神经网络神经元的激活函数是因为它是连续可微分的，而且更接近于生物神经元的信号输出形式。

2) 计算隐含层 j 单元的输出值。将上面的激活值代入激活函数中可得隐含层 j 单元的输出值为

$$b_j=f(s_j)=\frac{1}{1+\exp(-\sum_{i=1}^{n}w_{ji}\cdot x_i+\theta_j)} \tag{9.9}$$

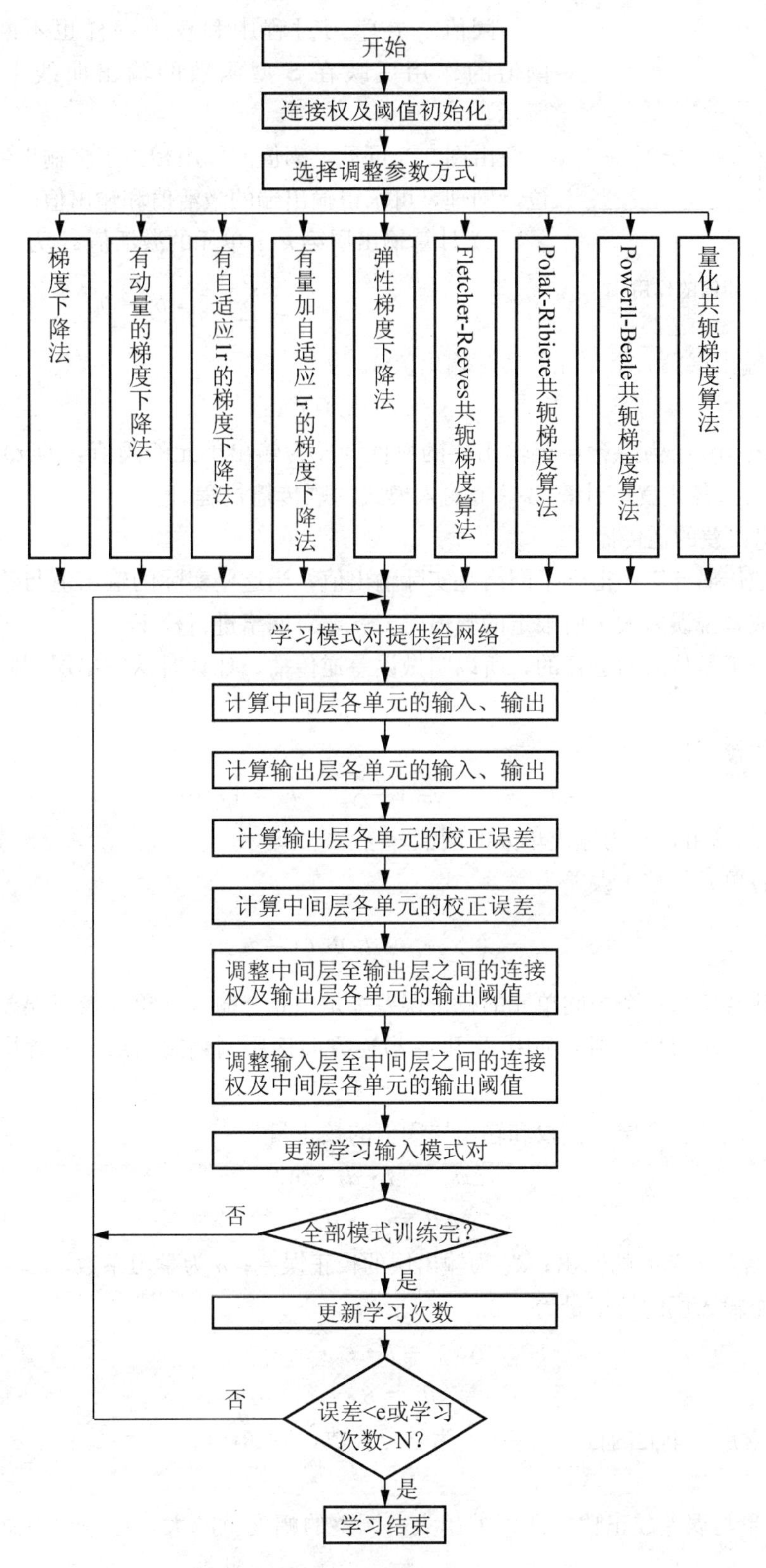

图 9.8　BP 神经网络学习过程

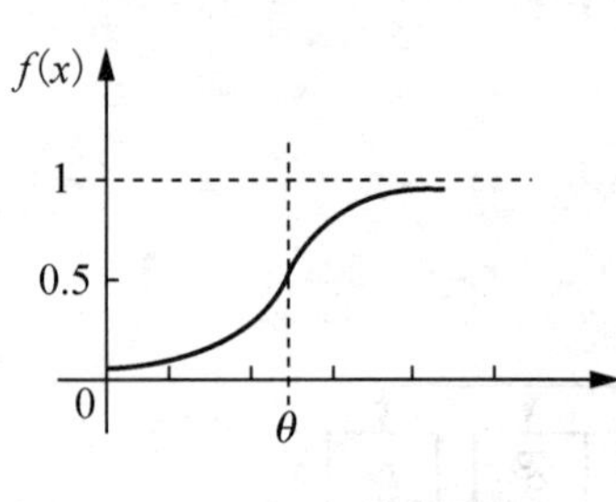

图 9.9 阈值的作用

阈值 θ_j 在学习过程中和权值一样也不断地被修正。阈值的作用反映在 S 型函数的输出曲线上，如图 9.9 所示。

由图 9.9 可见，阈值的作用相当于将输出值移了 θ 个单位。同理，可求得输出端的激活值和输出值。

3）计算输出层第 k 个单元的激活值 s_k 为

$$s_k = \sum_{j=1}^{p} v_{kj} \cdot b_j - \theta_k \tag{9.10}$$

4）计算输出层第 k 个单元的实际输出值 y_k 为

$$y_k = f(s_k) \tag{9.11}$$

式中 $k=1,2\cdots,q$，v_{kj} 为隐含层至输出层的权值，θ_k 为输出单元的阈值，$f(x)$ 为 S 型激活函数。利用以上各式就可计算出一个输入模式的顺传播过程。

(3) 输出误差的逆传播

在模式顺传播计算中得到了网络是实际输出值，当这些实际的输出值与希望的输出值不一样时，或者说误差大于所限定的数值时，就要对网络进行校正。

这里的校正是从后面进行的，所以叫做误差逆传播，计算时从输出层到隐含层，再从隐含层到输入层。

输出层的校正误差为

$$d_k = (o_k - y_k) y_k (1 - y_k) \quad k = 1,2\cdots,q \tag{9.12}$$

式中 y_k 为实际输出，o_k 为输出单元的阈值。

隐含层各单元的校正误差为

$$e_j = \left(\sum_{k=1}^{q} v_{kj} \cdot d_k\right) b_j (1 - b_j) \tag{9.13}$$

这里应注意，每一个中间单元的校正误差都是由 q 个输入层单元校正误差传递而产生的。当校正误差求得后，则可利用 d_k 和 e_j 沿逆方向逐层调整输出层至隐含层、隐含层至输入层的权值。

对于输出层至隐含层连接权和输出层阈值的校正量为

$$\Delta v_{kj} = \alpha \cdot d_k \cdot b_j \tag{9.14}$$

$$\Delta \theta_k = \alpha \cdot d_k \tag{9.15}$$

式中 b_j 为隐含层 j 单元的输出；d_k 为输出层的校正误差；α 为学习系数，$\alpha > 0$。

隐含层至输入层的校正量为

$$\Delta w_{ji} = \beta \cdot e_j \cdot x_i \tag{9.16}$$

$$\Delta \theta_j = \beta \cdot e_j \tag{9.17}$$

式中 e_j 为隐含层 j 单元的校正误差；β 为学习系数，$0 < \beta < 1$。

注意：

1）调整量与误差成正比，即误差越大，调整的幅度就越大，这一物理意义是显而易见的；

2）调整量与输入值的大小成正比，这里由于输入值越大，在学习过程中就显得越活跃，所以与其相连的权值的调整幅度就应该越大；

3）调整量与学习系数成正比，通常学习系数在 0.1～0.8 之间，为使整个学习过程加快，又不引起震荡，可采用变学习速率的方法，即在学习初期取较大的学习系数，随着学习过程的进行逐渐减少其值。

（4）循环记忆训练

为使网络的输出误差趋于极小值。对于 BP 神经网络输入的每一组训练模式，一般要经过数百次甚至上万次的循环记忆训练，才能使网络记住这一模式。这种循环记忆训练实际上就是反复重复上面介绍的输入模式。

（5）学习结果的判别

当每次循环记忆训练结束后，都要进行学习结果的判别。判别的目的主要是检查输出误差是否已经小到可以允许的程度。如果小到了可以允许的程度，就可以结束整个学习过程，否则还要进行循环训练。

学习或者训练的过程是网络全局误差趋向于极小值的过程。但是对于 BP 神经网络，其收敛过程存在着两个很大的缺陷：一个是收敛速度慢，二是存在“局部极小点”问题。在学习过程中有时会出现，当学习反复进行到一定次数后，虽然网络的实际输出与希望输出还存在很大的误差，但无论再如何下去，网络全局误差的减少速度都变得很缓慢，或者根本不再变化，这种现象是因网络收敛小于局部极小点所致。BP 神经网络的全局误差函数 E 是一个以 S 型函数为自变量的非线性函数。这就意味着由 E 构成的连接权空间不是只有一个极小点的曲面，而是存在多个局部极小点的超曲面，如图 9.10 所示。

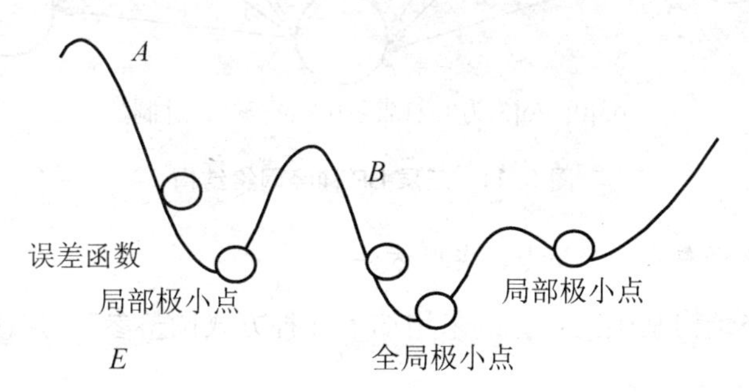

图 9.10　最小点和极小点

导致这一缺陷的主要原因是采用了按误差函数梯度下降的方向进行校正。在图 9.10 中，若初始条件是从 A 点的位置开始则只能达到局部极小点，但如果从 B 点开始则可到达全局最小点。所以 BP 神经网络的收敛依赖于学习模式的初始化位置，适当改进 BP 神经网络隐含层的单元个数，或者给每个连接权加上一个很小的随机数，都有可能使收敛过程避开局部极小点。

9.2.2 BP神经网络的分类器设计

1. BP神经网络分类器结构设计

我们设计的BP神经网络结构有三层：输入层、隐含层、输出层，如图9.11所示。对一幅图像提取5×5=25个特征作为神经网络的输入来说，其输入结点为25个，根据隐含层个数大约为输入结点两倍的关系，隐含层取50个结点，输出层取4个结点，这四个输出为四位二进制数，代表神经网络输出的数字类型。三层BP神经网络的学习分为正向传播输出和反向传播修正权值两阶段。

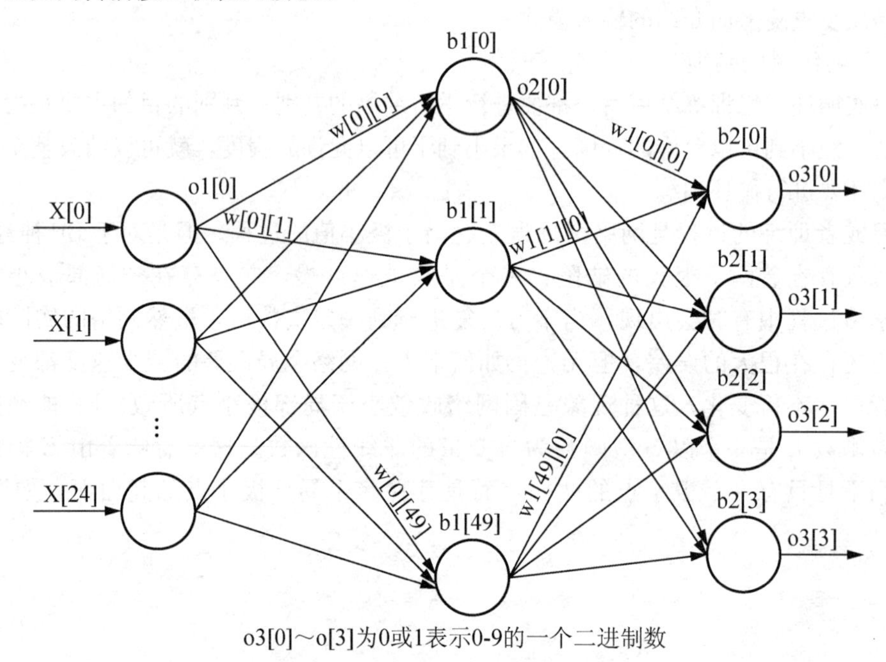

图9.11 三层BP神经网络结构

2. BP神经网络调整参数Matlab实现方法

在BP神经网络结构基础上，分别采用如下几种方式调整参数(连接权值和结点阈值)。

(1) 梯度下降法

在样品被训练之前，需要构建BP网络，Matlab中newff()函数具有构建BP网络功能，该函数最后一个参数代表调整BP神经网络连接权值和阈值的方法。将最后一个参数设置为“traingd”，代表梯度下降法调整BP参数。

其中，学习速率是最重要的参数，它和负梯度的乘积决定了权值和阈值的调整量，学习速率越大，调整步伐越大。学习速率过大，算法会变得不稳定；但是如果学习速率过小，算法收敛的时间就会增大。训练过程中，只要满足下面四个条件之一，训练就会停止：

1) 超过最大迭代次数epochs；

2) 变现函数值小于误差指标goal；

3）梯度值小于要求精度 min_grad；

4）训练所用时间超过时间限制 time；

5）最大失败次数超过次数限制 max_fail。

（2）有动量的梯度下降法

动量法降低了网络对于误差曲面局部细节的敏感性，梯度下降法在修正权值时，只是按照 k 时刻的负梯度方向修正，并没有考虑到以前积累的经验，即以前时刻的梯度方向，从而常常使学习过程发生震荡，收敛缓慢。为此，有人提出了如下的改进算法：

$$w_{ji}(t+1)=w_{ji}(t)+\eta[(1-\alpha)d(t)+\alpha d(t-1)] \tag{9.18}$$

其中，$d(t-1)$和 $d(t)$分别表示 $t-1$ 和 t 时刻的负梯度；η 为学习速率；$\alpha\in[0,1]$ 是动量因子，当 $\alpha=0$ 时，权值修正与当前负梯度有关，当 $\alpha=1$ 时，权值修正就完全取决于上一次循环的负梯度了。

这种方法所加入的动量项实质上相当于阻尼项，它减小了学习过程的震荡，从而改善了收敛性。将 Matlab 中 newff()函数最后一个参数设置为“traingdm”，代表用有动量梯度下降法调整参数。

（3）有自适应学习速率的梯度下降法

学习速率对于整个训练过程有很大的影响，训练成功与否与学习速率的选取关系很大。如果在训练过程中合理地改变学习速率，会避免以上的缺点。有自适应学习速率的梯度下降法就能够自适应调整学习速率，从而增加稳定性，提高速度和精度。将 Matlab 中 newff()函数最后一个参数设置为“traingda”，代表用有自适应学习速率的梯度下降法调整参数。

（4）有动量加自适应学习速率的梯度下降法

在有动量的梯度下降法中赋予自适应学习速率，得到有动量加自适应学习速率的梯度下降法。将 Matlab 中 newff()函数最后一个参数设置为“traingdx”，代表用有动量加自适应学习速率的梯度下降法调整参数。

（5）弹性梯度下降法

多层网络的隐含层大多采用 Sigmoid 型传递函数，这类函数又称为“挤压”函数，因为它们将没有边界限制的输入信号压缩到有限的输出范围之内，当输入量很大或者很小时，输出函数的斜率接近 0。那么当应用梯度下降法训练多层网络时，其梯度数量级会很小，从而使得权值和阈值的调整范围减小，也就是说即使没有达到最优值，也会形成训练停止的结果。弹性梯度下降法就能够消除这种影响。

应用弹性梯度下降法训练 BP 神经网络时，权值修正取决于表现函数导数的正负号，而导数的数量级对权值修正没有影响。其原理如下：权值变化的大小由不同的修正值决定。当前两次训练时导数的正负号没变，权值和阈值的修正值随着参数 delt_inc 增加；当前两次训练时导数的正负号有改变，权值和阈值的修正值随着参数 delt_dec 减小；如果导数为 0，则修正值不变。这样调整的结果是，权值的变化呈现震荡变化的数量级。将 Matlab 中 newff()函数最后一个参数设置为“trainrp”，代表用弹性梯度下降法调整参数。

（6）共轭梯度法

共轭梯度法是梯度法的一种改进方法，可以改进梯度法震荡和收敛性差的缺点。其基

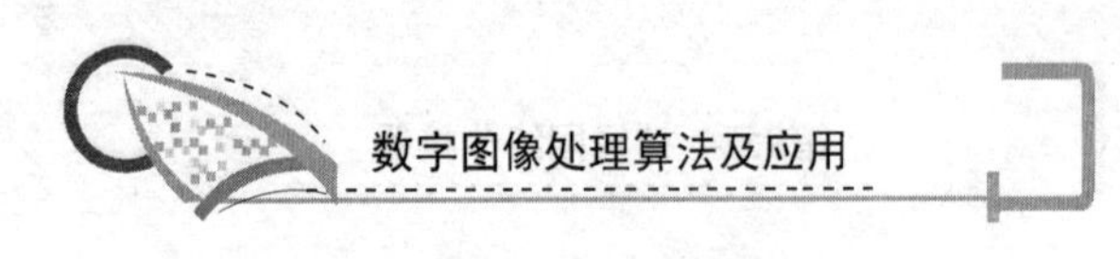

本思想是寻找与负梯度方向和上一次搜索方向共轭的方向作为新的搜索方向，从而加快训练速度，并提高训练精度。

所有的共轭梯度法都采用负梯度方向作为初始搜索方向：

$$p(0)=-g(0) \tag{9.19}$$

然后，沿着该方向进行一维搜索：

$$w(t+1)=w(t)+a(t)p(t) \tag{9.20}$$

接下来，就利用共轭方向作为新的一轮的搜索方向，通常在当前负梯度方向上附加上一次搜索方向：

$$p(t)=-g(t)+\beta(t)p(t-1) \tag{9.21}$$

其中，β的选取衍生出各种共轭梯度法，如 Fletcher-Reeves、Polak-Ribiere、Powell-Beale等修正方法。

共轭梯度法通常比自适应学习速率的梯度下降法速度快，有时候也优于弹性梯度下降法。同时，由于共轭梯度法占用较少的存储空间，因此在训练复杂网络的时候，通常选用共轭梯度法。

1）Fletcher-Reeves 共轭梯度法。共轭梯度法中 Fletcher-Reeves 修正系数如下：

$$\beta(t)=\frac{g^{\mathrm{T}}(t)g(t)}{g^{\mathrm{T}}(t)g(t-1)} \tag{9.22}$$

将 Matlab 中 newff()函数最后一个参数设置为“traincgf”，代表用 Fletcher-Reeves 共轭梯度法调整参数。

2）Polak-Ribiere 共轭梯度法。共轭梯度法中 Polak-Ribiere 修正系数如下：

$$\beta(t)=\frac{\Delta g^{\mathrm{T}}(t-1)g(t)}{g^{\mathrm{T}}(t-1)g(t-1)} \tag{9.23}$$

将 Matlab 中 newff()函数最后一个参数设置为“traincgp”，代表用 Polak-Ribiere 共轭梯度法调整参数。与“traincgp”有关的调整参数同 Fletcher-Reeves 共轭梯度法。

3）Powell-Beale 共轭梯度法。Powell-Beale 共轭梯度法和以上两种不同，因为它不是改变修正系数，而是改变设置负梯度方向的条件。将 Matlab 中 newff()函数最后一个参数设置为“traincgb”，代表用 Powell-Beale 共轭梯度法调整参数。

(7) 量化共轭梯度法

前面介绍到共轭梯度法每一步都需要进行一维搜索，这样就会耗费很多时间。应用 Moller 提出的量化共轭梯度法(SCG)融合了可信区间法和共轭梯度法，避免了耗时的一维搜索。将 Matlab 中 newff()函数最后一个参数设置为“trainscg”，代表用量化共轭梯度法调整参数。

3. 实现步骤

1）初始化输入、输出矩阵 **p**［ ］、**t**［ ］。**p** 为训练样品，**t** 为训练样品所属的类别。

2）构建 BP 神经网络，设置参数调整方式。Matlab 中 newff()函数具有构建 BP 神经网络的功能，为了选择不同的调整 BP 神经网络参数方式，只需修改 newff()函数最后一个参数，列出了采用不同的调整参数方式构建 BP 神经网络，newff()函数第一个参数代表输入结点为 25 个特征范围，第二个参数［50，4］代表隐含层和输出层的结点个数，由于

构建BP神经网络和训练网络编程语句相同。例如，Bpnet＝newff(x，[50，4]，{'logsig'，'logsig'}，'traingd')。

3) 调用Matlab的trian(bpnet，**p**，**t**)函数，训练BP神经网络。其中bpnet为已经建立好的BP网络，**p**为训练样品，**t**为训练样品所属的类别。

4) 对待测样品，调用Matlab的sim()函数，利用已经训练好的BP神经网络识别。sim()函数定义为

$$[t, \mathbf{x}, \mathbf{y}] = \text{sim}(\text{model}, \text{timespan}, \text{options}, \mathbf{ut})$$

其中，参数model表示网络结构名，timespan表示循环次数，options表示可选条件，**ut**表示输入的向量，t表示网络输出向量结构，**x**表示仿真状态矩阵，**y**表示仿真输出矩阵。

9.3 径向基函数神经网络

众所周知，BP神经网络用于函数逼近时，权值的调节采用的是负梯度下降法。这种调节权值的方法具有局限性。本节主要介绍逼近能力、分析能力和学习速度等方面都优于BP神经网络的另一种网络——径向基函数(Radial Basis Function，RBF)神经网络。

径向基函数神经网络(简称径向基网络)是由J. Moody和C. Darken于20世纪80年代末提出的一种神经网络结构，它是具有单隐层的三层前向网络。目前已经证明，径向基网络能够以任意精度逼近任意连续函数。

RBF神经网络是一种性能良好的前向网络，具有最佳逼近及克服局部极小值问题的性能，另外，基于BP网络的初始权值参数是随机产生的，而RBF神经网络的有关参数(如具有重要性能的隐含层神经元的中心向量和宽度向量)则是根据训练集中的样本模式按照一定的规则来确定或者初始化的。这就可能使RBF神经网络在训练过程中不易陷入局部极小值的解域中。如果要实现同一个功能，径向基神经网络的神经元个数可能要比前向BP神经网络的神经元个数要多，但是，RBF神经网络所需要的训练时间却比BP神经网络少。

9.3.1 RBF神经网络的基本概念

用RBP作为隐单元的"基"构成隐含层空间，这样就可以将输入矢量直接(既不通过权连接)映射到隐空间。当RBF的中心点确定以后，这种映射关系也就确定了。而隐含层空间到输出空间的映射是线性的，即网络的输出是隐单元输出的线性加权和，此处的权即为网络可调参数。以上便是构成RBF神经网络的基本思想。由此可见，从总体上看，网络由输入到输出的映射是非线性的，而网络输出对可调参数而言却又是线性的；这样网络的权就可由线性方程组直接解出或用RLS方法递推计算，从而大大加快学习速度并避免局部极小问题。下面对这种网络进行介绍。

1. RBF神经网络中心选取方法

对于RBF神经网络的学习算法，关键问题是隐含层神经元中心参数的合理确定。在已有的常用学习算法中，中心参数(或者中心参数的初始值)要么是从给定的训练样本集中按照某种方法直接选取，要么采用聚类的方法进行确定。RBF神经网络中心选取常用方法

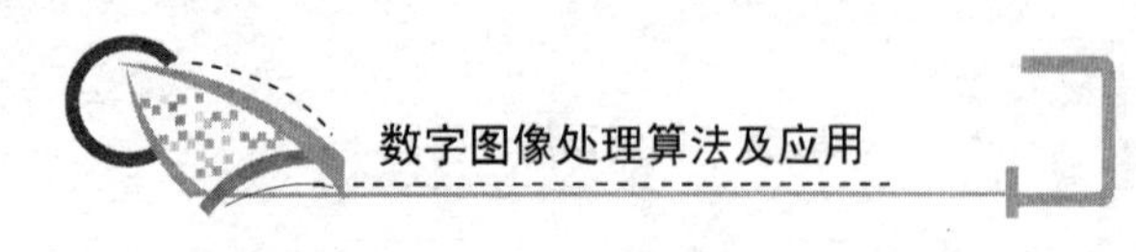

由如下几种。

(1) 直接计算法

直接计算法(随机选取 RBF 中心)是一种最简单的方法。在此方法中，隐含神经元的中心是随机地在输入样本中选取，且中心固定。一旦中心固定下来后，隐含层神经元的输出便是已知的，这样神经网络的连接权值就可以通过求线性方程组来确定。当样本数据的分布具有明显的代表性时，这种方法是一种简单有效的方法。

(2) 自组织学习选取 RBF 中心法

在这种方法中，RBF 神经网络的中心是可以变化的，并通过自组织学习确定其位置。而输出层的线性权重则是通过有监督的学习来确定的。因此，这是一种回合的学习方法。该方法在某种意义上是对神经网络资源的再分配，通过学习，使 RBF 的隐含层神经元中心位于输入空间重要的区域。这种方法主要采用 K－均值聚类法来选择 RBF 的中心，属于无监督(导师)学习方法，在模式识别中有较为广泛的应用。

(3) 有导师学习选取 RBF 中心法

RBF 神经网络的中心以及其他参数都是通过有导师学习来确定的。通过训练样本集来获得满足导师(监督)要求的网络中心和其他权重参数，这也是 RBF 神经网络最一般的学习方法。常用的学习迭代方法是梯度下降法。

(4) 正交最小二乘法选取 RBF 中心

正交最小二乘(Orthogonal Least Square)法是 RBF 神经网络的另一种重要的学习方法，其思想来源于线性回归模型。神经网络的输出实际上是隐含层实际元某种响应参数(这里称为回归因子)和隐含-输出层间连接权重的线性组合。所有隐含层神经元上的回归因子构成回归向量。正交最小二乘法的任务是通过神经网络的学习来获得合适的回归向量。学习过程主要是回归向量的正交化的过程。

实际应用表明，这些学习算法均有不足之处，使之应用范围受到限制。主要缺点体现在如下方面，如果隐含层神经元的取值是训练样本中的数据，那么在多数情况下难以反应系统的真正映射关系，并且在中心点的有选中会出现病态现象，导致训练失败。在很多实际问题中，RBF 神经网络隐含层神经元的中心并非是训练集中的某些样本点或样本的聚类中心，需要通过学习选取 RBF 神经网络中心的学习算法是一般的形式。但是，这种算法也有其缺点，即如果中心选取不当，会导致学习不收敛。因此，针对这种学习算法，并结合高斯(Gaussian)核函数的特点，给出了一种新的 RBF 神经网络学习算法——基于高斯核的 RBF 神经网络。

2. 基于高斯核的 RBF 神经网络拓扑结构

RBF 神经网络的拓扑结构是一种三层前馈网络：输入层由信号源结点构成，仅起到数据信息的传递作用，对输入信息不进行任何变换。第二层为隐含层，结点数视为需要而定。隐含层神经元的核函数(作用函数)为高斯函数，对输入信息进行空间映射变换。第三层为输出层，它对输入模式做出响应。输出层神经元的作用函数为线性函数，对隐含层神经元输出的信息进行线性加权后输出，做为整个神经网络的输出结果。基于高斯核的 RBF 神经网络的拓扑结构如图 9.12 所示。

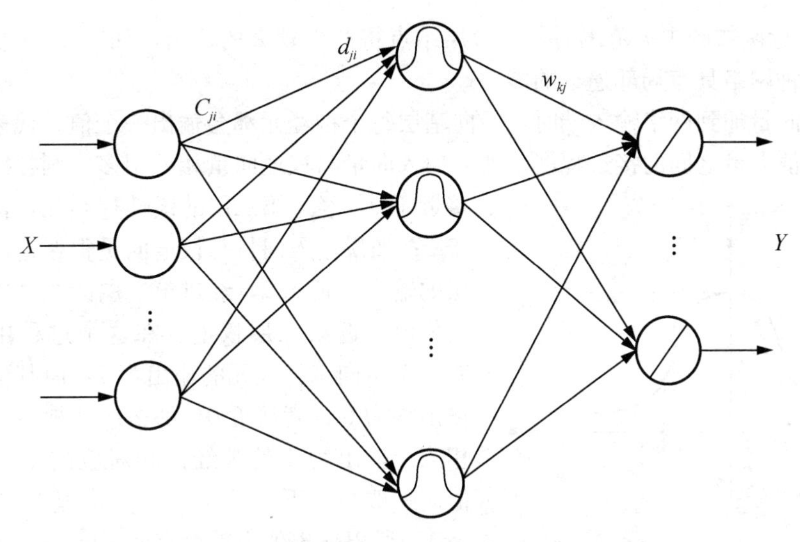

图 9.12　基于高斯核的 RBF 神经网络的拓扑结构

隐含层径向基神经元模型结构如图 9.13 所示。从图 9.13 中可以看出，径向基网络传递函数是以输入向量与阈值向量之间的距离 $\|\boldsymbol{X}-\boldsymbol{C}_j\|$ 作为自变量的，其中 $\|\boldsymbol{X}-\boldsymbol{C}_j\|$ 是通过输入向量和加权矩阵 $\boldsymbol{C}$ 的行向量的乘积得到的。RBF 神经网络传递函数可以取多种形式，最常用的有下面三种。

1）Gaussian 函数

$$\varphi_i(t)=\mathrm{e}^{-\frac{t^2}{\delta_i^2}}$$

2）Reflected sigmoidal 函数

$$\varphi_i(t)=\frac{1}{1+\mathrm{e}^{\frac{t^2}{\delta^2}}}$$

3）逆 Multiquadric 函数

$$\varphi_i(t)=\frac{1}{(t^2+\delta_i^2)^a}(a>0)$$

图 9.13　径向基神经元模型结构

但是，较为常用的还是 Gaussian 函数，本书选用 Gaussian 函数 $y=\mathrm{e}^{-x^2}$ 为径向基函数。当输入自变量为 0 时，传递函数取得最大值为 1。随着权值和输入向量间的距离不断减小，网络输出是递增的。也就是说，径向基函数对输入信号在局部产生响应。函数的输

入信号 X 靠近函数的中央范围时，隐含层结点将产生较大的输出，如图 9.14 所示。由此可以看出这种网络具有局部逼近的能力。

当输入向量加到网络输入端时，径向基层每个神经元都会输出一个值，代表输入向量与神经元权值向量之间的接近程度。如果输入向量与权值向量相差很多，则径向基层输出接近于 0，经过第二层的线性神经元，输出也接近于 0；如果输入向量与权值向量很接近，则径向基层的输出接近于 1，经过第二层的线性神经元，输出值就靠近第二层权值。在这个过程中，如果只有一个径向基神经元的输出为 1，而其他的神经元输出均为 0 或者接近 0，那么线性神经元的输出就相当于输出为 1 的神经元相对应的第二层权值的值。一般情况下，不止一个径向基神经元的输出为 1，所以输出值也就会有所不同。

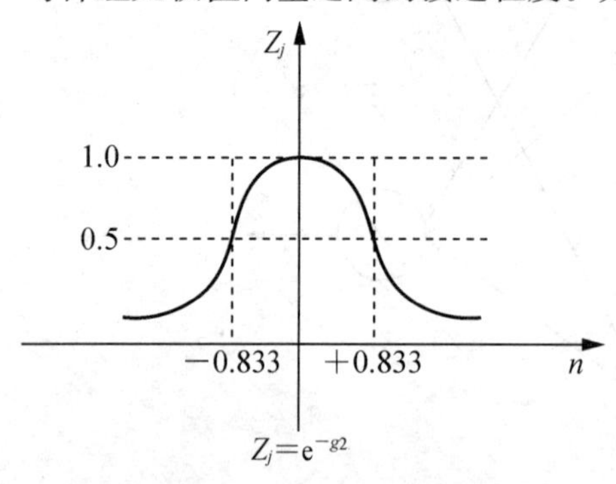

图 9.14 Gaussian 函数

9.3.2 RBF 神经网络训练

训练的目的是求两层的最终权值 $\boldsymbol{C}_j$、$\boldsymbol{D}_j$ 和 $\boldsymbol{W}_j$。RBF 神经网络的训练过程分为两步：第一步为无导师学习，训练确定输入层与隐含层间的权值 $\boldsymbol{C}_j$、$\boldsymbol{D}_j$；第二步为有导师学习，训练确定隐含层与输出层间的权值 $\boldsymbol{W}_j$。在训练前，需要提供输入向量 $\boldsymbol{X}$、对应的目标输出向量 $\boldsymbol{Y}$ 和径向基函数的宽度向量 $\boldsymbol{D}_j$。在第 l 次输入样品($l=1,2,\cdots,N$)进行训练时各个参数的表达式及计算方法如下。

(1) 确定参数

1) 确定输入向量 $\boldsymbol{X}=[x_1,x_2,\cdots,x_n]^{\mathrm{T}}$，$n$ 为输入层单元数。

2) 确定输出向量 $\boldsymbol{Y}=[y_1,y_2,\cdots,y_q]^{\mathrm{T}}$ 和希望输出向量 $\boldsymbol{O}=[o_1,o_2,\cdots,o_q]^{\mathrm{T}}$。其中，$q$ 为输出层单元数；

3) 初始化隐含层至输出层的连接权值 $\boldsymbol{W}_j=[w_{k1},w_{k2},\cdots,w_{kp}]^{\mathrm{T}}(k=1,2,\cdots,q)$；参考中心初始化的方法给出：

$$\boldsymbol{W}_{kj}=\min k+j\times\frac{\max k-\min k}{q+1} \tag{9.24}$$

式中，$j=1,2,\cdots,p$，$\min k$ 为训练集中第 k 个输出神经元所有期望输出的最小值；$\max k$ 为训练集中第 k 个输出神经元所有期望输出的最大值。

4) 初始化隐含层各神经元的中心参数 $\boldsymbol{C}_j=[c_{j1},c_{j2},\cdots,c_{jn}]^{\mathrm{T}}$。不同隐含层神经元的中心应有不同的取值，并且与中心的对应宽度能够调节，使得不同输入信息特征能被不同的隐含层神经元最大程度地反映出来，在实际应用时，一个输入信息总是包含在一定的取值范围内。不失一般性，将隐含层各神经元的中心分量的初值，按从小到大等间距变化，使较弱的输入信息在较小的中心附近产生较强的响应。间距的大小可由隐含层神经元的个数来调节。这样做的好处，能够通过试凑的方法找出较为合理的隐含层神经元个数，并使中心的初始化尽量合理，不同的输入特征更为明显地在不同的中心处反映出来，体现高斯核的特点。

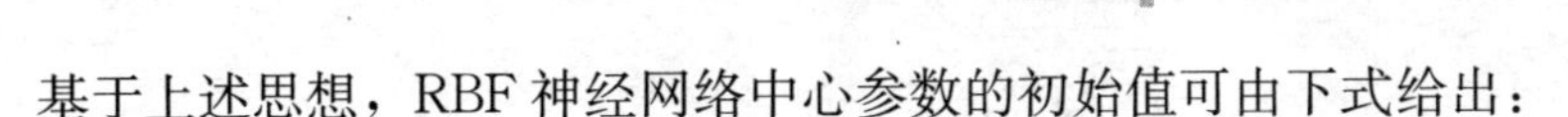

基于上述思想，RBF 神经网络中心参数的初始值可由下式给出：

$$c_{ji}=\text{min}i+\frac{\text{max}i-\text{min}i}{2p}+(j-1)\times\frac{\text{max}i-\text{min}i}{p} \tag{9.25}$$

式中，p 为隐含层神经元总个数，$j=1,2,\cdots,p$，c_{ji}为第 i 个输入神经元对应于第 j 个隐含层神经元的中心分里，min$i$ 为训练集中第 i 个输入神经元所有输入信息的最小值；max$i$ 为训练集中第 i 个输入神经元所有输入信息的最大值。

5）初始化宽度向量$\boldsymbol{D}_j=[d_{j1},d_{j2},\cdots,d_{jn}]^{\mathrm{T}}$。宽度向量影响着神经元对输入信息的作用范围：宽度越小，相应隐含层神经元作用函数的形式越窄，那么处于其他神经元中心附近的信息在该神经元处的响应就越小。一般计算方法如下：

$$d_{ji}=d_f\sqrt{\frac{1}{N}\sum_{k=1}^{N}(x_{ki}-c_{ji})} \tag{9.26}$$

式中，d_{ji}为c_{ji}对应的宽度分量，d_f 为宽度调节系数，取值应小于1，作用是使每个隐含层神经元更容易实现对局部信息的感受能力，有利于提高 RBF 神经网络的局部响应能力，x_{ki}为第 i 个输入神经元的第 k 个输入信息值。

（2）计算隐含层第 j 个神经元的输出值 z_j

$$z_j=\exp\left(-\left\|\frac{\boldsymbol{X}-\boldsymbol{C}_j}{D_j}\right\|^2\right) \tag{9.27}$$

式中，$j=1,2,\cdots,p$，$\boldsymbol{C}_j$为隐含层第 j 个神经元的中心向量，由隐含层第 j 个神经元对应输入层所有神经元的中心分量构成，$\boldsymbol{C}_j=[c_{j1},c_{j2},\cdots,c_{jn}]^{\mathrm{T}}$；$\boldsymbol{D}_j$ 为隐含层第 j 个神经元的宽度向量，与$\boldsymbol{C}_j$相对应，$\boldsymbol{D}_j=[d_{j1},d_{j2},\cdots,d_{jn}]^{\mathrm{T}}$，$\boldsymbol{D}_j$ 越大，隐含层对输入向量的响应范围越大，且神经元间的平滑度也较好；$\|\cdot\|$为欧式范数。

（3）计算输出层神经元的输出

$$\boldsymbol{Y}=[y_1,y_2,\cdots,y_q]^{\mathrm{T}} \tag{9.28}$$

式中，$y_k=\sum_{j=1}^{p}w_{kj}z_j,k=1,2,\cdots,q$，$w_{kj}$为输出层第 k 个神经元与隐含层第 j 个神经元的调节权重。

（4）权重参数的迭代计算

RBF 神经网络权重参数的训练方法在这里取为梯度下降法。中心、宽大和调节权重参数均通过学习来自适应调节到最佳值，它们的迭代计算如下：

$$w_{kj}(t)=w_{kj}(t-1)-\eta\frac{\partial E}{\partial w_{kj}(t-1)}+\alpha[w_{kj}(t-1)-w_{kj}(t-2)] \tag{9.29}$$

$$c_{ji}(t)=c_{ji}(t-1)-\eta\frac{\partial E}{\partial c_{ji}(t-1)}+\alpha[c_{ji}(t-1)-c_{ji}(t-2)] \tag{9.30}$$

$$d_{ji}(t)=d_{ji}(t-1)-\eta\frac{\partial E}{\partial d_{ji}(t-1)}+\alpha[d_{ji}(t-1)-d_{ji}(t-2)] \tag{9.31}$$

式中，$w_{kj}(t)$为 k 个输出神经元与第 j 个隐层神经元之间在第 t 次迭代计算时的调节权重；$c_{ji}(t)$为第 j 个隐层神经元对应于第 i 个输入神经元在第 t 次迭代计算时的中心分量；$d_{ji}(t)$为与中心 $c_{ji}(t)$对应的宽度；η 为学习因子；α 为动态因子；E 为 RBF 神经网络评价函数，由下式给出：

$$E=\frac{1}{2}\sum_{l=1}^{N}\sum_{k=1}^{q}(y_{lk}-O_{lk})^2 \tag{9.32}$$

式中，O_{lk}为第k个输出神经元在第l个输入样本时的期望输出值；y_{lk}为第k个输出神经元在第l个输入样本时的网络输出值。

综上所述，可给出RBF神经网络如下的学习算法：

1) 按式(9.24)～式(9.26)对神经网络参数进行初始化，并给定η和α的取值及迭代终止精度ε的值。

2) 按下式计算网络输出的均方根误差RMS的值，若RMS$\leqslant\varepsilon$，则训练结束，否则转到第3)步。

$$\mathrm{RMS}=\sqrt{\sum_{l=1}^{N}\sum_{k=1}^{q}(y_{lk}-O_{lk})^2/Nq} \tag{9.33}$$

3) 按式(9.29)～式(9.31)对调节权重、中心和宽度参数进行迭代计算。

4) 返回步骤2)。

9.4 自组织竞争神经网络

在生物神经系统中，存在着一种“侧抑制”现象，即一个神经细胞兴奋后，通过它的分支会对周围其他神经网络细胞产生抑制。由于侧抑制的作用，各个细胞之间相互竞争的最终结果是兴奋作用最强的神经元细胞所产生的抑制作用战胜了周围其他所有细胞的抑制作用而“赢”了，其周围的其他神经细胞全“输”了。

自组织竞争人工神经网络正是基于上述生物结构和现象形成的。它是一种以无导师学习方式进行网络训练的，具有自组织能力的神经网络。它能够对输入模式进行自组织训练和判断，并将其最终分为不同的类型。与BP神经网络相比，这种自组织自适应的学习能力进一步拓宽了人工神经网络在模式识别、分类方面的应用，另一方面，竞争学习网络的核心——竞争层，又是许多种其他神经网络模型的重要组成部分。

在网络结构上，自组织竞争人工神经网络一般是由输入层和竞争层构成的两层网络，网络没有隐含层，输入层和竞争之间的神经元实现双向连接，同时竞争层各个神经元之间还存在横向连接。在学习算法上，它模拟生物神经系统依靠神经元之间兴奋、协调与抑制、竞争的作用来进行信号处理的动力学原理，指导网络的学习与工作。

自组织竞争人工神经网络的基本思想是网络竞争层各个神经元竞争对输入模式的响应机会，最后仅有一个神经元成为竞争的获胜者，并对那些与获胜神经元有关的各个连接权值朝向更有利于竞争的方向调整，获胜神经元表示输入模式的分类。除了竞争方法外，还可以通过另一种手段获胜，即网络竞争层各神经元都能抑制所有其他神经元对输入模式的响应机会，从而使自己成为获胜者。此外，还有一种抑制的方法，即每个神经元只抑制与自己邻近的神经元，而对远离自己的神经元则不抑制。因此，自组织竞争神经网络具有自组织自适应的学习能力，进一步拓宽了神经网络在模式识别、分类方面的应用。

9.4.1 自组织竞争神经网络学习规则

竞争网络在经过竞争而求得获胜结点后，则对与获胜结点相连的权值进行调整，调整权值的目的是为了使权值与其输入矢量之间的差别越来越小，从而使训练后的竞争网络的

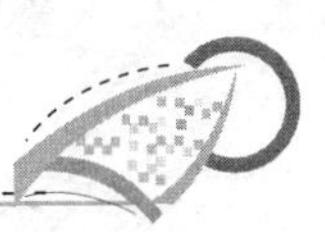

权值能够代表对应输入矢量的特征，把相似的输入矢量分成了同一类，并由输出来指示所代表的类别，竞争网络修正权值的公式为

$$\Delta w_{ij}=\alpha\cdot(x_i-w_{ij}) \tag{9.34}$$

式中，α 为学习速率，且 $0<\alpha<1$，一般的取值范围为 0.01～0.3；x_i 为经过归一化处理后的输入。

9.4.2　自组织神经网络的拓扑结构

自组织神经网络是一类无导师学习的神经网络模型，这类模型大都采用竞争型学习规则，可以对外界未知环境(或样本空间)进行学习或仿真，并对自身的网络结构进行适当调整。竞争型神经网络可分为输入层和竞争层，自组织神经网络结构如图 9.15 所示。

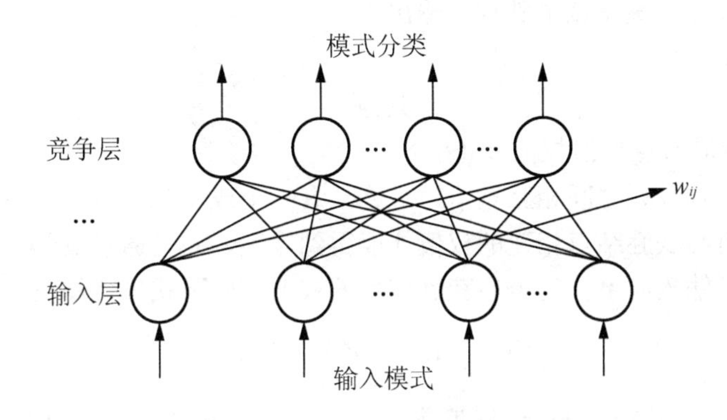

图 9.15　自组织竞争神经网络结构

9.4.3　自组织竞争网络训练

竞争网络训练实际上是对输入矢量的划分聚类过程，使得获胜结点与输入矢量之间的权矢量代表获胜输入矢量。这样，当达到最大循环的值后，网络已回复多次训练了训练模式 $\boldsymbol{X}$ 中的所有矢量，训练结束后，对于用于训练的模式 $\boldsymbol{X}$，其网络输出矢量中，其值为 1 的代表一种类型，而每类的典型模式值由该输出结点与输入结点相连的权矢量表示。在第 l 次输入样品($l=1,2,\cdots,N$)进行训练时各个参数的表达及计算方法如下。

(1) 确定参数

1) 确定竞争网络的输入层结点 $\boldsymbol{X}=[x_1,x_2,\cdots,x_n]^{\mathrm{T}}$，其中，$n$ 为输入层单元数。输入样本为二值向量，各个元素的取值是 0 或 1。

2) 确定竞争层的神经元数 p。竞争层的神经元数 p 是由设计者确定的，一般情况下，可以根据输入矢量的维数及其估计，再适当地增加些数目来确定。

3) 确定学习速率和最大循环次数。竞争网络的训练是在达到最大循环次数后停止，这个数一般可取输入矢量数组的 15～20 倍，即使每组输入矢量能够在网络重复出现 15～20 次，通过重复训练，自组织竞争网络将所有输入向量进行了分类。

4) 确定输入层到竞争层的权值 $\boldsymbol{W}_j=[w_{j1},w_{j2},\cdots,w_{jn}]^{\mathrm{T}}$。网络的连接权值为 w_{ji}，

$i=1,2,\cdots,n$，$j=1,2,\cdots,p$，且满足约束条件 $\sum_{i=1}^{n} w_{ji}=1$。竞争网络的权值要进行随机归一化的初始化处理，然后网络则可以进入竞争以及权值的调整阶段。

(2) 计算竞争层神经元 j 的状态 s_j

竞争层神经元 j 的状态可按下式计算：

$$s_j=\sum_{i=1}^{n} w_{ji}x_i \tag{9.35}$$

式中，x_i 为输入样本向量的第 i 个元素。

(3) 求解赢得竞争胜利的神经元

竞争胜利的神经元就代表着当前输入样本的分类模式。根据竞争机制，竞争层中具有最大加权值的神经元 k 赢得竞争胜利，输出为

$$a_k=\begin{cases}1 & s_k>s_j,\forall j,k\neq j\\0 & 其他\end{cases} \tag{9.36}$$

(4) 竞争后获胜节点权值权值修正

在竞争层中，神经元之间相互竞争，最终只有一个或者几个神经元获胜，以适应当前的输入样本。只有与获胜结点相连的权值才能得到修正，并且通过其学习法则修正后的权值更加接近其获胜输入向量。竞争后获胜节点的权值按照下式进行修正：

$$w_{ji}=w_{ji}+\alpha\left(\frac{x_i}{m}-w_{ji}\right) \tag{9.37}$$

式中，α 为学习参数，$0<\alpha<1$，一般取为 0.01～0.03；m 为输入层中输入为 1 的神经元个数，即 $m=\sum_{i=1}^{n} x_i$。

权值调整式中的$\frac{x_i}{m}$项表示当 x_i 为 1 时，权值增加；而当 x_i 为 0 时，权值减少。也就是说，当 x_i 活跃时，对应的第 i 个权值就增加，否则就减小。由于所有权值的和为 1，所以当第 i 个权值就增加或减少时，对应的其他权值就可能减小或增加。此外，该式还保证了权值的调整能够满足所有的权值调整量之后为 0。

获胜的节点对将来再次出现的相似向量更加容易赢得该节点的胜利。而对于一个不同的向量出现时，就更加不容易取胜，但可能是其他某个节点获胜，归于另一类向量群中。随着输入向量的不断出现而不断调整获胜者相连的权向量，以使其更加接近于某一类向量。最终，如果有足够的神经元节点，每一组输入向量都能使某一节点输出为 1 而聚为此类。

9.5 概率神经网络

9.5.1 概率神经网络的基本概念

径向基神经元还可以和竞争(Compete)神经元一起共同组建概率神经网络(Probabilistic Neural Network，PNN)。概率神经网络 PNN 经常用于解决分类问题。

PNN网络首先计算输入向量与训练样本之间的距离，第一层的输出向量表示输入向量与训练样本之间的接近程度。第二层将与输入向量相关的所有类别综合在一起，网络输出为表示概率的向量，最后通过第二层的竞争传递函数进行取舍，概率最大值的那一类为1，其他类别用0表示。

9.5.2 概率神经网络分类器设计

设隐含层中心向量数目为 p，期望值为 $\boldsymbol{M}$，表示类别只有一个元素为1，其余均为0。PNN网络第一层的输入权值 $\boldsymbol{C}$ 为隐含层神经元中心向量，经过距离计算后，第一层输入向量表示输入向量与训练样本向量的接近程度，然后与阈值向量相除，再经过径向传递函数计算。输入向量与哪个输入样本最接近，则神经元输出 $\boldsymbol{Z}$ 对应元素为1，如果输入向量与几个类别的输入样本都接近，则 $\boldsymbol{Z}$ 相对应的几个元素均为1。

第二层权值矩阵 $\boldsymbol{V}$，每个行向量只有一个元素为1，代表相应的类别，其余元素为0，然后计算乘积 $\boldsymbol{VZ}$。最后通过第二层传递函数竞争计算得到输出，较大的元素取值为1，其余为0。至此PNN网络就能够完成对输入向量的分类了。

概率神经网络按此方式进行分类，为网络提供了一种输入模式向量后，首先，径向几层计算该输入向量与样本输入向量间的距离，该层输出为一个距离向量。竞争层接收距离向量为输入向量，计算每个模式出现的概率，通过竞争传递函数为概率最大的元素对应的输出为1，这就是一类模式；否则输出为0，作为其他分类模式。

9.6 对向传播神经网络

对向传播(Counter Propagation，CPN)网络，是将Kohonen特征映射网络与Crossberg基本竞争型网络相结合，发挥各自的特长是一种新型特征映射网络。这一网络是美国计算机专家Robert Hecht—Nielsen于1987年提出的。这种网络被广泛应用于模式分类、函数近似、统计分析和数据压缩等领域。

9.6.1 对向神经网络的基本概念

神经网络结构如图9.16所示，网络分为输入层、竞争层和输出层。输入层与竞争层构成SOM网络，竞争层与输出层构成基本竞争型网络。从整体上看，网络属于有导师型的网络，而由输入层和竞争层构成的SOM网络又是一种典型的无导师型的神经网络。因此，这一网络既涉及了无导师型网络分类灵活、算法简练的优点，又采纳了有导师型网络分类精细、准确的长处，使两种不同类型的网络有机地结合起来。

CPN网络的基本思想是由输入层到竞争层，网络按照SOM学习规则产生竞争层的获胜神经元，并按照这一规则调整相应的输入层到竞争层的连接权；由竞争层到输出层，网络按照基本竞争型网络学习规则，得到各输出神经元是实际输出值，并按照有导师型的误差校正方法，修正由竞争层到输出层的连接权。经过这样的反复学习，可以将任意的输入模式映射为输出模式。

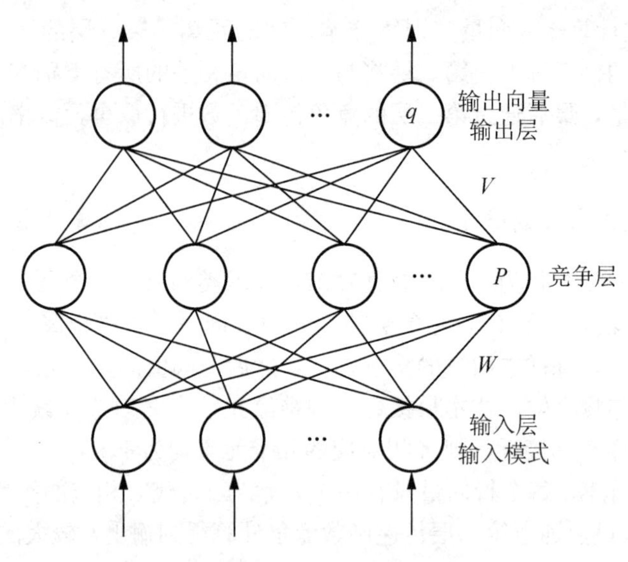

图 9.16 CPN 结构

9.6.2 参数表达及计算方法

从这一基本思想可以发现，处于网络中间未知的竞争层获胜神经元以及与其相关的连接权向量，既反映了输入模式的统计特性，又反映了输出模式的统计特性。因此，可以认为，输入、输出模式通过竞争层实现了相互映射，即网络具有双向记忆的性能。在第 l 次输入样品($l=1,2,\cdots,N$)进行训练时各个参数的表达及计算方法如下。

1）确定参数。输入模式为 $\boldsymbol{X}=[x_1,x_2,\cdots,x_n]^{\mathrm{T}}$，将输入向量 $\boldsymbol{X}$ 进行归一化为

$$x_i=\frac{x_i}{\|\boldsymbol{X}\|} \tag{9.38}$$

其中，$\|\boldsymbol{X}\|=\sqrt{\sum_{i=1}^{n}(x_i)^2}$，$(i=1,2,\cdots,n)$。$n$ 为输入层神经元的个数。对应的二值输出向量为 $\boldsymbol{B}=[b_1,b_2,\cdots,b_n]^{\mathrm{T}}$，$p$ 为竞争层神经元的个数。

确定输出层输出向量为 $\boldsymbol{Y}=[y_1,y_2,\cdots,y_q]^{\mathrm{T}}$，目标输出向量 $\boldsymbol{O}=[o_1,o_2,\cdots,o_q]^{\mathrm{T}}$。同时，确定由输入层到竞争层的连接权值向量为 $\boldsymbol{W}_j=[w_{j1},w_{j2},\cdots,w_{jn}]^{\mathrm{T}}$，$j=1,2,\cdots,p$，将连接权向量 $\boldsymbol{W}_j$ 赋值为［0，1］内的随机值。另外，确定由竞争层到输出层的连接权值向量为 $\boldsymbol{V}_j=[v_{k1},v_{k2},\cdots,v_{kp}]^{\mathrm{T}}$，$k=1,2,\cdots,q$，将连接权向量 $\boldsymbol{V}_k$ 赋值为［0，1］内的随机值。

2）将连接权向量 $\boldsymbol{W}_j$ 进行归一化为

$$w_{ji}=\frac{w_{ji}}{\|\boldsymbol{W}_j\|} \tag{9.39}$$

其中，$\|\boldsymbol{W}_j\|=\sqrt{\sum_{i=1}^{n}w_{ji}^2}$。

3）求竞争层中每个神经元的加权输入和，即

$$\boldsymbol{S}_j=\sum_{i=1}^{n}x_i w_{ji} \tag{9.40}$$

其中，$j=1,2,\cdots,p$。

4）求连接权向量$\boldsymbol{W}_j$ 与 $\boldsymbol{X}$ 距离最近的向量：

$$\boldsymbol{W}_g = \max_{j=1,2,\cdots,p} \sum_{i=1}^{n} x_i w_{ji} = \max_{j=1,2,\cdots,p} \boldsymbol{S}_j \tag{9.41}$$

5）将神经元 g 的输出设定为1，其余神经元输出设定为0。

$$b_j = \begin{cases} 1 & j = g \\ 0 & j \neq g \end{cases} \tag{9.42}$$

6）修正连接权向量$\boldsymbol{W}_g$

$$w_{gi}(t+1) = w_{gi}(t) + \alpha(x_i - w_{gi}(t)) \tag{9.43}$$

7）归一化连接权向量$\boldsymbol{W}_g$

$$w_{gi}(t) = \frac{w_{gi}}{\| \boldsymbol{W}_g \|}$$
$$\| \boldsymbol{W}_g \| = \sqrt{\sum_{i=1}^{n} w_{gi}^2} \tag{9.44}$$

8）求输出层各神经元的加权输出，将其作为输出神经元的实际输出值：

$$y_k = \sum_{j=1}^{p} v_{kj} b_j k = 1,2,\cdots,q \tag{9.45}$$

9）只需调整竞争层中获胜神经元 g 到输出神经元的连接权向量$\boldsymbol{V}_g$，按照下式修正竞争层到输出层的连接向量 $\boldsymbol{V}_g$

$$v_{kg}(t+1) = v_{kg}(t) + \beta b_j (y_k - o_k) \tag{9.46}$$

式中，$0<\beta<1$ 为学习速率，$k=1,2,\cdots,q$。

10）返回 2)，直到将 n 个输入模式全部提供给网络。

令 $t=t+1$，将输入模式 $\boldsymbol{X}$ 重新提供给网络学习，直到 $t=T$。其中 T 为预先设定的学习总次数，一般取为 $500<T<10000$。

9.7 Hopfield 网络

Hopfield 网络是最典型的反馈网络模型，它是目前人们研究最多的模型之一。Hopfield 网络是由相同的神经元构成的单层，并且具有学习功能的自联想网络，可以完成制约优化和联想记忆等功能。

9.7.1 Hopfield 神经网络

Hopfield 神经网络的网络结构是采用的一种互连型的神经网络，其运行过程模仿的非线性动力学系统，其中离散型的 Hopfield 神经网络的网络模型可以通过一组非线性差分方程来模拟出来，连续型的 Hopfield 神经网络则可以通过一个微分方程来描述。Hopfield 神经网络系统的稳定性是通过所谓的“能量函数”来表示的，能量函数的值的大小就代表了神经网络的稳定性的大小。在满足一定条件的情况下，神经网络系统的“能量函数”的值会在系统的运行过程中不断减少，这也就是表明了神经网络系统最后会趋于稳定的状态，这是由神经网络系统所决定的，因为人工神经网络的变换函数一般都是一个有界函数，有界函数是收敛的，不是发散的，因此神经网络系统的最终状态肯定是趋于稳定，在现在的研究中，通常把人工神经网络的一些问题用渐进稳定点来解释。例如，如果把系统的一个稳定点看做系统的一个记忆的话，那么系统的运行可以看做是在寻找记忆的过程，在寻找到记忆的时候也就是系统稳定的时候，记忆点就是系统的稳定点。假如能量函数的极小点就是这个系统的稳定点的话，而把整个过程视为一个优化问题的话，那么系统的运行过程就是目标函数朝着稳定点不断靠近的演变过程，同时这也属于优化问题的过程。因此，Hopfield 神经网络从初始状态达到稳定状态的过程，可以看做是一个联想记忆。而且，这个优化问题的解决并不需要实际的去求解计算，得到一个具体的数字，而是通过构造神经网络来实现的，对神经网络进行设计，选择好适当的输入就可以实现这个目的。

9.7.2 离散 Hopfield 网络拓扑结构

如图 9.17 所示是由 n 个神经元组成的离散 Hopfield 神经网，第一层仅是作为网络的输入，它不是实际神经元，所以没有计算功能；而第二层是实际神经元，故而执行对输入信息与权系数相乘其积求累加和，并由非线性函数 f 处理后产生输出信息。f 是一个简单的阈值函数，如果神经元的输出信息大于阈值 θ，那么，神经元的输出就取值为 1；小于阈值 θ，则神经元的输出就取值为−1。

对于一个离散的 Hopfield 网络，其网络状态是输出神经元信息的集合。对于一个输出层是 n 个神经元的网络，则其 t 时刻的状态为一个 n 维向量：$\boldsymbol{Y}(t)=[y_1(t),y_2(t),\cdots,y_n(t)]$。因为 $y_i(t)$ 取值为 +1 或 −1，所有网络有 2^n 个状态，即是网络状态。

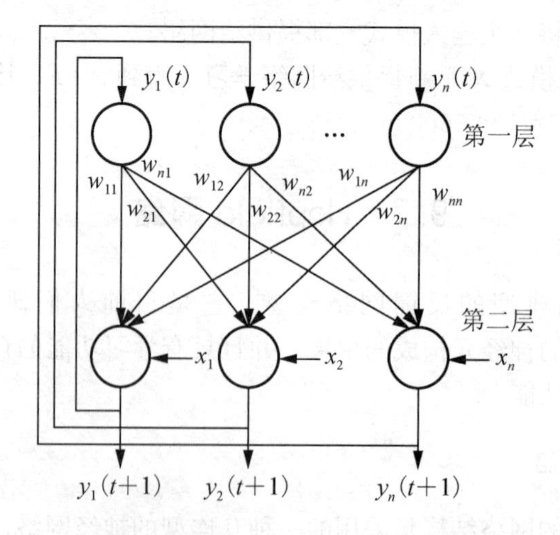

图 9.17 离散 Hopfield 网络拓扑结构

9.7.3 离散 Hopfield 网络结构的工作方式

(1) 同步方式

在时刻 t 时，所有神经元的状态都产生了变化，这时称为同步(并行) 方式。

$$y_j(t+1) = f\Big(\sum_{i=1}^{n} w_{ji} y_i(t) + x_j - \theta_j\Big) \tag{9.47}$$

其中，$j=1,2,\cdots,n$。在不考虑外部输出时，有

$$y_j(t+1) = f\Big(\sum_{i=1}^{n} w_{ji} y_i(t) - \theta_j\Big) \tag{9.48}$$

(2) 异步方式

在时刻 t 时，只有某一个神经元 j 的状态发生了变化，而其他 $n-1$ 个神经元的状态不变，这时称为异步(串行)工作方式。此时有

$$y_j(t+1) = f\Big(\sum_{i=1}^{n} w_{ji} y_i(t) + x_j - \theta_j\Big) \tag{9.49}$$

$$\mathrm{y_i(t+1) = y_i(t)} \tag{9.50}$$

其中，$i \neq j$。在不考虑外部输出时，有

$$y_j(t+1) = f\Big(\sum_{i=1}^{n} w_{ji} y_i(t) - \theta_j\Big) \tag{9.51}$$

按照异步工作方式，某一时刻网络中只有一个节点被选择进行时态更新，当该节点状态变化时，网络状态就以其概率转移到另一状态；当该结点状态保持时，网络状态更新结果保持前一刻的状态。通常，网络从某一初始状态开始经过多次更新后，才可能达到某一状态，使用异步状态更新策略有若干好处：首先，算法实现容易，每个神经元结点有自己的状态更新时刻，不需要同步机制；其次，以异步方式更新网络的状态可以限制网络的输出状态，避免不同稳态以等概率出现。一旦给出 Hopfield 的权值和神经元的阈值，则网络的状态转移序列就确定了。

9.7.4 离散 Hopfield 网络训练和分类识别方法

Hopfield 网络训练和分类利用的是 Hopfield 网络的联想记忆功能，也称为联想存储器。这是人类的智能特点之一。人类的所谓的“触景生情”就是见到一些类同过去接触的景物，容易产生对过去情景的回味和记忆。由于网络可收敛于稳定状态，因此可用于联想记忆。若将稳态视为一个记忆，则由初始状态向稳态收敛的过程就是寻找记忆的过程，初态可视为是给定的部分信息，收敛过程可认为是从部分信息找到了全部信息，则实现了联想记忆的功能。联想记忆的一个重要的特性是由噪声输入模式反映出训练模式，这一点正是分类识别所需要的。

对于 Hopfield 网络，用它作联想记忆时，首先通过一个学习训练过程确定网络中权系数，使所记忆的信息在网络的 n 维超立方体的某一个顶角的能量最小。当网络的权系数确定之后，只要向网络给出输入向量，这个向量可能是局部数据，即不完全或部分不正确的数据，但是网络仍然产生所记忆的信息的完整输出。1984 年 Hopfield 开发了一种用 n 维 Hopfield 网络做联想存储器的结构。在这个网络中，权系数的赋值规则为存储向量的外积存储规则(Out Product Storage Prescription)。

(1) 确定参数

1) 确定输入向量 $\boldsymbol{X}$。设有 N 个训练样品特征向量 $\boldsymbol{X}_1$，$\boldsymbol{X}_2$，…，$\boldsymbol{X}_N$，所有特征已经标准化。其特征空间为 n 维，即 $\boldsymbol{X}_i=[x_{i1},x_{i2},\cdots,x_{in}]^{\mathrm{T}}$，将这 N 个训练样品存入 Hopfield 网

络中，则在网络中第 i 和 j 两个结点之间的权系数是值按式(9.52)计算，完成网络的训练。

2）确定输出向量 $\boldsymbol{Y}=[y_1, y_2, \cdots, y_n]^{\mathrm{T}}$。

3）计算连接权值 $w_{ji}(i=1,2,\cdots,n;\ j=1,2,\cdots,n)$。连接权值 w_{ji} 为

$$w_{ji}=\begin{cases}\sum_{k=1}^{N} x_{ki}x_{kj} & i\neq j\\ 0 & i=j\end{cases} \tag{9.52}$$

(2) 对待测样品分类

对于待测样品 $\boldsymbol{X}=[x_1, x_2, \cdots, x_n]^{\mathrm{T}}$，通过对 Hopfield 网络构成的联想存储器进行联想检索过程实现分类功能。

1）将 $\boldsymbol{X}$ 中各个分量的 x_1，x_2，…，x_n 分别作为第一层的网络结点，n 个输入，则结点有相应的初始状态 $\boldsymbol{Y}(t=0)$，即 $y_j(0)=x_j$，$j=1,2,\cdots,n$。

2）对于二值神经元，计算当前 Hopfield 网络输出：

$$U_j(t+1)=\sum_{i=1}^{n} w_{ji}y_i(t)+x_j-\theta_j \tag{9.53}$$

$$y_j(t+1)=f(U_j(t+1)) \tag{9.54}$$

式中，x_j 为外部输入，$j=1,2,\cdots,n$；f 是非线性函数，可以选择阶跃函数；θ_j 为阈值参数。

$$f(U_j(t+1))=\begin{cases}-1 & U_j(t+1)<0\\ +1 & U_j(t+1)\geqslant 0\end{cases} \tag{9.55}$$

3）对于一个网络来说，稳定性是一个重大的性能指标。对于离散 Hopfield 网络，其状态为 $\boldsymbol{Y}(t)$。如果对于任何 $\Delta t>0$，当网络从 $t=0$ 开始，有初始状态 $\boldsymbol{Y}(0)$；经过有限时刻 t，有 $\boldsymbol{Y}(t+\Delta t)=\boldsymbol{Y}(t)$，则称网络是稳定的。此时的状态是稳定状态。通过网络状态不断变化，最后状态会稳定下来，最终的状态是和待测样品向量 $\boldsymbol{X}$ 最接近的训练样品向量。所以，Hopfield 网络的最终输出也就是待测样品向量联想检索结果。

4）利用最终输出与训练样品进行匹配，找出最相近的训练样本向量。其类别即是待测样品类别。这个过程说明，即使待测样品并不完全或部分不正确，也能找到正确的结果。在本质上，它具有滤波功能。

9.8 基于 Gabor 小波和 ANN 的人脸识别

人脸识别是生物特性鉴别技术的一个主要方向，其涉及图像处理、模式识别、计算机视觉等多个研究领域，具有十分广泛的应用前景，多年来一直是一个研究热点。相对于其他人体生物特征识别技术，如指纹识别、虹膜识别、掌纹识别，人脸识别技术是最直接、最自然、最容易被人接受的。与其他技术相比，它具有侵犯性小、较少需要或不需要用户的主动配合、样本采集方便、应用场合广泛、潜在的数据资源丰富、设备成本低等优点。人脸识别系统具备操作及流程简单、适用面广、支持一对一或一对多比对、支持多点同时采集比对、带有数据库支持记录及查询功能，对采集现场环境要求较低，可在极短的时间里判断出进出者的身份是否合法，杜绝使用他人钥匙、密码、磁卡等非法进入。人脸识别

技术的安全性、可靠性较高，且拥有广泛的市场需求，它可以应用于公安部门的犯人档案管理、犯人辨认查找、刑侦破案、安全验证系统、信用卡验证、医学、档案管理、视频会议、人机交互系统、证件核对、保安监视、门禁控制及至自动柜员机(ATM)等多种场合。

人脸识别对人类来说是件自然而然的事情，但对计算机而言，人脸识别却远非一个已解决的课题。所有的人脸都具有相似的结构，在纹理上也十分相近。另外图像受光照、成像角度及成像距离等外界条件影响，具有“一人千面”的特点，欲建立一种具有各种不变性的描述模型还是比较困难的。此外，人脸识别技术研究与相关科学的发展及人脑的认识程度紧密相关。诸多因素都使人脸识别研究成为一项极富挑战性的课题，一方面信息化进程的日益加快，电子商务、重要场所的安全认证、智能化环境等许多应用领域对与人脸有关的信息处理提出了迫切要求；另一方面，硬件和软件技术的发展，为满足实际应用，系统对人脸检测、跟踪及识别技术的实时化要求提供了可能性。

所以，人脸识别的研究不仅涉及心理学、生理学、人工智能、模式识别、计算机视觉、图像分析与处理等多个学科领域，更是模式识别、人工智能和计算机视觉的典型案例之一。对这一问题的研究和解决，有助于对其他对象识别问题的研究分析和解决，人脸识别也因此成为这些基础研究领域的重要课题之一，具有重要的理论研究价值。

9.8.1　人脸识别常用方法

(1) 基于几何特征的方法

几何特征最早是用于人脸识别的。人脸由眼睛、鼻子、嘴巴、下巴等部件构成，正因为这些部件的形状、大小和结构上的各种差异才使得世界上每个人脸千差万别，因此对这些部件的形状和结构关系的几何描述，可以作为人脸识别的重要特征。将人脸用一个几何特征矢量表示，用模式识别中层次聚类的思想设计分类器达到识别目的。这就要求选取的几何特征矢量具有一定的独特性，能够反映不同人脸之间的差别，同时又具有一定的弹性，以消除时间跨度、光照等的影响。几何特征矢量是以人脸器官的形状和几何关系为基础的特征矢量，其分量通常包括人脸指定两点间的欧式距离、曲率、角度等。

(2) 基于弹性模型匹配方法

弹性模型匹配方法的思想是将人脸上的一些特征点作为基准点构成弹性图，每个基准点存储一串具有代表性的特征矢量，采用分级结构的弹性图，去除一些冗余节点，形成稀疏的人脸描述结构。通过测试样本和特征样本的弹性匹配来完成识别。弹性模型匹配方法有很多，例如，在人脸图像上放置一组矩形网格节点，每个节点的特征用该节点处的多尺度 Gabor 幅度特征描述，各节点之间的连接关系用几何距离表示，从而构成基于二维拓扑图的人脸描述，根据两个图像中各节点和连接之间的相似性进行人脸识别。还有将人脸图像表示为可变形的 3D 网格表面，将人脸匹配问题转换为曲面匹配问题，利用有限元分析的方法进行曲面变形，根据两幅图像之间变形匹配的程度识别人脸等。

(3) 神经网络方法

目前神经网络方法在人脸识别中的研究方兴未艾。Valentin 提出一种方法，首先提取人脸的 50 个主元，然后用自相关神经网络将它映射到五维空间中，再用一个普通的多层感知器进行判别，对一些简单的测试图像效果较好；Intrator 等提出了一种混合型神经网络来进行人脸识别，其中非监督神经网络用于特征提取，而监督神经网络用于分类。Lee等将人脸的特点用六条规则描述，然后根据这六条规则进行五官的定位，将五官之间的几何距离输入模糊神经网络进行识别，效果较一般的基于欧氏距离的方法有较大改善；Laurence等采用卷积神经网络方法进行人脸识别，由于卷积神经网络中集成了相邻像素之间的相关性知识，从而在一定程度上获得了对图像平移、旋转和局部变形的不变性，因此得到非常理想的识别结果。神经网络方法在人脸识别上的应用比起前述几类方法有一定的优势，因为对人脸识别的许多规律或规则进行显性的描述是相当困难的，而神经网络方法则可以通过学习的过程获得对这些规律和规则的隐性表达，它的适应性更强，一般也比较容易实现。

(4) 基于线性和非线性子空间的方法

基于子空间的方法是基于图像像素本身的，主要是利用计算模板和图像灰度的自相关性来实现识别功能，一般来说模板匹配法要优于基于几何特征法。目前，在诸多子空间方法中，应用最广泛的是特征脸法(PCA)，这是针对人脸整体特征的研究，利用Karhunen－Lobve变换原理，将图像表示为一些低维的正交基组成的子空间，然后采用最小距离准则进行人脸识别。线性判别分析(LDA)是一种较为普遍的用于特征提取的线性分类方法。它使投影后的模式样本的类间散布矩阵最大而类内散布矩阵最小，也就是说，投影后保证模式样本在新的空间中有最大的类间距离和最小的类内距离，即模式在该空间中有最佳的可分离性。线性判别分析提取的特征向量集强调的是不同人脸的差异而不是照明条件、人脸表情和方向的变化。因而，采用此方法对光照条件、人脸姿态等的变化不太敏感，从而有助于提高识别效果。但是传统的算法常常遇到的一个问题是样本类内散度矩阵通常是奇异的，即“小样本集合问题”。针对这一问题已有了许多改进方法并取得了很好的识别效果。独立分量分析(ICA)是一种很有效的提取方法。与PCA相比，ICA有两个优势：一是ICA获得的独立分量不需要满足正交关系，能够消除像素间的高阶统计相关性，而PCA只能消除像素间的二阶统计相关性；二是ICA获得的一组矢量比本征矢量更具空间局部描述性，具有更好的人脸描述能力。借鉴SVM的Kernel方法，PCA、LDA和ICA等都被扩展到了核空间。与线性子空间方法相比，基于Kernel的方法获得了更好的识别效果。

(5) 其他方法

Brunelli等对模板匹配方法作了大量实验，结果表明在尺度、光照、旋转角度等各种条件稳定的情况下，模板匹配的效果优于其他方法，但其对光照、旋转和表情变化比较敏感，影响了它的直接使用。Goudail等人采用局部自相关性作为人脸识别的判断依据，它具有平移不变性，在脸部表情变化时比较稳定。在最近的一些工作中，Benarie等提出VFR的表示框架并将它用于人脸识别的工作中，Lam等人研究了不同视点下的人脸匹配和识别问题，Vetter等人讨论了由单幅人脸图像生成其他视点的人脸图像的可能性，Mirhosseini等则探讨了多种信息融合的人脸识别方法。

9.8.2 Gabor特征提取算法与实现

由于Gabor特征对光照、姿态具有一定的鲁棒性，因此Gabor特征在人脸识别领域的

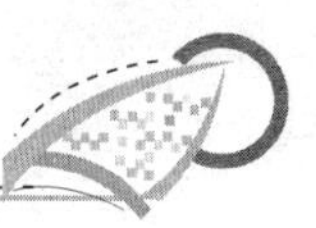

应用非常广泛，目前已经成为了最为主流的人脸特征抽取方法。Gabor 特征具有良好的空间局部性和方向选择性，可以很好的描述图像的纹理信息，因此许多人脸识别算法都采用 Gabor 特征作为识别特征。

EGM 是最早应用 Gabor 特征进行人脸识别的算法之一，该算法仅对人脸图像中部分关键特征点进行 Gabor 变换，并将人脸描述为以这些特征点位置为顶点、以其 Gabor 变换系数为顶点属性、以其关键点位置关系为边属性的属性图，从而将人脸识别问题转化为图匹配问题。通过合理地选择特征点的位置，弹性图可以很好地同时对人脸的关键局部特征及其他们之间的关系进行建模，从而既利用了人脸的图像亮度分布特征，又利用了面部结构信息。GWN 方法从最佳描述的角度，通过一个优化过程完全自动地确定特征位置及其相应的小波参数，并最终用这些参数作为人脸的描述来进行人脸识别。但 GWN 是一种基于参数优化的建模方法，计算复杂度很高，其用于人脸识别的有效性还需要更多的实践检验。GFC 算法的基本思想是在粗略对齐人脸图像的前提下，逐像素计算每个像素点的多方向、多尺度 Gabor 变换特征，形成 Gabor 特征的人脸表示，然后进一步用 Fisher 判别分析法提取特征，为了解决逐像素 Gabor 特征维数过高的问题，Liu 采用了简单的下采样处理方法。AdaGabor 算法采用 AdaBoost 算法对高维 Gabor 特征进行选择的降维，该方法采用机器学习的方法更加客观地利用 Gabor 特征，从而能在有效降维的同时提高识别性能。

Gabor 小波与人类视觉系统中简单细胞的视觉刺激响应非常相似。它在提取目标的局部空间和频率域信息方面具有良好的特性。虽然 Gabor 小波本身并不能构成正交基，但在特定参数下可构成紧框架。Gabor 小波对于图像的边缘敏感，能够提供良好的方向选择和尺度选择特性，而且对于光照变化不敏感，能够提供对光照变化良好的适应性。上述特点使 Gabor 小波被广泛应用于视觉信息理解。二维 Gabor 小波变换是在时频域进行信号分析处理的重要工具，其变换系数有着良好的视觉特性和生物学背景，因此被广泛应用于图像处理、模式识别等领域。与传统的傅立叶变换相比，Gabor 小波变换具有良好的时频局部化特性。即非常容易地调整 Gabor 滤波器的方向、基频带宽及中心频率，从而能够最好的兼顾信号在时空域和频域中的分辨能力；Gabor 小波变换具有多分辨率特性即变焦能力。即采用多通道滤波技术，将一组具有不同时频域特性的 Gabor 小波应用于图像变换，每个通道都能够得到输入图像的某种局部特性，这样可以根据需要在不同粗细粒度上分析图像。此外，在特征提取方面，Gabor 小波变换与其他方法相比：一方面其处理的数据量较少，能满足系统的实时性要求；另一方面，小波变换对光照变化不敏感，且能容忍一定程度的图像旋转和变形，当采用基于欧氏距离进行识别时，特征模式与待测特征不需要严格的对应，故能提高系统的鲁棒性。

无论从生物学的角度还是技术的角度，Gabor 特征都有很大的优越性。Jones 和 Palmer 的研究表明，在基本视觉皮层里的简单细胞的感受野局限在很小的空域范围内，并且高度结构化。Gabor 变换所采用的核(Kernels)与哺乳动物视觉皮层简单细胞 2D 感受野剖面(Profile)非常相似，具有优良的空间局部性和方向选择性，能够抓住图像局部区域内多个方向的空间频率(尺度)和局部性结构特征。这样，Gabor 分解可以看做一个对方向和尺度敏感的有方向性的显微镜。同时，二维 Gabor 函数也类似于增强边缘以及峰、谷、脊轮廓等底层图像特征，这相当于增强了被认为是面部关键部件的眼睛、鼻子、嘴巴等信息，同时也增强了诸于黑痣、酒窝、伤疤等局部特征，从而使得在保留总体人脸信息的同时增强局部特性成为可能。

图 9.18 中的每一列代表一组实验，其中第一行代表脊椎动物的视觉皮层感受野，第二行是 Gabor 滤波器，第三行是两者的残差。可见两者相差极小。Gabor 滤波器的这一性质，使得其在视觉领域中经常被用作图像的预处理。

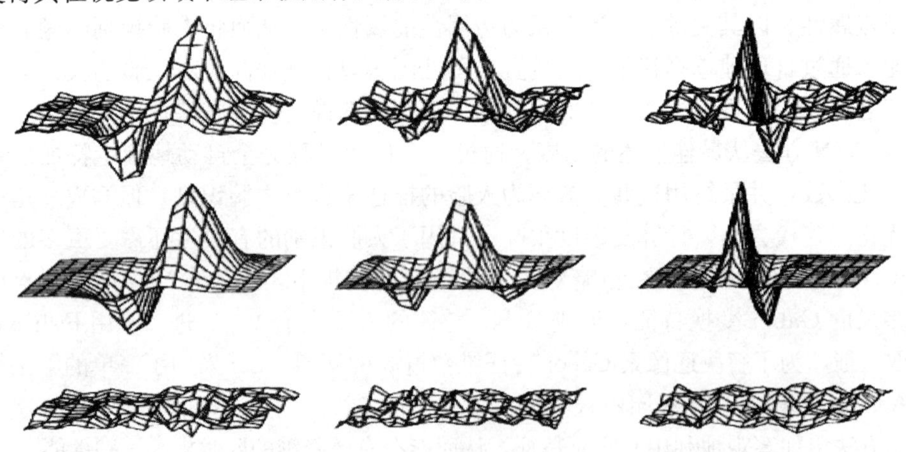

图 9.18　Gabor 滤波器和脊椎动物视觉皮层感受野响应的比较

从图像处理的角度来看，Gabor 特征有如下好处。

1）Gabor 核函数由于去掉了直流分量，因此对局部光照的变化不敏感，常常被用在要求对光照有适应性的场合；

2）Gabor 滤波结果可以反映图像不同尺度、不同方向上的灰度分布信息。

一般说来，大尺度滤波可以反映全局性较强的信息，同时可以掩盖图像中噪声的影响；小尺度可以反映比较精细的局部结构，但容易受到噪声影响。小波核函数在空域和频域上都有一定的局域性，这使得其对平移、拉伸、旋转和尺度变换都具有一定的鲁棒性。虽然平移变换对复向量的相位有一定影响，但在人脸识别这个问题中，平移对结果的影响是要考虑的，Gabor 特征仍然具有很好的刻画特性。正是由于 Gabor 特征的这些特性，使得其在人脸识别中得到了非常广泛的应用。

在实际特征抽取过程中，Gabor 滤波器会存在很大限制的问题，即运算量过于庞大。造成这一现象的原因主要有以下两点。

1）用 Gabor 滤波器进行目标特征提取是一种卷积操作，算法耗时较多。

2）虽然多通道、多分辨的 Gabor 滤波器提取能够取得较高的识别率，但由此带来了计算和储存量大的问题。对于 Gabor 特征矢量降维方法较多。为解决上诉问题，本小节围绕这些问题解决之。

9.8.3　多通道快速 Gabor 特征提取

Gabor 特征是由 Gabor 滤波器和图像进行卷积后得到的。也只有 Gabor 滤波器的频域不交叠的覆盖全部区域，才能有效降低非正交性带来滤波图像中的沉余信息，很好地表示图像特征。通过下面的公式进行计算来确保沉余度最小。

$$\sigma_v = \tan(\frac{\pi}{2K})[U_m - 2\ln(\frac{\sigma_u^2}{U_m})][2\ln 2 - \frac{(2\ln 2)^2\sigma_u^2}{U_m^2}]^{-\frac{1}{2}} \tag{9.56}$$

其中，$\sigma_u=1/2\pi\beta$，$\sigma_v=1/2\pi\alpha$，$F=U_m$，$m=1,2,\cdots,S-1$。K 和 S 分别表示尺度数方向数。多通道滤波器图像滤波，可等效为求特征向量的展开。当带入特定的参数集合后，就转化成一组相对离散的 Gabor 滤波器 $h'(x,y,\varphi,F,\sigma)$，采用下面的公式进行修正，可进一步减少光照的影响，使其具有直流分量。

$$h'(x,y,\varphi,F,\sigma) = h(x,y,\varphi,F,\sigma) - \frac{\sum_{i=-n}^{n}\sum_{j=-n}^{n} h(x,y,\varphi,F,\sigma)}{(2n)^2} \tag{9.57}$$

设输入图像中，人脸候选区域为 $f(x,y)$，其频谱为 $F(\omega_u,\omega_v)$，$\xi_{u,v}(x,y)$为带入特定参数 Gabor 滤波器 $h'(x,y,\varphi,F,\sigma)$的核函数。那么对该区域进行 Gabor 滤波，即是图像 $f(x,y)$与 Gabor 滤波器核作卷积。

$$f(x,y) * \xi_{u,v}(x,y) = p_{u,v}(x,y) \tag{9.58}$$

由卷积定理，在空间频率域有

$$F(\omega_u,\omega_v)Z(\omega_u,\omega_v) = P_{u,v}(\omega_u,\omega_v) \tag{9.59}$$

其中，$p_{u,v}(x,y)$和 $P_{u,v}(\omega_u,\omega_v)$分别表示图像 $f(x,y)$经过由(x,y)所指定的 Gabor 滤波器核 $\xi_{u,v}(x,y)$滤波之后，得到的输出图像及其傅里叶变换。换言之，集合 $G=\{p_{u,v}(x,y):u=1,2,\cdots,7;\ v=1,2,\cdots,4\}$，构成了图像 $f(x,y)$的 Gabor 小波表示方式。图 9.21 为图 9.19 均匀采集后的图 9.20 与 40 个 Gabor 滤波器卷积后得到的结果。

图 9.19 原人脸图像

图 9.20 划分采样点后的人脸图像

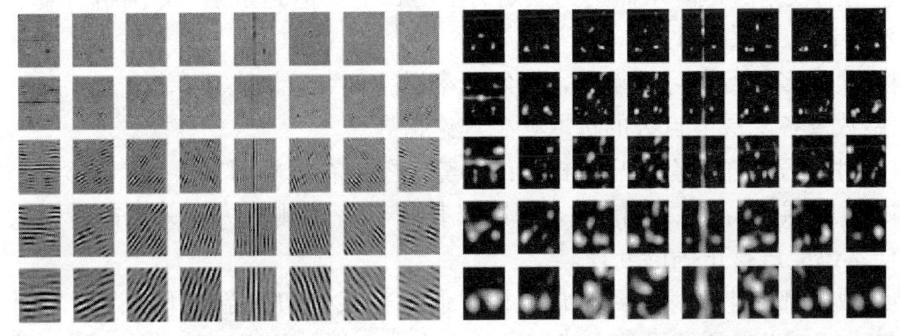

(a) 特征的实部　　(b) 特征的模

图 9.21 人脸图像的 Gabor 特征

对图像中所有的候选人脸区域分别用40组Gabor基作滤波处理。如果候选区域中是人脸的话，则会出现如图9.21相似的特征。利用这一特点，也可以对标准的人脸库提取Gabor特征，并以此作为分类器的训练和检测将这40组特征矢量$\boldsymbol{p}_{0,0}$，$\boldsymbol{p}_{0,1}$，…，$\boldsymbol{p}_{4,7}$连接起来便可以得到一组Gabor特征矢量：

$$\boldsymbol{\gamma}=(\boldsymbol{p}_{0,0}^{\mathrm{T}},\boldsymbol{p}_{0,1}^{\mathrm{T}}\cdots\boldsymbol{p}_{4,7}^{\mathrm{T}})^{\mathrm{T}} \tag{9.60}$$

9.8.4 特征降维及归一化处理

通常情况下用Gabor滤波会产生所谓的维数灾难现象，这是由于特征提取的过程实际上是对图像范围中的全部像素逐一的用滤波器做卷积运算，换言之，如果说有一幅像素为64×64的图像，那么采用八个方向，五个频率时，将会产生64×64×8×5维的高维特征矢量，这样会大大降低检测过程的速率。

常采用的降维方法有两种。一种是首先进行采样，然后再特征提取，如PCA降维。但是这样也许会遗漏部分重要特征；另一种方法为先从图像中选取一些候选域，然后做Gabor变换。为此，实验中采用均匀下采样对Gabor特征进行处理，从而达到降维的目的。我们在采样点上提取各个滤波器输出的值，联合起来组成列向量，从而得到每幅图像的Gabor特征向量，并以此作为该人脸图像的局部特征向量。得到的人脸图像的Gabor特征如图9.21所示。

由图9.21可见，与原图灰度值随位置的变换相比，滤波器输出的幅值随位置的变化要更小更不敏感；Gabor相位信息随着空间位置呈周期性变化，而幅值的变化相对平滑而稳定。因此，即使采样点稍有偏移也不会使提取出的特征值发生太大变化。也就是说，Gabor特征具有良好的空间局部性和方向选择性，而且对光照、姿态具有一定的鲁棒性，可以容忍更大的器官定位和对齐误差。

9.8.5 改进BP算法

(1) 传统BP算法的缺点

BP神经网络由输入层、隐层和输出层组成。隐层为一层或多层，其特点是相邻两层神经元全关联，互不相邻无关联。简单来说BP网络实际上是一种特殊的前馈型神经网络，它的出现解决了多层网络的训练问题，根据误差大小，把学习结果反馈到中间层次的隐单元，改变它们的权系数矩阵从而达到预期的学习目的。但是虽然BP网络有着非常重要地位，可仍然存在以下这些缺点。

1) 训练次数多导致学习效率低，收敛速率慢。

2) 隐层数及各隐层节点数的选取缺少理论指导。

3) 训练时学习新样本有遗忘旧样本的趋势，不能在线学习。

4) 网络缺少推广(泛化)的能力。即网络是否具有预测能力，并且能否对大量未训练过的输入样本也能进行正确的处理。

5) 易形成局部最小而达不到全局最优。假设在某些初始条件下，误差曲面E可能有很多全局最小解，求得的结果就会陷入局部极小点，初始随机权值的大小，对局部极小的影响很大，系统有可能因为权值过大而陷入局部最小(或非常平坦区)，一开始就肯能使网络处于S型的饱和区。

(2) 改进 BP 算法的原理

针对上面所提的BP网络的缺点，大体上可以从校正权值，学习速度这两个方向着手优化。影响BP网络收敛度速率的一个重要因素即学习速度选择不当，换言之，如果速度选择过低则会造成收敛速率太慢，反之选择过高则也许会造成震荡甚至发散。BP学习算法误差函数定义为

$$E = \frac{1}{2}\sum_{p=1}^{p}\sum_{i=1}^{n}(d_{pi} - y_{pi})^2 \tag{9.61}$$

其中，d_{pi}代表p组输入样本时的第i个样本输出，y_{pi}代表p组输入样本时的第i个神经网络输出。BP网络的学习实质上是利用一阶梯度寻优的过程，通过梯度信息来调整权值，即

$$W_{ij}(k+1) = W_{ij}(k) + L_{ij}(k)D_{ij}(k) \tag{9.62}$$

$$D_{ij}(k) = -\frac{\partial E}{\partial W_{ij}(k)} \tag{9.63}$$

式中，$W_{ij}(k)$代表k时刻网络前一层的j个输入连接到后一层的第i个节点的权系数，$D_{ij}(k)$为k时刻误差函数E的负梯度，$L_{ij}(k)$表示$W_{ij}(k+1)$的学习率。

BP学习算法收敛太慢的一个重要原因是学习率不好选择，正如前文所说选择过低则会造成收敛速率太慢，反之则可能修正过头，造成振荡甚至发散。针对这一问题，我们提出一种变步长的方法。主要采取

$$L_{ij}(k) = 2^{n\lambda}(n = 1,2,\cdots) \tag{9.64}$$

$$\lambda = \mathrm{sgn}[D_{ij}(k+1)D_{ij}(k)] \tag{9.65}$$

简言之，如果连续两次迭代的梯度方位一致时，表明下降太慢，这时可使步长加倍。反之下降过快时，应使步长减半。由于步长是在迭代过程中不断自适应进行调整，所以可以使误差函数E在超曲面上的不同方向按照各自比较合理的步长向极小点逼近。在人脸检测时，改进后的算法主要实现步骤如下：

1) 首先要需要初始化，即载入式(9.60)所表示的，归一降维化后的候选人脸区域的特征向量；

2) 给出网络的初始权值，设定系数λ和学习率L，优化目标向量$\boldsymbol{\varepsilon}$；

3) 计算误差代价函数$E(k)$；

4) 若$E(k) > \boldsymbol{\varepsilon}$计算$D_{ij}(k)$和新权值$W_{ij}(k+1)$。若$E(k) \leqslant \boldsymbol{\varepsilon}$，计算结束；

5) 令$k=k+1$，返回步骤3)。

Gabor 改进 BP 神经网络的模型如图 9.22 所示。

9.8.6 实验结果与分析

BP神经网络训练过程即学习过程：神经网络在外界输入样本的刺激下不断改变网络的连接权值，以使网络的输出不断地接近期望的输出。学习的本质是对各连接权值的动态调整，令输出结果达到预期目标。学习规则是在学习过程中，网络中各神经元的连接权变化所依据的一定的调整规则。

在实验过程中 Sigmoid 函数将产生较大的误差时，S型函数的标准形式用来生成输出

的分类，并可能会出现不收敛。从式(9.4)可知，a 值越大越容易收敛，但收敛速度较慢；a 较小可以使得 S 型函数较稳定，其收敛速度快，但容易产生不稳定。经多次不同值的实验，最终选定 $a=3.5$。

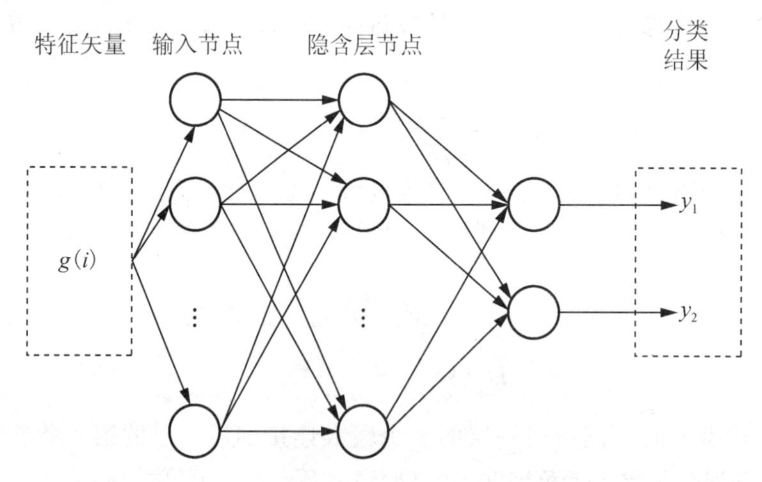

图 9.22　Gabor 改进 BP 神经网络的模型

具体学习过程见本章 9.2 节。在试验中我们选择最大训练次数 epochs 的值为 400，训练精度要求 goal 为 1e—3，学习速率 lr 为 0.4，显示训练迭代过程 show 为 10。

利用该方法对图像中人脸进行识别，在程序运行中，对于测试图像，如图 9.23 所示，测试结果如图 9.24～图 9.26 所示。

图 9.23　测试图片

图 9.24　测试效果图 1

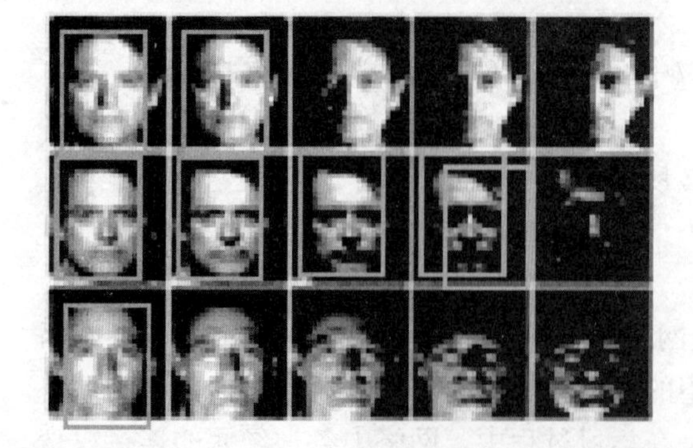

图 9.25　测试效果图 2

图 9.26　测试效果图 3

其中，漏检的全部人脸主要是光线的问题，产生了阴影或者是人脸过于不清楚，所以才导

致无法进行正确的特征匹配，最终其被认为是非人脸而被丢弃。

总地来说，从实验结果来看，只要人脸完整的包含在图像内，人脸区域基本上都可以从整幅图像中正确的检测分割出来。因此，在普通 PC 的硬件基础条件下，既保证了较高的人脸检测正确率的同时，还具有了多目标检测的性能。总之，从实验结果来看，本文采用的算法基本实现了预期的设计目标。

9.9 小　　结

人工神经网络是从输入空间到那输出空间的一个非线性映射，通过调整权重和阈值来"学习"或发现变量间的关系，实现对事务的分类。

本章介绍了人工神经网络的基本原理，包括人工神经元、人工神经网络模型、神经网络学习过程、人工神经网络在图像识别问题中的优势，并给出 BP 神经网络、RBF 神经网络、自组织竞争神经网络、概率神经网络、对向传播神经网络和反馈型神经网络的相关知识。

我们通过基于本 Gabor 小波的神经网络人脸识别证明，神经网络是一种对数据分布无任何要求的非线性技术，它能较有效地解决非正态分布、非线性评价问题。

习　　题

9.1　人工神经网络的基本原理是什么？在模式识别问题上的优势是什么？

9.2　简述 BP 神经网络学习的过程。

9.3　简述 BP 神经网络和 RBF 神经网络的区别。

9.4　怎样理解 BP 神经网络、RBF 神经网络、自组织竞争神经网络、概率神经网络、对向传播神经网络和反馈型神经网络等区别(提示：从网络模型图、结构特点、训练学习方式、学习方式、训练时间等方面进行比较)？

9.5　根据 BP 神经网络的特点，设计一个算法实现交通路口特定行人、车辆的识别。

9.6　实现一个 Hopfield 网络。用阿拉伯数字 0～9 的数字化模式训练这个网络，测试其在不同分辨率下的模式记忆性能(对有噪声样本面言)。

9.7　编写一个反向传播算法的训练及分类程序，采用三层前馈神经元网络。构造人工训练和测试集合，至少有三类，模式特征空间为二维。

9.8　运用 ORL 人脸库、Yale 人脸库，通过编程实现来比较最近邻分类器和三层前馈神经元网络对人脸的识别能力。

第10章 支持向量机

支持向量机(Support Vector Machine，SVM)是在统计学习理论的基础上发展起来的新一代学习算法，它在文本分类、手写识别、图像分类、生物信息学等领域中获得较好的应用。相比容易过渡拟合训练样本的人工神经网络，SVM对于未见过的测试样本具有更好的推广能力。

10.1 SVM的分类思想

传统模式识别技术只考虑分类器对训练样本的拟合情况，以最小化训练集上的分类错误为目标，通过为训练过程提供充足的训练样本来试图提高分类器在未见过的测试集上的识别率。然而，对于少量的训练样本集合来说，不能保证一个很好地分类了训练样本的分类器也能够很好地分类测试样本。在缺乏代表性的小训练集情况下，一味地降低训练集上的分类错误就会导致过渡拟合。

SVM以结构化风险最小化为原则，即兼顾训练误差(经验风险)与测试误差(期望风险)的最小化，具体体现在分类模型的选择和模型参数的选择上。

10.1.1 分类模型的选择

要分类如图10.1(a)所示的两类样本，我们看到图中的曲线可以将10.1(a)中的训练样本全部分类正确，而直线则会错分两个训练样本；然而，对于10.1(b)中的大量测试样本，简单的直线模型却取得了更好的识别结果。应该选择什么样的分类模型呢？

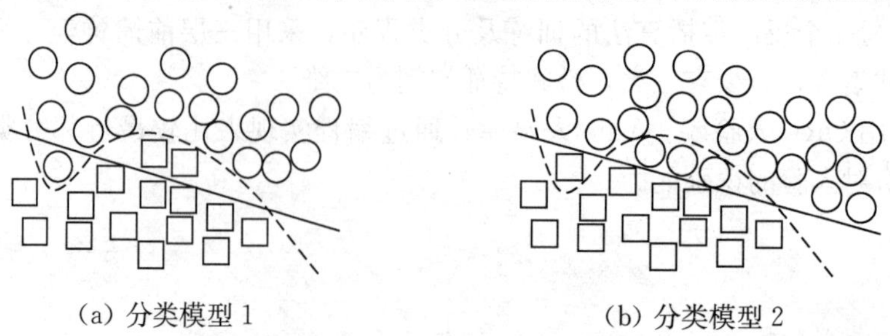

(a) 分类模型1　　(b) 分类模型2

图10.1 分类模型的选择

图10.1中复杂的曲线模型过渡拟合了训练样本，因而在分类测试样本时效果并不理想。通过控制分类模型的复杂性可以防止过度拟合，因此SVM更偏爱解释数据的简单模

型——二维空间中的直线，三维空间中的平面和更高维空间中的超平面。

10.1.2　模型参数的选择

对于如图 10.2 所示的二维空间中的两类样本，可以采用图 10.2 (a)中的任意直线将它们分开。但哪条直线才是最优的选择。

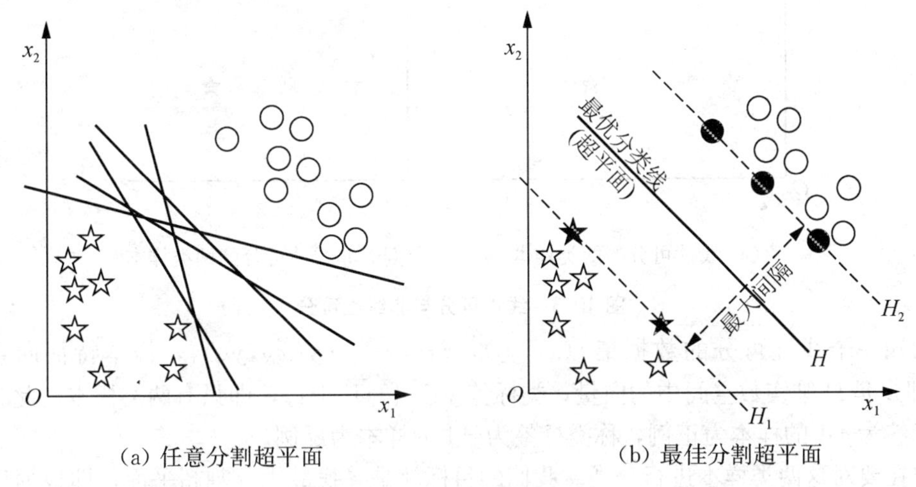

(a) 任意分割超平面　　(b) 最佳分割超平面

图 10.2　分割超平面

直观上，距离训练样本太近的分类线对噪声比较敏感，且对训练样本之外的数据可能归纳得不是很好；而远离所有训练样本的分类线将可能具有较好的归纳能力。设 H 为分类线，H_1 和 H_2 分别为各类中离分类线最近的样本且平行于分类线的直线，则 H_1 与 H_2 之间的距离叫做**分类间隔**(又称为余地，Margin)。所谓**最优分类线**就是要求分类线不但能将两类正确分开(训练错误率为 0)，而且使分类间隔最大，如图 10.2(b)所示。分类线的方程为$\boldsymbol{w}^{\mathrm{T}}\boldsymbol{x}+b=0$。图 10.2 只是在二维情况下的特例——最优分类线，在三维空间中则是具有最大间隔的平面，更为一般的情况是**最优分类超平面**。实际上，**SVM** 正是从线性可分情况下的最优分类面发展而来的，其主要思想就是寻找能够成功分开两类样本并且具有最大分类间隔的最优分类超平面。

寻找最优分类面的算法最终将转化成为一个二次型寻优问题，从理论上说，得到的将是全局最优点，解决了在神经网络方法中无法避免的局部极值问题。

10.2　SVM 的理论基础

本节主要介绍 SVM 的理论基础和实现原理，将分别阐述线性可分、非线性可分以及需要核函数映射这三种情况下的 SVM。最后还将学习如何将 SVM 推广至多类问题。

10.2.1　线性可分情况下的 SVM

如果用一个线性函数(如二维空间中的直线，三维空间中的平面以及更高维数空间中的超平面)可以将两类样本完全分开，就称这些样本是线性可分(Linearly Separable)的。反之，如果找不到一个线性函数能够将两类样本分开，则称这些样本是非线性可分的。

一个简单的线性可分与非线性可分的例子如图 10.3 所示。

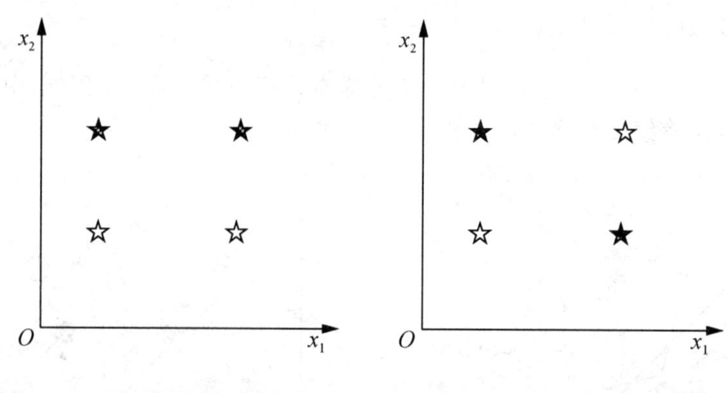

(a) 线性可分的两类样本　　(b) 非线性可分的两类样本

图 10.3　线性可分与非线性可分

已知一个线性可分的数据集 $\{(x_1,y_1),(x_2,y_2),\cdots,(x_N,y_N)\}$，样本特征向量 $\boldsymbol{x}\in R^D$，即 $\boldsymbol{x}$ 是 D 维实数空间中的向量；类标签 $y\in\{-1,+1\}$，即只有两类样本，此时通常称类标签为 $+1$ 的样本为正例，称类标签为 -1 的样本为反例。

现在要对这两类样本进行分类。我们的目标就是寻找最优分割超平面，即根据训练样本确定最大分类间隔的分割超平面，设最优超平面方程为 $\boldsymbol{w}^{\mathrm{T}}\boldsymbol{x}+b=0$，根据点到平面的距离公式：样本 $\boldsymbol{x}$ 与最佳超平面 $(\boldsymbol{w},b)$ 之间的距离为 $\frac{|\boldsymbol{w}^{\mathrm{T}}\boldsymbol{x}+b|}{\|\boldsymbol{w}\|}$，注意通过等比例地缩放权矢量 $\boldsymbol{w}$ 和偏差项 b 最佳超平面存在着许多解，我们对超平面进行规范化，选择使得距超平面最近的样本 $\boldsymbol{x}_k$，满足 $|\boldsymbol{w}^{\mathrm{T}}\boldsymbol{x}_k+b|=1$ 的 $\boldsymbol{w}$ 和 b，即得到规范化超平面。此时从最近样本到边缘的距离为

$$\frac{|\boldsymbol{w}^{\mathrm{T}}\boldsymbol{x}_k+b|}{\|\boldsymbol{w}\|}=\frac{1}{\|\boldsymbol{w}\|} \tag{10.1}$$

且分类间隔(余地)变为

$$m=\frac{2}{\|\boldsymbol{w}\|} \tag{10.2}$$

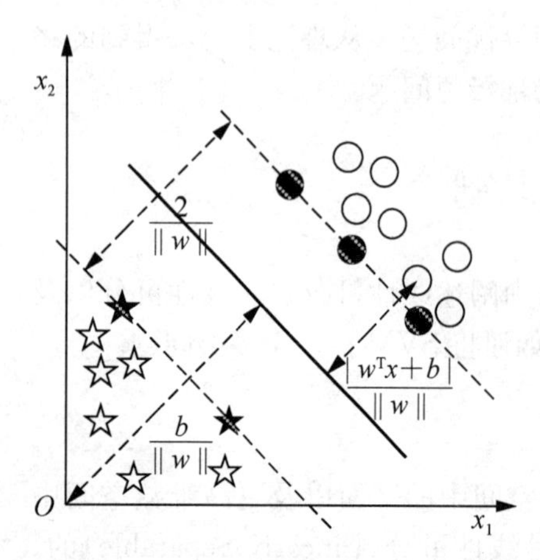

图 10.4　最佳分割超平面的分类间隔

如图 10.4 所示，至此，问题逐渐明朗化，我们的目标是寻找使得式(10.2)最大化的法向量 $\boldsymbol{w}$，之后将 $\boldsymbol{w}$ 代入关系 $|\boldsymbol{w}^{\mathrm{T}}\boldsymbol{x}_k+b|=1$，即可得到 b。

最大化式(10.2)等价于最小化

$$J(\boldsymbol{w})=\frac{1}{2}\|\boldsymbol{w}\|^2 \tag{10.3}$$

除此之外，还有以下的约束条件：

$$y_i(\boldsymbol{w}^{\mathrm{T}}\boldsymbol{x}_i+b)\geqslant 1\quad i\in\{1,2,\cdots,N\} \tag{10.4}$$

这是因为距离超平面最近的样本点 $\boldsymbol{x}_k$ 满足 $|\boldsymbol{w}^{\mathrm{T}}\cdot x_k+b|=1$，而其他样本点 $\boldsymbol{x}_i$ 距离超平面的距离 $d(\boldsymbol{x}_i)$ 要大于等于 $d(\boldsymbol{x}_k)$，因此有

$$|\boldsymbol{w}^{\mathrm{T}}\boldsymbol{x}_i+b|\geqslant 1 \tag{10.5}$$

具体地说，设定正例所在的一侧超平面的正方向，则对于正例(对应类标签 y_i 为+1的样本$\boldsymbol{x}_i$)有

$$(\boldsymbol{w}^{\mathrm{T}}\boldsymbol{x}_i+b)\geqslant 1 \tag{10.6}$$

而对于反例(对应类标签 y_i 为−1的样本$\boldsymbol{x}_i$)有

$$(\boldsymbol{w}^{\mathrm{T}}\boldsymbol{x}_i+b)\leqslant -1 \tag{10.7}$$

在式(10.6)和式(10.7)的两端分别乘以对应其$\boldsymbol{x}_i$的类标签 y_i，由于它们的 y_i 分别为+1和−1，因此得到式(10.4)中统一形式的表达式。

注意到式(10.3)中的目标函数 $J(\boldsymbol{w})$是二次函数，意味着只存在一个全局最小值，因此我们不必再像在神经网络的优化过程中那样担心搜索陷入局部极小值。现在要做的就是在式(10.4)的约束条件下找到能够最小化式(10.3)的超平面方向量$\boldsymbol{w}$。这是一个典型的条件极值问题，可以使用在高等数学中学习过的拉格朗日乘数法求解。

通过对式(10.4)中的每一个约束条件乘上一个拉格朗日乘数 α_i，然后带入式(10.3)中，可将此条件极值问题转化为下面不受约束的优化问题，即关于 $\boldsymbol{w}$，$\boldsymbol{b}$ 和 $\alpha_i(i=1,2,\cdots,N)$最小化 L。

$$L(\boldsymbol{w},b,\alpha)=\frac{1}{2}\|\boldsymbol{w}\|^2-\sum_{i=1}^{N}\alpha_i[y_i(\boldsymbol{w}^{\mathrm{T}}\boldsymbol{x}_i+b)-1],\alpha_i\geqslant 0 \tag{10.8}$$

求 L 对 $\boldsymbol{w}$ 和 b 的偏导数，并令其等于零，即

$$\frac{\partial L(\boldsymbol{w},b,\alpha)}{\partial \boldsymbol{w}}=0\Rightarrow \boldsymbol{w}=\sum_{i=1}^{N}\alpha_i y_i\boldsymbol{x}_i \tag{10.9}$$

$$\frac{\partial L(\boldsymbol{w},b,\alpha)}{\partial b}=0\Rightarrow \sum_{i=1}^{N}\alpha_i y_i=0 \tag{10.10}$$

展开式(10.8)，得

$$L(\boldsymbol{w},b,\alpha)=\frac{1}{2}\boldsymbol{w}^{\mathrm{T}}\boldsymbol{w}-\sum_{i=1}^{N}\alpha_i y_i\boldsymbol{w}^{\mathrm{T}}\boldsymbol{x}_i-b\sum_{i=1}^{N}\alpha_i y_i+\sum_{i=1}^{N}\alpha_i \tag{10.11}$$

再将式(10.9)和式(10.10)代入式(10.11)，得

$$\begin{aligned}L(\boldsymbol{w},b,\alpha)&=\frac{1}{2}\boldsymbol{w}^{\mathrm{T}}(\sum_{i=1}^{N}\alpha_i y_i\boldsymbol{x}_i)-\boldsymbol{w}^{\mathrm{T}}\sum_{i=1}^{N}\alpha_i y_i\boldsymbol{x}_i-0+\sum_{i=1}^{N}\alpha_i\\&=-\frac{1}{2}(\sum_{i=1}^{N}\alpha_i y_i\boldsymbol{w}^{\mathrm{T}}\boldsymbol{x}_i)+\sum_{i=1}^{N}\alpha_i\\&=-\frac{1}{2}\sum_{i=1}^{N}\alpha_i y_i(\sum_{j=1}^{N}\alpha_j y_j\boldsymbol{x}_j)^{\mathrm{T}}\boldsymbol{x}_i+\sum_{i=1}^{N}\alpha_i\\&=-\frac{1}{2}\sum_{i=1}^{N}\sum_{j=1}^{N}\alpha_i\alpha_j y_i y_j\boldsymbol{x}_i^{\mathrm{T}}\boldsymbol{x}_j+\sum_{i=1}^{N}\alpha_i\end{aligned} \tag{10.12}$$

式(10.12)与 $\boldsymbol{w}$、b 无关，仅与 α_i 的函数，记为

$$L(\alpha)=-\frac{1}{2}(\sum_{i=1}^{N}\alpha_i y_i\boldsymbol{w}^{\mathrm{T}}\boldsymbol{x}_i)+\sum_{i=1}^{N}\alpha_i \tag{10.13}$$

此时的约束条件为 $\alpha_i\geqslant 0$ 并且 $\sum_{i=1}^{N}\alpha_i y_i=0$ 。

这是一个拉格朗日对偶问题①，而该对偶问题是一个关于 α 的凸二次规划问题，可借助一些标准的优化技术求解，这里不再详细讨论。

在解得 α 之后，最大余地分割超平面的参数 $\boldsymbol{w}$ 和 b 便可由对偶问题的解 α 来确定：

$$\boldsymbol{w} = \sum_{i=1}^{N} \alpha_i y_i \boldsymbol{x}_i \tag{10.14}$$

在样本线性可分的情况下，由于有关系式 $|\boldsymbol{w}^{\mathrm{T}} \boldsymbol{x}_k + b| = 1$，其中 $\boldsymbol{x}_k$ 是任意一个距离最优分类超平面最近的向量，即可使 $|\boldsymbol{w}^{\mathrm{T}} \boldsymbol{x}_k + b|$ 取到最小值的 $\boldsymbol{x}_k$ 之一，故可将 $\boldsymbol{w}$ 和 $\boldsymbol{x}_k$ 代入上式，从而求出 $b = 1 - \min\limits_{y_i=+1}(\boldsymbol{w} \cdot \boldsymbol{x}_i)$ 或 $b = -1 - \min\limits_{y_i=-1}(\boldsymbol{w} \cdot \boldsymbol{x}_i)$。更一般的情况下，由于两类样本中与分割超平面 $(\boldsymbol{w}, b)$ 的最近距离不再一定是 1 且可能不同，因而 b 为

$$b = -\frac{1}{2}\left(\min_{y_i=+1}(\boldsymbol{w} \cdot \boldsymbol{x}_i) + \min_{y_i=-1}(\boldsymbol{w} \cdot \boldsymbol{x}_i)\right) \tag{10.15}$$

式(10.15)包含了线性可分的情况。

根据优化求解的性质(Karush-Kuhn-Tucker-Conditions)，解 α_i 必须满足

$$\alpha_i[y_i(\boldsymbol{w}^{\mathrm{T}} \boldsymbol{x}_i + b) - 1] = 0 \quad i = 1, 2, \cdots, N \tag{10.16}$$

因此，对于每个样本，必须满足 $\alpha_i = 0$ 或 $y_i(\boldsymbol{w}^{\mathrm{T}} \boldsymbol{x}_i + b) - 1 = 0$。从而对那些满足 $y_i(\boldsymbol{w}^{\mathrm{T}} \boldsymbol{x}_i + b) - 1 \neq 0$ 的样本 $\boldsymbol{x}_i$ 对应的 α_i，必有 $\alpha_i = 0$；而只有那些 $y_i(\boldsymbol{w}^{\mathrm{T}} \boldsymbol{x}_i + b) - 1 = 0$ 的样本 $\boldsymbol{x}_i$ 对应的 α_i，才有 $\alpha_i > 0$。这样，$\alpha_i > 0$ 只对应那些最接近超平面 $(y_i(\boldsymbol{w}^{\mathrm{T}} \boldsymbol{x}_i + b) - 1 = 0)$ 的点 $\boldsymbol{x}_i$，这些点被称为支持向量，如图 10.5 所示②。

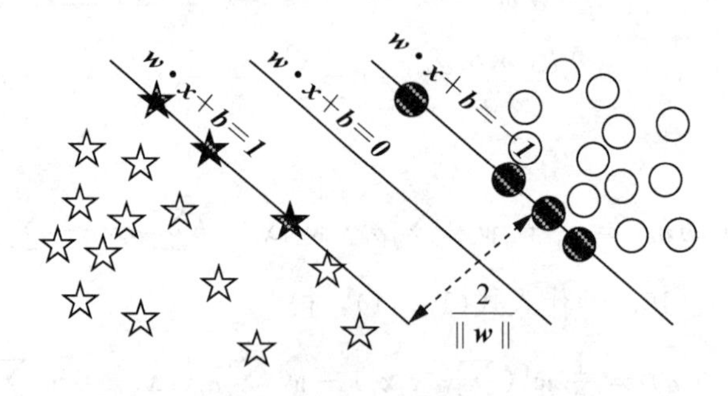

图 10.5　支持向量③

求出上述各个系数 α、$\boldsymbol{w}$、b 对应的最优解 α^*、$\boldsymbol{w}^*$、b^* 后，得到如下的最优分类函数

$$h(\boldsymbol{x}) = \mathrm{sgn}((\boldsymbol{w}^{\mathrm{T}*} \boldsymbol{x}) + b^*) = \mathrm{sgn}\left(\sum_{i=1}^{N} \alpha_i^* y_i (\boldsymbol{x}_i^{\mathrm{T}} \cdot \boldsymbol{x}) + b^*\right) \tag{10.17}$$

这里向量 $\boldsymbol{x}$ 是待分类的测试样本，向量 $\boldsymbol{x}_i (i = 1, 2, \cdots, N)$ 是全部 N 个训练样本。注意在式(10.17)中测试样本 $\boldsymbol{x}$ 与训练样本 $\boldsymbol{x}_i$ 也是以点积的形式出现。

---

① 原始问题的复杂度由维度决定($\boldsymbol{w}$ 是平面法向量，对每维有一个系数)，然而对偶问题由训练数据的数目决定(每个样本存在一个拉格朗日乘数 α_i)；此外，在式(10.13)中，训练数据只作为点积形式出现。

② 在式(10.14)中，所有 $\alpha_i = 0$ 的样本 $\boldsymbol{x}_i$ 对于求和没有影响，只有支持向量($\alpha_i \neq 0$ 的样本 $\boldsymbol{x}_i$)对最优分割超平面的定义有贡献。因此，完整的样本集合可以只使用支持向量来代替，将会得到相同的最优分割超平面。

③ 两类样本的支持向量分别用填充“斜线黑背景”指示。

10.2.2　非线性可分情况下的 C-SVM

(1) 约束条件

为处理样本非线性可分的情况，我们放宽约束，引入松弛变量 $\varepsilon_i>0$，此时约束条件变为

$$y_i(\boldsymbol{w}^{\mathrm{T}}\cdot\boldsymbol{x}+b)\geqslant 1-\varepsilon_i\quad \varepsilon_i\geqslant 0(i=1,2,\cdots,N)\tag{10.18(a)}$$

式(10.18(a))也可以表示为

$$\begin{cases}\boldsymbol{w}^{\mathrm{T}}\cdot\boldsymbol{x}_i+b\geqslant +1-\varepsilon_i & y_i=+1(\boldsymbol{x}_i\text{ 是正例})\\ \boldsymbol{w}^{\mathrm{T}}\cdot\boldsymbol{x}_i+b\leqslant -1+\varepsilon_i & y_i=-1(\boldsymbol{x}_i\text{ 是反例})\end{cases}\tag{10.18(b)}$$

图 10.6 可以帮助我们理解 ε_i 的意义，具体可分以下三种情况来考虑。

1) 当 $\varepsilon_i=0$，约束条件退化为线性可分时的情况，$y_i(\boldsymbol{w}^{\mathrm{T}}\,\boldsymbol{x}_i+b)\geqslant 1$，这对应于分类间隔(余地)以外且被正确分类的那些样本，即图中左侧虚线以左(包括在左侧徐线上★)的所有“☆”形样本点以及位于右侧虚线以右的(包括在右侧虚线上的❶)的所有“○”形样本点。

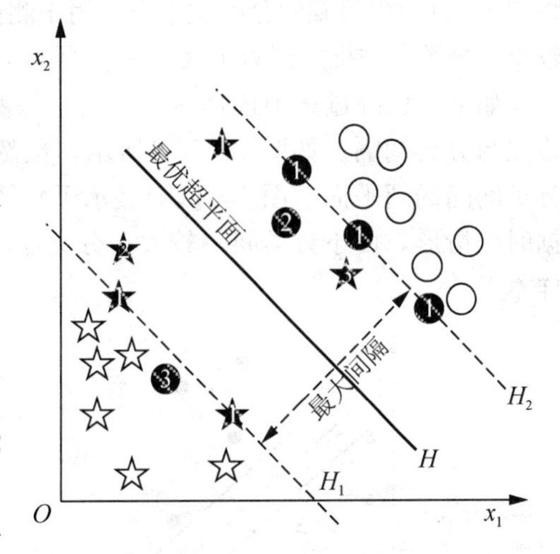

图 10.6　非线性可分情况下的最佳分割超平面

2) 当 $0<\varepsilon_i<1$，$y_i(\boldsymbol{w}^{\mathrm{T}}\,\boldsymbol{x}_i+b)$是一个 0 与 1 之间的数，小于 1 意味着对于约束条件放宽到允许落在分类间隔之内，大于 0 则说明仍可以被分割超平面正确分类，对应于图中标号为 2 的样本，即❷和★。

3) 最终当 $\varepsilon_i>1$，$y_i(\boldsymbol{w}^{\mathrm{T}}\,\boldsymbol{x}_i+b)<0$，此时约束条件已放宽到可以允许分类错误的样本，如图中的第三类样本。具体地说，图中标号 3 的“★”形样本的 $1<\varepsilon_i<2$，而标号为 3 的“❸”形样本的 $\varepsilon_i>2$。

图 10.6 中标号为“1、2、3”的均为在线性不可分情况下的支持向量。由于在这种情况下允许样本落入分类间隔之内，常把这个分类间隔叫做软间隔(Soft Margin)。

(2) 目标函数

利用一个附加错误代价系数 C 后，目标函数变为

$$f(\boldsymbol{w},b,\varepsilon)=\frac{1}{2}\parallel \boldsymbol{w}^2\parallel +C\sum_{i=1}^{N}\varepsilon_i\tag{10.19}$$

我们的目标是在式(10.18(a))的约束下，最小化目标函数(式(10.19))。最小化目标函数的第一项也就等同于最大化分类间隔，这在介绍线性可分情况时已经阐述过了，而目标函数的第二项是分类造成的错误代价，只有对应于 $\varepsilon_i>0$ 的那些“错误”样本才会产生代价(这里所说的“错误”并不仅仅指被错误分类的标号为 3 的样本，也包括那些空白间隔之内的标号为 2 的样本)。事实上，最小化此目标函数体现了最大分类间隔(最小化式(10.19)中的第一项)与最小化训练错误(最小化式(10.19)中的第二项)之间的权衡。

直观上“错误”样本越少越好，然而这里的错误是训练错误。如果一味追求最小化训练错误，则代价可能是导致得到一个小余地的超平面，这无疑会影响分类器的推广能力，在对测试样本分类时就很难得到满意的结果，这也属于一种过渡拟合。通过调整代价系数C的值可以实现两者之间的权衡，找到一个最佳的C使得分类超平面兼顾训练错误和推广能力。

不同的C值对于分类的影响如图 10.7 所示。10.7(a)中的情况对应一个相对较大的C值，此时每错分一个样本$i(\varepsilon_i>0)$都会使式(10.19)中的第二项增大很多，第二项成为影响式(10.19)的主要因素，因此最小化式(10.19)的结果是尽可能少地错分训练样本以使得第二项尽可能小，为此可以适当牺牲第一项(使第一项大一些，即使分类间隔小一些)，于是导致了图 10.7(a)中一个较小间隔但没有错分训练样本的分类超平面；图 10.7(b)展示了将图 10.7(a)中得到的分类超平面应用于测试样本的效果，可以看出由于分割超平面间隔较小，分类器的推广能力不强，对于测试样本的分类不够理想。

如果在训练过程中选择一个适当小一些的C值，此时最小化式(10.19)将兼顾训练错误与分类间隔。如图 10.7(c)所示，虽然有一个训练样本被错分，但得到了一个较大分类间隔的超平面；图 10.7(d)展示了将图 10.7(c)中得到的分类超平面应用于测试数据时的情形，由于分类间隔较大，分类器具有良好的推广能力，从而很好地分类了测试样本。

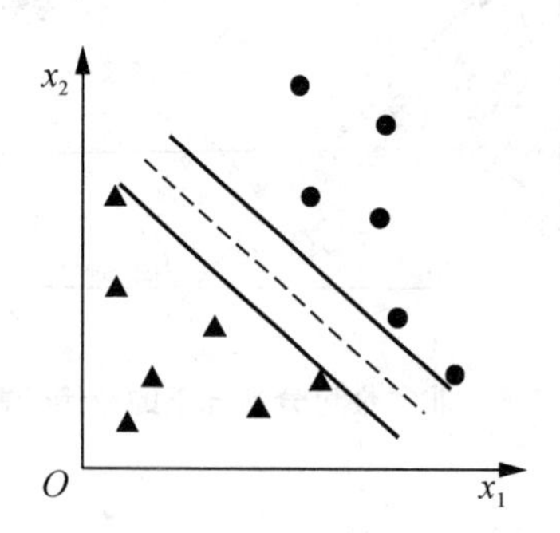

(a) C取值过大导致过渡拟合训练样本的小余地分类超平面

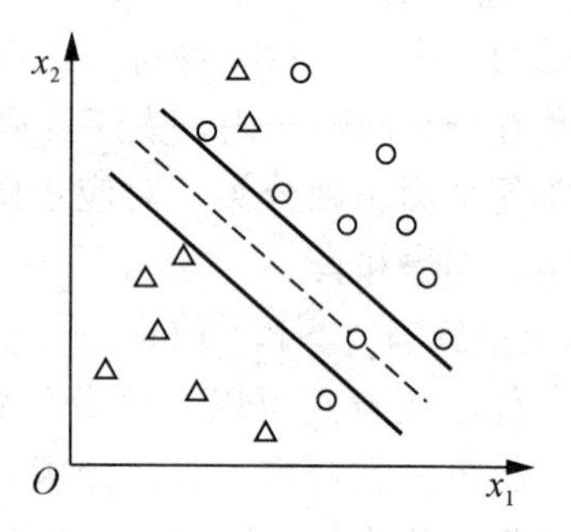

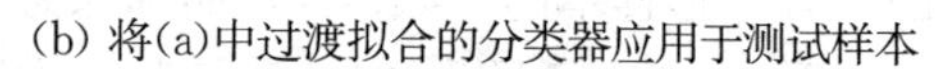
(b) 将(a)中过渡拟合的分类器应用于测试样本

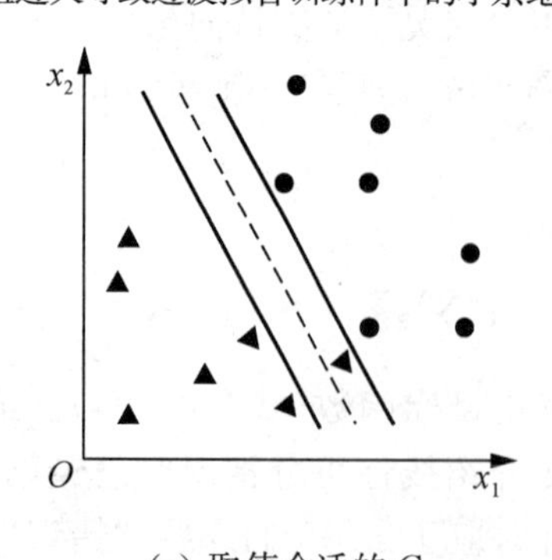

(c) 取值合适的C

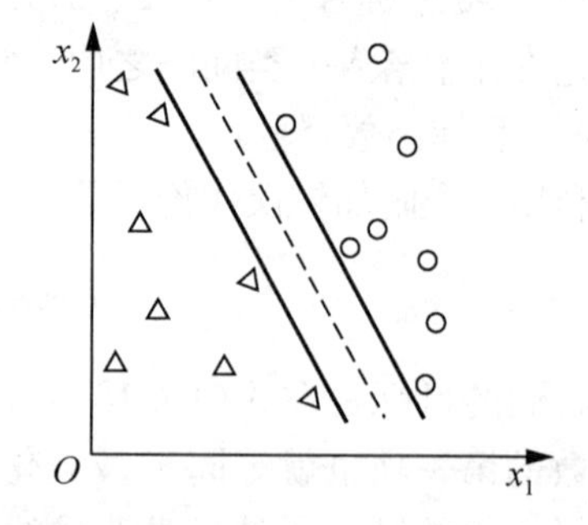

(d) 将(c)的较大余地分类器应用于测试样本

图 10.7　惩罚项参数 C 的不同取值对于分类器性能的影响

由此可知选择合适的错误代价系数C的重要性，即提供一种切实可行的方法来选择C的取值。而正因为在这种处理非线性可分问题的方法中引入了错误代价系数C，这种支持

向量机常被称为 C-SVM。

(3) 优化求解

类似于线性可分情况下的推导，最终得到下面的对偶问题。在约束条件：

$$\sum_{i=1}^{N}\alpha_i y_i = 0 \quad 0 \leqslant \alpha_i \leqslant C, i = 1,2,\cdots,N \tag{10.20}$$

下，当最大化 $L(\alpha)$时，有

$$L(\alpha) = \sum_{i=1}^{N}\alpha_i - \frac{1}{2}\sum_{i=1}^{N}\sum_{j=1}^{N}\alpha_i\alpha_j y_i y_j (\boldsymbol{x}_j^{\mathrm{T}} \cdot \boldsymbol{x}_j) \tag{10.21}$$

同样在利用二次规划技术解得最优的 α 的值 α^* 之后，可以计算出 w^* 和 $b*$ 的值，最终的决策函数与式(10.17)相同。

10.2.3 需要核函数映射情况下的 SVM

线性分类器的分类性能有限，而对于非线性问题一味放宽约束条件只能导致大量样本的错分，这时可以通过非线性变换将其转化为某个高维空间中的线性问题，在变换空间求得最佳分类超平面。

(1) 非线性映射

图 10.8(a)中给出了在 n 维空间中非线性可分的两类样本(限于图的表现能力，只画出了二维)，通过一个非线性映射 ψ: $R^n \to R^D$ 将样本映射到更高维的特征空间 R^D(限于图的表现能力，只画出了二维)，映射后的样本 $\psi(\boldsymbol{x}_i)$在新的特征空间 R^n 中线性可分，经训练可得到一个 10.8(b)中所示的 D 维的分割超平面。而再将此 D 维分割超平面映射回 R^n，该超平面可能就对应于原 n 维中的一条能够完全分开两类样本的超抛物面，如 10.8(c)图所示。

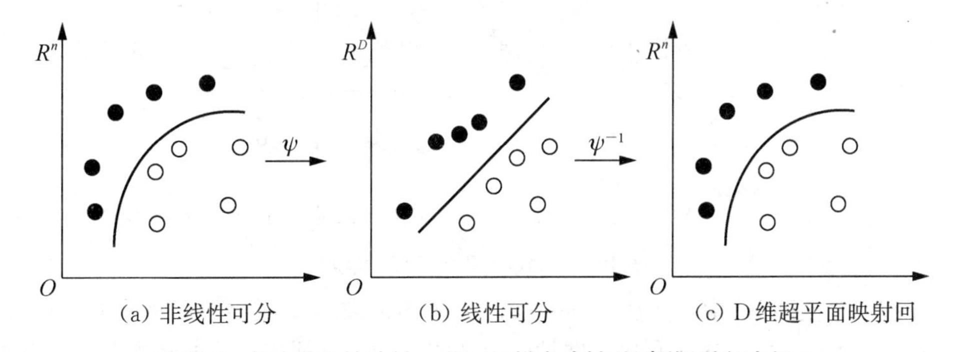

图 10.8 使用非线性映射 ψ 将已知样本映射到(高维)特征空间 R

图 10.8 展示只是一种比较理想的情况，实际中样本可能在映射到高维空间 R^D 后仍非线性可分，这时只需在 R^D 中采用 10.2.2 小节介绍的非线性可分情况下的方法训练 SVM。还有一点要说明的是，在分类时不需要将 R^D 中的分割超平面再映射回 R^D 当中，而是应让分类样本 $\boldsymbol{x}$ 也经非线性变换 ψ 映射到空间 R^D 中，然后将 $\psi(\boldsymbol{x})$送入 R^D 中的 SVM 分类器即可。

(2) 优化求解

类似于 10.2.1 中的推导，最终得到了下面的对偶问题。在约束条件：

$$\sum_{i=1}^{N} \alpha_i y_i = 0, 0 \leqslant \alpha_i \leqslant C, i = 1,2,\cdots,N \tag{10.22}$$

下，当最大化目标函数时，有

$$L(\alpha) = \sum_{i=1}^{N} \alpha_i - \frac{1}{2} \sum_{i=1}^{N} \sum_{j=1}^{N} \alpha_i \alpha_j y_i y_j (\boldsymbol{\Psi}(\boldsymbol{x}_i) \cdot \boldsymbol{\Psi}(\boldsymbol{x}_j)) \tag{10.23}$$

此时，$\boldsymbol{w} = \sum_{j=1}^{N} \alpha_i y_i \boldsymbol{\Psi}(\boldsymbol{x}_i)$。故最终的决策(分类)函数为

$$h(\boldsymbol{x}) = \mathrm{sgn}(\boldsymbol{w} \cdot \boldsymbol{\Psi}(\boldsymbol{x}) + b) = \mathrm{sgn}(\sum_{i=1}^{N} \alpha_i y_i (\boldsymbol{\Psi}(\boldsymbol{x}_i) \cdot \boldsymbol{\Psi}(\boldsymbol{x})) + b) \quad \boldsymbol{w} \in R^D, b \in R \tag{10.24}$$

同样，由于对非支持向量而言其 $\alpha_i=0$，所以式(10.24)可以写为

$$h(x) = \mathrm{sgn}(\sum_{i \in \mathrm{SV}} \alpha_i^* y_i (\boldsymbol{\Psi}(\boldsymbol{x}_i) \cdot \boldsymbol{\Psi}(\boldsymbol{x})) + b^*) \tag{10.25}$$

其中，SV(Support Vector)表示支持向量的集合。

注意：式(10.23)和式(10.24)在形式上同式(10.21)和式(10.18)非常相似，只是将原特征空间中的向量点积替换为原向量在非线性映射空间 R^D 中的映像之间的点积。

下面看一个通过非线性映射将原本非线性可分问题变为映射空间中线性可分问题的实例。即异或(XOR)问题的 SVM。

我们知道，异或问题是最简单的一个无法直接对样本特征向量采用线性判别函数来解决的问题，在 $\boldsymbol{x}=(1,1)^{\mathrm{T}}$ 的点 1 和在 $\boldsymbol{x}=(-1,-1)^{\mathrm{T}}$ 的点 3 属于类 $\boldsymbol{w}_1$(图 10.9 中的实心圆点)，在 $\boldsymbol{x}=(1,-1)^{\mathrm{T}}$ 的点 2 和在 $\boldsymbol{x}=(-1,1)^{\mathrm{T}}$ 的点 4 属于 w_2(空心圆点)。

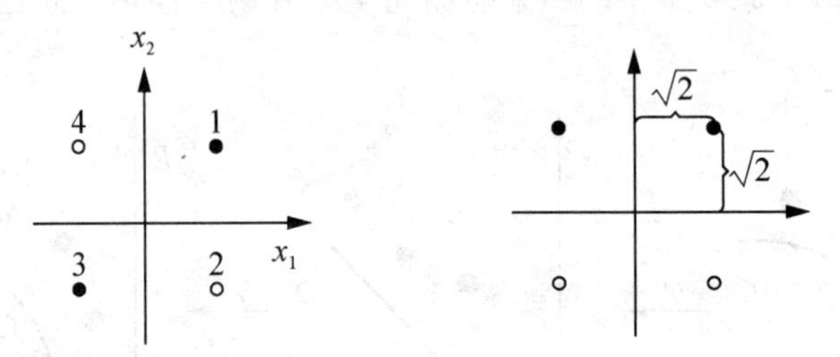

(a) 异或问题　　(b) 映射到六维空间后的二维投影

图 10.9　异或问题的非线性映射

这样在二维空间 R^2 中，无法找到一条直线 R^2 中的线性分类器可以将两类样本完全分开。通过使用 SVM 的方法，利用非线性映射 ψ 将这四个特征向量映射到更高维的空间 R^D 可以解决异或问题，在 R^D 中这四个特征向量是线性可分的。存在很多这样的 ψ 函数，这里选用一个最简单的且展开不超过 2 次的 ψ：

$$\boldsymbol{x}=(x_1,x_2) \xrightarrow{\psi} \boldsymbol{x}^6=(1,\sqrt{2}x_2,\sqrt{2}x_2,\sqrt{2}x_1x_2,x_1^2,x_2^2)$$

其中，x_i 为特征向量 $\boldsymbol{x}$ 在第 i 维上的分量，$\sqrt{2}$是为了规范化。通过映射 ψ，原二维空间中的四个点被分别映射至六维空间：

$$\boldsymbol{x} = (1,1) \xrightarrow{\psi} \boldsymbol{x}^6 = (1,\sqrt{2},\sqrt{2},\sqrt{2},1,1)$$

$$x=(1,-1)\xrightarrow{\psi}x^6=(1,\sqrt{2},-\sqrt{2},-\sqrt{2},1,1)$$

$$x=(-1,-1)\xrightarrow{\psi}x^6=(1,-\sqrt{2},-\sqrt{2},\sqrt{2},1,1)$$

$$x=(-1,1)\xrightarrow{\psi}x^6=(1,-\sqrt{2},\sqrt{2},-\sqrt{2},1,1)$$

图 10.9(b)是训练样本 $\boldsymbol{x}$ 被映射到六维空间后的分布情况，由于无法画出六维空间，图 10.9(b)显示的是样本在第二和第四维度上的二维投影。很明显在这个 R^6 空间中可以找到最佳分割超平面 $g\ (x_1x_2)\ =x_1x_2=0$，且空白间隔为$\sqrt{2}$，该超平面对应于原始特征空间的双曲线 $x_1x_2=\pm1$。下面给出求解的过程。

根据式(10.22)，约束条件为

$$\sum_{i=1}^{N}\alpha_i y_i=0\Rightarrow\alpha_1-\alpha_2+\alpha_3-\alpha_4=0,0\leqslant\alpha_k\quad(k=1,2,3,4)$$

由于线性可分，这里可不考虑代价系数 C。在此约束条件下，最大化式(10.23)，即

$$L(\alpha)=\sum_{i=1}^{4}\alpha_i-\frac{1}{2}\sum_{i=1}^{4}\sum_{j=1}^{4}\alpha_i\alpha_j y_i y_j x_i^6 x_j^6$$

显然，由于这个问题的对称性①，可取 $\alpha_1=\alpha_3$，$\alpha_2=\alpha_4$。而且对于这个简单的问题，不必采用标准的二次规划技术，而是可以直接用解析的方法求解，将训练样本的特征向量 $\boldsymbol{x}$ 和对应的类标签 y 代入上式，解得 $\alpha_k^*=1/8(k=1,2,3,4)$，从而可知这四个训练样本都是支持向量。

(3) 核函数

上例成功地利用了非线性映射 ψ，解决了在原二维空间中非线性可分的异或问题，然而这只是一个简单的例子，计算所有样本的非线性映射并在高维空间中计算其点积常常是困难的。幸运的是，在一般情况下都不必如此，甚至不需要去关心映射 ψ 的具体形式。注意到在上面的对偶问题中，不论是式(10.23)的寻优目标函数还是式(10.24)的决策(分类)函数，都只涉及样本特征向量之间的点积运算 $\psi(x_i)\cdot\psi(x_j)$。因此，在高维空间实际上只需进行点积运算，而在高维数的向量的点积结果也是一个常数，那么能否抛开映射 $\psi(x_i)$和 $\psi(x_j)$具体形式而直接根据 x_i 和 x_j 在原特征空间中得到 $\psi(x_i)\cdot\psi(x_j)$ 的常数结果呢？答案是肯定的，因为这种点积运算是可以用原特征空间中的核函数实现的。

根据泛函的有关理论，只要一种核函数 $K(x_i,x_j)$满足 Mercer 条件，它就对应某一变换空间(R^D)中的内积，这似乎很神奇。下面就引入核函数的概念。

核函数是一个对称函数 K：$R^n\times R^n\rightarrow R$，它将两个 R^n 空间中的 n 维向量映射为一个实数。Mercer 核函数计算高维空间中的点积：

$$K(x_i,x_j)=\psi(x_i)\cdot\psi(x_j)\quad\psi:R^n\rightarrow R^D\tag{10.26}$$

这样如果能够在特征空间中发现计算点积的 Mercer 核函数，就可以使用该核函数代替支持向量机中的点积运算，而根本不用去关心非线性映射 ψ 的具体形式，因为在 SVM

① 多数 SVM 解决的问题支持向量总是远远少于样本总数，但由于异或(XOR)问题具有高度的对称性，四个训练样本均为支持向量。

训练和分类中的所有相关公式中，ψ 都没有单独出现过，总是以 $\psi(x_i)\cdot\psi(x_j)$ 的形式出现。

因此采用适当的内积核函数 $K(x_i,x_j)$ 就可以实现从低维空间向高维空间的映射，从而实现某一非线性分类变换后的线性分类，而计算复杂度却没有增加。此时式(10.22)的优化目标函数变为

$$L(\alpha)=\sum_{i=1}^{N}\alpha_i-\frac{1}{2}\sum_{i=1}^{N}\sum_{j=1}^{N}\alpha_i\alpha_j y_i y_j K(x_i,x_j) \tag{10.27}$$

而式(10.25)的决策(分类)函数也变为

$$h(x)=\mathrm{sgn}\left(\sum_{i\in SV}\alpha_i^* y_i K(x_i,x_j)+b^*\right) \tag{10.28}$$

常用的核函数有以下几种。

1）线性核函数：

$$K(x,y)=x\cdot y \tag{10.29}$$

2）多项式核函数：

$$K(x,y)=(x\cdot y+1)^d \quad d=1,2,\cdots \tag{10.30}$$

3）径向基核函数：

$$K(x,y)=\exp(-\gamma\|x-y\|^2) \tag{10.31}$$

4）Sigmoid 核函数：

$$K(x,y)=\tanh(b(x,y)-c) \tag{10.32}$$

10.3 基于半监督模糊拉普拉斯 SVM 的人脸表情识别

通过 10.1 和 10.2 节的表述，我们知道，SVM 方法是一种基于统计学习理论的机器学习方法，主要包括以下四方面内容：经验风险最小化准则、推广性的界、结构风险最小化原则、实现这些准则的 SVM。

SVM 具有优越的分类性能，专门针对有限样本的情况得到最优解，能在很大程度上解决非线性、小样本、维数灾难等问题，具有很强的适应性，广泛应用于文本分类、人脸检测等领域。目前已经成为模式识别领域研究和应用的热点。本章将对 SVM 进行改进，提出模糊拉普拉斯 SVM 分类器。

10.3.1 模糊拉普拉斯 SVM

传统的有监督学习器通过对有标记的训练集进行学习，建立假设模型从而来预测训练集以外的未知数据。半监督学习介于传统有监督和无监督学习之间，主要关注当训练集的标记信息不足的情况下，用无标记即无类别标签的数据来获取高性能的学习器，如何利用少量的有标记数据和未标记数据来训练具有强泛化能力学习系统，已成为模式识别和机器学习中的研究热点之一。在人脸表情识别中，获取大量有标记的数据较为困难且耗时耗力，将半监督学习方法引入人脸表情识别系统具有重要意义。

传统的 SVM 是一种有监督的学习算法，只能在已分类好的数据样本上进行学习，当标记样本数量有限时，可能导致学习不太充分从而影响预测结果的可信度。为了克服

SVM 在这方面的缺陷，有不少研究已给出了解决方案。①文献［142］基于支持向量数据描述 SVDD(Support Vector Data Description)和集成学习优点的 Ensemble-SVDD 半监督学习算法，该算法首先为少量有标记数据的各类数据分别建立 SVDD 分类器，然后对无标记样本进行测试，利用已识别的无标记样本对已建立的分类面进行调整、优化。②直推式支持向量机(Transductive SVM，TSVM)、半监督支持向量机(Semi-Supervised SVM，SSVM)。该方法同时训练有标记的样本和无标记的样本，从而避免了传统 SVM 方法训练不充分的缺点。③文献［143］采用 KNN 扩充了 SVM 的训练样本数目，并用半监督学习策略从大量未标记样本中提取边界向量来改善 SVM。

此外，Belkin M 等人将局部保持投影(Locality Preserving Projections，LPP)和传统的正则化方法相结合提出了流形正则化(Manifold Regularization，MR)框架，并提出半监督支持向量机：拉普拉斯支持向量机(Laplacian Support Vector Machine，Lap-SVM)，该方法保留了 SVM 方法的优点，克服了训练不充分的缺点，具有高效准确的特点。

(1) 半监督拉普拉斯支持向量机

文献［144］将流形学习方法的观点引入到传统的正则化方法，并结合再生核 Hilbert 空间(Repro-ducing Kernel Hilbert Space，RKHS)相关性质构造了非线性的流形正则化(MR)框架：

$$\min \frac{1}{l}\sum_{i=1}^{l}V(x_i,y_i,f(x_i))+\gamma_L\|f\|_H^2+\gamma_M\|f\|_M^2 \tag{10.33}$$

其中，损失函数 $V(x_i,y_i,f(x_i))=\begin{cases}0 & y_if(x_i)\geqslant 1\\ 1-y_if(x_i) & \text{其他}\end{cases}$

正则单元 $\|f\|_H^2$ 用于控制分类器的复杂性，而单元 $\|f\|_M^2$ 则反映的是样本分布的内在流形结构。

由于 $\|f\|_H^2=\|w\|^2=(\Phi\alpha)^{\mathrm{T}}(\Phi\alpha)$，且 $\|f\|_M^2=\dfrac{K^{\mathrm{T}}\alpha^{\mathrm{T}}LK\alpha}{(l+u)^2}$，根据式(10.33)就可以得到非线性的半监督的拉普拉斯支持向量机(Lap-SVM)所对应的原始优化问题：

$$\min_{\alpha\in R^{l-u},\xi\in R^l}\frac{1}{l}\sum_{i=1}^{l}\xi_i+\gamma_L\alpha^{\mathrm{T}}\overline{K}\alpha+\frac{\gamma_M}{(l+u)^2}\alpha^{\mathrm{T}}\overline{K}LK\alpha \tag{10.34}$$

其中，$y_i(\sum_{j=1}^{l+u}\alpha_jK(x_i,x_j)+b)\geqslant 1-\xi_i$，$\xi_i\geqslant 0$，$i=1,2,\cdots,l$ 与 u 分别代表训练样本中有标号样本和无标号样本数，$K(,)$表示 Mercer 核函数，$\boldsymbol{L}$ 是拉普拉斯矩阵，$\overline{K}=(k_{ij})_{l+u,l+u}$，$\forall K_{ij}=K(x_i,x_j)$。然而式(10.34)在一定程度上并不能直接反映 Lap-SVM 方法具有的特色和不足。因此，可以根据 Representer Theorems 容易得到 Lap-SVM 相对应的线性的形式：

$$\min_{\omega\in R^n,\xi\in R^l}\frac{1}{l}\sum_{i=1}^{l}\boldsymbol{\xi}_i+\boldsymbol{\gamma}_L\|\boldsymbol{\omega}\|^2+\frac{\boldsymbol{\gamma}_M}{(l+u)^2}\boldsymbol{\omega}^{\mathrm{T}}XLX^{\mathrm{T}}\boldsymbol{\omega} \tag{10.35}$$

其中，$y_i((\omega,x_i)+b)\geqslant 1-\xi_i$，$i=1,2,\cdots,l$。$X$ 包括 l 个有标号样本和 u 个无标号样本，$\boldsymbol{\omega}$ 是超平面的法向量。从式(10.35)可以明显看出 Lap-SVM 方法只是在 C-SVM 方法的基础上增加了正则化单元 $\boldsymbol{\omega}^{\mathrm{T}}XLX^{\mathrm{T}}\boldsymbol{\omega}$，而该单元不但保证 Lap-SVM 方法在选择决策超平面时满足最大间隔的原则，同时保持了样本内在的局部流形结构。

(2) 模糊拉普拉斯 SVM 模型

在传统的 SVM 理论中，设置惩罚项中自由参量 C 的值对于得到分辨率高、泛化能力好的 SVM 是非常重要的，因为 C 控制着分类间距和错误率：较小的 C 对应着较大地分类间距因此可以忽略一些误分点，反之，较大的 C 对应较小的分类间距，表明对应数据的重要性和不可忽略性。在 SVM 的训练过程中参数 C 通常是固定的，也就是说在 SVM 训练过程中所有的样本的偏离精度都是一样的。这在一些实际应用中会产生 SVM 过分敏感的现象，或称过学习(Overfitting)现象。然而，在一些实际问题中不同的训练点对分类结果的影响是不同的，这要求对那些对分类结果的影响很大的训练点有对应的较小的分类误差，同时忽略那些对分类贡献不大的点，也就是说对不同训练点有不同的分类精度。

(3) 引入模糊成员函数的多类 Lap-SVM 分类器

给出了一个带有类别标号和模糊成员函数的训练集 S：(x_1, y_1, s_1)，…，(x_l, y_l, s_l)，每一个训练样本 $x_i \in R^N$ 都给出了与其对应的类别标号 $y_i \in \{1, 2, \cdots, k\}$，以及无标号带有模糊成员函数的训练集 D：(x_1, s_1)，…，D：(x_u, s_u)，模糊成员函数 s_i，$\sigma \leqslant s_i \leqslant 1$，其中 $i=1,2,\cdots,l$，σ 是一个充分小的正数。最优分类超平面可由下面二次优化问题的解给出：

$$\min_{\omega \in R^n, \xi \in R^l} \frac{1}{l}\sum_{i=1}^{l} S_i \boldsymbol{\xi}_i + \boldsymbol{\gamma}_L \|\boldsymbol{\omega}\|^2 + \frac{\boldsymbol{\gamma}_M}{(l+u)^2}\boldsymbol{\omega}^{\mathrm{T}} X L X^{\mathrm{T}} \boldsymbol{\omega} \tag{10.36}$$

其中，$\boldsymbol{\xi}$ 是松弛变量，s 是所引入的模糊成员函数，其约束条件是 $y_i(\sum_{j=1}^{l+u} \alpha_j K(x_i, x_j) + b) \geqslant 1 - \boldsymbol{\xi}_i$，$\boldsymbol{\xi}_i \geqslant 0$，$i=1,2,\cdots,l$。

对应的拉格朗日公式为

$$\begin{aligned} L(w, b, \boldsymbol{\xi}, \alpha, \beta) = & \frac{1}{2} w^{\mathrm{T}} \left(r_L + \frac{r_M}{(l+u)^2} X^T L X\right) w + \\ & \frac{1}{l}\sum_{i=1}^{l} S_i \xi_i - \sum_{i=1}^{l} \alpha_i (y_i (w \cdot x_i + b) - 1 + \xi_i) - \sum_{i=1}^{l} \beta_i \xi_i \end{aligned} \tag{10.37}$$

其中，α，β 均为拉格朗日因子，它们满足的条件是 $\alpha_i^{y_i}=0$，$\beta_i^{y_i}=0$，$\boldsymbol{\xi}_i^{y_i}=2$，$i=1,2,\cdots,l$，$s_i^{y_i}=1$ 以及约束条件 $\alpha_i^m \geqslant 0$，$\beta_i^m \geqslant 0$，$\xi_i^m \geqslant 0$，$0 \leqslant s_i^m \leqslant 1$。

分别求 w、b 和 $\boldsymbol{\xi}_i$ 的偏导数，则在鞍点处应满足：

$$\frac{\partial L(w, b, \xi, \alpha, \beta)}{\partial w} = w - \sum_{i=1}^{l} \alpha_i y_i x_i = 0$$

$$\frac{\partial L(w, b, \xi, \alpha, \beta)}{\partial b} = -\sum_{i=1}^{l} \alpha_i y_i = 0$$

$$\frac{\partial L(w,\ b,\ \xi,\ \alpha,\ \beta)}{\partial \xi_i} = \frac{1}{l} s_i - \alpha_i - \beta_i = 0$$

将这些结果代入式(10.37)，可简化得

$$\max W(\alpha) = \sum_{i=1}^{l} \alpha_i - \frac{1}{2}\sum_{i=1}^{l}\sum_{i=1}^{l} \alpha_i \alpha_j y_i y_j K(x_i, x_j) \tag{10.38}$$

其约束条件为 $\sum_{i=1}^{l} y_i \alpha_i = 0$。其中，$0 \leqslant \alpha_i \leqslant \frac{1}{l} s_i$，$i=1,2,\cdots,l$。

设 a_i^* 为最优解，则 $w^* = \sum_{i=1}^{n} a_i^* y_i x_i$。因此可以得到决策函数：

$$f(x) = \operatorname{sgn}(\boldsymbol{\omega}^{\mathrm{T}} \Phi(x) + b^*) = \operatorname{sgn}(\sum_{i=1}^{n} a_i^* y_i K(x_i, x_j) + b^*) \tag{10.39}$$

10.3.2　多类模糊拉普拉斯 SVM

SVM 不能直接用于多类问题，但在表情分类中，处理的为多分类问题，因此需要将 SVM 推广到多分类问题中去。

目前主要有两种研究方向：①将二分类的分类器经过构造和结合算法实现多类分类；②求解多个分类器的分类参数，将其合并到一个最优化问题中并求解该最优化问题，从而解决多分类问题。由于第二种方法需要处理的变量远多于第一种，在分类精度差不多的情况下训练速度较慢。因此，目前常见的多分类 SVM 多使用第一种算法。下面介绍几种常用的多类 SVM：

(1)"一对一" SVM

一对一(One-Against-One)方法对 k 类训练样本中，针对相关的两类样本共构造 $k(k-1)/2$ 个分类器，采用投票法来组合这些二分类分类器，取得最多的类为最终结果。具体思路是如果判定 x 属于 i 类，那么就投票给 i 类，否则投票给 j 类。最后得票数最多的一类即为 x 所属的类别。该算法的优点是对于每个 SVM 分类器而言，所需考虑的只有两类样本，因此训练难度要大大降低。但与此同时，随着样本类别的增多，一对一算法需要训练以平方方式递增的分类器，其运算复杂度也将大大增长。因此，有研究提出一种一对多的训练方式。

(2)"一对多" SVM

一对多(One-Against-All)方法对于 k 问题只需要训练 k 个二分类器，它的思路是对每一类样本，均只用一个二分类 SVM 将其与其他类别的样本进行区分。其中第 i 个分类器是通过将属于第 i 类的样本点视为正类，其余样本点视为负类训练而成的。因此，一对多 SVM 需要训练的分类器较一对一方法少，在处理大规模数据，例如，人脸表情识别等大型矩阵的时候，具有分类速度快、易处理等优点，因此，本文采取一对多的 SVM 训练方式。

10.3.3　实验结果与分析

多分类的 FLSVM 算法具体流程如图 10.10 所示。该算法引入拉普拉斯支持向量机，实现了半监督学习，减少因标记而耗费的人力物力，增加样本。在此基础上对 SVM 中固定的惩罚值做出改进，引入模糊值的概念，该算法能忽略对分类影响小的数据，根据实际数据调整惩罚值。因此，能在分类中忽略对分类结果影响很小的数据。

实验 1：验证提出的模糊拉普拉斯 SVM 在表情识别应用

实验采用与人有关测试方法，即在两个数据库中取一人表情中的一张表情图像作为测试样本，其余的作为训练样本。循环五次，取平均值作为识别率。实验采用 Gabor-2DPCA 来提取特征。不同数据库下不同分类器的分类精度如表 10.1 和表 10.2 所示。

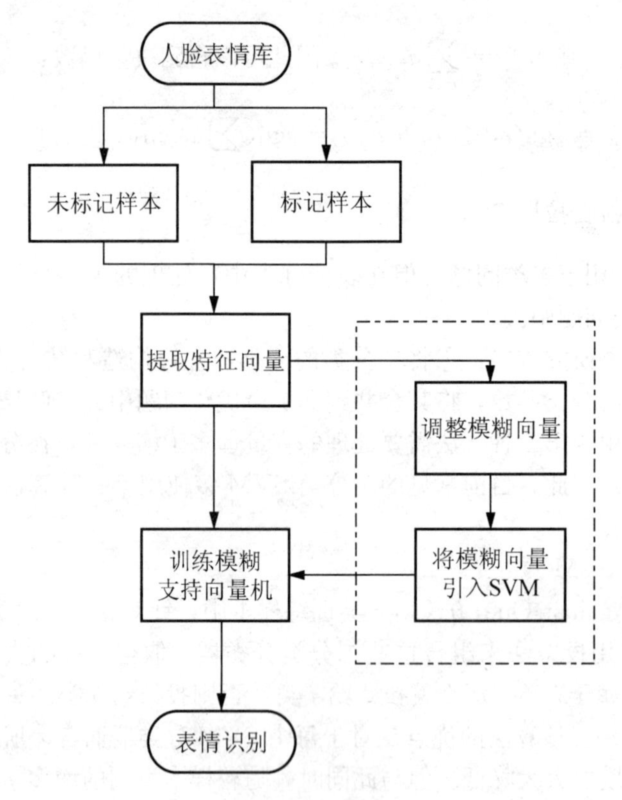

图 10.10　FLSVM 算法流程

表 10.1　Yale 数据库下不同分类器的分类精度

	AdaBoost	AdaBoost-GPC	SVM	本法/%
开心	91.2	91.7	92.1	91.7
伤心	91.6	92.2	92.4	91.8
惊讶	90.5	91.3	90.7	91.9
中性	90.7	91.3	90.5	91.3
平均识别率/%	90.7	91.5	91.2	91.6

表 10.2　JAFFE 数据库下不同分类器的分类精度

	AdaBoost	AdaBoost-GPC	SVM	本法/%
生气	89.5	91.2	91.2	91.1
开心	90.6	91.4	91.6	91.0
恐惧	88.1	90.2	88.5	90.9
伤心	90.5	91.3	92.5	91.1
惊讶	90.2	90.7	90.4	91.4
厌恶	89.2	90.6	89.6	91.3
平均识别率/%	89.6	90.9	90.6	91.0

通过实验发现，表 10.1 和表 10.2 表明在 Yale 数据库下四种方法的识别率均高于

JAFFE 数据库。表 10.1 和表 10.2 的 FLSVM 的识别率高于 AdaBoost 和 KNN，略低于 AdaBoost-GPC 的识别率，说明 FLSVM 在与常见分辨率的比较中有明显优势，但 FLSVM 的准确率仍比 GPC 和 AdaBoost 的略低。

实验 2：验证 AdaBoost-GPC 分类方法的识别速度

实验与 SVM 以及第 4 章提出的 AdaBoost-GPC 方法做了比较。实验同样采用与人有关测试方法并用 Gabor-2DPCA 方法来提取特征。不同数据库下不同分类方法的识别时间如表 10.3 和表 10.4 所示。

表 10.3　Yale 数据库下不同分类方法的识别时间

	SVM	AdaBoost-GPC	本法/s
开心	43.7	19.3	43.9
伤心	43.8	19.6	44.1
惊讶	43.9	19.4	43.9
中性	43.2	19.5	43.8
平均识别时间/s	43.5	19.5	43.9

表 10.4　JAFFE 数据库下不同分类方法的识别时间

	SVM	AdaBoost-GPC	本法/s
生气	71.4	50.5	71.5
开心	71.8	50.2	72.1
恐惧	71.4	50.3	71.9
伤心	71.6	50.6	71.8
惊讶	71.7	50.1	72.2
厌恶	71.5	50.6	71.7
平均识别时间/s	71.4	50.4	71.1

表 10.3 和表 10.4 表明 FLSVM 的识别所用时间要远高于 AdaBoost-GPC，这说明在识别速度上 FLSVM 不占优势。实验同时表明 FLSVM 的识别速度只略高于 SVM，说明在保证高识别率的基础上，付出略高于 SVM 的识别时间是值得的。

实验 3：验证 IKDA 特征提取方法在 FLSVM 中的有效性

为不失一般性，实验同样在 JAFFE 和 Yale 两个表情库下进行其中，JAFFE 人脸表情数据库由十人的 213 幅图像组成，每人展示七种表情；而 Yale 表情库包含 15 个人的四种表情，共 165 幅图像，均为 320×243 的 8 位灰度图像。不同数据库下 IKDA 特征提取方法在 FLSVM 中的有效性如表 10.5 和表 10.6 所示。

表 10.5　JAFFE 数据库下 IKDA 特征提取方法在 FLSVM 中的有效性

	PCA	Gabor	传统并行融合	本法/%
生气	90.9	92.1	90.4	92.7
开心	90.7	91.8	90.9	93.1
恐惧	92.0	92.5	90.7	92.7

续表

	PCA	Gabor	传统并行融合	本法/%
伤心	91.4	91.3	90.8	92.6
惊讶	92.3	92.3	90.6	93.5
厌恶	91.1	90.6	90.5	92.7
平均识别率/%	91.3	91.8	90.5	92.8

表 10.6　Yale 数据库下 IKDA 特征提取方法在 FLSVM 中的有效性

	PCA	Gabor	传统并行融合	本法/%
开心	91.5	92.7	91.7	93.5
中性	91.3	92.8	91.1	93.4
伤心	91.6	92.5	91.3	92.7
惊讶	91.2	93.0	91.8	94.6
平均识别率/%	91.4	92.7	91.5	93.7

表 10.5 和表 10.6 表明在 FLSVM 分类方法下，与 PCA、Gabor、传统并行特征融合方法相比 IKDA 特征提取方法对分辨率的贡献较大。同时还注意到与 IKDA 特征提取方法应用在 FLSVM 中能取得比在 AdaBoost-GPC 分类器中更高的分辨率，这是因为 IKDA 在一定程度上解决了小样本问题，而 FLSVM 解决了因样本不够而容易训练不足的缺点，两者相结合能很好地避免人脸表情识别中因样本而影响分辨率的情况发生，取得了很好的效果。

10.4　基于 AdaBoost-GPC 过程分类的人脸表情识别

表情分类的方法有很多，例如，基于人工神经网络的分类方法、基于隐马尔可夫模型(HMM)的分类方法、基于概率论的贝叶斯分类方法、SVM 分类算法、AdaBoost 分类算法等。目前 SVM 和 AdaBoost 是表情识别中应用较广的分类器。与 SVM 相比，高斯过程分类(Gauss Process Classifier，GPC)具有分类器精度高、计算复杂度低和稳定性好等优点。因此，本文提出一种基于 AdaBoost-GPC 的表情分类方法。首先通过 Gabor 变换和 2DPCA 降维得到图片的整体特征值，在进行分类时考虑到 GPC 的优势对 AdaBoost 分类器进行了改进。具体为在训练二分类 AdaBoost 时利用高斯过程分类器训练弱分类器，然后通过算法把这些弱分类器组合成一个总分类器，最后将二分类 AdaBoost-GPC 扩展为多类分类算法。

10.4.1　高斯过程分类器

高斯过程是一种概率意义上的核机器，为核机器的学习提供了一种概率的、实用的方法。高斯过程由参数的先验分布和观察值得到参数的后验分布的全部，即实际应用中的先验概率通常是根据各种先验知识给出或假设各类先验概率相等。因此，高斯过程能够对预测结果的不确定性提供有效的估计，可对复杂的数据集进行建模，并应用于实际问题中去。高斯过程分类器的基本思想为首先对隐函数 $f(x)$施以高斯过程先验，再通过选用适当的似然函数来描述此映射关系，得到后验分布，最终实现预测。本文采用拉普拉斯算子近似法来得到后验分布。

(1) 高斯过程和高斯分布

高斯过程可被视为随机变量的集合是，其中任意有限数量的随机变量均服从高斯分布。例如，一个均值为 μ、协方差矩阵为 $\sum$ 的高斯分布可由下式描述：

$$\boldsymbol{f} = (f_1, f_2, \cdots, f_n) \sim N(\mu, \sum) \tag{10.40}$$

其中，f_i 为随机变量。高斯过程可通过一个随机过程 $f(x)$的均值函数 $m(x)$和协方差函数(核函数)$K(x, x^{\mathrm{T}})$来描述：

$$\boldsymbol{f}(\boldsymbol{x}) \sim GP(\boldsymbol{m}(\boldsymbol{x}), \boldsymbol{K}(\boldsymbol{x}, \boldsymbol{x}^{\mathrm{T}})) \tag{10.41}$$

其中，x_i 为随机变量，均值函数为 $m(x) = E\,[f(x)]$，协方差函数为

$$K(\boldsymbol{x}, \boldsymbol{x}^{\mathrm{T}}) = E[\boldsymbol{f}(\boldsymbol{x}) - \boldsymbol{m}(\boldsymbol{x}))(\boldsymbol{f}(\boldsymbol{x}^{\mathrm{T}}) - \boldsymbol{m}(\boldsymbol{x}^{\mathrm{T}}))] \tag{10.42}$$

由此可见，高斯过程是对一个多维高斯分布的泛化，其通过一个随机过程 $f(x)$支配和掌管随机变量的特性，再采用一个概率分布来描述这个随机过程，从而定义了一个灵活的非参数概率模型。总体来说，高斯过程是描述函数的分布，其定义是在函数空间。

(2) 高斯过程分类

假定高斯过程模型的训练集是按概率 $p(x, y)$选取的独立同分布的样本点，样本 x_i 属于 y_i 的概率为

$$p(y_i \mid f(x_i)) = \phi(y_i f(x_i)) \tag{10.43}$$

式中，$f(x_i) = f_i$ 为隐函数，$\phi(\cdot)$为典型的概率单位函数或对数函数。

由于训练样本间相互独立，可得联合概率密度函数：

$$p(\boldsymbol{y} \mid \boldsymbol{f}) = \prod_{i=t-1}^{t-1} p(y_i \mid f(x_i)) = \prod_{i=t-1}^{t-1} \phi(y_i f(x_i)) \tag{10.44}$$

为计算方便，假设先验概率 $p(f \mid x)$是一个多维高斯密度函数(高斯过程)：

$$p(\boldsymbol{f} \mid \boldsymbol{x}) = N(0, \boldsymbol{K}) = \frac{1}{(2\pi)^{l/2} \mid k \mid^{1/2}} \exp\left\{-\frac{1}{2} \boldsymbol{f}^{\mathrm{T}} \boldsymbol{K}^{-1} \boldsymbol{f}\right\} \tag{10.45}$$

式中，$\boldsymbol{K}$ 是的 f 协方差矩阵，它是 X 的对称正定函数，是一个核函数。因此，由贝叶斯推断可得后验概率：

$$p(\boldsymbol{f} \mid \boldsymbol{x}, \boldsymbol{y}) = \frac{p(\boldsymbol{y} \mid \boldsymbol{f}) p(\boldsymbol{f} \mid \boldsymbol{x})}{p(\boldsymbol{y} \mid \boldsymbol{x})} \tag{10.46}$$

式中，$p(\boldsymbol{y} \mid \boldsymbol{f})$为似然函数，边缘概率分布为 $p(\boldsymbol{y} \mid \boldsymbol{x}) = \int p(\boldsymbol{y} \mid \boldsymbol{f}) p(\boldsymbol{f} \mid \boldsymbol{x}) \mathrm{d}\boldsymbol{f}$ 。

对高斯过程分类器训练，也就是对后验概率进行估计。此处采用拉普拉斯算法求后验概率 $p(\boldsymbol{f} \mid \boldsymbol{x}, \boldsymbol{y})$的估计值 $q(\boldsymbol{f} \mid \boldsymbol{x}, \boldsymbol{y})$，将 $\log p(\boldsymbol{f} \mid \boldsymbol{x}, \boldsymbol{y})$在最大后验概率处按二阶泰勒级数展开，即可得到高斯估计：

$$q(\boldsymbol{f} \mid \boldsymbol{x}, \boldsymbol{y}) = N(\boldsymbol{f} \mid \hat{\boldsymbol{f}}, \boldsymbol{A}^{-1}) \propto \exp(\frac{1}{2}(\boldsymbol{f} - \hat{\boldsymbol{f}}))^{\mathrm{T}} \boldsymbol{A}(\boldsymbol{f} - \hat{\boldsymbol{f}}) \tag{10.47}$$

式中，最大后验概率 $\hat{\boldsymbol{f}} = \arg\max_f = p(\boldsymbol{f} \mid \boldsymbol{x}, \boldsymbol{y})$，海森矩阵 $\mathbf{A} = -\nabla\nabla \log p(\boldsymbol{f} \mid \boldsymbol{x}, \boldsymbol{y}) \mid_{f=\hat{f}}$。

求解$\hat{\boldsymbol{f}}$时，由于$p(\boldsymbol{y}\mid\boldsymbol{x})$与$f$相互独立，由式(10.47)知，若要最大化$p(\boldsymbol{f}\mid\boldsymbol{x},\boldsymbol{y})$，只需最大化函数$\psi(\boldsymbol{f})$，即有

$$\psi(\boldsymbol{f})=\log p(\boldsymbol{y}\mid\boldsymbol{f})+\log(\boldsymbol{f}\mid\boldsymbol{x})=\log p(\boldsymbol{y}\mid\boldsymbol{f})-\frac{1}{2}\boldsymbol{f}^{\mathrm{T}}\boldsymbol{K}^{-1}\boldsymbol{f}-\frac{1}{2}\log\mid\boldsymbol{K}\mid-\frac{L}{2}\log2\pi \tag{10.48}$$

式(10.48)分别对f求一阶和二阶偏导，可得

$$\nabla\psi(\boldsymbol{f})=\nabla\log p(\boldsymbol{y}\mid\boldsymbol{f})-\boldsymbol{K}^{-1}f \tag{10.49}$$

$$\nabla\nabla\psi(\boldsymbol{f})=\nabla\nabla\log p(\boldsymbol{y}\mid\boldsymbol{f})-\boldsymbol{K}^{-1}=-\boldsymbol{W}-\boldsymbol{K}^{-1} \tag{10.50}$$

式中，$\boldsymbol{W}=-\nabla\nabla\log p(\boldsymbol{y}\mid\boldsymbol{f})$为对角矩阵。若似然函数$p(\boldsymbol{y}\mid\boldsymbol{f})$是对数凸的，那么矩阵$\boldsymbol{W}$的对角元素非负，且$\nabla\nabla\log p(\boldsymbol{y}\mid\boldsymbol{f})$负定，因此，$\psi(\boldsymbol{f})$是凹函数且必定有一个最大值。当$\psi(f)$取最大值时，由式(10.49)得

$$\nabla\psi(\boldsymbol{f})=0\Rightarrow\hat{\boldsymbol{f}}=\boldsymbol{K}(\nabla\log p(\boldsymbol{y}\mid\hat{\boldsymbol{f}}) \tag{10.51}$$

由于$\nabla\log p(\boldsymbol{y}\mid\hat{\boldsymbol{f}})$是$\hat{\boldsymbol{f}}$的非线性函数，式(10.51)无法直接求出。因此，可由 Newton-Raphson 法对$\hat{\boldsymbol{f}}$进行迭代计算：

$$\begin{aligned}\hat{\boldsymbol{f}}=\boldsymbol{f}^{new}&=\boldsymbol{f}-(\nabla\nabla\psi)^{-1}\nabla\psi\\&=\boldsymbol{f}+(\boldsymbol{K}^{-1}+\boldsymbol{W})^{-1}(\nabla\log p(\boldsymbol{y}\mid\boldsymbol{f})-\boldsymbol{K}^{-1}\boldsymbol{f})\\&=(\boldsymbol{K}^{-1}+\boldsymbol{W})^{-1}(\boldsymbol{W}\boldsymbol{f}+\nabla\log p(\boldsymbol{y}\mid\boldsymbol{f}))\end{aligned} \tag{10.52}$$

由$\boldsymbol{A}=-\nabla\nabla\log p(\boldsymbol{f}\mid\boldsymbol{x},\boldsymbol{y})\mid_{f=\hat{f}}$和式(10.50)知，$\boldsymbol{A}=\boldsymbol{W}+\boldsymbol{K}^{-1}$。因此，其后验概率为

$$p(\boldsymbol{f}\mid\boldsymbol{x},\boldsymbol{y})\approx q(\boldsymbol{f}\mid\boldsymbol{x},\boldsymbol{y})=N(\hat{\boldsymbol{f}},(\boldsymbol{W}+\boldsymbol{K}^{-1})^{-1}) \tag{10.53}$$

根据高斯过程分类理论，预测分类概率可表示为

$$\begin{aligned}\pi_k^*&=\int\sigma(f_k^*)q(f_k^*\mid\boldsymbol{x},\boldsymbol{y},x_k^*)\mathrm{d}f_k^*\\&=\int\sigma(f_k^*)\boldsymbol{N}(E_p[f_k^*\mid\boldsymbol{x},\boldsymbol{y},x_k^*],V_p[f_k^*\mid\boldsymbol{x},\boldsymbol{y},x_k^*])\cdot df_k^*\end{aligned} \tag{10.54}$$

其中，$E_p[f_k^*\mid x,y,x_k^*]=k_k^*\boldsymbol{K}^{-1}\hat{\boldsymbol{f}}=(k_k^*)^{\mathrm{T}}\nabla\log p(\boldsymbol{y}\mid\hat{\boldsymbol{f}})$和$\boldsymbol{V}_p[f_k^*\mid\boldsymbol{x},\boldsymbol{y},x_k^*]=k_k^*(x_k^*,x_k^*)-(k_k^*)^{\mathrm{T}}(\boldsymbol{K}+\boldsymbol{W}^{-1})^{-1}$分别为高斯过程的均值和方差，即$k_k^*$为协方差函数。高斯过程对二分类问题的分类如图 10.11 所示。

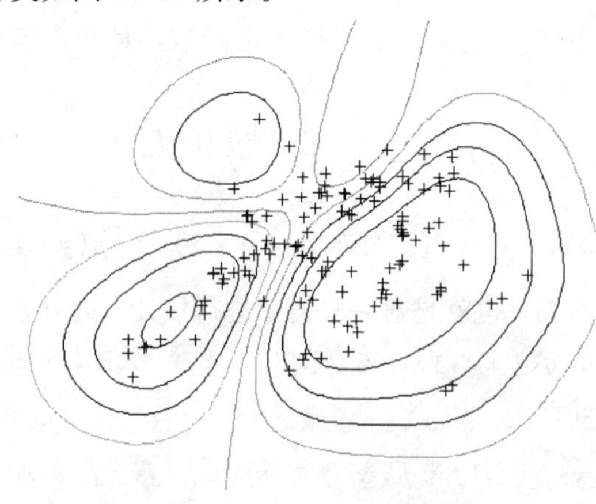

图 10.11　高斯过程二分类

10.4.2 AdaBoost-Gaussian 过程分类器

(1) 二分类 AdaBoost-GPC

采用 Gabor 结合对表情图像提特征，将得到的 p 维特征向量用于训练弱分类器 GPC，其算法描述如下：

1) 初始化，$W_1(i)=1/n$，$i=1,2,\cdots,n$，选择初始训练集 D_1；

For $t=1,2,\cdots,t_{\max}$；

2) 对面部表情图像采用 Gabor-2DPCA 得到对应的 p 维特征向量；

3) 在训练集 D_t 下训练 GPC，得到弱分类器 C_t；

4) 采用 C_t 测试整个训练样本，并计算 $h_t(x_i)$和 β_t；

5) 更新样本权值 $W_{t+1}(i)$，按照 $W_{t+1}(i)$重新选择新的训练集 D_{t+1}。

结束 For 循环，输出 $g(\boldsymbol{x})=\mathrm{sgn}\left[\sum_{t=1}^{t_{\max}}\beta_t h_t(\boldsymbol{x})\right]$。

(2) 改进的 AdaBoost-GPC 多类分类器

对于多类问题，假定共有 k 类，$\boldsymbol{y}=\{1,2,\cdots,k\}$。将上文的二分类 AdaBoost-GPC 作为弱分类器，将其看做是 $\boldsymbol{x}\times\boldsymbol{y}\rightarrow[-1,1]$ 的映射。定义指标函数 $Y(i,v)=\begin{cases}1 & y_i=v\\ -1 & y_i\neq v\end{cases}$。

设$(\boldsymbol{x}_1,y_1)$，$(\boldsymbol{x}_2,y_2)$，…，$(\boldsymbol{x}_m,y_m)$，令 $\boldsymbol{x}_i\in X$ 为样本向量，$y_i\in Y$ 为类别标签，m 为样本总数。多分类 AdaBoost-GPC 的具体步骤如下：

1) 初始化 $W_i(i,\ l)=1/(mk)$，其中 $i=1,2,\cdots,m$，$v=1,2,\cdots,k$；

2) 在分布 W_t 下，选择一个弱分类器 $C_t(\boldsymbol{x}_i,v)$使 $r_t=\sum_{i,v}W_t(i,v)Y(i,v)C_t(\boldsymbol{x}_i,v)$ 最大化，$t=1,2,\cdots,M$(M 为选择的弱分类器)；

3) 更新样本概率分布

$W_{t+1}(i,v)=\dfrac{W_t(i,v)\exp(-\beta_t Y(i,v)C_t(\boldsymbol{x}_i,v))}{Z_t}$，其中 $\beta_t=\dfrac{1}{2}\ln\left[\dfrac{1+E_t}{1-E_t}\right]$，$Z_t$ 是归一化因，

$$E_t=\sum_{i=1}^{n}W_t(i,v)e_t(i,v),e_t(i,v)=\begin{cases}1 & \text{分类正确}\\ 0 & \text{分类错误}\end{cases};$$

4) 最终的强分类器为

$$g(\boldsymbol{x})=\arg\max\left|\sum_{t=1}^{M}\beta_t C_t(\boldsymbol{x},v)\right|。$$

具体流程如图 10.12 所示。

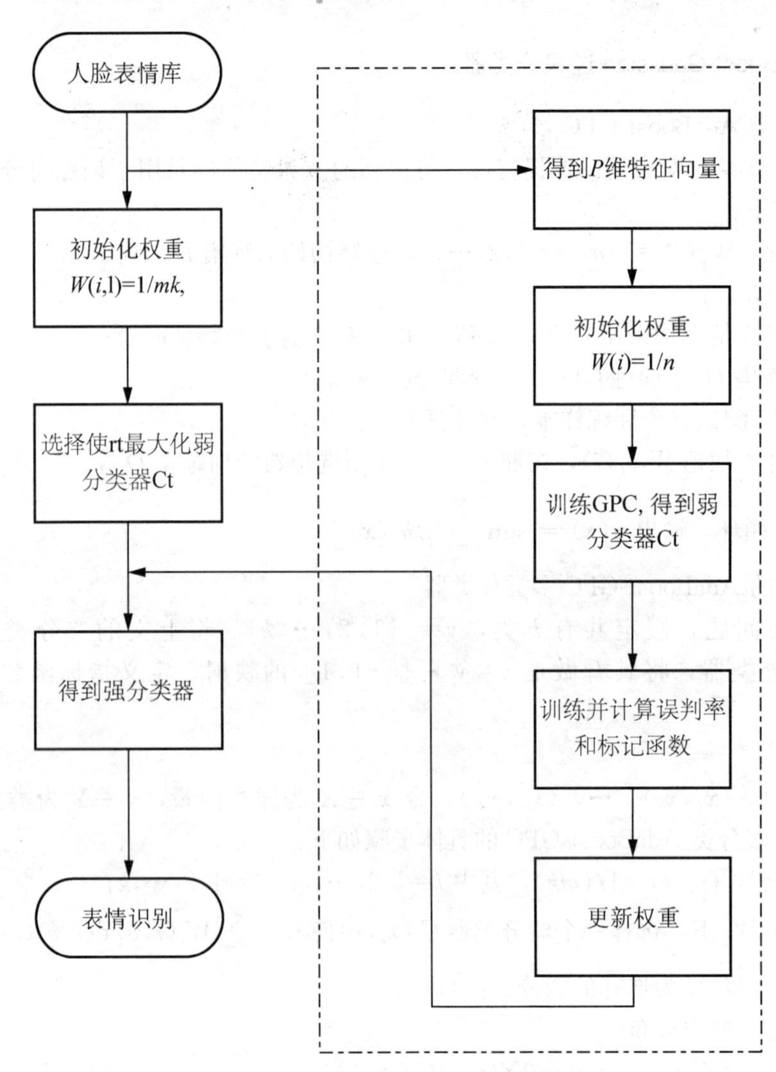

图 10.12　AdaBoost-GPC 分类器算法流程

10.4.3　实验结果与分析

目前，常见的分类器有 SVM、AdaBoost、KNN(基于 K 近邻法则)等。下面在 Gabor 提取特征的基础上比较 SVM、AdaBoost、KNN 与我们提出的方法 AdaBoost-GPC 在表情识别中的准确率。

实验 1：验证 AdaBoost-GPC 分类方法的有效性

JAFFE 人脸表情数据库由 10 人的 213 幅图像组成，每人展示七种表情；而 Yale 表情库包含 15 个人的四种表情，共 165 幅图像。实验采用与人有关测试方法，即在两个数据库中取每人每种表情中的一张表情图像作为测试样本，其余的作为训练样本。循环五次，取平均值作为识别率。不同数据库下不同分类器的分类精度。

通过实验发现，表 10.7 中四种方法的识别率均高于表 10.8 中的识别率，说明在 Yale 数据库下分类较 JAFFE 数据库要容易。表 10.7 和表 10.8 同时说明 AdaBoost-GPC 的识别率高于 AdaBoost 和 KNN，与 SVM 基本持平，但观察数据可知 AdaBoost-GPC 识别率相比较与 SVM 更稳定。同时发现开心和伤心的识别率要高于其他表情，而恐惧的识别率最低。

表 10.7 Yale 数据库下不同分类器的分类精度

	SVM	AdaBoost	KNN	本法/%
开心	92.1	91.2	86.6	91.7
伤心	92.4	91.6	86.8	92.2
惊讶	90.7	90.5	85.7	91.3
中性	90.5	90.7	86.6	91.3
平均识别率/%	91.2	90.7	85.9	91.5

表 10.8 JAFFE 数据库下不同分类器的分类精度

	SVM	AdaBoost	KNN	本法/%
生气	91.2	89.5	85.3	91.2
开心	91.6	90.6	85.6	91.4
恐惧	88.5	88.1	83.4	90.2
伤心	92.5	90.5	85.8	91.3
惊讶	90.4	90.2	84.9	90.7
厌恶	89.6	89.2	84.4	90.6
平均识别率/%	90.6	89.6	85.7	90.9

实验 2：验证 AdaBoost-GPC 分类方法的识别速度

实验与 SVM、AdaBoost、KNN 等几种常见分类器做了比较。表 10.9 和表 10.10 表明在保证相同或相近识别率的情况下，AdaBoost-GPC 的时间消耗要远小于其他三种方法。

表 10.9 Yale 数据库下不同分类方法的识别时间

	SVM	AdaBoost	KNN	本法/s
开心	22.5	21.5	29.8	19.3
伤心	22.4	21.5	29.9	19.6
惊讶	22.4	21.6	30.3	19.4
中性	22.7	21.5	30.4	19.5
平均识别时间/s	22.4	21.5	30.1	19.5

表 10.10 JAFFE 数据库下不同分类方法的识别时间

	SVM	Adaboost	KNN	本法/s
生气	59.3	52.6	64.3	50.5
开心	58.8	52.5	64.9	50.2
恐惧	59.5	51.9	64.1	50.4
伤心	59.2	52.6	64.5	50.6

续表

	SVM	Adaboost	KNN	本法/s
惊讶	59.5	52.7	64.2	50.1
厌恶	59.9	52.3	64.3	50.6
平均识别时间/s	59.2	52.4	64.3	50.4

实验 3：验证 IKDA 特征提取方法在 AdaBoost-GPC 中的有效性

为不失一般性，实验同样在 JAFFE 和 Yale 两个表情库下进行。表 10.11 和表 10.12 表明在 AdaBoost-GPC 分类方法下，与 PCA、Gabor、传统并行特征融合方法相比，IKDA 特征提取方法对分辨率的贡献较大，这是由于 IKDA 方法保留了参与融合的多特征的有效鉴别信息，又在很大程度上消除了信息的冗余，具有其他三种方法没有的优点。

表 10.11　JAFFE 数据库下 IKDA 特征提取方法在 AdaBoost-GPC 中的有效性

	PCA	Gabor	传统并行融合	本法/%
生气	89.6	91.1	89.2	91.8
开心	89.4	90.8	89.3	92.0
恐惧	90.7	91.5	89.4	91.6
伤心	90.1	90.3	89.5	91.7
惊讶	91.0	91.3	89.4	92.3
厌恶	89.8	89.6	89.3	91.9
平均识别率/%	90.1	90.8	89.3	91.9

表 10.12　Yale 数据库下 IKDA 特征提取方法在 AdaBoost-GPC 中的有效性

	PCA	Gabor	传统并行融合	本法/%
开心	90.6	91.5	90.6	92.7
中性	90.3	91.4	89.9	92.6
伤心	90.7	91.3	90.0	91.9
惊讶	90.4	91.6	90.7	93.6
平均识别率/%	90.5	91.4	90.3	92.8

10.5 小　　结

本章对 SVM 的分类思想和相关的理论基础进行了简述。分类思想中重点分析了分类模型的选择和模型参数的选择等问题；对 SVM 的理论基础主要分析了在线性可分情况下的 SVM、非线性可分情况下的 C-SVM 和需要核函数映射情况下的 SVM。

在研究 SVM 分类器的原理和特点后，针对 SVM 的不足，提出了改进的 SVM 方案。首先是引入拉普拉斯 SVM，该方法能实现半监督，减少因标记而耗费的人力物力，增加样本。在此基础上对 SVM 中固定的惩罚值做出改进，引入模糊值的概念，该算法能忽略对分类影响小的数据，根据实际数据调整惩罚值。

另外，实例运用方面，运用表情分类方法，以其和 SVM 进行比较。具体包括在 Gabor 提取特征向量并通过 2D PCA 降维的基础上，将高斯过程分类与 AdaBoost 相结合进行表情分类，发挥了高斯分类器分类精度高、计算复杂度低和稳定性好等优点，弥补了 AdaBoost 分类器分类精度不够训练耗时的缺点，其与 SVM 方法相比，有比较大的提高。

习　　题

10.1　SVM 基本思想是什么？怎样理解其基本出发点？

10.2　怎样理解 SVM 的最优分类线和最优分类超平面？

10.3　简述线性可分情况下的 SVM。

10.4　简述非线性可分情况下的 SVM。

10.5　何谓过学习？

10.6　怎样理解超平面和规范化超平面？

10.7　何谓核函数？怎样理解核函数和内积、点积之间的关系？

10.8　运用 ORL 人脸库、Yale 人脸库，通过编程实现来比较 SVM、AdaBoost、KNN 和三层前馈神经元网络对人脸的识别能力。

第 11 章

动态贝叶斯网络

在有监督学习问题中，虽然有时样本数很多，但训练样本量较少，需要花费很多的时间评价、标注样本的类别，用来构成训练数据集，这成为学习高精度分类器的一个瓶颈。为了解决这一问题，需要一种学习方法能够使用少量学习样本达到很好的分类效果。主动学习作为解决这类问题的一种方法被提了出来，它可根据学习进程，主动选择最佳的样本进行学习，能够有效减少所需评价样本的数量。

贝叶斯网络(Bayesian Networks，BNs)是近年来人工智能学科最活跃的领域之一。它采用有向图的方式直观地表达事件之间的因果关系，并且采用贝叶斯概率理论来对事件发生的可能性进行计算。贝叶斯网络结构可以通过知识发现来获得，其节点的参数也是通过统计获得的，因此，具有规范化、数字化的特点。贝叶斯网络是研究有监督学习问题的新方法。目前贝叶斯网络的学习算法都是基于被动的学习方式，其在训练样本量少的情况下，需要引入主动学习机制。

对于一些机器学习算法，它们可以利用统计的优化方式来选择训练数据，这种优化方式被称为主动学习。传统的机器学习研究中，学习器典型的工作方式是被动的接受数据，然而主动学习可以使学习器通过自己的能力来收集数据。为了更明确我们所研究的工作，我们所研究的主动学习的具体形式是选择抽样。选择抽样的目标是减少训练所需标注样本的数目，它通过对未标注样本的检测，选择最富信息含量的样本送给用户来进行标注。

动态贝叶斯网络(Dynamic Bayesian Networks，DBNs)是对贝叶斯网络在时序过程建模方面的扩展，其随机变量集合可以随时间不断演化，是复杂随机过程的一种压缩表示。广为使用的隐马尔科夫模型和卡尔曼滤波器，可以看做是动态贝叶斯网络的特殊形式，都可以统一到动态贝叶斯网络的范畴来研究和讨论。由于动态贝叶斯网络在描述非线性、时序性、演化性以及不确定性方面具有显著特点，有关动态贝叶斯网络建模、学习和推理的研究已经广泛开展起来。而且，动态贝叶斯网络也在许多领域得到了应用。

本章首先介绍了贝叶斯网络、隐马尔可夫模型和动态贝叶斯网络的相关概念、学习算法和推理算法，最后介绍了有关主动学习的理论知识，并以此提出半监督主动学习 DBNs 方法。

11.1　贝叶斯网络理论

贝叶斯网络也称为信念网(Belief Networks)、概率网(Probability Networks)、因果概

率网(Causal Probability Networks)或因果图(Causal Diagram)等，一般是指带有概率信息的有向无环图(Directed Acyclic Graph，DAG)。

贝叶斯网络的信息由两部分组成，首先是表示条件独立性信息的一种自然方式——网络结构 G。G 中的每一结点表示特定领域中的一个概念或变量，在结点间的连接(有向弧)表示了可能的因果关系，体现了领域知识定性方面的特征；其次，每一结点都附有与该变量相联系的条件概率分布函数(Conditional Probability Distribution，CPD)。如果变量是离散的，则它表现为给定其父结点状态时该结点取不同值的条件概率表(Conditional Probability Table，CPT)。CPT 体现了领域知识定量方面的特征。可见，贝叶斯网络是一种表示数据变量间潜在关系的定性定量的方法，它使用这种图形结构指定了一组条件独立的声明和用于刻画概率依赖强度的条件概率的数字值。

图 11.1 是一个 BNs 的例子，该网络称为 Asia 网，是一个肺病诊断模型，其含义为出访亚洲(Visit to Asia，V)可能会引发肺结核(Tubereulosss，T)；吸烟(Smoking，S)可能会引发肺癌(LungCaneer，L)和支气管炎(Bronchitis，B)；肺结核(T)和肺癌(L)都有可能导致肺部异常(Abnormality in Chest，C)；肺部异常(C)和支气管炎(B)都可能导致呼吸困难(Dyspnea，D)；肺部异常(C)可能导致 x 射线(xRay，X)结果呈阳性。问题域中共包含 8 个随机变量 V、S、T、L、B、C、X、D，每个随机变量具有真(t)、假(f)两种取值状态(为了表示简洁，依据概率和为 1 的原则 CPT 中的概率值省略了一半)。其联合概率分布表示为(每一个条件概率都可以在 CPT 中查得)$P(V,S,T,L,B,C,X,D)=P(V)P(S)P(T \mid V)P(L \mid S)P(B \mid S)P(C \mid T,L)P(X \mid C)P(D \mid C,B)$。

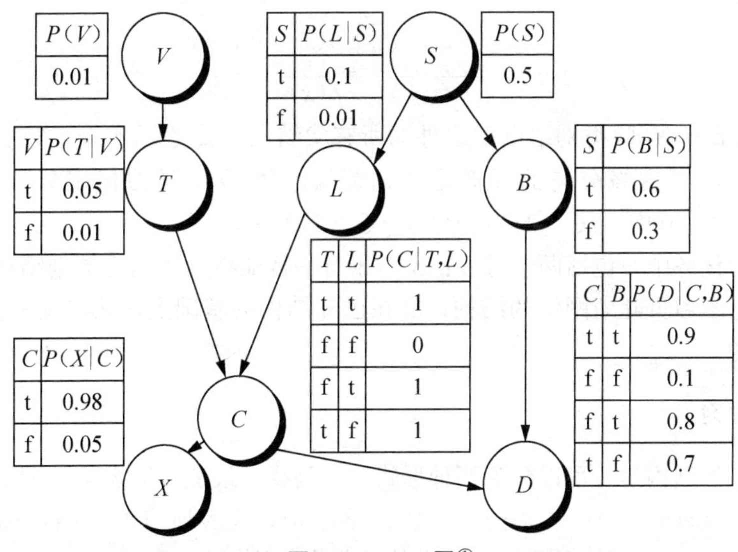

图 11.1　Asia 网[①]

由于贝叶斯网络表示了因果过程的总体结构，故它可被看做是拥有许多不同组合的一个抽象知识库。它的语义可以从两方面来理解，其一是将网络看做一种联合概率分布的表

① BNs 的节点对应的随机变量可以是离散型随机变量也可以是连续型随机变量，根据 BNs 所含随机变量类型不同，可以将其分为离散型 BNs、连续型 BNs 和混合型 BNs。如无特殊说明，本章讨论的均为离散型 BNs。

示，即 BNs 完整紧凑地表示了网中各变量的联合概率分布。其二是将网络看做条件独立性声明集合的一种表示。这两种观点实质上是等价的，而且在贝叶斯网络的表达、学习、推理算法中都得到统一。假设一组有限集合 $\{Y_1, Y_2, \cdots, Y_n\}$ 表示一组离散随机变量，它们分别取值 $\{y_1, y_2, \cdots, y_n\}$ 的联合概率为

$$P(y_1, y_2, \cdots, y_n) = P(y_n \mid y_{n-1}, y_{n-2}, \cdots y_1) P(y_{n-1} \mid y_{n-2}, y_{n-3}, \cdots, y_1) \cdots P(y_2 \mid y_1) P(y_1)$$
$$= \prod_{i=1}^{n} P(y_i \mid y_{i-1}, y_{i-2}, \cdots, y_1) \tag{11.1}$$

在不确定信息领域，条件独立性是一种构造知识重要的、鲁棒的方法。在贝叶斯网络中，人们断言每一结点在给定其父结点后都条件独立于它的前辈结点，故有

$$P(y_1, y_2, \cdots, y_n) = \prod_{i=1}^{n} P(y_i \mid \text{Parent}(y_i)) \tag{11.2}$$

式中，$\text{Parent}(y_i) \subseteq \{y_{i-1}, y_{i-2}, \cdots, y_1\}$ 是结点 y_i 父结点集，它们的取值已知，可见在联合概率空间中的每一状态都可用贝叶斯网络中条件概率表的适当元素的乘积来表示。

当贝叶斯网络作为分类器时，设某领域中类别空间为 $C = \{c_1, c_2, \cdots, c_l\}$，特征空间为 $\boldsymbol{X} = (X_1, X_2, \cdots, X_m)$，每个特征变量的值域为 $\text{Val}(X_i)$，$i \in [1, 2, \cdots, m]$，特征变量的取值用小写字母 $x_i(i \in [1, 2, \cdots, m])$表示。对某一实例 $\boldsymbol{x} = (x_1, x_2, \cdots, x_m)$来说，分类的目的就是通过学习一定的训练样本集 D，来获得它的类别标注 c。贝叶斯网络分类器采用表达式 $\max\limits_{i=[1,2,\cdots,l]} \{p(c_i \mid \boldsymbol{x})\}$ 来决定它的类别，其中：

$$p(c_i \mid \boldsymbol{x}) = \frac{p(c_i) \times \prod_{j=1}^{m} p(x_j \mid c_i; \pi(x_j))}{p(\boldsymbol{x})} \tag{11.3}$$

这里 $\pi(x_j)$表示节点 X_j 除类别结点 C 之外的所有父结点，x_j 表示实例 $\boldsymbol{x}$ 第 j 个特征的取值。所以学习贝叶斯网络分类的任务是从训练样本集 D 中学习概率分布函数 $p(c_i)$、$p(x_j \mid c_i;\ \pi(x_j))$。其中，$i \in [1, 2, \cdots, l]$，$j \in [1, 2, \cdots, m]$。

在这个学习任务中，包括两个过程：①对于每一特征结点找到除类别结点之外的所有父结点，也就是学习贝叶斯网络的结构；②在已知结构的基础上，获得这些参数的估计，即参数学习问题。

11.1.1 结构学习

贝叶斯网络的结构学习可以分为两种形式：一是找出最适合数据集的网络结构，称为模型选择(Model Selection)；二是选出一组网络结构，代表所有的网络，称为模型平均(Model Averaging)。一般情况下，采用前者作为最终网络的获取方法。

模型选择又可分为两类：一种是基于评分函数(Scoring Function)的学习，另一种是基于独立性测试(Conditional Independence Test，CIT)的学习。基于评分函数的学习是用一个预定义好的函数作为评分标准，对模型结构空间中所有的模型进行评分，选出分值最大者所对应的网络结构作为最终网络结构。

常用的评分函数有基于贝叶斯统计的 BDe、最小描述长度 MDL 和贝叶斯信息标准

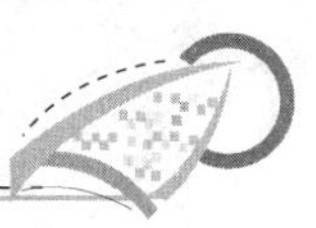

BIC。当然，在巨大的模型空间作盲目搜索，要得到最终的网络结构是相当困难的，故而常采用贪心策略、模拟退火、最优最先等算法进行搜索。基于独立性测试的学习是通过度量属性之间的独立性关系，确定贝叶斯网络结构的方法，常用的算法有CL算法、三阶段算法等。基于评分函数的学习是一种常用的方法，其中BIC评分函数和BDe评分函数最常使用。本章中使用基于评分函数的结构学习方法。

1. 评分函数

(1) BDe评分函数

基于BDe(Bayesian Dirichlet-Likelihood Equivalent)评分函数的结构学习是以贝叶斯统计学作为理论基础的，它的主要思想是在假设的参数分布的条件下，计算某一结构相对于给定数据集的后验分布，将该分布作为选择结构的依据，找出后验分布最大的结构。

对于全部由离散变量构成的贝叶斯网的学习，常常是将其转化为一系列多态抽样过程来进行学习的。在很多算法的研究中，一般选用多态分布的共轭分布-Dirichlet分布作为参数θ的先验分布。

$$\mathrm{Dir}(\theta|\alpha_1,\alpha_2,\cdots,\alpha_r)=\frac{\Gamma(\sum_{k=1}^{r}\alpha_k)}{\prod_{k=1}^{r}\Gamma(\alpha_k)}\prod_{k=1}^{r}\theta_k^{\alpha_k-1} \tag{11.4}$$

其中，$\alpha_k>0$，$\alpha_1,\alpha_2,\cdots,\alpha_r$是超参数，$\Gamma(\cdot)$是伽马函数，可定义为

$$\Gamma(n)=\int_0^{\infty}t^{n-1}\mathrm{e}^{-t}\mathrm{d}t \quad (n>0) \tag{11.5}$$

假设数据集变量均为离散值，B_G表示某一网络结构，由贝叶斯公式，可以得到

$$P(B_G \mid D)=\frac{P(D \mid B_G)P(B_G)}{P(D)} \tag{11.6}$$

由于数据集的先验概率$P(D)$都相等，故在对各网络结构进行比较时，可以不予考虑；$P(B_G)$是网络结构的先验概率，可以将它们视为相同，所以，要计算$P(B_G|D)$的值，主要需要计算$P(D|B_G)$，在无隐含结点的条件下有

$$P(D \mid B_G)=\int_{B_P}P(D \mid B_G,B_P)f(B_P \mid B_G)\mathrm{d}B_P \tag{11.7}$$

其中，B_P是相对B_G的条件概率分布向量，$f(\cdot)$是已知B_G条件下B_P的条件概率分布函数。

若数据集中含有的m个实例之间独立，则式(11.7)可变为

$$P(D \mid B_G)=\int_{B_P}[\prod_{k=1}^{m}P(C_k \mid B_G,B_P)]f(B_P \mid B_G)\mathrm{d}B_P \tag{11.8}$$

在数据集完备、并且各参数$\vec{\theta}_{ij}$的先验分布相互独立的条件下，有

$$P(D \mid B_G)=\prod_{i=1}^{n}\prod_{j=1}^{q_i}\int_{\theta_{ijk}}\prod_{k=1}^{r_i}\theta_{ijk}^{\alpha_{ijk}}f(\theta_{ij1}\theta_{ij2}\cdots\theta_{ijr_i})\mathrm{d}\theta_{ij1}\cdots\mathrm{d}\theta_{ijr_i} \tag{11.9}$$

其中，θ_{ijk}是指在X_i取第k个值，其父结点取第j个组合值时的概率，α_{ijk}是对应于θ_{ijk}的实

例数目。

假设 $f(\theta_{ij1}\theta_{ij2}\cdots\theta_{ijr_i})$服从 Dirichlet 分布，则可以得到 BDe 评分函数计算公式：

$$P(D|B_G)=\prod_{i=1}^{n}\prod_{j=1}^{q_i}\frac{\Gamma(\alpha'_{ij})}{\Gamma(\alpha'_{ij}+\alpha_{ij})}\prod_{k=1}^{r_i}\frac{\Gamma(\alpha'_{ijk}+\alpha_{ijk})}{\Gamma(\alpha'_{ijk})} \tag{11.10}$$

这里，α'_{ijk}是超参数，$\alpha'_{ij}=\sum_{k=1}^{r_i}\alpha'_{ijk}$，$\alpha_{ij}=\sum_{k=1}^{r_i}\alpha_{ijk}$，$\Gamma(\cdot)$是伽马函数，定义如前所述。对于超参数 α'_{ijk}的估计是非线性的，在计算上有很大困难。G. Cooper 和 E. Herskovits 提出可以采用 $\alpha'_{ijk}=1$ 进行计算；当然还可以用其他方法进行估计，这里就不再赘述。

(2) MDL 评分函数

最小描述长度(Minimum Description Length，MDL)是 Rissanen 在研究通用编码的时候提出来的。假如给定数据集 D，如果要对其进行保存，为节省存储空间，可以采用某种模型对其进行编码压缩，然后再保存压缩后的数据。并且，为了能够恢复 D，还必须存储这个压缩模型。因此，需要保存的数据长度等于这些数据进行编码压缩后的长度加上保存模型所需的长度，这个长度就被定义为总描述长度。MDL 原理就是要选择总描述长度最小的模型。

MDL 的思想就是最小化 $DL(G,D)$，等价于最大化$(-DL(G,D))$，并且只保留了随 M 增长的因子，故有

$$-DL(G,D)\approx -M\sum_{i=1}^{n}H(X_i|Pa_i)-1/2\sum_{i=1}^{n}|Pa_i|(|X_i|-1)\log M \tag{11.11}$$

其中，M 是数据集长度，$H(X_i|Pa_i)$表示 X_i 对于 Pa_i 的条件熵。

MDL 评分的计算过程中没有用到参数的先验值，不需要对参数进行估计，在这一点上，它的计算比 BDe 评分的计算简单。

(3) BIC 评分函数

BIC(Bayesian Information Criterion)评分实质上是对 BDe 评分的一种近似计算。在实际使用 BDe 评分时，一般不是直接计算 $P(B_G|D)$，而是求它的对数 $\log P(B_G|D)$，BIC 评分表示为

$$\log P(B_G|D)=\log P(D|\tilde{\theta}_G,B_G)-\frac{d}{2}\log M \tag{11.12}$$

其中，d 表示高斯分布函数的维数，即其中的变量数目。对于贝叶斯网有 $d=\sum_{i=1}^{n}|Pa_i|(|X_i|-1)$；$M$ 为数据集的数目；$\tilde{\theta}_G$ 表示 $P(\theta_G|D,B_G)$后验分布最大时 θ_G 参数的值。

BIC 评分是 BDe 评分在数据集数据数目 M 很大时的近似计算。因此，当数据集数据数目很大时，这三个评分函数的计算结果趋向一致。

BDe 评分在学习时需要考虑参数的先验分布，而在基于 MDL 和 BIC 评分的结构学习中，都是采用极大似然估计法(Maximum Likelihood Estimation，MLE)估计出该结构的参数值的。这些值可以通过对数据集的学习自动获得，不需要人工干预。所以计算 MDL 和 BIC 评分要比计算 BDe 评分简单。然而，计算的简单是以忽略先验知识为代价的，由于 MDL 和 BIC 评分没有用到先验知识，采用这两种评分学习的结果的正确性完

全依赖于实例数据集合，这就要求实例数据的数据必须很大，并且不能出现大的偏差。而使用 BDe 评分学习时，尽管其结构的正确性也依赖于实例数据集合，但通过对参数的先验值的估计，其依赖性比 MDL 与 BIC 评分要低，有时甚至可以纠正实例数据中的偏差。

从学习结构复杂性的角度，BDe 评分中并没有明确地包含结构复杂性指标，在某些情况下，该评分会倾向于选择较为复杂的网络结构；而在 MDL 和 BIC 评分中，明确地将结构复杂性作为一个指标，因此，这两个评分倾向于选择较简单的网络结构，在实际学习中，采用这两个评分计算的结果更简单，更容易被接受。

2. 搜索算法

由于贝叶斯网的结构学习问题是一个 NP 问题，所以在实际计算中，并不是对所有的结构分别计算其评分值，再进行比较取最优，而是采用搜索算法，按照某种评分在可能的拓扑结构空间中进行搜索来获取结构。

最基本的搜索算法是启发式局部搜索算法(如贪心算法)，这种方法从给定的初始网络结构(可以是空网络结构、随机指定的网络结构、先验网络结构等)开始，通过增加、删除和转向操作使得局部最大化，再逐渐扩展到整个网络。

另外，还有全局搜索算法(如马尔可夫链蒙特卡罗法)

11.1.2　参数学习

1. 完整数据集下的参数学习

在参数学习方面，有基于传统统计学和贝叶斯统计学两条不同的思路。传统统计学认为概率是一个客观概念，特别是把一个事件的概率定义为在绝对一致的条件下重复某一行为时，这个事件发生的次数的比例极限。一个简单的例子就是反复投硬币时正面出现次数的比例。基于此理论派生的参数估计方法有极大似然估计、矩估计法等，后文中主要提及的是极大似然估计法。

贝叶斯统计的核心原则是显式地刻画数据分析问题中所有形式的不确定性，包括从数据中估计的任何参数的不确定性，一系列模型结构中哪一个最好或最接近“真实的”不确定性等。贝叶斯统计学认为概率具有主观性，是一个人对特定事件能否发生的确信程度，参数 θ 是一个随机变量，具有先验分布，对数据的学习，实际上就是基于数据求取 θ 后验概率的过程。已知 θ 的后验分布后，可以有两种方式进行参数估计：一是具有最大后验概率时的参数值作为参数的估计值，称为最大后验分布估计(Maximize A Posterior，MAP)；另一种方法是用求数学期望的方式求取参数的估计值，称为条件期望估计。后文中主要提及的是后一种方法。

(1) 基于传统统计学的参数学习方法

这里主要涉及极大似然法，首先介绍极大似然估计的概念。

满足条件 $L(\hat{\theta})=\max\limits_{\theta}\ \{L(\theta)\}$ 的 $\hat{\theta}=\hat{\theta}(x_1,x_2,\cdots,x_n)$ 叫做参数 θ 的极大似然估计值。其中 $L(\cdot)$ 表示样本的似然函数。具体到贝叶斯网，似然函数可以表示为

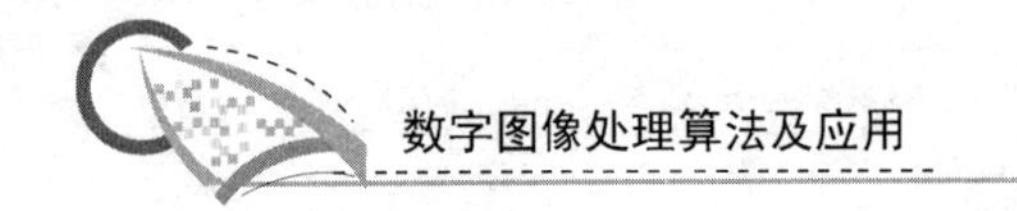

$$\begin{aligned} L(\vec{\theta}:D) &= \prod_{m=1}^{M} P(X_1[m], X_2[m], \cdots, X_n[m] \mid \vec{\theta}) \\ &= \prod_{m=1}^{M} \prod_{i=1}^{n} P(X_i[m] \mid Pa_{X_i}, \vec{\theta}_i) \\ &= \prod_{i=1}^{n} \prod_{m=1}^{M} P(X_i[m] \mid Pa_{X_i}, \vec{\theta}_i) \\ &= \prod_{i=1}^{n} \prod_{j=1}^{q_i} L(\vec{\theta}_{ij}:D) \end{aligned} \tag{11.13}$$

求 $L(\vec{\theta}:D)$ 的极大值就是求每个因子 $L(\vec{\theta}_{ij}:D)$ 的极大值。同时根据贝叶斯网的性质，有下式成立：

$$L(\vec{\theta}_{ij}:D) = P(D \mid \vec{\theta}_{ij}) = \prod_{k=1}^{r_i} \theta_{ijk}^{N_{ijk}} \tag{11.14}$$

其中，r_i 表示 X_i 的取值数目，N_{ijk} 是第 i 个结点，取值为第 k 个值时，在父结点取值组合取第 j 个值时，数据的数目，该值被称做充分统计因子。

按照最大似然估计值的求法，令 $\frac{\partial (P(D \mid \vec{\theta}_{ij}))}{\partial \vec{\theta}_{ij}} = 0$，则有 $\frac{\partial (\prod_{k=1}^{r_i} \theta_{ijk}^{N_{ijk}})}{\partial \vec{\theta}_{ij}} = 0$。通过计算，最终可以得到参数的计算公式

$$\hat{\theta}_{ijk} = \frac{N_{ijk}}{N_{ij}} \tag{11.15}$$

其中，$N_{ij} = \sum_{k=1}^{r_i} N_{ijk}$。

(2) 基于贝叶斯统计的参数学习方法

由于最大似然估计法没有利用先验知识，故收敛速度较慢，而基于贝叶斯统计的方法则恰恰利用了这部分知识。

在以前的分析过程中，对完整数据集的参数，有各个参数向量 $\vec{\theta}_{ij}$ 相互独立的假设；同时，可以证明，参数 $\vec{\theta}_{ij}$ 的后验分布也具有相同的独立性，所以进行参数的估计时，可以分别计算基于各个参数的后验分布 $P(\vec{\theta}_{ij} \mid D)$，并在此基础上进行参数估计。为此，我们仍把先验分布选为 Dirichlet 分布：$\mathrm{Dir}(\vec{\theta}_{ij} \mid \alpha'_{ij1}, \alpha'_{ij2}, \cdots, \alpha'_{ijr_i}) = \frac{\Gamma(\alpha'_{ij})}{\prod_{k=1}^{r_i} \Gamma(\alpha'_{ijk})} \prod_{k=1}^{r_i} \theta_{ijk}^{\alpha'_{ijk}-1}$。该分布的定义说明可以参考 BDe 评分函数部分，则 $\vec{\theta}_{ij}$ 的后验分布为

$$P(\vec{\theta}_{ij} \mid D) = \mathrm{Dir}(\vec{\theta}_{ij} \mid \alpha'_{ij1} + \alpha_{ij1}, \alpha'_{ij2} + \alpha_{ij2}, \cdots, \alpha'_{ijr_i} + \alpha_{ijr_i}) = \frac{\Gamma(\alpha'_{ij} + \alpha_{ij})}{\prod_{k=1}^{r_i} \Gamma(\alpha'_{ijk} + \alpha_{ijk})} \prod_{k=1}^{r_i} \theta_{ijk}^{\alpha'_{ijk} + \alpha_{ijk} - 1} \tag{11.16}$$

采用求数学期望的方法实现对参数的估计：

$$\hat{\theta}_{ijk}=E_{P(\vec{\theta}_{ij}\mid D)}(\theta_{ijk})=\frac{\alpha'_{ijk}+\alpha_{ijk}}{\sum_{k=1}^{r_i}(\alpha'_{ijk}+\alpha_{ijk})} \tag{11.17}$$

这时还可以计算 D 中第 $m+1$ 个实例出现的概率：

$$\begin{aligned}P(X^{N+1}\mid D,S)&=\prod_{i=1}^{n}\int_{\theta_{ij1}}\cdots\int_{\theta_{ijr_i}}\theta_{ijk}P(\theta_{ij}\mid D)\mathrm{d}\theta_{ij}\\&=\prod_{i=1}^{n}\int_{\theta_{ij1}}\cdots\int_{\theta_{ijr_i}}\theta_{ijk}\mathrm{Dir}(\theta_{ij}\mid\alpha'_{ij1}+\alpha_{ij1},\alpha'_{ij2}+\alpha_{ij2},\cdots\alpha'_{ijr_i}+\alpha_{ijr_i})\mathrm{d}\theta_{ij}\\&=\prod_{i=1}^{n}\frac{\alpha'_{ijk}+\alpha_{ijk}}{\alpha'_{ij}+\alpha_{ij}}\end{aligned} \tag{11.18}$$

其中，$\alpha'_{ij}=\sum_{k=1}^{r_i}\alpha'_{ijk}$，$\alpha_{ij}=\sum_{k=1}^{r_i}\alpha_{ijk}$，$\alpha'_{ijk}$代表专家知识，在实际计算中，可以采用等价抽样法来估计；在缺乏专家知识时，也可以采用 $\alpha'_{ijk}=1$ 来估计。

2. 不完整数据集下的参数学习

数据集不完整是指数据在某些结点处有缺失现象。此时，已不能再利用参数之间的独立性进行计算，即不能将似然函数或后验概率分解成关于每个参数的因子，前边介绍的参数学习算法将不再适用。对于不完整数据集，常采用的方法有 EM 算法、Monte Carlo 法等。

(1) EM 算法

在人工智能、数理统计、机器学习和模式识别中有许多的应用都要进行模型的参数估计，也就是要进行极大似然估计或极大后验似然估计。当模型中的变量均为可以直接观察的变量时，极大似然或极大后验似然是显然的。但是当某些变量隐藏时，进行极大似然估计就比较复杂。在存在潜在变量的情况下，对模型参数进行估计的方法有很多种，一种非常流行的极大似然估计方法是 Expectation-Maximization 算法，通常简称 EM 算法。它不是直接对复杂的后验分布进行极大化或模拟，而是在观察数据的基础上添加一些“潜在数据”，从而简化计算并完成一系列简单的极大化或模拟。它之所以被称为 EM 算法是因为算法的每一次迭代由一个期望步(E-step)和极大步(M-step)构成。EM 算法的特点是简单和稳定，特别是每一次迭代能保证观察数据对数后验似然是单调不减的。

EM 算法是一种一般的从“不完全数据”中求解模型参数的极大似然估计的方法。所谓“不完全数据”一般分为两种情况：一种是由于观察过程本身的限制或者错误，造成观察数据成为错漏的不完全数据；一种是参数的似然函数直接优化十分困难，而引入额外的参数(隐含的或丢失的)后就比较容易优化，是定义原始观察数据加上额外数据组成“完全数据”，原始观察数据自然就成为“不完全数据”。

基本原理可以表述如下：可以观察到的数据是 y，完全数据 $x=(y,z)$，z 是缺失数据，θ 是模型参数。θ 关于 y 的后验分布 $p(\theta\mid y)$很复杂，难以进行各种不同统计计算。假如缺失数据 z 已知，则可能得到一个关于 θ 的简单的添加后验分布 $p(\theta\mid y,z)$，利用$p(\theta\mid$

y,z)的简单性可以进行各种统计计算。然后，又可以对 z 的假定做检查和改进，如此将一个复杂的极大化或抽样问题转化为一系列简单的极大化或抽样问题。

EM 被应用于贝叶斯网分类器的参数学习中，其包含两个步骤：

1) E-step：利用当前网络结构和参数对缺失数据计算它的期望值；

2) M-step：基于 E-step 参数的期望值，计算出新的最大可能的参数分布 θ'，用 θ' 替换原有的 θ。

重复上述过程，直到所估计的参数达到局部最优或达到指定的迭代次数。

(2) Monte Carlo 法

蒙特卡洛法又称随机抽样法，它是以概率统计理论为基础的一种方法，能够比较逼真地描述具有随机性质的事物的特点。为了得到满足一定精度的近似解，通常需要经过大量的实验，用人工方法很难实现，电子计算机的出现，使得大量的重复试验成为可能，所以蒙特卡洛法得以广泛地应用于现代科学技术。

其基本思想为确定目标函数 $y=f(x_1,x_2,\cdots,x_n)$，其中，$x_1,x_2,\cdots,x_n$ 是相互独立的随机变量，满足一定的概率分布，对各变量进行随机抽样可以得到一个目标函数值 y，进行多次抽样就可以得到 y 的概率分布，随着次数的不断增加，y 的概率分布便接近其母体分布。

3. 增量学习

在某些机器学习算法中，如主动学习，最基本和最频繁的操作就是使用当前的分类器在增加新的样本后对网络参数的修正。如果每次增加训练样本后都重新学习分类参数，复杂性是相当高的，然而贝叶斯学习具有增量学习的特性，使得这些计算可以增量地进行，从而大大缩减了问题的规模，图 11.2 给出了贝叶斯网络增量学习的模型。约定样本空间 S 由特征空间 X 和类别空间 C 组成：$S=\{s_1,s_2,\cdots,s_n\}=(X, C)$。由于新的训练样本的加入，使得先验信息由 $p(\theta \mid X_0)$变为 $p(\theta \mid S,X_0)$。它综合了样本信息和先验信息，这正是贝叶斯增量学习模型的基础，可简单理解为

$$\text{后验知识}(X_1)=\text{先验知识}(X_0)+\text{样本信息}(S)$$

当新的样本到来时，上面的后验知识变成先验知识，因此它是一个利用样本知识来修正当前知识的连续的、动态的过程。

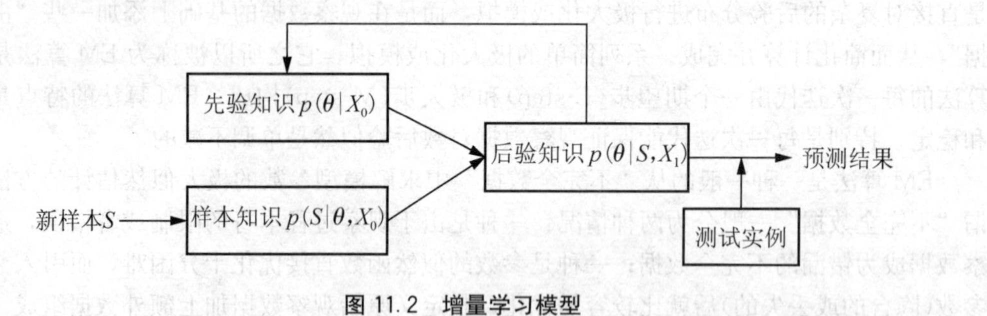

图 11.2 增量学习模型

11.1.3 推理

当采用贝叶斯网模型解决实际问题时，首先要构造出符合问题的贝叶斯网，然后通过

该贝叶斯网进行问题的求解。这种应用 BN 进行问题求解的过程称为贝叶斯网推理。贝叶斯网推理是概率分布的计算过程，即“寻求给定条件下事件发生的概率”，也称为信念更新。这里的信念指的是后验概率。简单地说，在给定模型中计算目标变量的后验概率就是贝叶斯网推理。

贝叶斯网可以进行双向推理，即既可使用诊断知识也可使用预言知识进行推理。前者称为“诊断推理”，后者称为“预言推理”。以“感冒”和“发烧”这一因果关系为例，当测量出“发烧”而估计“感冒”为诊断推理，当诊断出“感冒”而推断可能“发烧”是预言推理。

在推理中处理的是概率，而非空间的状态。因此，推理是否合理反应了所使用的贝叶斯网数据结构是否符合。贝叶斯网的推理就是在给定一组证据变量值的情况下，计算一个或者一组查询变量的概率分布。近似推理是进行因果模式、诊断模式、多原因模式和混合模式推理的最优推理机制。

贝叶斯网的推理是在不完全信息条件下决策支持和因果发现的工具。它以概率分布为基础，并认为所有变量的取值受概率分布的控制。人们结合观察到的数据，对这些概率进行推算便可做出正确的决策。因为它提供了一种基于证据支持的定量假设方法，不仅为那些直接操纵概率的算法提供理论基础，而且也为分析那些没有明确的概率计算公式的算法提供理论构架，因此，贝叶斯学习中的概率推理在机器学习中占有相当重要的地位。

贝叶斯网的推理可分为精确推理算法和近似推理算法两类。在 BN 规模不大时，可以进行精确推理，即精确地计算待求变量的后验概率。当 BN 的规模较大时，多采用近似推理，即在不影响推理正确性的前提下，通过适当降低推理精度来达到提高计算效率的目的。对于大型贝叶斯网来说，推理计算的时间复杂度很高，寻找高效的推理方法一直是贝叶斯网络研究的热点。

1. 精确推理

(1) 基于网络结构的推理

该方法是利用贝叶斯网络的条件独立性进行的推理的，它利用了网络的结构信息，令联合概率实现了局部化。通过如图 11.3 所示的例子，设要计算的条件概率为 $P(f\mid a,s,g,j)$，可由贝叶斯公式得

$$P(f|a,s,g,j)=\frac{P(f,a,s,g,j)}{P(a,s,g,j)}=\frac{P(f,a,s,g,j)}{\sum_{f}P(f,a,s,g,j)} \tag{11.19}$$

由链规则及条件独立性有 $P(f,a,s,g,j)=P(f)P(a)P(s)P(g|f)P(j|f,a,s)$，则有

$$P(f|a,s,g,j)=\frac{P(f)P(a)P(s)P(g|f)P(j|f,a,s)}{\sum_{f}P(f)P(a)P(s)P(g|f)P(j|f,a,s)} \tag{11.20}$$

这样通过各结点的条件概率就可以完成推理工作。该方法简单易行，在网络为稀疏网络时，还是较为有效的。

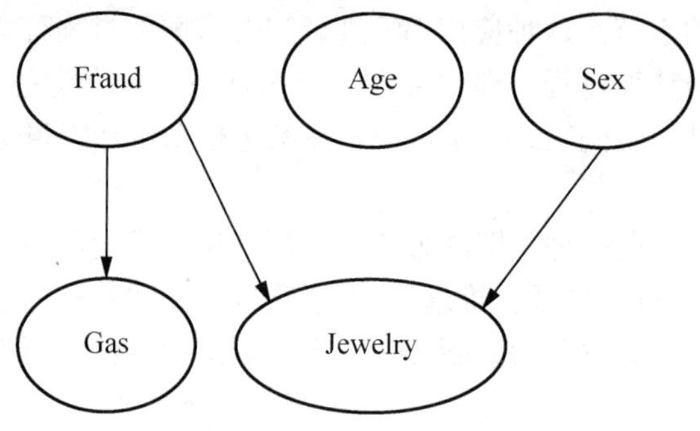

图 11.3 用于推理的贝叶斯网

(2) 精确推理的其他算法

现在，已经提出了多种精确推理的方法，常用的有图形简化法(Graphy Reduction)、证据扩散与汇聚算法、变量消元法、联合树算法等。图形简化法，该方法是在贝叶斯网图形上的结点消元来模拟边缘概率的计算，包含结点删除(Node Removal)和弧反向(Arc Reversal)两个过程；证据扩散与汇聚算法，该算法适用于单连通结构的贝叶斯网，对于多连通结构，由于两结点间存在多条路径，可能会使证据传递在两个结点间往返多次；变量消元法，该算法首先根据条件独立将联合概率分解为多个因子项，然后在符号层面上对公式进行变换，改变求和时结点的消元顺序以及求和运算与乘积运算的先后顺序，以达到减少求和和乘积运算量的目的，最后按变换后的公式进行逐步的乘积和求和运算以得到待求结果；联合树算法，在无证据的条件下，变量求取的主要思路是将贝叶斯网经过图形变换变成联合树，经初始化后，即将贝叶斯网的条件概率表转化到联合树中，得到转化成非全局一致的联合树，通过消息传递，使之达到全局一致，最后通过边际化得到变量结点的分布。当有证据时，流程与无证据时类似，只是在进行初始化时，需要加入观测值，以形成非全局一致的联合树，消息传递生成一致的联合树后，通过边际化和正规化得到条件概率分布。

2. 近似推理

在任意结构的贝叶斯网上的精确推理都是 NP-Hard 的。目前提出了多种近似推理方法，这些算法采取某种方式，在运行时间和推理精度上寻求一个折中，力求在短时间内给出一个满足精度要求的结果。贝叶斯网的近似算法主要分为两类，一类是基于仿真的方法，通过使用一个包含随机数发生器的采样装置，根据需要产生一组样本，然后通过对样本的处理，以求得待求概率的近似值。这类方法都是基于 Monte Carlo 的基本思想；另一类方法是基于搜索的方法，该方法认为概率问题是一类组合问题，可以将所需要计算的各个变量的不同组合看做一个状态空间。这个空间中存在一些状态，它们对最后的计算结果会产生较大影响，而另外一些状态则影响不大。由此可以通过启发式搜索方法，在整个状态空间中进行搜索，以寻找到这些状态。从而以这些状态代替整个状态空间参与运算，达到提高计算效率的目的，并能得到较精确的解答。

11.1.4 几种常用贝叶斯网络分类器

本书所研究的分类模型采用的是 TAN 贝叶斯网分类器和马尔科夫毯贝叶斯分类器

MBBC(Markov Blanket Bayesian Classifier)。为了从理论上说明这两个模型结构的合理性，将首先对几种常用的贝叶斯网分类器进行比较分析。

(1) 朴素贝叶斯分类器

朴素贝叶斯分类器(Naive Bayesian Classifier)是贝叶斯分类器中最简单的一种。它将类别节点作为根节点，其各属性节点相互独立，且都以类别节点为父节点。结构如图 11.4 所示。

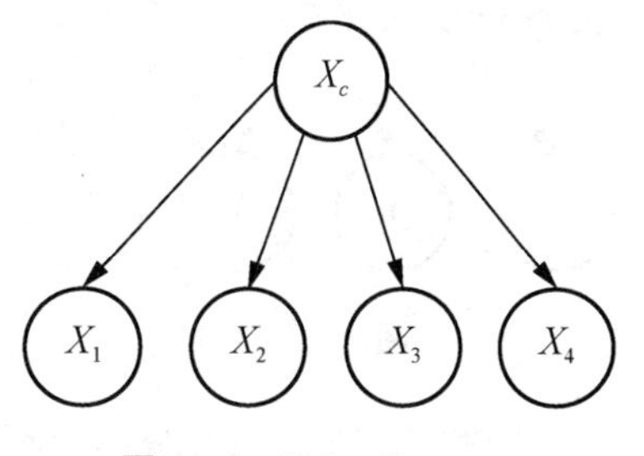

图 11.4 Naïve Bayes

采用朴素贝叶斯分类器，分类任务即转化为已知 X_1，$X_2,\cdots,X_n$ 的值，求 $p(X_c \mid X_1,X_2,\cdots,X_n)$ 最大时 X_c 取值的问题，根据贝叶斯公式有

$$p(X_{cj} \mid X_1X_2\cdots X_n) = \frac{p(X_1X_2\cdots X_n \mid X_{cj})p(X_{cj})}{p(X_1X_2\cdots X_n)} = \frac{p(X_1X_2\cdots X_n \mid X_{cj})p(X_{cj})}{\sum_{i=1}^{k} p(X_1X_2\cdots X_n \mid X_{ci})p(X_{ci})} \tag{11.21}$$

其中，$p(X_{cj})$是先验概率。由于 $X_1,X_2,\cdots,X_n$ 相互独立，根据链规则有

$$p(X_1X_2\cdots X_n \mid X_{cj}) = \prod_{i=1}^{n} p(X_i \mid X_{cj}) \tag{11.22}$$

由以上公式，求得后验概率，比较后验概率的大小，可求得最大后验概率时对应的 X_{cj} 值，即完成分类任务。

朴素贝叶斯分类器虽然简单，但在实验中表现出的分类能力与经典的 C4.5 分类器不相上下。然而，由于其对属性变量间的独立性要求较强，在实际中较难得到满足。

(2) 通用贝叶斯网分类器

通用贝叶斯网分类器(General Bayesian Networks，GBN)是将类结点和属性结点作为同等地位的网络结点，根据数据集中的数据训练出贝叶斯网络，直接作为分类器。其结构如图 11.5 所示。用通用贝叶斯网分类器进行分类的过程，实际上就是将属性节点作为证据结点引入到贝叶斯网络中，求得类节点各取值后验概率的过程。后验概率最大时，类别结点相应的取值，即作为分类的结果。

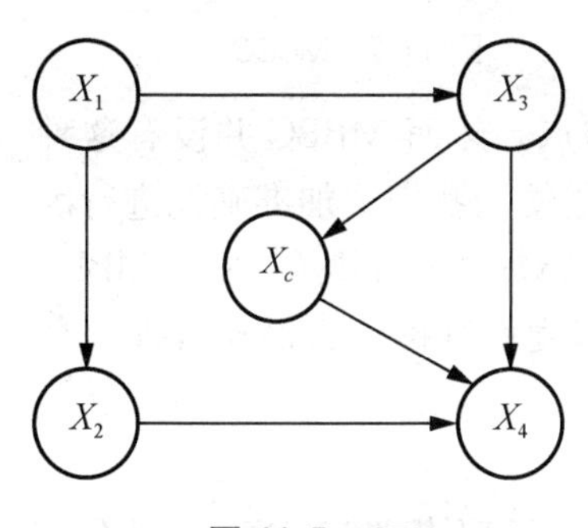

图 11.5 GBN

在通用贝叶斯网中，把某结点的父结点、子结点及子结点的父结点称为该结点的马尔可夫覆盖。根据有向马尔可夫性质，某结点各取值的概率，只受其马尔可夫覆盖结点的影响，而与其余结点无关。

(3) TAN 分类器

TAN 分类器(增强型朴素贝叶斯分类器，Tree-Augmented Naïve Bayes)是朴素贝叶斯分类器进行有效改进的分类器，它既有朴素贝叶斯分类器的简单性，又有比朴素贝叶斯分类器更好的分类性能。TAN 是由 Friedman 提出的一种树状结构模型，它是朴素贝叶斯分类器的自然扩展。其结构如图 11.6 所示。

其基本思想是将贝叶斯网的某些表示依赖关系的能力与朴素贝叶斯的简易性相结合，

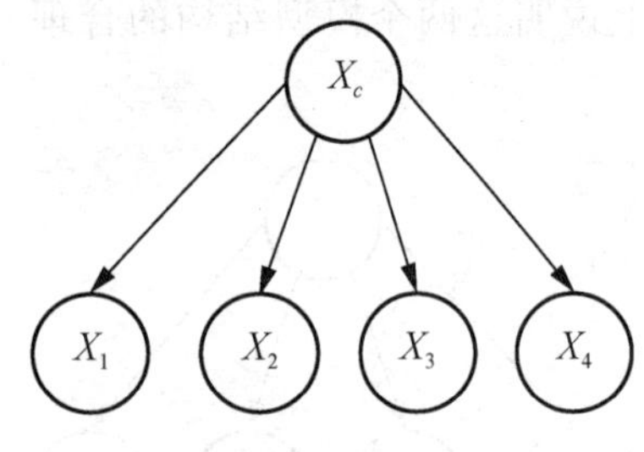

图 11.6　TAN

使分类性能增强。

令$U=\{X_1,X_2,\cdots,X_n,X_c\}$，其中，变量$X_1,X_2,\cdots,X_n$是属性变量，$X_c$是类变量。在 TAN 结构中，类变量是根，没有父结点，即$\boldsymbol{\Pi}X_c=\Phi$，类变量是每个属性变量的父结点，即$X_c\in\boldsymbol{\Pi}X_i$($\boldsymbol{\Pi}X_i$表示$X_i$的父结点集，$i=1,2,\cdots,n$)。

属性变量X_i除了类变量X_c作为其父结点外，最多有一个其他属性变量作为其父结点，即$\boldsymbol{\Pi}X_i=2$。

因此，确定 TAN 分类模型的结构关键是如何确定每个属性结点的非类父结点，确定属性结点的父结点需要学习算法来完成。目前，标准 TAN 分类器的构造有两种方法，一种是由 Friedman 提出的基于分布的构造算法，另一种是由 Eamon 和 Pazzani 提出的基于分类的构造算法，参见文献［15］，［18］，［19］。

(4) 马尔科夫毯贝叶斯网络分类器

MBBC 是由 Madden，M. G. 于 2002 年提出的一种贝叶斯网络分类算法，其结构如图 11.7 所示。它能表示出与通用贝叶斯网络分类器中相同的关于类结点的完整马尔科夫毯。尽管通用贝叶斯网络可以被用来进行分类任务，但是由于类结点不是被特殊看待，在类结点的马尔科夫毯以外的其他结点网络与分类任务并不相关，因而整个网络结构进行分类预测准确性不高。另外，三个简单的贝叶斯网络(Naïve Bayes，Tree-Augmented Naïve Bayes 和 BAN)也可以用来进行分类预测，但是这些结构中都假设分类变量是根结点，忽略了类结点的父结点。然而 MBBC 并没有这种假设，比这三种贝叶斯网络分类器有更加丰富的结构表达，这便于我们更加准确地进行因果分析和分类预测。Madden 在文献［155］中比较了 Naïve Bayes、TAN、GBN 和 MBBC 这四种贝叶斯分类器的分类性能，结果显示 MBBC 在预测速度和准确性方面比其他三种分类器有相当或更好的效果。

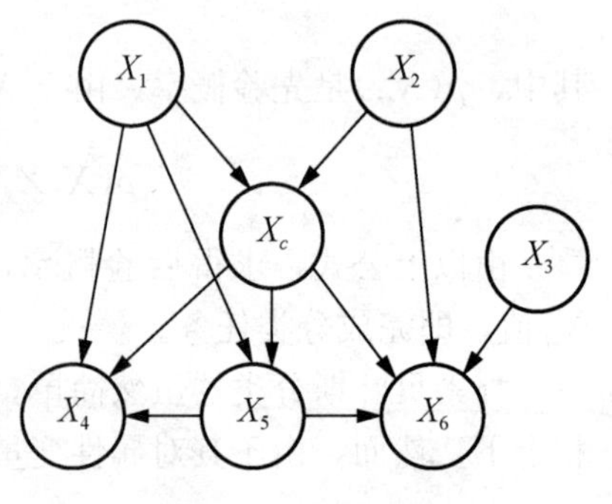

图 11.7　MBBC

MBBC 的结构学习算法如下。

第一步：在除x_c的结点中找x_c的父结点集z_p，该子结点集z_c和不相关结点集z_n。当父结点因子δ_p大于该子结点因子δ_c时，加结点x_i到z_p或者z_c；当$\max(\delta_p,\delta_c)<1$时，加$x_i$到$z_n$。其中，$\delta_p=\dfrac{g(x_c,\pi_c\cup\{x_i\})}{g(x_c,\pi_c)}$，$\delta_c=\dfrac{g(x_i,\pi_i\cup\{x_c\})}{g(x_i,\pi_i)}$，$g(x_i,\pi_i)=\prod\limits_{j=1}^{q_i}\dfrac{(r_i-1)!}{(N_{ij}+r_i-1)!}\prod\limits_{k=1}^{r_i}N_{ijk}!$。这里$\pi_i$和$\pi_c$分别表示结点$x_i$和$x_c$的父结点集；$r_i$表示$x_i$的取值数目；$N_{ijk}$是第$i$个结点，取值为第$k$个值时，在父结点取值组合取第$j$个值时，数据的数目。

第二步：使用$k2$算法，在除x_c和z_c的结点中找z_c结点的父结点。

第三步：使用 TAN 算法，在z_c中找每个结点的另外一个父结点，因为最多只能找一个父结点，所以这一步所得的结构是近似的网络结构，更具体的算法说明请见文献［155］。

11.2 隐马尔可夫模型

隐马尔可夫模型(Hidden Markov Models，HMM)是一个动态的时间变化的统计模型，它描述了各个相互联系状态之间发生转移的概率情况。Bell 实验室的 Rabiner 等人对 HMM 作出了深入浅出的介绍。近年来，隐马尔可夫模型也被广泛应用于各种随机过程领域，在语音识别领域，取得了重大成功。同时隐马尔可夫模型在生物信息科学、故障诊断等领域也开始得到应用。

11.2.1 隐马尔可夫模型的基本概念

事物的变化过程可分为两大类。一类是结果可确定的，可用关于时间 t 的某个确定性函数进行描述；另一类是随机的，会以某种可能性出现多个(有限或无限多)结果之一，这种结果可用与时间 t 的某个随机变量描述。前一类变化过程称为确定性过程，后一类称为随机过程(Stochastic Process)①。前者可视为后者的特例。

1870 年，俄国化学家 Vladimir V. Markovnikov 提出了马尔可夫(Markov)模型。马尔可夫过程广泛用于描述随时间进化的无后效系统。由于很多自然随机过程都在一定程度上具有无后效性的特点，马尔可夫链理论②广泛地应用于物理、化学、工程、生物、医学及经济等领域。在信号处理和模式识别领域，马尔可夫链理论也得到了非常广泛的应用，基于马氏链的模型(Markov Chain based Model)是将特征向量序列或矩阵看做是马尔可夫链的随机过程。其中，隐马尔可夫模型就是一种基于马尔可夫链的模型。

隐马尔可夫模型是在 20 世纪 60 年代提出来的。相比于独立分布模型，隐马尔可夫模型的相关性假设显得更为合理一些，因此逐渐广泛应用于很多领域，如语言识别、手势识别、字符识别、纹理识别、轨迹识别等。

隐马尔可夫模型可同时对空间特性和时间特性及其相关关系建立模型。其包括一个可以观察到的过程和一个隐含过程，其中，**隐含过程与观察过程**具有一定的关系。

观察过程可以用有限的马尔可夫链来表示，**隐含过程**则是一个与观察序列相关的随机函数集合。因为所要求解的状态隐藏在观察序列之下，故称之为**“隐”马尔可夫模型**。

一个隐马尔可夫模型可以由下列参数描述。

1) 模型中马尔可夫链状态数目 N：记 N 个状态为 $\theta_1,\theta_2,\cdots,\theta_N$，记 t 时刻马尔可夫链所处状态为 q_t，显然 q_t 属于 $\{\theta_1,\theta_2,\cdots,\theta_N\}$。

2) 每个状态对应的可能的观察值数目 M：记 M 个观察值为 $V_1,V_2,\cdots,V_M$，记 t 时刻观察到的观察值为 o_t，其中 o_t 属于 $\{V_1,V_2,\cdots,V_M\}$。

3) 初始状态概率矢量 $\boldsymbol{\pi}$：$\boldsymbol{\pi}=\{\pi_1,\pi_2,\cdots,\pi_N\}$，其中

---

① 马尔可夫过程是建立隐马尔可夫模型的基础。马尔可夫过程是由马尔可夫首先提出和研究的一类随机过程，也称为具有马尔可夫特性的过程。所谓马尔可夫特性是指当过程在某一时刻 t_k 所处的状态已知时，过程在 $t(t>t_k)$ 时刻所处的状态只与过程在 t_k 时刻的状态有关，而与过程在 t_k 时刻之前的状态无关。

② 马尔可夫链(Markov Chain，MC)是马尔可夫随机过程的特殊情况，即状态和时间参数都是离散的马尔可夫随机过程。

$$\boldsymbol{\pi}_i = P(q_1 = \theta_i) \quad (1 \leqslant i \leqslant N) \tag{11.23}$$

4）状态转移概率矩阵 $\boldsymbol{A}$：$\boldsymbol{A}=\{a_{ij}\}_{N\times N}$，其中

$$a_{ij} = P(q_{t+1} = \theta_j \mid q_t = \theta_i) \quad (1 \leqslant i,j \leqslant N) \tag{11.24}$$

5）观察值概率矩阵 $\boldsymbol{B}$：假设观测变量的样本空间为 V，在状态 θ_j 时输出观测变量的概率分布可表示为 $\boldsymbol{B}=\{b_{jk}\}_{N\times M}$，其中

$$b_{jk} = P(o_t = V_K \mid q_t = \theta_j) \tag{11.25}$$

其中，$1\leqslant j\leqslant N$，$1\leqslant k\leqslant M$，o_t 为时刻 t 的观测随机变量，可以是一个数值或向量，观测序列记为 $O=\{o_1,o_2,\cdots,o_t\}$。值得注意的是，此处观测变量的样本空间和概率分布可以为离散型，也可为连续型。

综上可知，要描述一个完整的隐马尔可夫模型，需要模型参数($N,M,\boldsymbol{\pi},\boldsymbol{A},\boldsymbol{B}$)。为了简化，常用下面的形式来表示，即

$$\lambda = \{N,M,\boldsymbol{\pi},\boldsymbol{A},\boldsymbol{B}\} \tag{11.26}$$

或简写为

$$\lambda = \{\boldsymbol{\pi},\boldsymbol{A},\boldsymbol{B}\} \tag{11.27}$$

也可以更形象地说明隐马尔可夫模型的定义。隐马尔可夫模型可分为两部分，一个是马尔可夫链，由 $\boldsymbol{\pi}$、$\boldsymbol{A}$ 描述，产生的输出为状态序列，另一个是一个随机过程，由 $\boldsymbol{B}$ 描述，产生的输出为观察值序列，如图 11.8 所示。T 为观察值时间长度。

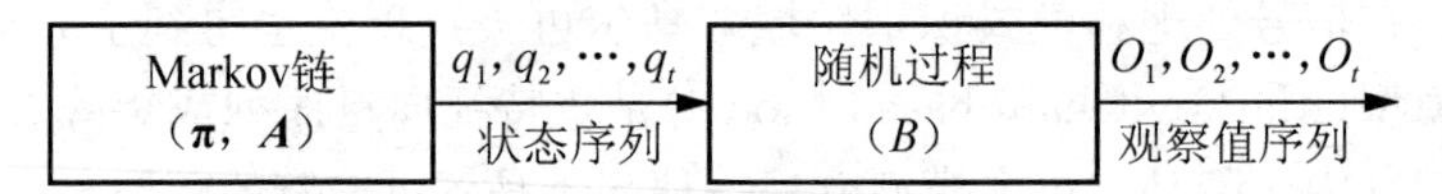

图 11.8　HMM 组成

图 11.9 出示了一个简单的第一定律隐马尔可夫模型，图中 X 是隐状态变量，Y 是观测变量，观测结点提供了相应隐结点的基本的局部信息。隐马尔科夫模型假设隐状态随机变量的分布形成了马尔可夫链。对于第一定律隐马尔科夫模型，当给定父结点，隐状态变量是条件独立于其他父结点。基于模型中给定的条件独立关系，所有结点的联合概率公式可表示为

$$P(\{X_i,Y_i\}_{i=1}^{T}) = P(X_1)P(Y_1 \mid X_1)\prod_{i=2}^{T}[P(X_i \mid X_{i-1})P(Y_i \mid X_i)] \tag{11.28}$$

其中，$P(X_i \mid X_{i-1})$是各时间片隐结点间的转移概率。$P(Y_i \mid X_i)$是观测结点的似然概率。$P(X_1)$是 X_1 结点的先验概率。

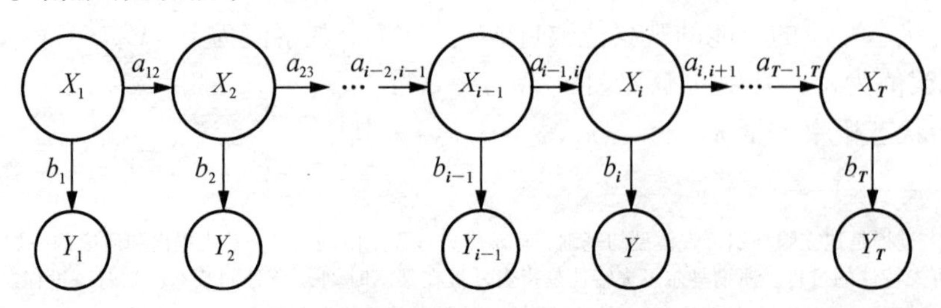

图 11.9　简单的隐马尔可夫模型

其中，$\boldsymbol{X}=\{X_1,X_2,\cdots,X_{i-1},X_i,\cdots,X_T\}$ 为隐含状态；$\boldsymbol{Y}=\{Y_1,Y_2,\cdots,Y_{i-1},Y_i,\cdots,Y_T\}$ 可观察的输出；$\boldsymbol{A}=\{a_{12},a_{23},\cdots,a_{i-2,i-1},\ a_{i-1,i},\ a_{i,i+1},\ \cdots,\ a_{T-1,T}\}$ 为转换概率(Transition Probabilities)；$\boldsymbol{B}=\{b_1,b_2,\cdots,b_{i-1},b_i,\cdots,b_T\}$ 为输出概率(Output Probabilities)。

11.2.2 隐马尔可夫模型的基本问题

隐马尔可夫模型在实际运用中涉及以下三个基本问题。

(1) 评价问题

评价问题就是分类问题。当有一些用隐马尔可夫模型描述的系统以及一个观察序列时，评价问题是想要知道哪一个隐马尔可夫模型最有可能产生了给定的观察序列，也就是选择与观察序列最匹配的隐马尔可夫模型。评价问题可以描述如下：

隐马尔可夫模型可以表示为 $\lambda=\{\boldsymbol{\pi},\boldsymbol{A},\boldsymbol{B}\}$，给定模型参数 $\lambda=\{\boldsymbol{\pi},\boldsymbol{A},\boldsymbol{B}\}$ 及观察序列 $O=\{o_1,o_2,\cdots,o_t\}$，求此模型产生此观察序列的概率 $P(O\mid\lambda)$。

评价问题出现在需要使用大量隐马尔可夫模型的识别算法中，每一个模型对一个特定的目标建模。通常使用前向算法去计算在某个特定的隐马尔可夫模型之下产生某个观察序列的概率，由此选出最有可能的隐马尔可夫模型。

(2) 解码问题

解码问题的目的是找出产生观察结果的隐状态。在很多的例子中，我们对于模型中的隐状态非常感兴趣，因为它们代表了一些非常有价值但却不能直接被观察到的东西。解码问题在给出了隐马尔可夫模型和观察序列的情况下，确定可能性最大的隐状态序列。

给定模型 $\lambda=\{\boldsymbol{\pi},\boldsymbol{A},\boldsymbol{B}\}$ 及观察序列 O，需要知道模型 $\lambda=\{\boldsymbol{\pi},\boldsymbol{A},\boldsymbol{B}\}$ 取何种状态次序 $\{\theta_1\rightarrow\theta_2\rightarrow\theta_3\rightarrow\cdots\rightarrow\theta_N\}$ 时，最有可能产生此观察序列 O。

(3) 训练问题

训练问题也称为学习问题、辨识问题，是整个隐马尔可夫模型的三个问题中最难的地方，其难点在于(从已知集合中)获取观察序列，从而找到最匹配的隐马尔可夫模型，即在确定了隐马尔可夫模型的结构后，用训练样本 $O=\{o_1,o_2,\cdots,o_t\}$ 来估计拥有这种结构的隐马尔可夫模型的参数 $\lambda_{\text{new}}=\{\boldsymbol{\pi}',\boldsymbol{A}',\boldsymbol{B}'\}$，使之达到最优。当 $\boldsymbol{A}$、$\boldsymbol{B}$ 不能被直接测量的时候(这也是现实中常见的情况)，通常采用前向-后向算法来进行学习。

其中，第三类问题是最基本的，因为前两类问题都建立在 λ 已知的基础上。下面介绍三类问题的基础解法。

11.2.3 隐马尔可夫模型基本问题的解法

1. 评价问题

隐马尔可夫模型的评价问题是指当给定隐马尔可夫模型的参数 $\lambda=\{\boldsymbol{\pi},\boldsymbol{A},\boldsymbol{B}\}$ 和一组观察序列 $O=\{o_1,o_2,\cdots,o_T\}$ 时，求生成该观察序列 O 的概率 $P(O\mid\lambda)$。

虽然观察序列 O 是确定的，但是产生 O 的状态序列 $Q=\{q_1,q_2,\cdots,q_T\}$ 并不唯一。图 11.10 表明了每一组状态序列可能产生的路径为 N^T 条，对所有可能的路径的概率进行求和，就得到给定隐马尔可夫模型参数 $\lambda=\{\boldsymbol{\pi},\boldsymbol{A},\boldsymbol{B}\}$ 时产生特定观察序列 O 的概率 $P(O\mid\lambda)$。

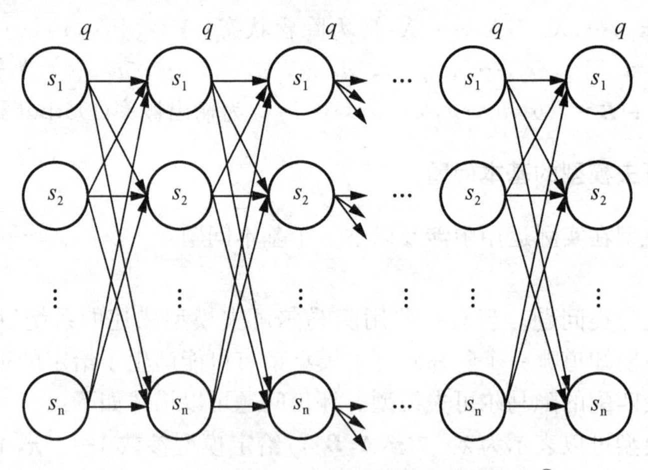

图 11.10　隐马尔可夫模型的状态转移路径①

$$P(O \mid \lambda)=\sum_{q_1=s_1}^{s_1}\sum_{q_2=s_2}^{s_2}\cdots\sum_{q_N=s_N}^{s_N}\pi_{q_1}b_{q_1}(o_1)a_{q_1q_2}b_{q_2}(o_2)a_{q_2q_3}b_{q_3}(o_3)\cdots a_{q_{T-1}q_T}b_{q_T}(o_T) \quad (11.29)$$

其中，π_{q_1}是指在q_1状态下的初始化值。$b_{q_1}(o_1)$是指在q_1状态时，产生观察序列o_1的概率。$a_{q_1q_2}$是状态转移概率。

式(11.29)相当于用遍历法求解，其缺陷在于效率低、计算量大。采用前向-后向递推算法可以提高求解效率。

(1) 前向递推算法

令t时刻为前向-后向算法的分界点。t时刻之前的过程采用向前递推的方式。在给定隐马尔可夫模型参数λ时，定义$\alpha_t(i)$是$q_t=\theta_i$条件下该隐马尔可夫模型产生观察序列$o_1\sim o_t$的可能性，即部分概率。记作$\alpha_t(i)=P(o_1,o_2,\cdots,o_t;q_t=\theta_i \mid \lambda)$，求$\alpha_{t+1}(j)=P(o_1,o_2,\cdots,o_t,o_{t+1};q_{t+1}=\theta_j \mid \lambda)$。详细步骤如下。

1) 初始化

$$\alpha_t(i)=\pi_i b_i(o_1) \quad (11.30)$$

完成$t=1$时的赋值。

2) 递推

$$\alpha_{t+1}(j)=[\sum_{i=1}^{N}a_t(i)a_{ij}]b_j(o_{t+1}) \quad (11.31)$$

其中，$t=1,2,\cdots,T-1$，$j=1,2,\cdots,N$。

3) 终止：在$t=T$时刻停止

$$P(O \mid \lambda)=\sum_{j=1}^{N}\alpha_T(j) \quad (11.32)$$

(2) 后向递推算法

令t时刻为前、后向算法的分界点。t时刻之后的过程采用向后递推的方式。在给定HMM参数λ时，定义$\beta_t(i)$是$q_t=\theta_i$条件下该隐马尔可夫模型产生观察序列$o_1\sim o_t$的可能

① 这里假设该隐马尔可夫模型的初始状态为$\{s_1,s_2,\cdots,s_n\}$。

性，即部分概率。记作 $\beta_t(i)=P(o_t,o_{t+1},\cdots,o_T;q_t=\theta_i\mid\lambda)$。求 $\beta_{t+1}(j)=P(o_{t+1},o_{t+2},\cdots,o_T,o_{T+1};q_{t+1}=\theta_j\mid\lambda)$与 $\beta_t(i)$间的关系。详细步骤如下。

1）初始化

$$\beta_T(i)=1\quad(i=1,2,\cdots,N)\tag{11.33}$$

2）递推

$$\beta_t(i)=\sum_{i=1}^{N}a_{ij}b_j(o_{t+1})\beta_{t+1}(i)\quad(i=1,2,\cdots,N;t=T-1,T-2,\cdots,1)\tag{11.34}$$

3）终止：在 $t\approx T$ 时刻停止

$$P(o\mid\lambda)=\sum_{i=1}^{N}\beta_t(i)\tag{11.35}$$

前后递推法就是结合前向递推算法和后向递推算法。在 $1\sim T$ 间任意选定一个 t 值，在 $0\sim t$ 时刻，用前向递推算法求解；在 $T\sim t$ 时刻，用后向递推求解。从而有

$$P(o\mid\lambda)=\sum_{i=1}^{N}\alpha_t(i)\beta_t(i)\tag{11.36}$$

2. 解码问题

隐马尔可夫模型的解码问题是求解观察序列的状态次序。即当确定了隐马尔可夫模型 $\lambda=\{\pi,\boldsymbol{A},\boldsymbol{B}\}$ 时，求观察序列 O 的状态转移路径 $\{\theta_1\rightarrow\theta_2\rightarrow\theta_3\rightarrow\cdots\theta_t\cdots\rightarrow\theta_N\}$。

根据解码问题，定义状态转移路径如下：

$$\gamma_i(t)=\frac{\alpha_t(i)\beta_t(i)}{P(o\mid\lambda)}=\frac{\alpha_t(i)\beta_t(i)}{\sum_{i=1}^{N}\alpha_t(i)\beta_t(i)}\quad(i=1,2,\cdots,N)\tag{11.37}$$

如果用“穷举法”，虽然可以求解出路径，但是运算量太大，为了优化搜索步骤，可采用 Viterbi 算法进行求解。

Viterbi 算法是一种逐步搜索前进算法。当已知部分观察序列 $o_1,o_2,\cdots,o_t$ 时，$q_1,q_2,\cdots,q_t$ 是其最优状态序列。*Viterbi* 算法的目标：已知 $t+1$ 时刻的观察序列 $o_1,o_2,\cdots,o_t,o_{t+1}$时，求其最优状态序列 $q_1,q_2,\cdots,q_t,q_{t+1}$。

首先定义辅助变量

$$\delta_t(i)=\max_{q_1,q_2,\cdots,q_{t-1},q_t}P(q_1,q_2,\cdots,q_{t-1},q_t=\theta_i\mid o_1,\cdots,o_t,\lambda)\tag{11.38}$$

当给定了部分观察序列 $o_1,o_2,\cdots,o_t$ 和隐马尔可夫模型的参数 λ 时，$\delta_t(i)$表示在 θ_i 状态下使 q_t 处于最优状态序列 $q_1,q_2,\cdots,q_{t-1}$的概率。用 $\delta_t(i)$迭代可以求得 $\delta_{t+1}(i)$。

$$\delta_{t+1}(i)=\max_{q_1,q_2,\cdots,q_{t-1},q_t}P(q_1,q_2,\cdots,q_{t-1},q_t,q_{t+1}=\theta_j\mid o_1,\cdots,o_t,o_{t+1},\lambda)\tag{11.39}$$

简化式(11.39)为

$$\delta_{t+1}(j)=\{\max_{i=1\sim N}[\delta_t(i)a_{ij}]\}b_j(o_{t+1})\tag{11.40}$$

具体步骤如下。

1）初始化

$$\alpha_1(i)=\pi_ib_i(o_1)\quad(i=1,2,\cdots,N)\tag{11.41}$$

$$W_t(i)=0\tag{11.42}$$

此时尚未开始记录。

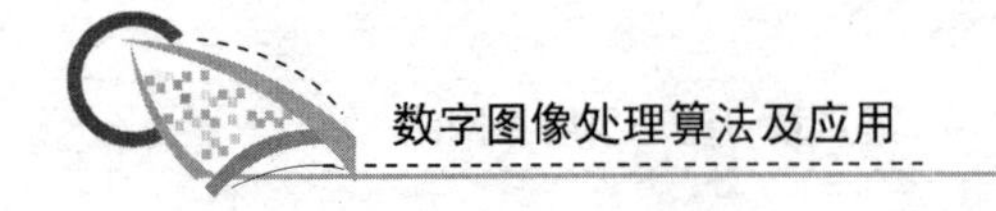

2）递推

$$\delta_t(j)=\{\max_{i=1\sim N}[\delta_{t-1}(i)a_{ij}]\}b_j(o_t)\quad(t=2,3,\cdots,N,j=1,2,\cdots,N)\tag{11.43}$$

$$W_t(j)=\max_{i=1\sim N}[\delta_{t-1}(i)a_{ij}]\quad(t=2,3,\cdots,N,j=1,2,\cdots,N)\tag{11.44}$$

3）终止，对应的最优总概率

$$P^*=\max_{i=1\sim N}[\delta_T(i)]\tag{11.45}$$

最终待定

$$q_T^*=\arg\{\max_{i=1\sim N}[\delta_T(i)]\}\tag{11.46}$$

4）最优状态回溯。由 q_{T+1}^* 反查 W 记录，得知 q_t^*。$t=T-1,T-2,\cdots,1$。由此得到最优状态序列。

3. 训练问题

隐马尔可夫模型的第三个问题是训练问题，也称之为辨识问题。即在确定了隐马尔可夫模型的结构后，用训练样本 $O=\{o_1,o_2,\cdots,o_T\}$ 来估计拥有这种结构的隐马尔可夫模型的参数 $\lambda_{\text{new}}=\{\pi',A',B'\}$，使之达到最优。所谓最优是指 $P(O\mid\lambda)$ 最大化。在训练时采用一种基于期望调节的前向-后向算法，即 Baum-Welch 算法。

首先定义一个辅助变量 $\varepsilon_t(i,j)$。该辅助变量表示在已知观察序列 O 和隐马尔可夫模型的参数 λ 的前提下，t 时刻的状态 θ_i 转移到 $t+1$ 时刻的状态 θ_j 可能发生的概率：

$$\varepsilon_t(i,j)=P(q_t=s_i,q_{t+1}=s_j\mid\lambda,O)=\frac{P(q_t=s_i,q_{t+1}=s_j,O\mid\lambda)}{P(O\mid\lambda)}\tag{11.47}$$

由前向-后向算法，可知以下关系：

$$\varepsilon_t(i,j)=\frac{\alpha_t(i)a_{ij}b(o_{t+1})\beta_{t+1}(j)}{\sum_{i=1}^{N}\sum_{j=1}^{N}\alpha_t(i)a_{ij}b(o_{t+1})\beta_{t+1}(j)}\tag{11.48}$$

分析式(11.48)中的因子，可知其 Viterbi 解码算法中的因子

$$\gamma_t(i)=\sum_{j=1}^{N}\varepsilon_t(i,j)\tag{11.49}$$

式(11.49)所表明的求和关系是指可能出现的状态 θ_i 被访问的次数，由于除了初始状态和最终状态外，访问次数也等于转移次数，因此也可以看做是由该状态转移到其他状态的次数。因此，对除初始状态和最终状态外的所有状态的 $\varepsilon_t(i,j)$ 进行求和，表明了 $\theta_i\to\theta_j$ 转移出去的期望次数。其中，$\sum_{t=1}^{T-1}\gamma_t(i)$ 表示从 θ_i 转移出去的期望次数，$\sum_{t=1}^{T-1}\varepsilon_t(i,j)$ 表示 $\theta_i\to\theta_j$ 的期望次数。因此可得到新的估计值，重估公式如下：

$$a'_{ij}=\frac{\sum_{t=1}^{T-1}\varepsilon_t(i,j)}{\sum_{t=1}^{T-1}\gamma_t(i)}\tag{11.50}$$

$$b'_j(k)=\frac{\sum_{t=1,o_t=k}^{T}\varepsilon_t(j)}{\sum_{t=1}^{T}\varepsilon_t(j)}\tag{11.51}$$

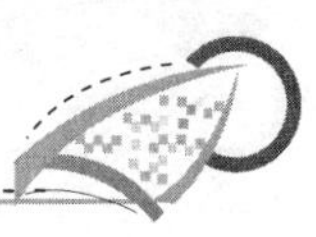

隐马尔可夫模型的参数为 $\boldsymbol{\pi}$、$\boldsymbol{A}$ 和 $\boldsymbol{B}$，上述过程就是求取这三个参数的过程。即首先根据观察所得到的序列值 O 以及最初所选择的初始模型 $\lambda=\{\boldsymbol{\pi},\boldsymbol{A},\boldsymbol{B}\}$，通过上式计算得到新的参数值 $\boldsymbol{A}$ 和 $\boldsymbol{B}$。其中，式(11.50)和式(11.51)称做重估公式。由此可以得到一个新的隐马尔可夫模型 $\lambda_{new}=\{\boldsymbol{\pi}',\boldsymbol{A}',\boldsymbol{B}'\}$。为了得到最优的模型参数，可以重复上述操作，当 $P(O\mid\lambda_{new})$ 收敛的时候，可判断所得到的 λ_{new} 是期望的模型。此时 $P(O\mid\lambda)$ 达到最大值，即 $P(O\mid\lambda_{new})>P(o\mid\lambda)$，说明利用重估公式求得的隐马尔可夫模型参数 λ_{new} 比 λ 更能体现观察序列值 O 的隐马尔可夫特性。

在隐马尔可夫模型中，三个基本问题的解法[①](Baum Welch 算法、Viterbi 算法、前向-后向算法)之间的关系如图 11.11 所示。

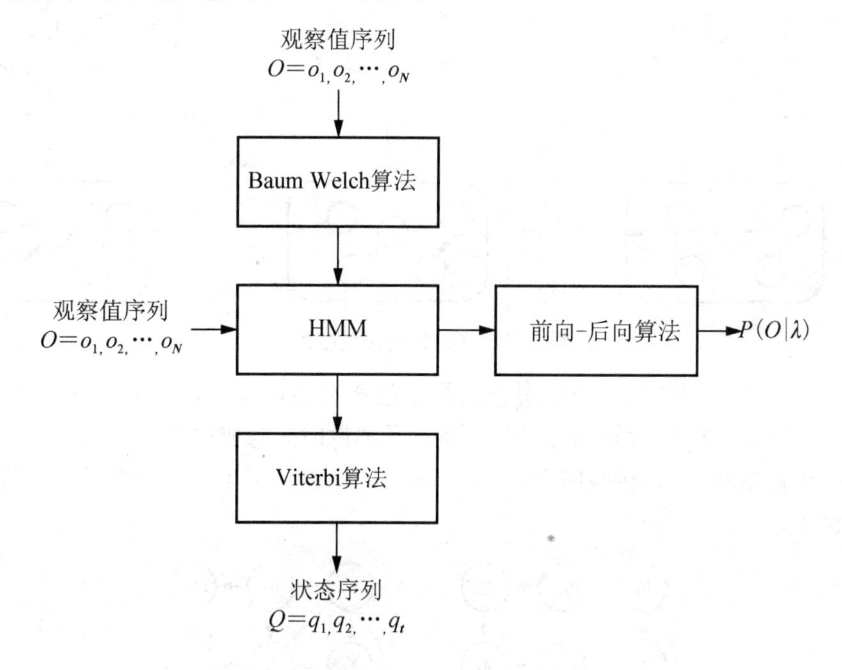

图 11.11　三个基本问题算法之间的关系

11.3　动态贝叶斯网络

贝叶斯网络反映的是事物的静态特性，而现实生活中，存在着很多动态随机过程，动态贝叶斯网络(Dynamic Bayesian Networks，DBNs)是用来对这些过程进行建模的方法之一。

这里的“动态”表明了建模对象是一个动态的系统，而不是系统的结构随时间发生变化。由于动态贝叶斯网络为有向图，并且对于每一个结点参数的估计可以相对独立地进

---

① 隐马尔可夫模型有三个典型(Canonical)问题：a. 已知模型参数，计算某一特定输出序列的概率。通常使用 Forward 算法解决；b. 已知模型参数，寻找最可能的能产生某一特定输出序列的隐含状态的序列。通常使用 Viterbi 算法解决；c. 已知输出序列，寻找最可能的状态转移以及输出概率。通常使用 Baum-Welch 算法以及 Reversed Viterbi 算法解决。另外，最近的一些方法使用 Junction tree 算法来解决这三个问题。

行，所以其易于推导和学习，并在近些年受到了广泛的关注。

11.3.1 基本概念

DBNs 是针对动态序列建模问题提出的。一个典型的 DBNs 如图 11.12 所示。从图中可以看出，DBNs 服从马尔可夫特性：t 时刻系统的所有变量的概率分布只与 $t-1$ 时刻系统的状态变量概率分布相关。

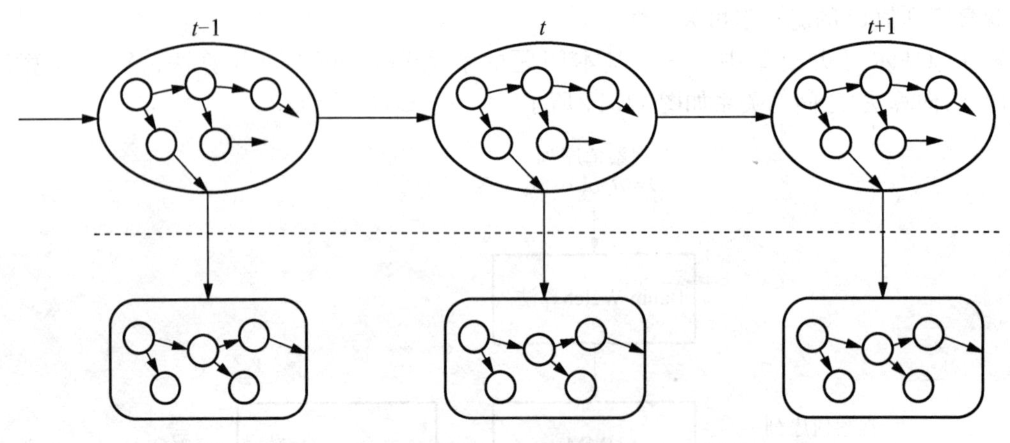

图 11.12 DBNs 的图模型表示

设 $Z_t=(U_t,X_t,Y_t)$ 代表一个状态空间模型的所有变量集合，U_t 代表输入变量集，X_t 代表隐状态变量集，Y_t 代表输出变量集，系统是离散时间随机过程。那么，一个动态贝叶斯网络由一个初始网 B_1 和转换网 $B_{\rightarrow}$ 组成，即$(B_1,B_{\rightarrow})$。图 11.13 给出了一个动态贝叶斯网的简单例子。

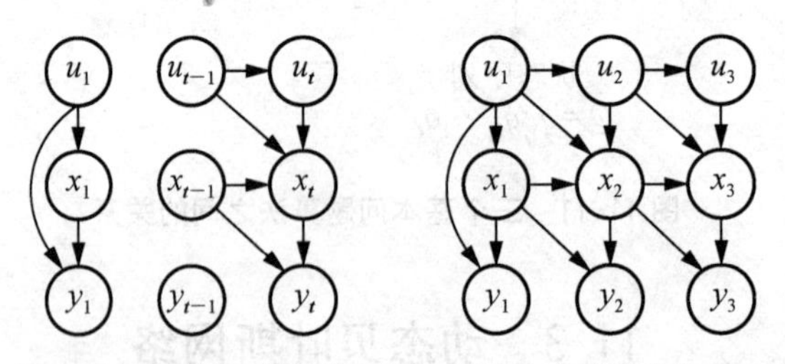

(a) 初始网和转换网　(b) 相应的"展开" Bayesian 网

图 11.13 DBN 的初始网和转换网

初始网 B_1 是一个贝叶斯网，它指定了随机过程的初始条件概率分布 $P(Z_1)$。转换网 $B_{\rightarrow}$ 是含有两个时间片、由两个贝叶斯网组成，它对所有时间点 $1,2,\cdots,t$ 指定从时间点 $t-1$ 到时间点 t 属性集状态的转换概率 $P(Z_t \mid Z_{t-1})$。根据有向无环图(DAG)(图 11.13(b))，有

$$p(Z_t \mid Z_{t-1}) = \prod_{i=1}^{N} p(Z_t^i \mid Pa(Z_t^i)) \tag{11.52}$$

其中，Z_t^i 为时刻 t 的贝叶斯网中第 i 个结点，即 U_t、X_t 或者 Y_t 其中之一的一个结点；$Pa(Z_t^i)$ 是 Z_t^i 的父结点集的取值；第一个时间片 BN 中的结点之间没有任何相关参数，第二个时间片的 BN 中结点之间存在相关的条件概率分布(Conditional Probability Distribu-

tion，CPD)，这定义了观测条件概率分布 $p(Z_t^i \mid Pa(Z_t^i))(t>1)$，这些 CPD 的形式是任意的；这里假设条件概率分布的参数是不随时间变化的，并且转移概率 $P(Z_t \mid Z_{t-1})$ 也是不变的。

一个动态贝叶斯网络定义了在动态随机过程中无穷变化轨迹上的概率分布。实际上，一般只在有穷时间间隔 $1,2,\cdots,T$ 上推理，那么可以把一个动态贝叶斯网络展开成在 $Z_1,Z_2,\cdots Z_T$ 上的"长"贝叶斯网络。图 11.13(b)给出了图 11.13(a)所示的动态贝叶斯网展开三个时间片的相应贝叶斯网。给定动态贝叶斯网络 $B=(B_1,B_{\rightarrow})$，在 $Z_1,Z_2,\cdots,Z_T$ 上的联合概率分布可以通过初始网和转换网指定的概率分布简化表示为

$$p(Z_{1:T})=\prod_{t=1}^{T}\prod_{i=1}^{N}p(Z_t^i \mid Pa(Z_t^i)) \tag{11.53}$$

完全确定 DBNs 需要知道三个概率分布：状态转移条件分布 $P(Z_t \mid Z_{t-1})$、观测条件分布 $P(Z_t^i \mid Pa(Z_t^i))$ 和初始状态分布 $P(Z_1)$。所有的条件分布可以是时变的或定常的，可以取参数化形式 $P(x_t \mid x_{t-1};\theta)$，也可以使用非参数化(概率表格或统计直方图)表示。

隐马尔可夫模型(HMM)和卡尔曼滤波模型(KFM)就是两种最典型的状态空间模型。因为它们简单和灵活而成为研究随机过程的主要方法。例如，隐马尔可夫模型已经被应用在语音识别和生物序列分析；卡尔曼滤波模型应用于跟踪飞机和导弹的轨迹以及经济预测等。然而隐马尔可夫模型和卡尔曼滤波模型都受限于它们表达知识的能力上，动态贝叶斯网络作为带有时间参数的贝叶斯网络可以克服他们的这个缺点。动态贝叶斯网络能够用一个有 N_h 个变量的集合来表达隐状态 $X_t^1,X_t^2,\cdots,X_t^{N_h}$，即分布式的状态表达。相反，隐马尔可夫模型隐状态的表达是一个有 M 个可能的离散变量 X_t。动态贝叶斯网络允许条件概率分布是任意的，而卡尔曼滤波模型要求条件概率分布必须是线性－高斯分布。另外，隐马尔可夫模型和卡尔曼滤波模型的拓扑结构有限，而动态贝叶斯网络允许有更多样的图形结构。实际上，隐马尔可夫模型和卡尔曼滤波模型可以作为动态贝叶斯网络的特例。

11.3.2　学习

动态贝叶斯网络的学习几乎是静态贝叶斯网络学习的直接扩展，但是其并不完全等同于静态贝叶斯网络的学习，这里我们给出针对动态贝叶斯网络学习的具体公式。

1. 结构学习

通常，几乎没有专家能够给出动态随机过程的模型，从数据中学习是一种可行的建模方法。从数据中学习动态贝叶斯网络实际是寻找和训练序列集匹配度最高的动态贝叶斯网络。因为动态贝叶斯网络和贝叶斯网络有着非常密切的联系：一个动态贝叶斯网络由两个贝叶斯网络定义，并且一个动态贝叶斯网络可以展开成一个"长"的贝叶斯网络，所以可以考虑扩展贝叶斯网络的学习算法用于动态贝叶斯网络的学习。但是动态贝叶斯网络的学习并不等同于把动态贝叶斯网络展开成"长"贝叶斯网络的学习，因为展

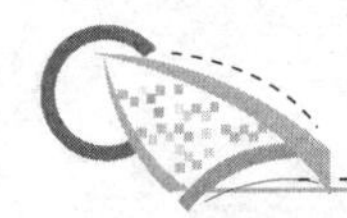

开后的贝叶斯网络中含有重复的网络结构和重复的概率参数，如图 11.13(b)所示，没有必要学习重复的内容，增加计算复杂度，扩展贝叶斯网络的学习算法处理动态贝叶斯网络学习的做法是从训练序列中学习到两个贝叶斯网络结构：初始网 B_1 和转化网 $B_{\rightarrow}$，通常做法是引入一个评分函数来评价初始网 B_1 和转化网 $B_{\rightarrow}$定义的动态贝叶斯网络反映训练序列的准确度，然后由搜索算法寻找最好的动态贝叶斯网络，即寻找最好的初始网 B_1 和转化网 $B_{\rightarrow}$的组合。

(1) 完整数据集下的结构学习

1) 基于 BIC 评分函数的学习。给定一个训练数据集 D，它包含 N_{seq}个完全观测的序列。第 i 个序列有 N_i 长度，并且变量的取值为 $X_i[1]$，$X_i[2]$，…，$X_i[N_i]$。这样一个数据集下，可以用 N_{seq}条实例来训练初始网 B_1，用 $N=\sum_i N_i$ 条实例训练转移网 $B_{\rightarrow}$。对于由 $B=(B_1,B_{\rightarrow})$组成的动态贝叶斯网络，

$$L(B:D)=\sum_i\sum_{Pa(X_i[1])}\sum_{x_i[1]}N_1(x_i[1],Pa(X_i[1]))log\,p_{B_1}(x_i[1],Pa(X_i[1]))+\sum_i\sum_{Pa(X_i[2])}\sum_{x_i[2]}N_{\rightarrow}(x_i[2],Pa(X_i[2]))log\,p_{B_{\rightarrow}}(x_i[2],Pa(X_i[2]))\tag{11.54}$$

其中，$N_1(\cdot)$和 $N_{\rightarrow}(\cdot)$分别是在训练第一个时间片和训练转移网时，序列中一个事件发生的次数。

$L(B:D)$后验分布最大时参数的值为

$$\theta^{N_1}_{x_i[1]Pa(X_i[1])}\equiv\frac{N_1(x_i[1],Pa(X_i[1]))}{N_1(Pa(X_i[1]))}\tag{11.55}$$

$$\theta^{N_{\rightarrow}}_{x_i[2]Pa(X_i[2])}\equiv\frac{N_{\rightarrow}(x_i[2],Pa(X_i[2]))}{N_{\rightarrow}(Pa(X_i[2]))}\tag{11.56}$$

因此，对于动态贝叶斯网络，给定任意一网络结构 B_G，其 BIC 评分函数的计算公式为

$$\text{BIC}(B_G:D)=\sum_i\text{BIC}_1(X_i[1],Pa(X_i[1]):D)+\sum_i\text{BIC}_{\rightarrow}(X_i[2],Pa(X_i[2]):D)\tag{11.57}$$

$$\text{BIC}_1(X,Y:D)=\sum_{x,y}N_1(x,y)\log\frac{N_1(x,y)}{N_1(y)}-\frac{\log N_{\text{seq}}}{2}\|Y\|(\|X\|-1)\tag{11.58}$$

$$\text{BIC}_{\rightarrow}(X,Y:D)=\sum_{x,y}N_{\rightarrow}(x,y)\log\frac{N_{\rightarrow}(x,y)}{N_{\rightarrow}(y)}-\frac{\log N_{\text{seq}}}{2}\|Y\|(\|X\|-1)\tag{11.59}$$

2) 基于 BDe 评分函数的学习。根据贝叶斯网络的 BDe 评分学习过程可知，在学习时需要考虑参数 θ 的先验分布，一般选用多态分布的共轭分布-Dirichlet 分布作为参数 θ 的先验分布。

扩展静态贝叶斯网络的 BDe 评分函数，可以得到动态贝叶斯网络的关于 BDe 评分函数的计算公式：

$$\begin{aligned}\mathrm{BDe}(B_G \mid D) = & \prod_i \prod_{Pa(X_i[1])} \frac{\Gamma(\sum_{x_i[1]} N'_{i[1]})}{\Gamma(\sum_{x_i[1]} N'_{i[1]} + N_1(Pa(X_i[1])))} \\ & \prod_{x_i[1]} \frac{\Gamma(N'_{i[1]} + N_1(x_i[1], Pa(X_i[1])))}{\Gamma(N'_{i[1]})} \\ & \prod_i \prod_{Pa(X_i[2])} \frac{\Gamma(\sum_{x_i[2]} N'_{i[2]})}{\Gamma(\sum_{x_i[2]} N'_{i[2]} + N_{\rightarrow}(Pa(X_i[2])))} \\ & \prod_{x_i[2]} \frac{\Gamma(N'_{i[2]} + N_{\rightarrow}(x_i[2], Pa(X_i[2])))}{\Gamma(N'_{i[2]})}\end{aligned} \tag{11.60}$$

其中，N'_1和 $N'_{\rightarrow}$为给定的先验网络 $B'=(B'_1, B'_{\rightarrow})$下对应的实例数目，$N'_{i[t]}$为超参数 $N'_{x_i[t] \mid pa(X_i[t])}$的简写，$N'_{i[1]} = N'_1 * p_{B_1}(x_i[1] \mid Pa(X_i[1]))$，$N'_{i[2]} = N'_{\rightarrow} * p_{B_{\rightarrow}}(x_i[2] \mid Pa(X_i[2]))$。

(2) 不完整数据集下的学习

Friedman 对贝叶斯网络的结构学习提出了 Structual EM(SEM)算法，其中包含相同的 E-step，SEM 的 M-step 是把所有已标注样本和已软分类的样本作为训练样本集，根据当前的网络结构，评价任意一个候选网络结构，其网络结构的评价函数可以是包括 BIC 评分在内的任意一个评分函数，那么最终的结构应该是分值最高的。对于 DBNs 的结构学习，Friedman 对 SEM 算法进行了扩展。

设 $L=\{(X_i[0], Y[0]), \cdots, (X_i[T], Y[T])\}$ 为少量完整数据序列集，$U=\{(X_j[0]), X_j[1]), \cdots, (X_j[T])\}$ 为不完整数据序列集，其 DBNs-SEM(Dynamic Bayesian Networks—Structural EM)算法如下：

1) 使用 L 学习一个初始动态贝叶斯网络$(B_0^0, B_{\rightarrow}^0)$；

2) For n=0，1，…直到满足停止条件：

ⅰ) 使用 L 和 U，利用 EM 算法对 DBNs 进行参数学习，获得参数提高的$(B_0^n, B_{\rightarrow}^n)$；

ⅱ) 根据$(B_0^n, B_{\rightarrow}^n)$对 U 中缺失数据计算期望值，得 U'，并搜索整个候选 DBNs 网络结构，计算评分函数；

ⅲ) 选择评分最高的 DBNs 网络结构作为$(B_0^{n+1}, B_{\rightarrow}^{n+1})$；

ⅳ) 如果$(B_0^{n+1}, B_{\rightarrow}^{n+1})=(B_0^n, B_{\rightarrow}^n)$，那么返回$(B_0^{n+1}, B_{\rightarrow}^{n+1})$。

2. 参数学习

确定了动态贝叶斯网络的结构，就可以从数据中进行网络的参数学习。

(1) 完整数据集的参数学习

对于初始网的参数学习，可以独立于转移矩阵的学习，其学习完全是学习一个静态贝叶斯网络，并且每个时间片内的结点参数分布都与初始网相同。

转移矩阵的学习，也相当于把它看做一个静态网来学习，只是第一个时间片内的结点无参数连接。学习第二个时间片内每个结点与第一个时间片内父结点的参数分布。

两者的学习方法都可以直接应用静态网的参数学习。

(2) 不完整数据集的参数学习

这种情况下的参数学习应用梯度下降法或EM算法。

11.3.3 推理

对于动态贝叶斯网络的推理，最简单的方法是将其转换为隐马尔可夫模型，然后使用前向-后向算法。如果对于每一个时间片 N_h 为表示隐含状态变量的个数，并且每个变量有 M 个可能的值，转化后相应的隐马尔可夫模型将具有 $S=M^{N_h}$ 个可能的状态。如果 S 的值不是特别大，把动态贝叶斯网络转化为隐马尔可夫模型是可行的，因为前向-后向算法原理简单并易于实现。但由于 S 为 N_h 的指数函数，一般 S 是非常大的，必须寻找可行的有效的算法。连接树方法、变量消除序列的限定、边界算法和分界面算法是几个有效可行的精确推理算法，对于离散状态的动态贝叶斯网络近似推理有 Boyen-Koller 算法、Factored Frontier 算法、Loopy Belief Propagation 算法。

11.4 主动学习理论

机器学习实质上是根据特殊实例得到一般概念，并将此概念运用到未知样本的归纳及演绎过程。传统机器学习中的训练样本通常由外部施教者提供，或任意采样自潜在的数据分布，也称为被动学习(Passive Learning)。而假若学习器能够主宰学习进程，可自主选择需要标记的实例，然后基于外部施教者对实例的真实分类进行学习，则会显著改善学习过程和结果，此为所谓的主动学习(Active Learning)。

相对传统被动学习，主动学习中学习器取得一定主动权通过研究数据聚集类或分布结构等，选择对学习过程最有用的代表性样本请求用户标记，以加快学习过程并提高所学概念的准确性，同时减少所需标记的样本数目。主动学习器选择实例并请求外界分类的过程也称为查询(Query)。

主动学习算法主要研究所应采取的选择策略以提出好的查询，目的是为寻找能够最有效利用有限训练样本的途径，通过尽量少的查询样本获取最大限度的有用信息。以下对主动学习理论及相关选择策略算法进行简述。

11.4.1 主动学习与被动学习

传统监督学习通常利用任意采样的方式从潜在分布中收集大量样本，然后根据样本推断分类器或模型假设，可称为被动学习，如图 11.14 所示。被动学习器是“从样本中学习”，它随机地选择训练样本，被动地接受这些样本的信息，输出分类器或模型假设。目前分类算法(如 SVM、神经网络、贝叶斯网络等)几乎都采用被动学习方式，其使用给定的大数据量训练样本学习分类参数，其训练样本必须带有类别标注。

然而样本的收集与标注要花费巨大的人力物力，在整个监督学习过程中所占比例更是达到令人吃惊的地步。因此，学习器所得到的训练样本集比较有限，导致纯粹的监督学习算法泛化能力较低。而正是由于用户标记的样本数目有限以致训练数据的获取需付出较大代价，使得如何选择更为有效的样本成为一个极具价值的研究问题。

一般学习器通常在假设数据为独立同分布情况下，通过任意取样得到训练样本集，但所得到的训练样本集实际是有冗余的。如果对采样过程进行合理引导，可利用较少训练样本达到相同学习效果。具体方法则是考虑赋予学习器对于样本的选择权主动查询用户，也即为主动学习方法的基本思想。

主动学习基于对数据分布的分析及外界对已有样本的标记情况，通过对特定样本的查询来引导采样过程，如图 11.15 所示，也称为查询方式的主动学习算法。主动学习器在查询外界施教者及接收反馈的交互过程中获取信息，输出分类器或模型假设。学习的初始阶段，多数样本有用性程度较高，随着交互过程的进行，分类器预测能力得到提高，此时，仅有少部分样本对于分类器性能的进一步提升是有用的，通过样本的合理选择，完全有可能减少用户标记样本的数量。

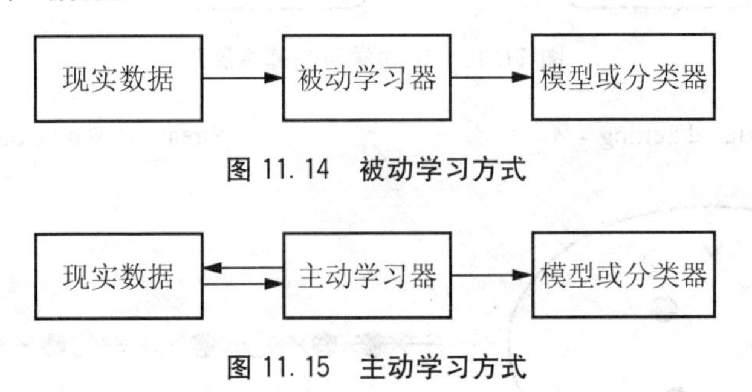

图 11.14 被动学习方式

图 11.15 主动学习方式

主动学习与被动学习的不同在于，被动学习只是简单接收外界的任意信息，而主动学习可主动选择所期望的信息，其性能在很多情况下相对被动学习有所提高。主动学习的研究目标是寻找某种途径来选择对于学习过程最有用的样本，以在查询过程中得到尽可能多信息的同时，利用所得信息尽快终止搜索过程。所谓最有用样本则是指能够最大可能改善当前所得分类器性能的样本，以减少所需标记的样本数，同时最小化查询学习所需的迭代次数以加快学习过程，以及提高所学概念的准确性。Freund 等人从理论上证明，在一定假设条件下，采用合理的主动采样策略达到相同学习效果(即相同泛化误差，Generalization Error)，所需训练样本可减少到任意采样情况下的对数倍，而假设通过查询用户总是可以得到高的期望信息，主动学习的泛化误差将以所查询样本数量指数倍的速度下降。

主动学习的目的是使用尽可能少的已标注样本来学习高性能的分类器，从而有效减少人工标注样本的代价。主动学习目前有相当多的研究，其基本原理是基于少量的带类标注训练样本 L 建立初始分类器，每次学习过程中分类器可以主动在未带类标注的候选样本集 U 中选择最有利于分类器性能的样本 X_i，并将这些样本以一定的方式加入到训练集中来进一步训练分类器，如图 11.16 所示。

有两种主动学习模型，一种为基于池(Pool-Based)的主动学习模型，另一种为基于流(Stream-Based)的主动学习模型(见图 11.17)。

基于流的主动学习模型在每次选择当前输入的一个未带类别标注的样本，然后按照某种启发式规则决定是否选用该样本。如果该样本被选择，则向外界施教者询问其实际的类标记，将它加入训练集，重新训练分类器，接着利用当前的分类器再选择下一个未标记的样本继续学习，直到未标记样本集为空或达到某种精度。

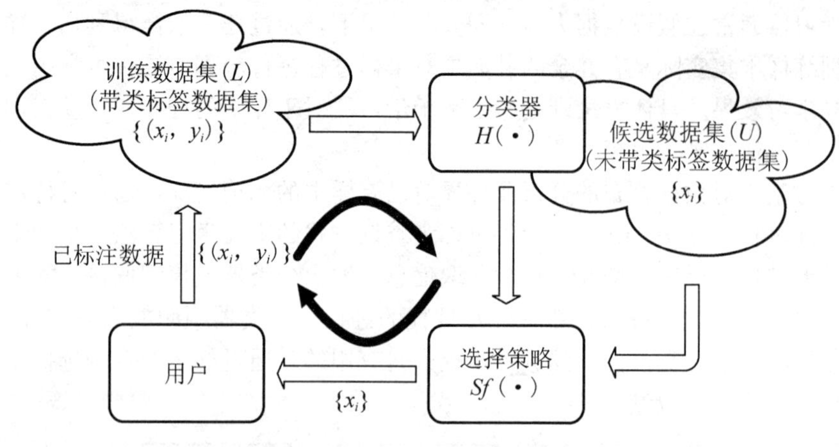

图 11.16 主动学习的基本原理

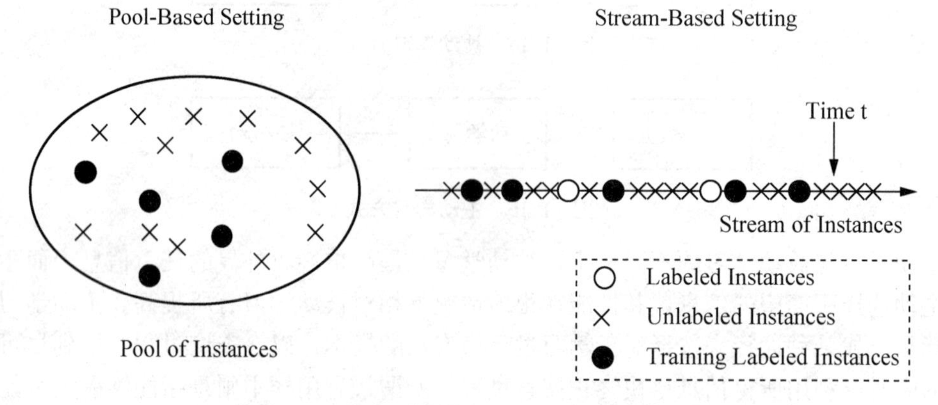

图 11.17 基于池与基于流的主动学习模型比较

1994 年由 Lewis 和 Gale 提出了基于池的主动学习模型，在该模型中，由所有未加标记的样本组成一个样本池，而学习器在学习过程中可以访问这个池，并可以询问池中任意一个样本的实际标记。其学习也是一个循环反复的过程。首先，主动学习器从很少的标记样本开始学习训练一个分类器，然后按照某种启发式规则(采样算法)选择另外的很少的一些未标记样本(这些样本被认为是最有利分类器性能的样本)，询问它们的实际标记，将它们加入到原来的训练样本集合中，通过对这个新的训练样本集合的学习，更新原来的知识，接着再选择一些未标记的样本，继续学习，直到池中样本集为空或达到某种指标。

基于池的主动学习模型有一定的理论缺陷，尤其是不考虑输入数据的分布情况，同时在计算上也有不利的一面，即在选择训练样本数据之前必须搜索整个空间，检测大量的样本数据，才能确定哪些数据被选择。因此本课题的算法采用基于流的主动学习模型。

11.4.2 选择策略

用分类算法实现主动学习，采取何种采样算法是关键，即如何衡量某样本标记所能提供的信息，或者如何比较一组样本的类别标记所能提供的信息量。评价样本的方法依赖于当前学习器对未知关系 $p(x,y)$ 所得到的假设(Hypothesis)或信任(Belief)。通常所选择样

本的标记需能提供足够信息，以构建使得某精度标准最大化的假设。评价方法直接关系到整个算法的性能。下面给出几种常用的评价样本的采样策略。

(1) 基于不确定性抽样的选择策略

在《机器学习》一书中提到："最有分类歧义性的实例也一定最能提供新的分类信息"，基于不确定性抽样的选择策略就是选择当前分类器对其类别最不确定的样本查询用户，也称为单学习器的方法。该方法最初来源于 Cohn 等提出的选择性采样方法；Lewis 等提出一种基于池的不确定性采样方法用于文本分类，利用概率分类器选择后验概率 $p(y \mid x)$为 $0.5\pm b/2$ 的样本查询用户；Tong 等提出一种基于 SVM 的不确定性采样方法(Active SVM)，选择距离 SVM 分界面最近的样本来查询用户。基于单学习器的不确定性采样方法利用指定学习器的启发式搜索实现样本选择，其假设前提为当前学习器对于新的样本能够正确分类。该类方法需要分类器不仅提供样本类别，还要给出类别可信度的衡量方法以引导样本的选择过程，统计模糊，最近邻方法以及神经网络等都可用于此类主动学习中。基于单学习器的采样方法存在几方面理论上的缺陷包括真实不确定性的潜在估计以及分类器的模型偏置等。

(2) 基于误差减少的选择策略

基于误差减少的选择策略(Error Reduction Sampling，ERS)认为最优的主动学习应该选择能够最大限度地减少分类器在测试集上的分类误差的样本来进行标注，此种方法属于确定性抽样方法。我们用 $X=\{X_1,X_2,\cdots,X_m\}$ 表示特征变量集，特征的取值用小写字母 x_i 表示，任一未标注样本 $X=\{x_1,x_2,\cdots,x_m\}$ 由各特征变量的取值组成，$Y=\{y_1,y_2,\cdots,y_l\}$ 代表类别变量，S 表示所选择的未标注样本，R_s 代表分类误差损失的减少，$L=\{(x_1,y_1),(x_2,y_2),\cdots,(x_N,y_N)\}$ 为带有类别标签的训练数据集，$L^+=L\cup S$ 代表新的训练集，U 为整个样本数据集，包括已标注和未标注样本，E_L 为期望误差，那么有

$$E_L=\int_X E_{Y|X}[C(H_L(x),y)]p(x)\mathrm{d}x \tag{11.61}$$

$$R_s=\int_X (E_{Y|X}[C(H_L(x),y)]-E_{Y|X}[C(H_{L^+}(x),y)])p(x)\mathrm{d}x \tag{11.62}$$

$$S=s_f(U)=\arg\max_S R_s \tag{11.63}$$

其中，$H(x)$表示基于已标注样本集学习得到的分类器，$s_f(\cdot)$为选择函数，$C(\cdot)$为误差损失函数。$C(\cdot)$一般有对数损失和 0－1 损失两种形式，分别为

$$C=\sum_{y\in Y}p(y\mid x)\log(p_L(\hat{y}\mid x) \tag{11.64}$$

$$C=\sum_{y\in Y}p(y\mid x)(1-\delta(y,\arg\max_{y\in Y}\{p_L(\hat{y}\mid x)\})) \tag{11.65}$$

考虑到每次迭代需要计算 $2^{|U|-|L|}$ 可能的组合，这实际并不可行。因此，通常每次迭代只选择一个未标注样本进行评价，其计算减少到 $|U|-|L|$，并且 $p(x)$和 $p(y\mid x)$都是未知，因此期望误差损失减少可写为

$$\hat{R}_s=\sum_U E_{Y|X}[\hat{C}(H_L(x),y)]-E_{Y|X}[\hat{C}(H_{L^+}(x),y)] \tag{11.66}$$

$$\hat{C}=\sum_{y\in Y}p_L(\hat{y}\mid x)\log(p_L(\hat{y}\mid x)) \tag{11.67}$$

$$\hat{C} = 1 - \max_{y \in Y} p_L(\hat{y} \mid x) \tag{11.68}$$

基于误差减少的选择算法包括以下几个步骤。

1) 使用当前已有的带类标签样本训练分类器。

2) 对于在样本池中的每一个未标注样本 x，作为下一个查询真实类标签的后选样本；

3) 对于未标注样本 x，其每一个可能的类标签 y，形成数据样本(x,y)加入训练集中。

(a) 使用扩大后的训练集 $D^* = D + (x,y)$重新训练分类器；

(b) 使用式(11.73)估计分类误差损失减少；

(c) 分配给 x 一个平均期望误差损失减少。

4) 选择产生最大期望误差损失减少的样本 x，查询其真实的类标签 y^*。

该方法有效地解决了其他主动学习方法(如不确定性选择和 QBC)经常选择奇异样本而导致模型的误差很大的缺陷。但是其计算复杂度高，且由于 $p(y \mid x)$和 $p(\hat{y} \mid x)$都是未知的，分别通过 D 和 $D^* = D + (x,y)$估计而得。因此，它的选择会偏向于它最确定的例子，从而导致选择过多冗余的样本。

正如概念的泛化与特化是归纳学习中矛盾的两个方面，主动学习中，确定性抽样与不确定性抽样也是相互影响、各有所长的。确定性抽样对候选的样本能够比较准确地预测它的类别，然而它偏向于选择“最喜欢”的样本，从而使某些含有较为丰富信息的样本，由于较晚地加入到训练集，而影响了分类性能。不确定抽样特别关注了奇异例子的信息，避免了确定性抽样的偏好性，然而由于它选择的例子是“奇异”的，影响分类的性能。

(3) 基于最大最小熵的选择

该选择策略运用熵是一种衡量事物不确定性的方法。在主动学习中，选择实例的类条件后验熵作为当前分类器对该实例分类确定性程度的度量。

$$H(y \mid x) = -\sum_{i=1}^{|Y|} p(y_i \mid x)\ln(p(y_i x)) \tag{11.69}$$

从测试样本中选择出类条件熵最大和最小的候选样本(Min-Example，Max-Example)，将这两个样本同时加入到训练集中。类条件熵最大的样本的加入，使得分类器能够对具有特殊信息样本的及早重视；而类条件熵最小的样本是分类器较为确定的样本，对它的分类也更加准确，从而部分地抑制了由于不确定性样本的加入而产生的误差传播问题。

宫秀军使用该选择策略对贝叶斯网络参数进行学习，应用到文档分类中，试验结果显示这种方法在处理类别分布均匀时，利用较少带有类别标注的样本获得了与带有大量类别的训练样本几乎相当的精度，但在处理类别分布不均匀时仍然会使选择的测试样本的类别偏向于概率最大的类别，从而降低了分类精度。

(4) 基于分类损失与不确定抽样相结合的选择

针对最大最小熵的选择策略的缺陷，宫秀军又提出了基于分类损失与不确定抽样相结合的选择方法。该方法从测试样本中选择 k 个熵较大的样本，组成集合 maxS，然后对此集合中每个元素计算相对于该集合的分类损失和，选择分类损失和最小的样本做标注并加入到训练样本集中。分类损失有对数损失和 0－1 损失两种计算公式，分别为

$$C = \frac{1}{|\mathrm{maxS}|} \sum_{x \in \mathrm{maxS}} \sum_i p_{D^*}(\hat{y}_i \mid x) \log p_{D^*}(\hat{y}_i \mid x) \tag{11.70}$$

$$C = \frac{1}{|\max S|} \sum_{x \in \max S} (1 - \max_i \{ p_{D^*}(\hat{y}_i \mid x) \}) \tag{11.71}$$

这种方法在类别分布差别较大时效果很好，但是在未带类别标注样本集非常大时，该方法的计算复杂度是相当高的。由于该方法和前一种方法是基于 pool 的主动学习方法，每次选择样本都需要检测整个数据集，因而计算复杂度高，在实际应用中难以采纳。

(5) 基于委员会投票的选择

基于委员会投票的选择(Query-by-Committee，QBC)方法也称为多学习器方法。它并不具体地确定搜索空间的大小，而是首先根据假设空间的先验分布，对一系列分类器进行采样，基于分类器组类别预测不一致的程度来查询样本真实标记。这种方法将使得分类界面附近的样本点(也即最富信息量的样本点)，而不是位于先验概率最高的区域内样本点，成为训练样本的概率提高。Seung 首先提出了一种通用 QBC 算法，并在理论上证明了随着查询数目趋向于无限，通过 QBC 算法获得的样本信息增益趋向于有限值。Argamon-Engelson(1999)在自然语言处理中使用了 QBC 的方法，其实验证明两个成员的 QBC 的表现同多个成员的 QBC 的表现相当，并且更容易实现，无须参数调整以及计算效率更高；同时证明基于流的 QBC 算法要好于基于池的 QBC 算法。基于流的 QBC 主动学习算法如下：

```
Input:分类算法:A
        委员会成员数目:K
        少量带有类别标注的样本集:L
        未带类别标注的候选样本集:UL
        选择停止标准:ζ
        投票差异程度的阈值:θ
Initialization:Learn_classifier(A,L,K);//从 L 中学习 K 个分类器{Mi}
While notζ
{
for each xi ∈UL:
For h= 1,2,…,K
    Classify(Mh,xi,yh);//对 xi 进行分类预测,给出类标注{yh}
End
//计算 D(xi)度量委员会投票差异程度;
If D(xi)> θ,
    Select_example(xi);//从 UL 中选择 xi
    GetlabelAndAdd(xi,L);//获得 xi 的真实类别,并加入到 L 中
    Learn_classifier(A,L,K);//重新学习 K 个分类器{Mi}
End
Check_stop(ζ);
}
Output: Learn_classifier(A,L);//在 L 上学习分类器 M
```

QBC 选择策略是基于如何减小版本空间(Version Space)，这种策略计算起来比较简单(当评价每个未标注样本时，只需要一次内积运算)，同时该算法倾向于选择的样本数据

能够把变型空间分成两个大小近似的部分，这样的样本被加入到训练集以后，其中一个部分被从整个变型空间中除去，最大可能的减小变型空间的期望面积，加快了学习的过程。

对于分类器组的设计，Abe 等人使用 Bagging 方法，将可得训练数据集作不同划分，然后根据所划分的不同数据子集训练得到一组分类器；McCallum 等人使用 EM 算法来构建委员会成员。

对于委员会投票差异的度量方法，目前有基于相对熵的度量和基于投票熵的度量，这两种方法都存在一定的缺陷，导致分类器的分类精度达不到与被动学习相同的精度，并且对于带有噪声的训练样本集，该方法同不确定抽样学习一样，学习器容易受到孤立点(奇异样本)的影响，方法鲁棒性较低。

11.5 基于误差减少和 EM 的动态贝叶斯网络学习算法

动态贝叶斯网络是对具有随机过程性质的不确定问题进行建模和处理的一个有力工具，其用途十分广泛，如语音识别、表情识别、监测高速公路、客户信用状态的演化预测，等等。在针对分类任务的建模时，现有 DBNs 的学习算法都是基于大量带有类标记样本的监督学习，所建 DBNs 模型时间序列越长需要的学习样本也越多。然而，在大多数现实应用中，学习样本的类属性是需要人工标注的，对大量的学习样本作类别标记是一项枯燥而费时的工作。

虽然利用大量标注过的学习样本可以提高算法结果的准确度，但是却忽略了未标注样本的作用，而有效的利用未标注样本无疑将在一定程度上提高学习算法的性能。半监督学习(Semi-Supervised Learning，SSL)正是使用了既包括已标记类别样本又包括未标记类别样本的学习方法，最经常用到的半监督学习算法是EM 算法。近年来，研究者们对 DBNs 的半监督学习算法表现出与日俱增的研究兴趣，多种基于 EM 算法的 DBNs 学习方法已经被提出，如基于 SEM(Structural EM)算法的 DBN 结构学习、基于遗传算法和 EM 算法(EM-GA)相结合的 DBN 结构学习。虽然半监督学习算法只使用了少量的已标注样本，但其结果仍然不如基于大数据量的监督学习算法。例如，EM 算法是一种在有缺失值的情况下计算最大似然估计的迭代算法，它首先对未标注样本进行软分类，然后利用获得的完整样本集再进行模型的学习，显然未标注样本越多，相应的迭代次数也会越多，那么一旦在某些步骤加入了错误的样本分类信息，这类错误会随着迭代次数的增加而逐步的积累，最后必然会影响模型的准确性。

机器学习领域中的主动学习(Active Learning)思想可以用来借鉴到基于半监督学习的 DBNs 当中。主动学习器可以自主选择对学习过程最有价值的未标注样本来请求用户标记，达到以最少的样本、尽最大可能优化当前学习器的目的。根据样本选择策略的不同，已有的主动学习算法可分为以下三类：

1) 第一类是选择使得当前分类器对测试集分类误差最小的例子作为候选样本，如基于误差减少的抽样(Error Reduction Sampling)；

2) 第二类是选择当前分类器最不确定的样本作为候选样本，如不确定性抽样方法(Uncertainty Sampling)；

3）第三类方法是根据多个分类器对于样本类别预测差异程度来选择候选样本，如基于委员会投票选择方法(Query-by-Committee，QBC)。

目前，多数主动学习算法在选择了所需标记的样本之后，不再对未标记数据作进一步利用。而半监督学习算法则可以在学习过程中利用所有未标记样本，将两种方法进行融合将是十分有价值的探索。

11.5.1　算法原理

EM 算法基于已标注和未标注样本学习得到动态贝叶斯络分类器，由于在迭代过程中易于加入错误的样本分类信息，那么随着迭代次数的增加而误差逐步的积累，最后必然会影响模型的准确性。主动学习方法则可解决该问题，主动学习方法选择对于学习过程最为有用的样本，这些样本能够最大限度地减少分类器在未标注样本集上的分类误差，因而最大程度地减少了错误的分类信息的加入。

在监督学习中，用户所标记的样本是有冗余的，其中某些样本类别完全可通过分类器可靠地计算得到，半监督学习算法正是利用了该原则，来提高学习器性能。而半监督学习中引入主动学习方法又能够使得分类器对未标注样本的软分类更加准确，从而最大程度地保证了分类信息的正确性。

动态贝叶斯网络分类器通过 EM 算法能够对未标记样本进行软分类，并且根据已标注样本集和软分类的样本重新学习 DBNs，通过得到的 DBNs 分类器可度量其在未标注样本池上的分类误差损失和，为主动学习算法中样本的选择提供了一种度量的依据。同时，由于主动学习可以自主挑选有用样本，减少学习所需要的实际标注样本数目，因而加快了学习过程。

我们将基于误差减少的主动学习方法引入 DBNs 的 EM 半监督学习中，算法首先根据已标注样本集 L 和未标注样本集 U 学习动态贝叶斯分类器 H_L，在每次迭代过程中对任一未标注样本x_j，考虑其所有可能的类标签 y_j，加(x_j, y_j)到 L 中，学习另外一个分类器 H_{L^+}，根据式(11.73)计算 H_L 和 H_{L^+} 在未标注样本池上的分类误差损失减少$\hat{R}_s$，选择使得$\hat{R}_s$ 最大的未标注样本来请求用户标注，并将标注后的样本加入到已有的训练集中。算法在新训练集上利用 EM 学习最终的分类器 H，如果该分类器的精度达到预定的值，则算法停止，输出最终分类器 H。该算法保证了学习的分类器的高准确性，并且减少人工标注样本的数目。其具体算法(DBNs-SSAL(ERS&EM))如下：

Input:少量带有类别标注的样本集:$L=\{(x_i[0], y_i[0]), \cdots, (x_i[T], y_i[T])\}$

未带类别标注的候选样本集:$U=\{(x_j[0]), x_j[1], \cdots, (x_j[T])\}$

分类器精度:ζ

Initialization:利用 DBNs-SEM 算法和 EM 算法,从 L 和 U 中学习 DBNs 分类器 H_L,并且在测试集上计算其分类准确性 ζ;

While notζ

{

1. 对于$\forall x_j \in U$,考察其每一个可能的类标签 y_j,使得 $L^+ = L + (x_j, y_j)$,$U^- = U - (x_j)$,然后使用 DBNs- SEM 算法和 EM 算法从 L^+ 和 U^- 中学习分类器 H_{L^+}；

2. 利用式(11.66)计算 $\hat{R}_s$；

3. 对于 $\forall x_j \in S = s_f(U) = \arg\max_S \hat{R}_s$，从 U 中选择 x_j 并且获得其真实的类标签 y_j^*，然后加入 L，即 $L^+ = L + (x_j, y_j^*)$，$U^- = U - (x_j)$；

4. 使用 DBNs-SEM 算法和 EM 算法从 L^+ 和 U^- 中学习分类器 H，并且在测试集上计算其分类准确性 ζ；

}

Output:最终分类器 H。

11.5.2 实验结果和分析

实验使用 MIT AI Lab 的 Bayes Net Toolbox for Matlab 中的一个 Water DBNs 的例子，随机抽取了部分数据进行实验。其中训练数据 2425 条，随机选取 25 条看做初始带类标签数据，其余 2400 条数据看做未带类标签数据，测试数据 1800 条。

实验对比了基于 DBNs-SSAL(ERS&EM)的学习算法与其他三种算法——基于投票熵的 QBC 主动学习、基于半监督学习和基于监督学习的动态贝叶丝网络分类器的分类准确性。实验结果如图 11.18。从实验结果来看，基于 DBNs-SSAL(ERS&EM)算法在分类精度上好于主动学习(见图 11.19)、半监督学习，随着选择少量样本后其达到了与监督学习相同的分类精度。因此，分类性能上，超过了主动学习和半监督学习的 DBNs 分类器。但是，由于 DBNs-SSAL(ERS&EM)算法的计算复杂度相当高，运行了将近 167 个小时未得出最终结果，只得出前八个输出值，因此在计算效率上，不如主动学习和半监督学习。

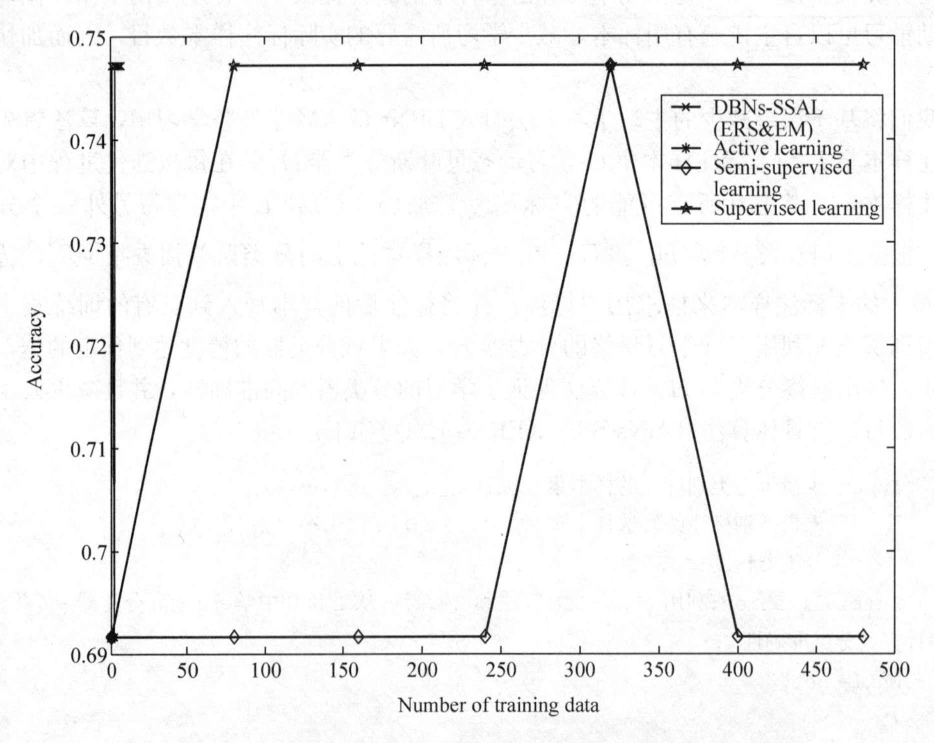

图 11.18 基于 DBNs-SSAL 的学习算法与其他三种算法学习结果比较

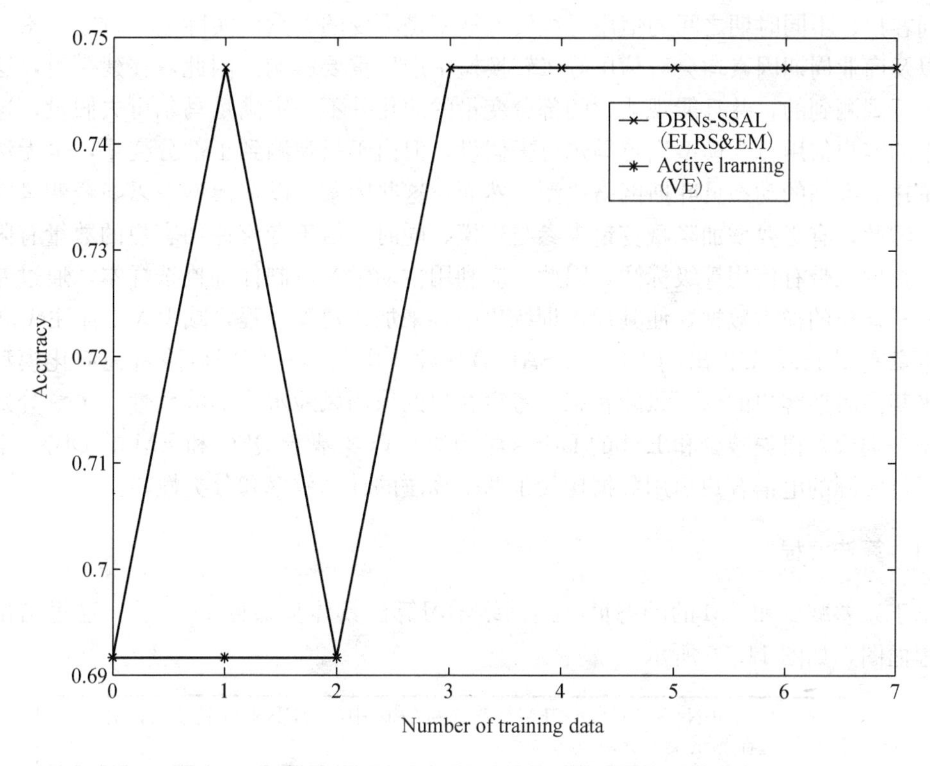

图 11.19　基于 DBNs-SSAL 的学习算法与主动学习的比较

11.6　基于半监督主动学习 DBNs 的信用风险行为演化模型

对于电信客户的信用评估问题，在网客户的信用等级是一个动态变化的过程，客户消费行为的变化表现了其信用级别相应的变化情况。客户信用风险行为演化模型就是要通过一定时期的客户行为表现预测客户在未来各时间点的信用风险水平趋势。因此本节采用动态贝叶斯网络建立客户行为评分模型，不仅可以找到客户信用等级的变化规律，同时对信用风险发生的原因及其结果进行分析，为制定短期或长期的经营管理决策提供依据。

该模型对单个账户信用行为统计分析，对现有客户未来欠账风险的评估，主要考察老客户的信用风险水平的波动性。首先，假定信用等级转换概率是遵循一个稳定的马尔可夫过程(Markov Process)。所谓的马尔可夫过程是指客户的信用等级转换至其他信用等级的概率与它们过去的此种概率是没有任何相关性的。

对于信用风险行为演化模型，时间跨度的选择更是关键，因为行为分析是一个纵长的预报系统，假设一个行为模型是基于输出时间段是 12 个月的样本构建的，那么这个模型可能被用来预测在未来 12 个月内，当前的风险级别是否出现变化。一般行为评分模型的时间段为 6 个月到 2 年。由于本课题数据来源有限，时间跨度为 5 个月。

由于目前电信客户信用评估刚刚展开，客户的基本数据还不完备，如婚姻状况、学历、薪金、其他欠贷款情况等数据目前难以获得，这些属性专家认为也能够影响到其信用等级的评估和信用风险的波动。其次，假设信用等级转换概率矩阵是稳定的，也就是说假定不同客户、不同时期之间的信用等级转换概率是不变的。然而实际上，行业因素、国家因素以及商业周期因素均会对信用等级转换概率产生重要影响。因此，在建模时，这些变量是不可观测到的，并且能观测到的部分变量的演化并不一定满足马尔可夫假设，这样尽管潜在的客户信用行为模型满足马尔可夫假设，但由于只观测到了部分变量，也无法用这些变量建立准确的动态贝叶斯网络模型。然而，这些因素可以在模型中以隐藏变量的形式出现，因此，有必要增加隐藏变量来参与建模。同时，由于专家评估客户的数量有限，大量客户数据未带有信用等级标注，因此，应利用主动学习机制仔细挑选样本，通过专家评定有利于建模的样本数据，使其加入训练集中，来加快建模过程，减少人工标注代价。

本章利用 11.5 节提出的 DBNs-SSAL 算法建立电信客户信用风险行为演化模型，预测未来某一时期客户的信用风险状态，考察客户的信用风险水平的波动性。本章分别讨论了基于分类误差损失减少和 EM 的 DBNs 学习算法以及基于 QBC 和 EM 的 DBNs 学习算法，通过实际的电信客户信用数据比较了两个算法的计算效率和分类性能。

11.6.1 算法流程

基于误差减少和 EM 的动态贝叶斯网络学习算法具体步骤见 11.5 节，这里给出其基本流程框图，如图 11.20 所示。

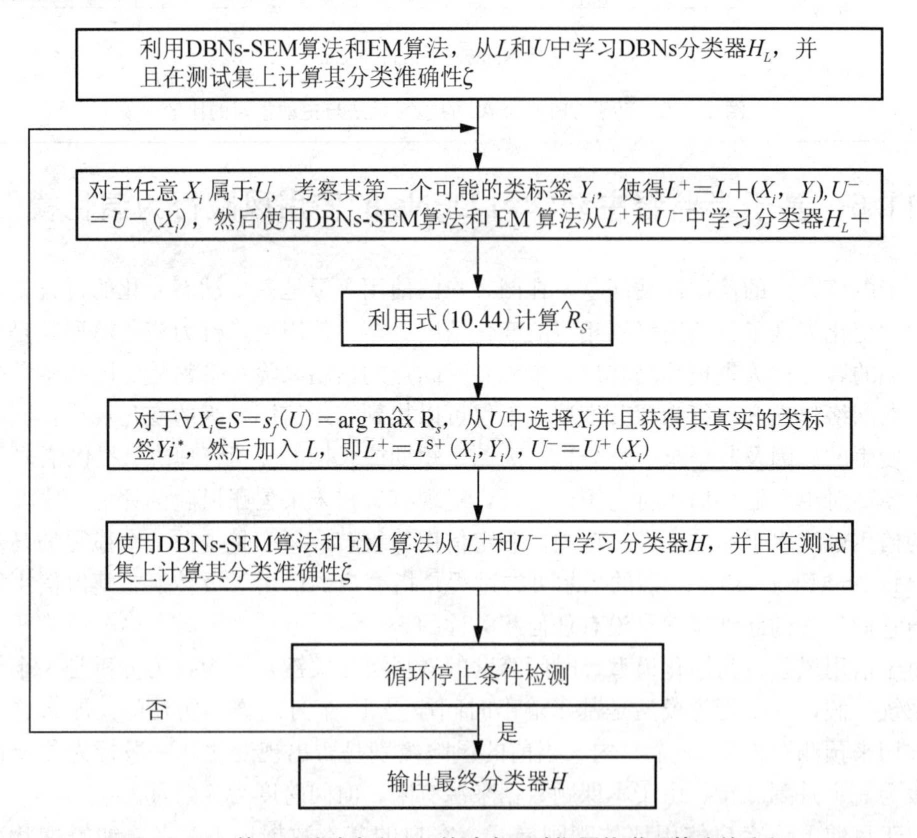

图 11.20　基于误差减少和 EM 的动态贝叶斯网络学习算法的流程

11.6.2　实验结果和分析

建模使用某省移动通信公司 2001 年 1—5 月的 475 个客户数据，共 2375 条数据记录进行信用风险行为建模。其中 1980 条数据用做训练数据，在这部分数据中，又随机抽取 330 条数据记录用作初始分类器的训练，1650 条数据看作未标注的数据记录。测试数据为 395 条数据记录。电信专家根据客户的基本情况、缴欠费记录和呼叫行为记录对客户的信用等级进行了评估，信用等级分为四个级别。选取欠费状态、地区、月租费、市话费、预付费、长话费、新交款和信用级别等八个字段参与建模，并且增加了两个隐结点参与建模。

建模选择以图 11.21 所示的结构作为初始网的结构，且假设每个时间片内网络结构和参数与初始网相同，整个动态贝叶斯网络按五个时间片展开。

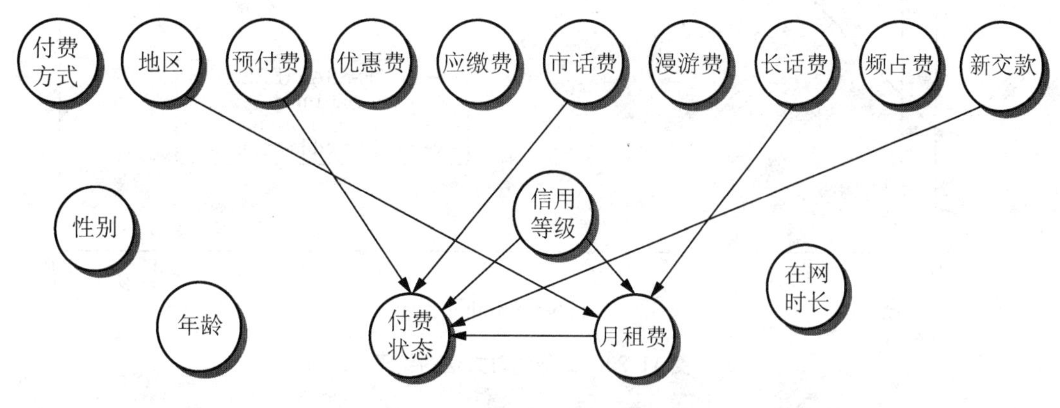

图 11.21　信用等级评估模型结构

为了验证基于 ERS 和 EM 的动态贝叶斯网络学习算法(DBNs-SSAL(ERS&EM))的效率和性能，实验比较了基于 DBNs-SSAL(ERS&EM)算法、基于投票熵的 QBC 主动学习、基于半监督学习和基于监督学习的动态贝叶丝网络分类器的分类准确性。实验结果如图 11.22 所示。由于 DBNs-SSAL(ERS&EM)的计算复杂度较高，在个人计算机上运行了 166 个小时，并未得出最终结果，只选择了七个样本提交用户标记，并将其加入训练集中参与训练。

从图 11.22 所示的实验结果来看，利用半监督学习在学习过程中加入未标记样本时，与加入标记样本的监督学习有相同的性能，但其后续表现不如监督学习，这是因为学习过程中错误分类信息的加入而影响了分类精度。主动学习与半监督和监督学习相比其学习速度明显快于两者，但是其分类精度不如监督学习。而基于 DBNs-SSAL(ERS&EM)的学习算法，其选择了比主动学习更少的未标注样本后，DBNs 分类器很快就达到了与其相同的分类精度，但该算法最后能否经过学习达到与被动学习相同的精度，有待今后证实。因此，从计算效率上来讲，该算法不如基于投票熵的 QBC 主动学习和基于半监督学习。但是从使用查询样本的数目上看，要比其他三种算法要少，并且所获得分类性能好，这无疑减少了人工评价样本的工作量。

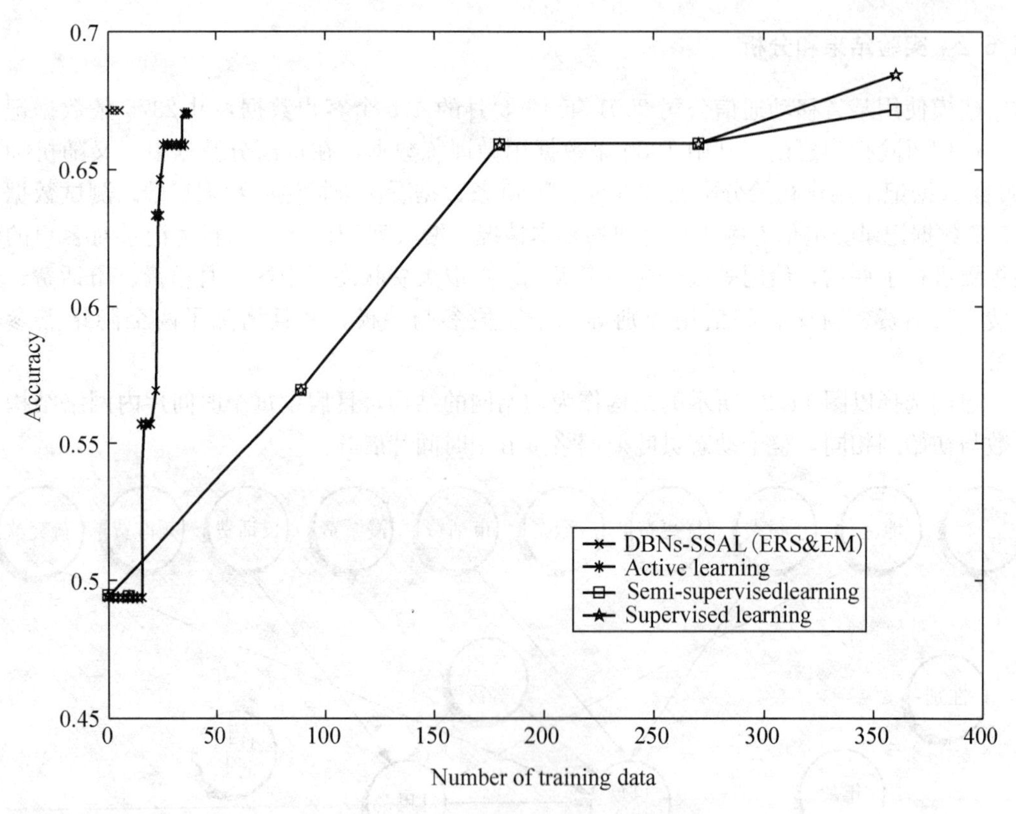

图 11.22 四种学习方法的结果

11.7 小 结

本章主要介绍了贝叶斯网络、动态贝叶斯网络和主动学习的基础理论知识。同时，针对贝叶斯网络的学习特点，提出研究基于委员会投票选择的主动贝叶斯网络算法。

隐马尔可夫模型在图像识别方面具有很多优点：

1）隐马尔可夫模型是统计模型，当训练的样本足够多时，可以得到很高的识别率；

2）隐马尔可夫模型通过对样本的训练，可以由观测序列识别出对应的内部状态序列，具有时间规整特性；

3）隐马尔可夫模型可以较好地对时序非平稳过程进行建模，可以同时描述视频信号的短时平稳特性和长期非平稳特性；

4）隐马尔可夫模型能处理不同长度的序列信号而不需要进行归一化。如果采集的训练样本是时间长度不同的序列，则训练好的隐马尔可夫模型可以较好地处理时间长度不同的问题。

近年来，研究者们利用半监督学习方法来提高 DBNs 的学习性能，但如何利用主动学习更好地提高半监督动态贝叶斯网络的学习却研究得较少，文中研究了基于半监督主动学习的动态贝叶斯网络分类器算法。首先讨论了基于误差减少的半监督主动学习的 DBNs，实验结果表明，基于误差减少的半监督主动学习的 DBNs 学习复杂度高，学习时间长，实

际不可用。其次，又讨论了基于投票熵和最小相对熵相结合的半监督主动学习的DBNs，实验结果显示，该算法学习复杂度低，学习时间短，并且其学习效率和性能要好于主动学习、半监督学习和被动学习。

另外，还研究了基于DBNs-SSAL算法来建立电信客户信用风险行为演化模型，分别讨论了基于分类误差损失减少和EM的DBNs-SSAL学习算法，以及基于QBC和EM的DBNs-SSAL学习算法，实验结果显示，基于QBC和EM的DBNs学习算法建立的客户信用风险行为演化模型，从效率和性能上都优于前者，我们使用的建模方法较好地解决了利用监督学习建立信用风险行为演化模型时所面临的训练样本缺乏的困难，解决了人工评价样本所需时间多且代价昂贵的问题，为其实际应用提供了良好的解决思路。

习　　题

11.1　何谓贝叶斯网络的结构学习？

11.2　怎样理解贝叶斯网络参数学习？

11.3　贝叶斯网络的推理过程包括哪些？

11.4　常用的贝叶斯网络分类有几种？它们之间的联系与区别又是什么？

11.5　简述隐马尔可夫模型的基本问题及其解法。

11.6　怎样理解动态贝叶斯网络与隐马尔可夫模型的联系与区别？

11.7　主动学习和被动学习的区别与联系是什么？

11.8　怎样理解主动学习的选择策略？

11.9　在目标识别中，假定有农田和装甲车两种类型，类型ω_1和类型ω_2分别代表农田和装甲车，它们的先验概率分别为0.7和0.3，损失函数如表11.1所示。现在做了三次试验，获得三个样本的类概率密度如下：

$p(x\mid\omega_1)$：0.3，0.1，0.6

$p(x\mid\omega_2)$：0.7，0.8，0.3

(1) 试用贝叶斯最小误判概率准则判决三个样本各属于哪一个类型；

(2) 假定只考虑前两种判决，试用贝叶斯最小风险准则判决三个样本各属于哪一类；

(3) 把拒绝判决考虑在内，重新考核三次试验的结果。

表11.1　损失函数

损失 \ 类型 / 判决	ω_1	ω_2
α_1	1	4
α_2	5	1
α_3	1	1

附录A

数字图像处理技术词汇表

词 汇 名	中文名称	说 明
Accuracy	识别率	对于某一样本集合而言，经分类器识别正确的样本占总样本数的比例
Algebraic operation	代数运算	一种图像处理运算，包括两幅图像对应像素的和、差、积、商
Aliasing	走样(混叠)	当图像像素间距和图像细节相比太大时产生的一种人工痕迹
Arc	弧	图的一部分；表示一曲线一段的相连的像素集合
Binary image	二值图像	只有两级灰度的数字图像(通常为0和1，黑和白)
Blur	模糊	由于散焦、低通滤波、摄像机运动等引起的图像清晰度的下降
Border	边框	一副图像的首、末行或列
Boundary chain code	边界链码	定义一个物体边界的方向序列
Boundary pixel	边界像素	至少和一个背景像素相邻接的内部像素(比较外部像素、内部像素)
Boundary tracking	边界	跟踪一种图像分割技术，通过沿弧从一个像素顺序探索到下一个像素将弧检测出
Brightness	亮度	和图像一个点相关的值，表示从该点的物体发射或放射的光的量
Change detection	变化检测	通过相减等操作将两幅匹准图像的像素加以比较从而检测出其中物体差别的技术
Class	类	具有共同特征的事物所形成的种类或者说是定义同一类所有对象的变量和方法的蓝图或原型
Closed curve	封闭曲线	一条首尾点处于同一位置的曲线
Cluster	聚类、集群	在空间(如在特征空间)中位置接近的点的集合
Cluster analysis	聚类分析	在空间中对聚类的检测，度量和描述
Concave	凹的	物体是凹的是指至少存在两个物体内部的点，其连线不能完全包含在物体内部(反义词为凸)
Connected	连通的	在无向图中，若从顶点a到顶点b有路径，则称顶点a与b是连通的
Contour encoding	轮廓编码	对具有均匀灰度的区域，只将其边界进行编码的一种图像压缩技术
Contrast	对比度	物体平均亮度(或灰度)与其周围背景的差别程度

续表

词 汇 名	中文名称	说 明
Contrast stretch	对比度扩展	一种线性的灰度变换
Convex	凸的	物体是凸的是指连接物体内部任意两点的直线均落在物体内部
Convolution	卷积	一种将两个函数组合成第三个函数的运算，卷积刻画了线性移不变系统的运算
Corrvolution kernel	卷积核	1）用于数字图像卷积滤波的二维数字阵列；2）与图像或信号卷积的函数
Curve	曲线	1）空间的一条连续路径；2）表示一路径的像素集合(见弧、封闭曲线)
Deblurring	去模糊	1）一种降低图像模糊、锐化图像细节的运算；2）消除或降低图像的模糊，通常是图像复原或重构的一个步骤
Decision rule	决策规则	在模式识别中，用以将图像中物体赋以一定量的规则或算法，这种赋值是以对物体特征度量为基础的
Digital image	数字图像	1）表示景物图像的整数阵列；2）一个二维或更高维的采样并量化的函数，它由相同维数的连续图像产生；3）在矩形(或其他)网络上采样一连续函数，并在采样点上将值量化后的阵
Digital image processing	数字图像处理	对图像的数字化处理；由计算机对图片信息进行操作
Digitization	数字化	将景物图像转化为数字形式的过程
Edge	边缘	1）在图像中灰度出现突变的区域；2）属于一段弧上的像素集，在其另一边的像素与其有明显的灰度差别
Edge detection	边缘检测	通过检查邻域，将边缘像素标识出的一种图像分割技术
Edge enhancement	边缘增强	通过将边缘两边像素的对比扩大来锐化图像边缘的一种图像处理技术
Edge image	边缘图像	在边缘图像中每个像素或者标注为边缘，或者为非边缘
Edge linking	边缘连接	在边缘图像中将边缘像素连成边缘的一种图像处理技术
Edge operator	边缘算子	将图像中边缘像素标记出来的一种邻域算子
Edge pixel	边缘像素	处于边缘上的像素
Enhance	增强	增加对比度或主观可视程度
Exterior pixel	外像素	在二值图像中，处于物体之外的像素(相对于内像素)
False negativc	负误识	在两类模式识别中，将属于物体标注为不属于物体的误分类
False positive	正误识	在两类模式识别中，将不属于物体标注为属于物体的误分类
Feature	特征	指一种模式区别于另一种模式的相应(本质)特点或特性，是通过测量或处理能够抽取的数据。其有助于物体的分类。如大小、纹理、形状
Feature extraction	特征检测	模式识别过程中的一个步骤，在该步骤中计算物体的有关度量

续表

词 汇 名	中文名称	说 明
Feature selection	特征选择	在模式识别系统开发过程中的一个步骤。旨在研究质量或观测能否用于将物体赋以一定类别
Feature space	特征空间	参见度量空间
Fourier transform	傅里叶变换	采用复指数作为核函数的一种线性变换
Geometric correction	几何校正	采用几何变换消除几何畸变的一种图像复原技术
Generalization accuracy	泛化精度	指分类器在独立于训练样本的测试集合上的识别率
Gray level	灰度级	1) 和数字图像的像素相关连的值，它表示由该像素的原始景物点的亮度；2) 在某像素位置对图像的局部性质的数字化度量
Gray scale	灰度	在数字图像中所有可能灰度级的集合
Gray-scale transformation	灰度变换	在点运算中的一种函数，它建立了输入灰度和对应输出灰度的关系
Hankel transform	Hankel 变换	计算序列的 Hankel 变换实际上也就是计算所对应的 Hankel 行列。计算 Hankel 变换的方法主要包括 Hankel 矩阵的 LDU 分解法，连分式法和格路理论
Harmonic signal	谐波信号	有余弦实部和相同频率的正弦虚部组合的复数信号
Hermite function	Hermite 函数	具有偶实部和奇虚部的复值函数
Highpass filtering	高通滤波	图形增强(通常是卷积)运算，相对于低频部分它对高频部分进行了提升
Hole	洞	在二值图像中，由物体内点完全包围的连通的背景点
Image	图像	对物理景物或其他图像的统一表示称为图像
Image compression	图像压缩	消除图像冗余或对图像近似的任一种过程，其目的是对图像以更紧凑的形式表示
Image coding	图像编码	将图像变换成另一个可恢复的形式(如压缩)
Image enhancement	图像增强	旨在提高图像视觉外观的任一处理
Image matching	图像匹配	为决定两副图像相似程度对它们进行量化比较的过程
Image-processing operation	图像处理运算	将输入图像变换为输出图像的一系列步骤
Image reconstruction	图像重构	从非图像形式构造或恢复图像的过程
Image registration	图像匹准	通过将景物中的一图幅像与相同景物的另一幅图像进行几何运算，以使其中物体对准的过程
Image restoration	图像复原	通过逆图像退化的过程将图像恢复为原始状态的过程

续表

词汇名	中文名称	说明
Image segmentation	图像分割	1）在图像中检测并勾画出感兴趣物体的处理；2）将图像分为不相连的区域，通常这些区域对应于物体以及物体所处的背景
Interior pixel	内像素	在一幅二值图像中，处于物体内部的像素(相对于边界像素、外像素)
Interpolation	插值	确定采样点之间采样函数的过程称为插值
Kernel function	核函数	设任意 x，$z\in X$，X 属于 $R(n)$ 空间，非线性函数 Φ 实现输入空间 X 到特征空间 F 的映射。其中 F 属于 $R(m)$，$n<<m$。如果 $K(x, z)=<\Phi(x), \Phi(z)>$，其中< ，>为内积，则 $K(x, z)$ 为核函数。该核函数将 m 维高维空间的内积运算转化为 n 维低维输入空间的核函数计算，从而巧妙地解决了在高维特征空间中计算的“维数灾难”等问题，从而为在高维特征空间解决复杂的分类或回归问题奠定了理论基础
Line detection	线检测	通过检查邻域将直线像素标识出来的一种图像分割技术
Line pixel	直线像素	处于一条近似于直线的弧上的像素
Local operation	局部运算	基于输入像素的一个邻域的像素灰度决定该像素输出灰度的图像处理运算，同邻域运算(对比：点运算)
Local property	局部特征	在图像中随位置变化的感兴趣的特征(如光学图像的亮度或颜色、非光学图像高度、温度、密度等)
Lossless image compression	无失真图像压缩	可以允许完全重构原图像的任何图像压缩技术
Lossy image compression	有失真图像压缩	由于包含近似，不能精确重构原图像的任何图像压缩技术
Matched filtering	匹配滤波	采用匹配波器检测图像中特定物体的存在及其位量
Measurement space	度量空间	在模式识别中，包含所有可能度量向量的 n 维向量空间
Misclassification	误分类	在模式识别中，将物体误为别类的分类
Multispectral image	多光谱图像	同一景物的一组图像，每一个是由电磁谱的不同波段辐射产生的
Neighborhood	邻域	在给定像素附近的一像素集合
Neighoorhood operation	邻域运算	见局部运算
Noise	噪音	一幅图像中阻碍感兴趣数据的识别和解释的不相关部分，或者说与模式处理(特征抽取中的误差)和(或)训练样本联合的失真，它对系统的分类能力(如识别)产生影响
Noise reduction	噪音抑制	降低一幅图像中噪音的任何处理
Object	目标、物体	在模式识别中，处于一二值图像中的相连像素的集合，通常对应于该图像所表示景物中的一个物体

续表

词　汇　名	中文名称	说　　明
Optical image	光学图像	通过镜头等光学器件将景物中的光投射到一表面上的结果
Pattern	模式	一个类的成员所表现出的共有的有意义的规则性，可以度量并可用于对感兴趣的物体分类
Pattern class	模式类	可赋予一个物体的相互不包容的预先定义的类别集合的任一个类，即指共享一组共同属性(或特征)的模式集合，通常具有相同的来源
Pattern classification	模式分类	将物体赋予模式类的过程或者说根据特征将模式分配给不同的模式类
Pattern recognition	模式识别	自动或半自动地检测、度量、分类图像中的物体或者说识别出模式的类别的过程
Pel	像素	图像元素(Picture Element)的缩写
Perimeter	周长	围绕一物体的边界的周边距离
Picture element	图像元素、像素	数字图像的最小单位，一幅数字图像的基本组成单元
Pixel	像素	图像元素(Picture Element)的缩写
Point operation	点运算	只根据对应像素的输入灰度值决定该像素输出灰度值的图像处理运算(对比：邻域运算)
Quantitative image analysis	图像定量分析	从一幅数字图像中抽取定量数据的过程
Quantization	量化	在每一个像素处，将图像的局部特性赋予一个灰度集合中的元素的过程
Region	区域	一幅图像中的相连子集
Region growing	区域增长	通过重复地求具有相似灰度或纹理的相邻子区域的并集形成区域的一种图像分割技术
Registered	匹准的	1) 调准的状态；2) 两幅或多幅图像已几何调准，其中的物体吻合
Registered image	已配准图像	同一景物的两副(或以上)图像已相互调准好位置，从而使其中的物体具有相同的图像位置
Resolution	分辨率	1) 在光学中指可分辨的点物体之间最小的分离距离；2) 在图像处理中，指图像中相邻的点物体能够被分辨出的程度
Run	行程	在图像编码中，具有相同灰度的相连像素序列
Run length	行程长度、行程	在行程中像素的个数
Run length encoding	行程编码	图像行以行程序列表示的图像压缩技术，每一行程以一个给定的行程长度和灰度值定义

续表

词 汇 名	中文名称	说 明
Sampling	采样	(根据采样网络)将图像分为像素并测量其上局部特性(如亮度、颜色)的过程
Scene	景物	客观物体的一种特色的布局
Sharp	清晰	关于图像细节的易分辨性
Sharpening	锐化	用以增强图像细节的一种图像处理技术
Sigmoid function	Sigmoid 函数、S 函数	形如 S 的一种函数，是一种灰度变化函数，它也可用于神经元网络中处理单元(PE)中的函数
Sinusoidal	正弦型的	具有正弦函数形状的函数类型
Smoothing	平滑	降低图像细节幅度的一种图形处理技术，通常用于降噪
Statistical pattern recognition	统计模式识别	采用概率和统计的方法将物体赋予模式类的一种模式识别
Structural pattern recognition	结构模式识别	为描述和分类物体，将物体表示为基元及其相互关系的一种模式识别方法
Syntactic pattern recognition	句法模式识别	采用自然或人工语言模式定义基元及相互关系的一种结构模式识别方法
System	系统	任何接收输入、产出输出的东西
Testing	测试	将测试样本作为输入送入已训练好的分类器，得到分类结果并对分类正确率进行统计的过程
Testing sample	测试样本	一些类别信息对于分类器未知(不提供给分类器其类别信息)的样本，通常使用它们来测试分类器的性能
Testing set	测试集	测试样本所组成的集合。当测试集合与训练集合没有交集时，称为独立的测试集
Texture	纹理	图像处理中，表示图像中灰度幅度及其局部变化的空间组织的一种属性
Thinning	细化	将物体削减为(单像素宽度)的细曲线的一种二值图像处理技术
Threshold	阈值	用以生产二值图像的一特定灰度
Thresholding	二值化	有灰度图产生二值图像的过程，如果输入像素的灰度值大于给定的阈值则输出像素赋为 1，否则赋为 0
Training/1earning	训练/学习	根据训练样本集合，“教授”识别系统如何将输入矢量映射为输出矢量的过程
Training sample	训练样本	一些类别信息已知的样本，通常使用它们来训练分类器
Training set	训练集	训练样本所组成的集合
Transter function	传递函数	在线性移不变系统中，表达每一频率下的正弦型输入信号的幅值比例传递到输出信号上的频率函数

附录 B

数序基础

本附录列出了来自不同区域的一些与正文内容相关的定义和结果。它们以摘要的形式列出，而不加推导。这里只提到与正文中涉及的概念有直接支持作用的结果。若想有进一步的了解，读者可以查阅适当的教科书。

B1 线性代数

B1.1 向量和矩阵

列向量是一个 $M\times 1$ 的矩阵。行向量是一个 $1\times N$ 的矩阵。若列向量表示为

$$\boldsymbol{b}=[b_i]=\begin{bmatrix} b_1 \\ b_2 \\ \vdots \\ b_n \end{bmatrix} \tag{1}$$

则对应的行向量可表示为

$$\boldsymbol{b}^{\mathrm{T}}=[b_1,b_2,\cdots,b_N] \tag{2}$$

其中，b_i 称为向量的元素，除非特别指明，名词“向量”总是指列向量。

矩阵指一组有序的排成矩形阵列的数。一个有 M 行 N 列的 $M\times N$ 矩阵，记为

$$\boldsymbol{A}=[a_{ij}]=\begin{bmatrix} a_{1,1} & a_{1,2} & \cdots & a_{1,N} \\ a_{2,1} & a_{2,2} & \cdots & a_{2,N} \\ \vdots & \vdots & & \vdots \\ a_{M,1} & a_{M,2} & \cdots & a_{M,N} \end{bmatrix} \tag{3}$$

其中，a_{ij} 称之为 $\boldsymbol{A}$ 的元素或项，$i=1,2,\cdots,M$ 和 $j=1,2,\cdots,N$ 被称为索引和下标。

矩阵 $\boldsymbol{A}$ 的**转置**是另一个矩阵，记为$\boldsymbol{A}^{\mathrm{T}}$。它是通过将矩阵 $\boldsymbol{A}$ 的行和列互换而得到的。例如，若 $\boldsymbol{A}=\begin{bmatrix} 1 & 3 & 5 \\ 8 & 2 & 7 \end{bmatrix}$，则

$$\boldsymbol{A}^{\mathrm{T}}=\begin{bmatrix} 1 & 8 \\ 3 & 2 \\ 5 & 7 \end{bmatrix} \tag{4}$$

若 $M=N$，则矩阵变成方阵。若方阵 $\boldsymbol{A}$ 满足 $a_{i,j}=a_{j,i}$，则称 $\boldsymbol{A}$ 为对称方阵。例如，

$$
\mathbf{A}=\begin{bmatrix}1 & -1 & 2\\ -1 & 3 & 4\\ 2 & 4 & 0\end{bmatrix} \tag{5}
$$

就是一个对称方阵。

对角阵指除对角元素外其余元素均为0的方阵，或者说，对所有 $i\neq j$，均有 $a_{i,j}=0$。另外，单位阵$\boldsymbol{I}$是满足 $a_{i,j}=1$ 的对角阵。例如，3×3 的单位阵为

$$
\boldsymbol{I}=\begin{bmatrix}1 & 0 & 0\\ 0 & 1 & 0\\ 0 & 0 & 1\end{bmatrix} \tag{6}
$$

矩阵的迹是一个标量，是矩阵对角线上元素的总和，即

$$
\mathrm{tr}[\boldsymbol{A}]=\sum_{i=1}^{N}a_{i,j} \tag{7}
$$

标量积(矩阵的常数倍，也称数乘矩阵)可定义为

$$
c\mathbf{A}=\mathbf{A}c=c[a_{i,j}]=[ca_{i,j}] \tag{8}
$$

其中 c 为常数。

一个矩阵与常数的标量和定义为

$$
c+\mathbf{A}=\mathbf{A}+c=[a_{i,j}]+c=[a_{i,j}+c] \tag{9}
$$

两个 $M\times N$ 的矩阵和定义为

$$
\mathbf{A}+\mathbf{B}=\mathbf{B}+\mathbf{A}=[a_{i,j}+b_{i,j}] \tag{10}
$$

矩阵求和只对具有相同行数和相同列数的矩阵才有意义。

两个大小分别为 $M\times P$ 和 $P\times N$ 的矩阵之积是一个 $M\times N$ 的矩阵，可表示为

$$
\mathbf{AB}=\mathbf{D}=[a_{i,j}][\sum_{k=0}^{p-1}a_{i,k}b_{k,j}] \tag{11}
$$

我们知道，矩阵相乘只对左矩阵的列数等于右矩阵行数的两个矩阵有定义。

对于两个等长向量，外积是(秩为1的)矩阵，可表示为

$$
\boldsymbol{a}\,\boldsymbol{b}^{\mathrm{T}}=\begin{bmatrix}a_1\\ a_2\\ \vdots\\ a_N\end{bmatrix}\begin{bmatrix}b_1 & b_2 & \cdots & b_N\end{bmatrix}=\begin{bmatrix}a_1b_1 & a_1b_2 & \cdots & a_1b_N\\ a_2b_1 & a_2b_2 & \cdots & a_2b_N\\ \vdots & \vdots & & \vdots\\ a_Nb_1 & a_Nb_2 & \cdots & a_Nb_N\end{bmatrix} \tag{12}
$$

另外，内积是个标量

$$
\boldsymbol{a}^{\mathrm{T}}\boldsymbol{b}=\begin{bmatrix}a_1 & a_2 & \cdots & a_N\end{bmatrix}\begin{bmatrix}b_1\\ b_2\\ \vdots\\ b_N\end{bmatrix}=c \tag{13}
$$

向量的欧几里得范数是个标量，可定义为

$$
\|\boldsymbol{a}\|=\sqrt{\boldsymbol{a}^{\mathrm{T}}\boldsymbol{a}}=\sqrt{\sum_{i=0}^{N-1}a_i^a} \tag{14}
$$

如果向量 $\boldsymbol{a}$ 含 N 维欧式空间中一点的坐标，那么向量 $\boldsymbol{a}$ 的范数就是该点到原点的距

离。例如，设$\boldsymbol{a}^{\mathrm{T}}=[x_1, y_1, z_1]$，$\boldsymbol{b}^{\mathrm{T}}=[x_2, y_2, z_2]$是代表三维空间中两个点位置的向量，那么它们之间的距离为

$$d=\|\boldsymbol{a}-\boldsymbol{b}\|=\sqrt{(x_1-x_2)^2+(y_1-y_2)^2+(z_1-z_2)^2} \tag{15}$$

方阵$\boldsymbol{A}$的逆$\boldsymbol{A}^{-1}$是另一个具有相同大小的方阵，它满足

$$\boldsymbol{A}\boldsymbol{A}^{-1}=\boldsymbol{A}^{-1}\boldsymbol{A}=\boldsymbol{I} \tag{16}$$

其中$\boldsymbol{I}$是同样大小的单位阵。只要矩阵的逆存在，它就是唯一的。如果不存在这样的逆，那么$\boldsymbol{A}$称为奇异矩阵。如果$\boldsymbol{A}$非奇异，但是很接近于奇异矩阵，以至于计算它的逆时出现了大得惊人的数字，那么称其为病态方阵。

方阵$\boldsymbol{A}$的行列式是关于$\boldsymbol{A}$的元素的(唯一的)标量值函数，它有如下性质：

(1) $|\boldsymbol{I}|=1$

(2) 若$\boldsymbol{A}$有两行(或两列)相同，则$|\boldsymbol{A}|=0$

(3) 若$\boldsymbol{B}$是从$\boldsymbol{A}$的每一行(或列)乘以常数k得到的，则$|\boldsymbol{B}|=k|\boldsymbol{A}|$

(4) 若$\boldsymbol{A}$，$\boldsymbol{B}$，$\boldsymbol{C}$是除第i行外均相同的$N\times N$矩阵，且第i行$c_{i,j}=a_{i,j}+b_{i,j}$，那么$|\boldsymbol{C}|=|\boldsymbol{A}|+|\boldsymbol{B}|$

(1) 若$|\boldsymbol{A}|=0$，则$\boldsymbol{A}$是奇异的

(2) 若$\boldsymbol{A}$的某行可以通过对另外某行乘以常数倍而得到，则$\boldsymbol{A}$奇异(对列亦类似)

(3) $|\boldsymbol{A}^{\mathrm{T}}|=|\boldsymbol{A}|$

(4) $|\boldsymbol{A}^{-1}|=1/|\boldsymbol{A}|$

(5) $|\boldsymbol{AB}|=|\boldsymbol{BA}|=|\boldsymbol{A}|\,|\boldsymbol{B}|$

一个$N\times N$的矩阵$\boldsymbol{A}$的秩R是一个整数($1\leqslant R\leqslant N$)。若$\boldsymbol{A}$是非奇异的，那么$R=N$。R是最大的非奇异子阵的大小，该子阵是通过删除$\boldsymbol{A}$的行和列而得到的。$N-R$是那些可以由其他行的线性组合而得到的行的数目。

若$\boldsymbol{A}$是一个$M\times N$的矩阵，则它的伪逆(也称广义逆)$\boldsymbol{A}^{-}$是矩阵积，可表示为

$$\boldsymbol{A}^{-}=(\boldsymbol{A}^{\mathrm{T}}\boldsymbol{A})^{-1}\boldsymbol{A}^{\mathrm{T}}, \text{且有} \boldsymbol{A}^{-1}\boldsymbol{A}=I \tag{17}$$

式(17)成立的前提是$(\boldsymbol{A}^{\mathrm{T}}\boldsymbol{A})^{-1}$存在。此外，矩阵和矩阵代数运算的一些性质如表B1所示。

表B1　矩阵的性质

名　　称	表 达 式
矩阵	$\mathbf{A}=[a_{ij}]$
转置	$\mathbf{A}^{\mathrm{T}}=[a_{ji}]$
对称	$a_{ji}=a_{ij}$，$\mathbf{A}^{\mathrm{T}}=\mathbf{A}$
酉阵	$\mathbf{A}^{-1}=\mathbf{A}^{\mathrm{T}}$
正交归一阵	$\boldsymbol{AB}=\boldsymbol{I}$

B1.2　特征值和特征向量

(1) 特征值

对于一个$N\times N$的矩阵，有N个标量λ_k，$k=1,2,\cdots,N$，满足

$$|\boldsymbol{A}-\lambda_k\boldsymbol{I}|=0 \tag{18}$$

λ_k 称为矩阵的一组(唯一的)特征值。

每个特征值可以认为是这样的一些数：当矩阵的每个对角元素都减去它时，将变为奇异阵。由于定义并未规定顺序的问题，因此可以随意将其排列。最方便的是按幅值由大到小排序，即 $|\lambda_k|\geqslant|\lambda_{k+1}|$。

如果给定的矩阵是奇异的，那么 N 个特征值中至少有一个是0。矩阵的秩就等于非零的特征值的个数。矩阵的条件数定义为最大与最小(按绝对值)特征值的比较。如果它很大(但为有限值)，那么矩阵称为是病态的，对这样的矩阵求逆会导致很大的数字出现。

(2) 特征向量

满足式

$$\boldsymbol{A}\,\boldsymbol{v}_k=\lambda_k\,\boldsymbol{v}_k \tag{19}$$

的 $N\times1$ 的向量 $\boldsymbol{v}_k$，则 v_k 称为 $\boldsymbol{A}$ 的特征向量。一共有 N 组这样的向量，每组对应于某一个特征值。如果 $\boldsymbol{A}$ 是对称矩阵，那么 λ_k 也是实数。

例如，设 $\boldsymbol{A}=\begin{bmatrix}1&2\\2&1\end{bmatrix}$，则有 $\boldsymbol{A}\times\begin{bmatrix}1\\1\end{bmatrix}=\begin{bmatrix}1&2\\2&1\end{bmatrix}\begin{bmatrix}1\\1\end{bmatrix}=\begin{bmatrix}3\\3\end{bmatrix}=3\begin{bmatrix}1\\1\end{bmatrix}$ 和 $\boldsymbol{A}\times\begin{bmatrix}1\\-1\end{bmatrix}=\begin{bmatrix}1&2\\2&1\end{bmatrix}\begin{bmatrix}1\\-1\end{bmatrix}=\begin{bmatrix}-1\\1\end{bmatrix}=-1\begin{bmatrix}1\\-1\end{bmatrix}$。因此，3 是矩阵 $\boldsymbol{A}$ 的特征值，对应的特征向量为 $[1, 1]^{\mathrm{T}}$，而 -1 是另一个特征值，对应的特征向量为 $[1, -1]^{\mathrm{T}}$。

B1.3 矩阵的奇异值分解

任何一个 $M\times N$ 的矩阵 $\boldsymbol{A}(M\geqslant N)$ 都可以写为

$$\boldsymbol{A}=\boldsymbol{U}\boldsymbol{\Lambda}\,\boldsymbol{V}^{\mathrm{T}} \tag{20}$$

其中，$\boldsymbol{U}$ 和 $\boldsymbol{V}$ 分别是 $M\times N$ 和 $N\times N$ 矩阵，各列互相正交。$\boldsymbol{\Lambda}$ 是 $N\times N$ 的对角阵，其对角阵元素包含了 $\boldsymbol{A}$ 的奇异值。具体来说，$\boldsymbol{U}$ 的各列是 $\boldsymbol{A}\,\boldsymbol{A}^{\mathrm{T}}$ 的特征向量，$\boldsymbol{V}$ 的各列是 $\boldsymbol{A}^{\mathrm{T}}\boldsymbol{A}$ 的特征向量。并且由于 $\boldsymbol{U}$ 和 $\boldsymbol{V}$ 是酉阵，则有

$$\boldsymbol{\Lambda}=\boldsymbol{U}^{\mathrm{T}}\boldsymbol{A}\boldsymbol{V} \tag{21}$$

既然 $\boldsymbol{V}$ 是一个对角矩阵，奇异值分解允许把一个秩为 R 的 $M\times M$ 矩阵表示为 R 个秩为1的 $M\times M$ 矩阵的和。每个这样的矩阵由两个 $M\times1$ 的特征向量的外积生成，在相加时分别由相应的奇异值加权，具体来说：

$$\boldsymbol{A}=\boldsymbol{U}\boldsymbol{\Lambda}\,\boldsymbol{V}^{\mathrm{T}}=\sum_{j=1}^{R}\boldsymbol{\Lambda}_{j,j}\,\boldsymbol{u}_j\,\boldsymbol{v}_j^{\mathrm{T}} \tag{22}$$

其中，R 是 $\boldsymbol{A}$ 的秩，$\boldsymbol{u}_j$ 和 $\boldsymbol{v}_j$ 分别是 $\boldsymbol{U}$ 和 $\boldsymbol{V}$ 的第 j 列。

例如，考虑 3×3 矩阵 $\boldsymbol{A}=\begin{bmatrix}1&2&1\\2&3&2\\1&2&1\end{bmatrix}$，由于其是一个对称方阵，它的奇异值分解得以简化。两个酉矩阵是相等的。

$$\boldsymbol{A}\boldsymbol{A}^{\mathrm{T}}=\boldsymbol{A}^{\mathrm{T}}\boldsymbol{A}=\begin{bmatrix}6&10&6\\10&17&10\\6&10&6\end{bmatrix} \tag{23}$$

它们有特征值 $\begin{bmatrix}\lambda_1\\ \lambda_2\\ \lambda_3\end{bmatrix}=\begin{bmatrix}2886\\ 0.14\\ 0\end{bmatrix}$ 以及特征向量 $\boldsymbol{u}_1=\boldsymbol{v}_1=\begin{bmatrix}0.454\\ 0.766\\ 0.454\end{bmatrix}$、$\boldsymbol{u}_2=\boldsymbol{v}_2=\begin{bmatrix}0.542\\ -0.643\\ 0.542\end{bmatrix}$ 和 $\boldsymbol{u}_3=\boldsymbol{v}_3=\begin{bmatrix}-0.707\\ 0\\ -0.707\end{bmatrix}$。因为有一个特征值为0，故 $\boldsymbol{U}$ 是秩为2的矩阵，奇异值在 $\boldsymbol{\Lambda}$ 的对角线上。则 $\boldsymbol{\Lambda}=\boldsymbol{U}^{\mathrm{T}}\boldsymbol{A}\boldsymbol{V}=\begin{bmatrix}5.37 & 0 & 0\\ 0 & -0.372 & 0\\ 0 & 0 & 0\end{bmatrix}$，它的奇异值分解展开式为 $\boldsymbol{A}=\sum_{j=1}^{3}\boldsymbol{\Lambda}_{j,j}\,\boldsymbol{u}_j\,\boldsymbol{v}_j^{\mathrm{T}}$。在本例中，它只有两个非零值。

注意到第二个奇异值与第一个奇异值相比要小得多，所以在相加过程中可以忽略第二项而不至于引入明显的近似误差。只用第一项就可得到 $\boldsymbol{A}$ 的一个近似：

$$\boldsymbol{A}\approx\boldsymbol{\Lambda}_{1,1}\,\boldsymbol{u}_1\,\boldsymbol{v}_1^{\mathrm{T}}=\begin{bmatrix}1.11 & 1.87 & 1.11\\ 1.87 & 3.15 & 1.87\\ 1.11 & 1.87 & 1.11\end{bmatrix}\tag{24}$$

矩阵求逆

如果 $M\times M$ 的矩阵 $\boldsymbol{A}$ 是奇异的，那么它的一个或多个奇异值将是0。如果它是病态的，那么它的一个或多个奇异值会很小。因此按平常的方法求逆是很困难的。奇异值分解提供了一种解决这种情况的求逆方法。

对式(21)求逆，得到

$$\boldsymbol{A}^{-1}=\boldsymbol{U}^{\mathrm{T}}\boldsymbol{\Lambda}^{-1}\boldsymbol{V}\tag{25}$$

其中，$\boldsymbol{\Lambda}^{-1}$ 是对角阵，对角元素是 $1/\Lambda_{i,j}$。$\Lambda_{i,j}$ 值很小或值为0的奇异值将使式(25)非常烦琐或不可能，但是把对应的 $\boldsymbol{\Lambda}^{-1}$ 的对角元素置为0，却常常可以得到一个可用的近似结果。

B1.4 方程组

设想有一组共 N 个关于 M 个变量的方程，它们形式如下：

$$\begin{gathered}a_{1,1}x_1+a_{1,2}x_2+\cdots+a_{1,N}x_N=c_1\\ a_{2,1}x_1+a_{2,2}x_2+\cdots+a_{2,N}x_N=c_2\\ \cdots\\ a_{M,1}x_1+a_{M,2}x_2+\cdots+a_{M,N}x_N=c_M\end{gathered}\tag{26}$$

式(26)可以写成矩阵的形式：

$$\begin{bmatrix}a_{1,1} & a_{1,2} & \cdots & a_{1,N}\\ a_{2,1} & a_{2,2} & \cdots & a_{2,N}\\ \vdots & \vdots & & \vdots\\ a_{M,1} & a_{M,2} & \cdots & a_{M,N}\end{bmatrix}\begin{bmatrix}x_1\\ x_2\\ \vdots\\ x_N\end{bmatrix}=\begin{bmatrix}c_1\\ c_2\\ \vdots\\ c_M\end{bmatrix}\tag{27}$$

设 $\boldsymbol{x}=[x_i]$ 是 $N\times 1$ 的变量列向量，$\boldsymbol{c}=[c_j]$ 是 $M\times 1$ 的常量列向量。$\boldsymbol{A}=[a_{i,j}]$ 是 $M\times N$ 的系数矩阵。则有

$$\boldsymbol{A}\boldsymbol{x}=\boldsymbol{c}\tag{28}$$

一般来说，$\boldsymbol{A}$ 和 $\boldsymbol{c}$ 是已知的，$\boldsymbol{x}$ 是待求的解。方程组的解是一组特定的 x_i 的值，它们能同时满足所有方程。若 $M=N$ 且 $\boldsymbol{A}$ 是非奇异的，则有解：

$$\boldsymbol{x}=\boldsymbol{A}^{-1}\boldsymbol{c} \tag{29}$$

例如，设有两个变量的两个方程：

$$\begin{cases} x_1-2x_2=0 \\ 2x_1+3x_2=7 \end{cases} \tag{30}$$

它可以写成 $\begin{bmatrix} 1 & -2 \\ 2 & 3 \end{bmatrix}\begin{bmatrix} x_1 \\ x_2 \end{bmatrix}=\begin{bmatrix} 0 \\ 7 \end{bmatrix}$ 或 $\boldsymbol{Ax}=\boldsymbol{c}$。方程组(30)确定了在二维的 x_1 与 x_2 空间的两条直线(见图 B1)。方程组的解就是确定直线交点的向量 $\boldsymbol{x}$，即

$$\boldsymbol{x}=\boldsymbol{A}^{-1}\boldsymbol{c}=\begin{bmatrix} 0.429 & 0.286 \\ -0.286 & 0.143 \end{bmatrix}\begin{bmatrix} 0 \\ 7 \end{bmatrix}=\begin{bmatrix} 2 \\ 1 \end{bmatrix} \tag{31}$$

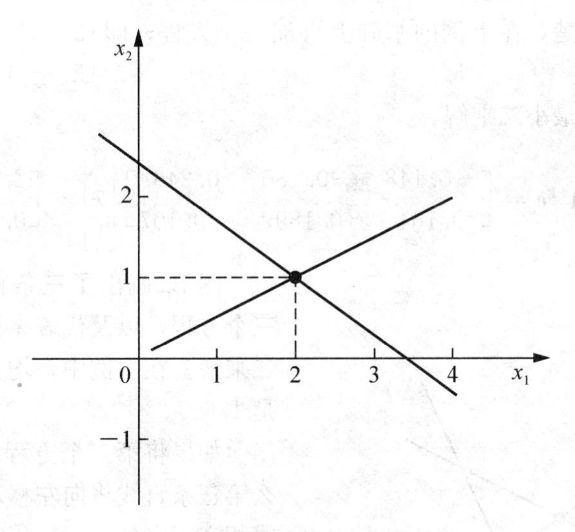

图 B1　两个变量两个方程的情况

在图 B1 中可以发现，两条直线确实在 $x_1=2$，$x_2=1$ 处相交。但若两条直线互相平行则 $\boldsymbol{A}$ 将是奇异的，解也就不存在。

如果 $\boldsymbol{A}$ 是奇异的，那么可以用奇异值分解得到一个解，它一般还是可以接受的。把式(25)代入式(29)，得到

$$\boldsymbol{x}=\boldsymbol{U}^{\mathrm{T}}\boldsymbol{\Lambda}^{-1}\boldsymbol{Vc} \tag{32}$$

正如前面所指出的，$\boldsymbol{\Lambda}^{-1}$ 是对角元素为 $1/\Lambda_{i,j}$ 的对角阵。当 $\boldsymbol{\Lambda}$ 的对角元素很小或为零时，$\boldsymbol{\Lambda}^{-1}$ 的相应元素被置为零。由此得到一个使 $|\boldsymbol{Ax}-\boldsymbol{c}|$ 最小的值。

B1.5　最小二乘法求解

当方程数超过未知数的数目时，方程组是约束的，一般情况下，没有一个解能准确地满足所有方程。所需要的是能近似满足所有方程的一个最佳解。一个常用的方法是找一个解使所有方程的均方误差最小。

例如，设方程组有两个变量，三个方程。由 $\boldsymbol{Ax}=\boldsymbol{c}$ 有

$$\begin{bmatrix} a_{11} & a_{12} \\ a_{21} & a_{22} \\ a_{31} & a_{32} \end{bmatrix} \begin{bmatrix} x_1 \\ x_2 \end{bmatrix} = \begin{bmatrix} c_1 \\ c_2 \\ c_3 \end{bmatrix} \tag{33}$$

这样的矩阵 A 不是方阵，因此没有逆。一般来说，没有一个向量 $\boldsymbol{x}$ 能同时满足所有方程。因此，另外求一个向量 $\hat{\boldsymbol{x}}$，使之近似满足所有方程。具体来说，要求使下式最小

$$\| \boldsymbol{A}\hat{\boldsymbol{x}} - \boldsymbol{c} \|^2 = (\boldsymbol{A}\hat{\boldsymbol{x}} - \boldsymbol{c})^{\mathrm{T}}(\boldsymbol{A}\hat{\boldsymbol{x}} - \boldsymbol{c}) \tag{34}$$

(1) 伪逆解

将式(34)中 $\hat{\boldsymbol{x}}$ 的导数置为 0，可知

$$\hat{\boldsymbol{x}} = (\boldsymbol{A}^{\mathrm{T}}\boldsymbol{A})^{-1}\boldsymbol{A}^{\mathrm{T}}\boldsymbol{c} = \boldsymbol{A}^{-}\boldsymbol{c} \tag{35}$$

因此，如果$(\boldsymbol{A}^{\mathrm{T}}\boldsymbol{A})^{-1}$存在，通过 $\boldsymbol{A}$ 的伪逆获得了最小二乘法的解。

为了解释得更清楚，在上例的基础上再加一个方程，即 $\begin{bmatrix} 1 & -2 \\ 2 & 3 \\ 2 & -1 \end{bmatrix} \begin{bmatrix} x_1 \\ x_2 \end{bmatrix} = \begin{bmatrix} 0 \\ 7 \\ 5 \end{bmatrix}$。现在，利用式(35)可以得到最小二乘解

$$\hat{\boldsymbol{x}} = \boldsymbol{A}^{-1}\boldsymbol{c} = \begin{bmatrix} -0.148 & -0.180 & 0.246 \\ 0.164 & 0.189 & -0.107 \end{bmatrix} \begin{bmatrix} 0 \\ 7 \\ 5 \end{bmatrix} = \begin{bmatrix} 2.492 \\ 0.787 \end{bmatrix} \tag{36}$$

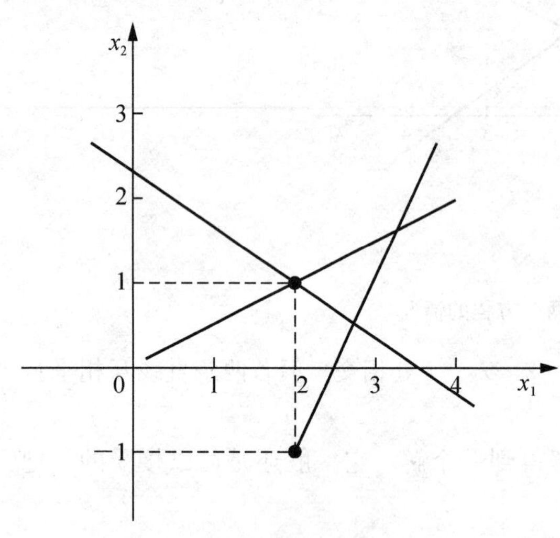

图 B2　两个变量三个方程的情况

图 B2 画出了三条直线，它们分别表示三个方程，以及代表 $\hat{\boldsymbol{x}}$ 的点，它对应于最小二乘解。在本例中，均方误差(详见式(34))是 1.607。

如果将第三个方程的常数项变为 3，那么第三条直线将向左移动，使得所有三条直线相交于点$(x_1, x_2)=(2,1)$。在这种情况下 $\hat{\boldsymbol{x}}^T=(2,1)$，其均方误差为零。

(2) 奇异值分解法求解

若$\boldsymbol{A}^{\mathrm{T}}\boldsymbol{A}$ 是病态的或是奇异的，可以用奇异值分解得到一个最小二乘法的解。只需用式(32)，并置 $\boldsymbol{A}^{-1}$ 中那些使得计算烦琐的元素为零即可。

B1.6　线性变换

设 $\boldsymbol{x}$ 是 $N\times1$ 向量，$\boldsymbol{A}$ 是 $N\times N$ 的矩阵，那么 $y_i = \sum_{j=1}^{N} a_{i,j}x_j$ 。则有

$$\boldsymbol{y} = \boldsymbol{A}\boldsymbol{x} \tag{37}$$

这里 $i=1,2,\cdots,N$，定义了向量 $\boldsymbol{x}$ 的一个线性变换。其结果 $\boldsymbol{y}$ 是另一个 $N\times1$ 向量。

一个简单的例子，如二维坐标系中的旋转。这里

$$\begin{bmatrix} y_1 \\ y_2 \end{bmatrix} = \begin{bmatrix} \cos\theta & -\sin\theta \\ \sin\theta & \cos\theta \end{bmatrix} \begin{bmatrix} x_1 \\ x_2 \end{bmatrix} \tag{38}$$

将向量 $\boldsymbol{x}$ 旋转了 θ 角。

在经过变换之后，如果需要原向量也可以从变换后的向量恢复，方法是利用逆变换 $\boldsymbol{x}=\boldsymbol{A}^{-1}\boldsymbol{y}$，前提是 $\boldsymbol{A}$ 是非奇异的。

对于给定的向量长度 N，有无穷多变的变换矩阵 $\boldsymbol{A}$。**线性变换**是比较常用的一类变换。

如果 $\boldsymbol{A}$ 是一个酉方阵，那么有 $\boldsymbol{A}^{-1}=\boldsymbol{A}^{*\mathrm{T}}$ 且 $\boldsymbol{A}\boldsymbol{A}^{*\mathrm{T}}=\boldsymbol{I}$。其中，$\boldsymbol{A}$ 的各列(以及各行)构成了一组正交归一基向量(单位向量)。因此，每一个这样的变换都可以视为在 N 维空间中的坐标旋转。

一维离散傅里叶变换就是**酉方阵线性变换**的一个例子。设

$$F_k = \frac{1}{\sqrt{N}} \sum_{i=0}^{N-1} f_i \exp(-j2\pi ki) = \boldsymbol{W}\boldsymbol{f} \tag{39}$$

其中，$\boldsymbol{W}$ 是一个酉阵，其元素为 $w_{i,k}=\frac{1}{\sqrt{N}}\exp(-j2\pi k\frac{i}{N})$。

在二维情况下，广义线性变换将 $N\times N$ 的矩阵 $\boldsymbol{F}$ 变换为 $N\times N$ 的矩阵 $\boldsymbol{G}$。其中

$$\boldsymbol{G} = \sum_{i=0}^{N=1} \sum_{k=0}^{N-1} F_{i,k}\xi(i,k,m,n) \tag{40}$$

其中，i，k，m，n 是从 0 到 $N-1$ 的整数，$\xi(i,k,m,n)$称为变换核。

若 $\xi(i,k,m,n)$可以被分成两个沿行和沿列分量函数的乘积，即

$$\xi(i,k,m,n) = T_r(i,m)T_c(k,n) \tag{41}$$

那么变换称为可分离的。若两个函数相同，则它又被称为对称的。此时

$$\xi(i,k,m,n) = T(i,m)T(k,n) \tag{42}$$

此时等式(40)又可被写为 $\boldsymbol{G} = \sum_{i=0}^{N=1}\sum_{k=0}^{N-1} F_{i,k}T(i,m)T(k,n)$ 或 $\boldsymbol{G}=\boldsymbol{TFT}$ 。其逆变换为

$$\boldsymbol{F} = \boldsymbol{T}^{-1}\boldsymbol{G}\boldsymbol{T}^{-1} \tag{43}$$

二维离散傅里叶变换是**对称可分离酉变换**的一个例子。在这种情况下，$\boldsymbol{T}$ 变成式(39)中的矩阵 $\boldsymbol{W}$，离散傅里叶变换使用 $\boldsymbol{W}^{-1}$，也就是 $\boldsymbol{W}$ 的共轭转置。因此，离散傅里叶变换对为$=\boldsymbol{WFW}$ 和 $\boldsymbol{F}=\boldsymbol{W}^{*\mathrm{T}}\boldsymbol{G}\boldsymbol{W}^{*\mathrm{T}}$。与傅里叶变换不同，许多变换 $\boldsymbol{T}$ 中的元素为实数。元素为实数的酉方阵仍然是正交的，其逆变换为 $\boldsymbol{F}=\boldsymbol{T}^{\mathrm{T}}\boldsymbol{G}\boldsymbol{T}^{\mathrm{T}}$。经常遇到的情况下，$\boldsymbol{T}$ 常常是一个对称阵，因此正、逆变换是相同的，即

$$\boldsymbol{G} = \boldsymbol{TFT} \text{ 和 } \boldsymbol{F} = \boldsymbol{TGT} \tag{44}$$

B1.7 主分量分析

设 $\boldsymbol{x}$ 是一个 $N\times 1$ 的随机变量，也就是说，$\boldsymbol{x}$ 的每个分量 x_i 都是随机变量。其平均向量可以由 L 个这样的向量样本以下式估计

$$\boldsymbol{m}_x \approx \frac{1}{L}\sum_{l=1}^{L} x_l \tag{45}$$

它的协方差矩阵是 $\boldsymbol{C}_x = \boldsymbol{E}\{\boldsymbol{x}-\boldsymbol{m}_x\ (\boldsymbol{x}-\boldsymbol{m}_x)^{\mathrm{T}}\} = \frac{1}{L}\sum_{l=1}^{l} \boldsymbol{x}_l\boldsymbol{x}_l^{\mathrm{T}} - \boldsymbol{m}_x\boldsymbol{m}_x^{\mathrm{T}}$，其是实对称的。

对角元素是单个随机变量的方差，非对角元素是它们的协方差。现在定义一个线性变换，它可由任何 $\boldsymbol{x}$ 产生一个新向量 $\boldsymbol{y}=\boldsymbol{A}(\boldsymbol{x}-\boldsymbol{m}_x)$。其中，$\boldsymbol{A}$ 矩阵的各行是$\boldsymbol{C}_x$的特征向量。为了方便起见，以相应的特征值幅值大小递减的顺序来排列各行；$\boldsymbol{y}$ 是期望值为 0 的随机变量，它的协方差矩阵$\boldsymbol{C}_y$可以由 $\boldsymbol{x}$ 的协方差矩阵决定：

$$\boldsymbol{C}_y=\boldsymbol{A}\boldsymbol{C}_x\boldsymbol{A}^{\mathrm{T}} \tag{46}$$

因为 $\boldsymbol{A}$ 的各行是$\boldsymbol{C}_x$的特征向量，故$\boldsymbol{C}_y$是一个对角矩阵，对角元素是$\boldsymbol{C}_x$的特征值(这也是式(19)的结果)。因此可以得到

$$\boldsymbol{C}_y=\begin{bmatrix}\lambda_1 & & 0\\ & \ddots & \\ 0 & & \lambda_N\end{bmatrix} \tag{47}$$

这里 λ_i 也是$\boldsymbol{C}_y$的特征向量。

这就意味着随机向量 $\boldsymbol{y}$ 是由互不相关的随机变量组成的。因此，线性变换 $\boldsymbol{A}$ 起到了除去变量间相关性的作用。进而言之，每个 λ_k 都是变换后第 k 个变量 y_k 的方差。式(47)被称为 Hotelling 变换。值得注意的是这个变量是可逆的。可以从变换向量 $\boldsymbol{y}$ 重构向量 $\boldsymbol{x}=\boldsymbol{A}^{-1}\boldsymbol{y}=\boldsymbol{A}^{\mathrm{T}}\boldsymbol{Y}$。后一个等号成立是因为 $\boldsymbol{A}$ 是对称阵。

举一个数字的例子，设 3×1 的随机变量 $\boldsymbol{x}$ 有以下的协方差矩阵$\boldsymbol{C}_x=\begin{bmatrix}6 & 2 & 0\\ 2 & 2 & -1\\ 0 & -1 & 1\end{bmatrix}$，其对应的特征值和特征向量分别为 $\boldsymbol{\lambda}=\begin{bmatrix}6.854\\ 2.000\\ 0.146\end{bmatrix}$、$\boldsymbol{v}_1=\begin{bmatrix}0.918\\ 0.392\\ -0.067\end{bmatrix}$、$\boldsymbol{v}_2=\begin{bmatrix}0.333\\ -0.667\\ 0.667\end{bmatrix}$和 $\boldsymbol{v}_1=\begin{bmatrix}-0.217\\ 0.634\\ 0.742\end{bmatrix}$。

这样，对于某个均值为 0 的向量$\boldsymbol{x}^{\mathrm{T}}=(2,1,-0.1)$，有

$$\boldsymbol{y}=\boldsymbol{A}\boldsymbol{x}=\begin{bmatrix}0.918 & 0.392 & -0.067\\ 0.333 & -0.667 & 0.667\\ -0.217 & 0.634 & 0.742\end{bmatrix}\begin{bmatrix}2\\ 1\\ -0.1\end{bmatrix}=\begin{bmatrix}2.234\\ -0.067\\ 0.127\end{bmatrix} \tag{48}$$

由式(47)可知，变换后的向量 $\boldsymbol{y}$ 的协方差矩阵$\boldsymbol{C}_y=\boldsymbol{A}\boldsymbol{C}_x\boldsymbol{A}^{\mathrm{T}}=\begin{bmatrix}6.854 & 0 & 0\\ 0 & 2 & 0\\ 0 & 0 & 0.146\end{bmatrix}$。正如预期的那样，该矩阵的对角线元素就是特征值，因此，我们能从 $\boldsymbol{y}$ 恢复 $\boldsymbol{x}$($\boldsymbol{x}=\boldsymbol{A}^{-1}\boldsymbol{y}=\boldsymbol{A}^{\mathrm{T}}\boldsymbol{Y}$)。

忽略特征值较小的那些特征向量，从而减少 $\boldsymbol{y}$ 的维数。令 $\boldsymbol{B}$ 表示删去$\boldsymbol{A}$ 最下面的 $N-M(M<N)$行后得到的 $M\times N$ 矩阵。这样，变换生成的向量维数就小一些($M\times 1$ 大小)，则 $\hat{\boldsymbol{y}}=\boldsymbol{B}\boldsymbol{x}$。同时向量 $\boldsymbol{x}$ 仍然可由下式近似地重构出来

$$\hat{\boldsymbol{x}}=\boldsymbol{B}^{\mathrm{T}}\hat{\boldsymbol{y}} \tag{49}$$

其近似的均方误差为 $\mathrm{MSE}=\sum_{k=M+1}^{N}\lambda_k$ 。也就是说，恰恰为删去的那些特征向量所对应的特

征值之后。

现在回到前面的数字例子，假设将矩阵 $\boldsymbol{A}$ 的第三行去掉从而将 $\boldsymbol{y}$ 变成二维向量，因为 λ_3 明显地比其余两个向量来的小。于是可以得到

$$\hat{\boldsymbol{y}}=\boldsymbol{Bx}=\begin{bmatrix}0.918 & 0.392 & -0.067\\0.333 & -0.667 & 0.667\end{bmatrix}\begin{bmatrix}2\\1\\-0.1\end{bmatrix}=\begin{bmatrix}2.234\\-0.067\end{bmatrix} \tag{50}$$

则近似重构原向量 $\hat{\boldsymbol{x}}=\boldsymbol{B}^{\mathrm{T}}\hat{\boldsymbol{y}}=\begin{bmatrix}0.918 & 0.333\\0.392 & -0.667\\-0.067 & 0.667\end{bmatrix}\begin{bmatrix}2.234\\-0.067\end{bmatrix}=\begin{bmatrix}2.027\\0.920\\-0.194\end{bmatrix}$。

可以看到主 $\hat{\boldsymbol{x}}$ 与 $\boldsymbol{x}$ 有微小的差异。在这种情况下，均方差恰为 $\lambda_3=0.146$，也就是所去掉的特征向量对应的特征值。可能更具有启发意义的是均方根误差是 0.382。这意味着，在高斯统计分布下，$\hat{\boldsymbol{x}}$ 的元素有 60％的概率能够达到与 $\boldsymbol{x}$ 的相应元素误差小于 0.382。

如果$\boldsymbol{C}_x$ 是奇异的，它的秩 R 将小于 N，它将有 $N-R$ 个零特征值。主分量分析明显地将维数由 N 降至 R，这就使问题更易处理。

B2 集 合 论

B2.1 定义

(1) 集合和元素

集合是一群事物的总称，这些事物都称为集合的元素。在本附录中，元素以小写字母表示，集合以大写字母表示。集合 S 称为全集(论域)，它包含任何问题中的所有的事物。

记号 $a\in A$ 意思是元素 a 是集合 A 的成员。$a\notin B$ 的意思是 a 不是集合 B 的元素。对任何的事物 a 和集合 C，或者有 $a\in C$，或者有 $a\notin C$。记号 $C=\{a,b,c\}$ 表示 a，b，c 是集合 C 的元素。φ 表示不含任何元素的集合，称为空集。

(2) 子集

如果集合 A 包含了另一个集合 B 的所有元素，那么称 B 是 A 的**子集**(记为 $B\subseteq A$)，也称 A 是 B 的**超集**(记为 $A\supseteq B$)。任何集合既是自身的子集又是自身的超集。若 A 和 B 包含的元素完全相同，那么它们是相同的集(记为 $A=B$)。若 B 是 A 的子集而且 A 中至少有一个元素不在 B 中，则称 B 是 A 的**真子集**。

(3) 并集和交集

若 A，B 都是 S 的子集，那么由 A 和 B 中的所有元素构成的集合 C 也是 S 的一个子集，称为 A 和 B 的**并集**(记为 $C=A\cup B$)。A 和 B 中相同元素构成 S 的子集 D，称为 A 和 B 的**交集**(记为 $D=A\cap B$)。若 A 和 B 没有相同的元素，那么交集为空集($A\cap B=\varphi$)。

(4) 差集和补集

那些在 A 中但不在 B 中的元素构成一个集合 E，称为 A 和 B 的**差集**(记为 $E=A-B$)。所有在 S 中但不在 A 中的元素构成的集合称为 A 关于 S 的**补集**A'(记为$A'=S-A$)。

B2.2 性质

下面列出的式子可以由定义直接推出。

(1) $A \cup A = A$

(2) $A \cap A = A$

(3) $A \cup S = S$

(4) $A \cap S = S$

(5) $A \cup \varphi = A$

(6) $A \cap \varphi = \varphi$

(7) $(A')' = A$

(8) $A \cup A' = S$

(9) $A \cap A' = \varphi$

(10) $A \cup B = B \cup A$

(11) $A \cap B = B \cap A$

(12) $(A \cup B) \cup C = A \cup B \cup C$

(13) $(A \cap B) \cap C = A \cap (B \cap C)$

(14) $A \cup (B \cap C) = (A \cup B) \cap (A \cup C)$

(15) $A \cap (B \cup C) = (A \cap B) \cup (A \cap C)$

(16) $(A \cup B)' = A' \cap B'$

(17) $(A \cap B)' = A' \cup B'$

(18) $A - B = A \cap B'$

(19) $(A - B) - C = A - (B \cup C)$

(20) 如果 $A \cap B = \varphi$，那么 $(A \cup B) - B = A$

(21) $A - (B \cup C) = (A - B) \cap (A - C)$

参 考 文 献

[1] 章毓晋. 图像处理和分析 [M]. 北京：清华大学出版社，1999.

[2] [美]冈萨雷斯. 数字图像处理 [M]. 3 版. 阮秋琦，译. 北京：电子工业出版社，2011.

[3] [美]冈萨雷斯. 数字图像处理(英文版) [M]. 2 版. 北京：电子工业出版社，2007.

[4] [美]伯罗斯. 小波与小波变换导论 [M]. 程正当，译. 北京：机械工业出版社，2007.

[5] Pratt W K. Digital image processing [M]. 3rd ed. New York：Wiley Inter-science，1991.

[6] Zhou S M，Gan J Q，Xu L D，et al. Interactive image enhancement by fuzzy relaxation [J]. International Journal of Automation and Computing，2007，04(3)：229 - 235.

[7] Mir A H. Fuzzy entropy based interactive enhancement of radiographic images [J]. Journal of Medical Engineering and Technology，2007，31(3)：220 - 231.

[8] 田岩，彭复员. 数字图像处理与分析 [M]. 武汉：华中科技大学出版社，2009.

[9] Prince，J. L. ，Links，J. M. Medical Imaging，Signal，and System [M]. New Jersey：Prentice Hall，2006.

[10] Bezdek，J，C. Fuzzy Models and Algorithms for Pattern Recognition and Image Processing [M]. New York：Springer，2005.

[11] 蒋刚毅，黄大江，王旭，等. 图像质量评价方法研究进展 [J]. 电子与信息学报. 2010，32 (1)：219-223.

[12] 楼斌，沈海斌，赵武锋，等. 基于自然图像统计的无参考图像质量评价 [J]. 浙江大学学报：工学版，2010，82(1)：119-216.

[13] 朱里，李乔亮，张婷，等. 基于结构相似性的图像质量评价方法 [J]. 光电工程，2007，34(11)：108-113.

[14] Wang Z，Alan C. Structural approached to image quality assessment [M]. In Handbook of Image and Video Processing，Academic Press，2005.

[15] 叶盛楠，苏开娜，肖创柏，等. 基于结构信息提取的图像质量评价 [J]. 电子学报，2008，36(5)：856-860.

[16] Wang Z，Sheikh H R，Bovik A C. No-reference perceptual quality assessment of JPEG compressed images [J]. Proc. IEEE Int. Conf. Image Proc. ，2002，1：477-480.

[17] Tong H，Li M，Zhang H J，et al. Blur detection for digital images using wavelet transform [J]. In Pro. of IEEE Int. Conf. on Multimedia & Expo，2004，1：17-20.

[18] 周奇年，王廷波，李文书. 区域信息和水平集方法的图像分割 [J]. 中国图像图形学报，2011，16 (11)：2002-2008.

[19] S. Osher，M. Burger，D. Goldfarb，et al. An iterative regularization method for total variation based image restoration [J]. Journal of Multiscale Model. Simul. ，2005，4：460-489.

[20] Bin-bin Hao，Min Li，Xiang-chu Feng. Wavelet iterative regularization for image restoration with varying scale parameter [J]，SPIC，2008，23(6)：433-441.

[21] Li W S，Luo J H，Liu Q G，et al. Iterative regularization method for image denoising with adaptive scale parameter [J]. Journal of southeast University (English Edition)，2010，26(3)：453-456.

[22] Wenshu Li，Jianhua Luo，Qiegeng Liu，et al. MRI Reconstruction Based on Inverse Scale Space and Contourlet Thresholding [C]. Proceeding of the 2nd International Conference on Biomedical Engineering and Informatics，2009：276-278.

[23] Lie J, Nordbotten J M. Inverse scale spaces for nonlinear regularization [J]. Math. Imaging Vision, 2007, 27 (1): 41-50.

[24] Burger M, Osher S, Xu J, et al. Nonlinear inverse scale space methods for image restoration [C]. Lecture Notes in Computer Science, 2005, 3752: 25-36.

[25] Chambolle A. An algorithm for total variation minimization and applications [J]. Journal of Mathematical Imaging and Vision, 2004, 20: 89-97.

[26] Y. Meyer, Oscillating Patterns in Image Processing and Nonlinear Evolution Equations [M]. Boston: American Mathematical Society, 2002.

[27] E Candès. Compressive sampling [C]. Proceedings of the International Congress of Mathematicians, 2006, 3: 1433-1452.

[28] Candès E, Romberg J, Tao T. Robust uncertainty principles: Exact signal reconstruction from highly incomplete frequency information [J]. IEEE Trans. on Information Theory, 2006, 52 (2): 489-509.

[29] Candès E, Romberg J. Quantitative robust uncertainty principles and optimally sparse decompositions [J]. Foundations of Compute Math, 2006, 6 (2): 227-254.

[30] Donoho D L. Compressed sensing [J]. IEEE Trans. on Information Theory. 2006, 52 (4): 1289-1306.

[31] Donoho D L, Tsaig Y. Extensions of compressed sensing [J]. Signal Processing. 2006, 86 (3): 533-548.

[32] Kashin B. The widths of certain finite dimensional sets and classes of smooth functions [J]. Transl. in Math. USSR Izv T, 1977, 41(2): 334-351.

[33] Candès E J, Tao T. Near optimal signal recovery from random projections: Universalencoding strategies [J]. IEEE Trans. Info. Theory, 2006, 52 (12): 5406-5425.

[34] Baraniuk R. A lecture on compressive sensing [J]. IEEE Signal Processing Magazine, 2007, 24 (4): 118-121.

[35] Shi G M, Lin J, Chen X Y, et al. UWB echo signal detection with ultra-low rate sampling based on compressed sensing [J]. IEEE Transaction On Circuitsand Systems: Express Briefs, 2008, 55 (4): 379-383.

[36] Cand, S E J. Ridgelets: theory and applications [D]. Stanford: Stanford University. 1998.

[37] Candès E, Donoho D L. Curvelets [R]. USA: Department of Statistics, Stanford University. 1999.

[38] E L Pennec, S Mallat. Image compression with geometrical wavelets [C]. Proc. of IEEE International Conference on Image Processing, 2000. 1: 661-664.

[39] Do, MinhN, Vetterli, Martin. Contourlets: A new directional multiresolution image representation [C]. Proceeding of international Conference on Signals, Systems and Computers, 2002, 1: 497-501.

[40] Peyré G. Best Basis compressed sensing [J]. Lecture Notes in Computer Science, 2007, 4485: 80-91.

[41] Mallat S, Zhang Z. Matching pursuits with time-frequency dictionaries [J]. IEEE Trans Signal Process, 1993, 41 (12): 3397-3415.

[42] Donoho D L, Huo X. Uncertainty principles and ideal atomic decompositions [J]. IEEE Trans Inform Theory, 2001, 47 (7): 2845-2862.

[43] Hale E T, Yin W T, Zhang Y. A Fixed-point continuation method for L1-regularization with applica-

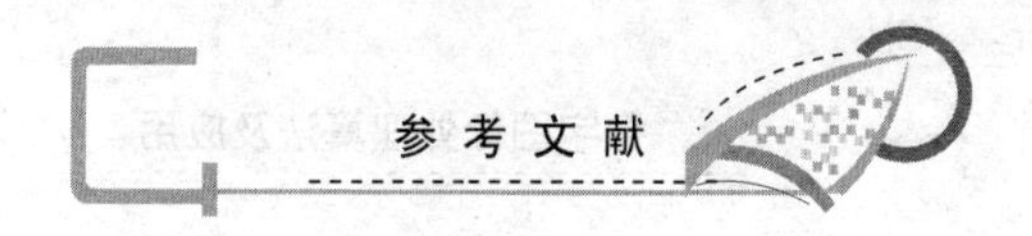

tion to compressed sensing [R]. Rice University CAAM Technical Report, TR07, 2007.

[44] Liu D H, Shi G M, Zhou J S. New method for signal sparse decomposition over a redundant dictionary [J]. Journal of Xidian University, 2008, 35(2): 228-232.

[45] Chen S S, Donoho D L, Saunders M A. Atomic decomposition by basis pursuit [J]. SIAM Review, 2001, 43 (1): 129-159.

[46] C La, M N Do. Signal reconstruction using sparse tree representation [C]. Proceedings of Wavelets XI at SPIE Optics and Photonics, 2005, 5914: 1-11.

[47] Candès E. The restricted isometry property and its implications for compressed sensing [J]. Acadè mie des sciences, 2006, 346(1): 598-592.

[48] Bregman L M. The method of successive projection for finding a common point of convex sets [J]. Doklady Mathematics, 1965, (6): 688-692.

[49] Needell D, Tropp J A. Iterative signal recovery from incomplete and inaccurate samples [J]. Appl Comp Harmonic Anal, 2009, 26 (3): 301-321.

[50] Kim S J, Koh R, Lustig M, et al. A method for large-scale regularized least squares [J]. IEEE Journal on Selected Topics in Signal Processing, 2007, 4 (1): 606-617.

[51] Figueiredo M A T, Nowak R D, Wright S J. Gradient projection for sparse reconstruction: Application to compressed sensing and other inverse problems [J]. Journal of Selected Topics in Signal Processing: Special Issue on Convex Optimization Methods for Signal Processing, 2007, 1 (4): 586-598.

[52] Cormode G, Muthukrishnan S. Towards an algorithmic theory of compressed sensing [R]. DIMACS Tech. Report 2005-25, 2005.

[53] Kim S J, Koh K, Lustig M. A method for large-scale-regularized least squares [J]. IEEE Journal on Selected Topics in Signal Processing, 2007, 4(1): 606-617.

[54] Ma J, Antoniadis A, F. -X. Le Dimet. Curvelet-based snake for multiscale detection and tracking of geophysical fuids [J], IEEE Trans. Geosci. Remote Sensing, 2006, 44: 3626-3638.

[55] Miyaha M, Yasuhida Y. Mathematical transform of (R, G, B) color data to Munsell (H, S, V) color data [J]. SPIE, 1988, 1001: 650-675.

[56] Kass M, Witkin A, Terzopoulos D. Snakes: Active contour model [J]. Int. J. Comput. Vis., 1987, 1(4): 321-331.

[57] Sethian J A. Level Set Methods: Evolving Interfaces in Geometry Fluid Mechanics, Computer Vision, and Material Science [M]. Cambridge: Cambridge University Press, 1996.

[58] Harris C, Stephens M. A combined corner and edge detector [C]. Proceeding of the 4th Alvey Vision Conference, 1988: 147-151.

[59] Viola P, Jones M. Rapid Object Detection Using A Boosted Cascade of Simple Features [C]. Proceeding of IEEE Conference on Computer Vision and Pattern Recognition, 2001: 511-518.

[60] Bala J, Dejong K, Huang J, et al. Visual routine for eye detection using hybrid genetic architectures [C]. Proceeding of International Conference on Pattern Recognition, 1996, 3: 606-610.

[61] Pedro F F, Daniel P H. Efficient Graph-Based Image Segmentation [J]. International Journal of Computer Vision, 2004, 59(2): 167-181.

[62] Zhang Y J, Gerbrands J J. Transition Region Detennimtlon Based Thresholding [J]. Pattern Recognition Letter, 1991, 12(1): 13-23.

[63] Cohen L D. Notes: On active contour models and balloons [J]. CVGIP: Image Understanding,

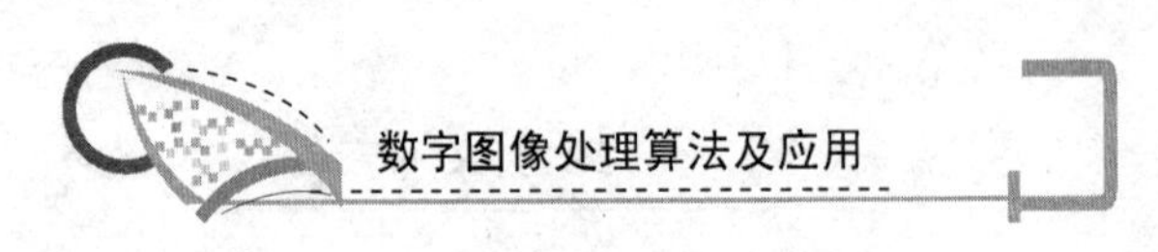

1991，53(2)：211-218.

[64] Li W S，Hu S N，Li H T，et al. A novel segmentation of tongue image [A]. Int. J. Functional Informatics and Personalised Medicine [C]. 2009：315-342.

[65] N. Paragios，R. Deriche. Geodesic active contours and level sets for detection and tracking of moving objects [J]. IEEE Transaction on Pattern Analysis and Machine Intelligence，2000：1-15.

[66] Xu C Y，Yezzi J A，Prince J L. On the relationship between parametric and geometric active contours [A]. Processing of 34th Asilomar Conference on Signals，Systems and Computers [C]. 2000：483-489.

[67] Y. Shi，W. C. Karl. Real-time tracking using level sets. IEEE Conference on Computer Vision and Pattern Recognition [C]. 2005，2：34-41.

[68] Perona P，Malik J. Scale-space and edge detection using anisotropic diffusion [J]. IEEE Transaction on Pattern Analysis and Machine Intelligence. 1990，12：629-640.

[69] Xu C，Prince J L. Snakes，shapes and gradient vector flow [J]. IEEE Transactions on Image Processing，1998，7(3)：359-369.

[70] 王爱民. 用于舌诊客观化的图像分析技术的研究 [D]. 北京：北京工业大学，2001.

[71] Wenshu Li，Shenning Hu，Jianfu Yao，et al. The Separation Framework of Tongue Coating and Proper in Traditional Chinese Medicine [C]. Proceeding of International Conference on Information，Communications and Signal Processing，2009：1-4.

[72] 周涛. 基于人眼状态的驾驶疲劳检测系统研究 [D]. 杭州：浙江理工大学，2012.

[73] Andrew Edie Johnson and Martial Hebert. Recognizing Objects by Matching oriented Points [C]. Proceeding of the Conference on Computer Vision and Pattern Recognition，1997：684-692.

[74] Svetlana L，Cordelia S，Jean P. A Sparse Texture Representation Using Affine-invariant Region [C]. Proceedings of the IEEE Computer Society Conference on Computer Vision and pattern Recognition，2003：319-326.

[75] Greg M，Serge J. Belong，Jitendra Malik. Using Shape Contexts Efficient Shape Matching [J]. IEEE Trans. pattern Anal. Mach. Intell.，2005，27：1832-1837.

[76] Haibin L，David W J. Using the Inner-Distance for Classification of Articulated Shapes [C]. Proceedings of the IEEE Computer Society Conference on Computer Vision and pattern Recognition，2005：719-726.

[77] Zhao G Y，Pietikainen M. Dynamic Texture Recognition Using Local Binary Patterns with an Application to Facial Expressions [J]. IEEE Transactions on Patterns Analysis and Machine Intelligence，2007，29(6)：915-928.

[78] Ahonen T，Hadid A，Pietikainen M. Face description with local binary patterns：Application to face recognition [J]. IEEE Transactions on Pattern Analysis and Machine Intelligence，2006，28(12)：2037-2041.

[79] Fu X F，Wei W. Centralized binary patterns embedded with image Euclidean distance for facial expression recognition [C]. Proceeding of the 4th International Conference on Natural Computation，2008，4：115-119.

[80] 朱勇，詹永照. 基于 CBP-TOP 特征的人脸表情识别 [J]. 计算机应用研究，2011，28(5)：1957-1960.

[81] He C，Zheng Y F，Ahalt S C. Object tracking using the Gabor wavelet transform and the golden sectionalgorithm [J]. IEEE Transaction on Multimedia，2002，4(4)：528-538.

[82] Laurenz Wiskott. Segmentation from motion：combining Gabor and Mallat-Wavelets to overcome the

aperture and correspondence [J]. Pattern Recognition，1999，32(10)：1751-1766.

[83] Chenjun Liu，Harry Wechsler. Gabor feature based classification using the enhanced fisher liner discriminant model for face recognition [J]. IEEE Trans on Image processing，2002，11(4)：467-475.

[84] Li W S，Zhou C L. A Novel Combined Fisherfaces Framework [J]. Proceeding of the international conference on the image processing，2004(1)：2011-2014.

[85] 程云鹏．矩阵论 [M]. 西安：西北工业大学出版社，1989.

[86] 洪子泉，杨静宇．基于奇异值特征和统计模型的人像识别算法 [J]．计算机研究与发展，1994，31(3)：60-65.

[87] Suykens J A K，Gestel T V，Vandewalle J，et al. A Support Vector Machine formulation to PCA Analysis and its Kernel version [R]. ESAT-SCD-SISTA Technical Report 2002－68，Belgium：Katholieke Universiteit Leuven，2002.

[88] Turk M，Pentland. A Face Recognition Using Eigenfaces [J]. Proceedings IEEE Conference on Computer Vision and Pattern Recognition，1991：586-591.

[89] Valentin D，Abdi H，Cottrell G W，et al. Connectionist models of face processing：a survey [J]. Pattern Recognition，1994，27(9)：1209-1230.

[90] Vapnik V N. The Nature of Statistical Learning Theory [M]. New York：Springer Verlag，1995.

[91] Schölkopf B，Burges C J C，Smola A. J Advances in Kernel Methods-Support Vector Learning [M]. Cambridge MA MIT Press，1999.

[92] 边肇祺，张学工．模式识别 [M]. 2 版．北京：清华大学出版社，2000.

[93] Peng H，Zhang D. Dual Eigenspace method for human face recognition [J]. Electronics Letters，1997，33(4)：283-284.

[94] 罗飞，王国胤．基于改进的并行特征融合人脸表情识别 [J]. 广西大学学报：自然科学版，2009，34(5)：701-703.

[95] 何芳芳．人脸表情识别中若干关键技术的研究 [D]. 杭州：浙江理工大学，2012.

[96] Dorin R V，Peter M. Kernel-Based Object Tracking [J]. IEEE Transactions on Pattern Analysis and Machine Intelligence，2003，25(5)：564-575.

[97] Comaniciu D，Ramesh V，Meer P. Kernel-Based Object Tracking [J]. IEEE Trans. Pattern Anal. Machine Intelligence，2003，25(2)：564-577.

[98] Dalal N，Triggs B. Histograms of oriented gradients for human detection [C]. Proceeding of IEEE Conference on Computer Vision and Pattern Recognition，2005：886-893.

[99] Xiao F R，Jitendra M. Learning a Classification Model for Segmentation [C]. In Proceedings of the Ninth IEEE International Conference on Computer Vision (ICCV)，2003：1-8.

[100] Jianbo S，Jitendra M. Normalized Cuts and Image Segmentation [J]. IEEE Transactions on Pattern Analysis and Machine Intelligence，2000，22(8)：888-905.

[101] Comaniciu D，Meer P. Mean shift：a robust approach toward feature space analysis [J]. IEEE Transactions on Pattern Analysis and Machine Intelligence，2002，24(5)：603-619.

[102] Chris S，Grimson W E L. Learning Patterns of Activity Using Real-Time Tracking [J]. IEEE Transactions on Pattern Analysis and Machine Intelligence，2000，22(8)：747-757.

[103] Elgammal A，Harwood D，Davis L. Non-parametric Model for Background Subtraction [C]. Proceedings of European conference on Computer vision，2000：751-767.

[104] 徐振兴．基于机器视觉的行人检测和跟踪技术研究 [D]. 杭州：浙江理工大学，2012.

[105] Li W S, Xu Z X, Wang S, et al. Pedestrian detection based on improved random forest in natural images [J]. Proceeding of the 3rd International Conference on Computer Research and Development, 2011, 4: 468-472.

[106] Li L, Leung M K H. Integrating intensity and texture differences for robust change detection [J]. IEEE Transactions on Image Processing, 2002, 11(2): 105-112.

[107] Avrim B, Tom M. Combining labeled and unlabeled data with co-training [C]. Proceedings of the 11th Annual Conference on Computational Learning Theory, 1998: 92-100.

[108] Dalal N, Triggs B. Histograms of oriented gradients for human detection [C]. CVPR, 2005, 1: 886-893.

[109] Breiman L. Random forest [J]. Machine Learning, 2001, 45: 5-32.

[110] 李乡儒，吴福朝，吴战义. 均值漂移算法的收敛性 [J]. 软件学报，2005，16(3)：365-374.

[111] Collins R T. Mean-shift blob tracking through scale space [C]. In: Proceedings of IEEE Conference on Computer Vision and Pattern Recognition, 2003: 234-241.

[112] Yang C, Duraiswami R, Davis L. Efficient mean-shift tracking via a new similarity measure [C]. Proceedings of IEEE Conference on Computer Vision and Pattern Recognition, 2005: 176-183.

[113] Zhao Q, Tao H. Object tracking using color correlogram [C]. Proceedings of IEEE Workshop on Visual Surveillance and Performance Evaluation of Tracking and Surveillance, 2005: 263-270.

[114] David G L. Distinctive Image Features from Scale-Invariant Key-points [J]. International Journal of Computer Vision, 2004, 60(2): 91-110.

[115] Babu R V, Perez P, Bouthemy P. Robust tracking with motion estimation and local kernel-based color modeling [J]. Image and Vision Computing, 2007, 25(8): 1205-1216.

[116] Collins R T, Liu Y X, Leordeanu M. Online selection of discriminative tracking features [J]. IEEE Transactions on Pattern Analysis and Machine Intelligence, 2005, 27(10): 1631-1643.

[117] Han M, Xu W, Tao H, et al. Multi-object trajectory tracking [J]. Machine Vision and Applications, 2007, 18(3): 221-232.

[118] Medeiros H, Park J, Kak A. A parallel color-based particle filter for object tracking [C]. Proceedings of IEEE Computer Society Conference on Computer Vision and Pattern Recognition Workshops, 2008: 1-8.

[119] Kailath T. The divergence and Bhattacharyya distance measures in signal selection [J]. IEEE Trans on Communication Technology, 1967, 15(1): 523-259.

[120] Robert Fisher. CAVIAR Test Case Scenarios [EB/OL]. http://homepages.inf.ed.ac.uk/rbf/CAVIAR/, 2005.

[121] 吴暾华. 面向中医面诊诊断信息提取的若干关键技术研究 [D]. 厦门：厦门大学，2008.

[122] David M B, Andrew Y N, Michael I J. Latent Dirichlet Allocation [J]. Journal of Machine Learning Research, 2003(3): 993-1022.

[123] David M B, Michael I J. Modeling Annotated Data [C]. SIGIR, 2003.

[124] David M B, Jon D M. Supervised topic models [C]. NIPS, 2007.

[125] 姚建富. 舌诊客观化中若干图像分析技术研究 [D]. 杭州：浙江理工大学，2010.

[126] Li F F, Di D, Li X Q, et al. Facial complexion acquisition and recognition system for clinical diagnosis in Traditional Chinese Medicine [C]. Proceedings of International Joint Conference on Bioinformatics, Systems Biology and Intelligent Computing, Shanghai, August 3-5, 2009. Piscataway, New Jersey: IEEE Computer Society, 2009.

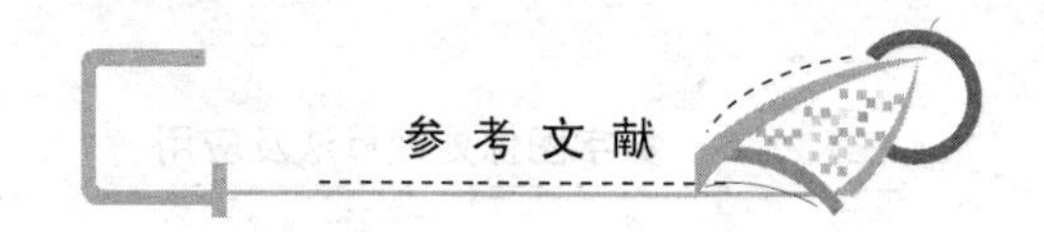

[127] WenShu Li, Song Wang, Tunhua Wu, et al. Facial Complexion Recognition Based on Supervised Latent Dirichlet Allocation in TCM [C]. Proceeding of the 4th International Conference on Biomedical Engineering and Informatics (BMEI), 2011: 295-298.

[128] Li W S, Zhou C L. A Novel Face Recognition Method with Feature Combination [J]. Journal of Zhejiang University SCIENCE, 2005, 6A (5): 454-458.

[129] Bartlett M S, Movellan J R. Sejnowski. Face recognition by independent component analysis [J]. IEEE Trans. Neural Network, 2002, 13 (6): 1450-1464.

[130] Belhumeur P N, Hespanha J P, Kriegman D J. Eigenfaces vs. Fisherfaces: Recognition using class specific linear projection [J]. IEEE Transaction on Pattern Analysis and Machine Intelligence, 1997, 19(7): 711-720.

[131] Yu H, Yang J. A direct LDA algorithm for high-dimensional data with application to face recognition [J]. Pattern Recognition, 2001, 34: 2067-2070.

[132] Chen L F, Liao H Y M, Ko M T, et al. A new LDA-based face recognition system which can solve the small sample size problem [J]. Pattern recognition, 2000, 33: 1713-1726.

[133] P. Kalocsai, C. Malsburg, J. Horn. Face recognition by statistical analysis of feature detectors [J]. Image and Vision Computing, 2000, 18: 273-281.

[134] Dassigi, V., Mann, R. C., Protopoescu, V. A. Information fusion for text classification-an experimental comparison [J]. Pattern Recognition, 2001, 34(12): 2413-2425.

[135] Yang J, Yang J Y, Zhang D., et al. Feature fusion: parallel strategy vs. serial strategy [J]. Pattern Recognition, 2003, 36(6): 1369-1381.

[136] Shen L, Bai L, Fairhurst M. Gabor wavelets and General Discriminant Analysis for face identification and verification [J]. Image and Vision Computing. 2007, 25: 553-563.

[137] Chengjun L. Gabor-based kernel PCA with fractional power polynomial models for face recognition [J]. IEEE Transactions on Pattern Analysis and Machine Intelligence, 2004, 26: 572-581.

[138] Chengjun L, Wechsler H. Robust coding schemes for indexing and retrieval from large face databases [J]. IEEE Transactions on Image Processing, 2000, 9: 132-137.

[139] 李文书. 中医舌诊中若干图像分析关键技术的研究 [D]. 杭州：浙江大学，2005.

[140] 张学工. 关于统计学习理论与支持向量机 [J]. 自动化学报，2000，26(1)：32-42.

[141] Yang J, Yang J Y. Why can LDA be performed in PCA transformed space [J]. Pattern Recognition, 2003, 36(2): 563-566.

[142] 缪志敏，胡谷雨，赵陆文，等. 一种基于支持向量数据描述的半监督学习算法 [J]. 解放军理工大学学报：自然科学版. 2010，11(1)：31-33.

[143] Zhang H, Berg A C, Maire M, et al. SVM-KNN: discriminative nearest neighbor classification for visual category recognition [C]. Proceedings of IEEE Computer Society Conference on Computer Vision and Pattern Recognition, 2006: 2126-2136.

[144] 李昆仑，黄厚宽，田盛丰. 模糊多类 SVM 模型 [J]. 电子学报，2004(5)：830-832.

[145] 李文书，何芳芳，钱沄涛，等. 基于 Adaboost-高斯过程分类的人脸表情识别 [J]. 浙江大学学报：工学版，2012，46(1)：79-83.

[146] 赵玥. 贝叶斯网络主动学习及其在客户风险评估中的应用研究 [D]. 北京：中央民族大学，2007.

[147] Lewis D D, Gale W A. A Sequential Algorithm for Training Text Classifiers [C]. Proceedings of 17th ACM International Conference on Research and Development in Information Retrieval, 1994: 3-12.

[148] Argamon-Engleson S，Dagan I. Committee-based Sample Selection for Probabilistic Classifiers [J]. Journal of Artificial Intelligence Research，1999，11：335-460.

[149] Freund Y，Seung H S，Samir E，et al. Selective Sampling Using the Query By Committee Algorithm [J]. Machine Learning，1997，28(2-3)：133-168.

[150] McCallum A K，Nigam K. Employing EM and Pool-based Active Learning for Text Classification [C]. Proceeding of the 15th International Conference on Machine Learning，1998：350-358.

[151] Seung H S，Opper M，Sompolinsky H. Query by Committee [A]. Proceedings of the 15th Annual ACM Workshop on Computational Learning Theory [C]. Pittsburgh，USA，July 1992：287-294.

[152] Riccardi G. Active Learning：Theory and Applications to Automatic Speech Recognition [J]. IEEE Transaction on Speech and Audio Processing，2005，13(4)：504-511.

[153] Abe N，Mamitsuka H. Query Learning Strategies Using Boosting and Bagging [A]. Proceedings of the Fifteenth International Conference Machine Learning，1998：1-9.

[154] Cooper G F，Herskovtis E. A Bayesian Method for the Induction of Probabilistic Network from Data [J]. Machine Learning，1992(9)：309-347.

[155] Madden G M. Evaluation of the Performance of the Markov Blanket Bayesian Classifier Algorithm [R]. Department of information Technology，National University of Ireland，Galway，2002.

[156] 徐杰. 基于小样本学习的图像检索研究 [D]. 上海：上海交通大学，2004.

[157] Roy N，McCallum A. Toward Optimal Active Learning through Sampling Estimation of Error Reduction [A]. Proceedings of the 18th ICMI [C]. 2001：441-448.

[158] 田凤占，陆玉昌. 用动态 Bayesian 网络建立宏观经济系统模型 [J]. 清华大学学报：自然科学版，2004，44(9)：1256-1259.